石墨烯

纳米复合材料

杨序纲　吴琪琳　编著

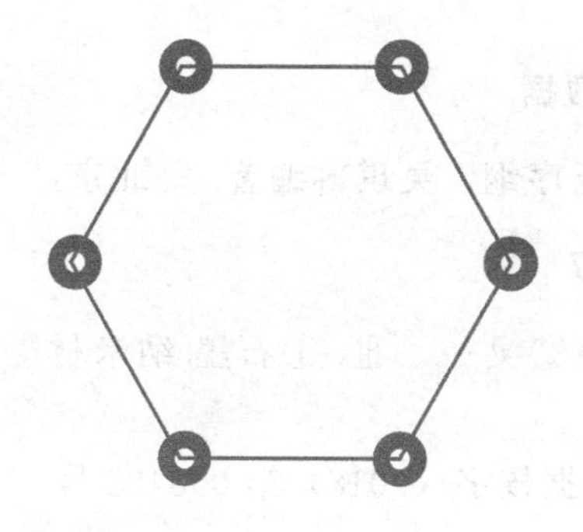

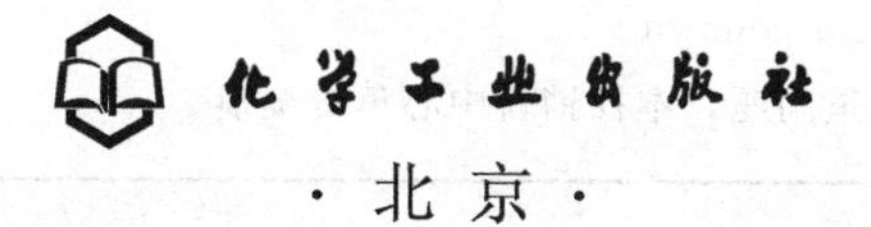

· 北 京 ·

本书涉及聚合物基、陶瓷基和金属基石墨烯增强纳米复合材料，阐述它们的主要制备方法、宏观力学和微观力学性能，热学、燃烧学、屏蔽和电学等物理性质。这类复合材料结构和性质的各种表征方法技术是本书的重要内容，包含在各不同章节中。本书着重于对聚合物基复合材料的描述，并将潜在应用广泛的柔性（可穿戴）复合材料单列一章。书中各章节都列出大量参考文献，可供读者作延伸阅读。

本书读者对象为从事纳米碳复合材料研究、生产和应用的科技工作者和高等院校相关专业的师生。

图书在版编目（CIP）数据

石墨烯纳米复合材料/杨序纲，吴琪琳编著. —北京：化学工业出版社，2018.5
ISBN 978-7-122-31823-7

Ⅰ.①石…　Ⅱ.①杨…②吴…　Ⅲ.①石墨-纳米材料-研究　Ⅳ.①TB383

中国版本图书馆 CIP 数据核字（2018）第 058408 号

责任编辑：赵卫娟　　装帧设计：王晓宇
责任校对：边　涛

出版发行：化学工业出版社（北京市东城区青年湖南街 13 号　邮政编码 100011）
印　　装：北京捷迅佳彩印刷有限公司
710mm×1000mm　1/16　印张 24½　字数 493 千字　2018 年 11 月北京第 1 版第 1 次印刷

购书咨询：010-64518888　售后服务：010-64518899
网　　址：http://www.cip.com.cn
凡购买本书，如有缺损质量问题，本社销售中心负责调换。

定　　价：128.00 元

前言

Preface

石墨烯由于具有优异力学、热学、电学和其他物理、化学性质，加上它的二维平面形态学结构以及相对较低的制备成本，使其成为纳米复合材料的理想增强体。对聚合物基、陶瓷基和金属基石墨烯纳米复合材料的研究已经表明，石墨烯比起其他纳米碳，例如碳纳米管和纳米碳纤维，对复合材料的增强和功能化以及经济成本降低等方面都具有更强的优势。尽管研究历史仅仅只有短短的 10 余年，当前，石墨烯纳米复合材料已经成为材料研究领域的热点之一。国内外相关研究论文和专利逐年增长，丰硕的研究成果大都分散发表于众多的学术期刊中。显然，一本包含这类复合材料制备、性质、结构和表征等方面的综合评述的书籍对已经和试图从事该领域研究、生产的科技工作者和相关管理人员是有益的。

本书内容主要有关于聚合物基石墨烯纳米复合材料，也涉及部分陶瓷基和金属基复合材料。

本书共分 8 章。第 1 章简述石墨烯的结构、性质、制备和表征方法。基于成本和复合材料制备技术的要求，用于石墨烯纳米复合材料制备的增强材料大都使用氧化石墨烯或功能化石墨烯，而不是纯石墨烯。第 2 章阐述有关氧化石墨烯和功能化石墨烯的制备、性质、结构和相关的表征方法。聚合物基石墨烯纳米复合材料是本书的主要内容，安排在第 3～7 章。第 3 章涉及这类复合材料的制备、结构和表征。第 4 章和第 5 章分述聚合物基复合材料的宏观和微观力学性能（界面力学行为）。这类复合材料的其他物理性质，包括热学、电学、阻燃和屏蔽性质，安排在第 6 章。柔性（可穿戴）复合材料是聚合物基复合材料中具有特殊性能的一类，具有巨大的应用价值，第 7 章阐述了这类复合材料的基本概念，制备方法（包括石墨烯纤维的制备），柔性及可穿戴传感器的传感机制和应用等。主要由于制备方面的困难，对陶瓷基和金属基石墨烯纳米复合材料的研究相对起步较晚，第 8 章包含了对这类复合材料研究的最新成果。本书第 7 章由吴琪琳撰写，其余各章由杨序纲完成。

各章节都列出重要的参考文献，可供读者对相关课题作延伸阅读。

本书内容涉及广泛的学科领域，由于编著者学识有限，书中不当之处，恳请读者批评指正。

本书得到了国家重点研发计划项目2016YFB0303201、纤维材料改性国家重点实验室重点项目（碳材料）的支持。程朝歌、姜可茂、冉敏、宋芸佳、苏晗、夏铭、贾立双等研究生参与了资料搜集、图表设计等方面的工作，在此一并表示感谢。

编著者

2017年12月于上海

目录

Contents

第1章 石墨烯

1.1 概述

21世纪初，能够单独存在、有史以来最薄的二维晶体——单层石墨烯的研制成功[1]，在物理学上具有突破性意义，其研究人员也因此获得了诺贝尔奖。此后，在科学领域和应用领域，石墨烯都得到极为广泛和深入的研究。这可以从这几年来全球有关石墨烯研究的出版物（研究论文）数量的增长情况得到证实。图1.1显示了2000～2015年有关石墨烯研究出版物数量[2]。可以看到，出版物的数量几乎以指数的速度增长。与之相应，与石墨烯相关的应用也得到快速发展。据有关机构预测，石墨烯市场在2015～2020年的5年期间将以约60%的年增长率（compound annual growth rate，CAGR）增长[2,3]。另外，全球石墨烯产量从2010年的约28t增长到2017年的约570t[4]。

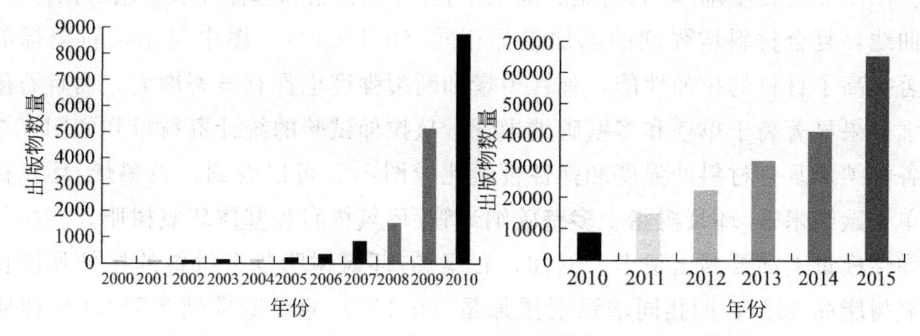

图1.1 2000～2015年有关石墨烯研究出版物的数量

石墨烯研究和应用快速发展的主要原因是石墨烯具有优异的力学、热学、电学等性能以及低价格的原料。这些性能使得它在广泛的领域，例如航天航空、电子学、能源、结构和力学工程、环境、医学和包装等，有着巨大的潜在应用价值。石墨烯的应用常通过制成石墨烯纳米复合材料实现。因此，与之相关的研究在整个石墨烯研究领域中占有相当大的分量。研究表明，少量石墨烯的添加能显著改善基体材料的许多重要性能或赋予新的特定功能。

纤维是长期以来改善材料性能的主要增强材料。目前，纤维增强复合材料已在各个领域得到广泛应用[5]。科学家们在使用纳米颗粒作为增强材料改善各种材料（包括聚合物、陶瓷和金属）性能的研究也已取得了很大进展。碳纳米管和蒙脱土

(MMT)是典型的一类纳米颗粒添加剂，能显著增强许多材料的力学和其他物理性能。研究表明，在许多方面纳米颗粒优于常用的纤维。石墨烯的出现使得纳米颗粒增强材料中有了一个强有力的竞争者，而且具有明显的优势。

碳纳米管具有与石墨烯相近的力学和某些物理性质，然而，迄今为止的研究表明，在许多性能的增强效果上，石墨烯更为有效。

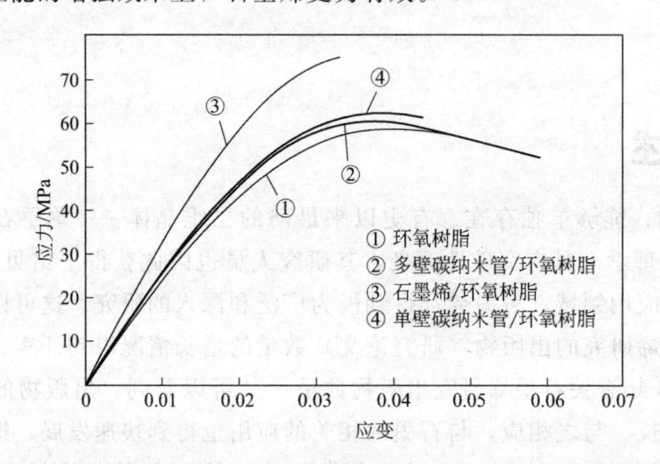

图 1.2　石墨烯/环氧树脂、碳纳米管/环氧树脂和基体环氧树脂的拉伸应力/应变曲线

一般而言，石墨烯的添加能显著增强聚合物的力学性能，其效果明显高于碳纳米管。图 1.2 是石墨烯/环氧树脂、碳纳米管/环氧树脂和基体环氧树脂的拉伸应力/应变曲线，复合材料增强剂的添加量都相同（0.1%）[6]。图中显示，石墨烯的添加显著提高了材料的拉伸性能，弹性模量和断裂强度也都有显著增大，而且石墨烯的增强效果显著高于单壁和多壁碳纳米管。从拉伸试验的统计资料得到如图 1.3 所示的各种纳米复合材料的强度和弹性模量比较图[7]。可以看到，石墨烯/环氧树脂比起单壁碳纳米管/环氧树脂、多壁碳纳米管/环氧树脂和基体环氧树脂，在拉伸强度和弹性模量上都要高出很多。例如，石墨烯/环氧树脂复合材料的拉伸强度比基体环氧树脂高 40%，而相同增强剂添加量（0.1%）的单壁碳纳米管/环氧树脂和多壁碳纳米管/环氧树脂仅比基体材料分别增大 11%和 14%［图 1.3(a)］。0.1%石墨烯的添加量使得弹性模量增大 31%，而相同添加量的单壁碳纳米管或多壁碳纳米管则只有小于 3%的增大［图 1.3(b)］。图中弹性模量的理论值由 Halpin-Tsai 方程计算得到[8]。石墨烯的添加还显著增强环氧树脂的抗压和抗疲劳性能，而且比起添加碳纳米管有更佳的效果。图 1.4 显示几种纳米复合材料和纯净环氧树脂抗压试验的结果[6]。图中可见，石墨烯的增强作用显著优于一维纳米材料。在相同添加量的情况下，相对基体环氧树脂，石墨烯的添加使抗压强度增加约 52%，而对单壁碳纳米管和多壁碳纳米管，仅分别增大约 15%和 6%。图 1.5 显示几种复合材料和纯净环氧树脂抗疲劳试验得出的应力强度因子 ΔK 与裂纹增大率 da/dN 之间的关系曲线[9]。显而易见，石墨烯的加入显著增强了材料的抗疲劳性能，其效

果也明显高于一维碳纳米管的作用。

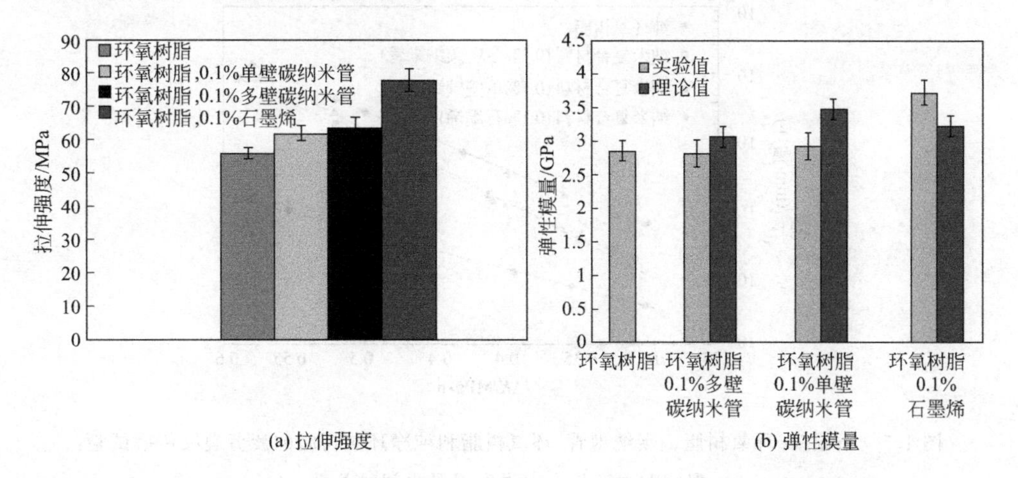

(a) 拉伸强度　　(b) 弹性模量

图 1.3　石墨烯/环氧树脂、碳纳米管/环氧树脂和（基体）环氧树脂力学性能的比较

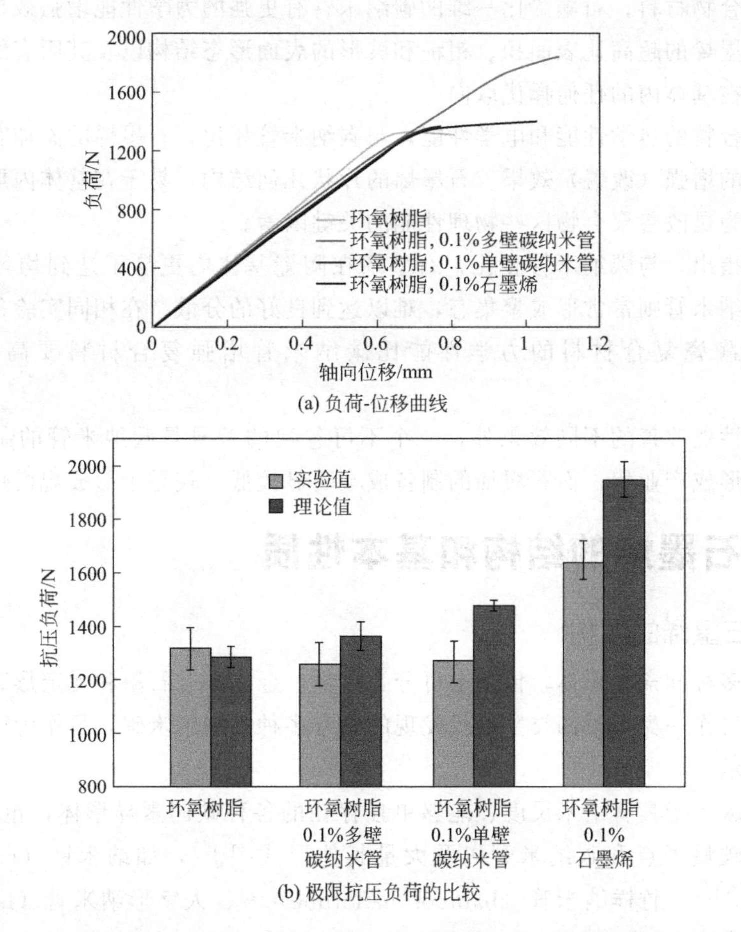

(b) 极限抗压负荷的比较

图 1.4　石墨烯/环氧树脂、碳纳米管/环氧树脂和基体环氧树脂的抗压试验

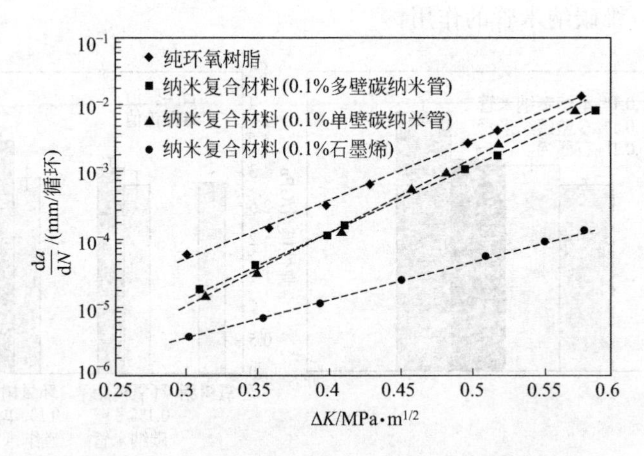

图 1.5 石墨烯/环氧树脂、碳纳米管/环氧树脂和纯净环氧树脂的疲劳裂纹传播试验：裂纹增大率与应力强度因子之间的关系

对聚合物材料，石墨烯比一维的碳纳米管有更强的力学性能增强效果，原因可归结为石墨烯的超高比表面积、粗糙和波形的表面形态结构以及其固有的片状结构而不要求在基体内的任何择优取向。

对聚合物的热学性能和电学性能，与碳纳米管相比，石墨烯的添加有相近似或者有更佳的增强（改善）效果。石墨烯的片状几何结构，易于在基体内形成连通网络，被认为是改善聚合物这些物理性能的关键因素。

研究指出，与碳纳米管相比，石墨烯在陶瓷基体内更易于达到均匀分散的状态，而碳纳米管则常常形成聚集态，难以达到良好的分散。在相同实验条件下，石墨烯增强陶瓷复合材料的力学性能比碳纳米管增强复合材料要高出 10%～50%[10]。

除了性能改善的不同效果外，一个不可忽视的差异是碳纳米管的制备成本很高，难以形成产业化，而石墨烯的制备成本明显较低，较易于形成规模化生产。

1.2 石墨烯的结构和基本性质

1.2.1 石墨烯的结构

碳有多种同素异形体，传统上可分为三类：金刚石、石墨和无定形碳。有争议的卡宾可另作一类，第四类。近代发现的则有多种类型纳米碳，可作为第五类，如图 1.6 所示[11]。

纳米碳是指具有纳米尺度、能够单独存在的各种碳同素异形体，包括石墨烯、富勒烯、碳量子点和碳纳米管以及大量其他形式[11,12]，如纳米锥（nanocone or nanohorn）[13]、竹样纳米管（bamboo nanotube）[14]、人字形纳米管（herringbone nanotube）[12]、螺旋纳米管（helical nanotube）[15]、纳米钟或项链管（nanobell or necklace)[16]和纳米碳洋葱（carbon onion)[16]等。其中，石墨烯可视为构成其他异形体的基本单元。

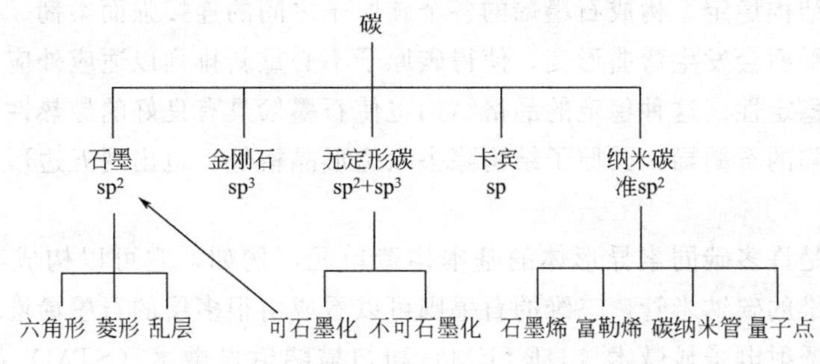

图 1.6 碳的同素异形体

石墨烯是迄今为止人们发现的最薄的物质，它由碳原子排列形成的单原子层六边形晶格结构所构成，厚度仅为一个原子的尺度，约为 0.36nm。

碳原子在周期表中处于第 6 位。每个碳原子含有 6 个电子，构成 $1s^2$、$2s^2$ 和 $2p^2$ 原子轨道，其中 2 个电子位在内壳层（1s)，它们紧靠原子核，与碳原子的化学活性无关，而其余 4 个电子则分别位于 2s 和 2p 轨道的外壳层。由于碳原子中 2s 与 2p 的能级相差不大，这 4 个电子的波函数能够相互混合，这些轨道称为杂化轨道。在碳物质中，2s 与 2p 轨道的混杂导致形成 3 个可能的杂化轨道，即 sp、sp^2 和 sp^3。通常标记为 sp^n 杂化，$n=1$，2，3。

石墨烯是碳原子以 sp^2 杂化轨道排列构成的单层二维晶体，其晶格呈六边形蜂巢状结构，如图 1.7 所示[17]。每个碳原子与周围 3 个相邻碳原子以 sp^2 杂化轨道形成 3 个 σ 键。碳-碳键的长度约为 0.142nm，键与键之间的夹角为 120°。每个碳原子贡献剩下的一个 p 轨道电子形成大 π 键。可见，构成六边形晶格结构的碳-碳

图 1.7 石墨烯的结构模型

键骨架由σ键参与构成，连接稳固，而形成π键的p轨道电子可以自由移动，赋予石墨烯优良的导电性。

石墨烯结构稳定。构成石墨烯的各个碳原子之间的连接强而柔韧。当承受外力时，碳原子平面会发生弯曲形变，使得碳原子不必重新排列以适应外应力，保持了自身的结构稳定性。这种稳定的晶格结构也使石墨烯具有良好的导热性。

存在缺陷的石墨烯，其原子结构除去六边形晶格外，也出现五边形或七边形的晶格。

石墨烯是许多碳同素异形体的基本构造单元，例如，它可以构成零维的富勒烯，卷成一维的碳纳米管，三维的石墨则可以看成由很多层的石墨烯堆垛而成。

高分辨透射电子显微术（HRTEM）和扫描隧道显微术（STM）都可用于直接观察石墨烯的原子结构。图1.8显示高质量石墨烯的HRTEM像[18]。图中白色单元代表碳原子。图像使用MacTeMPas软件通过电子通道波函数从15幅晶格像中获得。

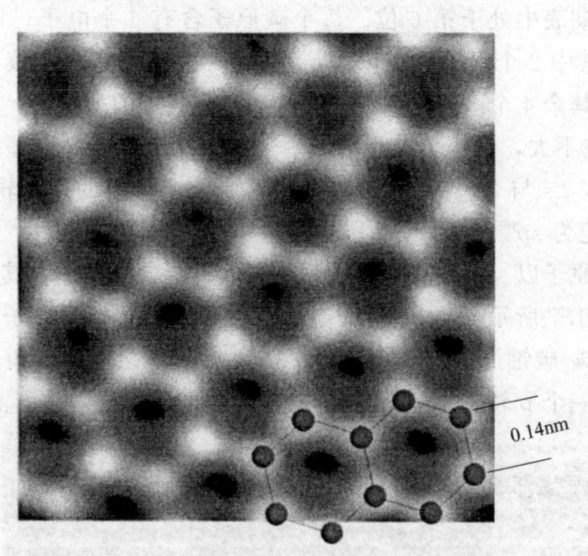

图1.8　高质量石墨烯的HRTEM像

1.2.2　石墨烯的物理性质

石墨烯是一种超轻物质。经推算，石墨烯的面密度仅为0.77mg/m^2[19]。

石墨烯是目前已知物质中强度和硬度最高的物质。实验测得石墨烯的弹性模量高达（1.0±0.1)TPa，断裂强度为（42±4)N/m（约合130GPa)[20,21]。石墨烯的强度为钢的100倍以上。

需要指出，上述测得的力学参数是石墨烯面内的值。实际上，石墨烯的力学性能有着显著的各向异性，在面内的弹性模量与面外的值和剪切模量相差甚大。这是因为石墨烯层间的联系是弱相互作用（范德华力相互作用或者π电子之间的耦合作用)，与面内碳原子之间的σ结合键相比要弱得多。

石墨烯既轻（低密度）又强，是理想的增强材料，比起其他无机或有机材料有明显的优势。可以预见，它在复合材料中的应用有着很好的前景。

石墨烯氧化物是一种石墨烯的衍生物，目前已能低成本大规模制备，用作复合材料增强剂比纯石墨烯似乎更为合适。这种材料由于存在结构缺陷，力学性能有所降低，但仍然保持很高的力学参数值，例如，石墨烯氧化物薄膜的弹性模量仍高达0.25TPa。比起纯石墨烯，这种材料的优点还在于：首先，石墨烯氧化物在溶剂中较易分散，克服了纯石墨烯易于聚集难以分散的难题；其次，由于石墨烯氧化物的边缘和面上存在许多化学官能团，有利于与复合材料的基体物质发生强相互作用，从而形成强结合界面，有利于从基体到增强剂的力传递，充分发挥增强剂的增强作用。

通常使用原子力显微术的压入技术（indentation）测定石墨烯的力学性能[22]。

石墨烯是一种完美的热导体，有很高的热导率。实验测得石墨烯的室温热导率约为5000W/(m·K)[23]，理论值则更是高达6000W/(m·K)。这个值是室温下优良导电金属铜热导率的10倍多。碳的几种同素异构体都有很高的热导率，而石墨烯在已知材料中为最高。例如单壁碳纳米管的理论热导率约为石墨烯的7/10。石墨烯的热导率比目前已知天然材料中热导率最高的金刚石还要高1.5倍[24]。石墨是石墨烯的三维形式，其热导率［1000W/(m·K)］比石墨烯小5倍。预期石墨烯由于高热导率而在微电子器件方面具有重大的应用前景。

石墨烯具有优异的光学性质。实验测得，单层石墨烯对白色光的不透过率为(2.3±0.1)%，亦即有97.7%的透过率[25]，而反射率小到可以忽略不计，小于0.1%。石墨烯的优良透光性和低反射率、高导电性和化学稳定性等综合性能显著优于传统的透明电极材料（例如氧化铟锡ITO），使得它成为未来光学器件中透明电极材料的强有力候选者。

非线性光学行为是石墨烯的另一个重要光学特性。当入射光强度达到某一临界值时，石墨烯对入射光的吸收会达到饱和，称为吸收饱和。石墨烯对光波具有较低的饱和通量。这一特性使石墨烯在许多光电领域，如激光开关，有良好的应用前景。

石墨烯固有的原子结构使其具有十分特殊的电学（电子学）性质。石墨烯的每个碳原子都贡献一个p轨道电子，形成大π键，π电子可以自由移动。石墨烯还具有特殊的导带结构，这使得石墨烯具有极佳的电荷传输性能[26]。电荷迁移率可达200000cm^2/(V·s)，相应的电阻率为10^{-6}Ω·cm。石墨烯是目前已知物质中电阻率最低的材料。

石墨烯具有的特殊的电子学和电荷传输性质，文献［27］有详细论述。这些特性使其在电子学相关器件上的应用有着巨大的潜力，是当前石墨烯研究及其产业应用的热点。

1.2.3 石墨烯的化学性质

石墨烯的化学性质取决于它固有的原子结构。石墨烯的面内碳-碳 σ 键，赋予石墨烯稳定的结构和化学稳定性；另外，石墨烯中每个碳原子含有面外的相对“活性”的π电子，原子结构中可能存在的面内缺陷以及边缘原子所处的特殊环境，使石墨烯又具有一定的化学活性。石墨烯可以吸附或脱附各种原子和分子，例如，各种官能团、氧、氢、氟、硼和氮等，并因此赋予石墨烯各种特有的性能。从表面化学角度，石墨烯的性质类似于石墨，可以从石墨推断石墨烯的化学性质。

石墨烯的化学活性是制备石墨烯及其衍生物的基础。例如，从石墨制备氧化石墨烯是大规模合成石墨烯的重要途径；氟化可使石墨烯从导体转变为绝缘体，但仍保持其原有的化学稳定性和高力学性能[28,29]；通过硼和氮元素对石墨烯面内或边缘进行有效的 p 型或 n 型掺杂[30,31]，可赋予石墨烯新的电子学性能。

1.3 石墨烯的制备

石墨烯的制备方法大致可分为下列 3 种：第 1 种方法是从块状石墨剥离出石墨烯，随后将其转移到硅或其他物质表面上[1]；第 2 种方法可称为石墨化工艺，例如加热块状或片状碳化硅到高温，Si 优先升华，使得在 SiC 表面发生石墨烯的外延生长[32]；第 3 种方法为化学气相沉积法，以烃类化合物气体作为碳源，使石墨烯在金属（例如 Ni）表面上生长[33]。此外，还有许多其他方法可用于制备石墨烯，重要的有石墨氧化物还原法[34]、电弧放电法[35]和有机合成法[36]等。

1.3.1 剥离法

稳定的三维石墨可看成由很多层石墨烯堆垛而成，各层间是范德华力的弱结合。利用力学、化学或热学方法可破坏石墨的层间结合，获得多层甚至单层石墨烯。这种方法称为剥离法或分拆法（exfoliation）。最早问世的游离石墨烯是使用一种十分简单的机械剥离程序从高度取向的裂解石墨（HOPG）中获得的[1]。不需特殊设备，操作也很简便，只是使用黏性胶带从 HOPG 中剥离一层石墨，随后在胶带之间反复粘贴，实现石墨片层的继续分离，直到获得原子尺度的石墨烯薄层，最后将石墨烯片封转到基片上。这种方法获得的产物有良好的晶体质量，能稳定保存，成本极低；其缺点是费时、难以控制最终的结果，而且产率很低，无法实现规模化制备，仅适用于实验室研究。

机械方法除了最早使用的胶带法外[1,37]，最近报道了一种利用锋利刀刃从 HOPG 上剥离石墨烯片的方法，可称为刀刃剥离法[38,39]。

刀刃剥离法应用电子显微术常用的超薄切片术[40]，使用锋利的金刚石刀将石墨烯片从 HOPG 中剥离。与常用超薄切片术不同的是增加了刀具的超声振动。首先将 HOPG 包埋在环氧树脂或其他合适的树脂中。随后修整包埋块，使 HOPG 暴露，HOPG 层成为切削面，如图 1.9(a) 所示[38]。剥离前的修整工作可用玻璃刀在超薄切片机中进行（机修）。对超薄切片术熟练的人员也可使用刀片手工修整，更为方便和快速。注意切勿使用金刚石刀修整，否则将损毁价值昂贵的刀具。修整后包埋块与金刚石刀刀刃之间的相对位置如图 1.9(b) 所示，刀刃与 HOPG 层平面（切削面）平行。图 1.9(c) 显示剥离工作时的仪器状态。剥离下的石墨烯片漂浮在金刚石刀的液槽水面上，用铜网捞取石墨烯片，供 AFM 或 TEM 观察。为了获得高质量的石墨烯片，可供调节的参数有切削面的大小和形状，金刚石刀刃角，切削后角和前角以及切削速度等。

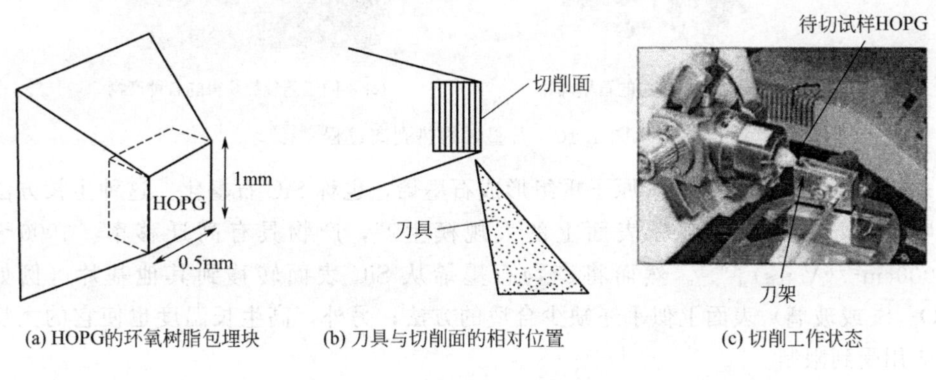

(a) HOPG的环氧树脂包埋块　(b) 刀具与切削面的相对位置　(c) 切削工作状态

图 1.9　刀刃剥离法制备石墨烯

热分离方法以石墨（天然或石墨氧化物）为原料，分离过程有下列三步：氧化，热膨胀和分离，超声波处理[41]。化学剥离常在高温下进行，使用化学物质使石墨烯分离[42]。

液相剥离法能获得高质量的单层石墨烯。这种方法[43]是将粉末石墨分散在水或有机溶剂，如 NMP（N-甲基-2-吡咯烷酮）、DMEN（二羟甲基亚乙基脲）和 GBL（γ 羟基丁酸内酯）中，在液相下分离出石墨烯。由于不存在化学作用，整个剥离过程中不发生氧化，也不产生平面缺陷。使用这种方法，单层石墨烯的产率可达 1%～4%[44]。

剥离过程中超声波处理时间的延长能增大石墨烯的产率，同时也引起缺陷的增加。有研究指出，这种缺陷并不位于石墨烯面内，而是位于石墨烯片的边缘[43]。

据报道，液相下溶剂热剥离工艺（solvothermal-assisted exfoliation process）能将石墨烯的产率提升到 10%～12%，而且，后续的进一步处理（2000r/min，90min 离心处理）可将单层与双层石墨烯有效地分离[42]。这种方法使用高极性有机溶剂乙腈（ACN）在高温下从膨胀石墨剥离出石墨烯。图 1.10 为热剥离过程示意图。

1.3.2　外延生长法

这种方法通过 SiC 在真空环境中高温（高于 1100℃）热处理获得石墨烯。由于所获石墨烯产物的取向相对基片表面有基本确定的关系，所以称为外延。处理

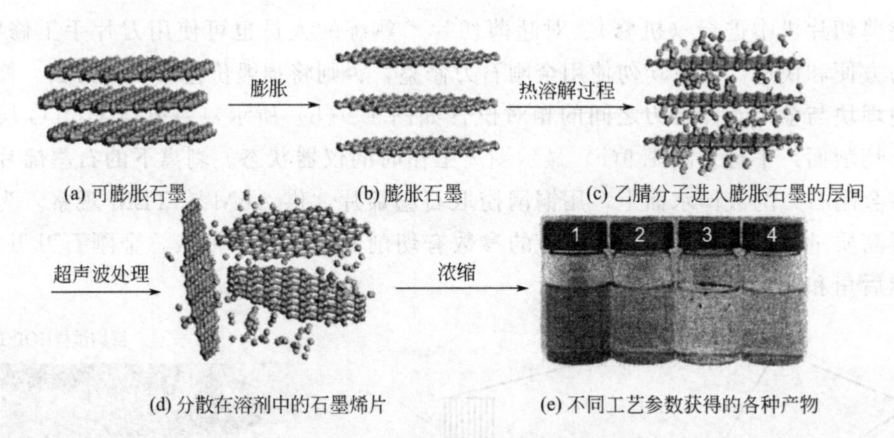

(a) 可膨胀石墨　(b) 膨胀石墨　(c) 乙腈分子进入膨胀石墨的层间

(d) 分散在溶剂中的石墨烯片　(e) 不同工艺参数获得的各种产物

图 1.10　石墨烯的热剥离过程

时，硅原子升华，余下的碳原子重组形成石墨烯，也称 SiC 石墨化。这种生长方法能实现在绝缘的 SiC 基体表面上的大规模生产，产物具有高迁移率［1000～10000cm^2/(V·s)］[45]。然而将产物石墨烯从 SiC 表面转移到其他基片（例如 SiO_2/Si 或玻璃）表面上似乎还缺少合适的方法；另外，高生长温度也使它的大规模应用受到限制。

SiC 有两个垂直于 c-轴的极性表面：一个为硅端面，称为 Si-面；另一个为碳端面，称为 C-面。对两个不同极性表面，石墨烯的外延生长过程和结构都有着很大不同。在 Si-面外延生长时，与 SiC 基片相邻的一层是一缓冲层，基本上是有缺陷的石墨烯层，与基片共价结合。这一层又称零层石墨烯，它没有石墨烯的键结构[46,47]。在缓冲层上方的第一层石墨烯好像是孤立的石墨烯，它相对基片作 30°的旋转。多层石墨烯呈 AB 堆叠。对 C-面外延生长，不存在富碳缓冲层。石墨烯与基片发生弱结合。在该表面上的多层石墨烯无序旋转，亦即石墨烯相对基片无固定的取向[48]。不过，它们仍然在约 0°～30°择优取向，因而仍可称为外延生长。

TEM 能直观地表征石墨烯外延生长过程的形态学变化，从台阶处石墨烯的形成到沿着平台的延伸生长，探索其形成机理[49]。

电子衍射是石墨烯表征的有效手段，其中低能电子衍射（LEED）常用于研究石墨烯在各种基片上的外延生长[49～52]。

对 SiC 的 C-面外延生长，所得产物有较高质量，缺陷密度较低，载流子迁移率较高。它的缺点是生长较快，因而较难控制，而且厚度变化较大。

气封控制升华法（confinement controlled sublimation，CCS）在 SiC 的两个极性表面都能生长出高质量的石墨烯。这种方法制备的 C-面石墨烯，其第一层的迁移率高达 30000cm^2/(V·s)，多层石墨烯最外层的迁移率超过 250000cm^2/(V·s)[45]。

不论是 Si-面的还是 C-面的生长，其生长都与压力的大小强烈相关。有多种不同方法能用于获得局部硅压力，以控制石墨烯的生长。CCS 是其中的一种，其装置如图 1.11 所示[53]。SiC 基片安放于石墨制成的盒内，在感应真空炉中加热至生长温度，石墨盒防止硅逃逸，以能达到高的局部硅压力。因此，在接近热动力学平衡的条件下发生了 SiC 表面上硅的升华。石墨烯的产率取决于石墨盒内硅的逃逸率。这能从石墨盒的设计达到要求，例如开启一个小孔。

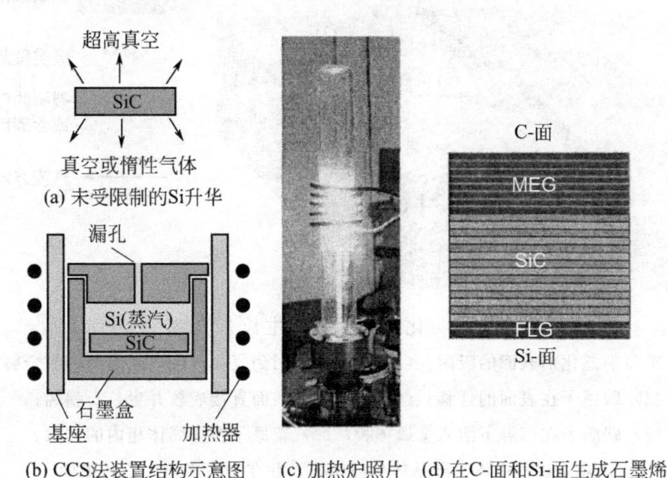

图 1.11 使用 CCS 法制备石墨烯

碳化硅表面外延法能获得大面积、高质量的石墨烯，但成本昂贵，对设备的要求也较高。

1.3.3 化学气相沉积法

化学气相沉积法（CVD）能获得大面积[54]、高质量［载流子迁移率达到 $16000cm^2/(V \cdot s)$[55,56]］、层数可控[57,58]和带隙可调[59]的石墨烯薄膜。CVD 法被认为是实现工业化大规模生产高质量石墨烯很有前途的方法[45,60]。

简言之，CVD 法就是加热含碳物质（碳源），气体（如乙烯或甲烷等）、液体（如苯）或固体（如某种高分子材料），使碳原子在某种金属（例如，单晶 Ru，多晶 Ni 或 Cu）表面生成石墨烯。

图 1.12 显示 CVD 法生长石墨烯的基本过程[60]，主要有以下几个步骤：①碳源在金属催化剂基底上的吸附和分解；②表面上部分碳原子向金属基底内部的溶解和扩散；③降温过程中碳原子从内部向表面的析出；④碳原子在催化剂表面的成核和二维重构，生成石墨烯。

使用烃类化合物的 CVD 方法可以在许多种过渡金属（transition metal）（例如 Pt，Ru，Ir，Co，Pd，Ni 和 Cu 等）中生长石墨烯。生长可以是表面吸附过程，也可以是碳原子的偏析过程，取决于碳在金属基片的溶解度和生长条件。近年来的研究表明，在相对价廉的多晶 Ni 和 Cu 基片上生长石墨烯，对于大规模、高质量产品的生产有很好的前景。它的一个重要优点是易于将石墨烯转移到任何其他基片上。

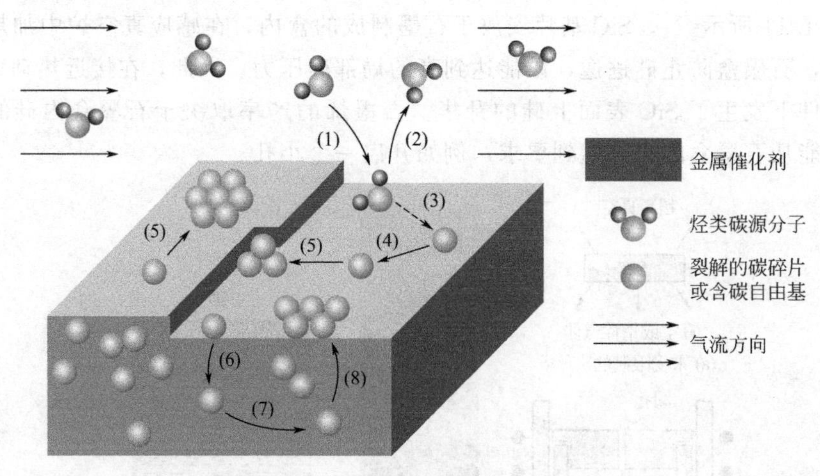

图 1.12 化学气相沉积生长石墨烯

(1) 碳源中催化剂表面的吸附；(2) 碳源脱附回到气相；(3) 碳源的脱氢分解；
(4) 碳原子在表面的迁移；(5) 碳原子在表面直接成核并生长石墨烯；
(6) 碳原子在高温下溶入金属体相；(7) 碳原子在金属体相内的扩散；
(8) 降温过程中碳原子从体相内析出，并在表面成核生长石墨烯

(1) 镍基生长石墨烯

Ni已经广泛地在生产高质量石墨、金刚石和碳纳米管中作为过渡金属，近年来则用于石墨烯的制备。图 1.13 是石墨烯在金属 Ni 基片表面上生长过程示意图[61]。石墨烯生长过程如下：高温下烃类化合物在金属表面分解并释放出碳原子；碳原子与金属 Ni 形成碳化物固溶体，并扩散到 Ni 内部；降温后由于碳在 Ni 中溶解度过饱和而从 Ni 内部析出；碳原子在 Ni 表面聚集，重构形成石墨烯。

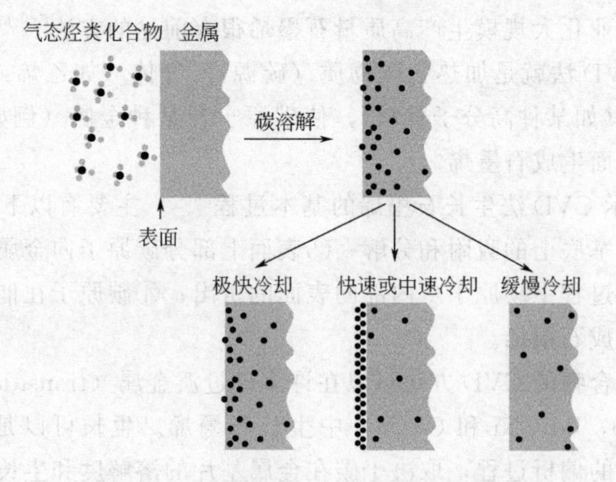

图 1.13 石墨烯在 Ni 基表面的生成过程

这种制备方法一般难以控制成品石墨烯的层数。然而，在单晶 Ni 基片上能成功合成单层的单晶石墨烯[62]。

(2) 铜基生长石墨烯

与镍有很高的碳溶解度(原子分数大于0.1%)不同,铜的碳溶解度要低得多(原子分数小于0.001%)。在镍基片上,石墨烯的CVD生长主要由溶解于Ni中的碳原子析出表面后重构组成石墨烯,而Cu基片上石墨烯的CVD生长,由于其极低的碳溶解度,则简单而直接,是一个表面吸附过程。在高温下,Cu催化分解烃类化合物气体,碳原子在Cu基片表面上扩散并形成石墨烯(同时也有极少数碳原子扩散进入Cu基片)。一旦Cu表面被一层石墨烯完全覆盖,石墨烯的生长即终止。这是因为缺少暴露于外的催化剂(Cu),不能进一步分解烃类化合物。因此,生长过程能得到自行控制,能够在整个基片表面上形成厚度均匀的石墨烯膜。获得的石墨烯大多为单层(超过94%),小于5%为双层或多层石墨烯。研究表明,用Cu作催化剂能制备大尺寸、高质量和易于转移到其他基片上的石墨烯[57,63]。

有人使用双轧辊装置将铜箔上石墨烯转移到其他基片上,这是使用Cu基片CVD生长石墨烯方法在实际应用上的重大进展[54]。

(3) 无基片气相合成法

这种方法不使用催化剂金属基片,石墨烯在等离子体反应器内生成[64]。图1.14是用于合成石墨烯的常压微波等离子体反应器结构简图[64]。位于反应器内的石英管通以Ar,用于产生Ar等离子体。由Ar和乙醇液滴组成的气溶体通过插入石英管内的氧化铝管混合石英管内的Ar等离子体。在等离子体中,乙醇液滴快速蒸发并分解形成固体物质。反应产物快速冷却,最终沉积于出口的滤膜上。该产物在超声波处理时易于分散。

1.3.4 氧化还原法

简言之,氧化还原法就是将石墨氧化,随后将石墨氧化物(GO)还原,获得石墨烯,如图1.15所示[24,65]。这是目前最为广泛使用的制备石墨烯的方法之一。这种方法的最大优点在于能制得价格低廉的产物,然而所得石墨烯的质量较差。例如,还原产物的迁移率大多在0.001~10$cm^2/(V \cdot s)$之间[66](取决于还原条件和膜的厚度),也有报道达到更高的365$cm^2/(V \cdot s)$[67]。这些值与机械剥离法制备的石墨烯相比,要低几个数量级。这是因为GO的还原是不完全的,产物中既包含石墨烯,也包含石墨烯氧化物。典型的碳氧原子比仅为5~12。其次,在氧化和随后的还原过程中都会产生高密度的缺陷。缺少严格的晶格结构,使得GO还原法制得的产物在高精密电子器件中的应用受到限制。然而,晶体缺陷有个好处,它提供了化学功能化的晶格结构位置(格点),便于功能化处理(对具有严格晶格结构的石墨烯,功能化是相当困难的)。这十分有利于开发轻重量、超高强度的石墨烯/聚合物复合材料。

Hummers法[68]是目前最常用的制备氧化石墨的方法。该方法将粉末石墨和硝酸钠加入浓硫酸中,在冰浴中冷却到0℃。随后以高锰酸钾为氧化剂作氧化处理。最后用双氧水还原剩余的氧化剂,并过滤、洗涤和脱水,最终得到干燥的氧化

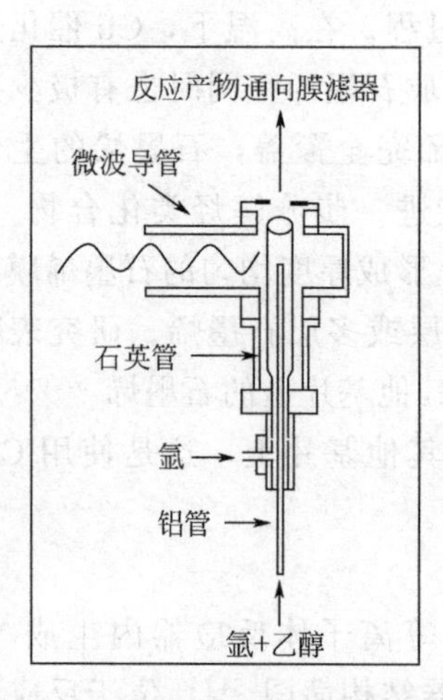

图 1.14 生成石墨烯的等离子体反应器示意图

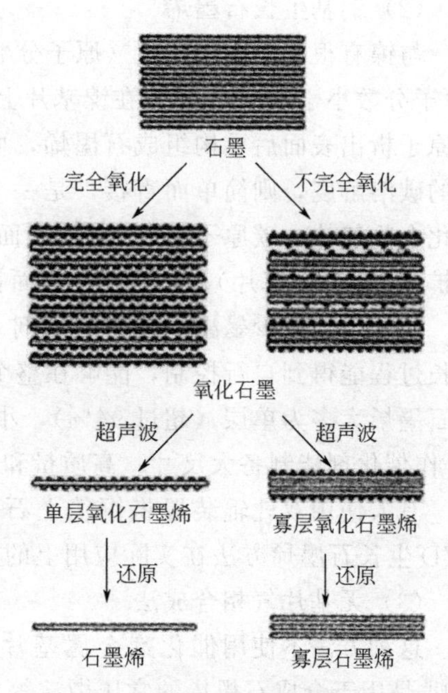

图 1.15 化学还原法制备石墨烯过程示意图

石墨粉末。

石墨被氧化后易于被剥离为各个氧化石墨烯片，只要使用超声波处理或在水中搅拌就能达到有效剥离。氧化石墨烯片能很好地分散于水中。这是由于石墨烯氧化物片包含羟基和羧基以及某些其他基团，使得其表面含有负电荷，因而能保持各片不会重新聚集。石墨烯氧化物的亲水性意味着水分子容易插入石墨烯氧化物，导致的片间分离范围为 0.6～1.2nm[69]。

除了水外，石墨烯氧化物也能分散在许多有机溶剂中，例如，*N*,*N*-甲基甲酰胺（DMF）、甲基吡咯烷酮（NMP）、四氢呋喃（THF）和乙二醇（EG）等。

在 GO 的制备过程中，由于氧原子和其他基团的引入，不可避免地破坏了原始石墨的原子结构，使剥离的氧化石墨烯部分失去原有的优异性质。因此，随后的处理应对 GO 的原子结构进行还原修复。

化学方法是还原 GO 为石墨烯的主要方法之一[70～73]。常用的还原剂有肼、硼氢化钠（$NaBH_4$）、二甲基肼和强碱等。其他方法还有热处理[74]和电化学方法[75]等。

诸如肼这类化学还原剂有着强毒性和腐蚀性，电化学方法能克服这个缺点。图 1.16是电化学方法工作示意图[75]。还原过程在磷酸钠缓冲液（1mol/L，pH＝4.12）中完成。可通过观察光学显微图颜色的变化（从褐色变化到黑色）和 SEM 像衬度的变化检测试样被还原的程度。

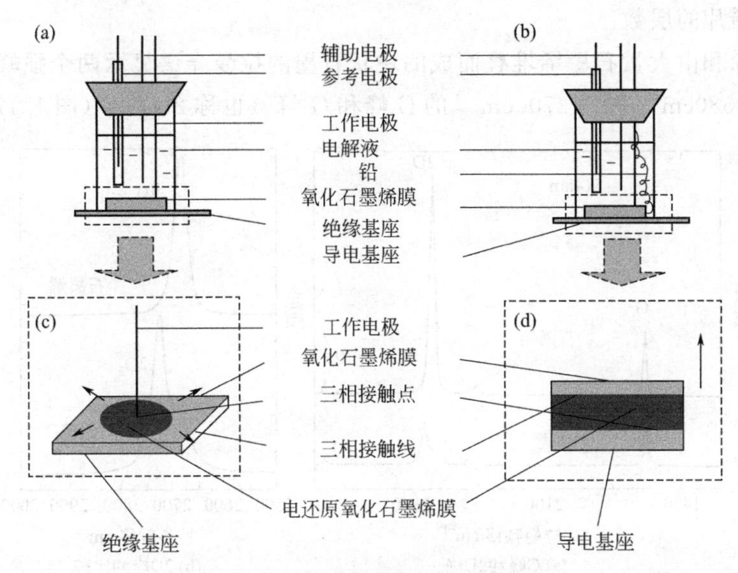

图 1.16 电化学还原法制备石墨烯

(a) 在绝缘基片上还原的装置；(b) 在导电基片上还原的装置；(c) 在绝缘基片上的电解过程；(d) 在导电基片上的电解过程，图中箭头表示石墨烯的生长方向

1.4 石墨烯的表征

石墨烯的表征主要是对与石墨烯结构和性质有关的参数的确定：原子结构（包括缺陷和无序）、手性、厚度（层数）、表面形貌（包括粗糙度）和杂质（非碳元素和基团）以及力学性能和应力应变等。石墨烯表征的手段主要有拉曼光谱术、电子显微术、原子力显微术、光学显微术、X 射线衍射术、红外光谱术和各种电子谱术等。

1.4.1 拉曼光谱术

拉曼光谱术是石墨烯表征的最重要、应用最广泛的手段之一。拉曼光谱术能在空气环境中作精确定位的非接触无损伤检测，而且能高效快速地获得检测结果[76]。

对石墨烯，拉曼光谱术能够探测的性质主要包括石墨烯的厚度（层数）、缺陷、堆叠几何、边缘手性和掺杂等。此外，对石墨烯的力学性能，例如应变，也能给出丰富的资料。通常，拉曼光谱术用于分析晶格振动模的情景。光谱对原子排列和声子结构很敏感，而对电子结构则不敏感。然而，对石墨烯，由于强共振效应，拉曼散射对电子能级十分敏感。石墨烯的上述性质正是在电子结构和电子-声子相互作用上的反映。

（1）石墨烯层数的测定

大多数石墨烯片通常由 1 层、2 层、3 层或更多层石墨烯所组成。不同层数石墨烯片的电子结构和电子-声子相互作用有所不同。这些不同能够在它们的拉曼特征峰结构中得到体现，而且具有“指纹”特性。因而拉曼光谱术能用于准确无误地判别石墨烯片的层数。

石墨烯和由大量石墨烯堆叠而成的块状石墨的拉曼光谱显示两个强峰，分别位于频移约 1580cm^{-1} 和约 2700cm^{-1} 的 G 峰和 G′峰（也称 2D 峰）（图 1.17[77]）。分

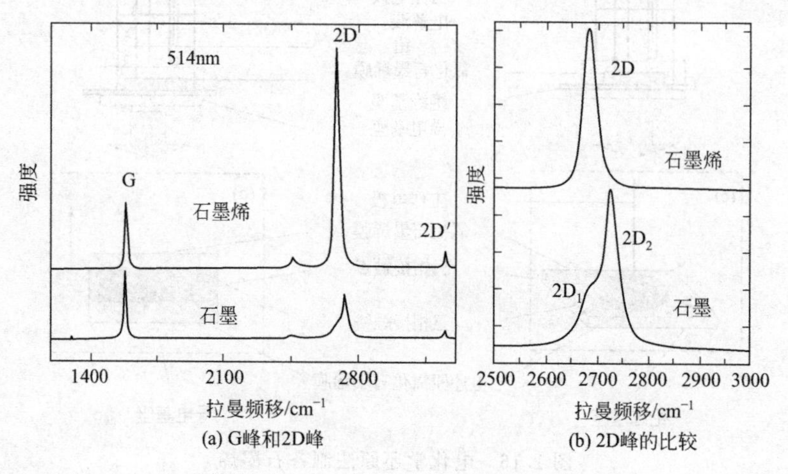

图 1.17　石墨烯和石墨的拉曼光谱

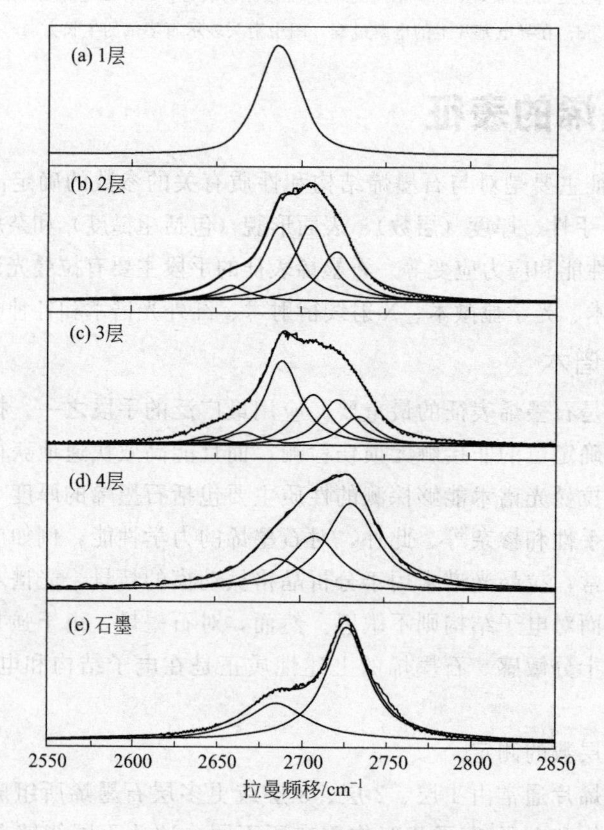

图 1.18　石墨和不同层数石墨烯的拉曼光谱

（a）1 层；（b）2 层；（c）3 层；（d）4 层；（e）石墨

析2D峰的位置（频移）、形状和强度可以确定组成石墨烯片的石墨烯层数。图1.17(a)显示石墨烯形状对称的、强而窄的2D峰，强度约为其G峰的4倍，频移约为2680cm^{-1}，而石墨的2D峰形状明显不对称［图1.17(b)］，可看成由$2D_1$和$2D_2$两个较小的峰组合而成，强度明显较弱，其频移则向较高的方向偏移，略大于2700cm^{-1}。不同层数石墨烯的2D峰拟合曲线如图1.18所示[78]，显示了石墨烯层数与2D峰结构之间的关系。单层石墨烯的2D峰由一个很强的洛仑兹（Lorentz）峰拟合，2层和3层石墨烯则分别需要4个和6个洛仑兹峰才能获得合适的拟合，亦即层数的增加使2D峰分裂。从4层到更多层组成的石墨，分峰又趋向合并，例如裂解石墨（HOPG）的2D峰仅由2个洛仑兹峰组成。图中还显示，石墨烯层数的变化也引起2D峰形状的明显变化。峰半高宽的大小可用于定量描述这种关系。图1.19显示石墨烯2D峰的半高宽随层数变化的规律[79]。可见，随着层数的增加，FWHM向更宽的方向变化。

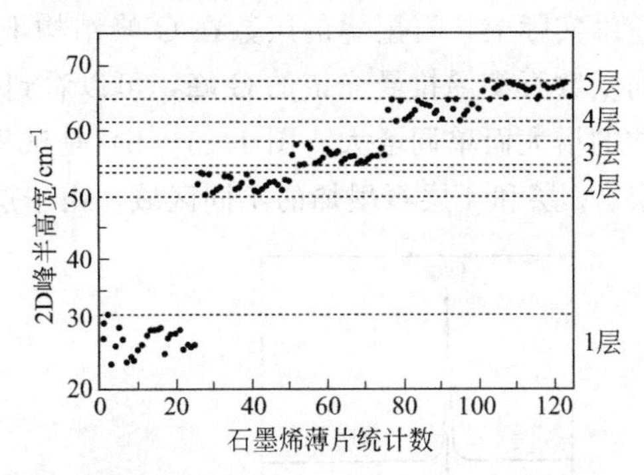

图1.19　石墨烯薄片统计数与2D峰半高宽FWHM关系的统计数据

拉曼成像也可用于表征石墨烯的层数。图1.20(a)是一片石墨烯的光学显微图，试样包含有1层、2层、3层和4层石墨烯的不同区域，与图中两虚线长方框

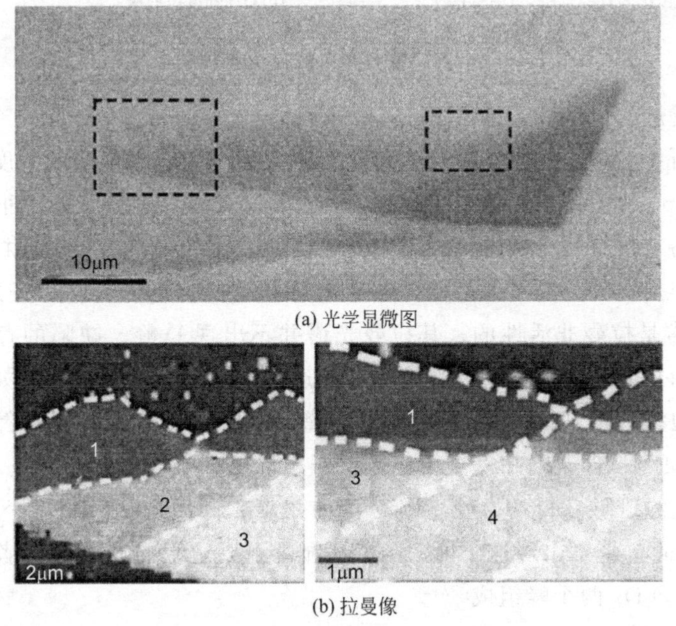

(a) 光学显微图

(b) 拉曼像

图1.20　石墨烯的光学显微图和拉曼像

相对应的拉曼像分别显示在图 1.20(b)、(c)。用于成像的信号是 2D 峰的半高宽。较明亮的区域有较大的半高宽，相应也有较多的层数（图中数字表示层数）[79]。

应该指出，2D 峰的结构与石墨烯层数的确切关系还与石墨烯层的堆叠几何有关。这涉及石墨烯的电子结构和层间相互作用，详尽的理论解析可参阅相关文献[79~81]。

实际上，石墨烯的层数在 G 峰结构上也有明显反映[82]。图 1.21（a）显示不同层数石墨烯拉曼光谱的 G 峰，可以看到位于 1580cm^{-1}的 G 峰的强度随石墨烯层数的增大而单调增大。图 1.21（b）是试样的 G 峰强度拉曼像，试样包含 1 层、2 层、3 层和 4 层石墨烯的不同区域，由于层数不同引起的图像衬度明显可见。

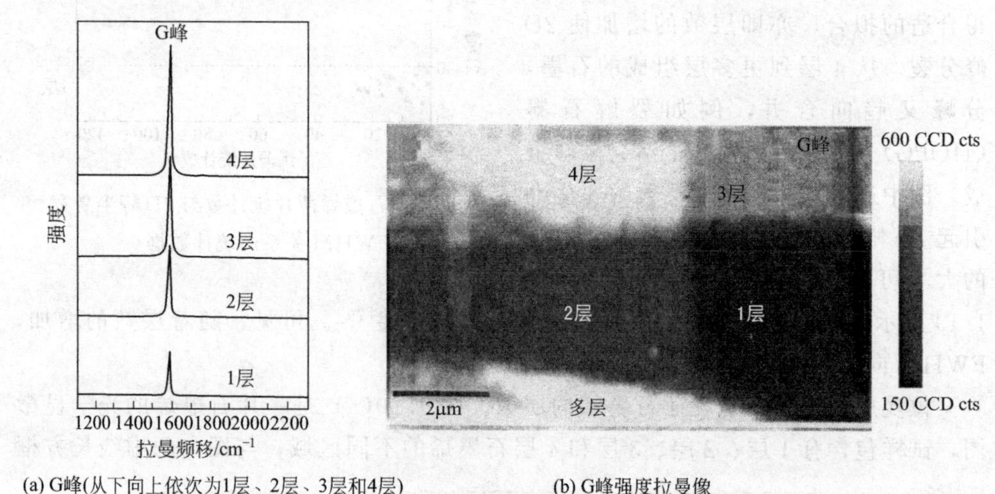

(a) G峰(从下向上依次为1层、2层、3层和4层)　　(b) G峰强度拉曼像

图 1.21　不同层数石墨烯的拉曼光谱和拉曼像

（2）石墨烯的缺陷和无序

缺陷对石墨烯材料的电子结构和传输有很大影响，即使缺陷的浓度很小。尽管石墨烯这种 sp^2 杂化碳是最稳定的材料之一，石墨烯的结晶质量依然很易受到外界的影响，因为它仅有一个原子的厚度。一般而言，拉曼光谱对大多数材料的缺陷并不敏感，除非损伤十分严重。然而，对石墨烯却有所不同。对结构完好的石墨烯，一级 D 峰通常是拉曼非活性的，其拉曼光谱并不出现 D 峰。缺陷的存在将导致 D 峰的出现，而且非常敏感。例如，石墨烯的边缘可视为有缺陷结构，如若激发光光斑包含试样边缘，则其拉曼光谱将出现 D 峰，即便试样整体具有完善的结构。图 1.22 显示无缺陷、含缺陷和完全无序单层石墨烯的一级拉曼光谱[81]。在具有完善结构石墨烯边缘区域获得的拉曼光谱 D 峰如图 1.23 所示，在其中心区域的拉曼光谱［图 1.22(a)］将不出现这个峰，图中还显示石墨边缘的 D 峰与前者（单峰）不同，它由 D_1 和 D_2 两个峰组成[77]。

对石墨烯拉曼光谱的更详尽研究指出，缺陷不只涉及 D 峰的行为，还在其他

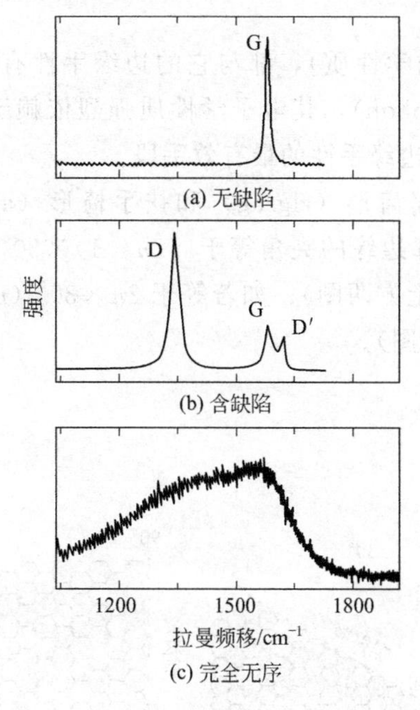

图 1.22 单层石墨烯的一级拉曼光谱

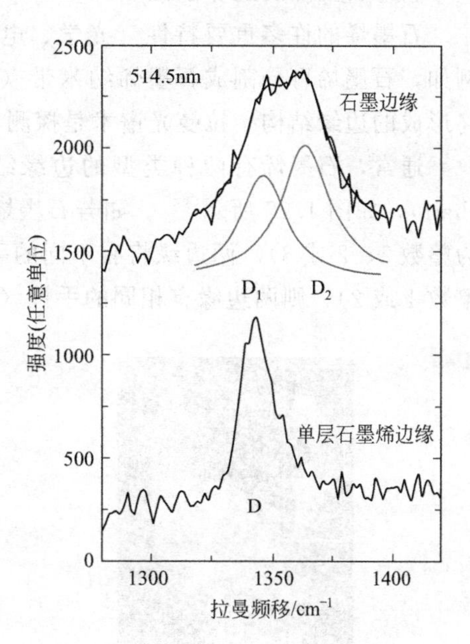

图 1.23 含试样边缘区域的拉曼 D 峰

峰的行为上有所反映，而且还能作出某种程度的定量描述。

实际上，诸如石墨、石墨烯及其氧化物和炭黑等碳同素异形体都能用拉曼光谱检测它们的缺陷和无序程度。这些材料通常都会在拉曼光谱中显现分别位于 $1350cm^{-1}$ 和 $1580cm^{-1}$ 的 D 峰和 G 峰。峰的强度和形状能反映这些同素异形体的无序程度。D 峰的出现表明该碳同素异形体中缺陷的存在。缺陷和无序程度的增大将导致 D 峰强度的增大，而且 D 峰相对 G 峰的强度比（I_D/I_G）也随之增大。同时，无序程度的增大还将使 D 峰变宽，但其频移则基本保持不变，仍位于 $1350cm^{-1}$ 附近。G 峰也会变宽，而位置则向高频数方向偏移，频移超出了 $1600cm^{-1}$。除了 D 峰和 G 峰外，对石墨烯缺陷和无序敏感的拉曼峰还有 D′、2D (G′)、D+D″和 2D′(G″) 等峰。

对三维石墨结晶的大小，可用 D 峰与 G 峰的强度比 I_D/I_G 来估算。然而，与石墨中纳米级晶体大小相关的缺陷与石墨烯 sp^2 碳晶格中的点缺陷在基本几何上并不相同。因而，对含有零维点缺陷的石墨烯，通常使用缺陷平均间距 L_D 来定量描述其无序的程度[83,84]。

石墨烯的缺陷也能在拉曼像中显现。图 1.24 是石墨烯的拉曼像，以其拉曼光谱的 G 峰频移成像。石墨烯的生长缺陷会引起拉曼 G 峰频移的偏移，从而产生图像衬度。插图由 G 峰的强度获得，石墨烯厚度的变化产生了该图像的衬度。

总之，拉曼光谱术可用于高效快速地检测石墨烯片的缺陷和无序程度。上述方法的理论依据和光谱行为解析可参阅相关文献[21,80,84]。

(3) 石墨烯的边缘手性（edge chirality）

石墨烯的许多重要特性（光学、电学和磁学性质），都与它的边缘手性有关。例如，石墨烯可分割成石墨烯纳米带（nanoribbon），其电子学性质强烈依赖于最终形成的边缘结构。拉曼光谱术是探测石墨烯边缘手性的最有效手段。

通常，石墨烯有两种类型的边缘结构，锯齿形（zigzag）和扶手椅形（armchair），如图 1.25 所示[85]。如若石墨烯两相邻边缘的夹角等于 $(2n-1)\times30°$（n 为整数 1、2 或 3），两边缘将有不同的手性（上方两图）；如若等于 $2n\times30°$（n 为整数 1 或 2），则两边缘有相同的手性（下方两图）。

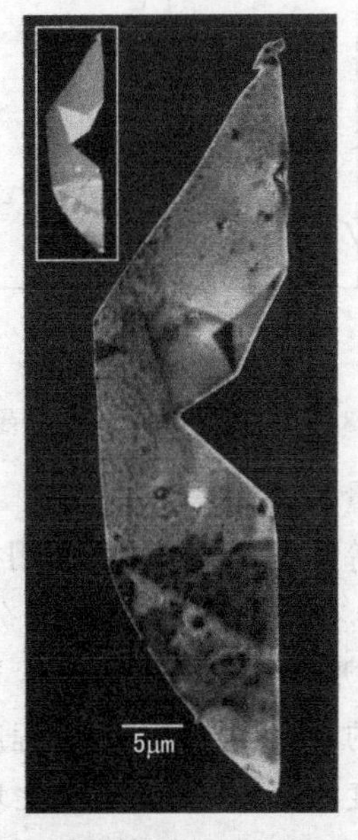

图 1.24　含缺陷石墨烯的 G 峰频移拉曼像，插入小图为 G 峰强度拉曼像

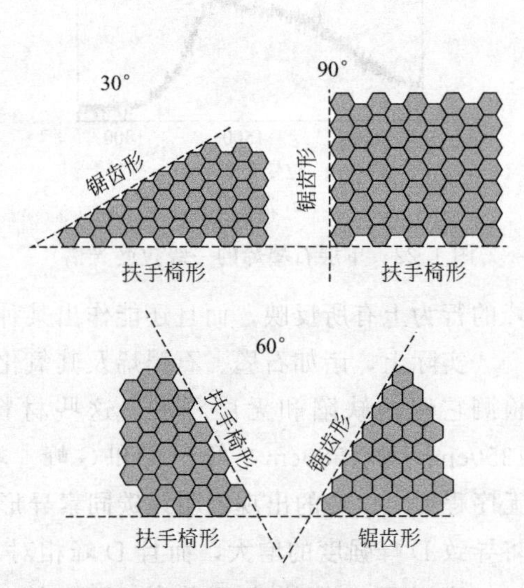

图 1.25　石墨烯边缘的原子结构

石墨烯边缘的原子没有完善的 sp^2 杂化。因而，如前所述，边缘可视为一种特殊的缺陷，而且能在其拉曼光谱中得到反映，主要表现在缺陷的存在“激发”了 D 峰的活性。进一步的研究指出，对 D 峰的“激活”程度与边缘手性直接相关。据此，可检测石墨烯的边缘手性。

图 1.26(a) 和图 1.26(b) 分别显示石墨烯的 G 峰和 D 峰强度拉曼像[85]。图 1.26 (a) 中的明亮区域相应于 G 峰强度较强区域。可见整个石墨烯片具有均匀分布的 G 峰强度，表明试样具有高质量。两条边缘夹角 30°，所以有相反的边缘手性，边缘 1 为扶手椅形，而边缘 2 为锯齿形。图 1.26(b) 和图 1.26(c) 显示 D 峰强度拉曼像，图中箭头指示两幅像有不同的激发光偏振方向。从图中可见，D 峰仅在石墨烯的边缘出现，而且强烈相关于激发光偏振方向。图 1.26(b) 还显示，边缘 1 比边缘 2 有强得多的 D 峰强度。这种强度差异不是来源于激发光偏振方向的

影响，而是和碳原子的排列有关，也即手性，因为偏振方向相对边缘都有相同的偏角。边缘 2 仍然出现 D 峰，只是强度很弱，这是因为所测试试样的边缘 2 含有少量扶手椅形原子排列。对于具有完善结构的石墨烯，仅仅扶手椅形边缘在拉曼光谱中出现 D 峰，而锯齿形边缘并不出现 D 峰。图 1.26(d) 显示激发光两种偏振方向下试样边缘区的拉曼光谱。光谱Ⅰ和Ⅱ分别来自水平偏振方向时的边缘 1 和 2（此时，偏振方向几乎与两边缘平行）。边缘 1 的 D 峰强度明显强于边缘 2。据此可以判断边缘 1 具有扶手椅形，而边缘 2 为锯齿形。光谱Ⅲ和Ⅳ分别来自激发光垂直偏振时的边缘 1 和边缘 2，它们都不显示 D 峰，这是激发光偏振方向的影响。图 1.26(e) 显示 D 峰强度沿着图 1.26(b) 中直实线和图 1.26(c) 中直虚线的变化。曲线形状表明的强度变化情景与图 1.26(d) 中谱线的 D 峰强度相一致。

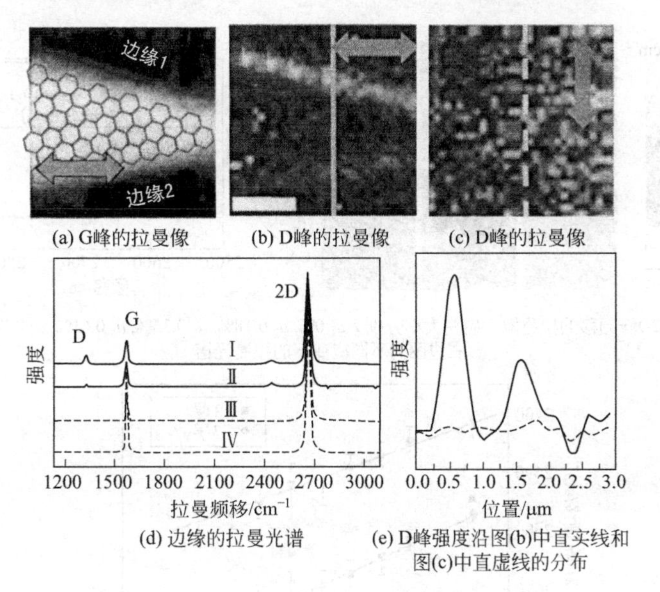

图 1.26 石墨烯的峰强度拉曼像和拉曼光谱

注：图中箭头表示激发光的偏振方向，图（b）中的标尺为 2μm。

（4）石墨烯的应变

应变将引起石墨烯晶格的扭曲，从而强烈影响石墨烯的电子学结构和性能。因而应变也是研究人员关注的重要物理参数。单轴和双轴应变是最常见的应变类型。拉曼光谱能有效而快速地检测这两种应变。

材料微观力学的拉曼光谱学研究指出，包括碳材料在内的许多材料，它们的某个或几个特征峰的频移对应变敏感，而且常常呈简单的线性函数关系[76,86~88]。据此可使用拉曼光谱定量测定试样的应变。这个原理同样适用于石墨烯。

将石墨烯沉积在软质的基片（例如 PET）上，单方向拉伸基片，可实现对石墨烯的单轴应变[89]。图 1.27 显示不同应变值下对石墨烯拉曼 2D 峰的测定结果。图 1.27(a) 是不同应变下的 2D 峰频移拉曼像，图中较明亮微区表明该微区 2D 峰有较大的频移。显见，随着应变的增大，拉曼像变得越来越暗，表明2D峰频移随着应变的增大发生红偏移（也即向较低频移方向偏移）。右边图是未应变、0.78%应变和应变松弛后石墨烯的拉曼光谱，明显可见，应变使2D峰发生红偏移，而应变松弛（a_6）则引起了蓝偏移。图1.27(b)显示1层和3层石墨烯应变与2D峰频移的关系，两者都有近似的线性函数关系。拟合直线斜率对1层和3层石墨烯分别为（-27.8 ± 0.8）cm^{-1}/%和（-21.9 ± 1.1）cm^{-1}/%。据此，可以应用拉曼光谱定量测定石墨烯的应变大小。同样，对G峰也有相似的物理现象。但是，两个峰的应变敏感性并不相同，2D峰频移对应变的敏感性要显著高于G峰；此外，应变引起的单层石墨烯的2D峰和G峰频移的红偏移比起3层石墨烯更敏感。更多的单轴应变研究结果可参阅相关文献[90~92]。

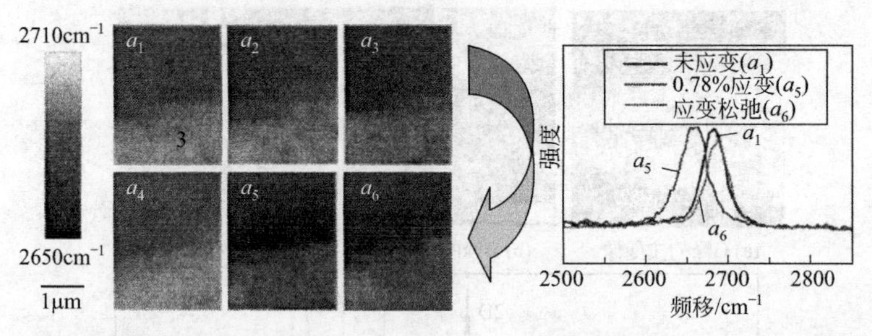

(a) 不同应变下2D峰频移的拉曼像，应变大小分别为a_1 0%, a_2 0.18%, a_3 0.35%, a_4 0.61%, a_5 0.78%, a_6应变松弛
右边图为不同应变下的拉曼光谱

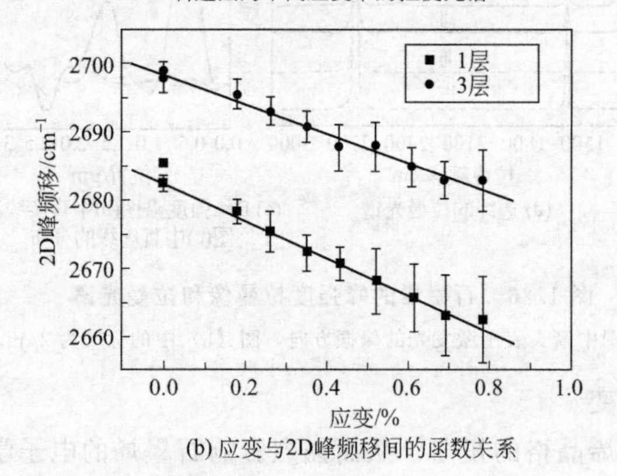

(b) 应变与2D峰频移间的函数关系

图1.27 石墨烯的拉曼像和应变与频移的关系

双轴应变被认为更适合于反映应变对双共振过程（D峰和2D峰）的影响[93,94]。将制得的纯石墨烯转移到具有压电功能的基片上，以变化电压实现应变大小的调节。D、G、2D和2D′峰的频移与双轴应变$\varepsilon_{\parallel}$的函数关系如图1.28所示。可见各个峰的频移与双轴应变都有着良好的线性关系，拟合直线的斜率分别高达$-61.2cm^{-1}$/%、$-57.3cm^{-1}$/%、$-160.3cm^{-1}$/%和$-112.4cm^{-1}$/%，远高于单轴应变时D峰和G峰相对应的值。

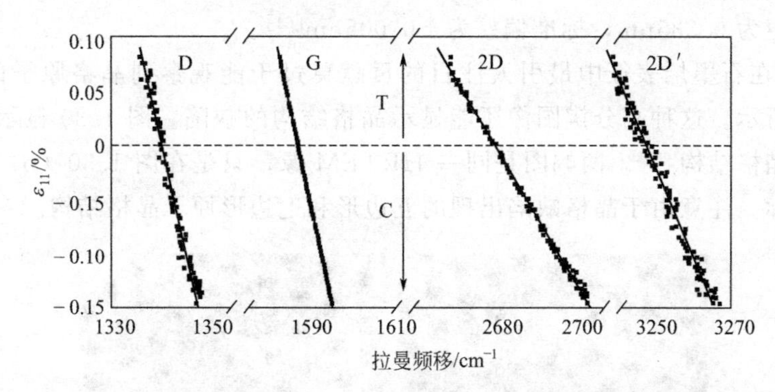

图 1.28　石墨烯双轴应变与 D、G、2D 和 2D′峰频移间的函数关系，图中 T 和 C 分别表示拉伸和压缩

石墨烯拉曼光谱的某些特征峰的频移对单轴和双轴应变高度敏感，而且其偏移与应变之间有简单的线性关系。这一物理现象提供了一种使用拉曼光谱定量测定石墨烯应变的手段。测量过程对试样无损伤，不接触，而且简单快捷。在使用 CVD 或外延方法制备石墨烯时，常常使产品含有不同程度的残余应变。显然，拉曼光谱是对这一参数很合适的表征技术。其次，与碳纳米管相似，这一物理现象使石墨烯可用作力学传感器[95]。

1.4.2　电子显微术、电子衍射花样和电子能量损失谱

透射电子显微术是材料微观结构表征最常使用的手段之一。常用电镜都能用于电子成像和电子衍射，有的电镜还具备作电子能量损失谱的附件。尽管电子显微镜在试样准备和仪器操作上都比较麻烦，由于图像的直观性，许多研究人员仍然选用 TEM 作为石墨烯结构表征的手段，有大量相关研究成果发表。

单层石墨烯仅有碳原子大小的厚度，在 TEM 中几乎是电子透明的，因而 TEM 的质量-厚度衬度像一般并不显现什么结构情景。通常，膜的中央部分衬度均匀，无任何结构细节可见，在边缘部分透明度较低，有膜折叠迹象。这种边缘折叠现象提供了一个在 TEM 中测定石墨烯膜层数的方法。图 1.29 显示单层和双层石墨烯边缘区域的 TEM 像。折叠的部分区域（边缘）与电镜电子束入射方向相平行，使得在单层石墨烯的图像中显现一条暗线，而对双层石墨烯试样则显示两条暗线。这种情况与单壁和双壁碳纳米管的 TEM 像相似。使用合适的图像处理软件，可以测得层间间距，例如对双层石墨烯

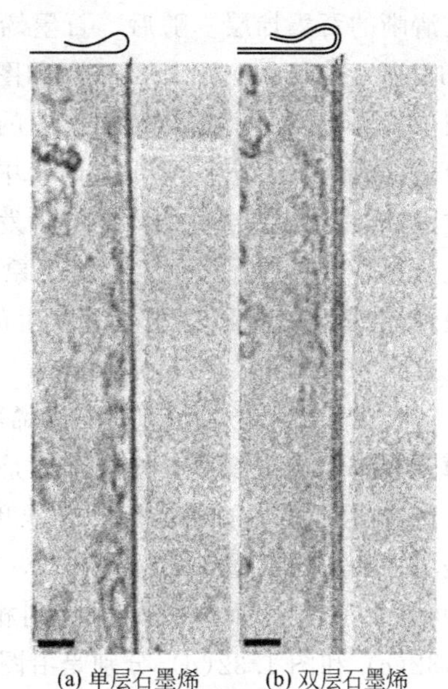

(a) 单层石墨烯　(b) 双层石墨烯

图 1.29　单层和双层石墨烯边缘折叠区域的 TEM 像（图中标尺为 2nm）

测得的间距为 0.335nm，标准偏差为±0.005nm[64]。

TEM 在石墨烯表征中最引人注目的贡献莫过于能观察到晶格原子的直接像，如图 1.8 所示。这种高分辨图像还能显示晶格结构的缺陷。图 1.30 显示具有缺陷的石墨烯晶格结构[96]。两幅图是同一 HRTEM 像，只是在图 1.30（b）中人为加上结构轮廓。注意由于晶格缺陷出现的五边形和七边形原子晶格结构。

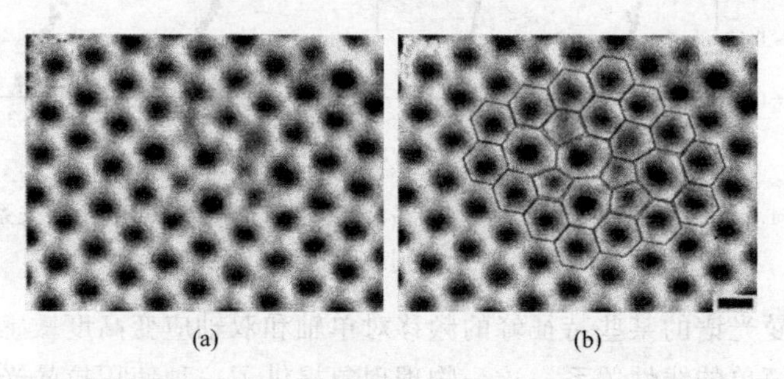

图 1.30　含缺陷石墨烯的 HRTEM 像（图中标尺为 2Å，1Å=10^{-10}m，余同）

注：(a) 和 (b) 为同一图像，在图 (b) 部分区域画上了晶格。

高分辨透射电子显微镜能用于探索制备过程中石墨烯的形成过程，例如观察在 SiC 台阶附近原子尺度微结构的变化。图 1.31 显示在 SiC 台阶上石墨烯生长过程的典型 HRTEM 像[97]。试样使用离子轰击减薄法制得。图像中石墨烯显现为 SiC 基片上的暗线，SiC 基片则表现为明亮的点线。由于电子束入射角的不同，图 1.31(a) 和图 1.31(e) 比其他各图有更高的分辨率。在生长初期，在 SiC 台阶处形成 4 层弯曲的石墨烯，如图 1.31(a) 中箭头所示。它们围绕着台阶，而在其他区域未见清晰的石墨烯层。随后，石墨烯沿 SiC 表面平台区域延展生长，形成如图 1.31(b) 所示的情景。图 1.31(c) 和图 1.31(d) 是图 1.31(b) 中部分区域的放大图。图中箭头指示由于晶格缺陷产生的形变。图 1.31(e) 和图 1.31(f) 显示围绕 SiC 台阶的石墨烯形态。图 1.31(e) 中箭头指示在台阶处难以分辨的 3 层石墨烯，其左边和右边的层数不相同，似乎发生了石墨烯层的合并。图 1.31(f) 箭头指示顶端分离开的一层石墨烯，这种现象来源于长时间的电子照射。TEM 观察揭露了石墨烯在 SiC 表面生长过程中发生的各种形态学现象，有利于探索石墨烯的形成机理。

在 TEM 中能够实施对石墨烯薄膜的电子衍射。分析获得的衍射花样能够确定薄膜是单层或是双层石墨烯。这是利用它们的内外层衍射点强度分布的差异。图 1.32 显示石墨烯的电子衍射花样和强度分布[64]。图 1.32(a) 和图 1.32(b) 分别是单层和双层石墨烯的衍射花样，其内层六角形衍射点相应的密勒指数为（0-110）（间距 2.13Å），而外层衍射点则相应于密勒指数（1～120）（间距 1.23Å）。图 1.32(c) 和图 1.32(d) 分别是沿图 1.32(a) 中 1 和 2 两点间直线和图 1.32(b) 中 3 和 4 两点间直线测得的强度分布。图 1.32(c) 显示内外层衍射点有几乎相等的强度，石墨烯是单层的。图 1.32(d) 可见外层衍射点的强度是内层衍射点的二倍，石墨烯是双层的。计算机模拟得到的衍射花样分别如图 1.32(e)(单层)和图 1.32(f)(双层)所示，模拟花样的结果与实际测得的衍射花样相一致。

电子能量损失谱术（EELS）能提供试样原子的电子结构信息，显示这些原子的属性和它们的键合。在碳材料研究中，EELS 能用于区分不同类型的碳膜，例如金刚石、石墨或无定形碳[98～100]，它也能用于表征石墨烯的微观结构。已知石墨 EELS 谱的主要特征是在碳 K-层区域出现位于 285eV 的峰和位于 291eV 的峰，它们分别相应于从 1s 向 π^* 态和 1s 向 σ^* 态的跃迁。单层石墨烯的 EELS 谱显示 285eV 和 291eV 这两个特征峰。双层石墨烯有相似的 EELS 谱，与块状石墨有相

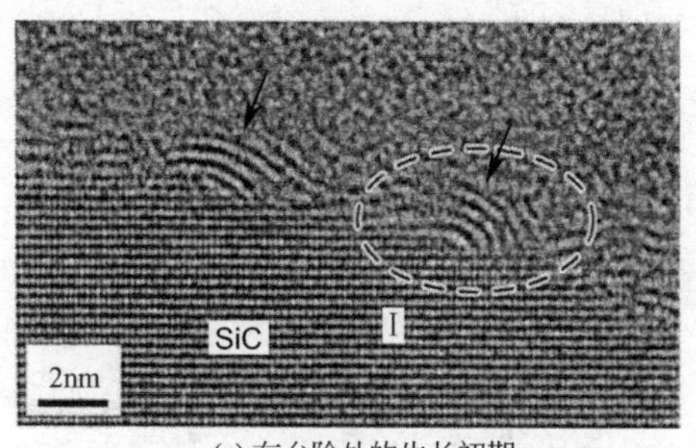

(a) 在台阶处的生长初期

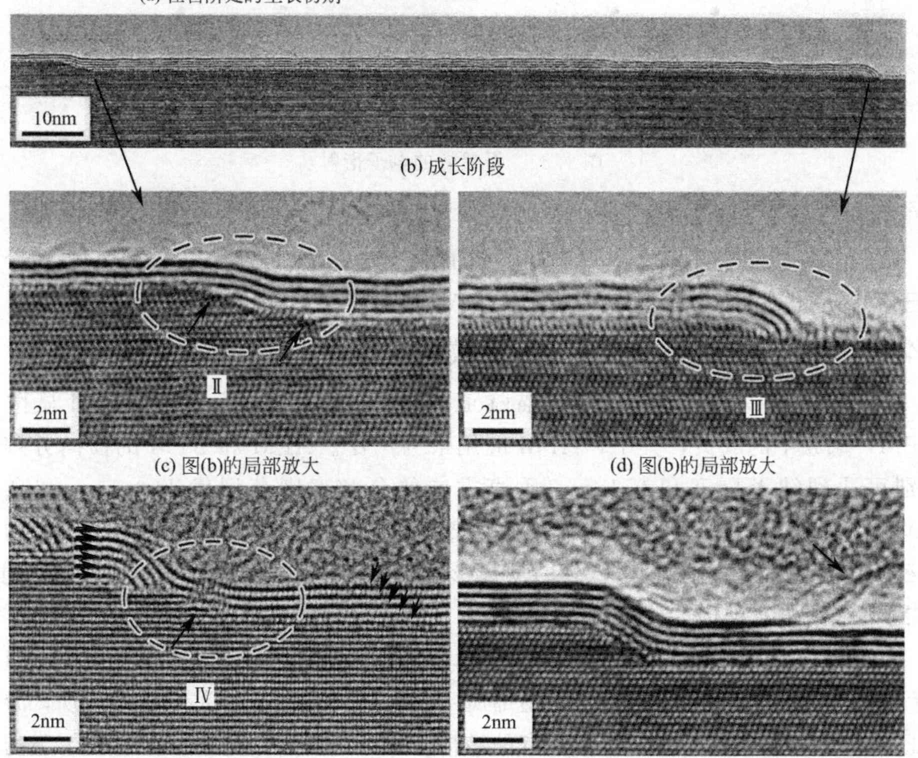

(b) 成长阶段

(c) 图(b)的局部放大　(d) 图(b)的局部放大

(e) 石墨烯层的合并　(f) 分离开的单层石墨烯

图 1.31　石墨烯形成过程的 HRTEM 像

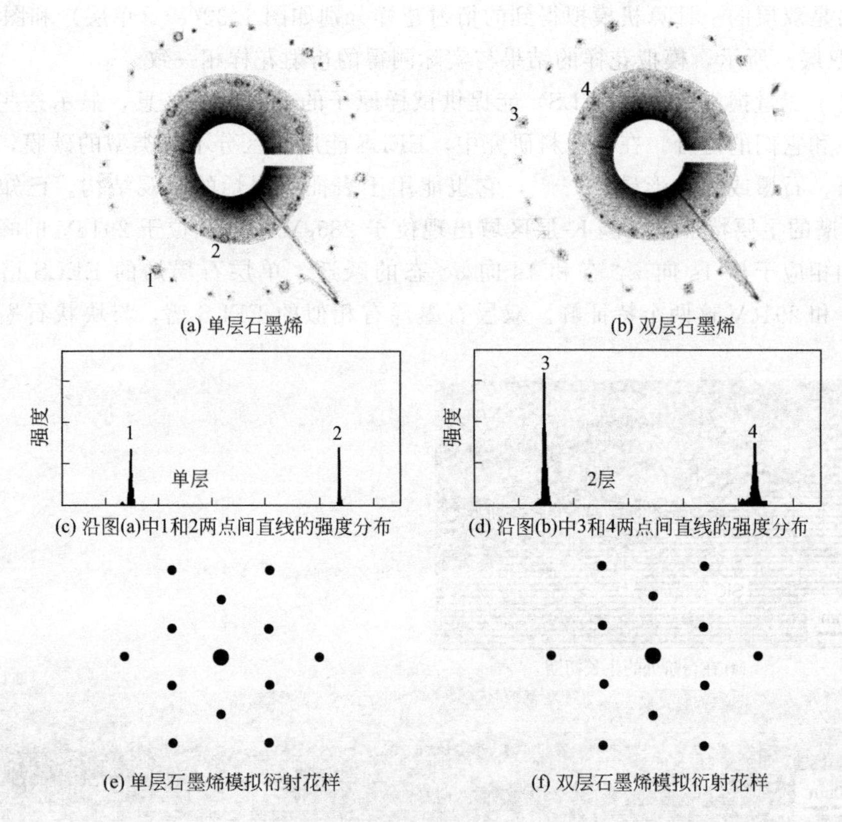

图 1.32　石墨烯的电子衍射

似的特征峰。

EELS 可应用于测定石墨烯中是否含有氧、氢和 OH[64]。氢和氧 K-层峰分别位于 13eV 和 532eV，而 OH 则位于 528eV。

1.4.3　原子力显微术和扫描隧道显微术

原子力显微术（AFM）和扫描隧道显微术（STM）都是扫描探针显微镜（SPM）家族中的成员，其中，AFM 应用最为广泛。AFM 和 STM 的横向分辨率分别可达到纳米尺度和 0.1nm。垂直方向的分辨率则分别优于 0.1nm 和高达 0.01nm[101]。AFM 在石墨烯表征中的主要功能是可用于测定石墨烯的表面微结构和石墨烯膜的厚度（层数），探索石墨烯形成机理，也用于测定石墨烯的力学性能。STM 则能给出石墨烯的原子结构像。

石墨烯的表面形貌结构，例如粗糙度，强烈影响它的电子学和化学性质。粗糙表面的石墨烯具有许多表面平整石墨烯所不具有的物理性质。人们已经发现，游离的悬浮单层石墨烯表面总是存在固有的皱褶。从理论上讲，这是悬浮石墨烯膜的稳定所必需的，因为理想的二维系统存在热力学不稳定性。这种皱褶的存在可以解析石墨烯的许多物理和化学现象，例如，载流子流动性的降低和化学活性的增强等。

AFM能够用于表征石墨烯表面的形态学结构，并作出定量描述（如粗糙度）[102]。

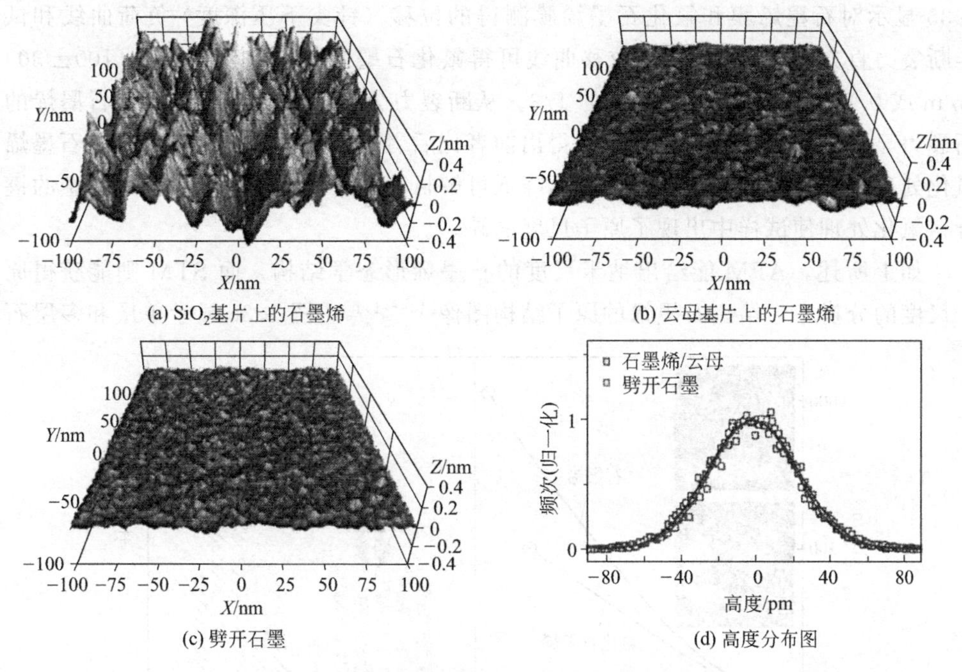

(a) SiO_2基片上的石墨烯　(b) 云母基片上的石墨烯

(c) 劈开石墨　(d) 高度分布图

图 1.33　石墨烯形貌的三维图和高度分布

AFM像的三维图能直观地显现表面平整程度的差异，如图1.33所示[102]。为比较起见，图中还包含了劈开石墨表面的AFM形貌像和两种石墨烯表面高度分布直方图。可以看到，云母上石墨烯与劈开石墨有相近似的表面平整程度，而 SiO_2 基片上石墨烯表面则要粗糙得多。

AFM有很高的垂直方向分辨率，可用于测定石墨烯及其衍生物薄膜的厚度[103]。图1.34(a) 显示层离石墨烯氧化物片的AFM轻敲模式像。试样安置于新鲜劈开的云母片表面上[104]。沿图中直线测得的高度轮廓线如图1.34(b) 所示，显示了试样约1nm的厚度，显著高于单层纯石墨烯片0.36nm的厚度。这可解析为石墨烯氧化物除去石墨烯本身外，还包含有氧基团和 sp^3 杂化碳原子。

AFM也用于探索制备工艺中石墨烯的形成过程[105,106]。

(a) AFM像

(b) 沿图(a)中直线的高度轮廓

图 1.34　石墨烯氧化物的AFM像和高度轮廓

AFM 在表征石墨烯的力学性能上有其他方法不可替代的作用，能用于测定石墨烯的弹性常数和机械强度[20,107,108]，使用的是压痕技术（indentation）[101]。图 1.35 显示对石墨烯膜和氟化石墨烯膜测得的位移（针尖下压深度）-负荷曲线和试样断裂力直方图[21]。分析力-位移曲线可得氟化石墨烯的弹性模量 $E=(100\pm30)$ N/m 或 0.3TPa，约为纯石墨烯的 1/3。从断裂力分布直方图也可看到，石墨烯的断裂力显著高于氟化石墨烯。计算得出前者比后者的强度平均约高 2.5 倍。石墨烯氟化处理后弹性常数和断裂强度显著降低可解析为由于氟化石墨烯存在 sp^3 型的键合，氟化处理使试样中出现了原子尺度的缺陷。

如上所述，AFM 能给出纳米尺度的石墨烯形态学结构，而 STM 则能获得原子尺度的分辨率，给出石墨烯的原子结构图像[109~111]。图 1.36 显示单层和多层石

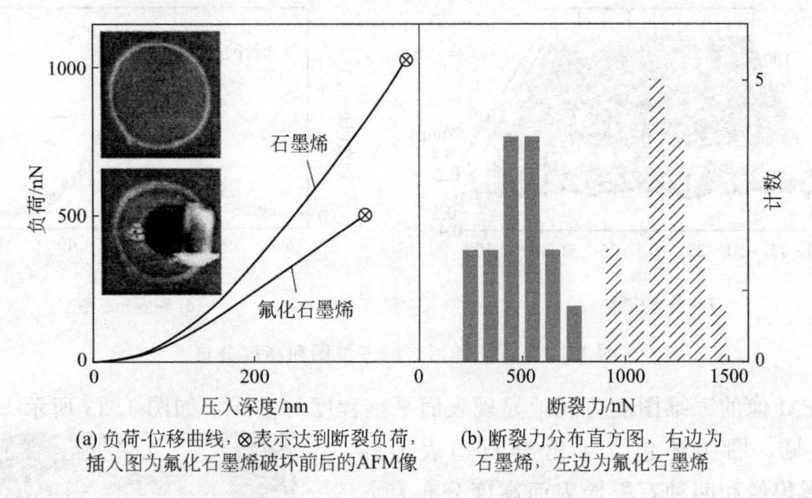

(a) 负荷-位移曲线，⊗表示达到断裂负荷，插入图为氟化石墨烯破坏前后的AFM像　(b) 断裂力分布直方图，右边为石墨烯，左边为氟化石墨烯

图 1.35　石墨烯的力学性能

(a) 单层石墨烯　(b) 多层石墨烯

图 1.36　石墨烯的 STM 像

墨烯原子结构的 STM 像[109]。探针的扫描面积为 $1nm^2$，试样电位 $V_{bia}=+1V$，电流 $I=1nA$。图中标出了石墨烯的结构模型，单层石墨烯像［图 1.36(a)］中可见蜂巢状结构。由于碳原子所处环境不同，多层石墨烯的 STM 图像［图 1.36(b)］与单层有所差异，其理论解析可参阅文献［109］。单层石墨烯的三维大面积 (100nm×62nm)STM 像如图 1.37 所示。为了观察形貌的细节，放大了垂直坐标。明显可见，表面形貌的高度变化超出了原子尺度，在横向范围 10nm 中的高度变化约为 0.5nm，与 AFM 测出的类似石墨烯试样相近。这种高度起伏可能来源于基片 SiC 粗糙的表面结构。STM 像的观察要求试样导电，而且试样与试样台有良好的导电接触，基片 SiC 为绝缘体，观察前的导电处理十分重要。详细的操作技术参数可参阅文献［109］。

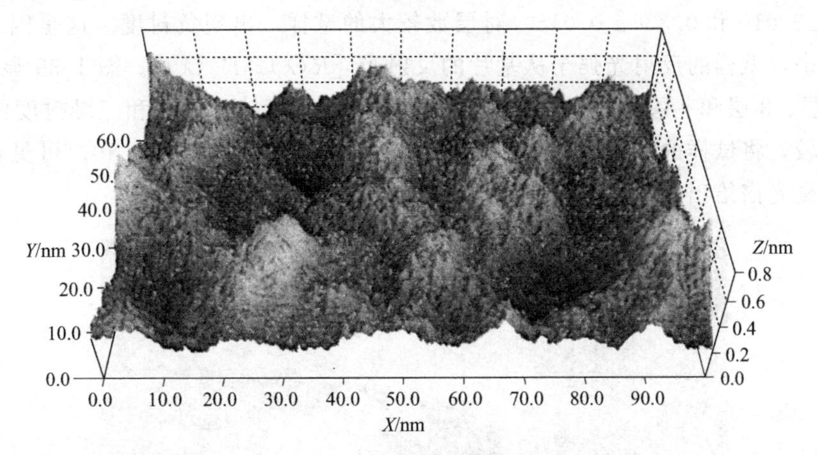

图 1.37 SiO_2 表面上单层石墨烯的 STM 三维像

1.4.4 光学显微术

光学显微术在石墨烯的表征中主要用于石墨烯的快速识别和层数的测定[25,112,113]。它的优点在于仪器操作简便，能快速得到结果，而所用仪器设备价格相对比较低廉。

单层石墨烯仅有一个原子层的厚度。扫描电子显微术在识别单层石墨烯上几乎无能为力。AFM 和 STM 虽然有原子尺度分辨率，但只有基片表面具有原子级的平坦才能检测出单层石墨烯与基片表面之间的台阶（亦即有足够的衬度）。然而使用光学显微术能在具有氧化硅表面的硅基片（SiC/Si）上观察到单层石墨烯片。石墨烯片产生的彩色干涉花样提供了微弱的、可以观察到目标物的衬度。图 1.38 是一典型的石墨烯光学显微图（原图为彩色图）[112]。试样从块状石墨中剥离而得，安置于硅基片表面上。图像中不同灰度显示了不同厚度的石墨烯片。

从干涉色判断石墨烯片的层数不可避免包含观察者的主观因素，有时会出现不确定性。反射和衬度谱方法则能定量、明确无误地对石墨烯片的层数作出判断。测试时使用白色光源，以背散射模式收集反射光，并使其入射于光栅上，然后以CCD检测信号。将获得的来自试样的反射光谱与来自基片的背景光谱相比较得到衬度谱。这种方法能清楚地观察到从1～10层石墨烯之间的衬度差异。衬度谱$C(\lambda)$由下式计算获得：

$$C(\lambda)=\frac{R_0(\lambda)-R(\lambda)}{R_0(\lambda)} \tag{1-1}$$

式中，$R_0(\lambda)$为来自基片表面的反射（强度）谱；$R(\lambda)$为来自石墨烯的反射谱。对于层数小于10的石墨烯试样衬度谱，中心位置几乎都相同（550nm），衬度的大小则有差异，例如单层石墨烯的衬度约为0.090±0.005，随着层数的增加，衬度值增大，例如对2层、3层和4层石墨烯，其衬度分别为0.175±0.005，0.255±0.010和0.330±0.015。对层数较大的试样，出现负衬度。这是因为厚试样使得来自试样的反射光强于从基片的反射光$[R(\lambda)>R_0(\lambda)]$。图1.39显示含1层、2层、3层和4层石墨烯试样的光学衬度像、衬度轮廓曲线和三维衬度像[112]。作为比较，将试样的拉曼像和沿相同直线的轮廓曲线显示在图1.40。可见衬度谱法与拉曼光谱给出的结果相一致。

图1.38　氧化硅表面上石墨烯片的光学显微像

1.4.5 成分分析

如同结构缺陷一样，任何杂质的存在都将影响石墨烯的物理和化学性质。例如氧官能团的存在将对石墨烯原有的杰出性能产生损害。如前所述，拉曼光谱、TEM成像、EELS、电子衍射、AFM、STM和光学显微镜等能够给出石墨烯在结构、层数和无序程度等方面丰富的信息。然而，不论哪种方法或者完全不能测定官能团的存在与否，或者只能给出不完全确定的判断。因此，找到一种能完全确定石墨烯杂质元素的方法是必要的。

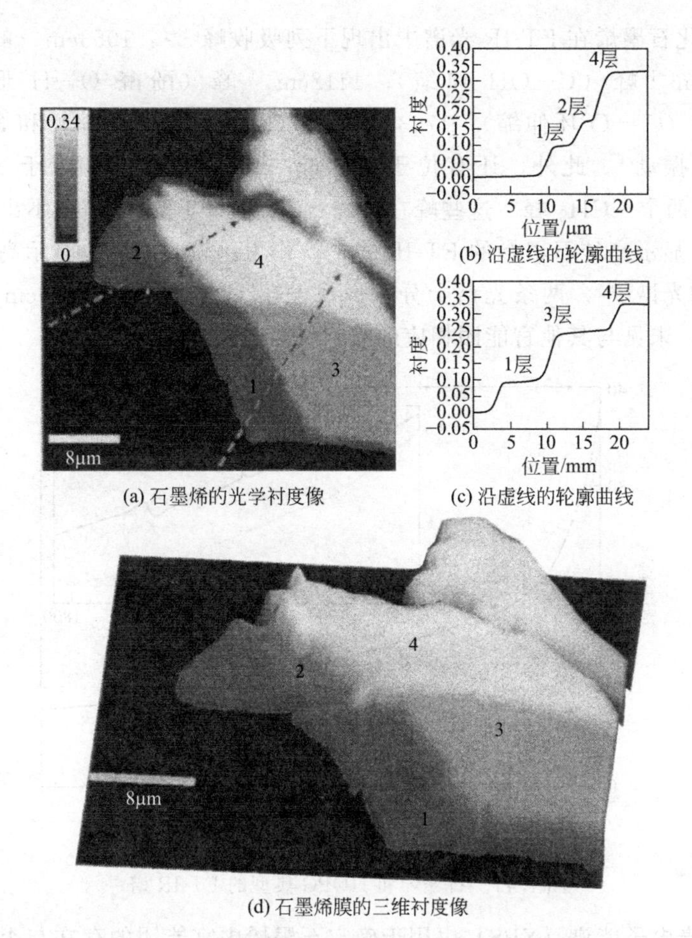

(a) 石墨烯的光学衬度像
(b) 沿虚线的轮廓曲线
(c) 沿虚线的轮廓曲线
(d) 石墨烯膜的三维衬度像

图 1.39 石墨烯层数的光学衬度测定

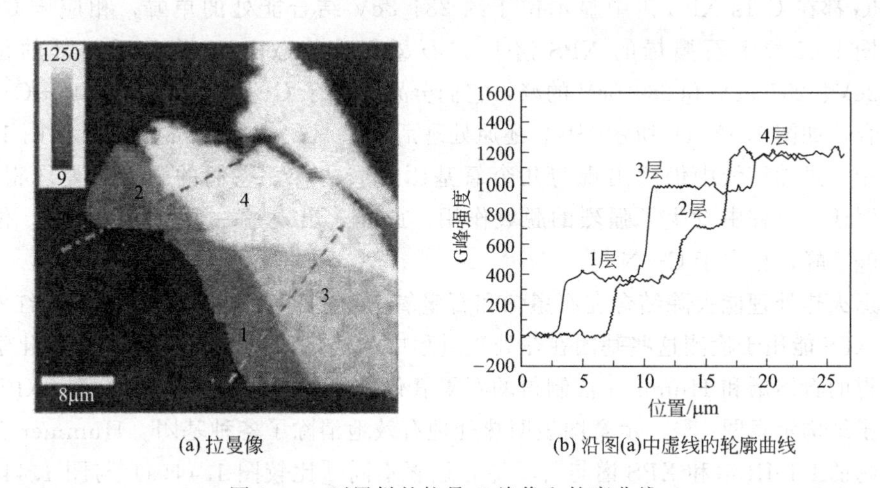

(a) 拉曼像
(b) 沿图(a)中虚线的轮廓曲线

图 1.40 石墨烯的拉曼 G 峰像和轮廓曲线

傅里叶变换红外光谱（FT-IR）能够明确无误地检测石墨烯及其氧化物中基团

的存在。氧化石墨烯在 FT-IR 光谱中出现下列吸收峰[18]：1053cm^{-1}峰（C—O 伸缩）；1220cm^{-1} 峰（C—OH 伸缩）；1412cm^{-1} 峰（酚醛 O—H 形变振动）；1621cm^{-1}峰（C ═O 环伸缩）；1733cm^{-1}峰（C ═O 羰基伸缩）和 3428cm^{-1}峰（O—H 伸缩振动）。此外，还有位于 2960cm^{-1}的—CH_3 峰和位于 2922cm^{-1}和 2860cm^{-1}的两个—CH_2 峰。这些峰在高纯石墨烯的 FT-IR 光谱中不出现或强度很小。图 1.41 显示高纯石墨烯的 FT-IR 光谱，作为比较，图中也显示高序裂解石墨（HOPG）的光谱[18]。两条光谱十分相似，仅在 1200cm^{-1}和 1580cm^{-1}处出现很弱的吸收峰，未见与其他官能团相应的吸收峰。

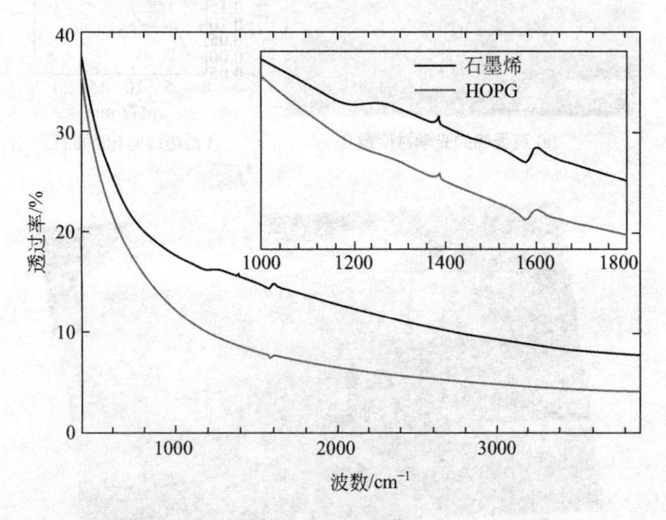

图 1.41　石墨烯和 HOPG 典型的 FT-IR 谱

X 射线光电子能谱（XPS）也用于确定石墨烯中官能团的存在与否。石墨烯和 HOPG 都在 C 1s XPS 谱中显示位于约 284.8eV 结合能处的单峰，相应于 C—C 键。图 1.42 显示石墨烯的 XPS 谱[17]。石墨氧化物（GO）将显示额外的位于 286.2eV、287.8eV 和 289.0eV 的峰，它们分别相应于 C—O、C ═O 和 O—C ═O 的键合，如图 1.43(a) 所示[114]。还原处理后石墨氧化物的 XPS 谱显示在图 1.43(b) 中。虽然谱线中仍然出现与几个氧基团相应的峰，它们的强度则要弱得多。这表明还原过程中发生了强烈的脱氧作用。此外，出现了一个附加的成分，位于 285.9eV 峰，相应于 C—N 键。

退火热处理能去除结合在石墨烯和石墨氧化物平面上的各种化学基团。红外光谱和 XPS 能用于检测这些基团在热处理过程中的变化。图 1.44 显示用一种化学方法制得的石墨烯和 Hummer 法制得的石墨氧化物热处理前后的 FT-IR 谱、XPS 谱和原子结构示意图[115]。示意图表明热处理有效地消除了各种基团。Hummer 石墨氧化物的 FT-IR 谱和 XPS 谱与石墨烯有显著不同［比较图 1.44(a) 与图 1.44(d) 中的阴影部分，图 1.44(b) 与图 1.44(e) 中的石墨烯和石墨的 XPS 谱］，在它们的原子结构示意图［图 1.44(c) 和图 1.44(f) ］中也有反映。石墨氧化物是被强

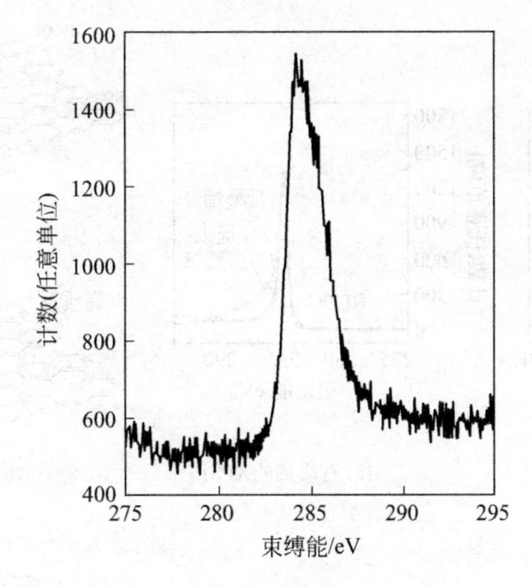

图 1.42 石墨烯典型的 XPS 谱

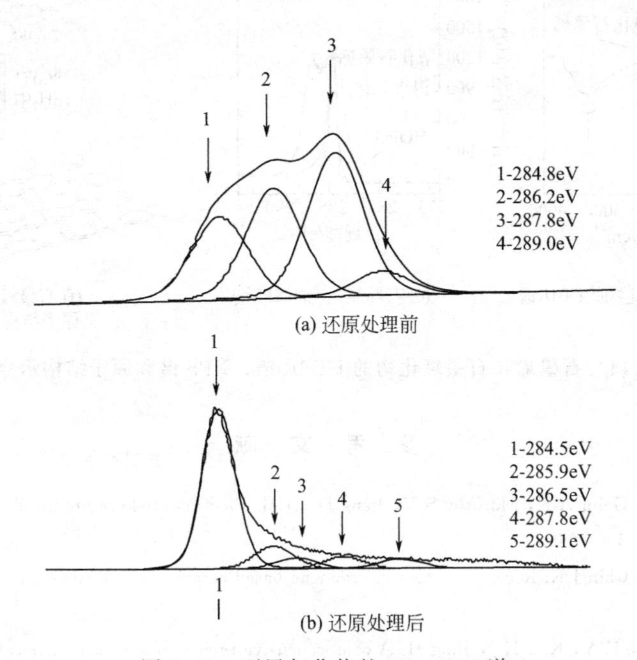

图 1.43 石墨氧化物的 C 1s XPS 谱

烈氧化的物质，在原子平面上结合键被打断，也失去某些碳原子，并在其边缘和平面上结合大量基团，例如环氧基、羟基、羧基和羰基等。退火热处理去除了这些基团，但是并未完全修复原子结构中原有的空穴和不可逆的缺陷，见图 1.44(f)。

燃烧法可用于定量测定石墨烯的纯净程度[18,116]。这种方法能准确测定试样中 C、O、H 和其他元素的组成。从高纯 HOPG 机械分离出的石墨烯含有 99.99%的碳（按质量计)，从无基片气相方法制得的试样显现与 HOPG 相近似的杂质，含有 99% C、0.9% H 和 0.1% O。

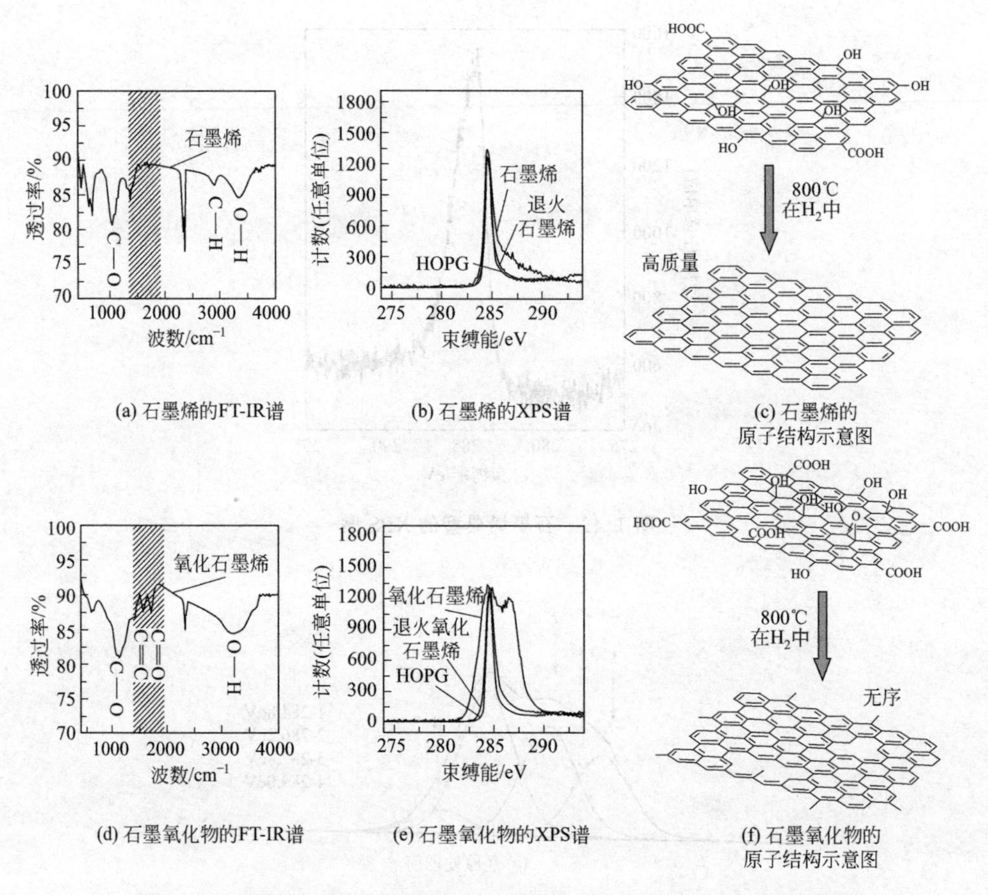

(a) 石墨烯的FT-IR谱 (b) 石墨烯的XPS谱 (c) 石墨烯的原子结构示意图

(d) 石墨氧化物的FT-IR谱 (e) 石墨氧化物的XPS谱 (f) 石墨氧化物的原子结构示意图

图 1.44 石墨烯和石墨氧化物的 FT-IR 谱、XPS 谱和原子结构示意图

参 考 文 献

[1] Novoslov K S, Geim A K, Morozov S V, Jiang D, et al. Electrical field in atomically thin carbon films. Science, 2004, 306: 666.

[2] Markandan K, Chin J K. Recent progress in graphene based ceramic composites: a review. J Mater Res, 2017, 32: 84.

[3] Dhand V, Rhee K Y, Kim H J, Jung H. A comprehensive review of graphene nanocomposites: research status and trends. J Nanomatter, 2013, article ID 763953.

[4] Sambasivudu K, Yashwant M. Challeges and opportinities for the mass production of high quality graphene: an analysis of worldwide patents. Nanotech Insights, 2012.

[5] 杨序纲. 复合材料界面. 北京: 化学工业出版社, 2010.

[6] Rafiee M A, Rafiee J, Yu Z Z, Koratkar N. Bucking resistant graphene nanocomposites. Appl Phys Lett, 2009, 95: 223103.

[7] Rafiee M A, Rafiee J, Wang Z, Song H, et al. Enhanced mechanical properties of nanocomposites at low graphene content. ACS Nano, 2009, 3: 3884.

[8] Halpin J C, Kardos J L. The Halpin-Tsai equation: a review. Polym Eng Sci, 1976, 16: 344.

[9] Rafiee M A, Rafiee J, Srivastava I, Wang I, et al. Fracture and fatique in graphene nanocomposites. Small, 2010, 6: 179.

[10] Tapaszto O, Tapaszto A, Marko M, Kern F, et al. Dispersion Paterns of graphene and carbon nanotubes in ceramic matrix composites. Chem Phys Lett, 2011, 511: 340.

[11] 杨序纲，吴琪琳. 纳米碳及其表征. 北京：化学工业出版社，2016.

[12] Tagmatarchis N. Advances in carbon nanomaterials: science and application. Singapore: Pan Stanford, 2012.

[13] Terrones H. Curved graphite and its mathematical transformations. J Math Chem, 1994, 15: 143.

[14] Okuno H, Grivei E, Fabry F, Gruenberger T M, et al. Synthesis of carbon nanotubes and nano-necklaces by thermal plasma process. Carbon, 2004, 42: 2543.

[15] Xie J, Mukhopadyay K, Yadev J, Varadan V K. Catalitic chemical vapor deposition synthesis and electron microscopy observation of coiled carbon nanotubes. Smart Mater Struct, 2003, 12: 744.

[16] Iijima J. The 60-carbon claster has been revealed. J Phys Chem, 1987, 91: 3466.

[17] http: /en. wikipedia. org/wiki/graphene, 2014.

[18] Dato A, Lee Z HH, Jeon K J, Radmilovic V, et al. Clean and highly ordered graphene synthesized in the gas phase. Chem Commun, 2009, 6095.

[19] 朱宏伟，徐志平，谢丹. 石墨烯——结构制备方法和性能. 北京：清华大学出版社，2011.

[20] Lee C, Woi X G, Kysar J W, Hone J. Measurement of the elastic properties and strength of monolayer graphene. Science, 2008, 321: 385.

[21] Nair R R, Ren W, Jalil R, Geim A K, et al. Fluorographene: a two-dimensional counterpart of Teflon. Small, 2010, 6: 2877.

[22] Frank I W, Tanehaum D M, van der Zande A M, McEuen P L. Mechanical properties of suspended graphene sheets. J Vac Sci Tech B, 2007, 25: 2558.

[23] Balandin A A, Ghosh S, Bao W Z, et al. Superior thermal conductivity of single-layer graphene. Nano Lett, 2008, 8: 902.

[24] 陈文胜，黄毅. 石墨烯 新型二维碳纳米材料. 北京：科学出版社，2013.

[25] Nair R R, Blake P, Grigorenko A N, Geim A K, et al. Fine structure constant defines visual transparency of graphene. Science, 2008, 320: 1308.

[26] Bolotin K I, Sikes K J, Jiang Z, et al. Ultrahigh electron mobility in suspended graphene. Solid state commun, 2008, 146: 351.

[27] 薛增泉. 碳电子学基础. 北京：科学出版社，2012.

[28] Challa Kumar. Carbon nanomaterials. Weinheim: Wiley-Vch, 2011: 60.

[29] Robinson J T, Burgess J S, Junkermeier C E, et al. Properties of fluorinated graphene films. Nano Lett, 2010, 10: 3001.

[30] Zboril R, Karlicky F, Bourlinos A B, et al. Graphene fluoride: a stable stoichiometric graphene derivative and its chemical conversion to graphene. Small, 2010, 6: 2885.

[31] Martins T B, Miwa R H, Da Silva A, et al. Electron and transport properties of boron-doped graphene nanoribbons. Phys Rev Lett, 2007, 98: 196803.

[32] Rollings E, Gweon G H, Zhou S Y, Mun B S, et al. Synthsis and characterization of atomically thin graphite films on a silicon carbide substrate. J Phys Chem Sol, 2006, 67: 2172.

[33] Kim K S, Zhao Y, Jang H, Lee S Y, et al. Nature, Large-scale pattern growth of graphene films for stretchable transparent electrodes, 2009, 457: 706.

[34] Stankovic S, Dikin D A, Piner R D, Kohlhaas K A, et al. Synthsis of graphene-based nanosheets via

chemical reduction of exfoliated graphite oxide. Carbon，2007，45：1558.

[35] Subrahmanyam K S，Panchakarla L S，Govindaraj A，et al. Simple method of preparing graphene flakes on arc-discharge method. J phys Chem C，2009，113：4257.

[36] Matthius T，Carlo A P，Teodoro L，et al. Surface-assisted cyclodehydrogenation provides a synthetic route towards easily processable and chemically tailored nanographenes. Nat Chem，2011，3：61.

[37] Geim A K，Novoselov K S. The rize of graphene. Nat Mater，2009，6：183.

[38] Jayasena B，Subbiah S. A novel mechanical cleavage method for synthesizing few-layer graphene. Nano Res Lett，2011，6：950.

[39] Jayasena B，Reddy C D，Subbiah S. Separation，folding and shearing of graphene layers during wedge-based mechanical exfoliation. Nanotechnology，2013，24：205301.

[40] 杨序纲. 聚合物电子显微术. 北京：化学工业出版社，2014.

[41] Jin M，Jeong H K. Synthesis and systematic characterization of functionalized graphene sheets generated by thermal exfoliation at low temperature. J Phys D，App Phys（UK），2010，43：275402.

[42] Qian W，Hao R，Hou Y，et al. Solvothermal-assisted exfoliation process to production graphene with high yield and high quality. Nano Res，2009，2：706.

[43] Khan N，O'Neill A，Lotya M，Coleman N. High-concentration solvent exfoliation of graphene. Small，2010，6：864.

[44] Hernandez Y，Nicolosi V，Loty A M，Coleman T N，et al. High -yield production of graphene by liquid-phase exfoliation of graphite. Nat Nanotech，2008，3：563.

[45] Wu Y，Shen Z，Yu T . Two-Dimensional Carbon. Singapore：Pan Stanford，2014.

[46] Ohta T，Bostwick A，McChesney J L，Seyller T，et al. Interlayer interaction and electronic screening in multilayer graphene investigated with angle-resolved photoemission spectroscopy. Phys Rev Lett，2007，98：206802.

[47] Hass J，Millan-Otoy JE，First P N，Conrad E H. Interface structure of epitaxial grown on 4H-SiC（0001）. Phys Rew B，2008，78：205424.

[48] Sprinkle M，Hick S J，Tejeda A，taleb-Ibrahimi A，et al. Multilayer epitaxial graphene grown on the SiC（0001）surface：structure and electronic properties. J Phys D：Appl Phys，2010，43：374006.

[49] De Heer W A，Berger C，Wu A X，First P N，et al. Epitaxial Graphene. Solid State Commun，2007，143：92.

[50] Fisher P J，Srivastava L N，Feenstra R M. Thickness monitoring of graphene on SiC using low-energy electron diffraction. J Voc Sci Technol，2010，28：958.

[51] Jutter P W，Flege J I，Sutter E A. Epitaxial graphene on ruthenium. Nat Mater，2008，7：406.

[52] Ogawa V，Hu B，Orofeo C M，Tsuji M，et al. Domain structure and boundary in Single layer graphene grown on Cu(111) and Cu(100) films. Phys Chem Lett，2012，3：219.

[53] de Heer W A，Berger C，Ruan M，Sprinkle M，et al. Large area and structured eptaxial graphene produced by confinement controlled sublimation of silicon carbide. PNAS，2011，108：16900.

[54] Bae S，Kim H，Lee Y，Nah J，et al. Roll-to-roll production of 30-inch graphene films for transparent electrodes. Nat Nanotechnol，2010，5：574.

[55] Li X S，Magnuson C W，Venugopal A，An J H，et al. Graphene films with large domain size by a two-step chemical vapor deposition process. Nano Lett，2010，10：4328.

[56] Li X S，Magnuson C W，Venugopal A，Tromp R M，et al. Large-area graphene single crystals grown by low-pressure chemical vapor deposition of methane on copper. J Am Chem Soc，2011，133：2816.

[57] Li X S，Cai W W，AN J H，Kim S，et al. Large-area synthesis of high-quality and uniform graphene

films on copper foils. Science, 2009, 324: 1312.

[58] Lee S, Lee K, Zhong Z H. Wafer scale homogeneous bilayer graphene films by chemical vapor deposition. Nano Lett, 2010, 10: 4702.

[59] Yan K, Peng H L, Zhou Y, Li H, et al. Formation of bilayer bernal graphene: layer-by-layer epitaxy via chemical vapor deposition. Nano Lett, 2011, 11: 1106.

[60] 邹志宇，戴博雅，刘忠范. 石墨烯的化学气相沉积生长过程工程学研究. 中国科学：化学，2013，43：1.

[61] Yu Q, Lian J, Siriporglert S, Li H, et al. Graphene segregated on Ni surfaces and transferred to insulators. Appl Phys Lett, 2008, 93: 113103.

[62] Iwasaki T, Park HH J, Konuma M, Lee D S, et al. Long-range ordered single-crystal graphene on high-quality heteroepitaxial Ni thin films grown on MgO (111). Nano Lett, 2011, 11: 79.

[63] Cecilia M, Hokwon K, Manish C. A review of chemical vapor deposition of graphene on copper. J Mater Chem, 2011, 21: 3324.

[64] Dato A, Radmilovic V, Lee Z, Phillips J, Frenklach M. Substate-free gas-phase synthesis of graphene sheets. Nano Lett, 2008, 8: 2012.

[65] Hirata M, gotou T, Horiuchi S, Fujiwara M, et al. Thin-film particles of graphite oxide 1: high-yield synthesis and flexibility of the particles. Carbon, 2004, 42: 2929.

[66] Eda G, Fanchini G, Chhowala M. Large -area ultrathin films of reduced graphene oxide as a transparent and flexible electronic material. Nat Nanotechnol, 2008, 3: 270.

[67] Wang S, Ang P k, WangZq, Tang A L L, et al. High mobility, printable, solution-processed graphene electronics. Nano Lett, 2010, 10: 92.

[68] Hummers WS, Offman R E. Preparation of graphite oxide. J Am Chem Soc, 1958, 80: 1339.

[69] Buchsteiner A, Lerf A, Pieper J. Water dynamic in graphite oxide investigated with neutron scattering. J Phys Chem B, 2006, 110: 22328.

[70] Li D, Muller M B, Gilje S, Kaner R B, et al. Processable aqueous dispersions of graphene nanosheets. Nat Nanotechnol, 2008, 3: 101.

[71] Wu Z H, Ren W, Gao L, Liu B, et al. Synthesis of high quality with a pre-determined number of layers. Carbon, 2009, 47: 493.

[72] Stankovich S, Dikin D A, Piner R D, Kohlhaas K A, et al. Synthesis of graphene based nanosheets via chemical reduction of exfoliated graphite oxide. Carbon, 2007, 45: 1558.

[73] Tung V C, Allen M J, Yang Y, Kaner R B. High-throughput solution processing of large-scale graphene. Nat Nanotechnol, 2009, 4: 25.

[74] McAllister M J, Li J L, Adamson D H, Schniepp H C, et al. Single sheet functionalized graphene by oxidation and thermal expansion graphite. Chem Mater, 2007, 19: 4396.

[75] Zhou M, Wang Y, Zhai Y, Zhai J, et al. Controlled synthesis of large-area and patterned electrochemically reduced graphene oxide films. Chem-Eur J, 2009, 15: 6116.

[76] 杨序纲，吴琪琳. 拉曼光谱的分析与应用. 北京：国防工业出版社，2008.

[77] Ferrari A C. Raman spectroscopy of graphene and graphite: disorder, electron-phonon coupling, doping and nonadiabatic effects. Solid State Communications, 2007, 143: 47.

[78] Malard L M, Pimenta M A, Dresselhaus G, Dresselhaus M S. Raman spectroscopy in graphene. Physics Reports, 2009, 473: 51.

[79] Hao Y F, Wang Y Y, Wang L, Ni Z H, et al. Probing layer number and stacking order of few-layer graphene by Raman spectroscopy. Small, 2010, 6: 195.

[80] Wu Y H, Shen Z X, Yu T. Two-dimensional carbon. Singapore: Pan Stanford, 2014: 155-157.
[81] Dresselhaus M S, Jorio A, Hofmann M, Drasselhaus G, et al. Perspectives on carbon nanotubes and graphene Raman spectroscopy. Nano Letters, 2010, 10: 751.
[82] Luo Z Q, Yu T, Kim K J, Ni Z H, et al. Thickness-dependent reversible hydrogenation of graphene layers. ACS Nano, 2009, 3: 1781.
[83] Lucchese M M, Stavale F, Ferriera E H, Vilane C, et al. Quantifying ion-induced defects and Raman relaxation length in graphene. Carbon, 2010, 48: 1592.
[84] Cancado L G, Jorio A, Matins Ferreira E H, Ferrari A C, et al. Quantify defects in graphene via Raman spectroscopy at different excitation energies. Nano Letters, 2011, 11: 3190.
[85] You Y M, Ni Z H, Yu T, Shen Z X. Edge chirality determination of graphene by Raman spectroscopy. Appl Phys Lett, 2008, 93: 163112.
[86] Filiou C, Galiatis C. In situ monitoring of the fibre strain distribution in carbon fibre thermoplastie composites 1. Application of a tensile stress field. Comp Sci Tech, 1999, 59: 2149.
[87] 杨序纲，王依民. 氧化铝纤维的结构和力学性能. 材料研究学报，1996，10：628.
[88] Yang X, Young R J. Fibre deformation and residual strain in silicon carbide fibre reinforced glass composites. British Ceramic Transactions, 1994, 93: 1.
[89] Ni Z H, Yu T, LU Y H, Shen Z X, et al. Uniaxial strain on graphene: Raman spectroscopy study and band-gap opening. ACS Nano, 2008, 2: 2301.
[90] Tsoukleri G, Parthenios T, Papagolis K, Galiotis C, et al. Subjecting a graphene monolayer to tension and compression. Small, 2009, 5: 2397.
[91] Yu N, Ni Z, Du C, Shen Z. Raman mapping investigation of graphene on transparent flexible substrate: the strain effect. J Phys Chem C, 2008, 112: 12602.
[92] Mohiuddin T M G, Lombardo A, Nair R R, Ferrari A C, et al. Uniaxial strain in graphene by Raman spectroscopy: G peak splitting, Griineisen parameters, and sample orientation. Phys Rev B, 2009, 79: 205433.
[93] Ding F, Ji H J, Chen Y H, Schmidt O G, et al. Stretchable graphene: a close look at fundamental parameters through biaxial straining. Nano Lett, 2010, 10: 3453.
[94] Zabel J, Nair R R, Ott A, et al. Raman spectroscopy of graphene and bilayer under biaxial strain: bubbles and balloons. Nano Lett, 2012, 12: 617.
[95] 杨序纲，吴琪琳. 材料表征的近代物理方法. 北京：科学出版社，2013：310-313.
[96] Meyer J C, Kisielowskis C, Ermi R, Zettl A, et al. Direct imaging of lattice atoms and topological defects in graphene membranes. Nano Lett, 2008, 8: 3582.
[97] Norimatsu W, Kusunoki M. Formation process of graphene on Si (0001). Physica E, 2010, 42: 691.
[98] Berger S D, Mckenzie D R, Martin P J. EELS analysis of vacuum arc-deposited diamond-like films. Philos Mag Lett, 1988, 57: 285.
[99] Durart-Moller A, Espinoso-Magana F, Martinaz-Sanchez R, Cata-Araiza L, et al. Study of different carbons by analytical electron microscopy . J Electron Spectrosc Relat Phenom, 1999, 104: 61.
[100] Chu P K, Li L. Characterization of amorphous and nanocrystalline carbon films. Mater Chem Phys, 2006, 96: 253.
[101] 杨序纲，杨潇. 原子力显微术及其应用. 北京：化学工业出版社，2012.
[102] Lui C H, Liu L, Mak K F, Heinz T F, et al. Ultraflat graphene. Nature, 2009, 462: 339.
[103] Li D, Muller M B, Gilje S, Wallace G G, et al. Processable aqueous dispersions of graphene nanosheets. Nature Nanotechnol, 2008, 3: 101.

[104] Paredes J I, Villar-Rodil S, Martinez-Alonso A, Tascon J M D. Graphene oxide dispersion in organic solvents. Langmuir, 2008, 24: 10560.

[105] Camara C, Rius G, Huntzinger J R, Camassel J, et al. Early stage formation of graphene on the C face of 6H-SiC. Appl Phys Lett, 2008, 93: 263102.

[106] Ferrer F S, Moreau E, Vignaud D, Wallart X, et al. Initial stages of graphitization on SiC (000-1) as studied by atomic force microscopy. J Appl Phys, 2011, 109: 054307.

[107] Van Landingham M R, Moknight S H, Palmese G R, Gillespie S H, et al. Nanoscale indentation of polymer system using atomic force microscope. J Adhesion, 1997, 64: 31.

[108] Poot M, Van Der Zant H S J. Nanomechanical properties of few-layer graphene membranes. Appl Phys Lett, 2008, 92: 063111.

[109] Stolyarova E, Rim K T, Ryu S, Flynn G W, et al. High-resolution scanning tunneling microscopy imaging of mesoscopic graphene sheets on an insulating surface. Proc Nat Aca Sci (PNAS), 2007, 104: 9209.

[110] Ishigami M, Chen O H, Cullen W G, Williams E D. Atomic structure of graphene on SiO_2. Nano Lett, 2007, 7: 1643.

[111] Rasool H I, Song E B, Gimzewski J K. Continuity graphene on polycrystalline copper. Nano Lett, 2011, 11: 251.

[112] Geim A K, MacDonald A N. Graphene: exploring carbon flatland. Phys Today, 2007, 60: 35.

[113] Ni Z H, Wang H M, Kasim J, Shen Z X. Graphene thickness determination using reflection and contract spectroscopy. Nano Lett, 2007, 7: 2758.

[114] Stankovich S, Piner R D, Chen X Q, Ruoff R S, et al. Stable aqueous dispersions of graphitic nanoplatelets Vis the reduction of exfoliated graphite oxide in the present of poly (sodium 4-styrenesulfpnate). J Mater Chem, 2006, 16: 155.

[115] Li X, Zhang G, Bai X, Dai H, et al. highly conducting graphene sheets and Langmuir-Blodgett films. Nature Nanotechnology, 2008, 3: 538.

[116] Kumar C. Carbon Nanomaterials. Weinheim: Wiley-VCH, 2011: 78.

第2章 氧化石墨烯和功能化石墨烯

2.1 概述

作为复合材料的增强材料，不论是纤维状或纳米尺度材料，为了充分发挥其增强作用，除了增强材料本身必须具备合适的性质（例如，力学性能、电学或相关的其他物理性质）外，一般情况下，还必须具备下列两个条件：①增强材料能均匀地分散在基体材料中；②增强材料与基体之间有很强的相互作用力（增强材料对复合材料起增强作用），或者只有合适的较弱相互作用力（增强材料对复合材料起增韧作用）。前者使得外负荷能够通过增强材料与基体间的强结合界面有效地转移到增强材料上，由增强材料承担负荷的主要部分，后者则使得复合材料能够在外负荷作用下发生增强材料拉出和裂纹转向等效应，达到增韧的效果[1]。

石墨烯具有优异的力学、电学和热学等物理性质，具有作为复合材料优良增强材料的基本条件。然而，结构完善的无缺陷石墨烯，其片层间相对强大的 π-π 范德华吸引力使得石墨烯易于相互堆积或聚集，难以均匀分散于基体中。首先，这种聚集现象必然会降低石墨烯的增强效果；其次，完善结构的石墨烯不易与基体分子发生相互作用，难以形成坚固的分子结合界面；再次，目前科学家还没有找到一种能大规模生产又具有经济价值的制备技术，使用完善结构石墨烯作为需要量很大的复合材料增强材料在成本上是难以承受的。

使用氧化石墨烯和其他功能化石墨烯替代石墨烯是克服上述困难的有效途径，不仅能易于制备良好性能的石墨烯复合材料，而且还能有效地降低复合材料的生产成本。

2.2 氧化石墨烯

氧化石墨烯之所以受到重视，从应用角度考虑主要基于如下原因：①氧化石墨烯是许多石墨烯/聚合物纳米复合材料的主要成分（增强剂）之一[2,3]；②氧化石墨烯是功能化石墨烯的“原料”，氧化石墨烯含有大量羧基、羟基和环氧键，利用这些基团可以通过常见的化学反应对石墨烯进行共价键功能化[4]；③氧化石墨烯是制备石墨烯的中间“原料”，通过氧化石墨烯制备石墨烯是大规模生产石墨烯的重要途径之一。

2.2.1 氧化石墨烯的制备

氧化石墨烯通常以氧化石墨作为原材料制取，能够规模化生产。

早在19世纪就已经有制作氧化石墨的报道，目前大量使用的是经过改进的Hummers方法[5]，也使用经过进一步修正的其他类似方法。Hummers方法使用浓硫酸、硝酸和高锰酸钾的无水混合液作氧化剂。与其他方法相比，用这种方法处理石墨更节省时间，也更安全，反应使产物C：O为2：1，同时赋予产物相关的功能性。氧化石墨的层间间距范围在0.6～1nm（取决于相对湿度），显著高于石墨的0.335nm。使用氧化石墨制备氧化石墨烯的最大好处在于氧化石墨易于以类似胶体的状态溶解于水和某些溶剂中。从而，氧化石墨被完全地拆分（或称剥离）为分立的氧化石墨烯片，形成稳定的溶液，获得氧化石墨烯在可溶性基体中的均匀分散[6,7]。这是因为氧化石墨烯片含有大量羟基、羧基、环氧基和羰基等官能团。这些含氧官能团的存在使得氧化石墨烯片层与片层之间摆脱了强大的π-π范德华吸引力，彼此易于分离开。这种特性在石墨烯/聚合物复合材料的制备中得到广泛应用。在溶剂中拆分的主要方法是使用易于实施的超声波处理。另一个好处是这种工艺易于实现氧化石墨烯的规模化生产。然而，这种从氧化石墨直接制备的氧化石墨烯材料，由于产物中含有大量的氧官能团，它的电导率较低，此外，热稳定性也较差，限制了它在某些领域的应用。

图2.1是上述氧化石墨烯制备过程示意图[8]。图中过程（1）将石墨通过氧化反应转变为层间距明显较大的氧化石墨烯，过程（2）则通过超声波处理将块状的氧化石墨烯分拆为单层的氧化石墨烯片。

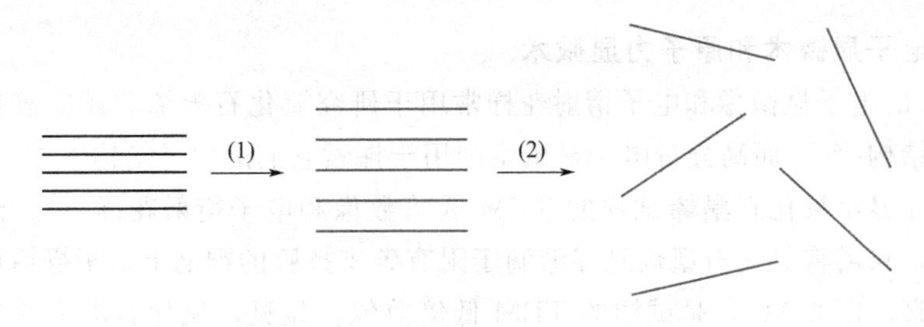

图2.1 氧化石墨烯的制备工艺过程

氧化石墨烯的性质可以通过还原处理得到很大的改善。还原可以使用化学方法，也可使用热学方法。不过这种改善并不能使产物完全具有石墨烯那样的优异性质。化学还原可使用水合肼蒸汽[9]、*L*-抗坏血酸[10]或硼氢化钠[11]，它们能够移去氧并恢复一些芳香双键碳，使氧化石墨烯得到一定程度的还原，碳氧比显著提高，在某些性质，尤其是电学性能上得到明显改善。热处理是另一种有效的还原方法。这时，干燥的氧化石墨烯在高温（约1000℃）和惰性气体下加热获得还原。

氧化石墨烯的结构是一个仍有争议的课题[6]。最近报道的结构模型如图2.2所示[12]。研究认为，氧化石墨烯是吸附有氧化物碎片的功能化石墨烯层片的一种稳定复合物。这种氧化物碎片是高度氧化的聚芳烃羧化物，它能起表面活性剂的作用，稳定氧化石墨烯的水悬浮液。氧化物碎片在碱性条件下，例如 NaOH 水溶液中处理，将从石墨烯层片上剥离。碱洗氧化石墨烯是导电的，不易悬浮在水中。

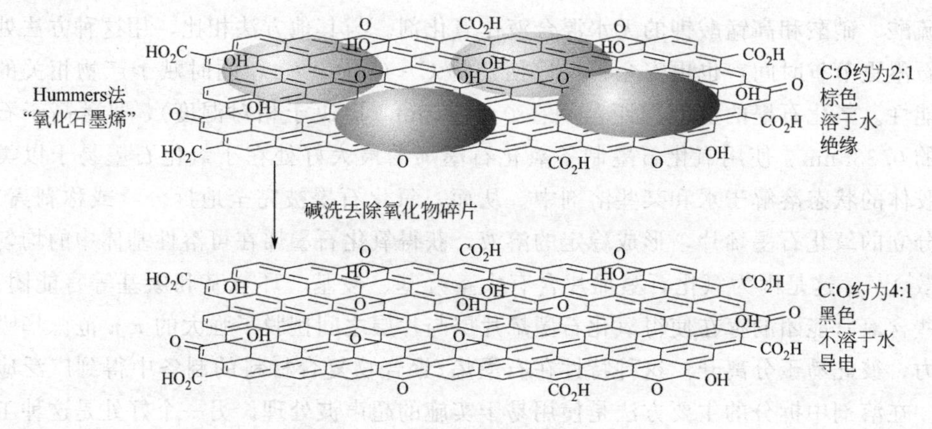

图 2.2 氧化石墨烯的结构模型

2.2.2 氧化石墨烯的表征

由于在石墨烯复合材料中的大量应用和在还原法制备石墨烯中作为原材料的应用，氧化石墨烯和氧化石墨的结构研究历来受到重视，人们使用多种多样表征技术对其作了详细分析。用于石墨烯的表征技术[13]大都适应于氧化石墨烯，常用的有下述几种。

2.2.2.1 电子显微术和原子力显微术

TEM 的电子显微像和电子衍射花样常用于研究氧化石墨烯和还原氧化石墨烯的形态学结构[14]，而高分辨电子显微术则用于探索它们的原子结构[8,15~17]。

图 2.3 显示氧化石墨烯试样的 TEM 低倍数像和电子衍射花样[14]。试样制备简单易行，只需将氧化石墨烯悬浮液滴于附有碳支持膜的铜网上，干燥后即可置于电镜中观察。图 2.3(a) 是试样的 TEM 低倍数像。显见，氧化石墨烯片是高度透明的。从氧化石墨烯单层区域获得的选区电子衍射（SAED）花样如图 2.3(b) 所示，清晰地显示了成六角形有序排列的尖锐的衍射点，表明试样的结晶特性。衍射点强度的分布显示在图 2.3(c) 中。平均而言，$1\bar{1}00$ 反射点的强度约为 $2\bar{1}\bar{1}0$ 反射点的两倍，显著高于石墨烯相应衍射点的强度比（1.1∶1）。图 2.3(d) 是双层氧化石墨烯片区域的 TEM 像。双层区的选区电子衍射花样显示在图 2.3(e) 中。图中可见两组六角形衍射点重叠在衍射花样上，相互旋转约 14.5°，相当于两层氧化石墨烯取向的夹角。图 2.3(f) 为多层氧化石墨烯的选区电子衍射花样，原来分立的衍射点已经演变为衍射环，如同多晶体的电子衍射花样，表明各层取向无规则排列的堆叠。对图 2.3 的分析得出：在低放大倍数下氧化石墨烯的 TEM 像与石墨烯

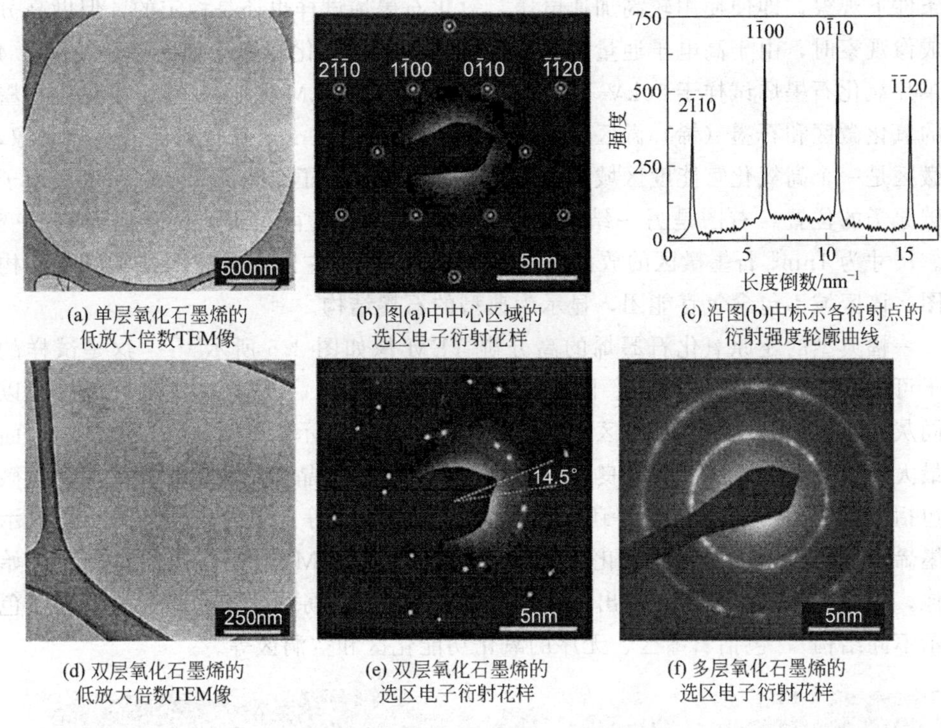

(a) 单层氧化石墨烯的低放大倍数TEM像　(b) 图(a)中中心区域的选区电子衍射花样　(c) 沿图(b)中标示各衍射点的衍射强度轮廓曲线

(d) 双层氧化石墨烯的低放大倍数TEM像　(e) 双层氧化石墨烯的选区电子衍射花样　(f) 多层氧化石墨烯的选区电子衍射花样

图 2.3　氧化石墨烯的 TEM 分析

没有区别，表明在该尺度范围内它们有相近似的形态；氧化石墨烯与石墨烯有十分相似的选区电子衍射花样，因而它们存在相似结构的微区，氧化石墨烯片不完全是无定形的，必定存在结晶区。必须指出，选区电子衍射花样是所选区域内各个微区结晶结构对电子衍射贡献的平均结果，区域内的无序和缺陷结构对衍射花样并无明显影响，它们的结构难以得到反映。显然，HR-TEM 对结构的详尽分析更为有用。然而，电子通量比起选区电子衍射要大得多，极易导致试样损伤。在加速电压低于 100kV 下做 TEM 观察，电子束对结晶碳结构的影响甚小[18]。实验得出，在加速电压 80kV 下做球差校正高分辨 TEM 观察对石墨烯类试样局部结构的损伤可减小到很小。在这种成像条件下观察，氧化石墨烯的结构是高度稳定的。对一

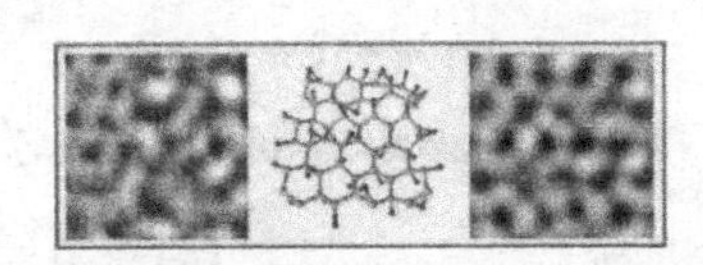

(a)左图为中间图像的局部放大像,中央图为原子结构示意图,标示了氧和碳原子的位置,右边图为模拟TEM像

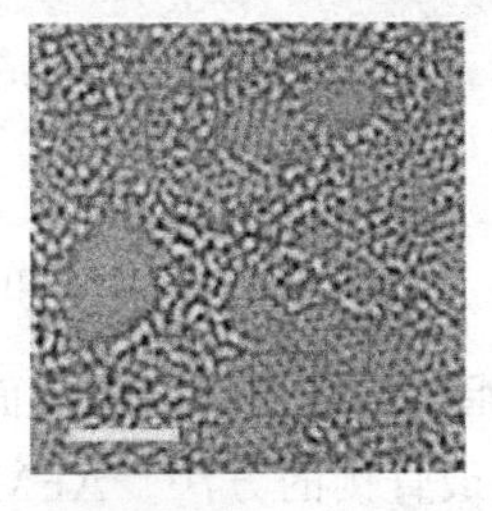

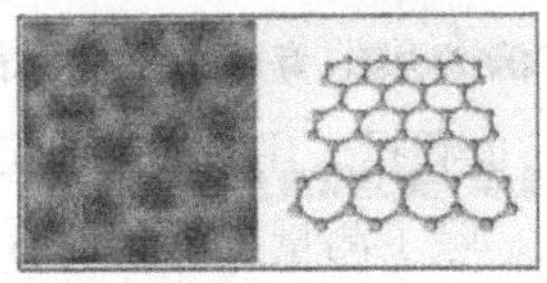

(b)中间图像中石墨区域的高倍数TEM像,右边图为原子结构示意图(图中标尺为2nm)

图 2.4　单层氧化石墨烯原子可分辨的像差校正 TEM 像（中间图像）

般条件下观察，即便使用较高加速电压，氧化石墨烯试样也还是稳定的，但做高分辨成像观察时，由于高电子通量的辐照，有时会引起氧化石墨烯片的破裂。图 2.4 是单片氧化石墨烯试样于 80kV 下的像差校正高分辨 TEM 像[16]，显示了氧化石墨烯的氧化微区和石墨（烯）微区。图 2.4(a) 是尺寸为 $1nm^2$ 氧化微区的高分辨像，该微区是一个高氧化官能度区域。中间图是其设想的原子结构简图，标示了氧原子和碳原子的位置。右图是另一结构的模拟 TEM 像，氧官能团的位置已经有所变化。尺寸为 $1nm^2$ 石墨微区的放大像显示在图 2.4(b) 左图，其右图是其原子结构简图，该区域不包含氧官能团，显示为典型的石墨结构。

一幅典型的还原氧化石墨烯的高分辨 TEM 像如图 2.5 所示[17]，这是试样的原子可分辨像差校正 TEM 像。图 2.5(a) 是原始图像，该图像中不同区域被加以不同灰度（原图为彩色图）以区分不同结构的微区，显示在图 2.5(b) 中。图中面积最大的区域是无缺陷的结晶良好的石墨烯区，六角形晶格结构清晰可见。其他微区包括无序的碳网络区、氧化-还原残留物区和空洞区等。作为比较，图 2.6 显示石墨烯、氧化石墨烯和还原氧化石墨烯的像差校正 TEM 像[16]。图的左侧为原始图像，右侧各图以不同灰度标出各不同微结构的微区（原图为彩色图，以不同颜色表示不同结构），包括石墨区、无序的氧化功能化区和空洞区等。

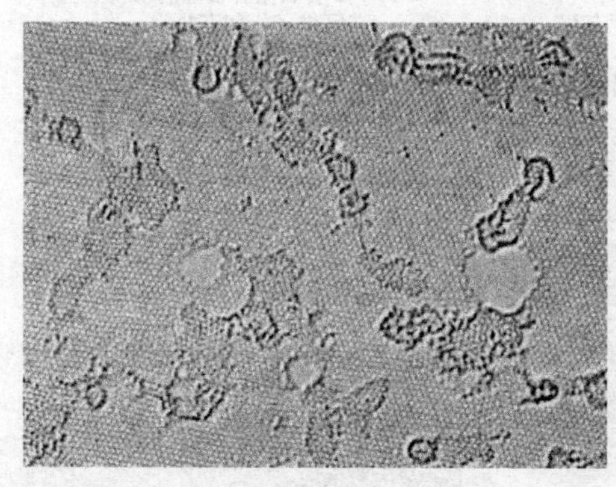

(a) 原始TEM像

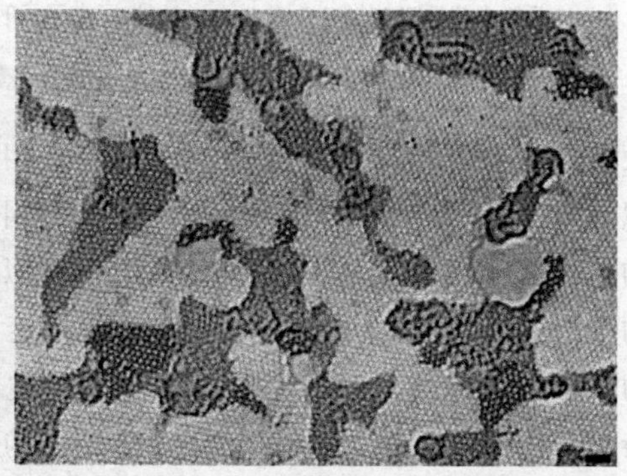

(b) 原图像加以彩色以易于辨别结构不同的区域

图 2.5 单层氧化石墨烯的高分辨 TEM 像

AFM 能给出氧化石墨烯表面形貌的三维像，同时也是表征氧化石墨烯被分拆程度的一种最直接的方法。AFM 能直接测量氧化石墨烯的厚度。用 AFM 测得的用化学方法和热学方法分拆获得的氧化石墨烯片的最小厚度，分别为 1.1nm[8] 和 1nm[19]。也有报道用 AFM 测定的片层厚度值为 0.8nm[14]。不同报道给出有差异的厚度值，除了测量本身可能存在的误差外，一个很可能的原因是氧化石墨烯片并非理想的平坦片层，常有皱褶，而且其表面常含有附着物，如湿气和溶剂等，使测得的厚度发生变化。通常以最小厚度值作为氧化石墨烯片层的厚度量度。图 2.7 为用 AFM 测量氧化石墨烯（通过热膨胀处理方法所得）的结果，仪器操作时使用接

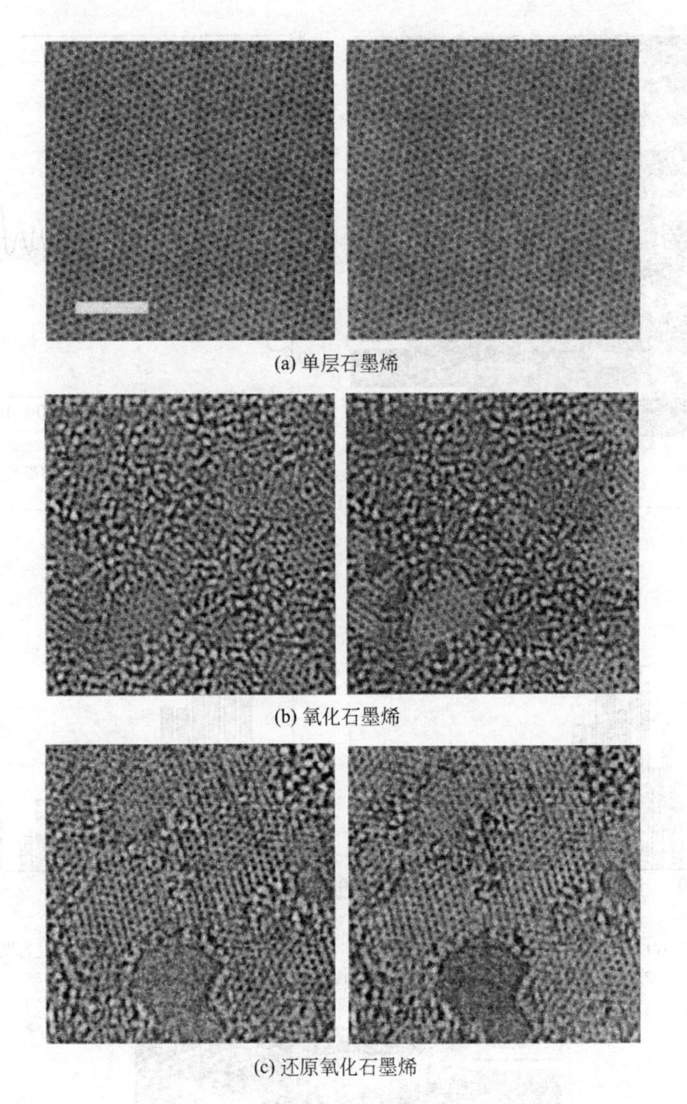

图 2.6 石墨烯、氧化石墨烯和还原氧化石墨烯的 HRTEM 像（图中标尺为 2nm）

触模式[19]。图 2.7(a) 是试样的 AFM 形貌像，沿图像中虚直线扫描得到的高度轮廓线如图 2.7(b) 所示，可见同一片层氧化石墨烯厚度的变化幅度达到几个纳米。从 140 片氧化石墨烯像测定层厚的统计直方图显示在图 2.7(c) 中，最小的层片厚度为 1.1nm。横向尺寸（直径）的分布如图 2.7(d) 所示。

AFM 还是测定氧化石墨烯片力学性能的主要方法，将在下节阐述。

扫描隧道显微术也能用于显示氧化石墨烯的原子结构，如图 2.8 所示[20]。试样安置于 HOPG 新鲜劈开的表面上。与插入的 HOPG 的 STM 像清晰的点-点结构相比较，氧化石墨烯的点-点结构明显模糊。显然，这是氧化石墨烯存在大量功能基团和结构缺陷所致。

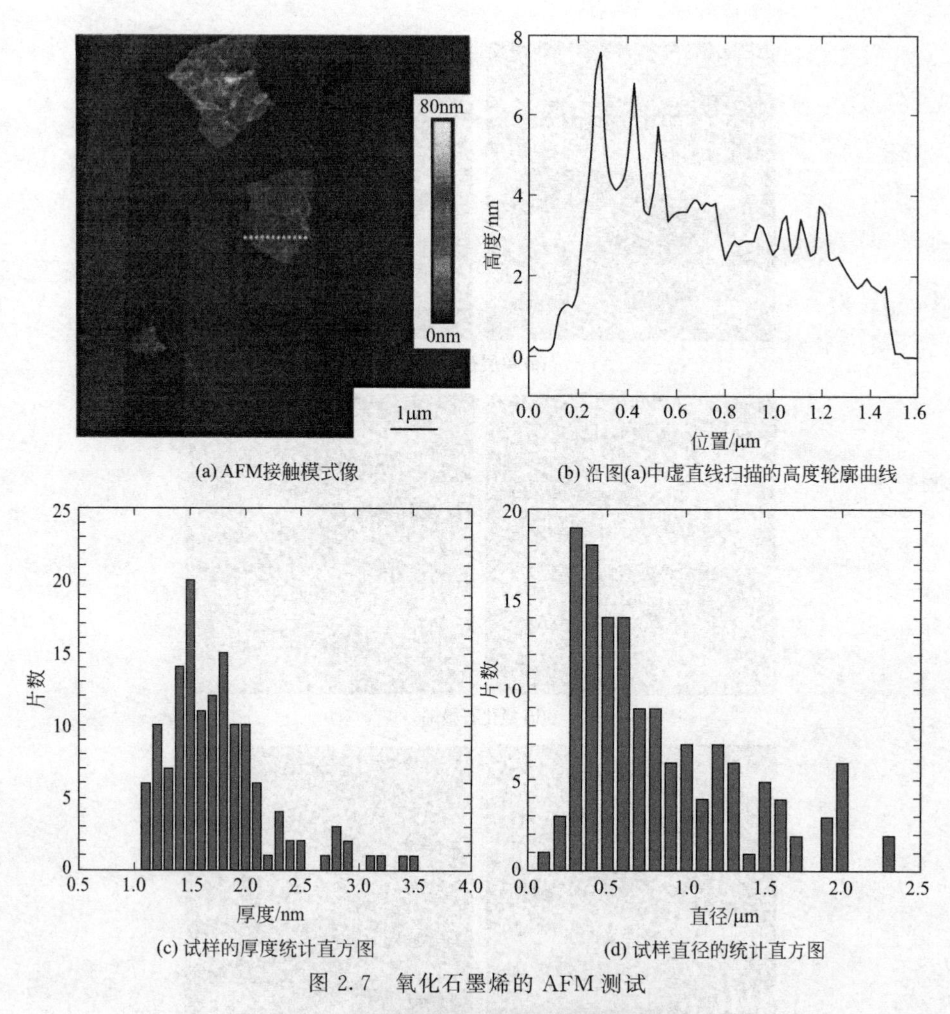

(a) AFM接触模式像

(b) 沿图(a)中虚直线扫描的高度轮廓曲线

(c) 试样的厚度统计直方图

(d) 试样直径的统计直方图

图 2.7 氧化石墨烯的 AFM 测试

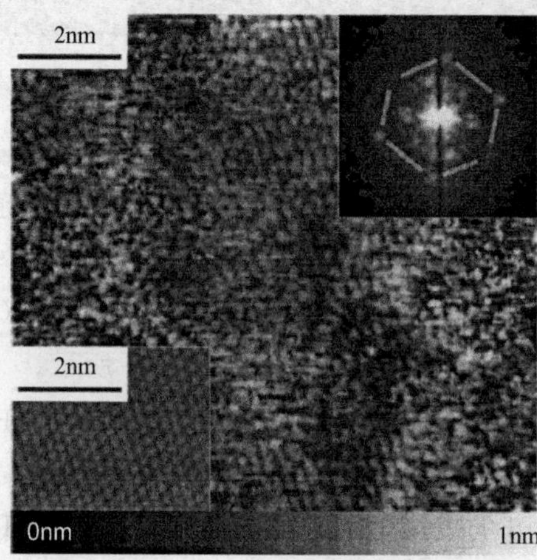

图 2.8 氧化石墨烯的 STM 像（左下方插入图为相同测试条件下 HOPG 的 STM 像，右上角插入图为图像的傅里叶变换花样）

2.2.2.2 广角 X-射线衍射术

研究发现，石墨的广角 X 射线衍射花样中位于 2θ 约为 26°的尖锐的（002）布拉格反射，在石墨转变为氧化石墨烯后消失了，而代之出现一个位于 2θ 约为 14°的新的宽峰，该峰对应于约 0.7nm 的层间间隔。当氧化石墨被拆分为单片的、分离的氧化石墨烯后，这个新的峰也随之消失[19]。X 射线衍射花样的这种行为可用于监控氧化石墨烯的制备过程。

图 2.9 是石墨氧化过程中 X 射线衍射花样变化的一个典型实例[19]。从图中可见，石墨的 X 射线衍射花样中有一个与其 0.34nm 层间间隔相对应的 2θ 位于25°～30°之间的尖锐强峰，随着氧化时间的延长，该峰逐渐减弱，直至消失，而与层间距 0.7nm 相对应的位于 10°～15°之间的宽峰则开始出现并逐渐增强，表明石墨已经逐步转变为氧化石墨。为比较起见，图 2.10 给出了石墨、氧化石墨、还原氧化石墨和氧化石墨烯的 X 射线衍射曲线图[19]。从图中可见，氧化石墨的还原处理使试样的层间距部分恢复到石墨状态。氧化石墨烯的衍射花样则不显现任何衍射峰，表明还原处理已经使氧化石墨拆分成单片的氧化石墨烯。

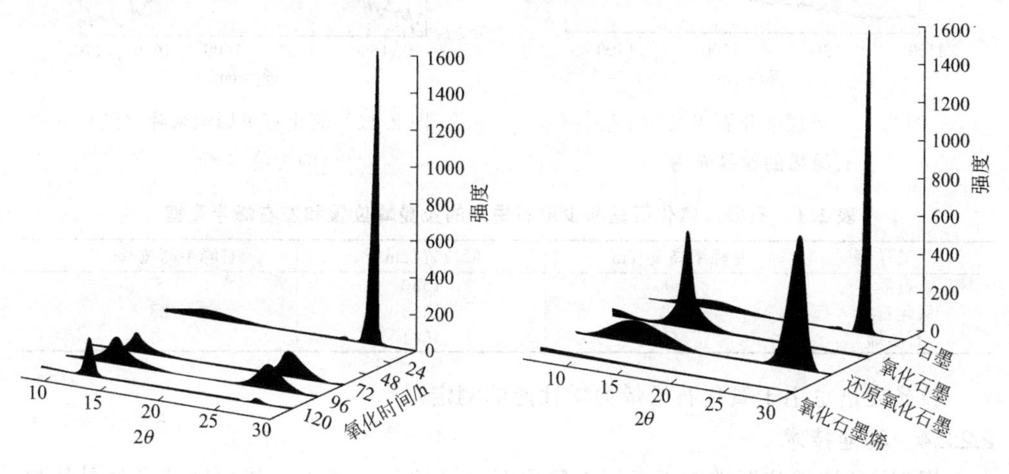

图 2.9 石墨氧化过程中 X 射线衍射曲线的变化

图 2.10 石墨、氧化石墨、还原氧化石墨和氧化石墨烯的 X 射线衍射曲线

2.2.2.3 拉曼光谱术

拉曼光谱术广泛地应用于检测石墨类材料的结构无序程度，它是氧化石墨烯表征的强有力工具[12,14,20,21]。氧化石墨烯与石墨烯的拉曼光谱有很大不同。图 2.11 显示安置于氧化硅表面上的单层氧化石墨烯和单层石墨烯在 1100～1800cm^{-1} 范围内的拉曼光谱，测试使用 633nm 氦氖激光[14]。从图中可见，石墨烯显现出一个尖锐的强单峰，G 峰，位于约 1580cm^{-1} 处，是 sp^2 杂化碳的特征峰。与之相比，氧化石墨烯的 G 峰则明显宽化，而且呈不对称形状。图 2.12 为氧化石墨烯纳米片（纸）的 G 峰，可见 G 峰曲线轮廓与 G^-、G^+ 和 D′三个单峰形成很好的拟合[21]。G 峰形状的不对称来源于两个原因：①由于缺陷产生的位于约 1620cm^{-1} 的 D′峰的

存在；②由于氧化引入的各种功能基团而导致G峰分裂为G^-和G^+两个峰。氧化石墨烯的G峰位置与石墨烯相比则发生明显的蓝偏移（向高频移方向偏移）。表2.1列出石墨和氧化石墨G峰的峰位置和左右峰半高宽[20]。出现D峰（约位于$1330cm^{-1}$处）是氧化石墨烯拉曼光谱的最重要特征之一，该峰强而宽。D峰的出现清楚地表明氧化石墨烯中sp^3碳键合的存在，虽然光谱也表明了存在结构缺陷。氧化石墨烯G峰的宽化和蓝偏移，以及宽而强D峰的出现，表明氧化石墨烯的制备过程中sp^2碳晶格发生了强烈的破坏和无序化。

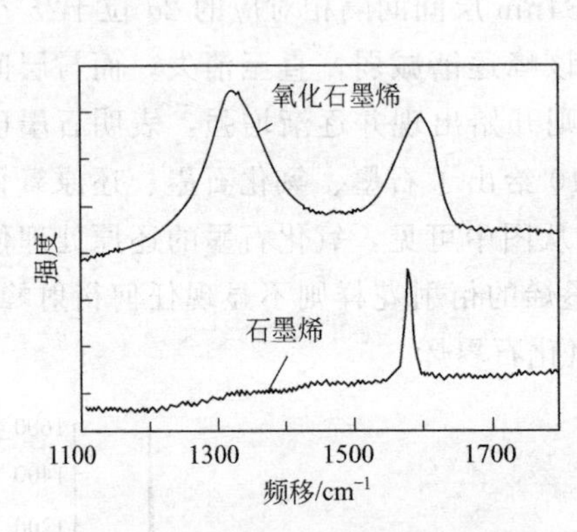

图 2.11　单层氧化石墨烯和单层石墨烯的拉曼光谱

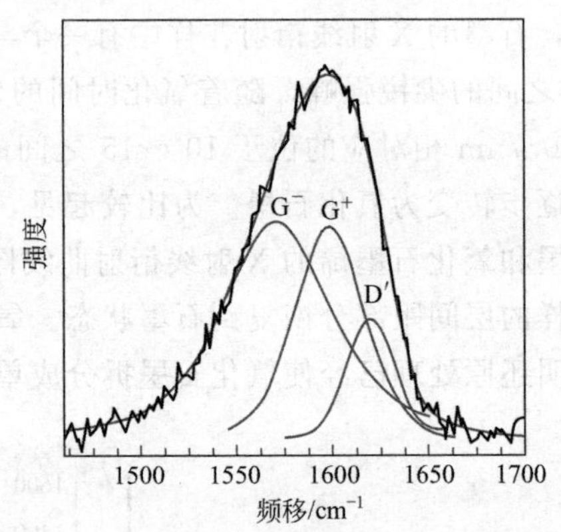

图 2.12　氧化石墨烯纳米片（纸）的拉曼G峰

表 2.1　石墨、氧化石墨和少层石墨烯的拉曼峰位置和左右峰半高宽

试样	左峰半高宽/cm^{-1}	峰位置/cm^{-1}	右峰半高宽/cm^{-1}
石墨	9	1580	8
氧化石墨	55	1593	28
石墨烯	55	1581	43

拉曼光谱也用于氧化石墨烯力学性能的测定。

2.2.2.4　其他技术

固态^{13}C核磁共振谱能用于探索氧化石墨烯的化学结构，其测试结果是最早提出并被广泛接受的氧化石墨烯结构模型的实验依据[22,23]。

氧化石墨烯各种化学基团的检测可使用X射线光电子谱（XPS）[24]、紫外-可见光光谱[8]和热重分析[23]等技术。

2.2.3　氧化石墨烯的性质

与无缺陷石墨烯相比，氧化石墨烯的力学性能要差得多。这是由于氧化过程中含氧基团的存在破坏了原有的原子结构和sp^3键合的存在。最早测得显微厚度氧化石墨烯纸的刚性为40GPa，而强度则为120MPa[25]。随后，人们测得单层和多层氧化石墨烯的弹性模量。

AFM能直接测定氧化石墨烯的力学性能，一般有两种方法。一种是针尖压入法（indentation）[26]，首先用蚀刻技术制得悬空的单层还原氧化石墨烯膜试样，如

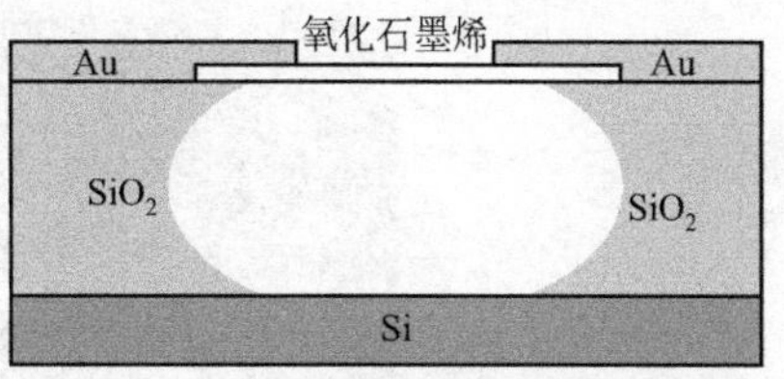

(a) 侧视示意图

(b) SEM像

图 2.13 悬空的单层氧化石墨烯膜

图 2.13 所示[26]。将 AFM 针尖在薄膜悬空区域的中心向下压，测定力与位移之间的关系曲线，图 2.14 显示测得的结果[26]。据此得到单层还原氧化石墨烯的弹性模量为（250±150）GPa。测试表明，弹性模量的大小与氧化石墨烯试样的层数（厚度）有关，三层和三层以上的还原氧化石墨烯的弹性模量比单层或双层要低一个数量级。这种方法测得的弹性模量数据分散较大。另一种方法是使用 AFM 接触模式成像，随后应用基于有限元分析（FEM）的变换方法，测定纳米厚度的单层、双层和三层氧化石墨烯的力学性能[27]。氧化石墨烯覆盖在含有圆孔的碳膜网格上，得到悬空的薄膜试样，如图 2.15 所示[27]。TEM［图 2.15(b)］和 AFM 形貌［图 2.15(d)］显示所制备的悬空薄膜平整、无皱褶，拉曼光谱则呈现氧化石墨烯典型的特征峰。图 2.16 是 AFM 针尖沿薄膜表面以接触模式扫描成像的原理示意

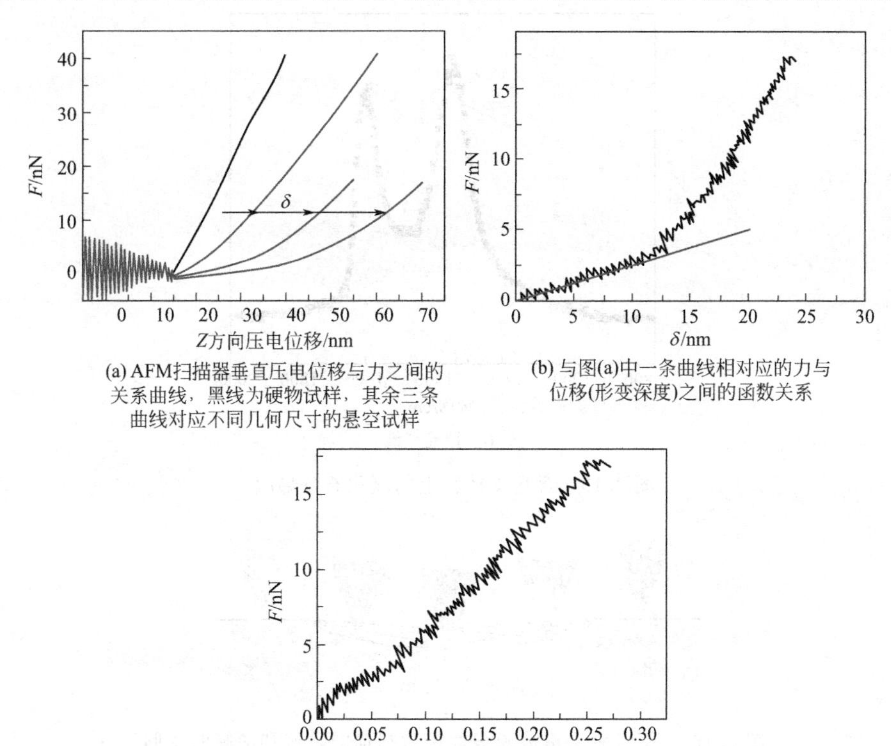

(a) AFM扫描器垂直压电位移与力之间的关系曲线，黑线为硬物试样，其余三条曲线对应不同几何尺寸的悬空试样

(b) 与图(a)中一条曲线相对应的力与位移(形变深度)之间的函数关系

(c) 力与试样应变之间的函数关系

图 2.14 单层氧化石墨烯膜的形变响应

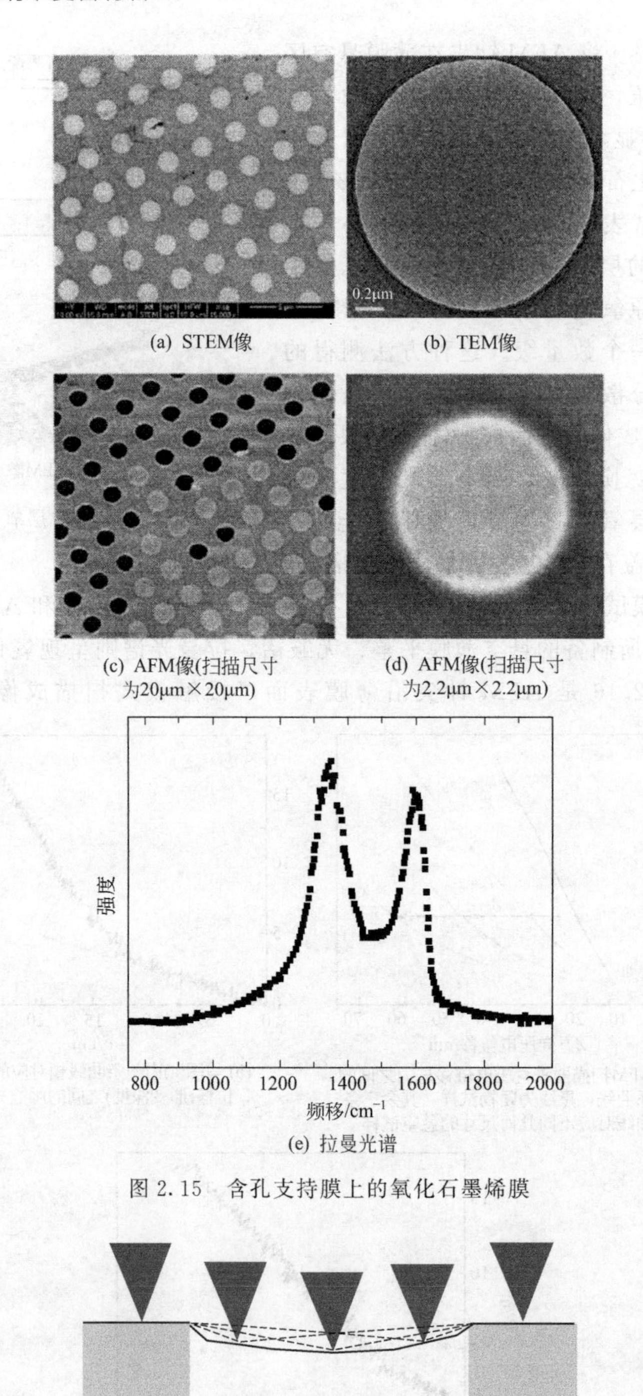

(a) STEM像 (b) TEM像

(c) AFM像(扫描尺寸为20μm×20μm) (d) AFM像(扫描尺寸为2.2μm×2.2μm)

(e) 拉曼光谱

图 2.15 含孔支持膜上的氧化石墨烯膜

图 2.16 AFM 针尖沿薄膜表面接触扫描的轨迹和薄膜的变形

图[27]。当 AFM 针尖沿薄膜（或任何其他悬空结构）以一给定力扫描时，薄膜将沿扫描线发生力学形变（图中虚线所示）。记录针尖位移，能获得不同垂直力下的形貌像。这种像不是薄膜的真实形貌像，而是针尖在薄膜扫描的轨迹图（图中实线）。使用这种方法测定的单层氧化石墨烯的有效弹性模量为（207.6±23.4)GPa。与前述针尖压入法相比，数据的分散性明显较小。

氧化石墨烯力学性能的理论研究预测其弹性模量为400GPa[28]，与实测值相近。

拉曼光谱术也能用于估算氧化石墨烯的力学性能[19]。拉曼光谱G峰的应变偏移反映了氧化石墨烯的分子形变，将微观力学与宏观力学指标相联系。测试得出，氧化石墨烯G峰的G^-分峰的应变偏移为$-15cm^{-1}$/%应变，与石墨烯相同峰的应变偏移值（$-32cm^{-1}$/%应变）相当。如此可估算出氧化石墨烯纸的有效弹性模量。设石墨烯的弹性模量为1020GPa，则氧化石墨烯的等效模量为1020×(15/32)≈480GPa。考虑到两者的厚度差异（石墨烯为0.34nm，而氧化石墨烯为0.7nm)，氧化石墨烯的有效弹性模量应为480×(0.34/0.7)≈230GPa，与使用AFM测定的值相近。

2.3 功能化石墨烯

石墨烯是由碳元素按六边形晶格整齐排列而成的二维晶体物质。结构完善的石墨烯不论在水或其他溶剂中几乎都不能溶解。而且由于石墨烯层片间强烈的π-π相互作用，石墨烯层与层之间有很强的相互结合趋势，使其层片在溶剂中难以分散，易于发生聚集沉淀。这给要求增强材料均匀分散于基体中的石墨烯复合材料的制备造成了困难。使用氧化石墨烯替代纯石墨烯是解决这一困难的途径之一。由于氧化石墨烯层片上所包含的含氧基团具有亲水性，各层片分散在水中并不困难。然而，氧化石墨烯在有机溶剂中的溶解情况比较复杂。例如，通过Hummers法制备的氧化石墨烯就不能直接分散在强极性有机溶剂*N*,*N*-二甲基甲酰胺（DMF）中[29]。这种情况导致了对功能化石墨烯的广泛研究。人们采用多种化学方法将活性官能团引入到石墨烯分子结构中，这种处理显著改善了石墨烯在各种溶剂中的溶解性（分散性)，同时，还能方便地调整石墨烯的结构，改变其光学、电学和磁学等物理性质，制备出符合特定性能要求的石墨烯复合材料。

石墨烯的功能化通常采用两类途径：共价键功能化和非共价键功能化。前者通过化学反应使其他反应物与石墨烯形成稳定的共价键，从而赋予石墨烯某些特定的优异性质。然而，共价键反应过程中不可避免、或多或少地破坏石墨烯的原有结构，使石墨烯固有的性质受到不同程度的改变。非共价键功能化则通过π-π相互作用、离子键和氢键等使修饰分子与石墨烯结合在一起，提高石墨烯的分散性能。

石墨烯的功能化既适用于石墨烯，也适用于氧化石墨烯。

2.3.1 共价键功能化

石墨烯的共价键功能化是利用石墨烯或氧化石墨烯的活性双键与其他官能团发

生化学反应，达到石墨烯的功能化。石墨烯由六边形苯环所组成，结构稳定。然而，石墨烯片的边缘和结构缺陷仍有较高的反应活性，可以利用这些位置与其他化合物发生化学反应实现石墨烯的功能化。另外，氧化石墨烯包含大量的羧基、羟基和环氧键，也可以对这些基团通过常见的化学反应实现石墨烯的共价键功能化。

有机小分子功能化、大分子功能化、离子液体功能化和纳米粒子功能化等是常用的几种共价键功能化方法。

2.3.1.1 有机小分子功能化

利用异氰酸根与氧化石墨烯上的羧基和羟基之间的反应，将异氰酸苯酯连接在用 Hummers 法制得的氧化石墨烯的亲水氧基团上，可获得异氰酸酯功能化石墨烯。这种功能化石墨烯能在诸如 DMF（N,N'-二甲基甲酰胺）等多种极性非质子溶剂中实现均匀分散，并能够长时间保持分散的稳定性[29]，图 2.17 为这种功能化的示意图[29]。有人修正了 Hummers 法，并使用预先以硫酸插入的膨胀石墨替代天然石墨作为氧化原料，则可省去化学处理程序，而最终获得的氧化石墨烯能直接在 DFM 中分散成单层氧化石墨烯片[30]。

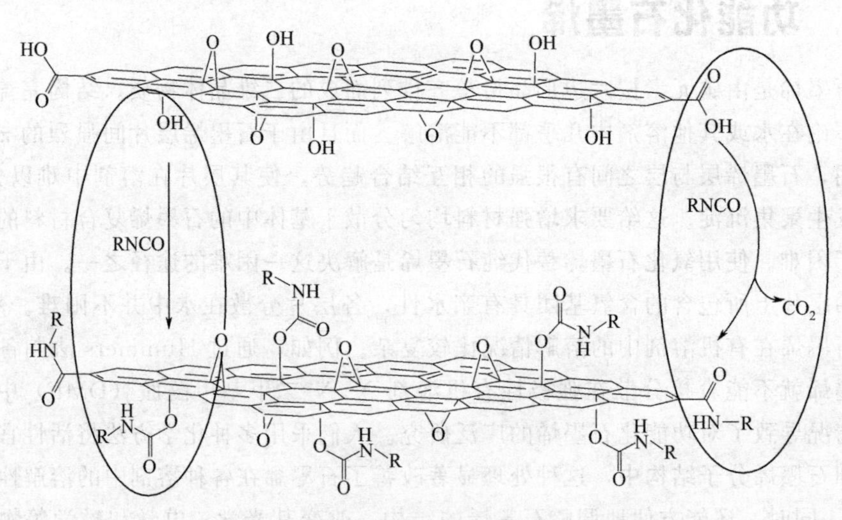

图 2.17 氧化石墨烯异氰酸酯功能化示意图

氧化石墨烯上的环氧键也是功能化反应的活性位点。例如，利用正十八胺上的氨基与氧化石墨烯上的环氧做开环反应，可制得能在许多溶剂中稳定分散的功能化石墨烯[31]。

自由基反应是另一种打开 π 键、接上功能基团的途径。例如，使用芳基重氮四氟硼盐，对经过预处理的氧化石墨烯分散液通过自由基反应能成功地获得功能化的石墨烯[32~34]。

从功能化工艺角度考虑，一般都要求氧化石墨烯或石墨烯在实施功能化程序之前预先被拆分成片，不然，功能化基团仅能连接在外碳层，这使功能化的产率受到很大限制。图 2.18 显示一种功能化流程，它直接对块状石墨实施石墨烯的共价键功能化，具有高得多的功能化效率[35]。这种工艺的独特之处在于将钾离子引入天然块状石墨的石墨烯层间。钾阳离子的溶入使石墨烯层间发生膨胀，并且由于静电排斥力的作用使得石墨烯得以分拆成片。随后，石墨烯被重氮基功能化。不像氧化石墨烯制备时必要的化学处理不可避免地导致石墨烯结构遭受损伤，使其物理性质，尤其是电学性质受到很大的改变，这种工艺能保持石墨烯固有的原子结构，因而能保持原有的优良力学性能和电学性质。

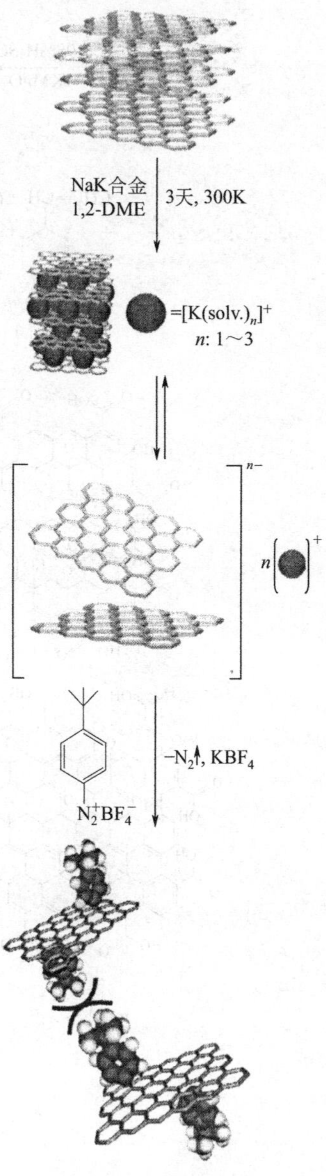

2.3.1.2 大分子功能化

与上述功能化基团相比，将大分子链连接于石墨烯上来实施功能化能改善产物的热稳定性，并且具有更强的阻止石墨烯片聚集的性能。此外，这种产物允许石墨烯共价结合更复杂的有机系统，发展新型复合材料。通常可将大分子功能化分为两类：引发大分子法（grafting from）和接入大分子法（grafting to）。前者，通过引发剂使大分子从石墨烯表面生长；而后者，则将预先聚合好的大分子直接连接到石墨烯上。

图 2.19 是使用自由基引发剂过氧化二甲苯甲酰（BPO）对还原氧化石墨烯进行功能化的过程示意图[36]。功能化过程中，在引发剂的作用下还原氧化石墨烯的共价 sp^2 键与苯乙烯和丙烯酰胺发生聚合反应，最终获得了聚苯乙烯-聚丙烯酰胺（PS-PAM）嵌段共聚物功能化石墨烯。聚合物缠绕在单层石墨烯周围，降低了石墨烯片层间的相互作用，使得石墨烯易于分散。

图 2.18 以块状石墨为原料实现石墨烯功能化的流程

使用原子转移自由基聚合（atom transfer radical polymerization，ATRP）引发剂（α-溴异丁酰溴）制备表面功能化氧化石墨烯的好处是能控制聚合物的结构。此外，这种引发剂能保持活性，来自环境的杂质和污染几乎不会使其活性终止。图 2.20 显示一典型的以 α-溴异丁酰溴作引发剂使苯乙烯、丙烯酸丁酯或甲基丙烯酸丁酯聚合在氧化石墨烯表面上的示意图[37]。

诸如聚丙烯（PP）这类非极性基体与极性的氧化石墨烯之间不相溶，不利于氧化石墨烯在 PP 基体中的分拆和分散。使用原位 Ziegler-Natta 聚合可使 PP 链段

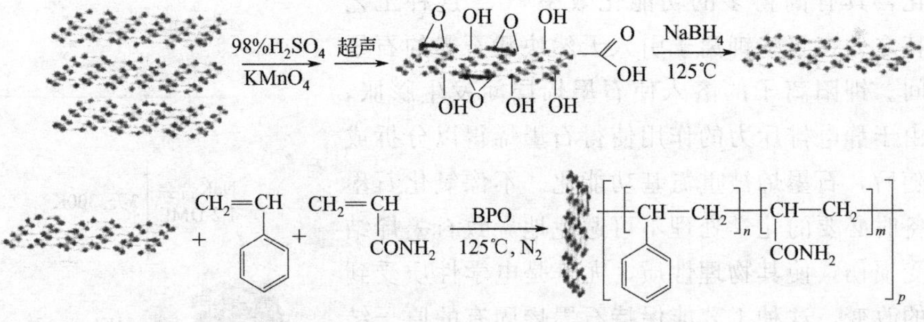

图 2.19 使用引发剂 BPO 制备功能化石墨烯

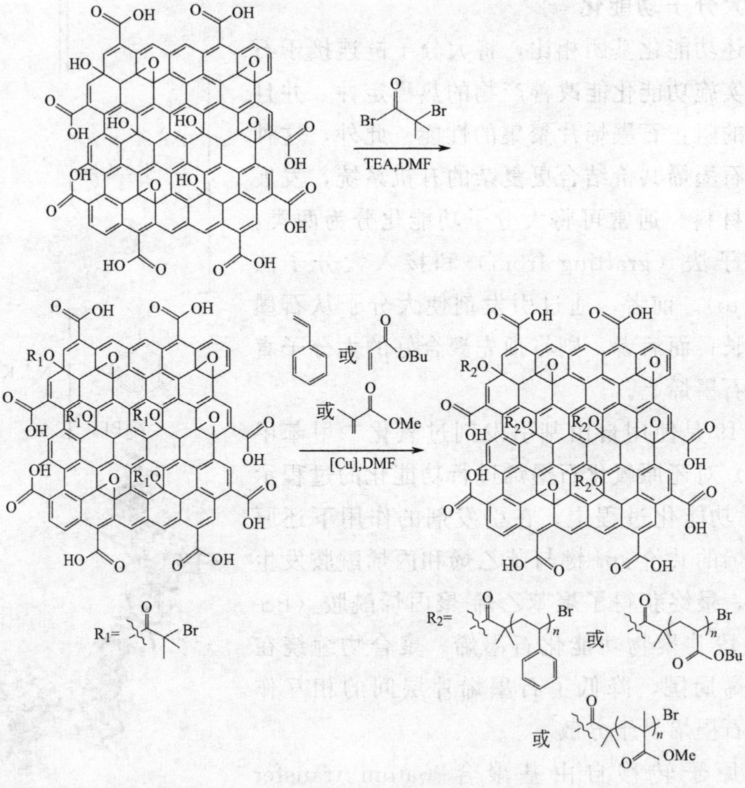

图 2.20 使用引发剂 α-溴异丁酰溴制备功能化石墨烯

连接到氧化石墨烯上，如图 2.21 所示[38]。氧基团使得 Mg/Ti 催化剂能聚落在氧化石墨烯片层上。

在氧化石墨烯表面上直接生长热敏聚合物的流程如图 2.22 所示[39]。这种方法首先将含溴引发剂基团共价连接到氧化石墨烯片的表面，随后通过单电子转移活性自由基引发聚合反应（SET-LRP），实现聚［聚（乙二醇）乙基醚甲基丙烯酸酯］（PPEGEEMA）在氧化石墨烯上的原位生长。考虑到氧化石墨烯表面缺乏必要的反应功能基团，使用三羟甲基氨基甲烷（TRIS）在室温下对拆散的氧化石墨烯片做环氧基环的开环反应，以增加氢氧基团的数量，引发基团连接到 TRIS-氧化石墨烯片上，最后实现原位聚合反应。

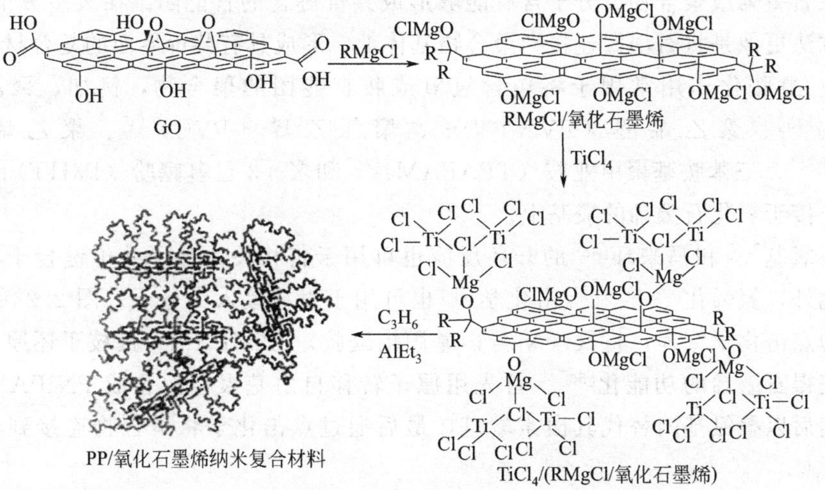

图 2.21 以原位 Ziegler-Natta 聚合实现石墨烯功能化

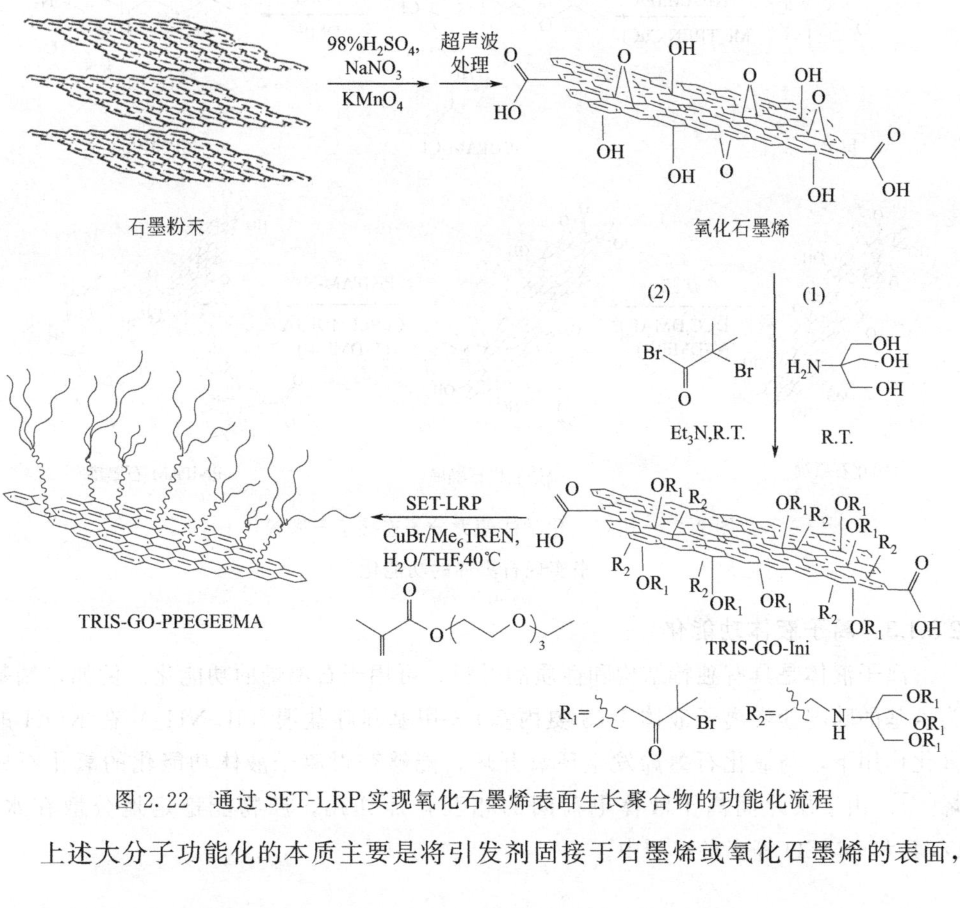

图 2.22 通过 SET-LRP 实现氧化石墨烯表面生长聚合物的功能化流程

上述大分子功能化的本质主要是将引发剂固接于石墨烯或氧化石墨烯的表面，

以便于随后的聚合反应。与石墨烯相比，聚合物是少数，它起分散剂的作用，以增强石墨烯与有机溶剂或聚合物基体的相溶性。直接接入大分子方法似乎比较简单，它要求石墨烯或聚合物大分子含有能够形成共价键合的官能团。在大多数情况下，这种方法更像是将石墨烯连接到聚合物基体上，形成具有共价界面的复合材料。酯化反应/酰胺化作用常用于将包含氢氧或胺官能团的聚合物，例如，聚乙二醇(PEG)[40]、聚乙烯醇（PVA）[41,42]、聚氯乙烯（PVC）[43]、聚乙烯亚胺(PEI)[44]、三苯胺基聚甲亚胺（TPAPAM)[45]和聚［3-己基噻吩（P3HT)］[46]等，共价连接于氧化石墨烯的羧基上。

环氧基[47]和马来环[48]的开环反应也可用于将相关大分子共价键合于石墨烯上。此外，氮烯化学[49]和点击化学[50]也可用于直接接入大分子。图 2.23 显示一典型的点击化学流程，将聚（*N*-异丙基丙烯酰胺）(PNIPAM）接枝于还原石墨烯上，获得石墨烯的功能化[50]。首先用原子转移自由基聚合法合成 PNIPAM 均聚物，随后以叠氮基团替代其卤素端基，最后通过点击化学将聚合物连接到石墨烯片上。

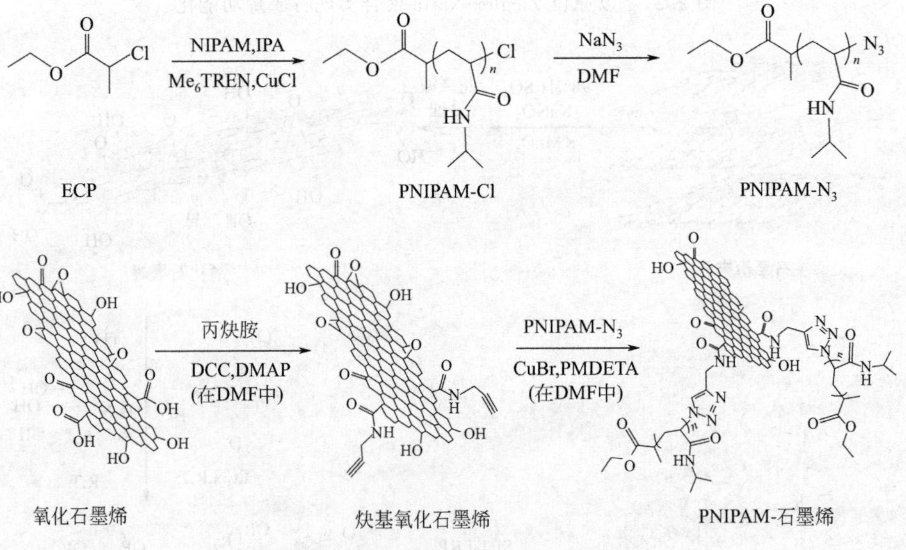

图 2.23 用点击化学法使大分子连接于石墨烯片上来实现石墨烯的功能化

2.3.1.3 离子液体功能化

离子液体是具有独特结构和性质的材料，可用于石墨烯的功能化。例如，端基为氨基的咪唑盐类离子液体 1-(3-氨丙基)-3-甲基咪唑盐溴（IL-NH_2）在 KOH 的催化作用下，与氧化石墨烯发生环氧开环，能够获得离子液体功能化的氧化石墨烯[51]。由于层片间离子液体电荷间的相互排斥作用，产物能稳定地分散在水、DMF 和 DMSO 等多种溶剂中。

2.3.2 非共价键功能化

非共价键功能化同样能显著改善石墨烯在水和各种溶剂中的分散性，同时它对石墨烯的结构损伤，与共价键功能化相比，明显较弱，因而能基本保持石墨烯原有的优异性能。人们开发了多种石墨烯的非共价键功能化方法，主要包括通过π-π相互作用，或离子键、氢键作用使修饰分子与石墨烯相结合，提高石墨烯的分散性能。

2.3.2.1 π 键功能化

石墨烯的碳原子通过 sp^2 杂化形成高度离域化的π电子，对具有大π共轭结构的物质，可通过π-π相互作用使之与石墨烯相结合，从而实现石墨烯的功能化，获得在水和各种溶剂中的高度分散。这种方法在石墨烯的非共价键功能化中应用较为普遍。使用的修饰物可以是有机小分子、大分子聚合物或生物分子等。

图 2.24 显示一典型的利用π-π相互作用，使用有机小分子实现石墨烯非共价键功能化的实例[52]。7,7,8,8-四氰基对苯二醌二甲烷（TCNQ）具有高度共轭的体系和丰富的π电子。在极性溶剂二甲亚砜（DMSO）的辅助下，TCNQ 能进入膨胀石墨的层间，并通过π-π相互作用吸附在石墨烯层上，在超声波处理下获得分散于水中的石墨烯。这种石墨烯也能分散于极性溶剂，如 DMF 和 DMSO 中，但不能溶于无水乙醇。图中上左所示化学结构与图 2.24(b) 中石墨烯片相当，而上右示意图为图 2.24(c) 中石墨烯片的化学结构示意图。

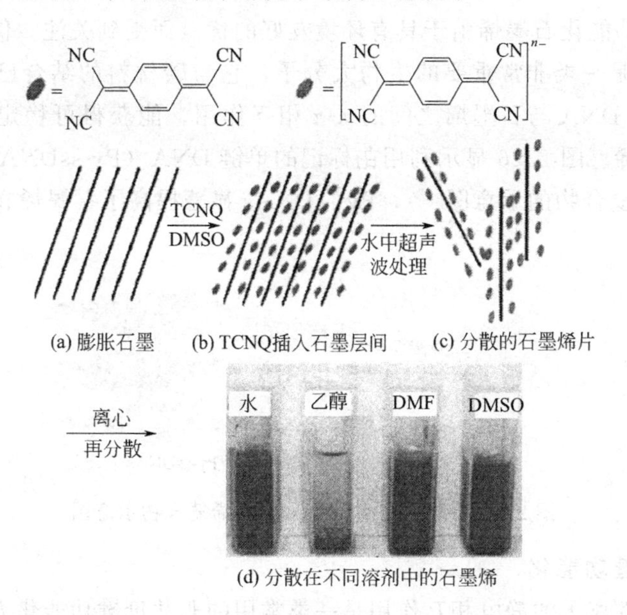

图 2.24 用 TCNQ 阴离子获得石墨烯分散的流程

聚合物功能化石墨烯常赋予产物许多优良的性能。利用π-π相互作用实现非共价键功能化是获得这类产物的途径之一。例如，聚间亚苯亚乙烯衍生物 PmPV 具有大π共轭结构，利用它与石墨烯之间的π-π相互作用，能够制得PmPV非共价键功能化石墨烯纳米带，在有机溶剂中有良好的分散性[53]。制备方法简便，首先将膨胀石墨在混合气体（含4% H_2的Ar）中加热至1000℃进行剥离。随后将其分散到PmPV的二氯乙烷溶液中，经超声波处理后即得均匀分散的PmPV功能化石墨烯悬浮液（图2.25[53]）。

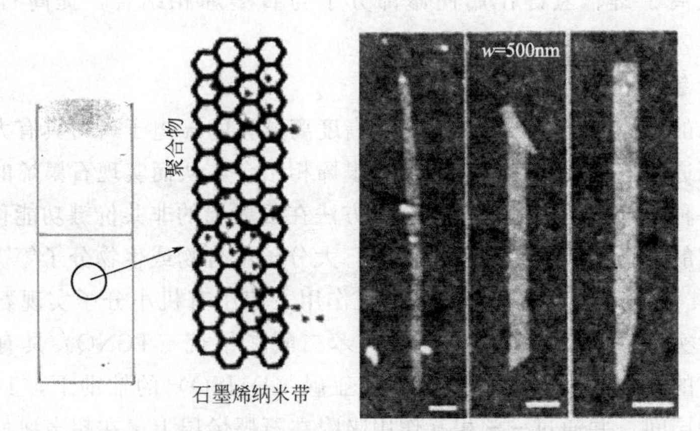

图2.25　PmPV功能化石墨烯带的制备

生物分子功能化石墨烯由于具有环境友好的优点而受到关注。例如，脱氧核糖核酸（DNA）是一类非常重要的生物大分子，它与碳材料的结合已经得到广泛研究[54,55]。利用DNA与石墨烯之间的π-π相互作用，能获得可稳定分散的非共价键功能化石墨烯。图2.26显示利用芘标记的单链DNA（Py-ssDNAs）制备Py-ssDNAs/石墨烯复合物的示意图[56]，Py-ssDNAs显著提高了石墨烯在水溶液中的分散性。

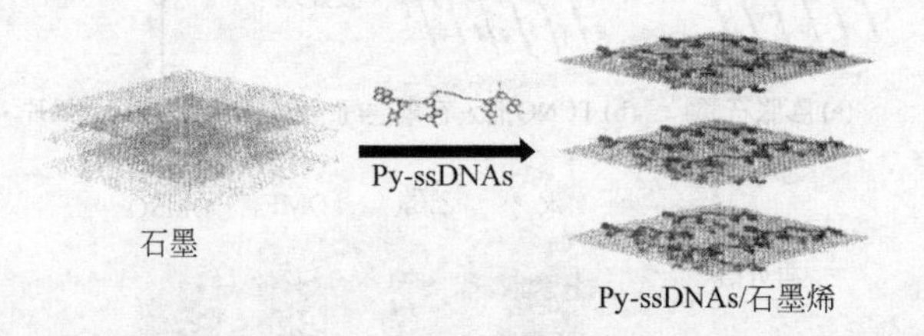

图2.26　制备Py-ssDNAs/石墨烯复合物示意图

2.3.2.2　离子键功能化

利用同极性离子的静电相互作用是一类常用的非共价键功能化方法。例如，有人使用已经成熟的方法制备碱金属（钾盐）石墨烯层间化合物，获得可溶于*N*-甲基吡咯烷酮（NMP）的功能化石墨烯[57]。这种方法不需要添加表面活性剂或其他分散剂，利用钾离子与石墨烯上羧基负离子的相互作用，使得石墨烯能稳定地分散到极性溶剂中。

表面活性剂具有双亲性，在与石墨烯相结合时，它的一端吸附在石墨烯上，而另一端则暴露于外，由于静电相斥作用，可使石墨烯获得稳定的分散。图 2.27 为使用阴离子型表面活性剂十二烷基苯磺酸钠（SDBS）作稳定剂制备可溶性 SDBS/石墨烯复合物的流程[58]。首先将氧化石墨与 SDBS 在超声波处理辅助下相互混合，随后用肼还原得到溶解性很好的 SDBS 功能化的石墨烯溶液。

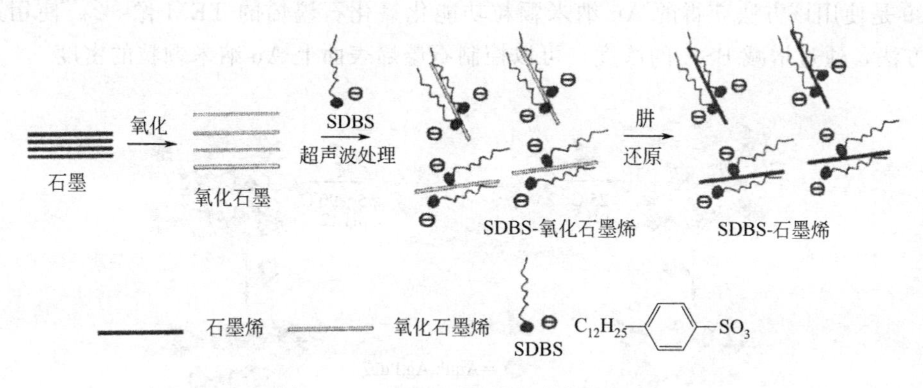

图 2.27 SDBS/石墨烯复合物的制备

除了阴离子型表面活性剂外，使用阳离子型表面活性剂也能实现石墨烯的功能化。例如，阳离子型表面活性剂溴化十六烷基三甲胺（CTAB）在超声波辅助处理下能剥离高度有序的裂解石墨（HOPG），用乙酸处理后得到石墨烯片。吸附在石墨烯片上的阳离子型表面活性剂能有效地阻止出现石墨烯片的聚集现象，使石墨烯片在 DMF 中得到良好的分散[59]。

2.3.2.3 氢键功能化

氢键是一种较强的非共价键，分子间氢键的形成有利于物质间的分散。氧化石墨烯的表面含有大量的羧基和羟基极性基团，用还原法制备的石墨烯由于还原不彻底也含有一些这类基团，它们易与其他物质发生氢键相互作用，因此可以利用氢键对氧化石墨烯或石墨烯实施功能化。例如，利用氢键作用可制得层状聚乙烯醇（PVA）与石墨烯的复合物[60]。将氧化石墨烯与 PVA 溶液均匀混合，使用肼还原可得到 PVA/石墨烯混合溶液。这种由氧化石墨烯还原得到的石墨烯表面常残留些许含氧官能团，如—COOH 和—OH，这些官能团与 PVA 中的—OH 间形成氢键，在 PVA 与石墨烯之间产生了较强的结合。实验发现，PVA/石墨烯复合溶液放置几小时后仍然不会聚集，表明 PVA 基体与石墨烯存在较强的相互作用。

2.3.3 无机纳米颗粒功能化

许多无机纳米颗粒，主要是某些金属氧化物和金属纳米颗粒，能吸附在石墨烯片上，起到无机功能化的作用。这种类型的功能化产生了一类新型的有机-无机复合材料，它们主要应用于与能量相关的领域。

有许多方法可用于石墨烯的无机纳米颗粒功能化。常用的一种方法是使用某种有机化合物作为“黏结剂”，将石墨烯与预先合成的纳米颗粒直接混合制得相应的功能化石墨烯。图 2.28 显示以聚合物牛血清白蛋白（BSA）作为“黏结剂”制备金属纳米颗粒功能化石墨烯流程的示意图[61]。BSA 是一种双亲生物聚合物，利用其黏结特性帮助石墨烯捕获纳米颗粒。首先将氧化石墨烯还原，并以 BSA 修饰，获得具有黏附能力的石墨烯，使其能够吸附单一或混合型的金属纳米颗粒。图 2.29 是使用该方法获得的 Au 纳米颗粒功能化氧化石墨烯的 TEM 像[61]。使用这种方法，通过增减 BSA 的浓度，可以控制石墨烯表面上 Au 纳米颗粒的密度。

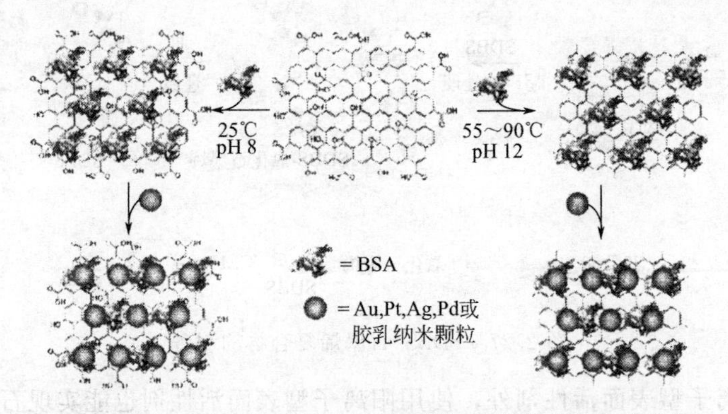

图 2.28　使用“黏结剂”实现石墨烯的无机纳米颗粒功能化

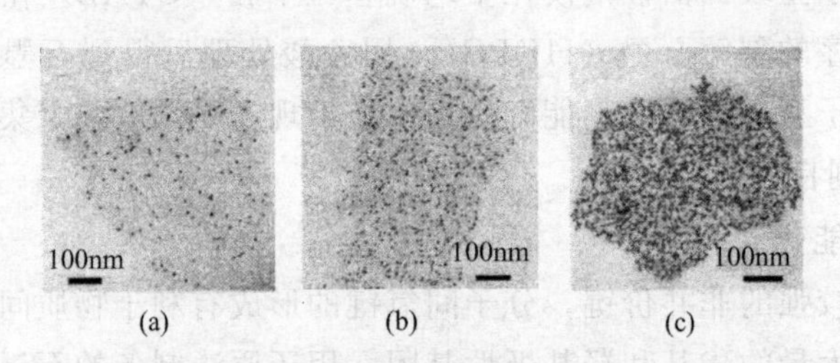

图 2.29　不同 Au 纳米颗粒密度的功能化氧化石墨烯 TEM 像

［从图（a）到图（c）Au 密度增大了］

氧化石墨烯与纳米颗粒之间的连接也可以是共价耦合，如图 2.30 所示[62]。该功能化过程通过酰胺化反应将多面体低聚倍半硅氧烷与氧化石墨烯相连接。

纳米颗粒在氧化石墨烯或石墨烯片上的原位沉积也是一种功能化的方法。图 2.31 是石墨烯片与纳米结构 TiO_2 原位连接的流程图[63]。采用该流程能在导电玻璃片上获得大面积的、均匀石墨烯/TiO_2 复合材料膜。

2.3.4　纳米碳功能化

使用其他纳米碳与石墨烯或氧化石墨烯相结合制备的功能化石墨烯形成了一类新的纳米材料，它们具有某些优异的性质，近年来受到广泛关注。这些纳米碳主要包括碳纳米管、富勒烯 C_{60} 和碳纳米球。这类产物可看成是碳杂化纳米复合材料，

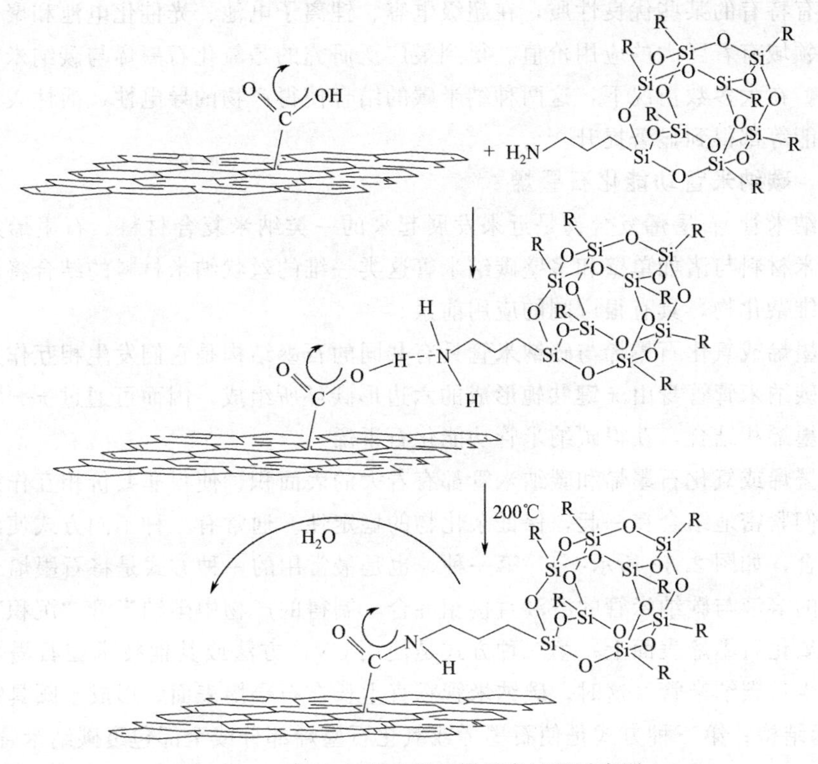

图 2.30 POSS与氧化石墨烯反应过程示意图

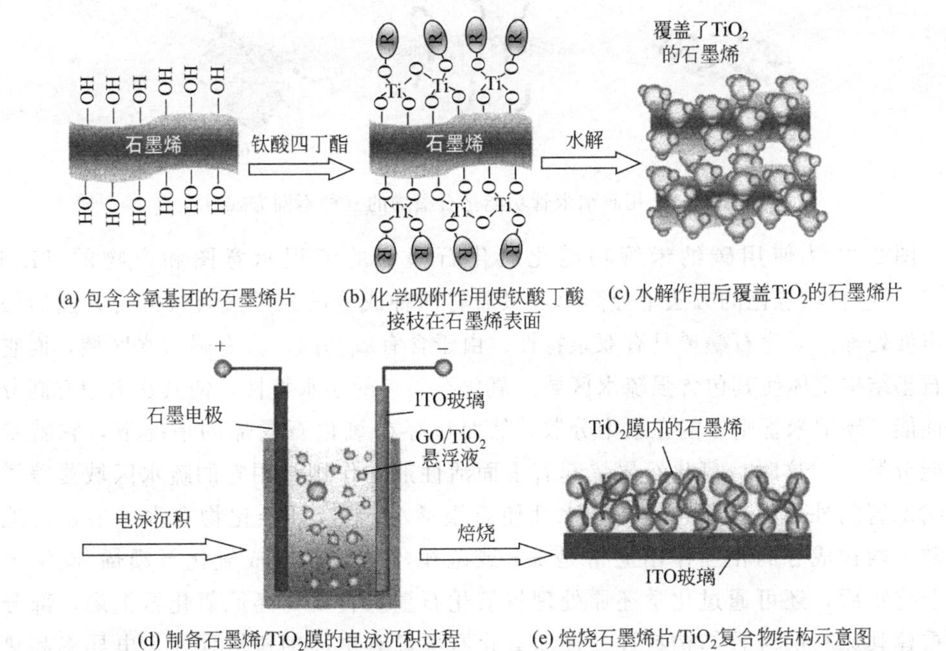

(a) 包含含氧基团的石墨烯片

(b) 化学吸附作用使钛酸丁酸接枝在石墨烯表面

(c) 水解作用后覆盖TiO_2的石墨烯片

(d) 制备石墨烯/TiO_2膜的电泳沉积过程

(e) 焙烧石墨烯片/TiO_2复合物结构示意图

图 2.31 石墨烯/TiO_2 膜制备流程示意图

由于具有特有的某些优良性质，在超级电容、锂离子电池、光催化电池和聚合物增强剂等领域有着巨大的应用价值。得到最广泛研究的是氧化石墨烯与碳纳米管的结合产物。在大多数情况下，这两种纳米碳的结合使得产物的导电性、活性表面积和力学性能等都得到显著提升[64]。

2.3.4.1 碳纳米管功能化石墨烯

碳纳米管/石墨烯复合物是近来发展起来的一类纳米复合材料。石墨烯这类二维的纳米材料与诸如单壁和多壁碳纳米管这类一维的丝状纳米材料的结合将形成有趣的三维杂化物，具有很广阔的应用前景。

石墨烯或氧化石墨烯与碳纳米管具有共同的石墨结构是它们发生相互作用的驱动力。碳纳米管管身由 π 键共轭形成的六边形碳环所组成，因而可通过 π-π 相互作用与石墨烯相结合，获得碳纳米管功能化石墨烯。

石墨烯或氧化石墨烯和碳纳米管都有着大的表面积，使得非共价相互作用就足以使它们紧密地结合在一起，保证杂化物的稳定性。通常有三种不同方式使两种成分相结合，如图 2.32 所示[65]。第一种，也是最常用的一种方式是将石墨烯或氧化石墨烯的溶液与碳纳米管的溶液直接相混合，制得的产物中碳纳米管“沉积”在石墨烯或氧化石墨烯表面上；第二种方式是使用 CVD 方法或其他技术在石墨烯表面上直接生长碳纳米管。这时，碳纳米管垂直生长在石墨烯表面，形成了颇具特征的 3D 纳米结构；第三种方式是使石墨烯或氧化石墨烯部分或全部包裹碳纳米管表面。

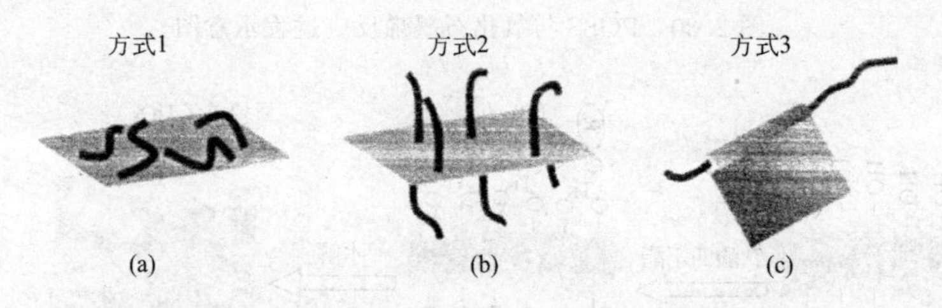

图 2.32 用碳纳米管功能化石墨烯的三种不同方式

图 2.33 为使用碳纳米管功能化氧化石墨烯的流程示意图和产物的 TEM 像[66]。这种功能化的方法十分简单，只需将两种成分的悬浮液直接混合并随后做超声波处理。氧化石墨烯具有双亲特性。由于含有氧基团，具有强亲水区域，而它的石墨结构主体使其包含强疏水区域。氧化石墨烯的亲水特性，使其在水中有高分散性能。碳纳米管则不能在水中分散，然而在存在氧化石墨烯的情况下，它就变得能分散了。这时，氧化石墨烯起着表面活性剂的作用，用它的疏水区域覆盖了碳纳米管的外表面，而它的高亲水性使石墨烯/碳纳米管杂化物在水中能稳定地分散。两种成分的相互作用通常是 π-π 或范德华力。在形成氧化石墨烯/碳纳米管杂化物后，还可通过化学还原处理将氧化石墨烯转变为还原氧化石墨烯，部分地重建其原有的芳香结构特性。还原氧化石墨烯有更高的机械强度、电导率和热稳定性。

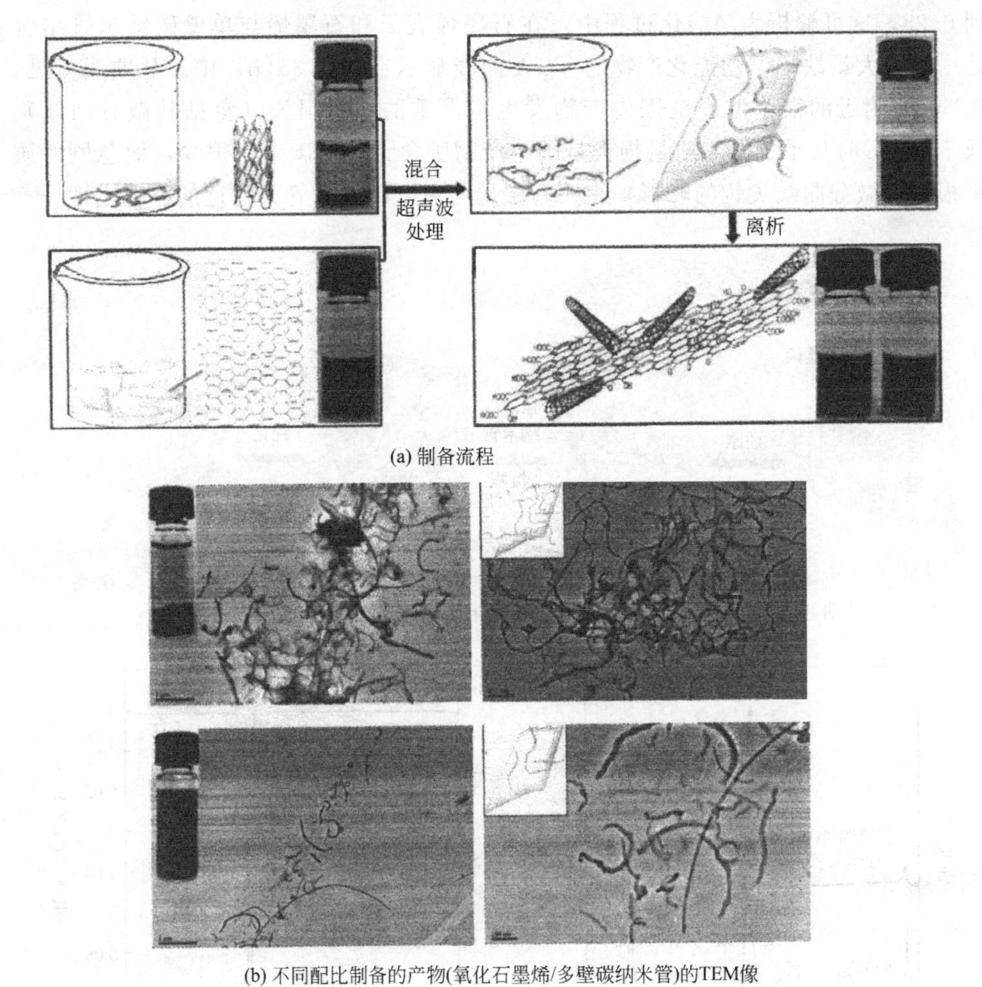

(a) 制备流程

(b) 不同配比制备的产物(氧化石墨烯/多壁碳纳米管)的TEM像

图 2.33 用悬浮液混合法制备碳纳米管
功能化氧化石墨烯的流程和产物的 TEM 像

图 2.34 是使用直接生长法制备碳纳米管功能化石墨烯的流程示意图[67]。这时，石墨烯起基体的作用，碳纳米管在其表面垂直生长，形成 3D 碳纳米结构。这种功能化石墨烯的最突出优点是它具有极大的活性面积，这在催化应用上是被高度期待的。在石墨烯表面垂直生长碳纳米管的最合适方法是使用 CVD 技术的催化生长。例如，高温下在 Fe 催化纳米颗粒作用下，分解甲烷能实现单壁碳纳米管在石墨烯片上的生长（图 2.34）。单壁碳纳米管的生成可以从产物的拉曼光谱分析中得到确认。图 2.35(a) 为石墨烯/单壁碳纳米管杂化物和作为对比的纯单壁碳纳米管的拉曼光谱。功能化产物的 D 峰和 G 峰是两种组分的共同贡献，而一组径向呼吸峰（RBM）的存在表明了产物中确切存在单壁碳纳米管。光谱显示功能化产物的 I_D/I_G 比起单壁碳纳米管的 I_D/I_G 明显较高，功能化处理使 I_D/I_G 值从 0.12 增加

到 0.28，这可解析为功能化过程中，在石墨烯表面和石墨烯与单壁碳纳米管结合处增加了大量缺陷。功能化产物的 TGA 曲线显示在图 2.35(b) 中。从曲线可见，在 500℃附近的很小温度范围内产物发生了严重的质量损失（参见其微分曲线）。低于 500℃时几乎不发生质量损失是因为产物所含无定形碳杂质很少，而急剧的质量损失（微分曲线尖锐的峰形）表明石墨烯与单壁碳纳米管有相近的热稳定性。

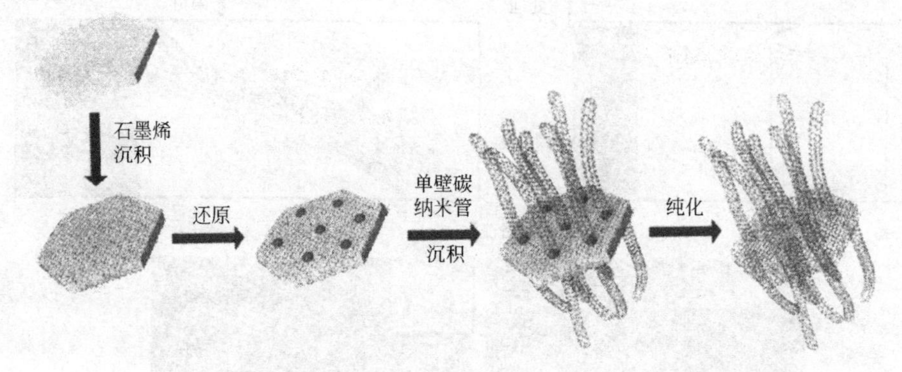

图 2.34 使用直接生长法制备碳纳米管功能化石墨烯的流程示意图

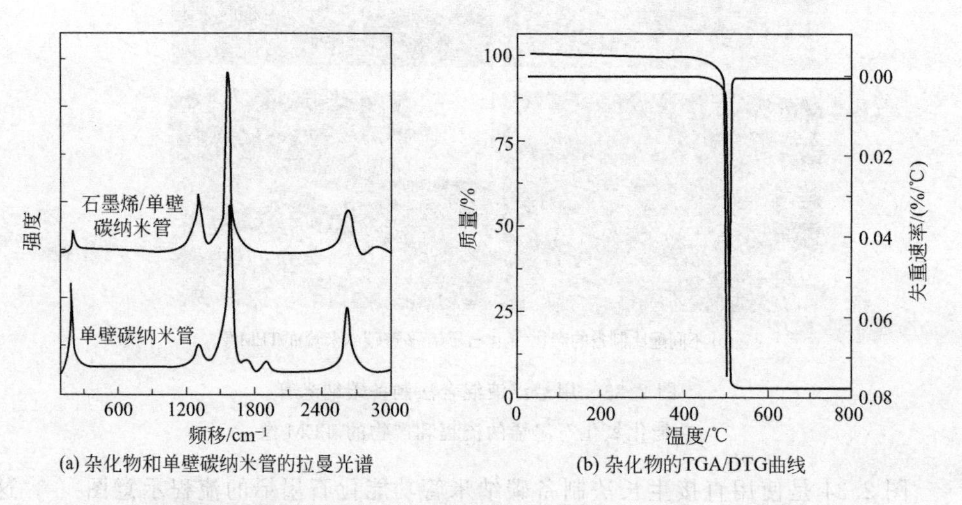

图 2.35 石墨烯/碳纳米管杂化物的拉曼光谱和 TGA/DTG 曲线

2.3.4.2 富勒烯功能化石墨烯

石墨烯和氧化石墨烯的 C_{60} 功能化通常有两种方式：与 C_{60} 衍生物的共价结合；在石墨烯表面 C_{60} 的简单沉积。

图 2.36 为 C_{60} 共价结合于氧化石墨烯上的流程示意图[68]。石墨烯和富勒烯的结构不允许这两种成分直接结合，即便是使用富含氧基团的氧化石墨烯替代石墨烯，因为两种成分不同的特性（如大小和溶解性），相互间仅有弱的相互作用，不足以保证杂化产物的稳定性。然而，含有胺类或其他氮基团（如吡咯烷环）的 C_{60} 衍生物通过与氧化石墨烯的羧基形成酰胺键，能够实现它们的共价结合。氧化石墨

烯的 C_{60} 功能化通过 FT-IR、拉曼光谱、HRTEM 和 TGA 得到了证实。图 2.37 显示氧化石墨烯、吡咯烷 C_{60} 和石墨烯/C_{60} 的拉曼光谱。与氧化石墨烯相比，C_{60} 功能化石墨烯在 D 峰和 G 峰之间出现了一个位于 $1482cm^{-1}$ 的新峰，它归属于 C_{60} 的 A_{g2} 模，与吡咯烷 C_{60} 的相应峰有 $13cm^{-1}$ 的偏移。这种相对偏移足以表明 C_{60} 本体与石墨烯片发生了强相互作用，可以解析为来源于两者的共价结合。三种物质的 FT-IR 谱见图 2.38[68]。石墨烯/C_{60} 的光谱中显现两个分别位于 $1725cm^{-1}$ 和 $1636cm^{-1}$ 的主峰。$1725cm^{-1}$ 峰是个宽峰，来源于石墨烯中残留羧基和吡咯烷 C_{60} 中酯基的贡献；杂化物中出现的 $1636cm^{-1}$ 新峰是酰胺羧基伸缩模，表明 C_{60} 已被强烈地化学结合在石墨烯片上。石墨烯/C_{60} 的 HRTEM 像中可见小球形物（图 2.39），其直径约为 0.8nm，与 C_{60} 分子的直径相近。图中显示，球形物位于氧化石墨烯的边缘，这与氧化石墨烯的大部分羧基团也位于边缘位置相一致。

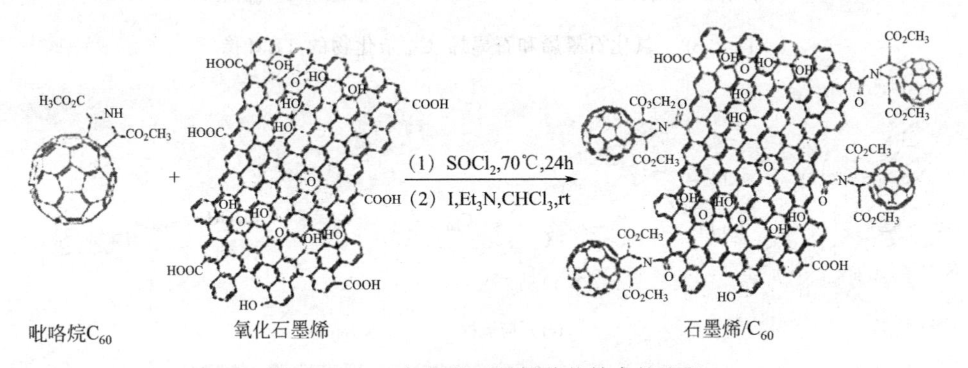

图 2.36 C_{60} 与氧化石墨烯共价结合的流程

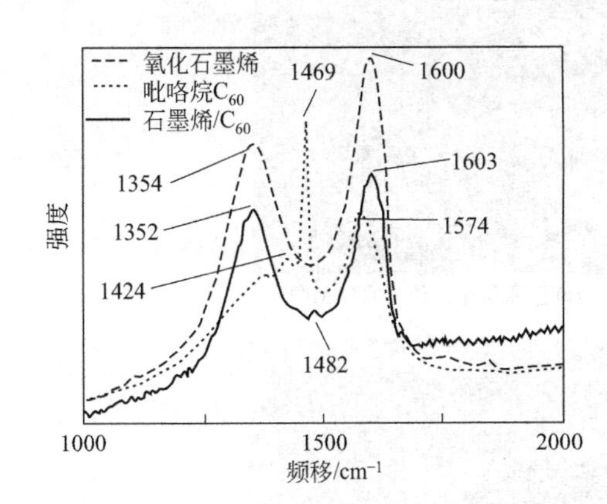

图 2.37 氧化石墨烯、吡咯烷 C_{60} 和石墨烯/C_{60} 杂化物的拉曼光谱

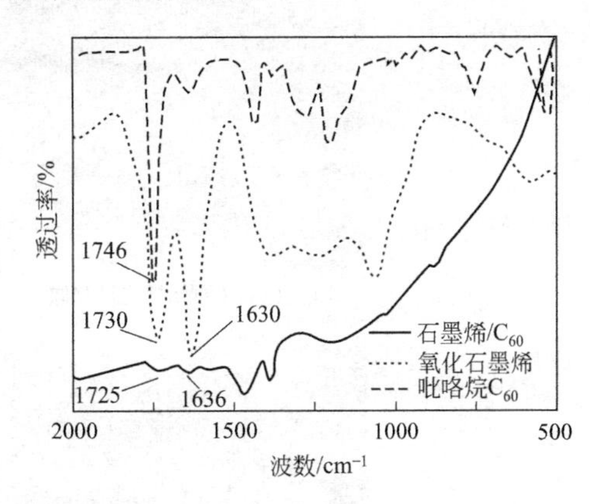

图 2.38 氧化石墨烯、吡咯烷 C_{60} 和石墨烯/C_{60} 杂化物的 FT-IR 谱

C_{60} 在石墨烯纳米片表面上的简单沉积也能获得稳定的 C_{60} 功能化石墨烯。图 2.40(a) 为一种 C_{60} 沉积流程的示意图[69]，使用丁基锂（Bu-Li）通过锂化反应使石墨烯片被激活，随后以 C_{60} 分子修饰活化了的石墨烯，获得杂化产物。与图 2.36 所示流程所得产物不同，这时，C_{60} 分子以聚集态形式附着在石墨烯片表面上，如

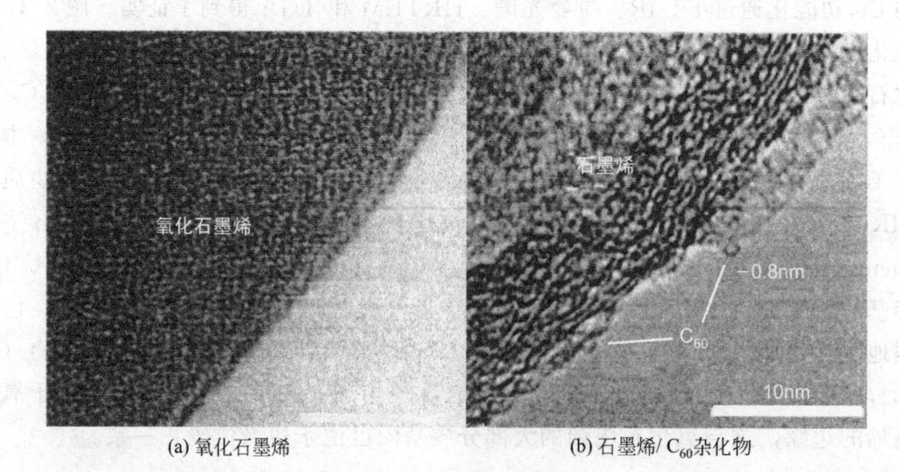

(a) 氧化石墨烯　　(b) 石墨烯/ C_{60}杂化物

图 2.39　氧化石墨烯和石墨烯/C_{60}杂化物的 TEM 像

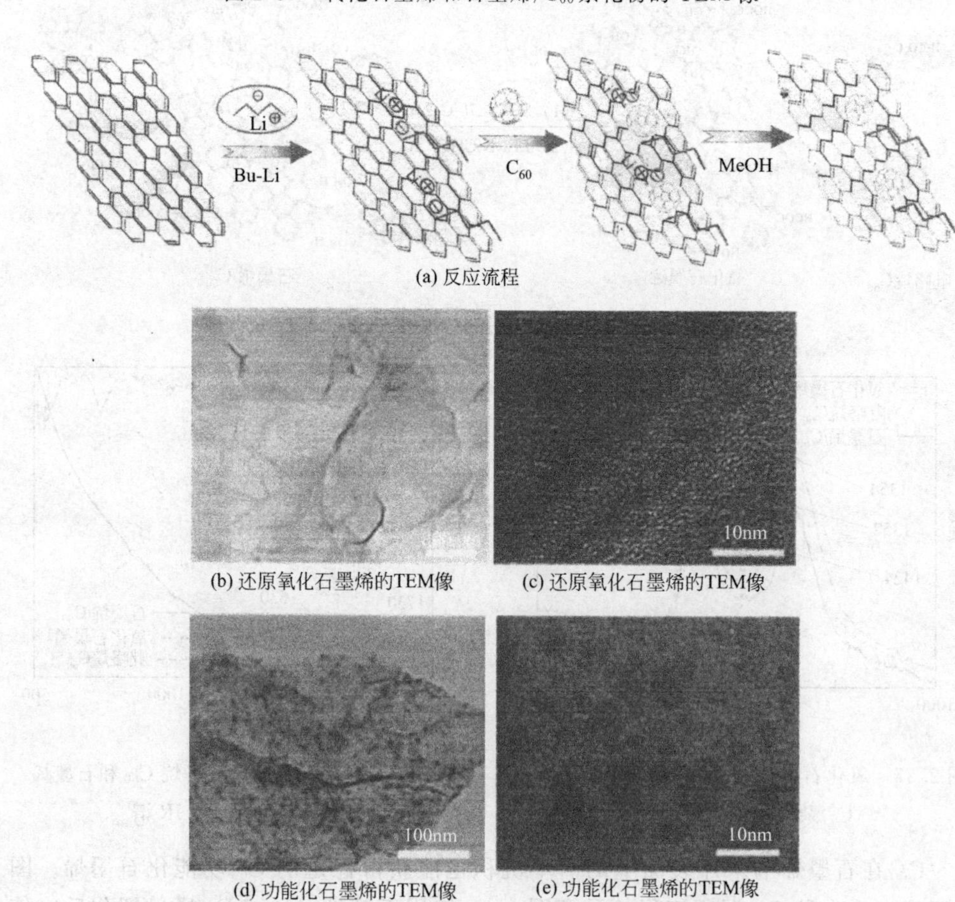

(a) 反应流程

(b) 还原氧化石墨烯的TEM像　　(c) 还原氧化石墨烯的TEM像

(d) 功能化石墨烯的TEM像　　(e) 功能化石墨烯的TEM像

图 2.40　使用聚集体沉积于氧化石墨烯片表面的方法制备功能化石墨烯

图 2.40(d) 和图 2.40(e) 所示，C_{60}分子团聚体的平均直径约为 5nm。图 2.40(b) 和图 2.40(c) 是作为对比的还原氧化石墨烯的 TEM 像。

2.3.5 功能化石墨烯的表征

2.3.5.1 概述

一般而言，用于石墨烯的表征手段大都适用于功能化石墨烯的表征。然而，与石墨烯不同，功能化石墨烯除了包含碳元素外，还包含大量其他元素和化学基团，因而其表征手段还必须包含对化学成分和基团敏感的其他表征技术。此外，对功能化过程和结果的监测能力也是对所选用表征手段的必要要求。功能化石墨烯的表征主要使用下列技术：显微术，包括 TEM、AFM 和 STM；光谱术，包括拉曼光谱、红外光谱（FT-RI）和紫外-可见光分光光谱（UV-Vis）；X 射线电子能谱（XPS）和热重分析（TGA）等。在显微镜下，化学基团通常是不可见的，因而不能直接给出由化学基团功能化的试样是否达到功能化的信息（但能给出无机纳米颗粒功能化的信息）。显微镜方法除了能显示功能化石墨烯片的形状外，最重要的功能是 AFM 能精确测出石墨烯片的厚度，据此可以判断石墨烯是否被功能化。TEM 像通常能显示无机纳米颗粒功能化石墨烯中纳米颗粒的分布，TEM 的电子衍射花样则能给出石墨烯在功能化前后原子结构变化的资料。STM 能给出掺杂石墨烯的原子结构像，显示掺杂原子在石墨烯碳网络中的位置。在许多石墨烯功能化过程中，其电子结构将从 sp^2 向 sp^3 转化，这在它们的拉曼光谱中有明显反映，主要表现在 I_D/I_G 值大小的变化，据此可判断石墨烯的功能化程度。FT-IR 从光谱吸收峰能直接确定试样包含的化学基团，是石墨烯功能化最为直观的表征手段。XPS 常用于评估功能化过程中形成的共价键。TGA 在估算功能化反应过程中在石墨烯上增加的基团总量是十分有用的手段。

2.3.5.2 扫描探针显微术

扫描探针显微术有多种多样的工作模式，其中应用于功能化石墨烯表征的主要有 AFM 和 STM。

AFM 在功能化石墨烯的表征中得到广泛应用。AFM 除了能给出产物的横向尺寸外，主要是能精确测定石墨烯片的厚度，提供石墨烯是否获得功能化的直接证据。测试通常采用轻敲模式[48,70]，也使用接触模式[71]。试样制备简便，只需将样品的悬浮液滴于硅片表面或新鲜劈开的云母片表面上，待溶液蒸发，干燥后即可供 AFM 测量。

图 2.41 显示由氧化石墨烯和多聚赖氨酸制得的功能化石墨烯的 AFM 轻敲模式形貌像和沿图中直线的试样高度（厚度）分布轮廓图[48]。多聚赖氨酸是一种生物相容物质，以此物质功能化的石墨烯在生物领域有应用价值。通过氧化石墨烯的环氧基与多聚赖氨酸氨基的反应，多聚赖氨酸能共价接枝于石墨烯上，获得功能化石墨烯。两种供 AFM 测试的试样都由它们的悬浮液沉积法制备。AFM 像显示，

氧化石墨烯和多聚赖氨酸石墨烯的沉积物都是由各个孤立的石墨烯片所组成，表明它们在溶液中都有良好的分散。图像给出的另一个更重要的信息是从高度轮廓曲线获得的石墨烯片厚度。图 2.41(a) 给出氧化石墨烯的厚度约为 1nm，与通常认为的完善拆分的氧化石墨烯片的厚度相当，而多聚赖氨酸功能化石墨烯片的平均厚度约为 3.6nm［图 2.41(b)］。后者厚度的增大是因为石墨烯的两表面覆盖了多聚赖氨酸，表明反应已经形成了多聚赖氨酸功能化石墨烯。

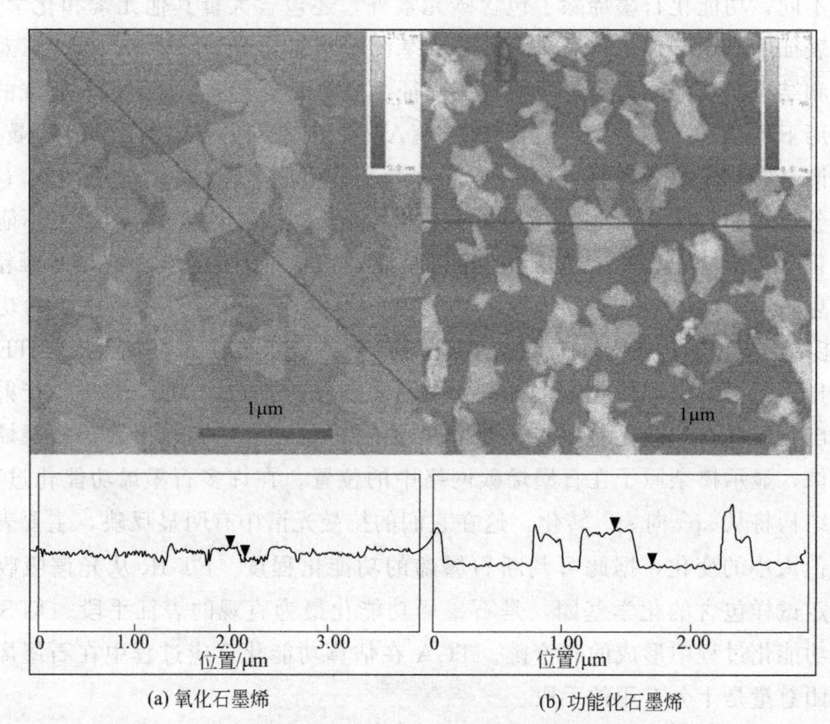

(a) 氧化石墨烯　　(b) 功能化石墨烯

图 2.41　氧化石墨烯和多聚赖氨酸功能化石墨烯的 AFM 像，两幅像的下方为相应的高度轮廓曲线

图 2.42 显示的 AMF 像和沿图中虚直线的高度轮廓曲线所使用的试样，是以具有大芳香分子结构的两种不同分散剂功能化的还原石墨烯[70]。还原石墨烯的厚度约为 1nm。图 2.42(a) 指出功能化后的还原石墨烯厚度约为 1.7nm 或 3.4nm，表明分散剂覆盖在石墨烯的两个表面，形成三明治构型（相应于 1.7nm 厚度区域），同时，试样还存在串联三明治构型（相应于试样厚度 3.4nm 区域）。图 2.42(b) 也给出了相似的结果。将上述结果和其他表征手段测得的结果综合分析得出，具有大芳香族结构分子的分散剂已经通过强 π-π 相互作用，非共价键地固定在石墨烯片的表面上。这不仅增大了层片间的静电斥力，而且也防止石墨烯片在沉积于表面上时发生重新聚集。

对石墨烯掺杂氮、硼或其他原子能有效赋予石墨烯某些特定的性质，这种功能化石墨烯在许多与电学和电子学相关的领域受到重视。STM 能显示掺杂原子在石墨烯原子结构中的位置。图 2.43 是掺杂了氮的石墨烯大面积 STM 像，可以观察到石墨烯原子结构中的许多氮掺杂剂，它们常呈豌豆荚样构型[72]。

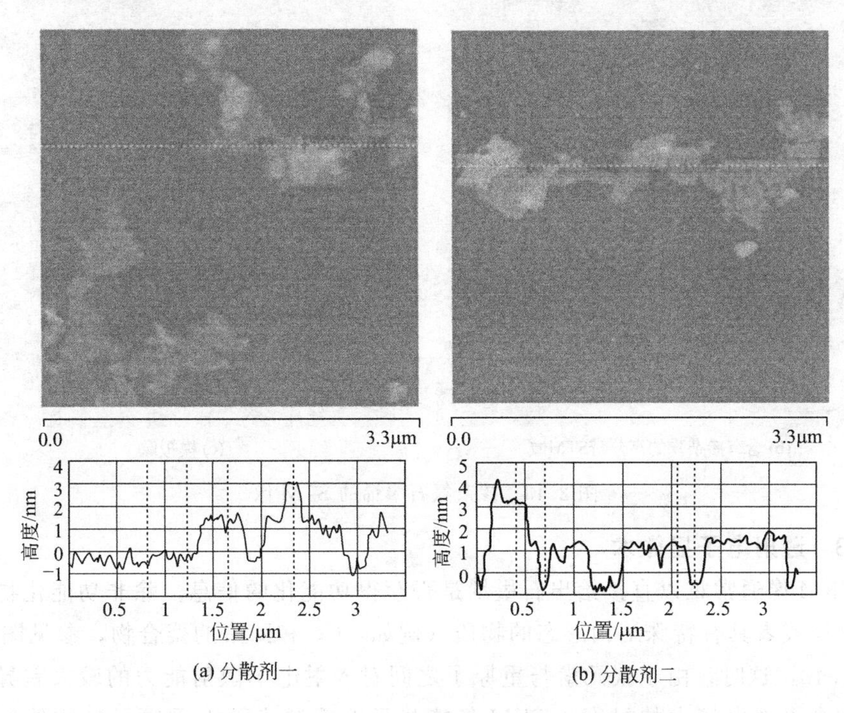

(a) 分散剂一　　(b) 分散剂二

图 2.42 不同分散剂功能化石墨烯的 AFM 像，两幅像的下方为相应的高度轮廓曲线

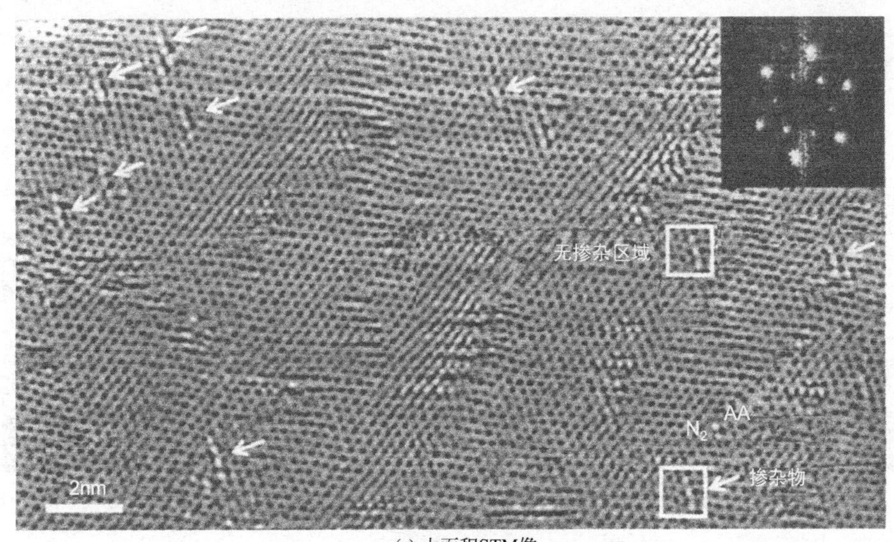

(a) 大面积STM像

图 2.43

(b) 含有掺杂物的高分辨STM像

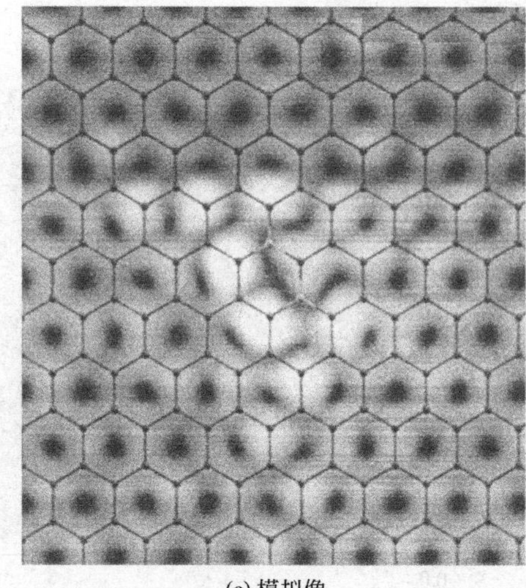
(c) 模拟像

图 2.43　掺杂氮石墨烯的 STM 像

2.3.5.3　透射电子显微术

TEM 像通常难以直接给出石墨烯是否获得功能化的信息，除非功能化物质含有重金属或者具有特殊结构形态的物质（例如，C_{60} 和团聚的聚合物，参见图 2.39 和图 2.40，这时，由于碳元素与重原子之间对入射电子散射能力的较大差异，在图像中会表现出较大的衬度，TEM 像能显示石墨烯表面上重原子物质的位置）。然而，TEM 中的电子衍射花样常能反映出功能化导致的石墨烯原子结构上的变化。装备有 EDX 的 TEM 还能给出功能化石墨烯的元素分布图。

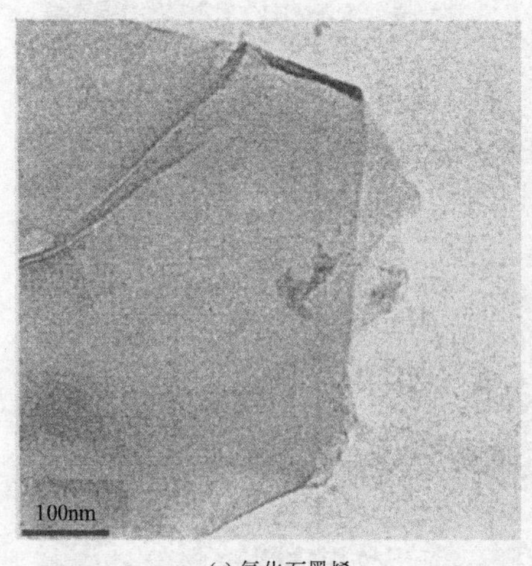

(a) 氧化石墨烯

(b) 功能化石墨烯

图 2.44　氧化石墨烯和功能化石墨烯（TRIS-氧化石墨烯-PPEGEEMA）的 TEM 像

在氧化石墨烯表面接枝聚合物链是石墨烯功能化的一种方法。这种石墨烯表面上的聚合物有时可在 TEM 像中显现。图 2.44 显示氧化石墨烯和功能化石墨烯 TRIS-氧化石墨烯-PPEGEEMA（参阅 2.3.1.2 节）的 TEM 像[39]，与前者相比，后者可见在氧化石墨烯表面上的暗小球样点，这是被接枝的聚合物链。它在氧化石墨烯表面上的分布相对均匀，平均直径约为 70nm。TEM 像证实氧化石墨烯表面上已成功地引入了聚合物链，而且，氧化石墨烯在聚合反应后依然保持单层结构。

图 2.45 为金纳米颗粒功能化氧化石墨烯的 TEM 像[73]。试样安置在含孔碳支持膜上。图中显示了石墨烯表面上金颗粒的大小和聚集情况。可以看到不同处理工艺金颗粒有着不同的团聚方式。高分辨 TEM 像能够显示杂化物的界面，如图 2.46 所示。试样分别为催化剂 Fe 纳米粒子去除前后的石墨烯/单壁碳纳米管杂化物，可以观察到单壁碳纳米管与石墨烯之间的界面。图 2.46(b) 中箭头还指示出碳纳米管内部的石墨烯层。

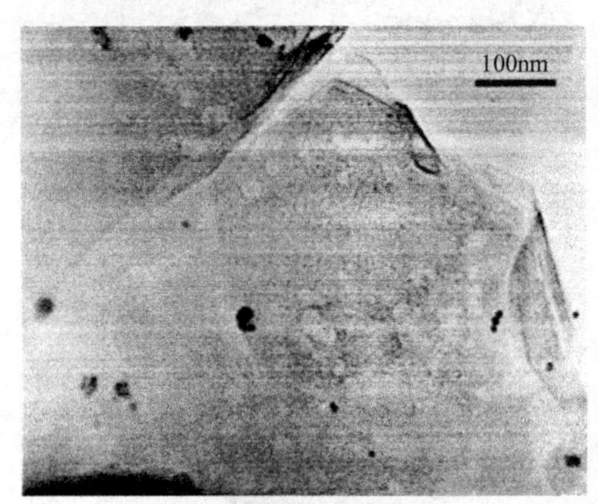

(a) 还原方式一

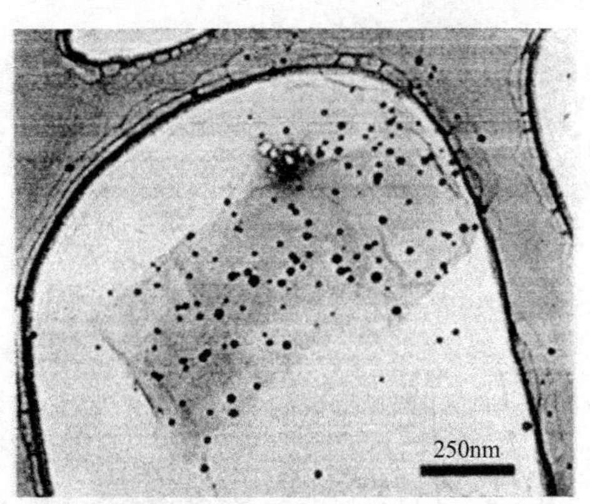

(b) 还原方式二

图 2.45 还原氧化石墨烯/金颗粒功能化石墨烯的 TEM 像

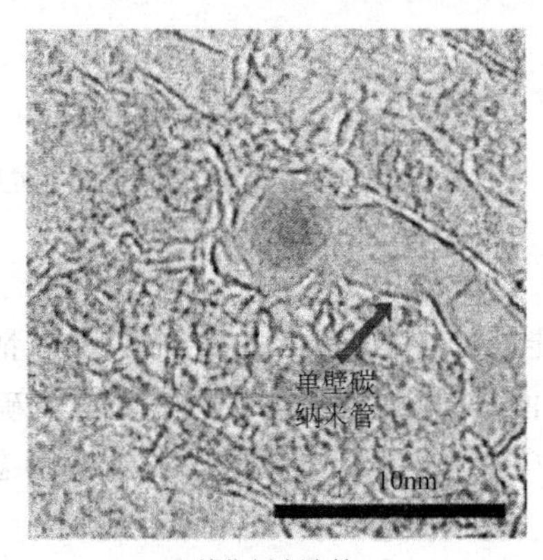

(a) 催化剂去除前

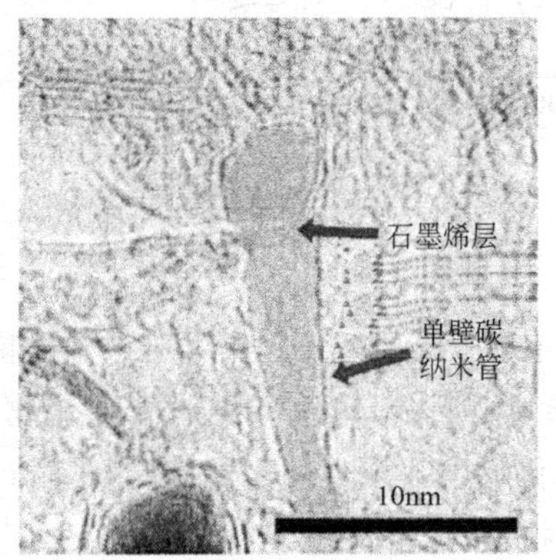

(b) 催化剂去除后

图 2.46 石墨烯/单壁碳纳米管杂化物的 HRTEM 像

与氧化石墨烯一样，氟化石墨烯也是制备功能化石墨烯的基本原料，氟原子共价结合于石墨烯上。氟化石墨烯的方法之一是用力学或化学方法将块状氟化石墨分解成氟化石墨烯片。图 2.47(a) 和图 2.47(b) 显示用上述方法制得的氟化石墨烯的 TEM 像[74]。图像给出产物的横向尺寸，箭头则指示高度透明的单层氟化石墨烯。氟化石墨烯和氧化石墨烯的电子衍射花样见图 2.47(c) 和图 2.47(d)。衍射花样表明试样有六边形的结晶结构。从衍射点的分布可以计算出晶格常数。计算得出氟化石墨烯的晶格常数为 2.48Å，大于石墨烯的 2.46Å。氟化作用使晶格常数增大(亦即单元晶胞的增大) 可以作如下解析：在氟化过程中组成 C—C 键的碳原子从 sp^2 转换为 sp^3 构型，增大了 C—C 键的长度。

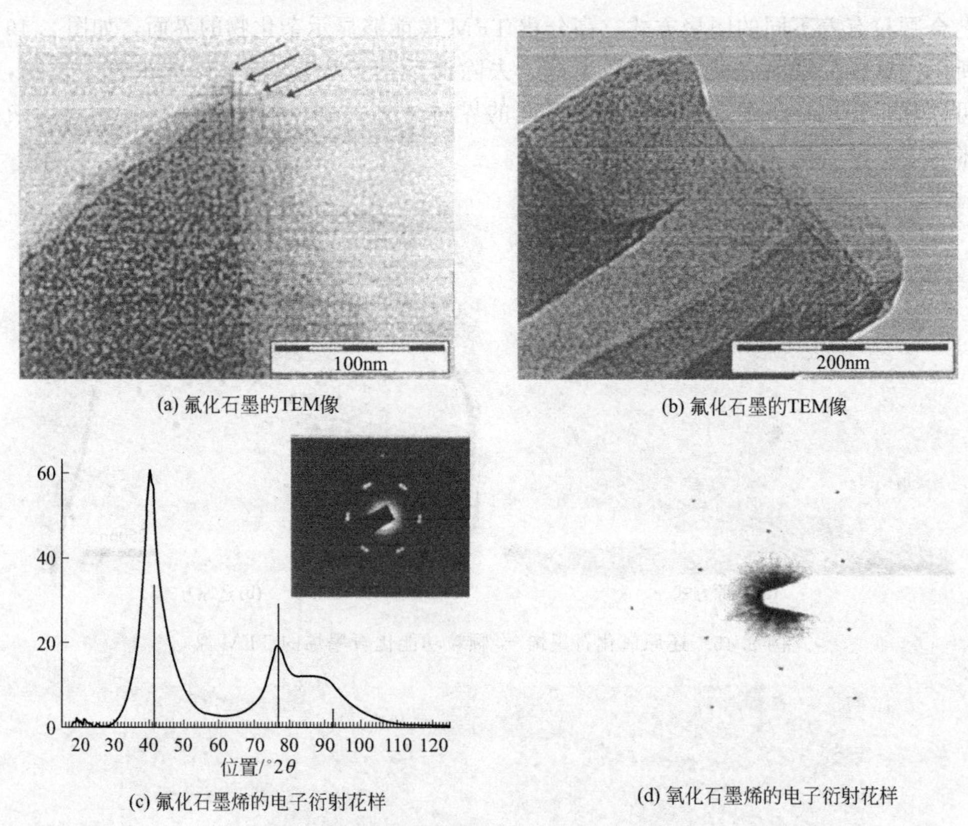

图 2.47 氟化石墨烯的 TEM 分析

装备有能谱仪的 TEM，可对试样做能谱分析，获得组成成分的分布情景。图 2.48 为掺硫石墨烯/单壁碳纳米管杂化物的成分分布图[67]。图中可见，硫均匀地分布在杂化物中，未见团聚的硫颗粒。掺硫没有明显改变杂化物原来的形态。

2.3.5.4 拉曼光谱术

拉曼光谱术是功能化石墨烯最重要的表征手段之一。功能化过程使原有排列规整的原子结构受到干扰，其原有的结晶结构受到不同程度的“破坏”，这在拉曼光谱的相关谱峰中常有明显的反映，主要表现在 D 峰的出现和其强度的变化。通常

用 I_D/I_G 值来表达这种反映，它的大小可作为石墨烯结构缺陷密度的量度，能反映石墨烯被功能化的程度。实际上，与石墨烯的 E_{g2} 模相应的 G 峰，与石墨烯二维六边形晶格中 sp^2 键碳原子的振动相关，而 D 峰则归属于六边形石墨烯层的缺陷和无序。通常，石墨烯的拉曼光谱中，依据石墨烯结构的完整程度，只显现很小强度的 D 峰，甚或不出现 D 峰。

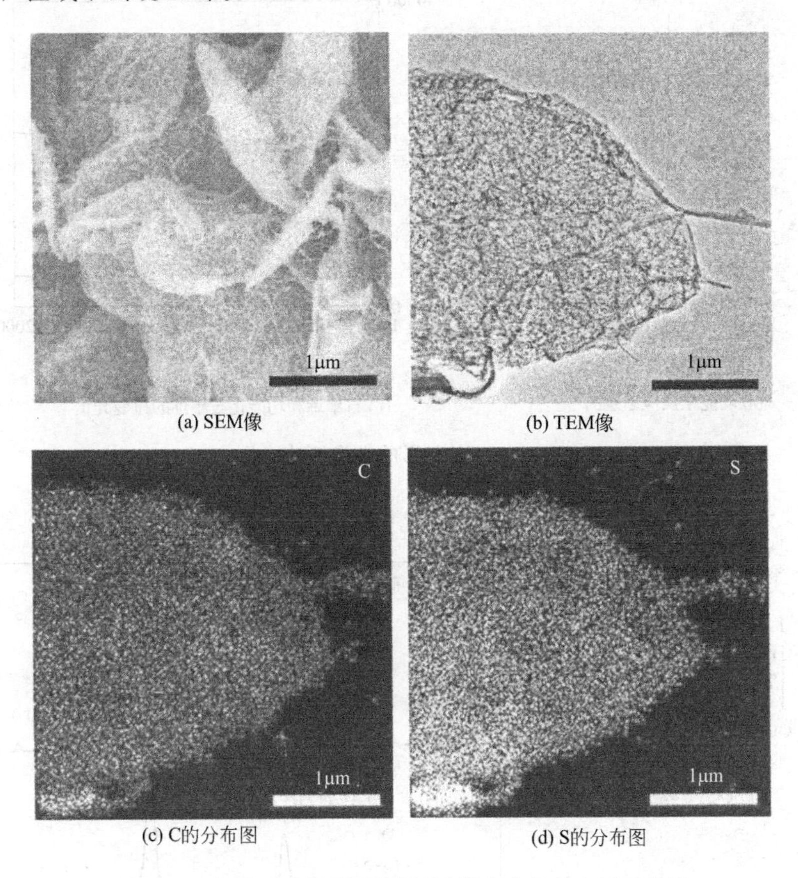

(a) SEM像　(b) TEM像

(c) C的分布图　(d) S的分布图

图 2.48　掺硫石墨烯/单壁碳纳米管杂化物的电子显微图

在吡咯烷功能化石墨烯中，吡咯烷环共价结合于石墨烯表面，每个吡咯烷环使石墨烯片的 2 个 sp^2 碳原子转变为 sp^3 杂化。这种变化在产物拉曼光谱的两个特征峰（G 和 D 峰）的强度比 I_D/I_G 中表现得很清楚，如图 2.49 所示[75]，功能化使 I_D/I_G 明显增大。实际上，I_D/I_G 值的增大可比拟于共价功能化程度的增大。这种变化归因于石墨烯 sp^3 碳原子的数量对 D 峰强度的影响。

类似的功能化流程得到的产物[76]，因为石墨烯参与反应的碳原子从 sp^2 向 sp^3 转变，测试得出，拉曼光谱的 I_D/I_G 从功能化前的 0.22 增大到功能化后的 0.4。

有机金属功能化石墨烯有着很有趣的拉曼光谱行为，如图 2.50 所示[77]。Cr 有机物的结合，使拉曼光谱的 I_D/I_G 值从原始单层石墨烯的 0.0 增大到功能化石墨烯的 0.13。这一少许的增大，表明功能化反应使石墨烯原有的规整网络结构受到某种程度的干扰。解络合反应去除 Cr 有机物后（相当于解除功能化），石墨烯拉曼光谱的 I_D/I_G 值几乎回复到原始的 0.0，表明解功能化后，石墨烯又基本恢复到原有规整的碳网络结构。

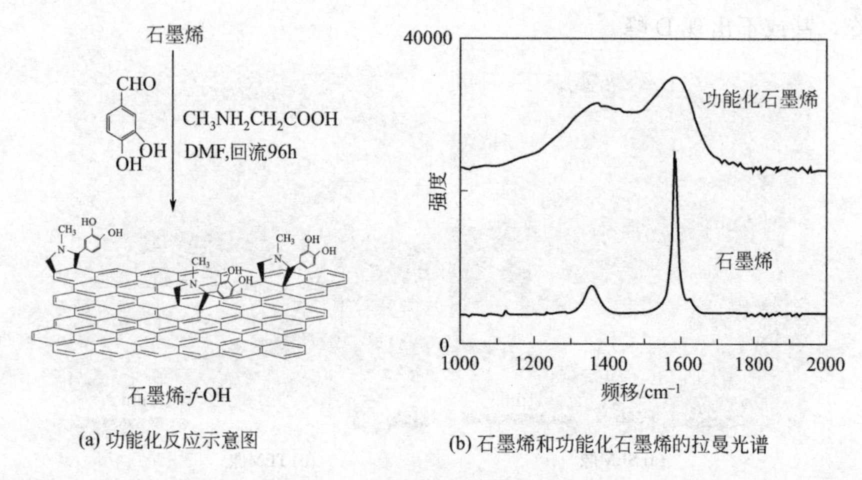

(a) 功能化反应示意图

(b) 石墨烯和功能化石墨烯的拉曼光谱

图 2.49　石墨烯的吡咯烷功能化

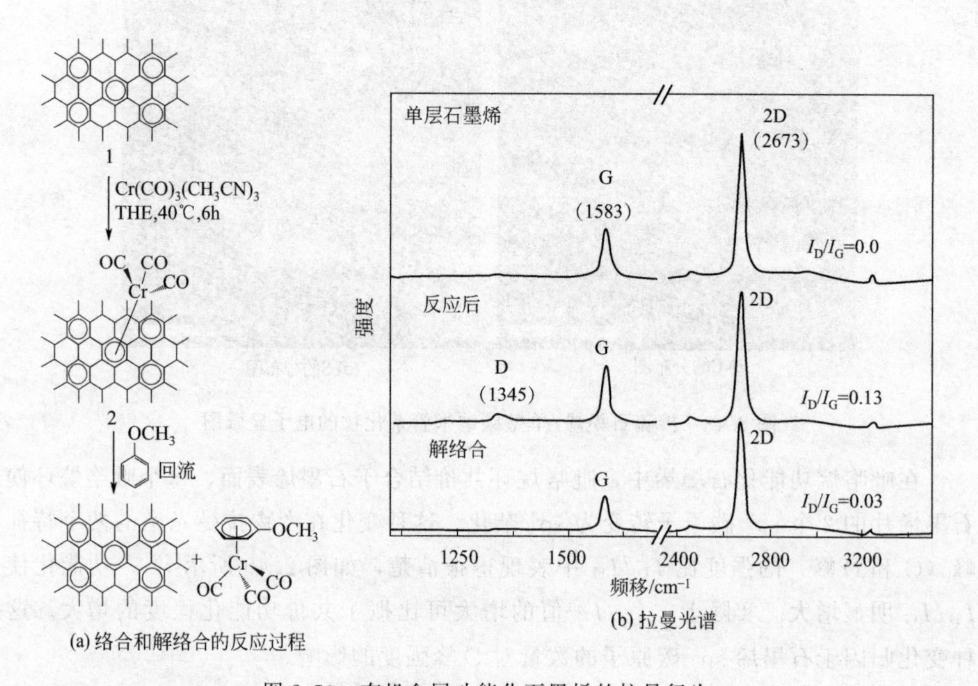

(a) 络合和解络合的反应过程

(b) 拉曼光谱

图 2.50　有机金属功能化石墨烯的拉曼行为

在功能化石墨烯中，与石墨烯相结合的功能化物质或基团有时也能在产物的拉曼光谱中得到检测。图 2.51 显示纯净 C_{60}、石墨烯、锂化石墨烯和 C_{60} 接枝功能化石墨烯的拉曼光谱[69]。化学还原石墨烯分别显现位于 1357cm^{-1} 的 D 峰（sp^3 碳）

和位于1602cm^{-1}的G峰（sp^{2}碳），而纯净C_{60}则显现位于1466cm^{-1}的六边形收缩模以及位于1425cm^{-1}和1572cm^{-1}的H_g模。对于C_{60}接枝石墨烯，清楚可见三个峰，分别归属于石墨烯的D峰（1354cm^{-1}）和G峰（1601cm^{-1}）以及C_{60}的A_g（2）模（1476cm^{-1}）。功能化石墨烯中的C_{60}峰与纯C_{60}相应的峰有10cm^{-1}的偏移。这个偏移意味着石墨烯片与C_{60}存在着强烈的相互作用。此外，另一个值得注意的现象是锂化石墨烯的拉曼G峰（1594cm^{-1}）相对石墨烯的G峰（1602cm^{-1}）有一个约－10cm^{-1}的偏移，这表明从锂向石墨烯网络的电荷转移[78,79]。反之，C_{60}接枝石墨烯的G峰位置相对锂化石墨烯有一个7cm^{-1}的正偏移，表明石墨烯网络向共价键结合的C_{60}电荷转移[78]。

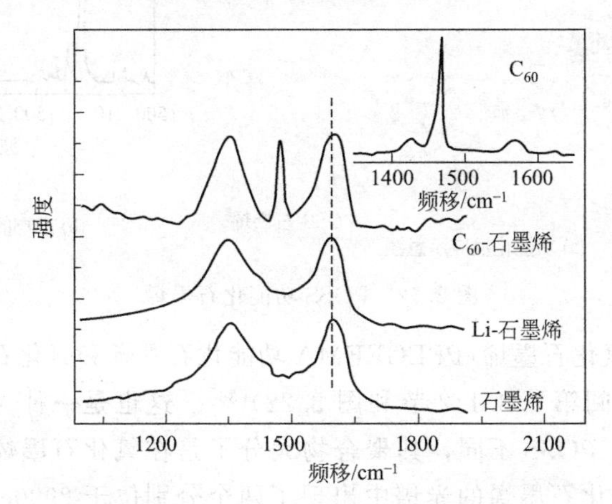

图2.51 C_{60}、石墨烯、锂化石墨烯和C_{60}功能化石墨烯的拉曼光谱

2.3.5.5 红外吸收光谱术

红外光谱是一种吸收光谱，相关技术在有机物的表征中占有重要地位。将一束含有不同波长的红外光照射到试样上，某些特定波长的红外射线会被吸收，形成与试样分子相应的红外吸收光谱。每种分子都有由其组成和结构决定的独有的红外吸收光谱。据此可以对试样作成分判别和结构分析。

FT-IR是红外光谱术的一种，使用较长波长的红外光作辐照源。它是判别石墨烯功能化普遍使用的一种表征工具，通常使用在化学基团或聚合物大分子功能化的情况下，能提供化合物与石墨烯发生化学结合的直接证据。

氧化石墨烯含有大量羧酸基团，通常位于纳米片的边缘位置。羧酸基团能够通过形成酰胺键的方式实现与含有氨基的有机分子或聚合物发生反应，生成共价键功能化石墨烯。多面体低聚倍半硅氧烷（POSS）存在氨基链段，与氧化石墨烯的羧酸基之间能发生共价键合，如图2.52(a)所示[80]（也可参阅第2.3.3节图2.30）。POSS功能化石墨烯、氧化石墨烯和POSS的红外光谱见图2.52(b)。比较这些光谱，可以看到，POSS功能化石墨烯归属于羟基（3400cm^{-1}）、羧基（1731cm^{-1}）和环氧基（1228cm^{-1}）等的几个特征峰强度显著减小，这表明氧化石墨烯的功能化已经得以实现。POSS 光谱中归属于 Si—O—Si 伸缩振动的强峰（$1110cm^{-1}$）和位于 $2700\sim3000cm^{-1}$、归属于异丁取代基的弱峰在功能化产物光谱中的出现进一步证明功能化石墨烯中 POSS 的存在。

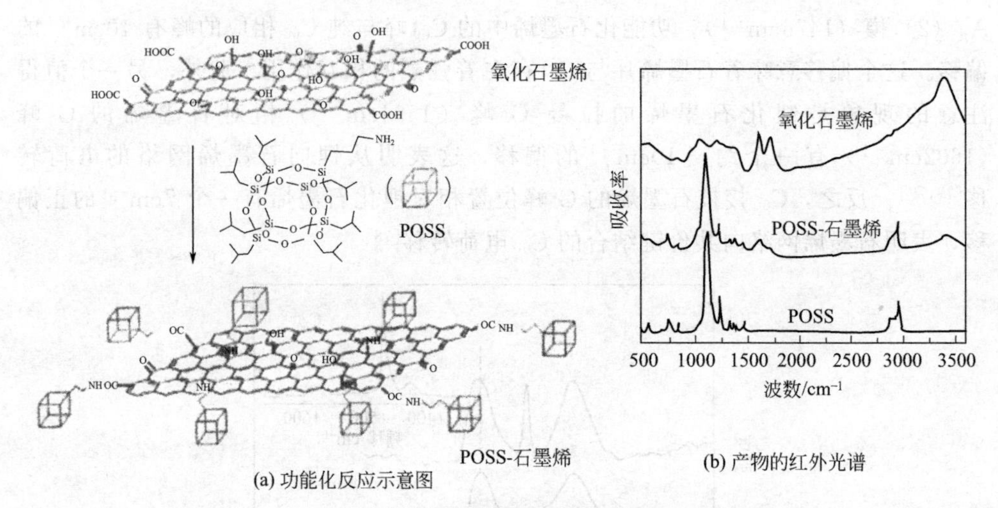

图 2.52 POSS 功能化石墨烯

图 2.53 显示氧化石墨烯/PPEGEEMA 功能化石墨烯和氧化石墨烯的 FT-IR 光谱（功能化流程参阅第 2.3.1.2 节和图 2.22）[39]。这也是一种大分子功能化石墨烯，与氧化石墨烯/POSS 不同，其聚合物大分子是在氧化石墨烯表面上原位聚合生长而成。在功能化石墨烯的光谱中出现了两个分别位于 $2920cm^{-1}$ 和 $2850cm^{-1}$ 的新峰，它们来源于 C—H 键，这在氧化石墨烯光谱中是不存在的。同时，光谱中归属于 C═O 和 C—O—C 基团振动的、位于 $1610cm^{-1}$ 和 $1024cm^{-1}$ 的强峰表明产物中存在酯键和醚键。从 FT-IR 分析获得的这些结果都是氧化石墨烯片与 PPEGEEMA 聚合物链发生共价键合的直接证据。

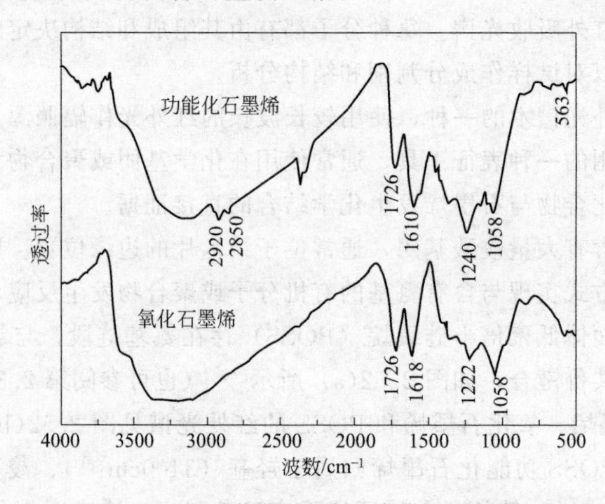

图 2.53 PPEGEEMA 功能化石墨烯和氧化石墨烯的 FT-IR 光谱

使用有机小分子与石墨烯结合是实现石墨烯功能化的方式之一。两者之间可以是共价键结合，也可以是非共价键结合。石墨烯/TCNQ是一种非共价键功能化石墨烯，在许多极性溶剂中有良好的分散性（参阅第2.3.2.1节后图2.24）。图2.54显示产物的FT-IR光谱，作为比较，图中也显示了原材料膨胀石墨和TCNQ的光谱[52]。TCNQ的光谱显示位于2223cm^{-1}的氰基特征峰，而在TCNQ功能化石墨烯的光谱中，出现了位于2170cm^{-1}和2118cm^{-1}的两个氰基团峰。这表明了石墨烯中TCNQ的存在。位于1388cm^{-1}的峰归属于TCNQ的C—H键振动，该峰有明显的宽化，可能是由于吸附在石墨烯上的影响。

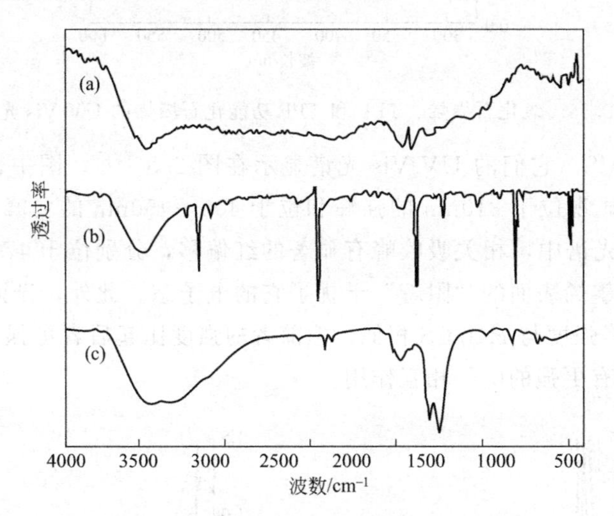

图2.54 石墨烯/TCNQ的FT-IR光谱

(a) 膨胀石墨；(b) TCNQ；(c) TCNQ功能化石墨烯

2.3.5.6 紫外-可见光吸收光谱术

紫外-可见光吸收光谱（UV-Vis）与红外吸收光谱一样，是分子光谱的一种。在紫外-可见光（常用200～800nm波长范围）辐照下，试样物质发生价电子的跃迁时，所需要的能量将从辐照光中吸收，从而形成光谱中的吸收峰。吸收峰的位置、强度和形状常能给出试样成分和结构的信息。

借助于羟丙基-β-环糊精（HPCD）的辅助，能成功地制得四苯基卟啉（TPP）功能化石墨烯（氧化石墨烯/TPP）[81]。UV-Vis光谱术能够证实功能化的发生，如图2.55所示[81]。图中显示在功能化产物的光谱中出现了属于TPP的位于417cm^{-1}的Soret吸收峰。

在功能化过程中，用作功能化的物质（如有机物）与石墨烯的电子相互作用能在功能化产物的UV-Vis光谱中得到反映。例如，由于有机物与石墨烯的电子相互作用，功能化产物的峰位置常会发生偏移，偏移的大小可量度相互作用的强弱。

使用晕苯四羧酸（CS）功能化不同制备方法得到的石墨烯EG（用氧化石墨的热分解方法制得）和HG（在氢气氛下石墨电弧放电法制得），获得功能化石墨烯

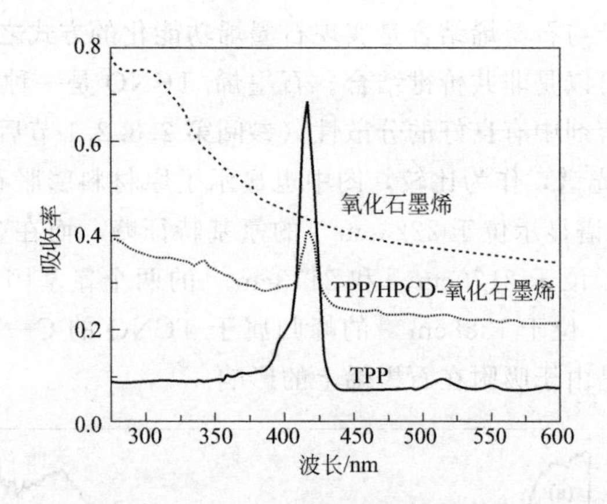

图 2.55　氧化石墨烯、TPP 和 TPP 功能化石墨烯的 UV-Vis 光谱

EG/CS 和 HG/CS。它们的 UV-Vis 光谱显示在图 2.56[71]，图中也包含 CS 的光谱。CS 的光谱显现位于 310nm 的强峰和位于 400～450nm 的弱峰。在 EG/CS 和 HG/CS 溶液的光谱中，相关吸收峰有显著的红偏移，分别位于 470nm 和 505nm。这表明 CS 在石墨烯表面的“附着”干扰了它的电子态。此外，光谱还显示，尽管 EG/CS 的吸收峰强度与 HG/CS 相似，但前者的强度比起后者更强，这表明 CS 与 EG 比起与 HG 有更强的电子相互作用。

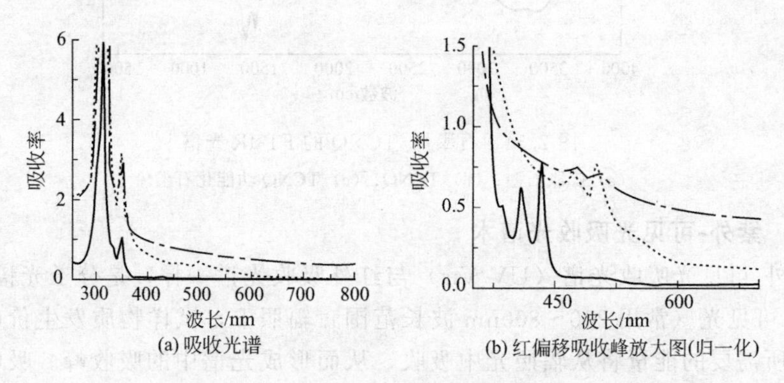

图 2.56　CS、EG/CS 和 HG/CS 的 UV-Vis 吸收光谱

图中，—— 为CS，……为EG/GS，— - - 为HG/CS

2.3.5.7　X 射线光电子能谱术

X 射线光电子能谱（XPS）又称化学分析电子能谱（electron spectroscopy for chemical analysis，ESCA)。XPS 使用 X 射线照射试样。激发出的光电子的能量与之相应的电子跃迁具有指纹特征，因而 XPS 谱图可用于试样组成成分的鉴别和化合物的结构分析，并提供化学键方面的信息。XPS 是石墨烯功能化表征的重要手段之一。

使用原子转移自由基聚合（ATRP）引发剂（α-溴异丁酰溴）是制备功能化石墨烯的有效方法（参阅第 2.3.1.2 节），测定试样的 C 1s XPS 谱能确定引发剂是否有效地附着在石墨烯片上。图 2.57 显示氧化石墨烯和引发剂功能化石墨烯的 C 1s

XPS 谱图[37]。从图 2.57(a) 可确认氧化石墨烯包含大量含氧基团［C—O、C═O 和 C(═O)—O］，表明它有很强的氧化性能。在氧化石墨烯与引发剂发生反应后，产物中依然存在这些基团［图 2.57(b)］。然而，与 C—O 基团相应的信息减弱了，而且出现了与 C—Br 键的形成相应的信号（285.4eV，该信号来源于 Br-3d 的激发过程）。这表明 ATRP 引发剂已经结合于氧化石墨烯的表面。

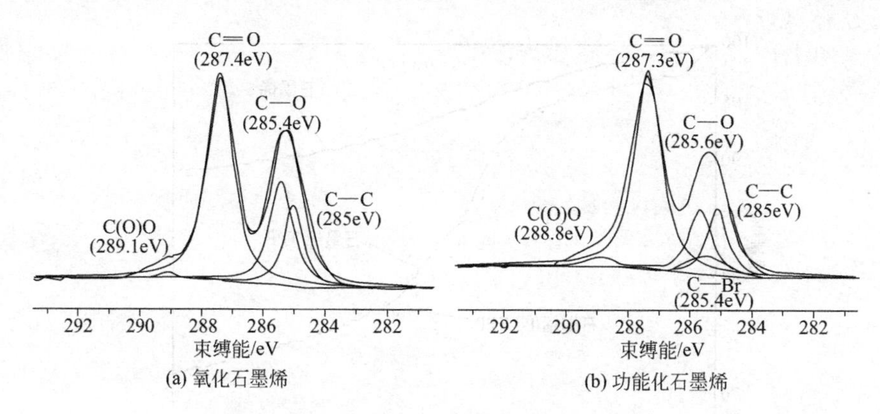

图 2.57 氧化石墨烯和 ATRP 引发剂功能化石墨烯的 C 1s XPS 谱

下面一个实例有关于 N 1s XPS 谱的测定。三苯胺类聚甲亚酯（TPAPAM）含有 NH_2 基团。TPAPAM 及其功能化氧化石墨烯的 N 1s XPS 谱显示在图 2.58[45]。TPAPAM 的 N 1s 谱清楚地显现了含氮官能团的各个峰，分别出现在 398.3eV（相应于 C—N 键）和 399.7eV（相应于 C═N 键），而 TPAPAM/氧化石墨烯的 N 1s XPS 谱中出现了位于 400.8eV 的峰，相应键合于羰基中 C 的 N（NH—C═O），表明功能化处理已经使 TPAPAM 共价结合到氧化石墨烯上。

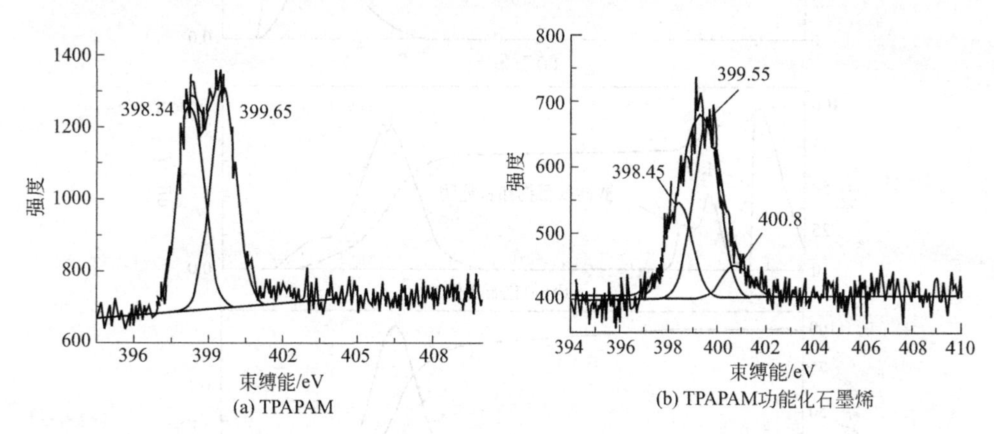

图 2.58 TPAPAM 和石墨烯/TPAPAM 的 N 1s XPS 谱

2.3.5.8 热重分析

为了测定石墨烯功能化过程中加入基团的总量，热重分析（TGA）是一种很有用的技术。图 2.59 显示石墨烯、共价键功能化石墨烯［石墨烯/四苯基卟啉

（TPP）和石墨烯/钯-四苯基卟啉（Pd-TPP）］的 TGA 曲线[76]。由图可见，在 200～500℃范围内功能化石墨烯有 20%左右的质量损失，而在石墨烯的 TGA 曲线中则没有显现。这种质量损失归因于外加于石墨烯中基团的去除，而百分比的大小表征功能化产物中所加基团的量。

微商热分析的实例如图 2.60 所示[82]（也参阅图 2.35），图中除标出热重曲线

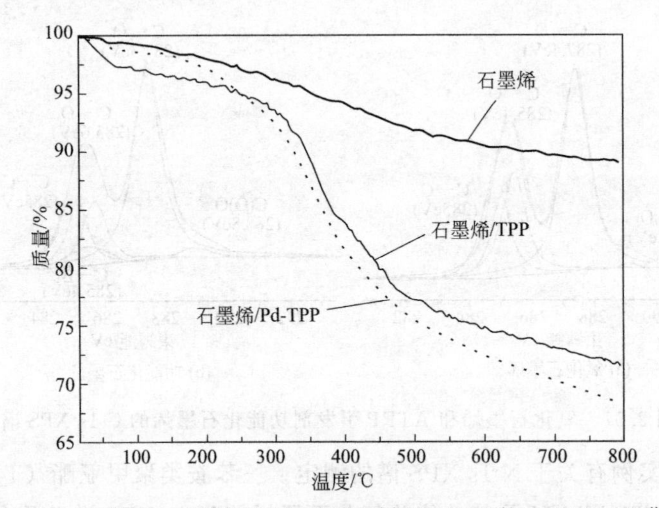

图 2.59 石墨烯、石墨烯/TPP 和石墨烯/Pd-TPP 的 TGA/DTG 曲线

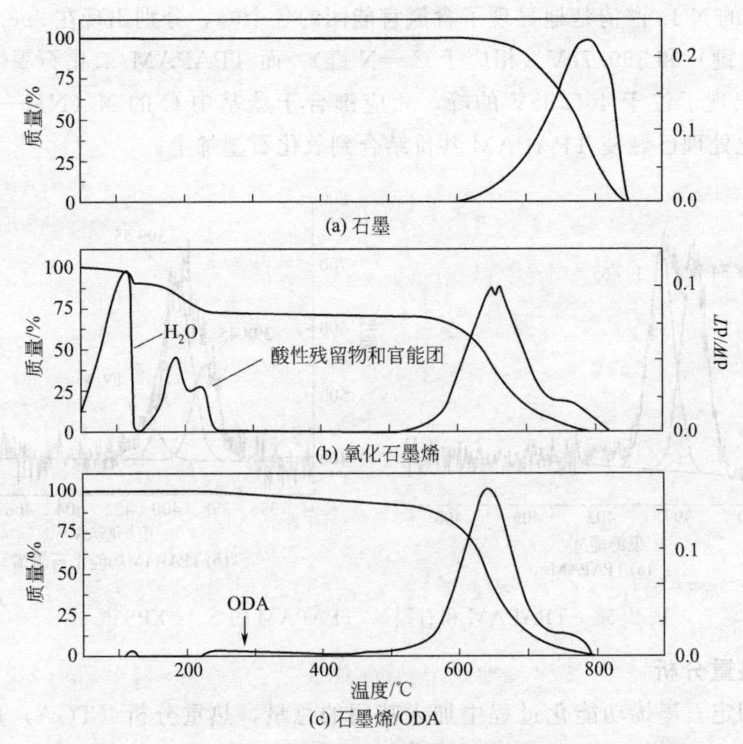

图 2.60 石墨、氧化石墨烯和石墨烯/ODA 的 TGA/DTG 曲线

外，还标出微商热重曲线。试样分别为石墨、氧化石墨烯和十八胺（ODA）共价键功能化石墨烯。石墨的 TGA 曲线表明在加热过程中石墨是稳定的，直到超过700℃时在空气中被燃烧，试样质量急剧下降。这时，相应的微商曲线出现一个峰值。氧化石墨烯和功能化石墨烯（石墨烯/ODA）的 TGA 曲线则显示试样在温度低于 600℃时就发生燃烧。在 200～400℃区间功能化石墨烯微商失重曲线出现的低平峰表示试样有一个较小的质量损失，这来源于 ODA 基团的去除。氧化石墨烯微商失重曲线中较低温度下的几个峰相应于试样中水分和酸性残留物以及官能团的去除。

2.3.5.9 功能化过程的监测

使用上述表征技术检测石墨烯功能化过程中的中间产物能获得功能化过程中结构变化的信息。图 2.61 显示石墨烯氟化过程中间产物的一系列测试结果[83]。使用 XeF_2 使石墨烯氟化。拉曼光谱、UV-Vis、XPS、FT-IR 和 HREELS（高分辨电子能量损失谱术）等用于监测氟化过程。每项测试都给出不同氟化处理时间所得产物的测定曲线。这些结果能给出石墨烯在氟化过程中成分、键合和电子学特性的变化情景。图 2.61(a) 显示在氟化时间增加时，拉曼光谱位于 $1350cm^{-1}$ 的 D 峰出现显著的强度增大（氟化时间从 0～180s），位于 $1587cm^{-1}$ 的 G 峰和位于 $1618cm^{-1}$ 的

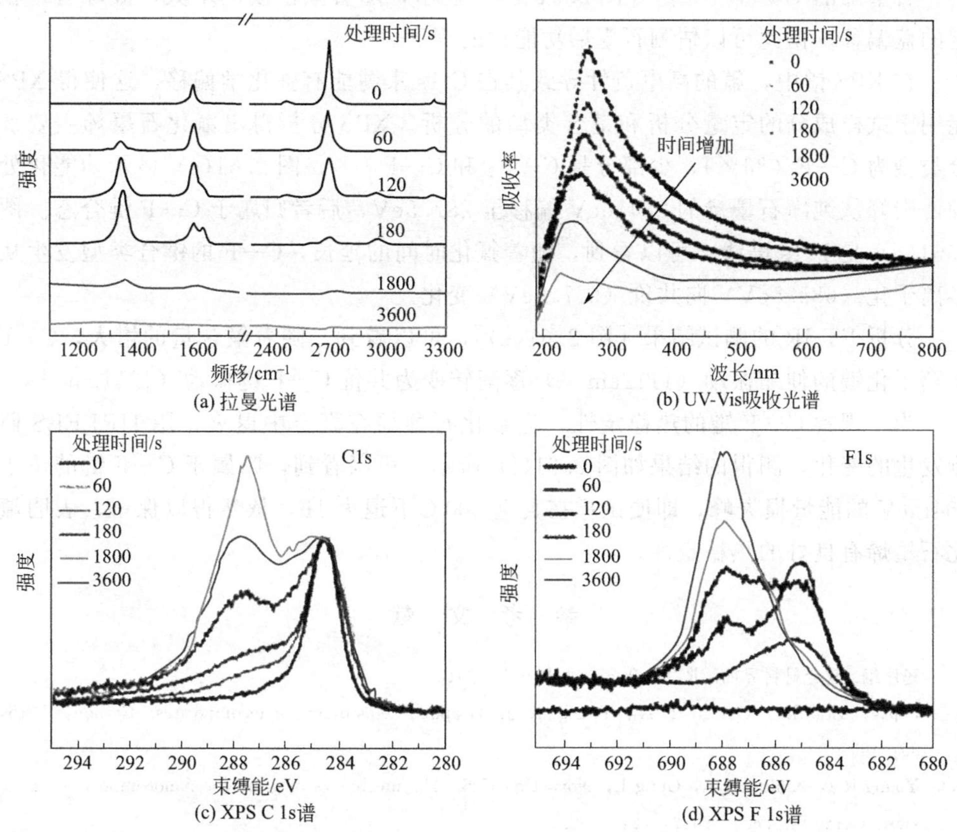

(a) 拉曼光谱
(b) UV-Vis吸收光谱
(c) XPS C 1s谱
(d) XPS F 1s谱

图 2.61

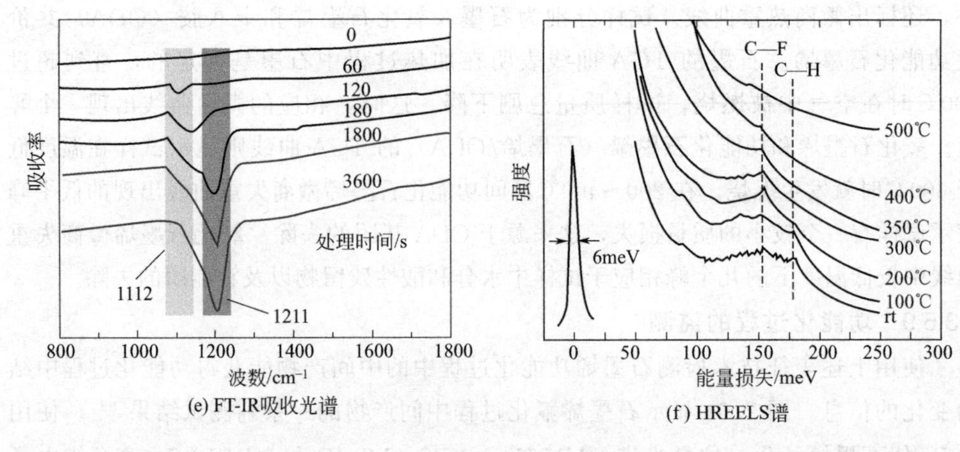

图 2.61 石墨烯氟功能化过程的监测

D′峰则发生宽化，而 2D 峰的强度明显减弱。这些测试结果说明石墨烯原有的规整原子结构已经受到改变。当氟化时间达到 1h 时，氟化石墨烯形成，由于芳香 π-共轭被破坏，石墨烯的拉曼信号完全消失。

石墨烯的 UV-Vis 光谱［图 2.61(b)］显示，随着氟浓度的增大，波峰有一稳定的蓝偏移。据此可以估测石墨烯功能化的程度。

在 XPS 谱中，氟的高电负性导致其在 C 1s 束缚能有强化学偏移，这使得 XPS 能用于试样成分的定量分析和键合类型的分析。XPS 分析得出氟化石墨烯主要键合类型为 C—F（86%），少部分是 $C—F_2$ 和 $C—F_3$[84]。图 2.61(c) 显示功能化处理使碳峰从纯净石墨烯的 284.6eV 偏移至 287.5eV，后者归属于 C—F 键合态。图 2.61(d) 是 F 1s 谱线。可以看到，随着氟化时间的延长，C—F 的键合类型发生从半离子化（685.5eV）向共价（687.5eV）变化。

分析 FT-IR 的测试结果［图 2.61(e)］，可以看到，随着氟含量的增大，C—F 半离子化键的伸缩振动（$1112cm^{-1}$）逐渐转变为共价 C—F 键振动（$1211cm^{-1}$）。

为了观察 C—F 键的热稳定性，将氟化石墨烯在真空中退火，用 HREELS 监测发生的变化，测得的结果如图 2.61(f) 所示。可以看到，归属于 C—F 键的位于 154meV 的能量损失峰，即便试样在真空 300℃下退火 1h，依然得以保留，表明氟化石墨烯有良好的热稳定性。

参 考 文 献

［1］ 杨序纲. 复合材料界面. 北京：化学工业出版社，2010.

［2］ Papagiorgiou D，Kinloch I A，Young R J. Graphene/elastomer nanocomposites. Carbon，2015，95：460.

［3］ Young R J，Kinloch I A，Gong L，Novoselov K S. The mechanics of graphene nanocomposites：a review. Comp Sci Tech，2012，72：1459.

［4］ 陈永胜，黄毅，等. 石墨烯 新型二维碳纳米材料（第 8 章）. 北京：科学出版社，2013.

[5] Hummers W S, Offeman R E. Preparation of graphite oxide. J Am Ceram Soc, 1958, 80: 1339.
[6] Dreyer D R, Park S J, Bielawski C W, Ruoff R S. The chemistry of graphene oxide. Chem Soc Rev, 2010, 39: 228.
[7] Park S J, Ruoff R S. Chemical methods for the production of graphene. Nat Nanotechnol, 2009, 4: 217.
[8] Li D, Muller M B, Gilje S, Kaner R B, et al. Processable aqueous dispersions of graphene nanosheets. Nat Nanotechnol, 2008, 3: 101.
[9] Stankovich D A, Dikin I D, Piner R D, Kohlhaas K A, et al. Synthesis of graphene-based nanosheets via chemical reduction of exfoliated graphite oxide. Carbon, 2007, 45: 1558.
[10] Zhang J, Yang H, Shen G, Cheng P, et al. Reduction of graphene oxide via ascorbic acid. Chem Commun, 2010, 46: 1112.
[11] Shin H J, Kim K K, Benayad A, Yoon S M, et al. Efficient reduction of graphite oxide by sodium borohydride and its effect on electrical conductance. Adv Funct Mater, 2009, 19: 1987.
[12] Rourke J P, Pandey P A, Moore J J, Batesm, et al. Thermal graphene oxide revealed: stripping the oxidative debris from the graphene-like sheets. Angew Chem Int Edit, 2011, 50: 3173.
[13] 杨序纲, 吴琪琳. 纳米碳及其表征. 北京: 化学工业出版社, 2016.
[14] Wilson N R, Pandey P A, Beanland R, Young R J, et al. Graphene oxide: structure analysis and application as a highly transparent support for electron microscopy. ACS Nano, 2009, 3: 2547.
[15] Pacile D, Meyer J C, Rodriguez A F, Papagno M, et al. Electronic properties and atomic structure of graphene oxide membranes. Carbon, 2011, 49: 966.
[16] Erickson K, Erni R, Lee Z H, Alem N, et al. Determination of the local chemical structure of graphene oxide and reduced graphene oxide. Adv Mater, 2010, 22: 4467.
[17] Gomez-Navarro C, Meyer J C, Sundaram R S, Chuvilin A, et al. Atomic structure of reduced graphene oxide. Nano Lett, 2010, 10: 4467.
[18] Zobelli A, Gloter A, Ewels C P, Seifert G, et al, Electron knock-on cross section of carbon and boron nitride nanotube. Phys Rev B, 2007, 75: 245402.
[19] McAllister M J, Li J L, Adamson D H, Schniepp P P, et al. Single sheet functionalized graphene by oxidation and thermal expansion of graphite. Chem Mater, 2007, 19: 4396.
[20] Kudin K N, Ozhas B, Schiepp H C, Plud' homme R K, et al. Raman spectra of graphite oxide and functionalized graphene sheets. Nano Lett, 2008, 8: 36.
[21] Gao Y, Liu L Q, Zu S Z, Peng K, et al. The effect of interlayer adhesion on the mechanical behaviors of macroscope graphene oxide papers. ACS Nano, 2011, 5: 2134.
[22] He H Y, Klinowski J, Forster M, Lerf A. A new structural model for graphite oxide. Chem Phys Lett, 1998, 287: 53.
[23] Lerf A, He H Y, Forster M, Klinowski J. Structure of graphite oxide revisited. J Phys Chem B, 1998, 102: 4477.
[24] Paredes J I, Villar-Rodil S, Martinez-Alonso A, Tascon J M D. Graphene oxide dispersion in organic solvents. Langmuir, 2008, 24: 10560.
[25] Dikin D A, Stankovich S, Zimney E J, Piner R D, et al. Preparation and characterization of graphene oxide paper. Nature, 2007, 448: 457.
[26] Gomez-Navarro C, Burghard M, Kern K. Elastic properties of chemically derived simple graphene sheets. Nano Lett, 2008, 8: 2045.
[27] Suk J W, Piner R D, An J, Ruoff R S. Mechanical properties of monolayer graphene oxide. ACS

Nano，2010，4：6557.

[28] Paci J T，Belytschko T，Schatz G C. Computational studies of the structure，behavior upon heating，and mechanical properties of graphene oxide. J Phys Chem C，2007，111：18099.

[29] Stankovich S，Piner R D，Nguyen S T，Ruoff R S. Synthesis and exfoliation of isocyanate-treated graphene oxide nanoplatelets. Carbon，2006，44：3342.

[30] Cai D，Song M. Preparation of fully exfoliated graphite oxide nanoplatelets in organic solvents. J Mater Chem，2007，17：3678.

[31] Wang S，Chi P，Chu L，et al. Band-like transport in surface-functionalized highly solution-processable graphene nanosheets. Adv Mater，2008，20：3440.

[32] Lomeda J R，Doyle C D，Kosynkin D V，et al. Diazonium functionalization of surfactant-wrapped chemically converted graphene sheets. J Am Chem Soc，2008，130：16201.

[33] Liu H，Ryu S，Chen Z，Steigerwald M L，et al. Photochemical reactivity of graphene. J Am Chem Soc，2009，131：17099.

[34] Shen J，Hu Y，Shi M，Lu X，et al. Fast and facile preparation of graphene oxide and reduced graphene oxide nanoplatelets. Chem Mater，2009，21：3514.

[35] Englert J M，Dotzer C，Yang G，Schmid M，et al. Covalent bulk functionalization of graphene. Nat Chem，2011，3：279.

[36] Shen J F，Hu Y Z，Li C，et al. Synthesis of amphiphilic graphene nanoplatelets. Small，2009，5：82.

[37] Lee SH，Dreyer D R，An J，Velamakanni A，et al. Polymer brushes via controlled surface-initiated atom transfer radical polymerization（ATRP）from graphene oxide. Macromol Rapid Comm，2010，31：281.

[38] Huang Y，Qin Y，Zhou Y，Niu H，et al. Polypropylene/graphene oxide nanocomposites：prepared by in situ Ziegler-Natta polymerization. Chem Mater，2010，22：4096.

[39] Deng Y，Li Y Dai J，Lang M，et al. Functionalization of graphene oxide towards thermo-sensitive nanocomposites via moderate in situ SET-LRP. J Polym Sci Part A Polym Chem，2011，49：4747.

[40] Liu Z，Robinson J T，Sun X，Dai H. PEGylated nanographene oxide for delivery of water-insoluble cancer drugs. J Am Chem Soc，2008，130：10876.

[41] Veca L M，Lu F，Meziani M J，Cao L，et al. Polymer functionalization and solubilization of carbon nanosheets. Chem Commun，2009，2565.

[42] Salavagione H J，Gomez M A，Martinez G. Polymer modification of graphene through esterification of graphite oxide and poly（vinyl alcohol）. Macromolecules，2009，42：6331.

[43] Salavagione H J，Martinez G. Importance of covalent linkages in the preparation of effective reduced graphene oxide-poly（vinyl chloride）nanocomposites. Macromolecules，2011，44：2685.

[44] Yu D，Dai L. Self-assembled graphene/carbon nanotube hybrid films for supercapacitors. J Phys Chem Lett，2010，1：467.

[45] Zhuang X D，Chen Y，Liu G，Li P P，et al. Conjugated-polymer-functionalized graphene oxide：synthesis and nonvolatile rewritable memory effect. Adv Mater，2010，22：1737.

[46] Yu D，Yang Y，Dustock M，Baek J B，et al. Soluble P3HT-grafted graphene for efficient bilayer-heterojunction photovoltaic devices. ACS Nano，2010，4：5633.

[47] Fang M，Zhang Z，Li J，Zhang H，et al. Constructing hierarchically interphases for strong and tough epoxy nanocomposites by amine-rich graphene surfaces. J Mater Chem，2010，20：9635.

[48] Shan C，Yang H，Han D，Zhang Q，et al. Water-soluble graphene covalently functionalized by biocompatible poly-l-lysine. Langmuir，2009，25：12030.

[49] Xu X, Luo Q, Lv W, Dong Y, et al. Functionalization of graphene sheets by polyacetylene: convenient synthesis and enhanced emission. Macromol Chem Phys, 2011, 212: 768.

[50] Pan Y, Bao H, Sahoo N G, Wu T, et al. Water-soluble poly (*N*-isopropylacrylamide) -graphene sheets synthesized via click chemistry for drug delivery. Adv Funct Mater, 2011, 21: 2754.

[51] Yang H, Shan C, Li F, Han D, et al. Covalent functionalization of polydisperse chemically-converted graphene sheets with amine-terminated ionic liquid. Chem Commun, 2009, 3880.

[52] Hao R, Qian W, Zhang L, Hou Y. Aqueous dispersions of TCNQ-anion-stabilized graphgene sheets. Chem Commun, 2008, 6576.

[53] Li X, Wang X, Zhang L, Lee S, et al. Chemically derived ultrasmooth graphene nanoribbon semiconductors. Science, 2008, 319: 1229.

[54] Liu J B, Li Y L, Li Y M, et al. Noncovalent DNA decorations of graphene oxide and reduced graphene oxide toward water-soluble metal-carbon hybrid nanostructures via self-assembly. J Mater Chem, 2010, 20: 900.

[55] Tang Z W, Wu H, Cart J R, et al. Constraint of DNA on functionalized graphene improves its biostability and specificity. Small, 2010, 6: 1205.

[56] Liu F, Choi J Y, Seo T S. DNA mediated water-dispersible graphene fabrication and gold nanoparticle-graphene hybrid. Chem Commun, 2010, 46: 2844.

[57] Valles C, Drummond C, Saadaoui H, et al. Solutions of negatively charged graphene sheets and ribbons. J Am Chem Soc, 2008, 130: 15802.

[58] Chang H, Wang G, Yang A, Tao X, et al. A transparent, flexible, low-temperature, and solution-processible graphene composite electrode. Adv Funct Mater, 2010, 20: 2893.

[59] Vadukumpully S, Paul J, Valiyaveettil S. Cationic surfactant mediated exfoliation of graphene into graphene flakes. Carbon, 2009, 47: 3288.

[60] Yang X, Li L, Shang S, Tao X. Synthesis and characterization of layer-aligned poly (vinyl alcohol) / graphene nanocomposites. Polymer, 2010, 51: 3431.

[61] Liu J, Fu S, Yuan B, Li Y, et al. Toward a universal "Adhesive Nanosheet" for the assembly of multiple nanoparticles based on a protein-Induced reduction/decoration of graphene oxide. J Am Chem Soc, 2010, 132: 7279.

[62] Jin J, Wang X, Song M. Graphene-based nanostructured hybrid materials for conductive and superhydrophobic functional coatings. J Nanosci Nanotechnol, 2011, 11: 7715.

[63] Tang Y B, Lee C S, Xu J, Liu Z T, et al. Incorporation of graphenes in nanostructured TiO_2 films via molecular grafting for dye-sensitized solar cell application. ACS Nano, 2010, 4: 3482.

[64] Georgakilas V. Functionalization of graphene by carbon nanostructures. In "Functionalization of graphene" Ed by Georgakilas V, Weinhein Germany: Wiley-VCH, 2014: 255.

[65] Zhang C, Liu T X. A review on hybridization modification of graphene and its polymer nanocomposites. Chi Sci Bull, 2012, 57: 3010.

[66] Zhang C, Ren L L, Wang X Y, et al. Graphene oxide-assisted dispersion of pristine multiwalled carbon nanotubes in aqueous media. J Phys Chem, C, 2010, 114: 11435.

[67] Zhao M Q, Liu X F, Zhang Q, et al. Graphene/single-walled carbon nanotube hybrids: one-step catalytic growth and applications for high-rate Li-S batteries. ACS Nano, 2012, 6: 10759.

[68] Zhang X, Huang Y, Wang Y, Ma Y, et al. Synthesis and characterization of graphene-C_{60} hybrid material. Carbon, 2009, 47: 334.

[69] Yu D, Park K, Durstock M, Dai L. Fullerene-grafted graphene for efficient bulk heterojunction

polymer photovoltaic devices. J Phys Chem Lett，2011，2：1113.

[70] Su Q，Pang S，Aligani V，Li C，et al. Composites of graphene with large aromotic molecules. Adv Mater，2009，21：3191.

[71] Ghosh A，Rao K V，George S S，Rao C N R. Noncovalent functionalization ，exfoliation and solubilization of graphene in water by employing of fluorescent coronene carboxylate. Chem Eur J，2010，16：2700.

[72] Lv R，Li Q，Bottello-Mendez A R，Hayashi T，et al. Nitrogen-doped graphene：beyond single substitution and enhanced molecular sensing. Sci Rep，2012，2：1.

[73] Wan X，Huang Y，Chen Y. Acc Chem Res，Focusing on energy and optoelectronic applications：a journey for graphene and graphene oxide at large scale，2012，45：598.

[74] Nair R R，Ren W C，Jalil R，Riaz I，et al. Fluorographene ：a two-dimensional counterpart of Teflon. Small，2010，6：2877.

[75] Georgakilas V，Bourlinos A B，Zboril R，Steriotis T A，et al. Organic functionalisation of graphene. Chem Commun，2010，46：1766.

[76] Zhang X，Hou L，Cnossen A，Coleman A C，et al. One-pot functionalization of graphene with porphyrin through cycloaddition reactions. Chem Eur J，2011，17：8957.

[77] Sarkar S，Zhang h，Huang T W，Wang F，et al. Prganomettallic hexahapto functionalization of single layer graphene as a route to high mobility graphene devices. Adv Mater，2013，25：1131.

[78] Rodrigues O E D，Saraiva G D，Nascimento R O，Barros E B，et al. Synthesis and characterization of selenium carbon nanocables. Nano Lett，2008，8：3051.

[79] Wang S，Yu D，Dai L. Polyelectrolyte functionalized carbon nanotubes as efficient metal-free electrocatalysts for oxygen reduction. J Am Chem Soc，2011，133：5182.

[80] Xue Y，Liu Y，Lu F，Qu J，et al. Functionalization of graphene oxide with polyhedral oligomeric silsesquioxane（POSS）for multifunctional applications. J Phys Chem Lett，2012，3：1607.

[81] Xu C，Wang X，Wang J，Hu H，et al. Synthesis and photoelectrical properties of β-cyclodextrin functionalized graphene materials with high bio-recognition capability. Chem Phys Lett，2010，498：162.

[82] Niyogi S，Bekyarova E，Itkis M E，McWilliams J L，et al. Solution properties of graphite and graphene. J Am Chem Soc，2006，128：7720.

[83] Wang Y，Lee W C，Manga K K，Ang P K，et al. Fluorinated graphene for promoting neuro-induction of stem cells. Adv Mater，2012，24：4285.

[84] Robinson J T，Burgess J S，Junkermeier C E，Badescu S C，et al. Properties of fluorinated graphene films. Nano Lett，2010，10：3001.

第3章 石墨烯/聚合物纳米复合材料的制备与表征

3.1 概述

复合材料的性能强烈地相关于添加物（也称填充物或增强材料）在基体中的分散、基体与添加物和添加物与添加物的相互作用，而添加物的分散是否良好又与基体聚合物与添加物和添加物与添加物的相互作用密切相关。一般而言，添加物与聚合物的相互作用常常是决定由它们组成的复合材料性能的关键因素。

通常，人们都要求添加物与聚合物基体有强界面结合（在纤维增强复合材料中对以增韧为主要目的的复合材料则有相反要求）。对石墨烯/聚合物纳米复合材料，为了达到这一要求，石墨烯的良好分散是关键条件之一，因为分散决定了石墨烯的有效比表面积，亦即，添加的石墨烯是否每一层都发挥了其有效的作用。堆叠在一起的添加物，聚合物分子无法与各个石墨烯层发生相互作用。因此，在制备这类复合材料时，研究人员总是千方百计探寻能获得石墨烯在溶剂中良好分散的方法。第2章阐述的氧化石墨烯和各种形式的功能化石墨烯能在不同程度上在多种溶剂中得到良好分散。

纯净的、结构规整的石墨烯和氧化石墨烯或功能化石墨烯都能用作聚合物纳米复合材料的添加物。后者由于在石墨烯表面包含有大量活性化学基团，例如羧基、羰基、羟基、环氧基和其他有机分子，它们易于分散在各种有机溶剂中，也易于与基体聚合物分子发生化学反应，形成牢固的界面结合，是聚合物材料理想的石墨烯添加物。此外，它们能大规模生产，制备成本相对低廉，因而是目前使用量最多的石墨烯纳米复合材料添加物。然而，与由 sp^2 碳原子规整排列构成的纯石墨烯相比，氧化石墨烯和功能化石墨烯在氧化或/和功能化过程中，它们的原子结构已经包含 sp^3 杂化碳原子，不再是由纯净的 sp^2 碳原子构成的完全规整的结晶结构，石墨烯原有的优异力学和物理性质已经受到不同程度的降低。因而，使用纯净而且结构规整的石墨烯作添加物制备聚合物纳米复合材料仍然是人们追求的目标之一。这一目标在科学技术上的难题在于纯石墨烯易于聚集成团，不易分散；其次，这种材料表面缺少活性基团，不易与基体聚合物分子发生化学反应，形成强界面结合；此外，完善结构石墨烯的大规模制备目前在技术上仍然是个还未解决的难题，与之相关，材料的成本很高。

从石墨烯与聚合物分子相结合的方式不同考虑，可将石墨烯/聚合物纳米复合材料的制备方法分为两类：共价结合方式和非共价结合方式。

使用共价结合方式制备复合材料的工艺过程中，石墨烯与聚合物分子之间发生共价键结合。这种强相互作用生成石墨烯与聚合物之间的强界面结合，特别有利于添加物与基体之间的力学传递，充分发挥石墨烯的增强作用，获得具有优良性能的复合材料。其次，强界面结合将有效阻止石墨烯片的聚集，有利于石墨烯在聚合物中的均匀分散。然而，这种方法所涉及的化学过程一般都较为繁复，目前尚未形成成熟的规模化制备工艺。

非共价键结合方式制备的石墨烯复合材料中，石墨烯与聚合物分子间通过范德华力发生相互作用。这是一种弱相互作用，获得相应的较弱界面结构。这种制备技术相对简单，目前被大量采用。

目前，使用最为广泛的制备方法有下列三类：熔融共混法、溶液共混法和原位聚合法。由于采用不同制备方法无机添加物将有不同的分散状态，不同方法将赋予纳米复合材料具有不同的微结构和特性。添加物石墨烯在基体聚合物中分散状态的差异尤为显著。文献［1，2］对此有详细分析和比较。图 3.1 显示使用不同制备方法获得的石墨烯/聚氨酯纳米复合材料的 TEM 像[1]，可以看到石墨烯在基体聚合物中的分散明显不同。

有时也使用多种方法或技术的联合。因为制备过程大都不是一步完成的，其间许多配料，例如固化剂或交联剂、加工助剂或改性剂和催化剂等，需要加入石墨烯-聚合物的混合物中，以获得具有合适性质的最终产物，这个过程常常包含几个阶段，可以采用多种方法或技术。

表征是石墨烯增强纳米复合材料制备过程中不可或缺的工作。不仅需要测定最终产物的性能是否达到预定的目标，而且，确定复合材料合成过程中所发生的化学反应和物理作用，以及最终产物和/或中间产物的微观结构也是必不可少的。有许多方法和技术可用于表征。例如，傅里叶变换红外光谱术（FTIR）和拉曼光谱术能确定聚合物是否以化学键合的方式结合于石墨烯表面上；热重分析（TGA）能给出聚合物接枝于石墨烯的间接证据；X 射线光电子能谱术（XPS）和固体核磁共振术能给出发生化学反应的旁证；添加物与基体聚合物之间的物理吸附和石墨烯在基体中的分散通常使用形态学的观察来推测。这方面，原子力显微术（AFM）是最重要的表征手段，透射电子显微术（TEM）和扫描电子显微术（SEM）也是广泛使用的有效工具；光学显微术也时有使用，因为视场较大，除了能观察到石墨烯在基体中的分散情景，还可测得石墨烯片横向尺寸分布的统计结果。广角 X 射线衍射分析（WAXS）也用于石墨烯片分散效果的分析。

本章将重点阐述各种表征手段在石墨烯/聚合物纳米复合材料制备过程中的应用。为便于理解，都分散于各个制备过程的实例中。

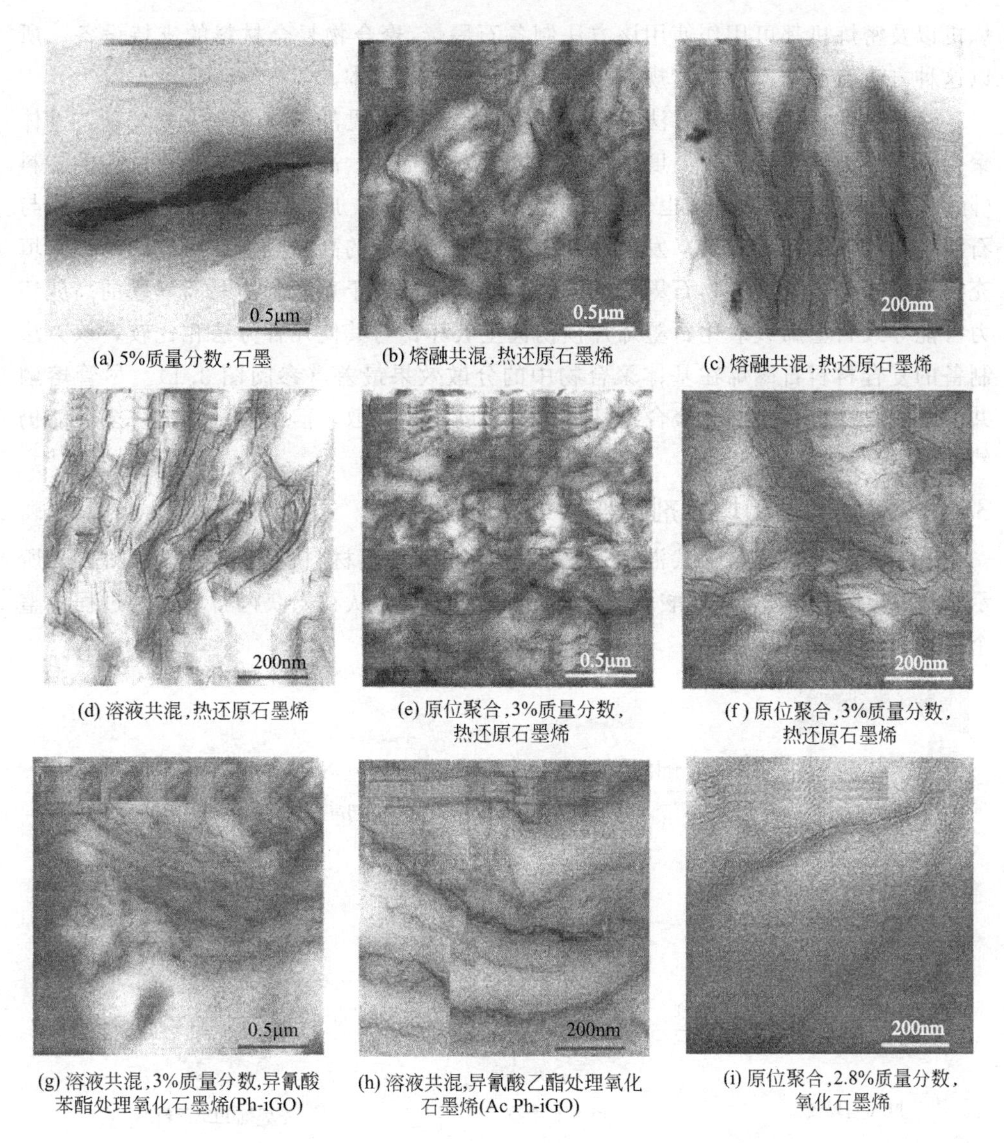

(a) 5%质量分数，石墨　(b) 熔融共混，热还原石墨烯　(c) 熔融共混，热还原石墨烯

(d) 溶液共混，热还原石墨烯　(e) 原位聚合，3%质量分数，热还原石墨烯　(f) 原位聚合，3%质量分数，热还原石墨烯

(g) 溶液共混，3%质量分数，异氰酸苯酯处理氧化石墨烯(Ph-iGO)　(h) 溶液共混，异氰酸乙酯处理氧化石墨烯(Ac Ph-iGO)　(i) 原位聚合，2.8%质量分数，氧化石墨烯

图 3.1　石墨烯/聚氨酯纳米复合材料的 TEM 像

3.2 熔融共混法

3.2.1 概述

熔融共混法程序简单。首先将熔融状态的基体聚合物与石墨烯填充物（干的粉末状态）相混合，利用外加的机械剪切力使石墨烯片在聚合物中均匀分散，随后固化获得石墨烯/聚合物纳米复合材料[3~11]。

熔融共混法是聚合物加工最常用的方法之一。该方法工艺过程相对简单，成本较低，有较广泛的产业基础。大量的聚合物加工设备，例如各种类型的挤出机和开炼机以及密炼机都可用作使用该方法制备石墨烯/聚合物复合材料的支持设备。所以这种方法有利于产物的大规模生产，也有较低的成本。

除了上述优点外，该方法存在的问题也是显而易见的。主要有下列几项：基体聚合物必须被加热到很高温度以便使其处于熔融状态，高温易使热稳定性差的材料（除复合材料的组成物外，也包括加工过程中加入的添加物，例如为增强聚合物与石墨烯相互作用的相容剂）发生降解；聚合物熔融态的高黏滞性和可能的高比例填充物添加量将导致填充物石墨烯的有效分散困难；用于克服基体黏滞问题的高剪切力可能导致石墨烯或氧化石墨烯片损伤甚至破坏；与其他几种方法相比较，该方法制备的复合材料石墨烯在基体聚合物中的分散效果最差（参阅图 3.1）。尽管熔融共混法难以获得石墨烯在聚合物基体中的高度均匀分散，但最终产物的许多性能仍然能够得到显著提高。

3.2.2 典型流程和增容剂的作用

一个典型的使用熔融共混法制备石墨烯纳米复合材料的流程示意如图 3.2 所示[12]，基体聚合物为聚乳酸（PLA）。该图还包含了从石墨获得石墨烯的过程。整个流程大致包含下述程序：

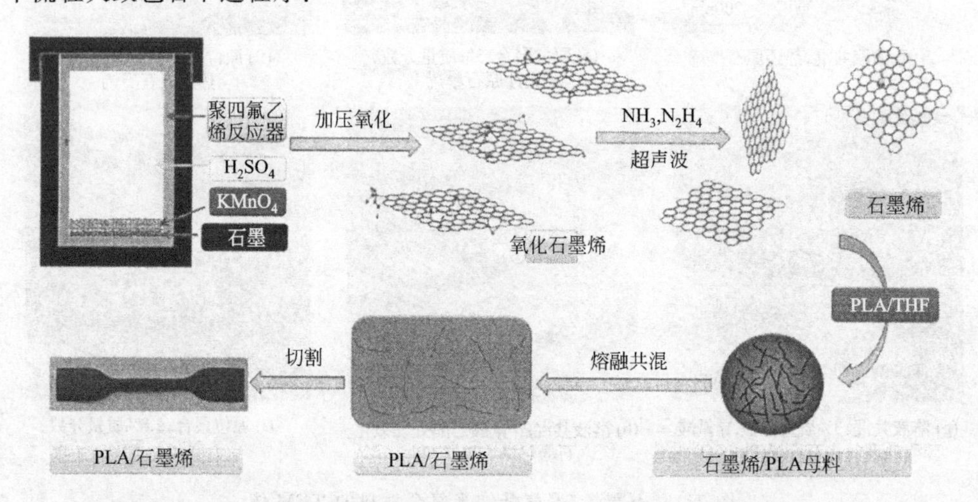

图 3.2 熔融共混法制备石墨烯/聚乳酸（PLA）纳米复合材料的合成流程

① 从石墨制备氧化石墨烯 将置于特氟隆反应器中的石墨、高锰酸钾和浓硫酸在不锈钢高压反应釜中反应制得呈湿态的氧化石墨烯。

② 从氧化石墨烯以化学还原法制备石墨烯 在超声波和强烈搅拌的机械作用下，氧化石墨烯的水溶液与氨和肼发生反应，使氧化石墨烯还原为石墨烯，产物呈黑色。

③ 用溶液共混法制备石墨烯/聚乳酸母料 首先在超声波作用和强烈机械搅拌下准备石墨烯的四氢呋喃（THF）分散液，随后将聚乳酸的四氢呋喃溶液加入上述混合物。在长时间的强烈机械搅拌后，使黏滞的黑色浆料在空气中干燥，将其磨

粉即得粉末样母料。

④ 在双辊混炼机中以母料和聚乳酸制得石墨烯/聚乳酸纳米复合材料。产物被热压成片并切割成所要求的形状和尺寸。

这种纳米复合材料的力学性能见图 3.3[12]。储能模量的资料由 DMA 试验获得。可以看到，在整个温度范围内，对不同石墨烯添加量，储能模量都有不同程度的增大，但并非随石墨烯添加量的增加而单调增大。硬度随石墨烯添加量的增加呈提高的趋势。拉伸强度的变化并非单调增大，在添加量大于 0.1%以后，反而下降了。力学性能变化的这种复杂性，可能与石墨烯在基体聚合物中的分散状态有关。图 3.4 是石墨烯/聚乳酸纳米复合材料的 TEM 像[12]，可以看到，除了被剥离（分拆）成单片的石墨烯外，图像也呈现出未分拆开的石墨烯聚集结构。

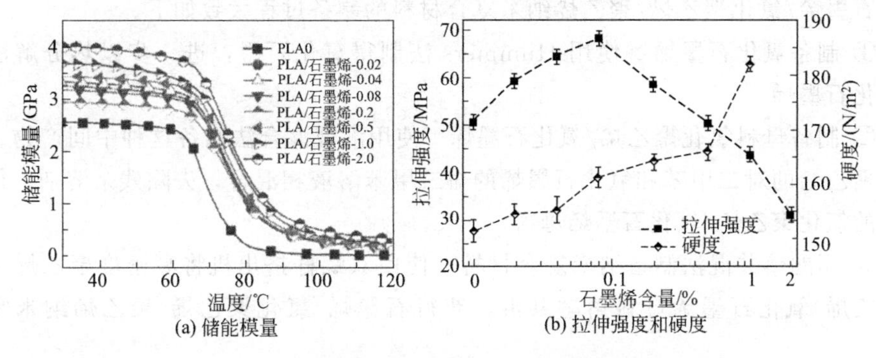

图 3.3 石墨烯/聚乳酸纳米复合材料的力学性能

（PLA/石墨烯后方的数字表示石墨烯的质量分数）

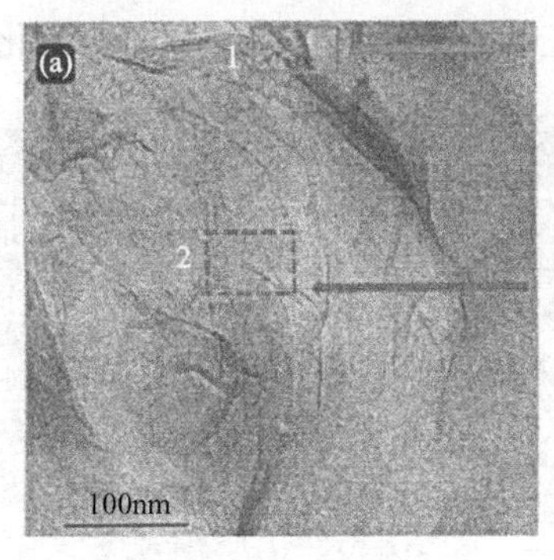

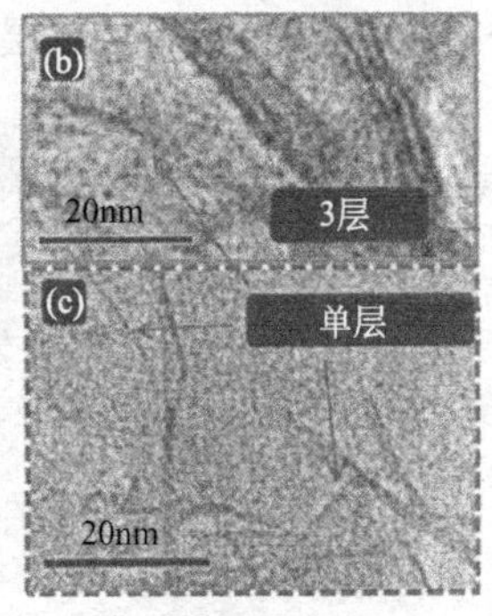

图 3.4 石墨烯/聚乳酸纳米复合材料的 TEM 像［图(b) 和图(c) 是图(a) 的局部高倍数像］

实际上，用上述方法制备的纳米复合材料，由于还原后的石墨烯片易于聚集，难以在基体聚合物中实现石墨烯的良好单片分散，产物性能的增强受到限制。解决这一问题的方法是使用增容剂。增容剂的加入可增强石墨烯片与基体聚合物的相互作用，易于形成强界面结合，同时也有利于石墨烯片在基体中的均匀分散。这些因素都有利于产物力学性能的提高。

例如，对聚乙烯基体，其分子主链缺乏极性基团，很不利于纳米填充物在基体中的分散和剥离。含有极性和非极性基团的亲水增容剂的加入，能在填充物与基体聚合物之间起桥梁作用，从而改善填充物在基体中的分散性。在制备石墨烯增强高密度聚乙烯纳米复合材料时，加入一定量的氯化聚乙烯作增容剂（使用氯化聚乙烯与氧化石墨烯的溶液混合制得母料），以熔融共混法制得的产物，其力学性能获得显著提高[13]。氯化聚乙烯能增强石墨烯与聚乙烯分子的相互作用，使石墨烯与聚乙烯之间产生强界面结合，这也有利于石墨烯片在聚乙烯中的分散。这些效果都使最终产物获得高的力学性能。研究还表明，增容剂的加入量必须加以控制。过量的氯化聚乙烯将使最终产物具有较低的模量和断裂应力。这是因为增容剂对基体聚乙烯具有增塑作用。

石墨烯/氯化聚乙烯/聚乙烯纳米复合材料的制备过程大致如下。

① 制备氧化石墨烯　使用 Hummers 法制得氧化石墨，进一步以热分解法制得氧化石墨烯。

② 制备母料氯化聚乙烯/氧化石墨烯　使用溶液混合法制备这种中间产物。将氯化聚乙烯的对二甲苯和氧化石墨烯的对二甲苯溶液相混合，去除残余溶剂，得到干燥的氯化聚乙烯/氧化石墨烯母料。

③ 用融熔共混法制备纳米复合材料　使用双螺杆挤出机将高密度聚乙烯与氯化聚乙烯/氧化石墨烯母料熔融共混，获得石墨烯/氯化聚乙烯/聚乙烯纳米复合材料。

图 3.5 显示中间产物母料氯化聚乙烯/氧化石墨烯和石墨烯/氯化聚乙烯/聚乙烯纳米复合材料的 TEM 像。母料中氧化石墨烯已在氯化聚乙烯中有一定程度的分散，图中显示分散在聚乙烯中的从单层到多层，堆叠厚度不同的氧化石墨烯层。

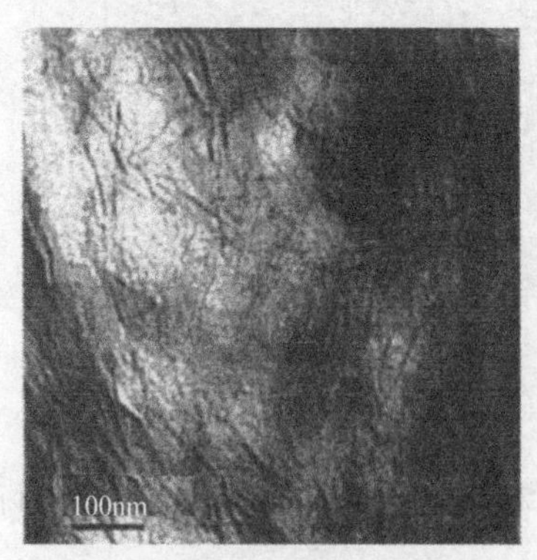

(a) 石墨烯/氯化聚乙烯/聚乙烯纳米复合材料

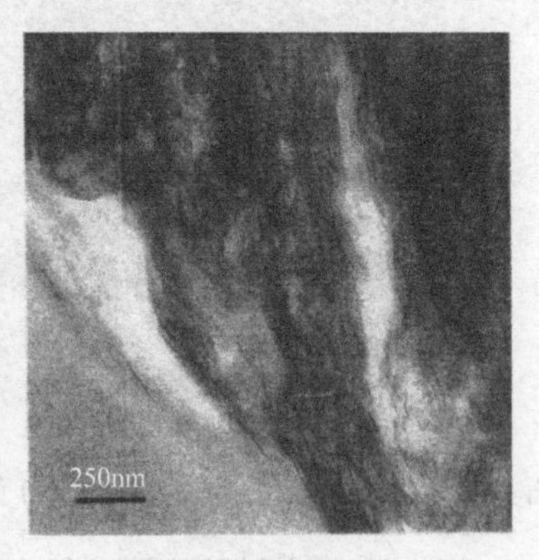

(b) 石墨烯/氯化聚乙烯

图 3.5　石墨烯增强聚乙烯纳米复合材料的 TEM 像

3.2.3　橡胶基纳米复合材料

用石墨烯改善各类橡胶性能的研究得到广泛重视，已显示出令人鼓舞的成果。

材料的力学性能得到显著提高，其他物理性质也得到改善。使用熔融共混法制备这类纳米复合材料是常用的方法，常用双辊混炼机将填充物石墨烯分散于橡胶中，获得可接受的分散状态。

图 3.6 为使用熔融共混法在天然橡胶中加入热分解氧化石墨烯制备的纳米复合材料的应力-应变曲线[11]。可以看到，氧化石墨烯的加入使天然橡胶的力学性能（弹性模量和断裂应力）得到大幅度的提高。比较两幅曲线图可见，使用胶乳预混合氧化石墨烯制备的复合材料增强效果明显，而直接使用纯氧化石墨烯制备的产物，仅在石墨烯含量较高时才显现增强效果。这是因为氧化石墨烯的预处理使氧化石墨烯片分解，从而改善了氧化石墨烯在基体聚合物中的分散性能，同时也减少了氧化石墨烯片的皱褶。图 3.7 为天然橡胶基纳米复合材料的 TEM 像[11]。在横切片区域内，热分解氧化石墨烯/天然橡胶纳米复合材料显示出填充物的分散并不均匀。一些区域显示石墨烯已被高度分拆，而另一些区域则显示石墨烯片的聚集态，石墨烯片的皱褶也很明显。胶乳预处理氧化石墨烯/天然橡胶复合材料则有均匀得多的填充物分散状态，仅在少数区域可见石墨烯片的聚集。

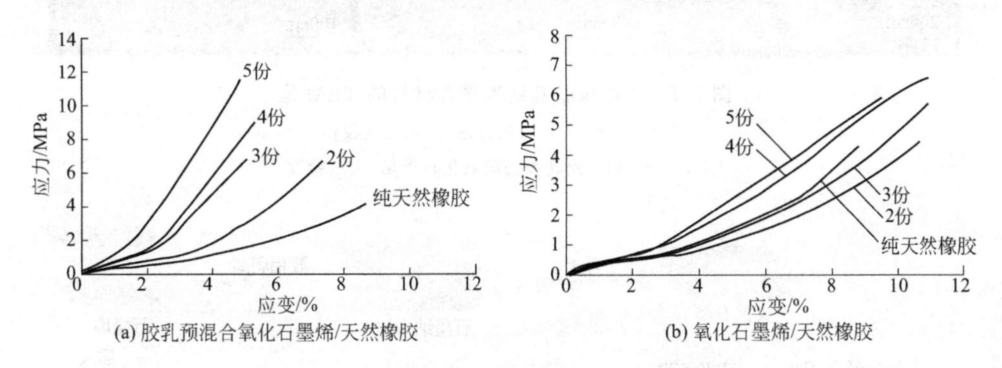

图 3.6 氧化石墨烯增强天然橡胶的应力-应变曲线

（“份”是指每百份橡胶中石墨烯的份数）

使用纯石墨烯或氧化石墨烯制备聚合物纳米复合材料，由于不能有效地克服石墨烯片相互聚集的倾向，常常造成不良分散的后果。使用功能化石墨烯是一种很有效的解决方法。图 3.8 显示以功能化石墨烯，使用熔融共混法制备石墨烯/橡胶纳米复合材料的流程[9]，主要程序如下：

① 由天然石墨制备石墨烯片　首先将天然石墨通过研磨制得石墨烯片，随后借助于 NMP 和超声波的作用，通过液相分拆制得石墨烯片。

② 原位合成二甲基丙烯酸锌（ZDMA）/石墨烯　首先将氯化锌（$ZnCl_2$）溶液加入石墨烯的分散液中，借助于超声波的作用，获得氯化锌功能化石墨烯（$ZnCl_2$/石墨烯）。随后用甲基丙烯酸钠通过离子交换反应合成二甲基丙烯酸锌/石墨烯。以非离子水萃取后在真空中干燥即得黑色的产物。

③ 制备石墨烯/天然橡胶　将功能化石墨烯二甲基丙烯酸锌/石墨烯加入天然

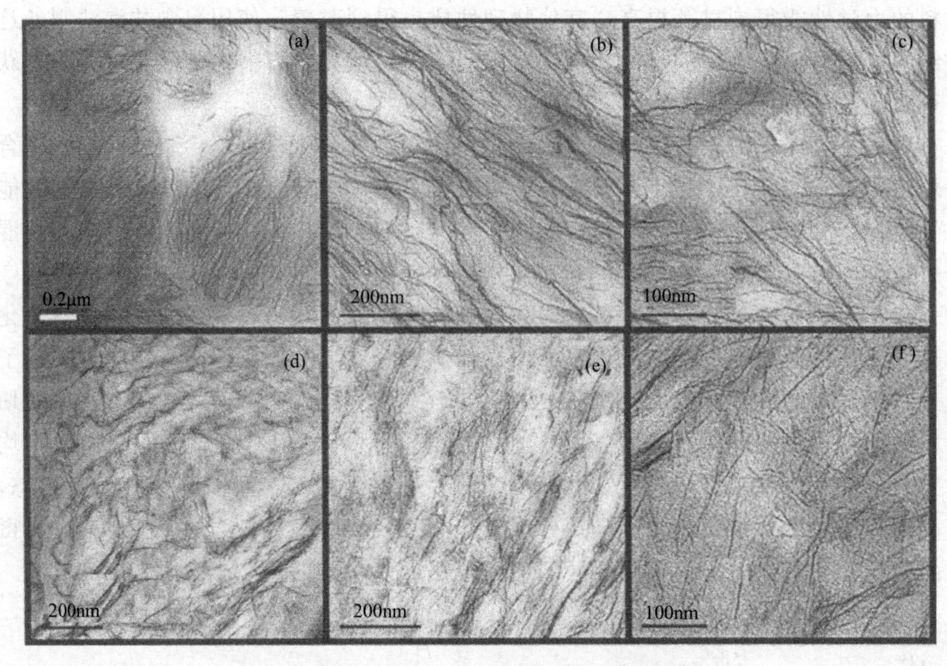

图 3.7 天然橡胶基纳米复合材料的 TEM 像

(a)、(b)、(c) 氧化石墨烯/天然橡胶；

(d)、(e)、(f) 胶乳预处理氧化石墨烯/天然橡胶

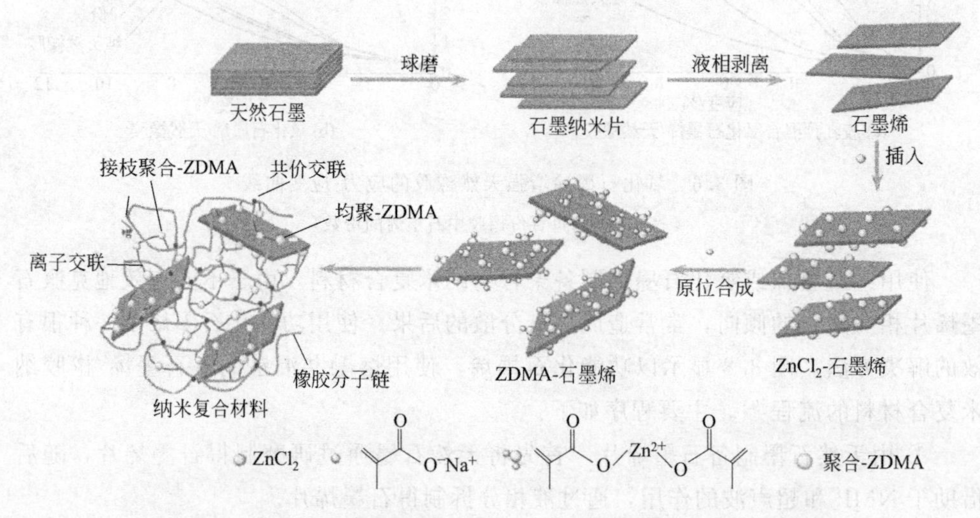

图 3.8 氯化锌功能化石墨烯/天然橡胶纳米复合材料的合成流程

橡胶，混合后按照硫化配方加入各种辅料，在双辊混炼机中制得石墨烯/天然橡胶纳米复合材料。

许多表征技术可用于检测最终产物和中间产物的结构和性质。这些检测不仅是探索合成原理的需要，而且有利于选取合成过程中的最佳技术参数。

例如，X射线衍射测试有利于了解球磨将石墨分解成石墨烯片的过程，而且其测试结果是制备过程中合理选择石墨球磨时间和强度的依据。图3.9为不同球磨时间和球磨强度下石墨纳米片的X射线衍射曲线，作为比较，图中也显示了石墨的X射线衍射曲线[9]。从图3.9(a)可见，天然石墨和石墨纳米片都有相同的位于$2\theta=26.6°$的衍射峰，但是石墨纳米片的衍射强度由于球磨而减弱。这表明通过球磨工序，天然石墨由于滑移作用克服了层间的化学作用力而被分解成石墨纳米片。同时，也注意到当球磨时间从3h增加到5h时，衍射强度反而增强了。这可能是由于剪切力使得石墨纳米片发生了重新堆叠。从图3.9(b)可见，衍射峰强度随球磨强度的增强而减小，但在400r/min以上，增强球磨强度时衍射峰强度并不再减小，表明更高的球磨强度并不能使石墨的分拆达到更佳。

图3.10为天然石墨、石墨纳米片、氯化锌/石墨烯、二甲基丙烯酸锌功能化石墨烯和纯二甲基丙烯酸锌的X射线衍射谱[9]。石墨的衍射谱显现位于$2\theta=26.6°$的强(002)衍射峰，表明石墨中石墨烯片的有规则空间排列。球磨后获得的石墨

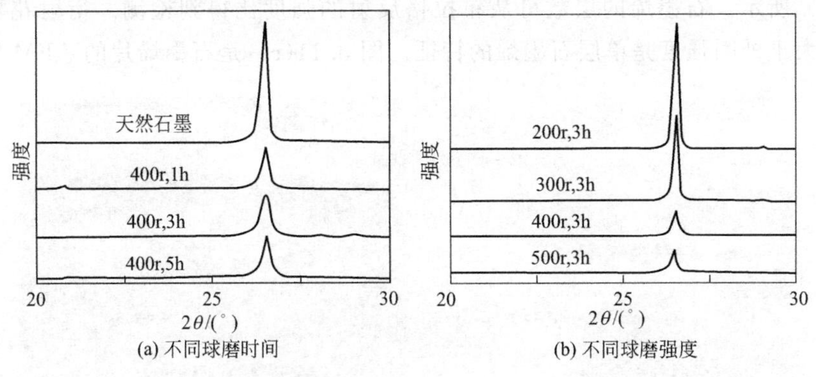

图3.9 不同球磨条件下石墨纳米片的X射线衍射谱

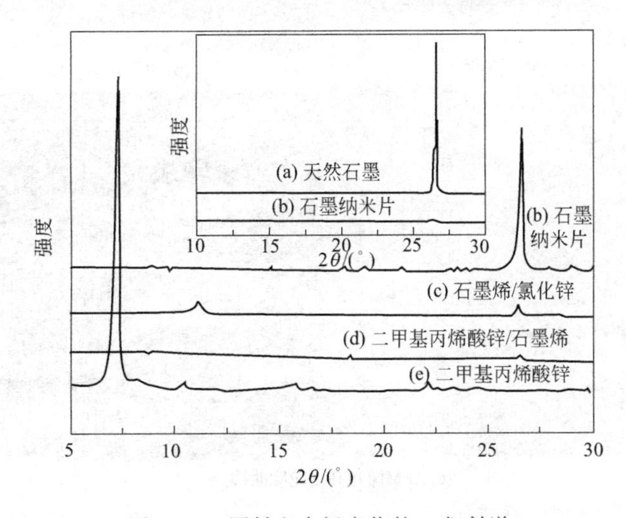

图3.10 原料和中间产物的X衍射谱

纳米片，其峰强度急剧减弱，这是球磨加工中，石墨遭受分层作用的结果。此外，氯化锌和二甲基丙烯酸锌插入层间使位于 $2\theta=26.6°$ 的峰位置向低度数偏移，强度也大幅减弱。在纯净二甲基丙烯酸锌的衍射曲线中，出现了位于 $2\theta=7.4°$ 和 10.6° 的衍射峰，分别相应于二甲基丙烯酸锌晶体的（200）和（101）衍射。对石墨烯/二甲基丙烯酸锌的衍射谱，既缺少二甲基丙烯酸锌的 $2\theta=7.4°$ 的峰，也未见石墨烯的 $2\theta=26.6°$ 的峰。这表明在功能化石墨烯（石墨烯/二甲基丙烯酸锌）中，二甲基丙烯酸锌已经成为无序结构，而石墨烯即便不是完全的分散也只有松散的聚集。这为石墨烯在天然橡胶中的分散创造了有利条件。

TEM 及其选区电子衍射和 AFM 是形态学表征的最佳工具，能直观地给出石墨被分拆成纳米石墨烯片和石墨烯片在天然橡胶中的分散情景。图 3.11 为从石墨剥离出的石墨烯片的 TEM 和 AFM 测试结果[9]。图 3.11(a) 是石墨烯片的 TEM 像，显现了石墨烯片的外形。由于单层石墨烯片的厚度很薄，石墨烯纳米片的图像衬度很弱，观察时需仔细辨认。相应于图像中小圆圈区域的选区电子衍射花样如图 3.11(b) 所示。石墨烯的层数可从布拉格反射的强度比得到检测。衍射花样的内圈强度大于外圈强度是单层石墨烯的特征。图 3.11(c) 是石墨烯片的 AFM 像和与

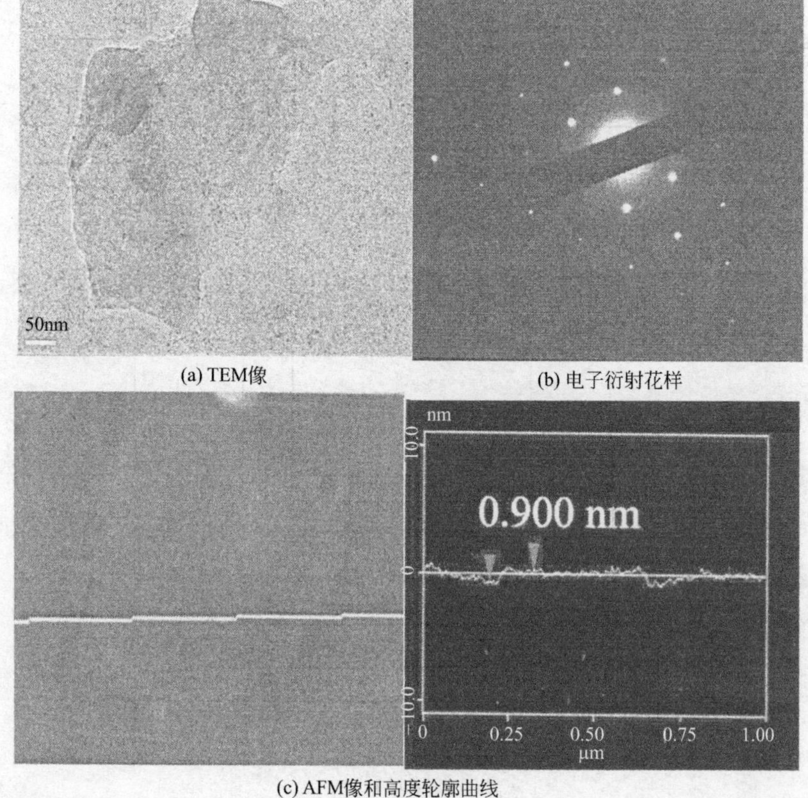

(a) TEM像

(b) 电子衍射花样

(c) AFM像和高度轮廓曲线

图 3.11 石墨烯片的形态学测试

图中白线相应的高度轮廓曲线。试样制备简便，只需将一滴石墨烯分散液滴于云母表面，待溶液蒸发干燥后即得沉积于云母表面上的石墨烯片，可供 AFM 测试，使用轻敲模式成像，AFM 像显示了石墨烯片的外形。同时，它具有极高的垂直方向分辨率。高度轮廓显示石墨烯纳米片的厚度为 0.900nm，这相当于单层或双层石墨烯的厚度。石墨烯的实测厚度一般都大于理论厚度，这是因为石墨烯纳米片之间和石墨烯片与基片（云母）表面之间可能存在水或残留的溶剂分子。石墨烯/橡胶纳米复合材料的 TEM 像如图 3.12 所示[9]。试样一般由超薄切片机制得。由于橡胶基体的高弹性，在室温下即便使用新鲜制备的锋利的玻璃刀亦难以制得完整的、厚度足够薄的超薄切片。通常必须使用专用附件，在冷冻状态下切片。从图中可见，功能化石墨烯片随机地分布在基体材料中。高倍放大图中显示分布在石墨烯纳米片表面上和基体材料内的大小不均匀（微米级或纳米级）的二甲基丙烯酸锌聚集体（poly-ZDMA）。

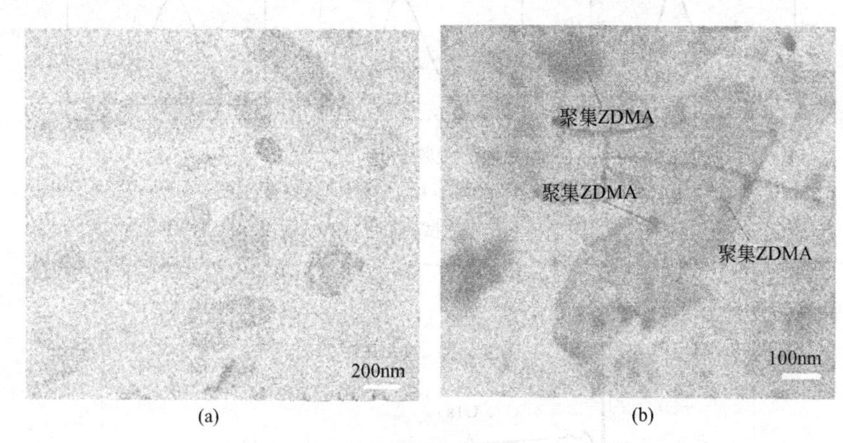

图 3.12 二甲基丙烯酸锌功能化石墨烯/天然橡胶纳米复合材料的 TEM 像

在本实例中，拉曼光谱术可用于表征合成过程中的中间反应和氯化锌对石墨烯结构的影响。图 3.13 为天然石墨、石墨烯和中间产物石墨烯/氯化锌的拉曼光谱[9]。三个试样都显现三个主要的拉曼峰：位于约 $1350cm^{-1}$ 的 D 峰，位于约 $1580cm^{-1}$ 的 G 峰和位于约 $2700cm^{-1}$ 的 2D 峰。石墨烯的光谱中出现了规整结构石墨烯不存在的弱 D 峰，归因于合成过程中球磨和液相分拆工序引起的石墨烯结构的无序化（结构损伤）。石墨烯/氯化锌拉曼光谱的 D 峰显示较强的强度，表明反应过程中氯化锌与石墨烯发生了某种相互作用，例如，化学掺入。这种相互作用驱使氯化锌掺入石墨烯片的层间。2D 峰的结构分析常用于估计石墨烯片的层数。图 3.13(b) 为三种试样 2D 峰的拟合曲线。石墨的 2D 峰包含二个成分：$2D_1$ 峰和 $2D_2$ 峰。石墨烯的 2D 峰仅包含一个拟合曲线，表明是单层石墨烯，与 AFM 的测试结果相一致。石墨烯/氯化锌的 2D 峰由四个分峰所组成，是少层石墨烯（少于 5 层）的标志。

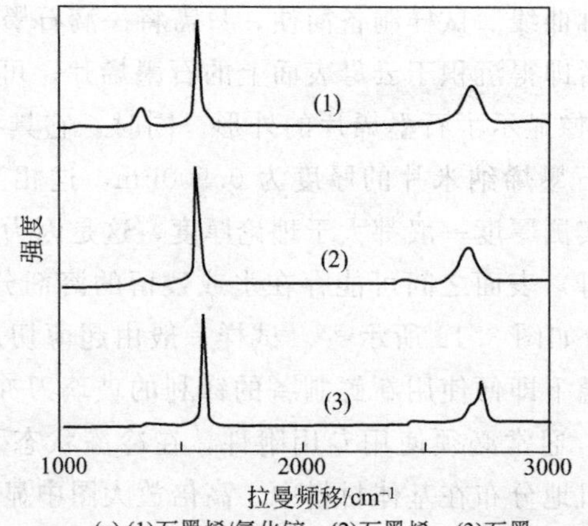

(a) (1)石墨烯/氯化锌，(2)石墨烯，(3)石墨

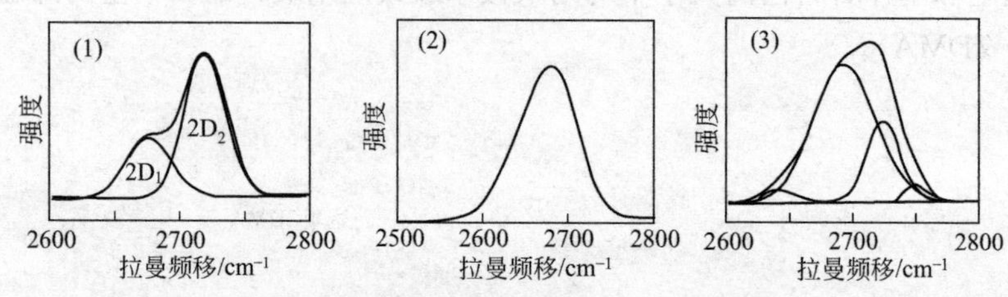

(b) 2D峰的拟合：(1)石墨，(2)石墨烯，(3)石墨烯/氯化锌

图 3.13　几种试样的拉曼光谱

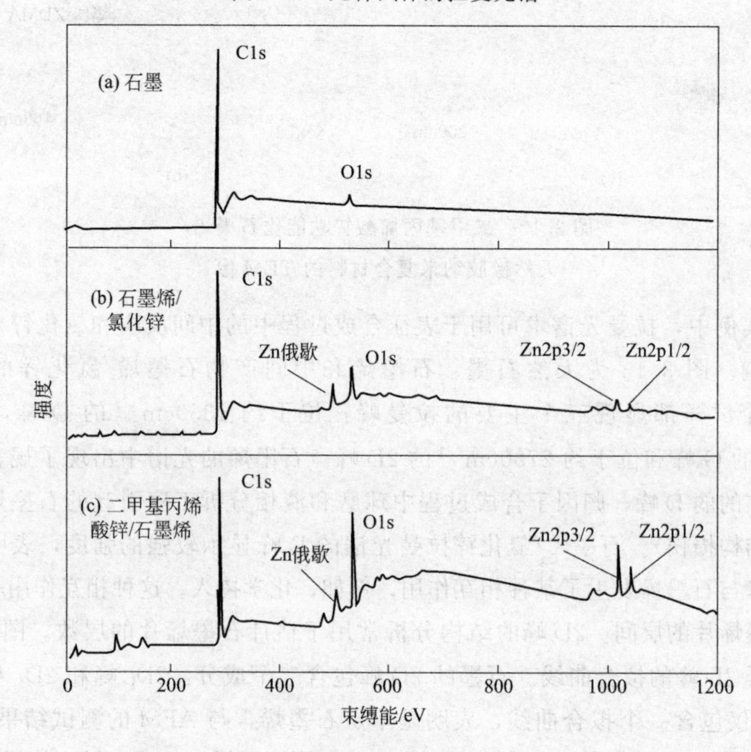

图 3.14　原料和中间产物的 XPS 谱

图 3.14 显示原材料天然石墨以及中间产物石墨烯/氯化锌和石墨烯/二甲基丙烯酸锌从 0～1200eV 范围内的 XPS 谱[9]。分析谱线结构可以确认试样包含的主要成分。对石墨烯/氯化锌和石墨烯/二甲基丙烯酸锌的高分辨 C1s 谱和 Zn2p 谱（图 3.14 中未显示）进行分析，能获得合成过程中所发生化学键合的信息。

功能化石墨烯/天然橡胶纳米复合材料的力学性能如图 3.15 所示[9]。作为比较，图中也列出二甲基丙烯酸锌/橡胶复合材料和纯净橡胶的相关数据。当填充物含量达到 15%时，与原材料橡胶相比，纳米复合材料的拉伸强度、撕裂强度和伸长为 300%时的弹性模量分别增大了 133%、42%和 174%，但断裂伸长率则随填充物的增加有所减小。

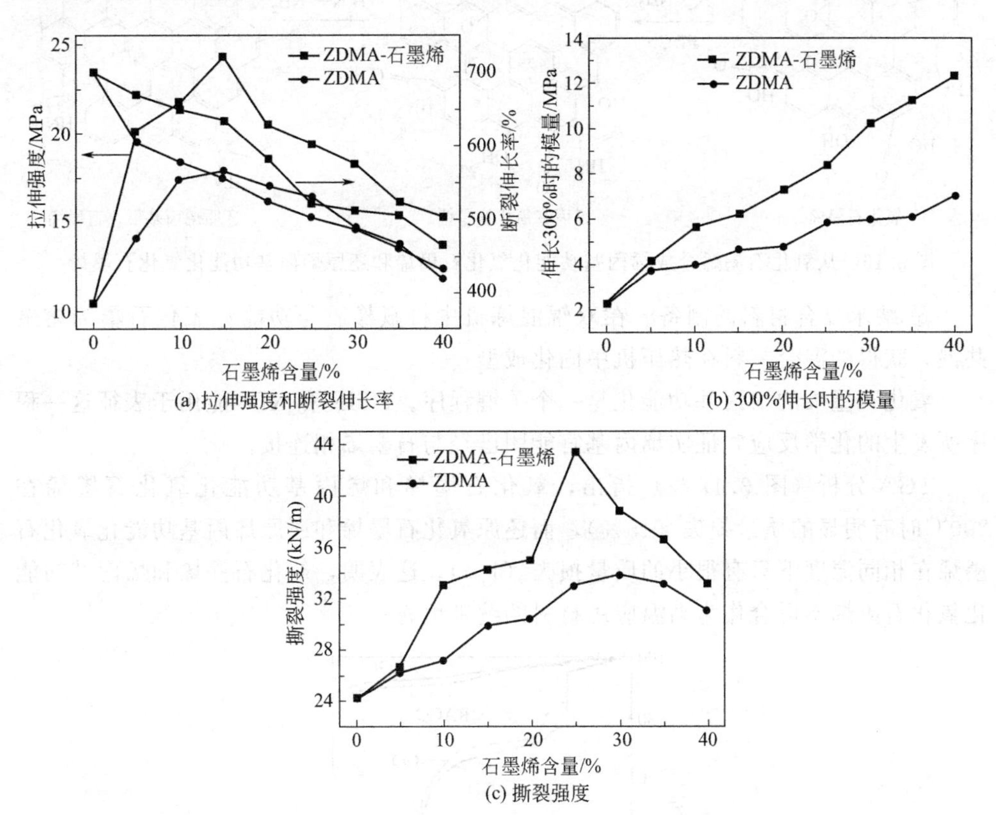

图 3.15 二甲基丙烯酸锌功能化石墨烯/天然橡胶纳米复合材料（ZDMA-GE）和二甲基丙烯酸锌/天然橡胶复合材料（ZDMA）的力学性能

迄今，氧化石墨烯仍然是制备石墨烯/聚合物纳米复合材料最普遍使用的石墨烯来源。然而，包含含氧基团的氧化石墨烯在 200℃以上的温度时是不稳定的，这使得氧化石墨烯/聚合物纳米复合材料的高温应用受到限制。

氧化石墨烯的功能化能显著提高复合材料的耐热性能。例如，烯丙基功能化氧化石墨烯能增强合成橡胶（FKM）的热稳定性，同时又能显著提高材料的力学性能。这种复合材料的制备程序大致如下[4]。

① 制备氧化石墨烯　用修正的 Brodie 方法制备氧化石墨烯。

② 烯丙基功能化氧化石墨烯的制备（图 3.16）[4]　将乙二胺氨基甲酸盐(EDAC) 加入氧化石墨烯的氨溶液，随后加入烯丙胺，充分搅拌后过滤去除残留的烯丙胺和 EDAC，干燥后即得烯丙胺功能化氧化石墨烯。如用肼作化学还原处理，可得还原烯丙基功能化氧化石墨烯。

氧化石墨烯　　烯丙基氧化石墨烯　　还原烯丙基氧化石墨烯

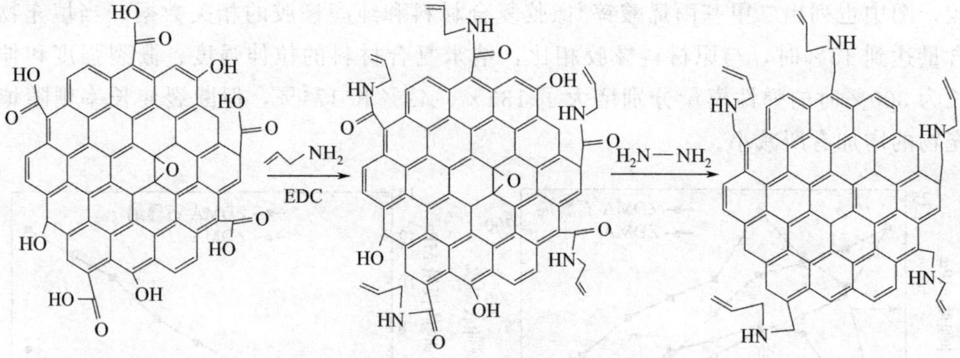

图 3.16　从氧化石墨烯合成烯丙基功能化氧化石墨烯和还原烯丙基功能化氧化石墨烯

③ 纳米复合材料的制备　在双辊混炼机中将氟橡胶与功能化氧化石墨烯熔融共混，获得的混合糊料在热压机中固化成型。

氧化石墨烯的烯丙基功能化是一个关键程序。FTIR 和 XPS 能用于表征这一程序所发生的化学反应，证实烯丙基官能团已经与石墨烯相连接。

TGA 分析（图 3.17[4]）指出，氧化石墨烯和烯丙基功能化氧化石墨烯在 200℃时有明显的质量损失（15%），而还原氧化石墨烯和还原烯丙基功能化氧化石墨烯在相同温度下只有很小的质量损失（1%）。这表明，氧化石墨烯和烯丙基功能化氧化石墨烯不适合作为高温应用材料的纳米填充物。

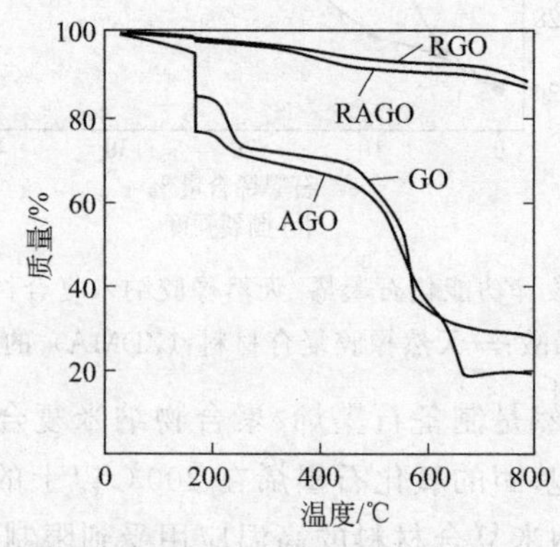

图 3.17　氧化石墨烯、还原氧化石墨烯、烯丙基功能化氧化石墨烯和还原烯丙基功能化氧化石墨烯的 TGA 曲线
（图中 GO 表示氧化石墨烯，RGO 表示还原氧化石墨烯，AGO 表示烯丙基氧化石墨烯，RAGO 表示还原烯丙基氧化石墨烯）

图 3.18 为氟橡胶基纳米复合材料的拉伸试验结果[4]。与原材料氟橡胶相比，不论在室温还是在较高温度下，纳米复合材料都有更佳的力学性能。在室温下，当应变为 200%和 300%时，拉伸强度分别提高了 64%和 61%。高温拉伸试验得出，在 175℃、125℃和 75℃时，拉伸强度分别提高了 70.4%、45.6%和 26.3%。

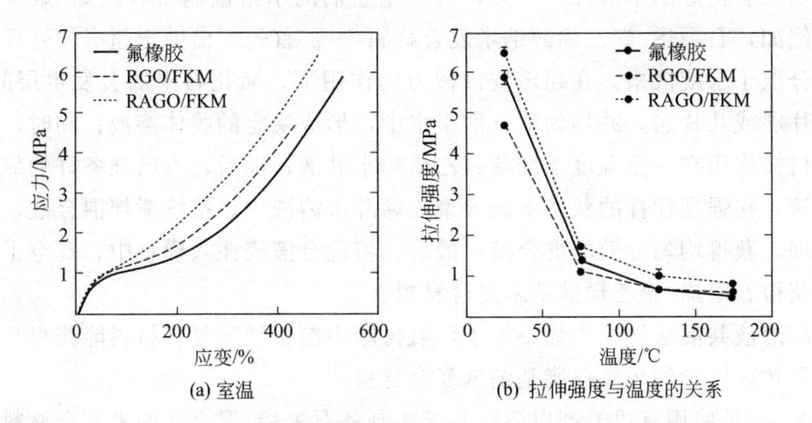

图 3.18 氟橡胶基纳米复合材料的拉伸试验
（图中，RGO 表示还原氧化石墨烯，RAGO 表示还原烯丙基氧化石墨烯，FKM 表示氟橡胶）

3.3 溶液共混法

3.3.1 概述

溶液共混法（包括胶乳混合法）是石墨烯/聚合物纳米复合材料制备中最普遍使用的方法[1~3,14~32]，方法简明，易于在实验室实现。将基体聚合物的有机溶剂或水溶液与石墨烯（或其衍生物）的溶剂（或水）的分散液相混合，或者将聚合物直接加入石墨烯的分散液中，或者将石墨烯直接混合于聚合物的有机溶剂溶液中，在剪切力作用下，例如搅拌或超声波处理，得到石墨烯均匀分散的混合液，聚合物分子与石墨烯片相结合，溶剂蒸发，获得石墨烯增强纳米复合材料。溶液共混能保证石墨烯有良好的分散，而且有利于石墨烯片在基体聚合物中的分拆。从石墨烯在基体中的分散效果考虑，溶液共混法优于熔融共混法。

溶液共混法最重要的优点是石墨烯易于在基体聚合物中获得良好的分散。它存在的重大不足之处也是显而易见的。首先，在制备过程中所用溶剂的有效去除，这使得这一方法目前难以得到更广泛的应用；其次，溶剂的高价格和废弃物处理的难度对规模化制备和最终工业化生产起负面作用；最后，该方法流程中的各个参数，例如溶剂的数量和质量、混合时间和速度以及有关超声波处理的参数，都对最终结果十分敏感，强烈影响产量，较难控制。

胶乳共混法的制备流程与溶液共混法相似，仅有的不同在于制备过程中基体聚合物处于胶乳状态。

3.3.2 溶液共混

氧化石墨烯常含有羟基、羧基和环氧键等官能团，因而在水中能良好分散，有的聚合物也有良好的水溶性。因此，可以用它们的水溶液制备石墨烯/聚合物复合材料，例如，石墨烯/聚乙烯醇纳米复合材料[33]。首先，借助于超声波处理将氧化石墨烯分散于水溶液中。在超声波机械力的作用下，氧化石墨烯会发生层间分拆，成为单片层或几片层，并均匀地分散于水中，形成稳定的胶体溶液；同时，以持续搅拌的机械作用在一定温度下准备聚乙烯醇水乳液；随后，将已准备好的氧化石墨烯水溶液，在强烈搅拌的状态下滴入聚乙烯醇水溶液中；持续搅拌混合液，并作超声波处理，获得均匀分散的混合液；最后，将混合液浇注入模具中，真空干燥去除水分，获得石墨烯/聚乙烯醇纳米复合材料。

使用溶液共混法将石墨烯添加于环氧树脂中制备纳米复合材料能获得具有高力学性能和物理性能的环氧树脂基纳米复合材料[34~40]。

图 3.19 是使用有机溶剂以溶液共混法制备石墨烯/聚合物纳米复合材料的一个典型实例[34]。基体材料是热固性聚合物环氧树脂。首先，使用高振幅超声波处理使石墨烯分散在有机溶剂丙酮中，所用石墨烯片由氧化石墨剥离和热还原得到[35]，其厚度为几层单层石墨烯叠加的厚度，约为 1～2nm；随后，加入环氧树脂单体并作进一步超声波处理；在磁性搅拌器作用下通过加热（70℃）逐渐去除丙酮；将所得溶液安置于真空室（70℃）中，继续去除剩余溶剂；携出后冷却至室温，加入低黏度固化剂并作高速剪切混合处理；置于真空环境下以去除气泡；最后将混合溶液倒入模型中并作固化处理，获得纳米复合材料试样。

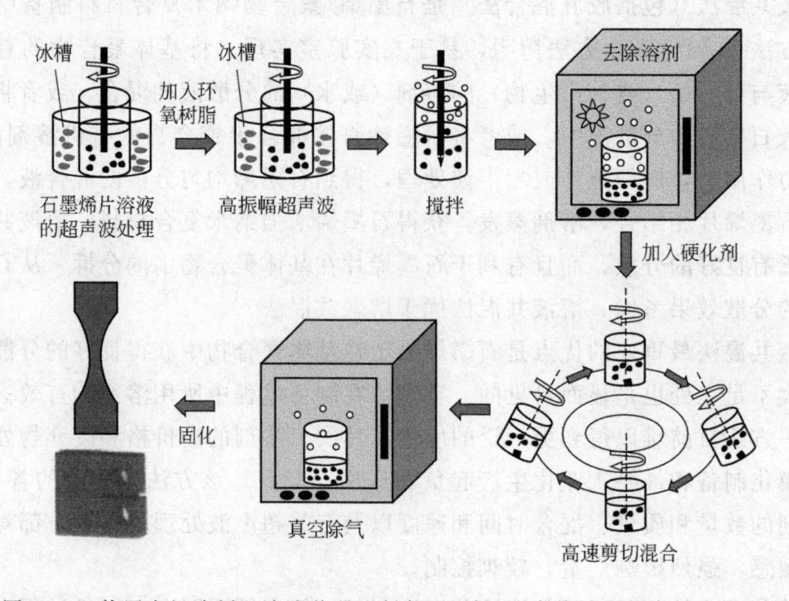

图 3.19 使用有机溶剂以溶液共混法制备石墨烯/聚合物纳米复合材料的流程

石墨烯的添加将显著改善原材料的力学性能。拉伸试验得出，0.1%（质量分数）石墨烯增强的纳米复合材料比起原材料环氧树脂，弹性模量增大31%，拉伸强度提高40%[34]。

拉伸强度和弹性模量随石墨烯添加量的变化如图3.20所示[38]。石墨烯的最佳添加量为约0.125%，更大的添加量将使强度和模量降低，甚至低于基体环氧树脂。这可能是由于添加量大于0.125%以后，石墨烯的分散性恶化。光学显微镜研究指出，复合材料中石墨烯颗粒的大小在添加量大于0.125%后明显增大了。

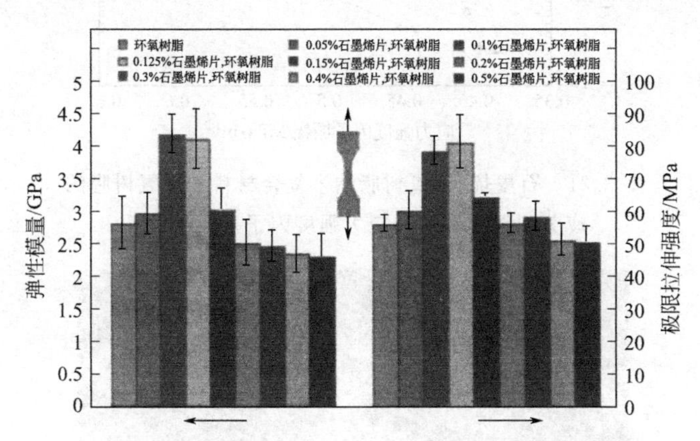

图3.20 石墨烯/环氧树脂纳米复合材料的拉伸强度和弹性模量与石墨烯含量的关系

石墨烯的添加也能明显提高材料的断裂韧性和抗疲劳性能[34,38]。

断裂韧性（K_{IC}）是内含裂纹的材料阻抗断裂能力的量度。测试得出，添加0.125%（质量分数）石墨烯制备的纳米复合材料，比起纯环氧树脂，K_{IC}值有65%的增大[38]。断裂能是指材料的临界能量释放率，它是裂纹在材料中传播所需要能量的定量描述，可由测得的弹性模量E和断裂韧性K_{IC}计算得到。添加0.125%石墨烯可使材料的断裂能增加115%[38]。

石墨烯的添加也使材料的抗疲劳性能得到显著改善，疲劳裂缝传播率（$\mathrm{d}a/\mathrm{d}N$）得到大幅降低。疲劳裂缝传播试验的测定结果以裂缝传播率相对所施加的应力强度因子振幅（ΔK）之间的关系来表达，如图3.21所示[38]，纳米复合材料的石墨烯含量为0.125%（质量分数）。从图中可见，与纯环氧树脂相比较，纳米复合材料的裂缝生长率在整个应力强度因子振幅范围内都有明显的降低。例如，在$\Delta K=0.5\mathrm{MPa}\cdot\mathrm{m}^{1/2}$时，纳米复合材料的$\mathrm{d}a/\mathrm{d}N$比纯环氧树脂要低25倍。

光学显微术、SEM和TEM都能直接观察到这类复合材料中石墨烯的分布。

图3.22为石墨烯/环氧树脂纳米复合材料的SEM二次电子像[36]，图像显示的是试样的冷冻断裂面。图中可见包埋于基体环氧树脂中的孤立的石墨烯片。图像未显示石墨烯片有任何脱结合或拉出的迹象，表明石墨烯片与基体之间有强界面结合。顺便指出，由于石墨烯与环氧树脂的二次电子发射能力并无多大差异，因而在复合材料的二次电子图像中二者之间的衬度很弱，仅从图像衬度有时难以将它们区

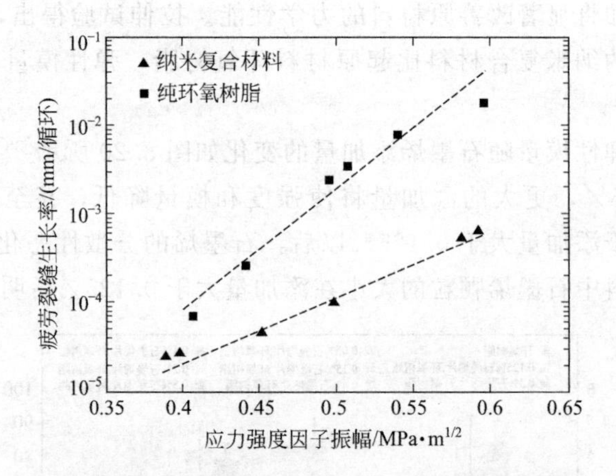

图 3.21　石墨烯/环氧树脂纳米复合材料和环氧树脂的疲劳裂缝生长率与应力强度因子振幅的关系

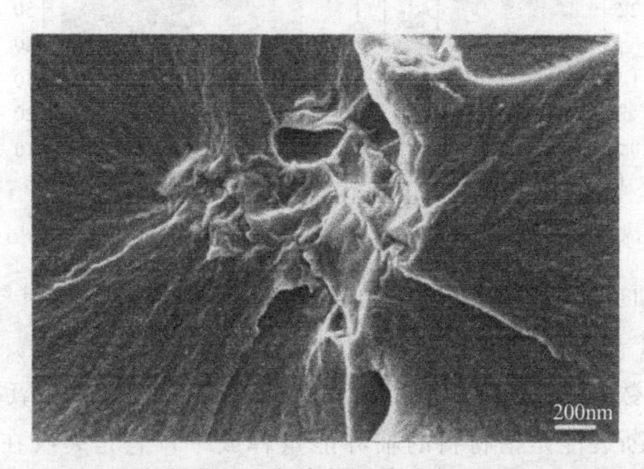

图 3.22　石墨烯/环氧树脂纳米复合材料冷冻断裂面的 SEM 二次电子像

分开来。理论上讲，由于它们的组成元素成分的不同，可以从材料表面的 EDX 分析确认包含在基体环氧树脂中的石墨烯片，但通常都从形态学角度，根据石墨烯有别于环氧树脂断裂面形态的特有形态学结构来分辨包含在基体中的石墨烯片。

石墨烯/环氧树脂复合材料的光学显微图如图 3.23 所示[37]。图像以透射模式获得，试样是对可见光透明的薄切片。图像显示石墨烯片在基体聚合物中的分布情景。可以测定出各个石墨烯片的横向尺寸（直径），并作出直径分布和其平均值随石墨烯添加量的变化曲线。图 3.24 显示基体中石墨烯片平均直径与石墨烯含量的函数关系。

石墨烯的添加也能使聚合物材料的导热性能得到显著改善。下面是使用溶液混合法制备石墨烯热塑性聚合物纳米复合材料的一个实例。基体聚合物为 1-十八醇(硬脂醇)，是一种有机相变材料（PCM）。纳米复合材料的制备流程如图 3.25 所示[40]，简述如下：

① 首先借助于超声波的机械作用将石墨烯片分散在丙酮中；

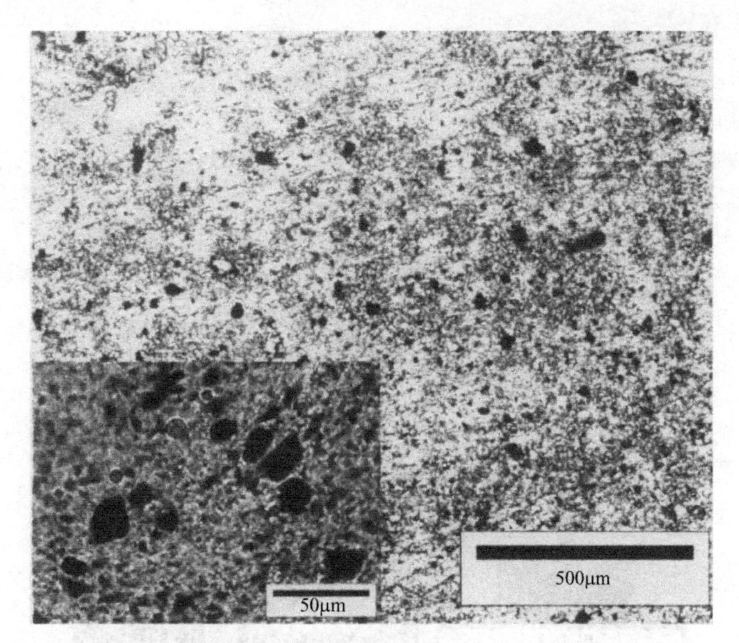

图 3.23 石墨烯/环氧树脂复合材料薄切片的光学显微像

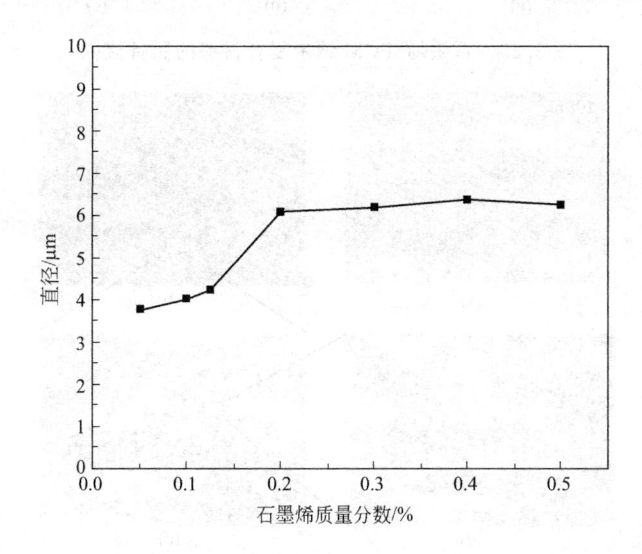

图 3.24 石墨烯/环氧树脂复合材料中石墨烯片平均直径与石墨烯质量分数的关系

② 将该分散液安置在热板上加热到120℃并作超声波处理，加入1-十八醇，使其与石墨烯分散液相混合，在约120℃下作超声波处理；

③ 搅拌丙酮、石墨烯和PCM混合液并升温到150℃以蒸发丙酮；

④ 将获得的液态纳米复合材料注入预热的硅树脂模中，在室温下留置20min，得到固态纳米复合材料产物。

图3.26是纯净PCM和含4%（质量分数）石墨烯/PCM纳米复合材料的断裂

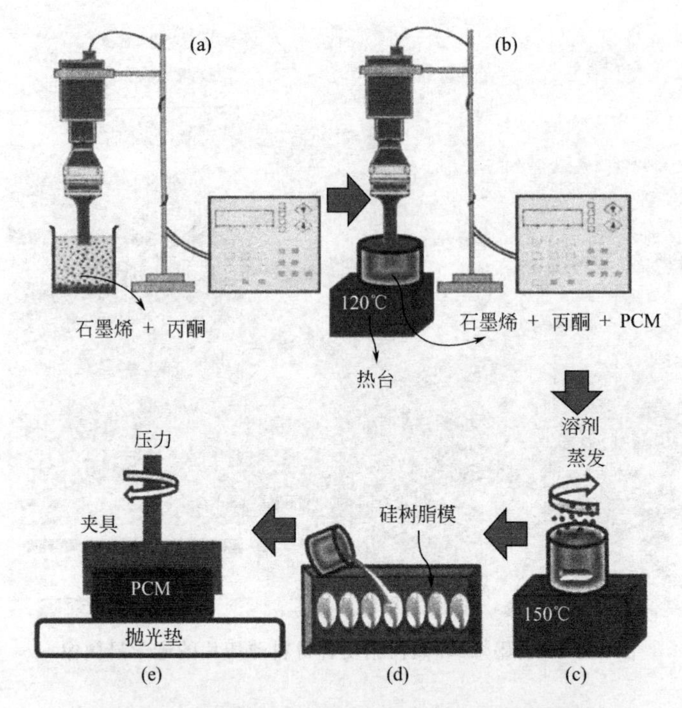

图 3.25 石墨烯/PCM 纳米复合材料的制备流程

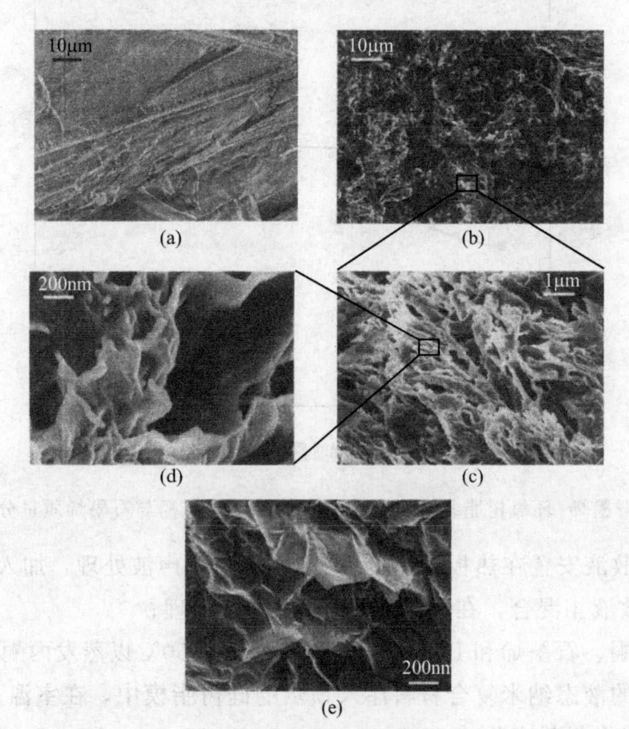

图 3.26 纯 PCM 和石墨烯/PCM 纳米复合材料及石墨烯/环氧树脂复合材料断裂面的 SEM 像

(a) PCM；(b) ～ (d) 石墨烯/PCM 纳米复合材料；(e) 石墨烯/环氧树脂复合材料

面 SEM 像[40]。两者断裂面的形态差异悬殊。图像显示石墨烯片已经均匀地分散在基体聚合物中，形成了由具有高热传导性能石墨烯组成的三维网络。从图 3.26 还可以看到，石墨烯片已经被厚层的聚合物完全覆盖，表明石墨烯与基体聚合物之间有良好的结合。作为比较，图中还显示了使用相似流程制备的石墨烯/环氧树脂复合材料断裂面的 SEM 像。可以观察到石墨烯片与基体分离，表明它们之间只有较弱的相互结合。

实验测得加入 4%（质量分数）石墨烯后，PCM 的热导率增大约 100%。

3.3.3 胶乳共混

胶乳共混法与通常所述溶液共混法的流程相似[15~17,19,41~45]，实际上也是一种溶液混合法，仅有的不同在于基体聚合物是处于胶乳状态。与溶液共混法相比，这种方法的一个引人注意的优点是有利于环境保护。

用胶乳共混法制备石墨烯纳米复合材料常包含较多程序，以保证石墨烯与基体聚合物有强相互作用，同时有利于石墨烯在基体中有较好的分散性。共聚凝是其中的一个重要程序，它关系到石墨烯在基体中的分散程度，因为乳胶的较快凝聚能动态地阻止石墨烯的聚集[32]。

图 3.27 为用胶乳共混法制备石墨烯/丁苯橡胶纳米复合材料的流程示意图[46]。丁苯橡胶是橡胶工业中得到最广泛应用的材料之一。将胶乳状态的丁苯橡胶混合于氧化石墨烯的悬浮液，通过凝聚作用制得的纳米复合材料，石墨烯能获得良好的分散，而且，石墨烯与橡胶有强界面相互作用。橡胶的力学性能得到有效的增强。同

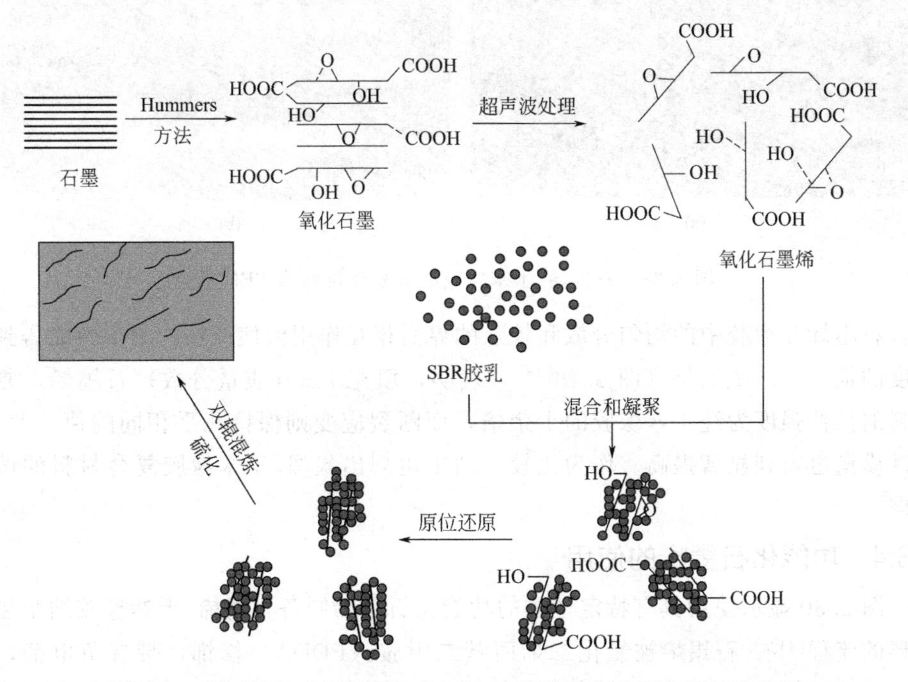

图 3.27 使用胶乳共混法制备石墨烯/丁苯橡胶纳米复合材料的流程

时，复合材料具有低发热和低气体渗透性能，还具有高抗磨损、热稳定性好和高电导性等性能。制备流程简述如下：首先使用 Hummers 法从石墨制得氧化石墨烯并通过超声波处理制得石墨烯悬浮液；将丁苯橡胶胶乳混入氧化石墨烯的水悬浮液，充分搅拌；加入饱和氯化钠溶液，使上述混合液发生共凝聚，形成氧化石墨烯/丁苯橡胶颗粒的悬浮液；将水合肼加入，悬浮液升温并长时间搅拌，以便能原位还原氧化石墨烯。悬浮液的颜色将从还原前的浅棕褐色转变为还原后的暗黑色；过滤并用去离子水反复冲洗，随后真空干燥；最后，加入硫化剂，在双辊混炼机中制得石墨烯/丁苯橡胶纳米复合材料。

图 3.28 是用上述流程制得的石墨烯/丁苯橡胶纳米复合材料的 TEM 像[46]，显示了石墨烯在基体材料中的均匀分散。石墨烯片是单层的或几层的，未见严重团聚的石墨烯片。此外，石墨烯片似乎表现出一定程度的取向，垂直于橡胶基体的压缩方向。这是在双螺杆混合和压塑过程中形成的。

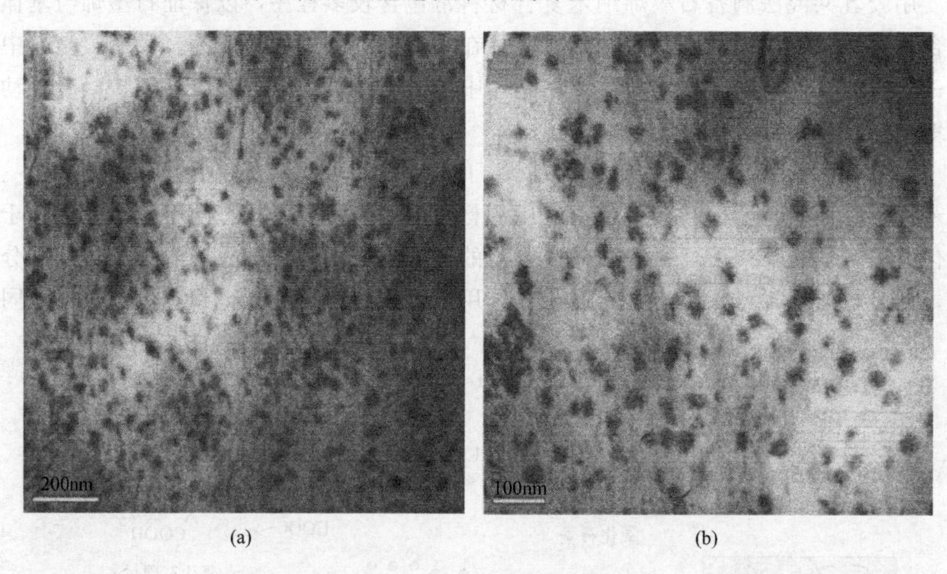

图 3.28　石墨烯/丁苯橡胶纳米复合材料的 TEM 像

石墨烯在橡胶中的均匀分散和较强的界面相互作用致使产物的力学性能得到大幅度的提高。测试结果（图 3.29[46]）表明，填充 7%（质量分数）石墨烯，复合材料的拉伸强度为纯丁苯橡胶的十余倍，而断裂应变则保持几乎相同的值。此外，弹性模量也得到显著提高。作为比较，图中也列出炭黑/丁苯橡胶复合材料的试验数据。

3.3.4　功能化石墨烯的使用

图 3.30 显示使用具有特定性质的功能化石墨烯制备石墨烯/天然橡胶纳米复合材料的流程[44]。石墨烯被氯化二烯丙基二甲胺（PDDA）修饰，带有负电荷，而天然橡胶胶乳带有正电荷，以它们的静电相互作用作为驱动力，在凝聚过程中最后

在天然橡胶基体中形成三维交联的石墨烯网络。这种三维交联的石墨烯网络结构赋予最终获得的纳米复合材料杰出的电学性质，也增强了材料的力学性能。图 3.31 为产物的电子显微图，可以观察到完善的三维交联的石墨烯网络结构。

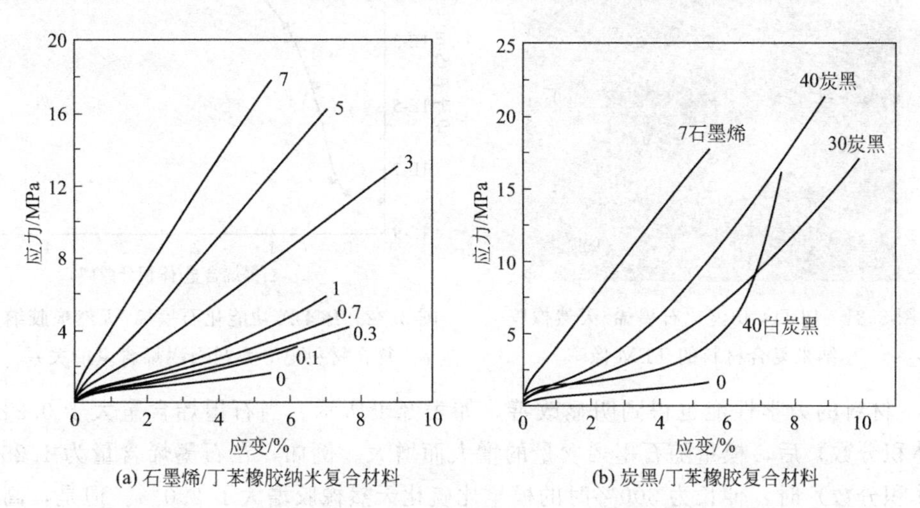

图 3.29 石墨烯/丁苯橡胶纳米复合材料和炭黑/丁苯橡胶复合材料的应力-应变曲线

（图中每条曲线端头的数字表示填充物的质量分数）

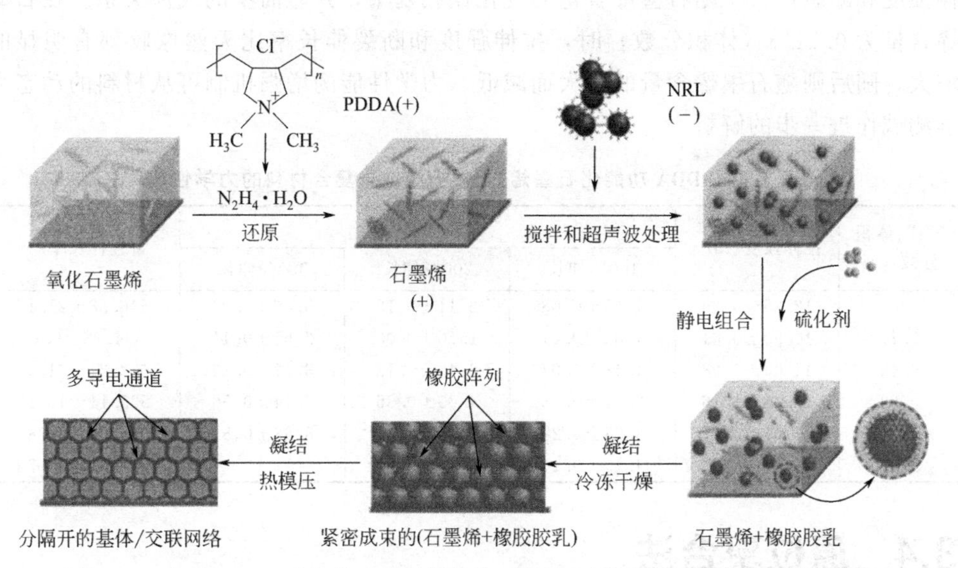

图 3.30 使用 PDDA 功能化石墨烯制备的石墨烯/天然橡胶纳米复合材料的流程

石墨烯片在基体橡胶内部形成的三维网络微观结构赋予纳米复合材料极佳的电学和热学性质。图 3.32 显示 PDDA 功能化石墨烯/天然橡胶纳米复合材料的电导率与石墨烯含量间的关系。在石墨烯含量为 4.16％时，复合材料的电导率高达 7.31S/m，比导电天然橡胶膜高 4 个数量级。复合材料的逾渗阈值则低至 0.21％（体积分数）。

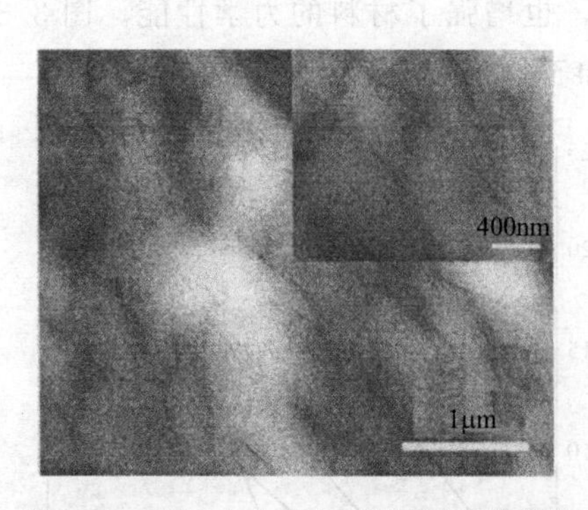

图 3.31 PDDA 功能化石墨烯/天然橡胶纳米复合材料的 TEM 像

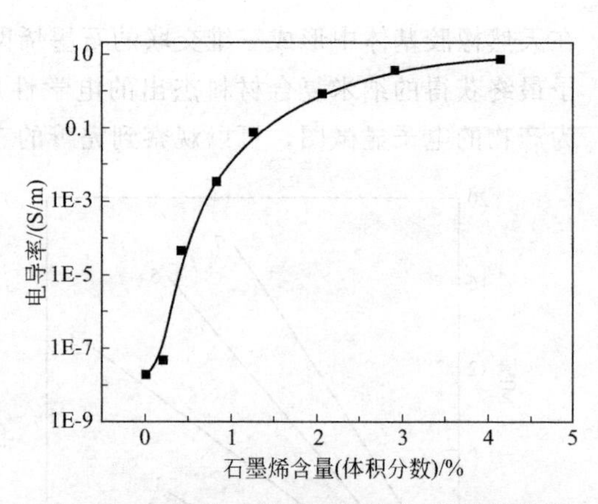

图 3.32 PDDA 功能化石墨烯/天然橡胶纳米复合材料电导率与石墨烯含量的关系

材料的力学性能也得到明显改善，如表 3.1 所示。当石墨烯含量大于 0.21%（体积分数）后，模量随石墨烯含量的增大而增大。例如，在石墨烯含量为 1.25%（体积分数）时，伸长为 300%时的模量比硫化天然橡胶增大了 290%。但是，高石墨烯含量除了引起复合材料加工的困难外，还将导致橡胶材料力学性能的降低。拉伸强度和断裂伸长率随石墨烯含量的变化比较复杂，并非简单的线性关系。在石墨烯含量为 0.21%（体积分数）时，拉伸强度和断裂伸长率比天然橡胶都有明显的增大，随后则随石墨烯含量的增大而减低。力学性能的增强机制可从材料的动态力学测试作进一步的解析[44]。

表 3.1 PDDA 功能化石墨烯/天然橡胶纳米复合材料的力学性能

试样(体积分数)/%	拉伸强度/MPa	模量/MPa			断裂伸长率/%
		100%伸长	200%伸长	300%伸长	
0	12.25±0.29	1.35±0.08	2.11±0.18	3.06±0.24	540.88±21.17
0.21	14.90±0.61	1.05±0.01	1.70±0.03	2.65±0.11	654.28±9.17
0.42	14.04±0.98	1.48±0.07	2.40±0.15	3.52±0.23	602.21±41.30
0.83	11.15±1.16	2.34±0.13	4.00±0.36	6.44±0.56	535.11±18.17
1.25	10.06±0.77	3.33±0.28	5.66±0.47	8.88±0.54	326.68±29.89
2.08	6.55±2.05	4.19±0.14	6.20±0.03	—	251.04±34.76

3.4 原位聚合法

3.4.1 概述

原位聚合法早已成功地应用于聚合物/层状硅酸盐（如蒙脱土）复合材料的制备[47,48]中。制备过程中，聚合物大分子链能有效地进入硅酸盐的个层之间，从而将层状物分拆成个别的单层。与之类似的程序也可应用于石墨烯/聚合物复合材料的制备中。

原位聚合法制备石墨烯/聚合物复合材料的流程大致如下：将石墨烯或功能化石墨烯（包括氧化石墨烯）与聚合物单体或预聚体均匀混合，在催化剂（引发剂）的参与下，利用加热或其他外界因素（如辐射）的作用，引发聚合，最终获得石墨烯/聚合物纳米复合材料。显然，聚合反应的结果和由此而产生的最终产物的结构和性能受到反应温度、组分黏度、组分含量和副产物等多种因素的影响。因此，人们可以通过控制这些反应条件制得符合要求的结构和性能的产物。

在溶液共混法制备的产物中，石墨烯与基体聚合物分子之间仅有范德华力这种弱相互作用。与之不同，在原位聚合法获得的产物中，石墨烯与基体聚合物之间存在牢固的化学结合。这种结合可以是共价键结合，也可以是非共价键结合[49]，但都形成了界面的强相互作用。这赋予产物一个突出的优点：石墨烯与聚合物界面杰出的应力传递性能，这在以力学性能增强为主要目标的复合材料中是十分重要的因素。聚合物大分子与石墨烯表面的有效结合阻止了各石墨烯片的相互聚集，因而这种方法十分有利于石墨烯在基体聚合物中的均匀分散。有人分别使用溶液共混法、熔融共混法和原位聚合法制备了石墨烯/PU 纳米复合材料，结果显示原位聚合法有最好的石墨烯分散效果[1]。然而，由于聚合物分子链与石墨烯片的有效结合，不利于石墨烯片在基体中形成相互连接的网络结构，因而在产物导电性能的改善方面受到限制。

许多聚合物使用原位聚合法制备的石墨烯/聚合物纳米复合材料，其力学性能得到了显著提高，例如，聚氨酯（PU）[1,50～52]、环氧树脂[53～57]、聚甲基丙烯酸甲酯（PMMA）[58～61]、聚酰胺 6（PA6）[62,63]和聚苯乙烯[64～66]等。电学性能得以显著改善的主要有聚苯胺（PANI）[67,68]和聚吡咯[69,70]等。

3.4.2 环氧树脂基纳米复合材料

对石墨烯/环氧树脂复合材料的研究主要聚焦于改善它的力学性能，也注意它的电学和消防安全性质。

应用原位聚合能使石墨烯或功能化石墨烯与环氧树脂分子相连接，获得石墨烯/环氧树脂纳米复合材料。首先将氧化石墨烯连接上胺或环氧基使其功能化，随后与环氧树脂分子相结合，工艺流程如图 3.33 所示[71]。根据石墨烯片厚度，从氧化石墨烯的 0.97nm 变化到功能化石墨烯的 4.83nm，可以确认胺已成功地连接上石墨烯片。石墨烯的胺功能化促进了石墨烯纳米层在基体中的分解和分散。胺成为石墨烯片与基体聚合物连接的桥梁，有利于基体向增强材料的负荷传递。构建成的分层结构则有利于材料断裂时消耗应变能。这种构型仅仅添加 0.6%（质量分数）石墨烯，就使材料的断裂韧性和弯曲强度分别增长 93.8%和 91.5%。图 3.34 是使用环氧基功能化石墨烯的方法制备石墨烯/环氧树脂纳米复合材料的流程图[53]。使用六氯环三磷腈（HCCP）和缩水甘油将环氧基引入石墨烯表面。HCCP 具有六元环结构，每个分子包含 6 个活性氯基团。由于与氧化石墨烯的 OH 基团的反应，HCCP 结合于氧化石墨烯的表面。同时 HCCP 上的氯与缩水甘油反应引入了环氧基团。氧化石墨烯的每一个 OH^- 基团与一个 HCCP 分子相键合，并随后与 6 个环氧基团相结合。这极大地扩展了氧化石墨烯表面的可固化基团。这种功能化石墨烯与环氧树脂的原位热固化，获得了石墨烯分散良好的产物。测试表明，上述制备流程改善了材料的储能模量、硬度、热稳定性和电导性能。

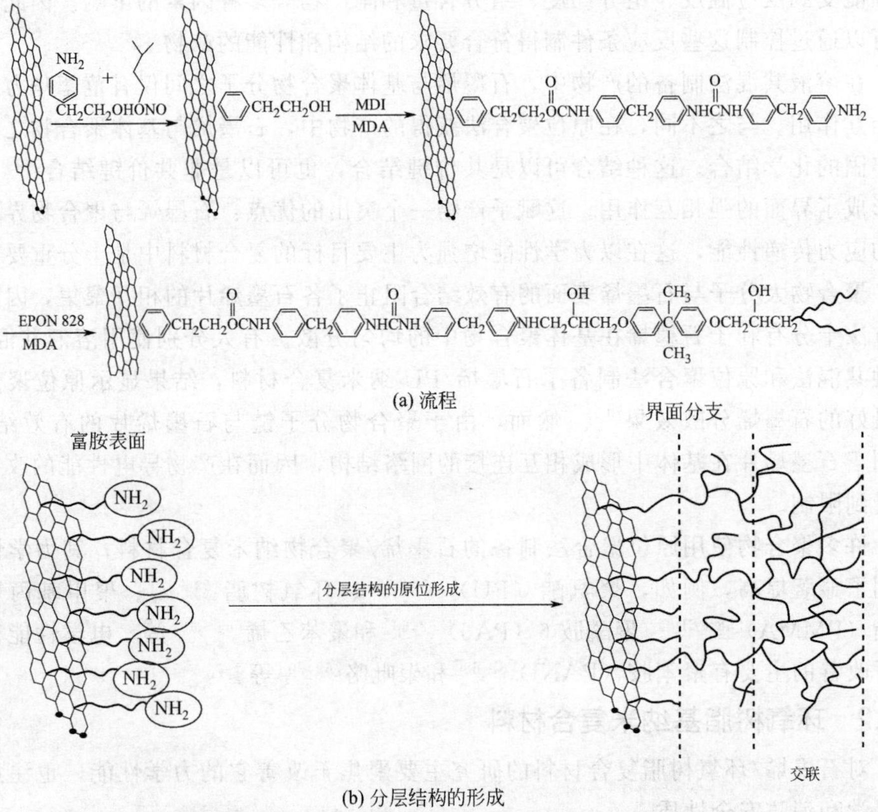

图 3.33 原位聚合法制备石墨烯/环氧树脂纳米复合材料的流程

环氧树脂是一种易燃聚合物，这限制了它在许多场合的应用。石墨烯的添加能显著改善环氧树脂的阻燃性能，例如延长引燃时间、宽化热释放曲线和减低峰热释放率等[72]。引入阻燃元素氮和磷后制得的石墨烯/环氧树脂复合材料显著降低了峰热释放率、总热释放率和热降解率[73]。

3.4.3 聚氨酯基纳米复合材料

对聚氨酯（PU）基石墨烯纳米复合材料的研究主要聚焦于它们的力学、电学和热学性质。利用聚氨酯分子链端头的异氰酸盐与石墨烯纳米片的 OH^- 基之间的反应，聚氨酯能与石墨烯片形成化学键。早期已有报道[1]，所制备的石墨烯/聚氨酯纳米复合材料改善了材料的阻气性能和导电性能，也显著增强了拉伸强度。

图 3.35 为石墨烯/聚氨酯纳米复合材料的原位聚合法制备流程图[51]。流程主

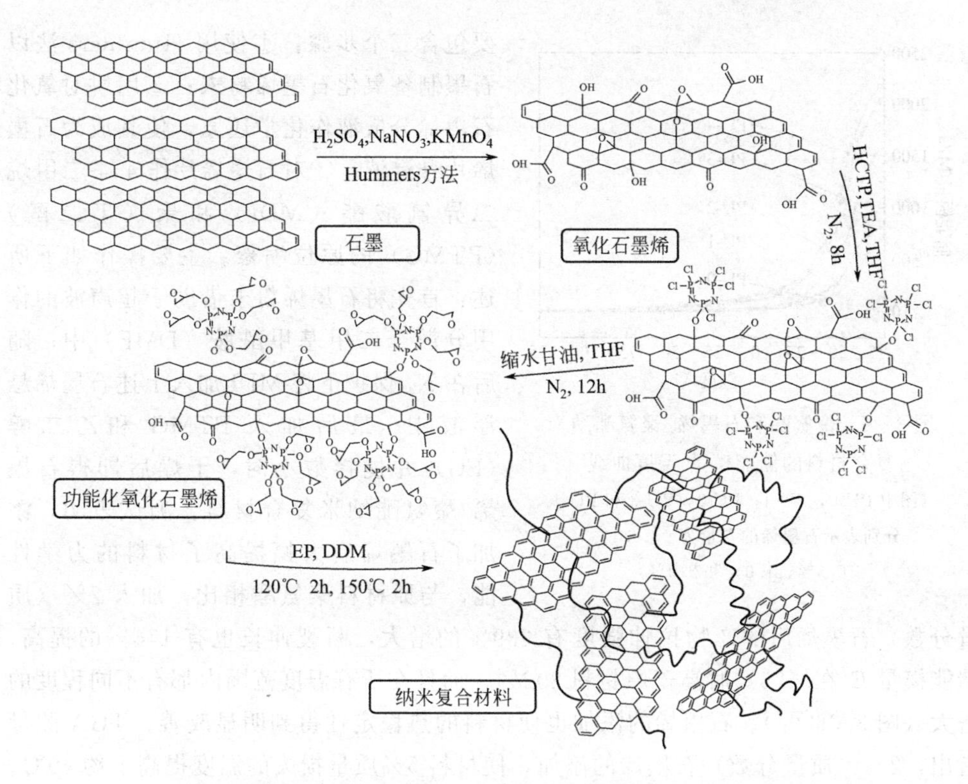

图 3.34 环氧基功能化石墨烯和石墨烯/环氧树脂纳米复合材料的制备

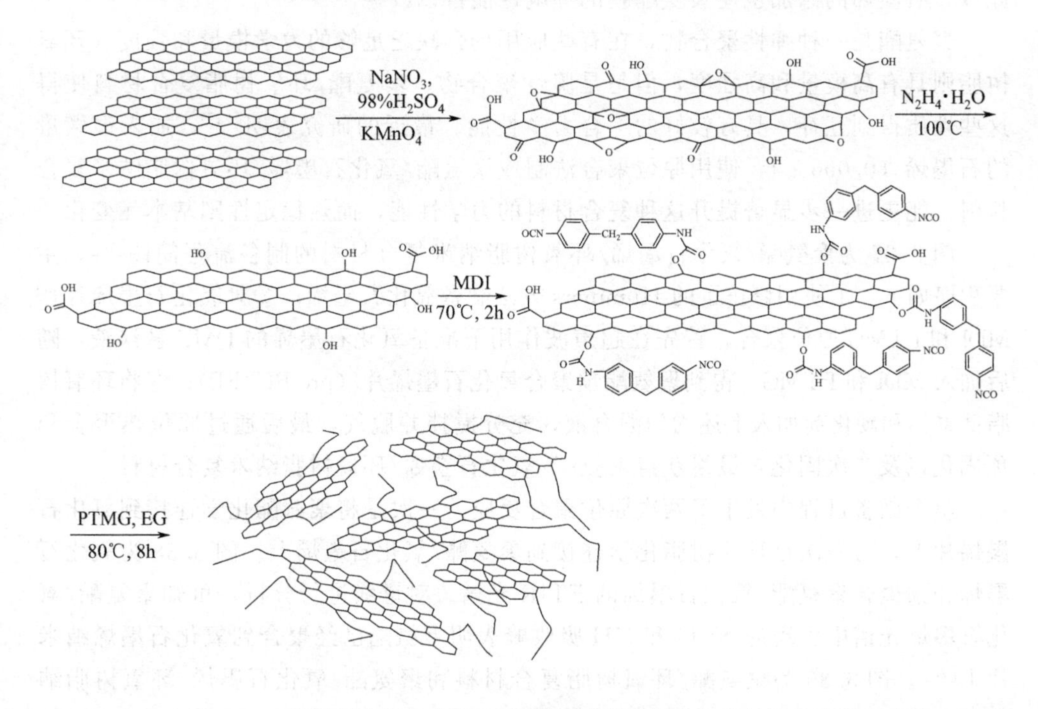

图 3.35 使用原位聚合法制备石墨烯/聚氨酯纳米复合材料的流程

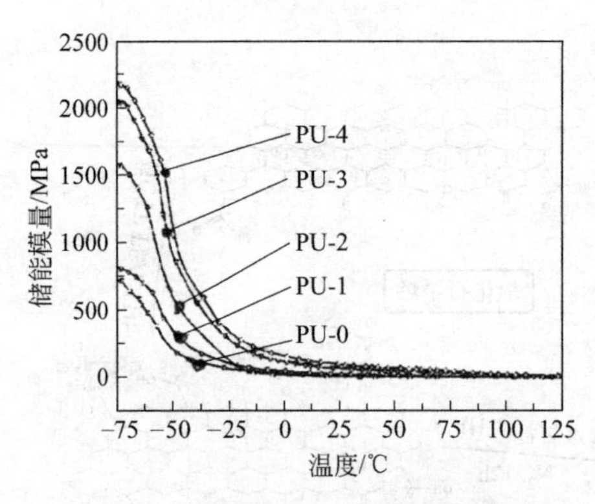

图 3.36 聚氨酯和石墨烯/聚氨酯纳米复合材料的储能模量-温度曲线

(图中 PU-0，PU-1，PU-2，PU-3 和 PU-4 分别表示石墨烯的含量为 0，0.1%，0.5%，1.0%和 2.0%)

要包含三个步骤：①使用 Hummers 法以石墨制备氧化石墨烯粉末；②用肼对氧化石墨烯分散液作化学还原，使其成为石墨烯片悬浮液；③对石墨烯片作 4,4-二甲烷二异氰酸酯（MDI）和聚（丁二醇）(PTMG) 的原位缩聚。主要操作如下所述：首先将石墨烯粉末借助于超声波的作用分散于二甲基甲酰胺（DMF）中；随后在 N_2 保护下将 MDI 加入上述石墨烯悬浮液中；最后加入 PTMG 和乙二醇 (EG) 并搅拌数小时，干燥后即得石墨烯/聚氨酯纳米复合材料。测试表明，添加了石墨烯后大幅提高了材料的力学性能，与原材料聚氨酯相比，加入 2%（质量分数）石墨烯后的产物拉伸强度有 239%的增大，断裂伸长也有 174%的提高，储能模量 E' 在−75℃时高于原材料 202%，而且在所有温度范围内都有不同程度的增大（图 3.36[51]）。石墨烯的添加也使材料的热稳定性得到明显改善，TGA 测量指出，2%（质量分数）石墨烯的添加，使材料 5%质量损失的温度提高了约 40℃。此外，石墨烯的添加也使聚氨酯膜的导电性能得以改善。

聚氨酯是一种弹性聚合物，在有些应用场合缺乏足够的力学模量和强度。环氧树脂则具有高模量和高强度，但是是脆性聚合物。聚氨酯/环氧树脂复合材料使得这些性质得到互补，具有较好的综合力学性能。最近的研究表明[74]，加入很微量的石墨烯（0.066%），使用原位聚合法制成聚氨酯/氧化石墨烯/环氧树脂纳米复合材料，能更进一步显著提升这种复合材料的力学性能，而热稳定性则基本无变化。

图 3.37 为聚氨酯/氧化石墨烯/环氧树脂纳米复合材料的制备流程简图[74]。主要程序如下：①使用修正了的 Hummers 方法制备氧化石墨烯；②对氧化石墨烯片作 MDI 和 PTMG 原位聚合，首先在超声波作用下准备氧化石墨烯的 DMF 悬浮液，随后加入 MDI 和 PTMG，得到聚氨酯预聚合氧化石墨烯片（pre-PU/EP)；③将环氧树脂低聚物和硬化剂加入上述均匀混合液，充分搅拌并脱气，最后通过原位热聚合和预固化以及二次固化，最终获得聚氨酯/氧化石墨烯/环氧树脂纳米复合材料。

整个制备过程中发生了两次原位聚合反应。一次是将聚氨酯化学连接到氧化石墨烯片上，另一次是环氧树脂化学连接到聚氨酯/氧化石墨烯上。图 3.38 为氧化石墨烯和预聚合聚氨酯/氧化石墨烯的 FTIR 光谱。对谱线进行分析，可知聚氨酯/氧化石墨烯光谱中出现的 NCO 和 NH 吸收峰表明聚氨酯已经聚合到氧化石墨烯纳米片上[74]。图 3.39 为聚氨酯/环氧树脂复合材料和聚氨酯/氧化石墨烯/环氧树脂纳米复合材料的 FTIR 光谱。比较图 3.38 与图 3.39，可以看到，随着反应的进行，

位于 $2273cm^{-1}$ 的与异氰酸盐基相关的吸收峰消失了。据此可以判断聚氨酯/氧化石墨烯/环氧树脂纳米复合材料已经形成[74]。

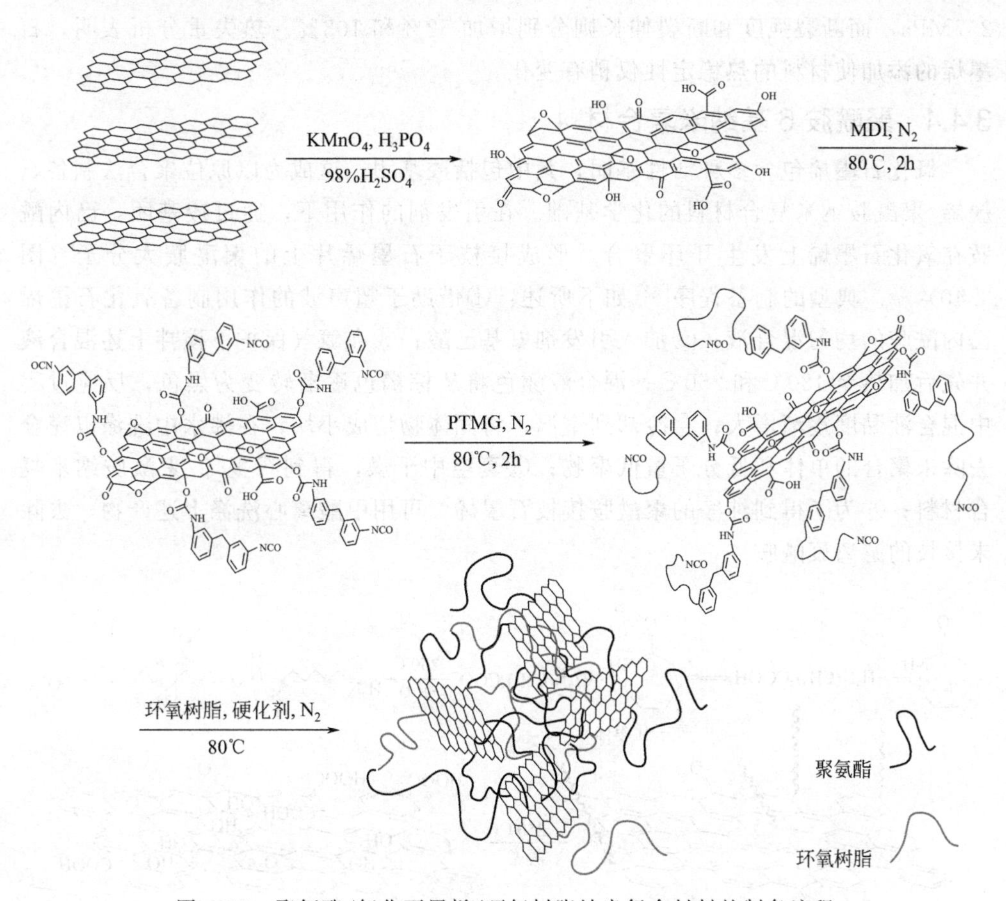

图 3.37 聚氨酯/氧化石墨烯/环氧树脂纳米复合材料的制备流程

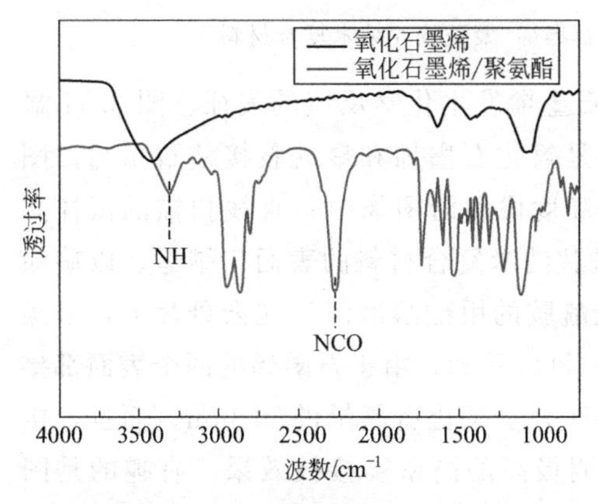

图 3.38 氧化石墨烯和氧化石墨烯/聚氨酯复合材料的 FTIR 光谱

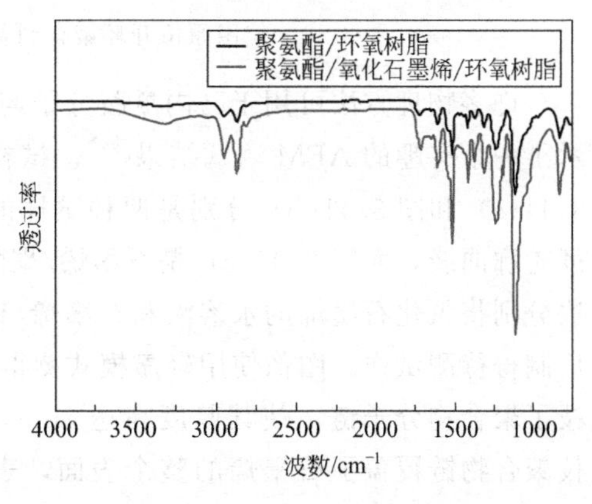

图 3.39 聚氨酯/环氧树脂和聚氨酯/氧化石墨烯/环氧树脂复合材料的 FTIR 光谱

使用上述原位聚合法，添加微量石墨烯［0.066％（质量分数）］，就能使材料的拉伸模量从聚氨酯/环氧树脂的218MPa增加到聚氨酯/氧化石墨烯/环氧树脂的257MPa，而断裂强度和断裂伸长则分别增加52％和103％。热失重分析表明，石墨烯的添加使材料的热稳定性仅稍有变化。

3.4.4 聚酰胺6基纳米复合材料

氧化石墨烯包含多种活性基团，其中包括羧基团。这成为以原位聚合法制备石墨烯/聚酰胺纳米复合材料的化学基础。在引发剂的作用下，通过羧基团，己内酰胺在氧化石墨烯上发生开环聚合，形成接枝于石墨烯片上的聚酰胺大分子（图3.40）[62]。典型的制备程序[62]如下所述：①借助于超声波的作用制备氧化石墨烯己内酰胺的均匀混合液；②加入引发剂氨基己酸；③在氮气保护下搅拌上述混合液并先后加热至180℃和250℃；混合液颜色将从棕褐色逐渐转变为黑色，反应过程中混合液黏度逐渐增大；④冷却到室温，将固体物切成小块，在沸水中洗涤以完全去除未聚合的单体和低分子量低聚物；⑤真空中干燥，得到石墨烯/聚酰胺纳米复合材料；⑥为了得到纯净的聚酰胺接枝石墨烯，可用甲酸离心洗涤上述产物，去除未接枝的游离聚酰胺。

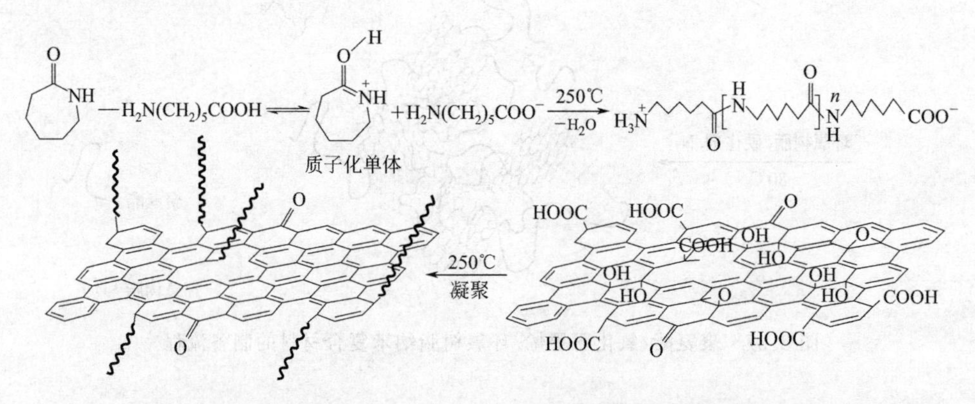

图3.40 使用原位开环聚合制备石墨烯/聚酰胺6纳米复合材料

许多物理方法可用于己内酰胺分子与石墨烯发生化学反应的表征。图3.41显示了一个有趣的AFM测试结果[62]。试样是氧化石墨烯和聚酰胺接枝石墨烯。图3.41(a)和图3.41(b)分别是两种试样的高度像和沿图像中一直线扫描的试样高度轮廓曲线，而图3.41(c)是石墨烯/聚酰胺纳米复合材料的表面三维像。以旋涂法分别将氧化石墨烯的水溶液和石墨烯/聚酰胺的甲酸溶液沉积在云母片上，干燥后制得待测试样。图像使用轻敲模式测得。可以看到，由于石墨烯的两个表面都接枝了聚合物分子链，使其厚度高达8nm，远大于氧化石墨烯的0.8nm。而且，接枝聚合物链覆盖了石墨烯的整个表面，表明极高的高密度接枝效果。有趣的是图3.41(c)显示了这种聚合物接枝纳米片的二维大分子刷（macromolecular brushes)，这种结构在与润滑相关的系统和某些纳米工艺中很有价值。

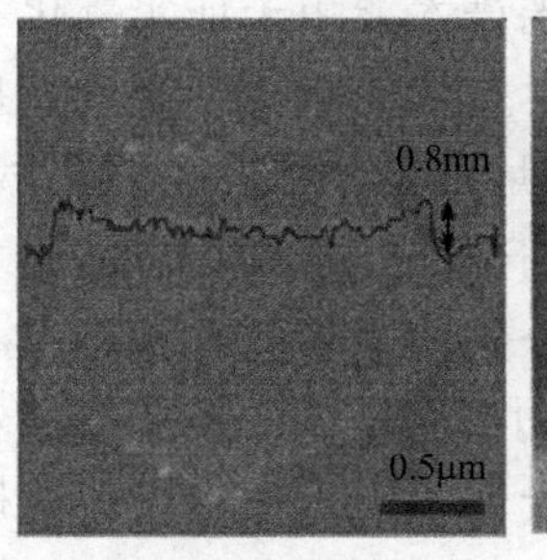

(a) 氧化石墨烯的高度像

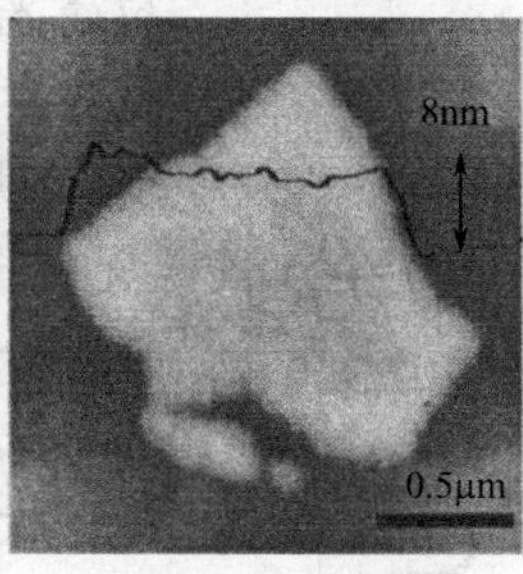

(b) 复合材料的高度像

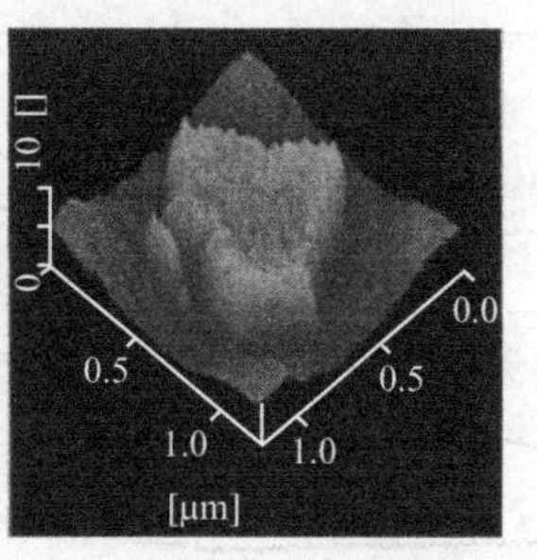

(c) 复合材料的AFM三维像

图 3.41 氧化石墨烯和石墨烯/聚酰胺 6 纳米复合材料的 AFM 表征

XPS 和 FTIR 都能有效地检测在复合材料中聚酰胺大分子是否已经接枝到石墨烯片上。图 3.42 显示氧化石墨烯和聚酰胺/石墨烯纳米复合材料的 XPS 谱图[62]。在氧化石墨烯的谱图中显示了两个尖锐的峰，分别位于 288.0eV（C 1s）和 534.0eV（O 1s），没有检测到与氮元素相应的峰。对纯净聚酰胺/石墨烯纳米复合材料试样，除了可以检测到 C 1s 和 O 1s 的信号外，还出现位于 401.0eV 的 N1s 的强信号。这表明在聚酰胺接枝石墨烯片上富含氮元素。而且，复合材料中氮相对碳的含量比为 0.069，与从 TGA 曲线计算得到的值（0.08）相近。这些结果证实聚酰胺 6 分子链已成功地接枝到石墨烯片上。不含游离聚酰胺的复合材料和热还原氧化石墨烯的 FTIR 光谱显示在图 3.43 中[62]。位于 $1640cm^{-1}$ 新出现的宽峰是相应于氨功能化 C═O 基团的伸缩振动。另一个新峰位于 $1536cm^{-1}$，归属于 N—H 键的弯曲振动和酰胺基团 C—H 键的伸缩振动。位于 $2800cm^{-1}$ 和 $2930cm^{-1}$ 的较强峰来源于接枝聚酰胺分子链的 C—H 键的伸缩振动。上述结果表明复合材料中存在着接枝于石墨烯片上的聚酰胺分子链。

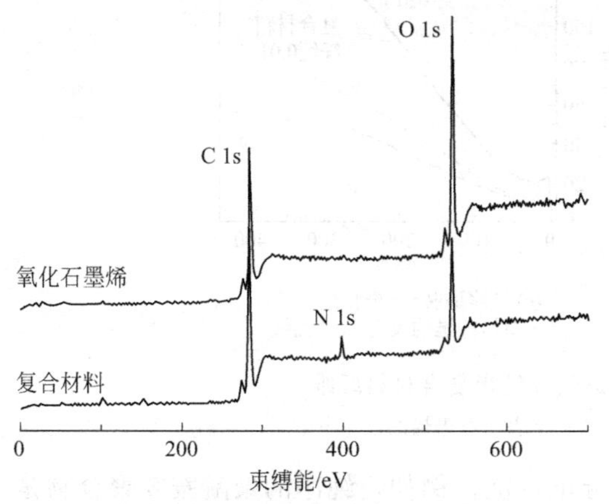

图 3.42 氧化石墨烯和聚酰胺接枝石墨烯纳米复合材料的 XPS 谱

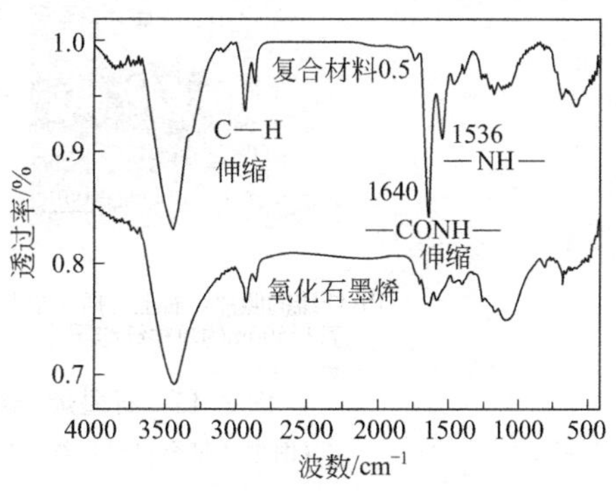

图 3.43 氧化石墨烯和聚酰胺接枝石墨烯纳米复合材料的 FTIR 光谱
（图中“复合材料”后的数字表示石墨烯的质量分数）

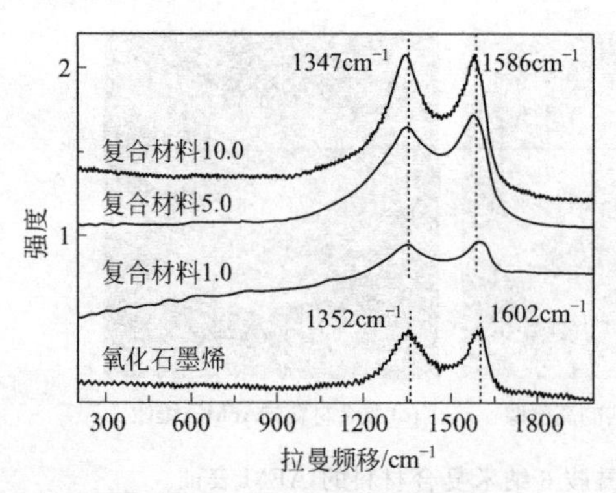

图 3.44 氧化石墨烯和聚酰胺接枝石墨烯纳米复合材料的拉曼光谱
（图中“复合材料”后的数字表示石墨烯的质量分数）

拉曼光谱术能用于证实氧化石墨烯的还原效果。图 3.44 显示氧化石墨烯和不同石墨烯含量复合材料的拉曼光谱[62]。位于 $1347cm^{-1}$ 和 $1586cm^{-1}$ 的两个特征峰分别相当于复合材料中石墨烯片的 D 峰和 G 峰，它们的强度随石墨烯含量的增大而增大。与氧化石墨烯的 G 峰相比较，复合材料 G 峰的位置向较低频方向偏移，从 $1602cm^{-1}$ 偏移至 $1586cm^{-1}$，接近于石墨的值。这表明在缩聚过程中氧化石墨烯发生了热还原。

根据上述测试结果可以确认，采用原位聚合流程既实现了聚合物大分子在石墨烯片上的接枝，又实现了在缩聚过程中氧化石墨烯的热还原。

将所制备的复合材料熔纺成丝，获得石墨烯/聚酰胺 6（尼龙 6）纳米复合材料纤维。图 3.45 显示这种纤维的应力-应变曲线，作为比较也给出了聚酰胺 6 纤维的相应曲线[62]。可以看到，随着石墨烯的添加，纤维的拉伸强度得到大幅度提升（断裂伸长率则有所降低）。例如，0.1％石墨烯含量的复合材料纤维的拉伸强度是聚酰胺 6 纤维的约 2.2 倍，弹性模量则约为 2.4 倍。毫无疑问，力学性能的大幅度提高归因于石墨烯在复合材料中良好的分散和聚酰胺 6 接枝石墨烯与基体聚酰胺 6 的强相互作用。

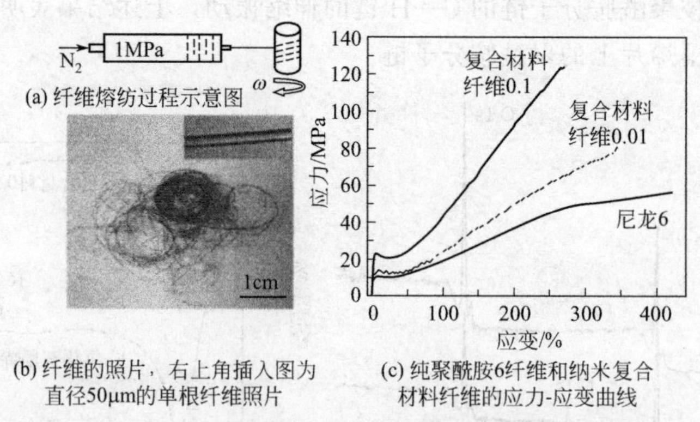

图 3.45 石墨烯/聚酰胺 6 纳米复合材料纤维
（图中“复合材料纤维”后的数字表示石墨烯的质量分数）

石墨烯的添加能显著提高原材料的导电性能。例如，纯净的聚酰胺 6 聚合物是绝缘体，加入少量石墨烯后能转变为半导体。制备所用的化学原理和流程与上述实例相类似。图 3.46 显示了制备工艺的详细流程[63,75]。借助于引发剂 6-氨基己酸，ε-已内酸酰胺单体在氧化石墨烯片表面上接枝缩聚成聚酰胺 6，在 260℃下聚合的同时，氧化石墨烯部分还原为石墨烯。图 3.47 为氧化石墨烯/聚酰胺 6 的电导率随石墨烯体积分数变化的曲线[63,75]。图中可见，随着氧化石墨烯含量的增加，纳米复合材料的电导率快速增大。这个结果也表明绝缘的氧化石墨烯在单体聚合过程中已经被热还原。图 3.47 还显示了石墨烯/聚酰胺 6 复合材料电导率随石墨烯含量的变化曲线。石墨烯是由氧化石墨在 1050℃下还原和剥离的。可以看到，氧化石墨烯/聚酰胺 6 复合材料的导电性比石墨烯/聚酰胺复合材料低。这是因为前者仅在低得多的 260℃聚合温度下还原，这种热还原显然是不安全的。

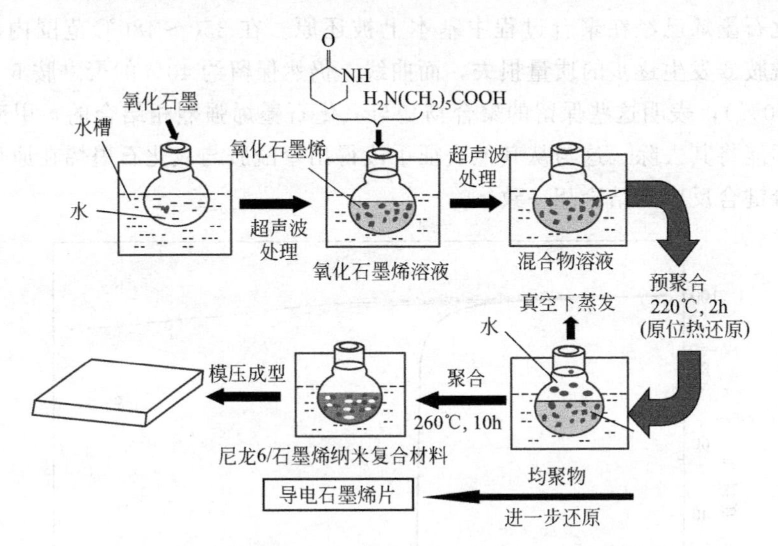

图 3.46　一种制备石墨烯/聚酰胺 6 纳米复合材料的流程

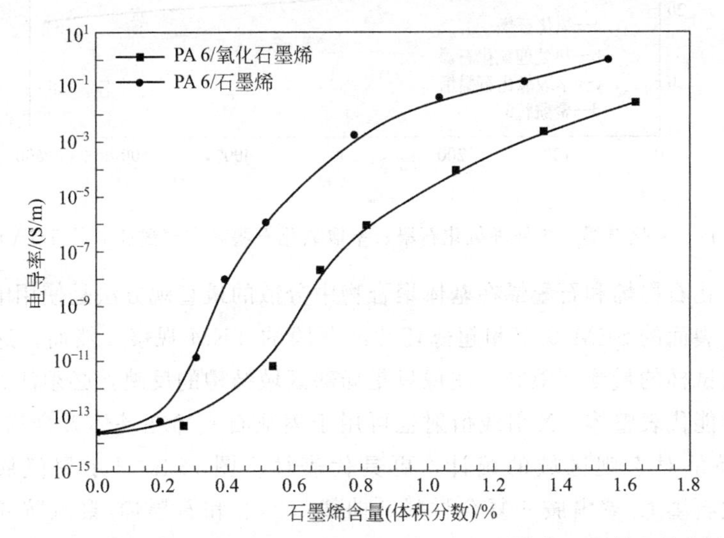

图 3.47　氧化石墨烯/聚酰胺 6 和石墨烯/聚酰胺 6 的电导率与石墨烯含量的关系曲线

TGA 分析能用于表征氧化石墨烯在原位聚合反应过程中化学组成发生的变化。图 3.48 显示下列 4 种试样的 TGA 曲线[75]：氧化石墨（曲线 a）；在 250℃下热还原处理 10h 的氧化石墨（曲线 b）；从纳米复合材料中以甲酸萃取得到的氧化石墨烯（曲线 c）；纯净聚酰胺 6（曲线 d）。氧化石墨在 180～260℃范围内的质量损失高达约 80%，而在 250℃热还原的氧化石墨在 260℃下几乎没有质量损失，整个过程的质量损失小于 8%，表明在 260℃的热处理已足以去除大部分氧化石墨烯的含氧基团。所以，在制备过程中，氧化石墨烯片应该已经被还原为导电的石墨烯。曲线 c 进一步证实这一结果。曲线 c 是从纳米复合材料中使用甲酸萃取出的氧化石墨烯，在 260℃以下几乎没有质量损失，表明在氧化石墨烯/聚酰胺 6 纳米复合材料中的氧化石墨烯已经在聚合过程中基本上被还原。在 350～480℃范围内，曲线 d 显示聚酰胺 6 发生逐步的质量损失，而曲线 c 仍然保留约 40%的聚酰胺 6（亦即损失了约 60%），表明这些保留的聚合物是与氧化石墨烯强烈相结合的，甲酸的重复清洗并不能将其去除。这与从其他表征手段得出聚酰胺与氧化石墨烯在原位聚合中发生共价键合反应的结论相一致。

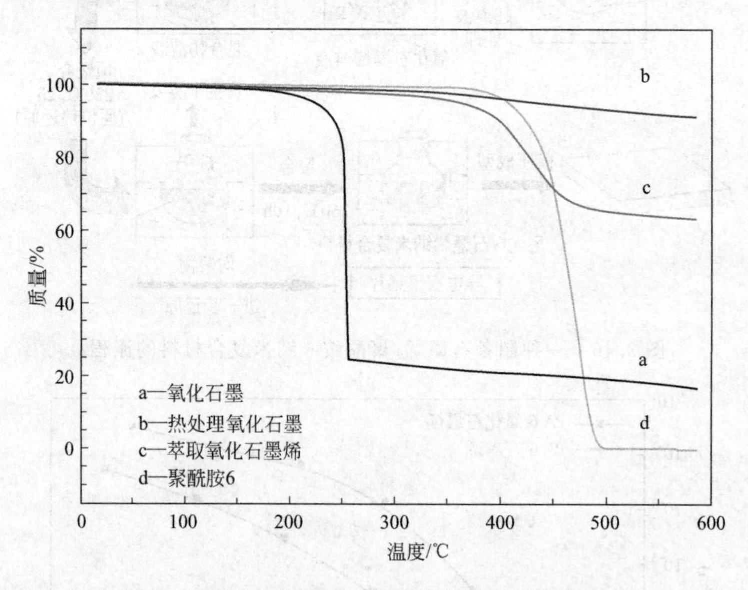

图 3.48　氧化石墨、热处理氧化石墨、萃取氧化石墨烯和聚酰胺 6 的 TGA 曲线

表征氧化石墨烯和石墨烯在基体聚合物中分散的最直观方法是使用电子显微镜进行冷冻断裂面的 SEM 观察和超薄切片或薄膜的 TEM 观察。然而，这种方法由于所处理的试样的量受到限制，图像只是局部区域结构的反映，必须注意所观察到的结构是否能代表整体。X 射线衍射也可用于表征石墨烯在基体聚合物中的分散，获得的结果是对宏观区域的统计，更具代表性。图 3.49 显示聚酰胺 6［曲线(1)］、氧化石墨烯/聚酰胺 6 复合材料［曲线（2）］和石墨烯/聚酰胺 6 复合材料［曲线（3）］的 X 射线衍射曲线[63]。两种复合材料都显示出与聚酰胺 6 一样的分别与 R（200）和 R（002/202）平面相关的位于 20.0°和 23.9°的特征峰，表明聚酰胺 6 具有 α 型结晶，而未见任何来自石墨或氧化石墨的衍射峰。这表明氧化石墨和

石墨烯已在聚合物中得到有效的分拆和分散。两种复合材料的衍射曲线中还出现位于21.4°的新峰，是来源于聚酰胺6的γ型结晶。这是石墨烯纳米片对聚酰胺6结晶过程的影响而产生的结晶类型。

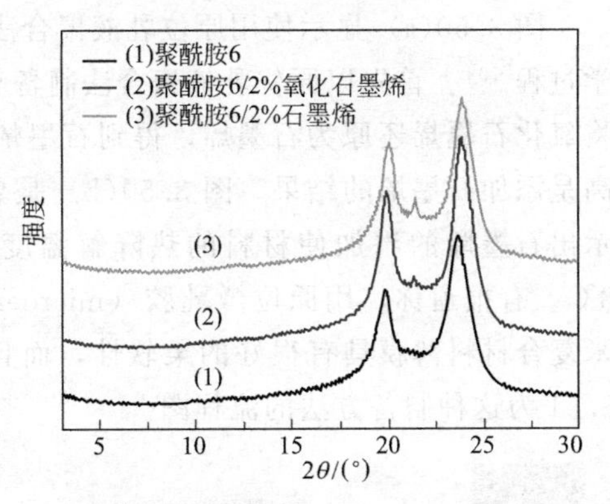

图 3.49 聚酰胺 6 及其复合材料的X射线衍射曲线

3.4.5 聚苯乙烯基纳米复合材料

聚苯乙烯（PS）的石墨烯改性主要聚焦于纳米复合材料的力学、热学和电学性能以及新型的纳米结构。有许多原位聚合方法可用于制备石墨烯/聚苯乙烯纳米复合材料，例如原位乳液聚合法和自由基溶液聚合法。

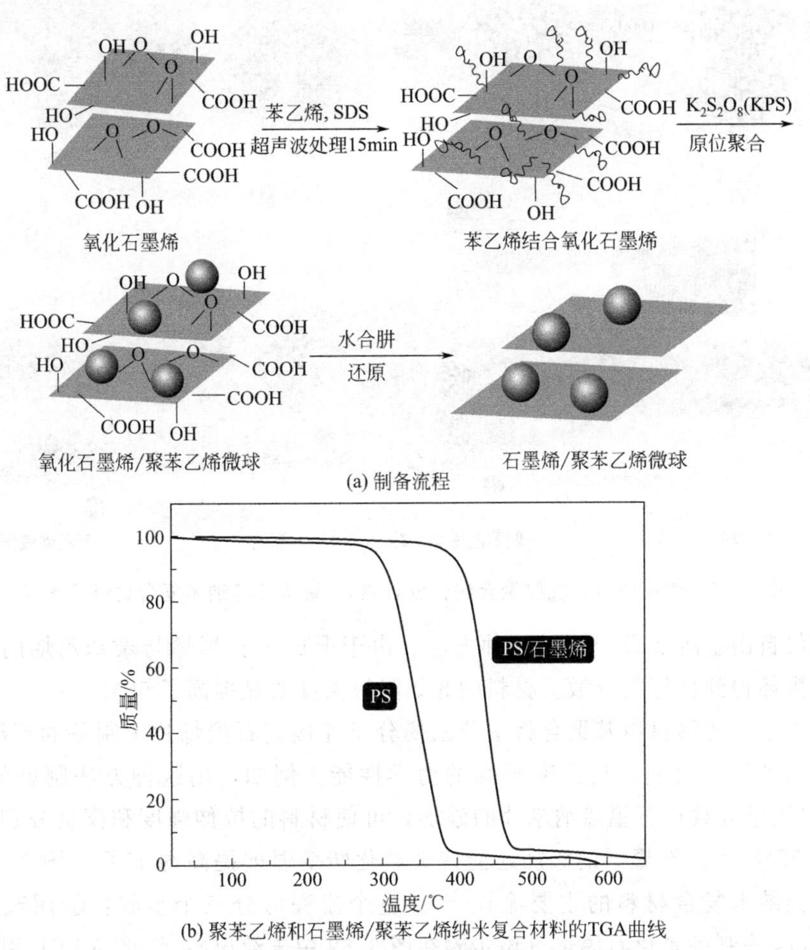

(b) 聚苯乙烯和石墨烯/聚苯乙烯纳米复合材料的TGA曲线

图 3.50 石墨烯/聚苯乙烯纳米复合材料的制备和TGA曲线

图 3.50(a) 显示使用原位乳液聚合法制备石墨烯/聚苯乙烯纳米复合材料的化学过程[76]。首先以原位乳液聚合法制备氧化石墨烯-聚苯乙烯纳米复合材料，随后将氧化石墨烯还原为石墨烯，得到石墨烯/聚苯乙烯纳米复合材料。热稳定性的提高是添加石墨烯的结果。图 3.50(b) 是聚苯乙烯及其复合材料的热失重曲线，显示出石墨烯的添加使材料的热降解温度提高了约 100℃。同时，T_g 也提高了约 8℃。有报道称，用原位微乳胶（microemulsion）聚合制得的石墨烯/聚苯乙烯纳米复合材料薄膜具有很好的柔软性，而且 T_g 提高，导电性能也得到改善[77]。图 3.51 为这种制备方法的流程图。

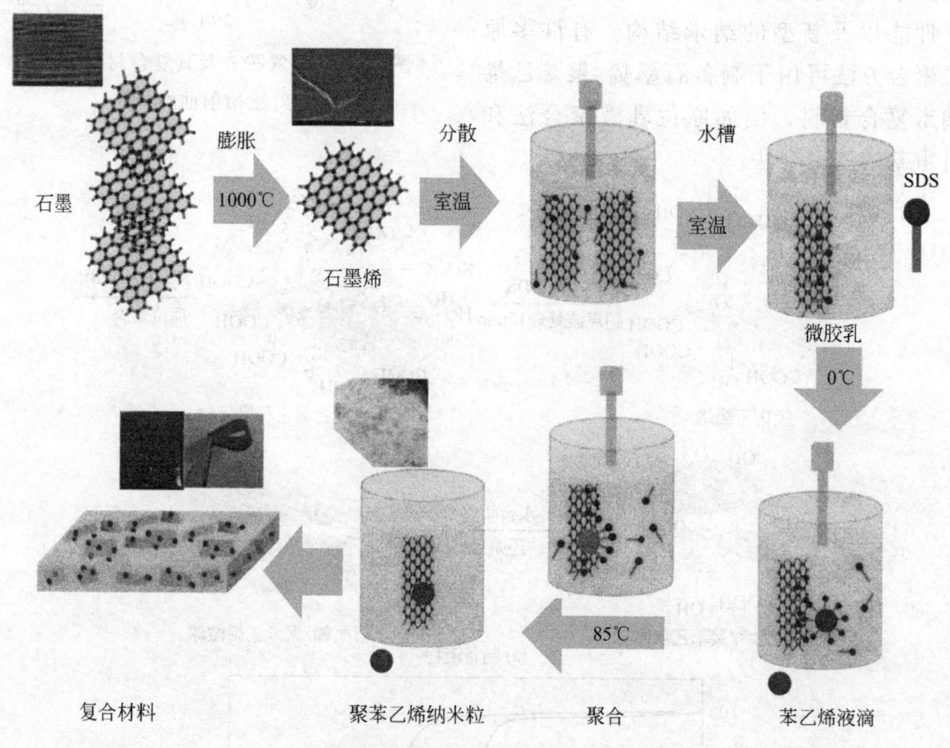

图 3.51 使用原位微乳胶聚合法合成石墨烯/聚苯乙烯纳米复合材料的流程

原位自由基溶液聚合是另一种方法。由于形成了石墨烯与聚苯乙烯的共价结合，石墨烯得到良好的分散。材料的起始降解温度明显提高了 50℃[78]。

使用原子转移自由基聚合将聚苯乙烯分子连接到石墨烯片上制备的石墨烯/聚苯乙烯纳米复合材料，还具有很高的力学性能。例如，用这种方法制备的产物，0.9%（质量分数）石墨烯纳米片的添加，可使材料的拉伸强度和模量分别增大约 70%和 57%[64]。石墨烯的添加还能使玻璃化转变温度提高约 15℃。图 3.52 显示合成这类纳米复合材料的主要流程[64]。整个流程可分三个步骤：①用改进了的 Hummers 法制备氧化石墨烯（该步骤在图 3.52 中未绘出）；②将 ATRP 引发剂接枝于还原石墨烯表面；③将苯乙烯原位聚合于石墨烯上。光谱术被用于表征聚合物分子与石墨烯之间所发生的化学反应。分析纯净石墨、石墨烯/引发剂和石墨烯/聚苯乙烯的拉曼光谱，从D峰与G峰强度之比的变化推断出石墨烯与引发剂，又与聚苯乙烯分子链形成了共价键。观察石墨烯/引发剂和聚苯乙烯接枝石墨烯两种试样的FTIR光谱，得到了石墨烯与聚苯乙烯分子链之间共价键合的直接证据。TGA曲线（图3.53）分析证实，原位聚合使复合材料中有高达82%的聚合物接枝于石墨烯片上。

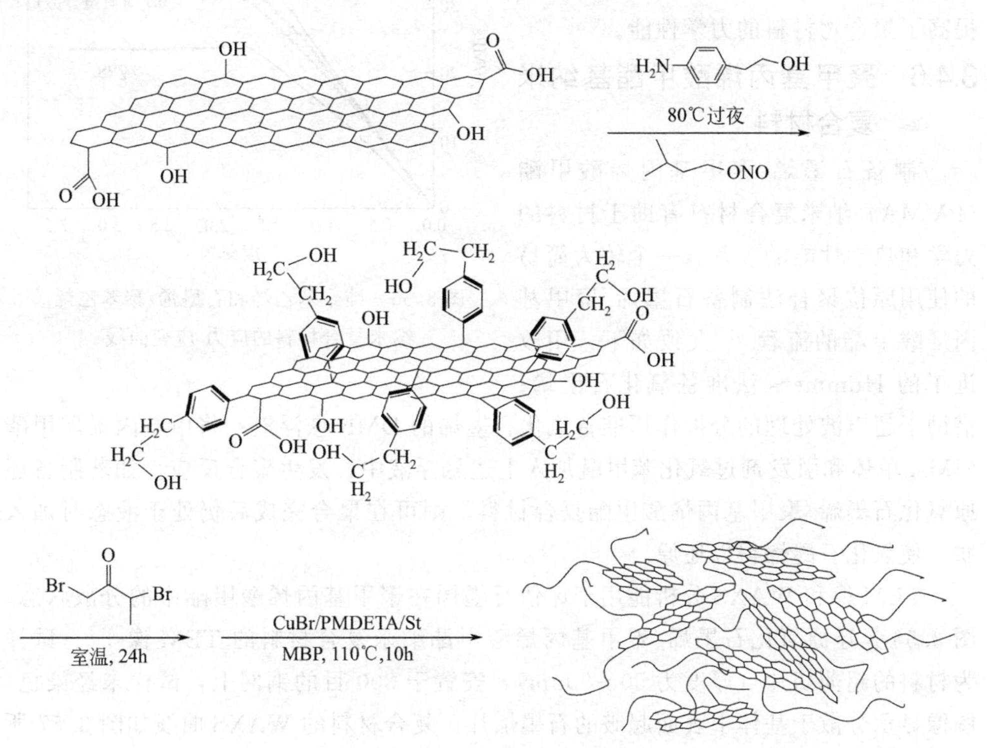

图3.52 使用原子转移自由基聚合法制备石墨烯/聚苯乙烯纳米复合材料的流程

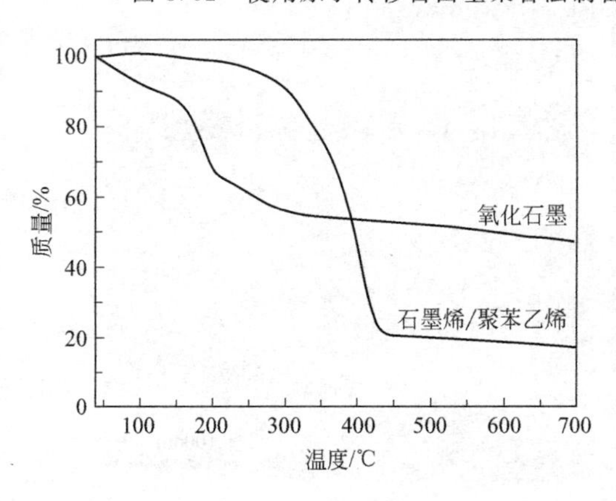

图3.53 氧化石墨和石墨烯/聚苯乙烯纳米复合材料的TGA曲线

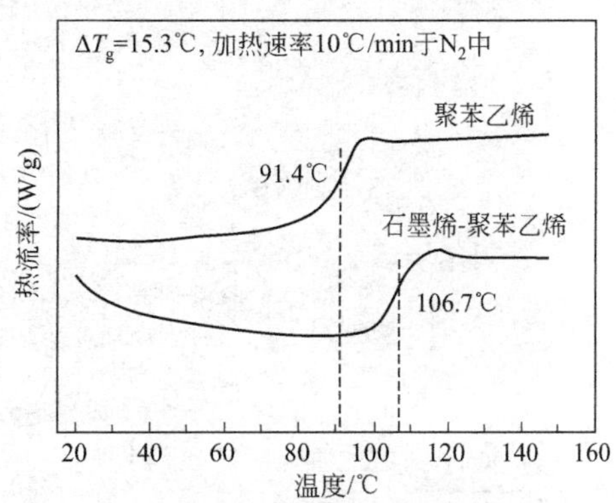

图3.54 纯聚苯乙烯和石墨烯/聚苯乙烯纳米复合材料的DSC曲线

石墨烯与基体材料的键合明显提高了材料的热稳定性。图 3.54 显示纯聚苯乙烯和聚苯乙烯接枝石墨烯复合材料的 DSC 曲线。可以看到，与原始聚合物相比较，石墨烯复合材料的玻璃化温度 T_g 提高了约 15℃。

图 3.55 为使用上述原位聚合法制备的石墨烯/聚苯乙烯纳米复合材料拉伸试验的测定结果。石墨烯的加入明显提高了聚合物材料的力学性能。

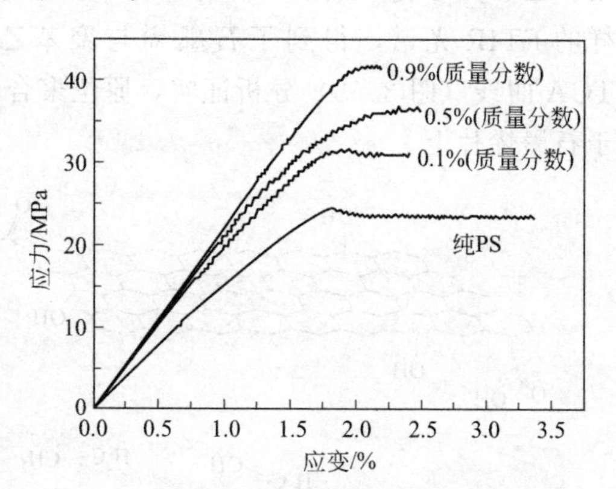

图 3.55 纯聚苯乙烯和石墨烯/聚苯乙烯纳米复合材料的应力-应变曲线

3.4.6 聚甲基丙烯酸甲酯基纳米复合材料

制备石墨烯/聚甲基丙烯酸甲酯（PMMA）纳米复合材料有助于材料的力学和热学性能的改善。一个较为简易的使用原位聚合法制备石墨烯/聚甲基丙烯酸甲酯的流程[61]大致如下：用改进了的 Hummers 法准备氧化石墨烯；借助于超声波处理的分拆作用准备氧化石墨烯的 DMF 悬浮液；将甲基丙烯酸甲酯 MMA 单体和引发剂过氧化苯甲酰加入上述悬浮液中，发生聚合反应。如若制备还原氧化石墨烯/聚甲基丙烯酸甲酯复合材料，则可在聚合完成后仍处于液态时加入肼，使氧化石墨烯得以还原。

TEM 像和 WAXS 分析能用于评估石墨烯在聚甲基丙烯酸甲酯中的分散状态。图 3.56 是还原氧化石墨烯/聚甲基丙烯酸甲酯纳米复合材料的 TEM 像[61]。试样为材料的超薄切片（厚度为 50～90nm），安置于 300 目的铜网上，试样未经染色。图像显示分散于基体中表面起皱的石墨烯片。复合材料的 WAXS 曲线如图 3.57 所

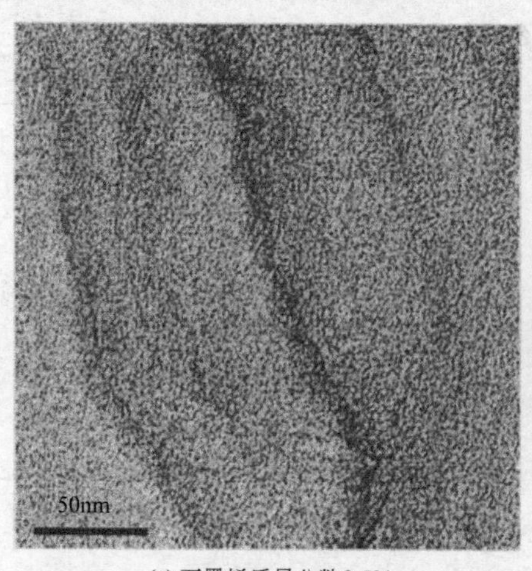

(a) 石墨烯质量分数0.5%

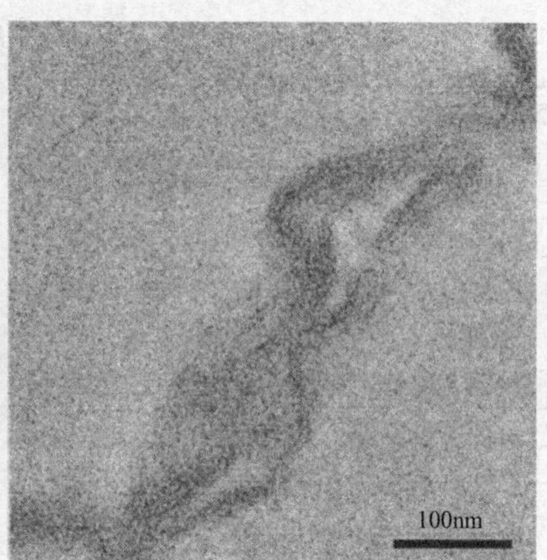

(b) 石墨烯质量分数4%

图 3.56 还原氧化石墨烯/PMMA 纳米复合材料的 TEM 像

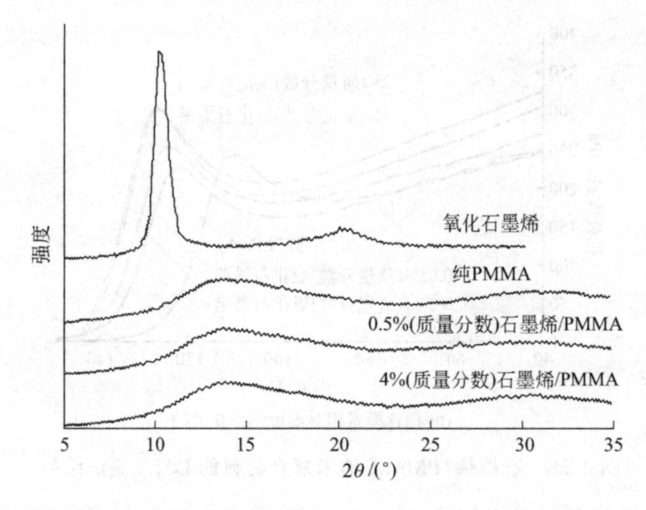

图 3.57 石墨烯/PMMA 纳米复合材料的 X 射线衍射谱

示[61]，衍射强度曲线并没有显现氧化石墨烯的强峰（该峰与氧化石墨烯层间间隔结构相对应）。这表明该材料已不存在堆叠成块状的氧化石墨烯，氧化石墨烯已得到一定程度的分拆。需要指出，对很低石墨烯含量的试样，该峰的消失不能作为氧化石墨烯得到分拆的证据，因为即便氧化石墨烯没有被分拆，由于过低的浓度，相应峰强度过低，在衍射曲线中也难以显现。

动态力学分析（DMA）的测试结果如图 3.58 所示[61]。与纯聚甲基丙烯酸甲酯相比，石墨烯的添加使材料的储能模量和损失模量都有明显增大，玻璃化转变温度有显著升高（约 15℃）。拉伸试验的结果加图 3.59 所示。与原材料相比，弹性模量和拉伸断裂应力都有显著增大。例如，1%（质量分数）的石墨烯含量，材料的弹性模量增大了约 28%。上述测试都表明，石墨烯对聚甲基丙烯酸甲酯是一种有效的增强材料。

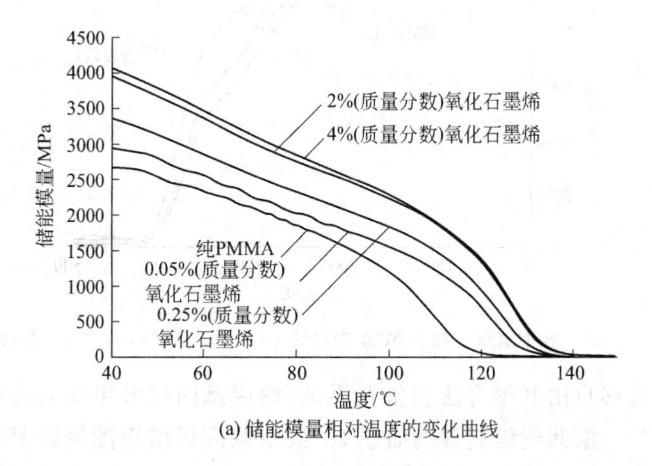

(a) 储能模量相对温度的变化曲线

图 3.58

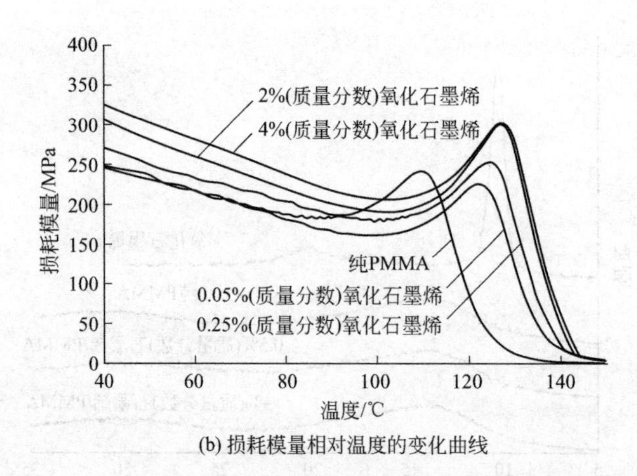

(b) 损耗模量相对温度的变化曲线

图 3.58　石墨烯/PMMA 纳米复合材料的 DMA 测试结果

图 3.60 是几种试样的热重分析（TGA）测试结果[61]，显示石墨烯复合材料的热稳定性比起原聚合物有了很大的改善，与 DMA 的测试结果相一致。

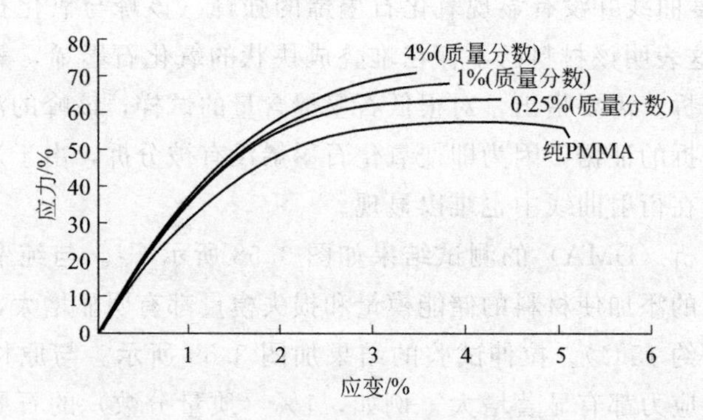

图 3.59　石墨烯/PMMA 纳米复合材料的应力-应变曲线

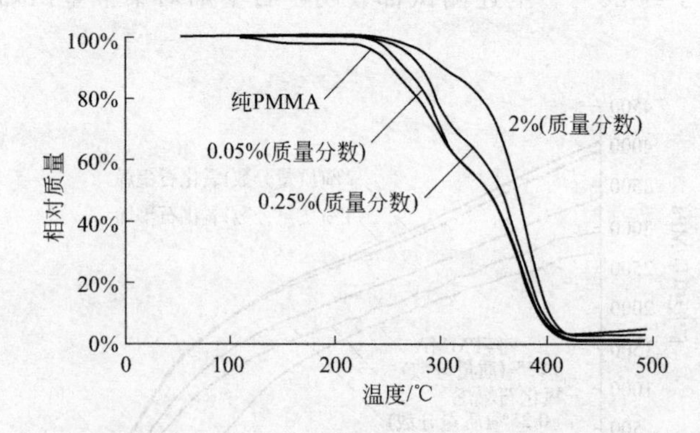

图 3.60　纯 PMMA 和石墨烯/PMMA 纳米复合材料的 TGA 曲线

使用原子转移自由基聚合法制备石墨烯/聚甲基丙烯酸甲酯复合材料的实例如图 3.61 所示[59]。据此流程制备的石墨烯/聚甲基丙烯酸甲酯纳米复合材料，与纯聚合物相比，力学性能得到极大的改善。例如，5%（质量分数）石墨烯的添加，使材料的储能模量、断裂应力和弹性模量分别有124%、157%和321%的增大。热学性能也有显著改善，玻璃化转变温度 T_g 提高了21℃。

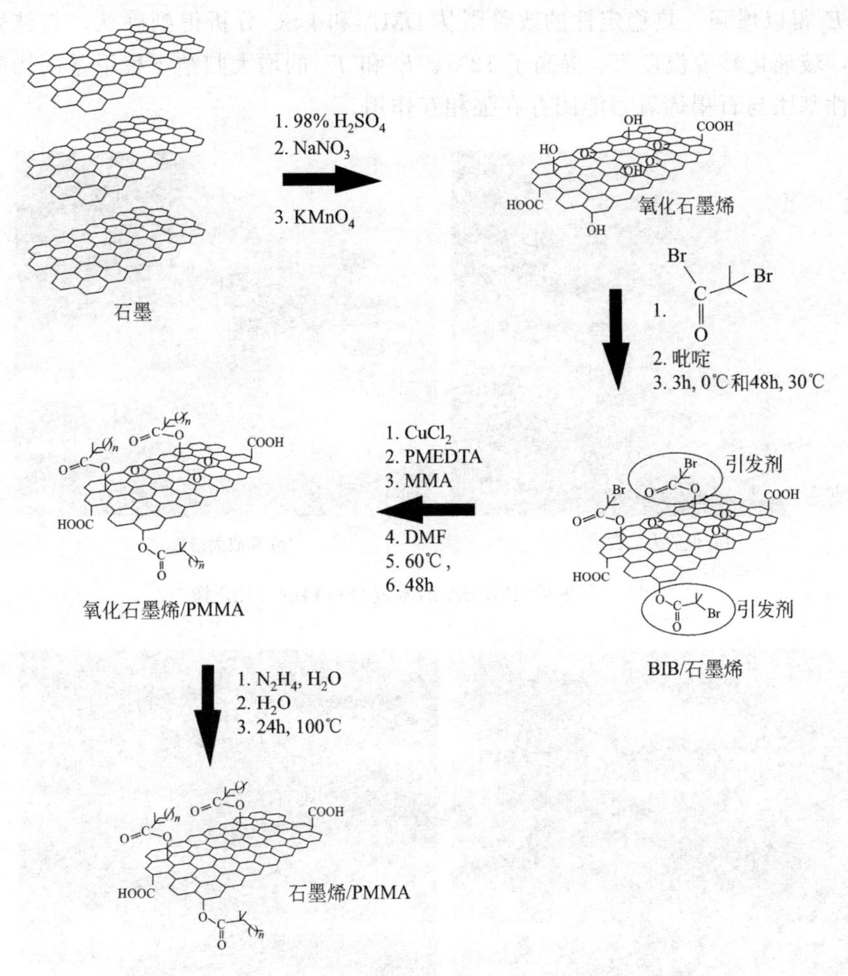

图3.61 使用ATRP制备石墨烯/PMMA纳米复合材料的流程

原位乳胶聚合（in situ emulsion polymerization）也是制备石墨烯/聚甲基丙烯酸甲酯纳米复合材料的一种可用方法。一个实例的制备流程[79]大致如下：以改进了的Hummers法准备氧化石墨烯，并借助于超声波的力学作用制成水的分散液；将乳化剂十二烷基硫酸钠（SDS）的水溶液加入上述分散液中；加入引发剂偶氮二异丁腈（AIBN）；加入甲基丙烯酸甲酯单体；加入还原剂水合肼，将氧化石墨烯还原。多种表征手段可用于确定这种纳米复合材料的结构和性能。拉曼光谱术和FTIR分析确认了基体聚合物中包含有部分还原的氧化石墨烯，表明水合肼的还原反应已经发生了；复合材料的TEM像（图3.62）显示了在聚合物基体中均匀分散的石墨烯片，并且形成了网络结构，这种情景解析了为何产物的导电性能获得大幅的提高，电导率从聚甲基丙烯酸甲酯的 10^{-14} S/m 提高到复合材料的 0.99S/m 和

1.50S/m（两个不同值对应不同的石墨烯含量）；SEM 像表明基体聚合物已经均匀地覆盖在石墨烯片的表面上（图 3.63）。DMA 分析得出石墨烯的添加使材料的储能模量 E'得以增强。热稳定性的改善则从 DMA 和 DSC 分析得到确认，与纯聚合物相比，玻璃化转变温度 T_g 提高了 12℃。E'和 T_g 的增大归结于聚甲基丙烯酸甲酯的极性基团与石墨烯氧官能团存在强相互作用。

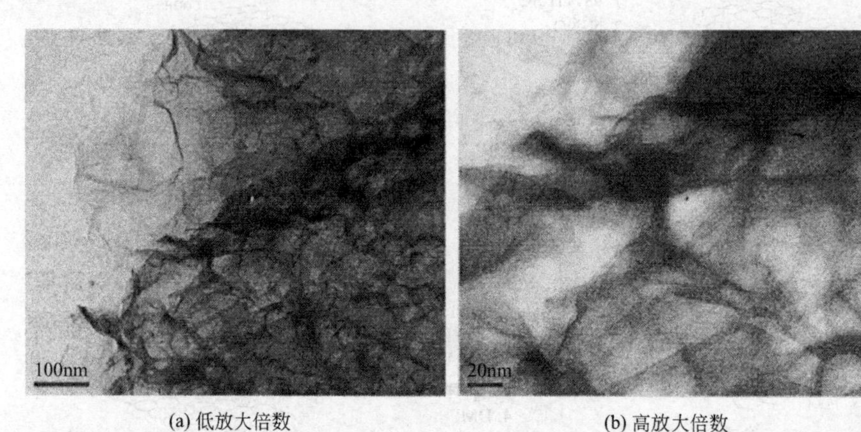

(a) 低放大倍数　　(b) 高放大倍数

图 3.62　石墨烯/PMMA 纳米复合材料的 TEM 像

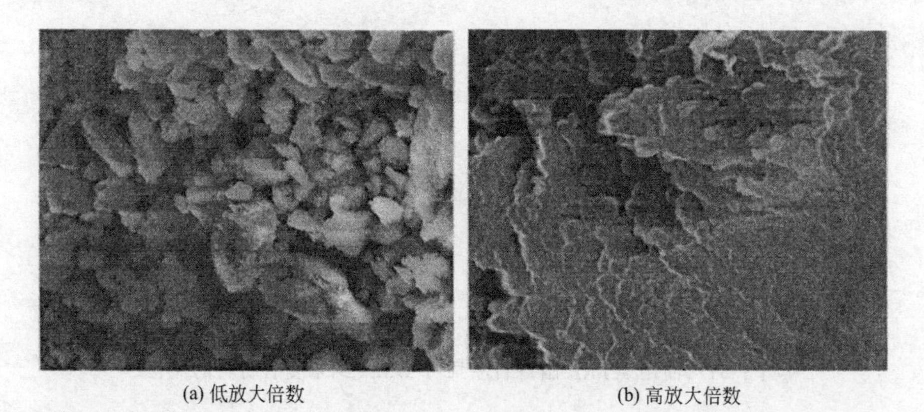

(a) 低放大倍数　　(b) 高放大倍数

图 3.63　石墨烯/PMMA 纳米复合材料的 SEM 像

参 考 文 献

[1] Kim H, Miura Y, Macosko C W. Graphene/polyurethane nanocomposites for improved gas barrier and electrical conductivity. Chem Mater, 2010, 22: 3441.

[2] Araby S, Meng Q, Zhang L, Kang H, et al. Electrically and thermally conductive elastomer/graphene nanocomposites by solution mixing. Polymer, 2014, 55: 201.

[3] Wu J, Huang G, Li H, Wu S, et al. Enhanced mechanical and gas barrier properties of rubber nanocomposites with surface functionalized graphene oxide at low content. Polymer, 2013, 54: 1930.

[4] Wei J, Qiu J. Allyl-functionalization enhanced thermally stable graphene/fluoroelastomer nanocomposites.

Polymer，2014，55：3818.
[5] Hern-andez M，Bernal MdM，Verdejo R，Ezquerra T A，et al. Overall performance of natural rubber/graphene nanocomposites. Comp Sci Technol，2012，73：40.
[6] Valentini L，Bolognini A，Alvino A，Bittolo Bon S，et al. Pyroshock testing on graphene based EPDM nanocomposites. Compos. Part B Eng，2014，60：479.
[7] Varghese T V，Ajith Kumar H，Anitha S，Ratheesh，S，et al. Reinforcement of acrylonitrile butadiene rubber using pristine few layer graphene and its hybrid fillers. Carbon，2013，61：476.
[8] Das A，Kasaliwal G R，Jurk R，Boldt R，et al. Rubber composites based on graphene nanoplatelets，expanded graphite，carbon nanotubes and their combination：a comparative study. Comp Sci Technol，2012，72：1961.
[9] Lin Y，Liu K，Chen Y，Liu L. Influence of graphene functionalized with zinc dimethacrylate on the mechanical and thermal properties of natural rubber nanocomposites. Polym Compos，2014，http：//dx. doi. org/10. 1002/pc. 23021.
[10] Sherif A，Izzuddin Z，Qingshi M，Nobuyuki K，et al. Melt compounding with graphene to develop functional，high performance elastomers. Nanotechnology，2013，24：165601.
[11] Potts J R，Shankar O，Murali S，Du L，et al. Latex and two-roll mill processing of thermally-exfoliated graphite oxide/natural rubber nanocomposites. Comp Sci Technol，2013，74：166.
[12] Bao C L，Song L，Xing W Y，Yuan B，et al. Prepapation of graphene by pressurized oxidation and multiptex reduction of its polymer nanocomposites by master-based melt blending. J Mater Chem，2012，22：6088.
[13] Chaudhry A U，Mittal V，Matsko N B. Microstructure and properties of compatibilized polyethylene-graphene oxide nanocomposites. in ‘Polymer-Graphene Nanocomposites’，Cambrige：RSC Publishing，2012.
[14] Chen B，Ma M，Bai X，Zhang H，et al. Effects of graphene oxide on surface energy，mechanical，damping and thermal properties of ethylenepropylene-diene rubber/petroleum resin blends. RSC Adv，2012，2：4683.
[15] Tang Z，Wu Z，Guo B，Zhang L，et al. Preparation of butadieneestyreneevinyl pyridine rubbere/graphene oxide hybrids through co-coagulation process and in situ interface tailoring. J Mater Chem，2012，22：7492.
[16] Potts J R，Shankar O，Du L，Ruoff R S. Processing-morphology-property relationships and composite theory analysis of reduced graphene oxide/natural rubber nanocomposites. Macromolecules，2012，45：6045.
[17] Kang H，Zuo H，Wang Z，Zhang L，et al. Using a green method to develop graphene oxide/elastomers nanocomposites with combination of high barrier and mechanical performance. Compos Sci Technol，2014，92：1.
[18] Mensah B，Kim S，Arepalli，S，Nah C. A study of graphene oxide-reinforced rubber nanocomposite. J Appl Polym Sci，2014，131：40640.
[19] Yan N，Xia H，Wu J，Zhan Y，et al. Compatibilization of natural rubber/high density polyethylene thermoplastic vulcanizate with graphene oxide through ultrasonically assisted latex mixing. J Appl Polym Sci，2013，127：933.
[20] Matos C F，Galembeck F，Zarbin A J. Multifunctional and environmentally friendly nanocomposites between natural rubber and graphene or graphene oxide. Carbon，2014，78：469.
[21] Ozbas B，Toki S，Hsiao B S，Chu B，et al. Straininduced crystallization and mechanical properties of

functionalized graphene sheet-filled natural rubber. J Polym Sci Part B Polym Phys, 2012, 50: 718.

[22] Khan U, May P, O'Neill A, Coleman J N. Development of stiff, strong, yet tough composites by the addition of solvent exfoliated graphene to polyurethane. Carbon, 2010, 48: 4035.

[23] Choi J, Kim D, Ryu K, Lee H-I, et al. Functionalized graphene sheet/polyurethane nanocomposites: effect of particle size on physical properties. Macromol Res, 2011, 19: 809.

[24] Lian H, Li S, Liu K, Xu L, et al. Study on modified graphene/butyl rubber nanocomposites I. Preparation and characterization. Polym Eng Sci, 2011, 51: 2254.

[25] Gan L, Shang S, Yuen C W M, Jiang S X, et al. Facile preparation of graphene nanoribbon filled silicone rubber nanocomposite with improved thermal and mechanical properties. Compos Part B Eng, 2015, 69: 237.

[26] Xing, W, Wu J, Huang G, Li H, et al. Enhanced mechanical properties of graphene/natural rubber nanocomposites at low content. Polym Int, 2014, 63: 1674.

[27] Liu X, Kuang W, Guo B. Preparation of rubber/graphene oxide composites with in-situ interfacial design. Polymer, 2015, 56: 553.

[28] Stanier D C, Patil A J, Sriwong C, Rahatekar S, et al. The reinforcement effect of exfoliated graphene oxide nanoplatelets on the mechanical and viscoelastic properties of natural rubber. Compos Sci Technol, 2014, 95: 59.

[29] Li F Y, Yan N, Zhan Y H, Fei G X, et al. Probing the reinforcing mechanism of graphene and graphene oxide in natural rubber. J Appl Polym Sci, 2013, 129: 2342.

[30] Yan N, Buonocore G, Lavorgna M, Kaciulis S, et al. The role of reduced graphene oxide on chemical, mechanical and barrier properties of natural rubber composites. Compos Sci Technol, 2014, 102: 74.

[31] Dong B, Liu C, Zhang L, Wu Y. Preparation, fracture, and fatigue of exfoliated graphene oxide/natural rubber composites. RSC Adv, 2015, 5: 17140.

[32] Papageorgiou D G, Kinlock I A, Young R J. Graphene/elastomer nanocomposites. Carbon, 2015, 95: 460.

[33] 陈问胜，黄毅. 石墨烯新型二维碳纳米材料. 北京：科学出版社，2013.

[34] Rafiee M A, Rafiee J, Wang Z, Song H, et al. Enhanced mechanical properties of nanocomposites at low graphene content. ACS Nano, 2009, 3: 3884.

[35] Rafiee J, Rafiee M A, Yu Z, Koratkar N. Super-hydrophobic to superhydrophilic wetting control in graphene films. Adv Mater, 2010, 22: 2151.

[36] Srivastava I, Yu Z, Koratkar N. Viscoelastic characterization of graphene polymer composites. Adv Sci Eng Med, 2012, 4: 10.

[37] Soldano C, Mahmood A, Dujardin E. Production, properties and potential of graphene. Carbon, 2010, 48: 127.

[38] Rafiee M A, Rafiee J, Srivastava, Wang Z, et al. Fracture and fatigue in graphene nanocomposites. Small, 2010, 6: 179.

[39] Rafiee M A, Rafiee J, Yu Z Z, Karotkar N. Buckling resistance graphene nanocomposities. Appl Phys Lett, 2009, 95: 223103.

[40] Yavari F, Fard H R, Pashayi K, Rafiee M A, et al. Enhanced thermal condudivity in new structured phase change composite due to low concentration graphene additives. J Phy Chem C, 2011, 115: 8753.

[41] Wu, S, Tang Z, Guo B, Zhang L, et al. Effects of interfacial interaction on chain dynamics of rubber/graphene oxide hybrids: a dielectric relaxation spectroscopy study. RSC Adv, 2013, 3: 14549.

[42] Scherillo G, Lavorgna M, Buonocore G G, Zhan Y H, et al. Tailoring assembly of reduced graphene ox-

ide nanosheets to control gas barrier properties of natural rubber nanocomposites. ACS Appl Mater Interfaces, 2014, 6: 2230.

[43] Zhan Y, Wu J, Xia H, Yan N, et al. Dispersion and exfoliation of graphene in rubber by an ultrasonically-assisted latex mixing and in situ reduction process. Macromol Mater Eng, 2011, 296: 590.

[44] Luo Y, Zhao P, Yang Q, He D, et al. Fabrication of conductive elastic nanocomposites via framing intact interconnected graphene networks. Compos Sci Technol, 2014, 100: 143.

[45] Wei J, Jacob S, Qiu J. Graphene oxide-integrated high-temperature durable fluoroelastomer for petroleum oil sealing. Compos Sci Technol, 2014, 92: 126.

[46] Xing W, Tang M Z, Wu J R, Huang G S, et al. Multifunctional properties of graphene/rubber nanocomposites fabricated by a modified latex compounding method. Compos Sci Technol, 2014, 99: 67.

[47] Alexandre M, Dubois P. Polymer-layered silicate nanocomposites: preparation, properties and uses of a new class of materials. Mater Sci Eng R Rep, 2000, 28: 1.

[48] Ma J, Xu J, Ren J H, Yu Z Z, et al. A new approach to polymer/montmorillonite nanocomposites. Polymer, 2003, 44: 4619.

[49] Potts J R, Dreyer D R, Bielawski C W, Ruoff R S. Graphene-based polymer nanocomposites. Polymer, 2011, 52: 5.

[50] LeeYR, Raghu A V, Jeong H M, Kim B K. Properties of waterborne polyurethane/functionalized gaphene sheet nanocomposites prepared by an in situ method. Macromol Chem Phys, 2009, 210: 1247.

[51] Wang X, Hu Y, Song L, Yang H, et al. In situ polymerization of graphene nanosheets and polyurethane with enhanced mechanical and thermal properties. J Mater Chem, 2011, 21: 4222.

[52] Nguyen D A, Raghu A V, Chai J T, Jeong H M, et al. Properties of thermoplastic polyurethane/functioalized graphene sheet nanocomposites prepared by the in situ polymerization method. Plym Polym Compos, 2010, 18: 351.

[53] Bao C L, Guo Y Q, Song L, Kan Y C, et al. In situ preparation of functionalized graphene oxide/epoxy nanocomposites with effective reinforcements. J Mater Chem, 2011, 21: 13290.

[54] Bortz D R, Heras H G, Martin-Gullon I. Impressive fatique life and fracture toughness improvements in graphene oxide/epoxy composites. Macromol, 2012, 45: 238.

[55] Qiu J J, Wang S R. Enhanceing polymer performance through graphene sheets. J Appl Polym Sci, 2011, 119: 3670.

[56] Zaman I, Phan T T, Kuan H C, Meng Q S, et al. Epoxy/graphene platelets nanocomposites with two levels of interface strength. Polymer, 2011, 52: 1603.

[57] Martin-Gallego M, Verdejo R, Lopez-Manchado M A, Sangermano M. Epoxy-graphene UV-cured nanocomposites. Polymer, 2011, 52: 4664.

[58] Feng L, Guan G, Li C, Zhang D, et al. In situ synthesis of poly (methyl methacrylate) /graphene oxide nanocomposites using thermal-initiated and graphene oxide-initiated polymerization. J Macromol Sci Part A, 2013, 50: 720.

[59] Layek R K, Samanta S, Chatterjee P P, Nandi A K, et al. Physical and mechanical properties of poly (methyl methacrylate) -functionalized graphene/poly (vinylidine fluoride) nanocomposites. Polymer, 2010, 51: 5846.

[60] Wang J C, Hu H T, Wang X B, Xu C H, et al. Preparation and mechnical and electrical properties of graphene nanosheets-poly (methyl methacrylate) nanocomposites via in situ suspension polymerization. J Appl Polym Sci, 2011, 122: 1866.

[61] Potts J R, Lee S H, Alam T M, An J, et al. Thermol mechanical properties and chemically modified gra-

phene/poly (methyl methacrylate) composites made by in situ polymerization. Carbon, 2011, 49: 2615.

[62] Xu Z, Gao C. In situ polymerization approach to graphene reinforced nylon-6 composites. Macomol, 2010, 43: 6716.

[63] Zhang D, Tang G, Zhang H B, Yu Z Z, et al. In situ thermal reduction of graphene oxide for high electrical conductivity and low percolation threshold in polyamide 6 composites. Comp Sci Tech, 2010, 72: 284.

[64] Fang M, Wang K G, Lu H B. Covalent polymer functionalization of graphene nanosheets and mechanical properties. J Mater Chem, 2009, 19: 7098.

[65] Fang M, Wang K G, Lu H B, Yang L Y, et al. Single-layer graphene sheets with controlled grafting of polymer chains. J Mater Chem, 2010, 20: 1982.

[66] Kassaee M I, Motemedi E, Majdi M. Magnetic Fe_3O_4-graphene oxide/polystyrene : and characterization of a promissing nanocomposite. Chem Eng J, 2011, 172: 540.

[67] Chen G L, Shau S M, Juang T Y, Lee R H, et al. Single-layered graphene sheets/polyaniline hybrids fabricated through direct molecular exfoliation. Langmiur, 2011, 27: 14563.

[68] Domingues S H, Salvatiera R V, Oliveirab M M, Zarbin A J G. Transparent and conductive thin films of graphene/ polyaniline nanocomposites prepared through interfacial polymerization. Chem Commun, 2011, 49: 2592.

[69] Bose S, Kuila T, Uddin M E, Kim N H, et al. In situ synthsis and characterization of electrical conductive polypyrrole/graphene nanocomposites. Polymer, 2010, 51: 5921.

[70] Bose S, Kim N H, Kuila T, Lau T, et al. Electrochemical performance of a graphene/polypyrrole nanocomposite as a supercapacitor electrode. Nanotechnol, 2011, 22: 295202.

[71] Fang M, Zhang Z, Li J F, Zhang H D, et al. Contructing hierachically structured interphase for strong and tough epoxy nanocomposites by amine-rich graphene surfaces. J Mater Chem, 2010, 20: 9635.

[72] Wang Z, Tang X Z, Yu Z Z, Guo P, et al. Dispersion of graphene oxide and its flame retardancy effect on epoxy nanocomposites. Chin J Polym Sci, 2011, 29: 368.

[73] Guo Y Q, Bao C L, Song L, Yuan B H, et al. In situ polymerization of graphene, graphite, and functionalized graphite oxide into epoxy resin and comparison study of on-the-flame behavior. Indust Eng Chem Res, 2011, 50: 7772.

[74] Li Y, Pan D, Chen S, Wang Q, et al. In situ polymerization and mechanical, thermal properties of polyurethan/graphene oxide/graphene nanocomposites. Mater Design, 2013, 47: 850.

[75] Koratkar N A. Graphene in Composite Materils: Synthesis, Characterization and Applications. Lancaster PA: DESTECH, 2013.

[76] Hu H T, Wang X B, Wang J C, Wan L, et al. Preparation and properties of graphene nanosheets-polystyrene nanocomposites via in situ emulsion polymerization. Chem Phys Lett, 2010, 484: 247.

[77] Patole A S, Patole S P, Kang H, Yoo J B, et al. A facile approach to the fabrication of graphene/polystyrene nanocomposite by in situ microemulsion polymerization. J Colloid Interface Sci, 2010, 350: 530.

[78] Wu X L, Liu P. Facile preparation and characterization of graphene nanosheets/polystyrene composites. Macromol Res, 2010, 18: 1008.

[79] Kuila T, Base S, Khanra P, Kim M H, et al. Characterization and properties of in situ emulsion polymerized poly (methyl methacrylate) /graphene nanocomposites. Comp Part A, 2011, 42: 1856.

第4章 石墨烯/聚合物纳米复合材料的力学性能

4.1 概述

研究表明，纳米尺度的无机填充物的添加是改善聚合物力学性能的最佳方法，因为填充物能够将其本身的高刚性和高强度与基体材料相"融合"，并且能有效地阻碍基体中裂纹的传播，从而推延材料的破坏。有许多因素影响最终产物复合材料的力学性能，除了填充物本身的力学性能外，填充物的大小和几何形状也对材料力学性能的改善有重大影响，但对给定的填充物，控制纳米复合材料性能最重要的因素是填充物在基体中的分散和填充物与基体的相互作用。填充物的聚集、集束和堆积在基体材料中起了缺陷的作用，将导致材料的早期破坏。有多种类型的填充物能改善聚合物的力学和物理性质，例如，二氧化硅[1]、碳纳米管[2~4]和层状黏土[5]等，它们都具有优于大多数聚合物的力学性能（主要是指强度和模量）。然而，还未发现任何填充物显示出如同单层无缺陷石墨烯那样优异的力学性能，石墨烯的弹性模量达到1TPa，极端拉伸强度高达130GPa，断裂应变则达到25%。可以期待，这种具有超乎寻常力学性能的填充物将对复合材料力学性能的改善有更重大的贡献。

石墨烯具有的超高比表面积、表面粗糙并常常形成褶皱和波纹样形貌以及它的二维平面形态都有利于填充物发挥更强的增强作用。褶皱和波纹的存在，虽然一定程度上降低了石墨烯固有的力学性能，但有利于阻碍裂纹的传播。此外，褶皱和波纹还增强了填充物与基体物质的机械相互锁合作用，有利于获得石墨烯与聚合物之间的强结合界面。

最近的研究指出，石墨烯片在基体聚合物中的定向排列分布有利于从基体向石墨烯片的应力传递[6,7]。

石墨烯与聚合物分子形成强固的界面相互作用，不论是非共价或共价结合，也是充分发挥石墨烯增强作用的必要条件。

有大量文献报道了石墨烯增强聚合物纳米复合材料力学性能的研究结果[8~20]。虽然标题上写的是石墨烯纳米复合材料，而实际上作为增强剂的填充物是氧化石墨烯、还原氧化石墨烯或功能化石墨烯。这些石墨烯衍生物的结构与石墨烯原始结构有所不同，原子结构存在许多缺陷，因为制备过程中的物理或化学处理或多或少

“损伤”了石墨烯的原有结构。它们的弹性模量明显小于石墨烯。不同工作者给出的值不同，一般认为与含氧量有关[21,22]。有人用 AFM 纳米压入技术（indentation）[23,24]测得还原氧化石墨烯和氧化石墨烯的弹性模量在 250～650GPa[22]范围内。这些值都明显小于石墨烯的 1TPa，但与其他纳米填充物相比，仍然是很高的值。这种高弹性模量加上高比表面积的特性，使得它们仍然是聚合物基复合材料优良的增强增韧用填充物。

4.2 拉伸力学性能

毫无疑问，拉伸力学性能是材料最基本的力学性能。几乎所有现存的材料或者新试制的材料都要求获知它们的拉伸力学性能。

4.2.1 拉伸力学性能的表征

材料的拉伸力学性能常用应力-应变曲线来表征。从该曲线可获得弹性模量、断裂应变、极端拉伸强度和韧性（断裂前吸收的总能量）等描述拉伸力学性能的各个参数。

为了避免材料几何因素的影响，常用应力和应变这两个参数来描述材料承受的力学行为。应力 σ 由式(4-1) 给出：

$$\sigma = F/A \tag{4-1}$$

式中，F 为施加于试样的即时负荷；A 为垂直于负荷方向试样的横截面面积。负荷（静态的）均匀地分布于横截面上。极端拉伸强度是指材料能够承受的最大应力，相应于应力-应变曲线中的最大应力。

应变 ε 由式(4-2) 给出：

$$\varepsilon = (L - L_0)/L_0 \tag{4-2}$$

式中，L 为试样的最终长度；L_0 为试样的原始长度。

弹性模量是材料在被施加负荷时阻抗弹性变形能力的量度，用应力-应变曲线在屈服点以下的斜率表示。弹性模量 E 由式（4-3）给出：

$$E = \sigma/\varepsilon \tag{4-3}$$

从微观角度考虑，模量是阻抗原子间距离伸长能力的直接量度。不同材料有不同的模量，取决于它们原子间键合的性质。各种聚合物的模量有很宽的范围，从几个兆帕（MPa）（例如聚二甲硅氧烷）到 3GPa（如环氧树脂）。碳纳米管和石墨烯是目前已知的，具有最高模量的两种物质，高达 1TPa。

4.2.2 应力-应变曲线

应力-应变曲线可用于石墨烯增强聚合物纳米复合材料拉伸力学性能的表征。分析该曲线是评估石墨烯对聚合物基体增强作用的最简单方法。

拉伸下应力-应变曲线通常用拉伸试验仪测定。仪器直接测得负荷与位移关系的数据，随后根据试样的几何尺寸转换为应力-应变曲线。静态拉伸试样通常按照

ASTMD638 标准制成狗骨形。图 4.1 显示拉伸试样几何尺寸的一个实例[25]。测试时应注意夹具对试样可能造成的损伤，在夹具附近破坏试样的数据应予弃用，尤其是对薄试样。几何形状为纳米尺度的材料则不适合在通常的拉伸试验仪中测试，宜使用其他方法。例如，纳米厚度的薄膜试样，可参考测试石墨烯使用的方法，在 AFM 中使用压痕技术，对悬空的薄膜试样测得负荷-位移关系，随后转换获得材料的模量和强度（参阅第 1 章第 1.4.3 节）。

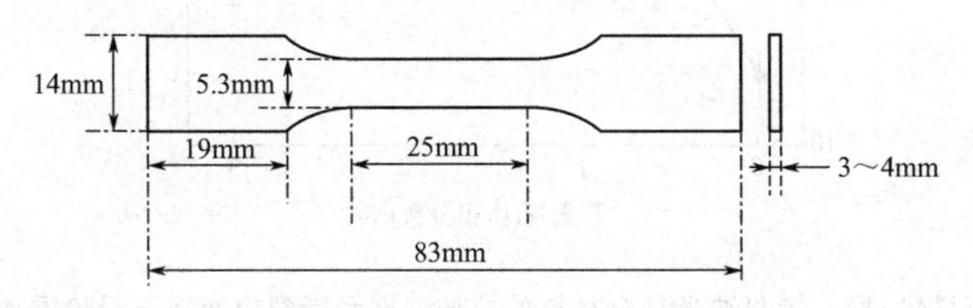

图 4.1　拉伸试样的几何尺寸

使用还原氧化石墨烯作为增强填充物的一个典型实例[26]如下所述。基体聚合物为聚乙烯醇（PVA）。使用溶液共混法制备石墨烯/聚乙烯醇纳米复合材料。

图 4.2 为石墨烯/聚乙烯醇纳米复合材料的应力-应变曲线。从图中可见，仅仅添加 0.3%（体积分数）石墨烯，对材料的应力-应变曲线已经产生了很大的影响。从应力-应变曲线获得的拉伸强度和断裂伸长随石墨烯添加量的变化如图 4.3 所示。弹性模量与石墨烯添加量的关系见图 4.4，图中还包含了使用 Halpin-Tsai 模型模拟获得的理论预测弹性模量的两组数据，一组数据假定石墨烯在基体中取向排列，另一组则相应于石墨烯片随机分布的复合材料。弹性模量和拉伸强度随还原氧化石墨烯添加量的增加而增大。例如，添加 1.8%（体积分数）石墨烯，拉伸强度增大 150%，而弹性模量则比原材料聚乙烯醇大约 10 倍。然而，断裂伸长则随着石墨烯添加量的增加而减小了。例如，当石墨烯添加量为 1.8%（体积分数）时，复合材料的断裂伸长减小到仅为 98%，而原材料聚乙烯醇的断裂伸长为 220%。这是许多

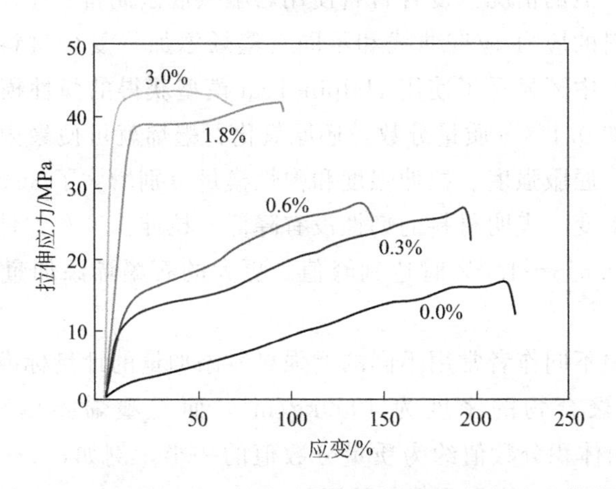

图 4.2　石墨烯/聚乙烯醇纳米复合材料的应力-应变曲线

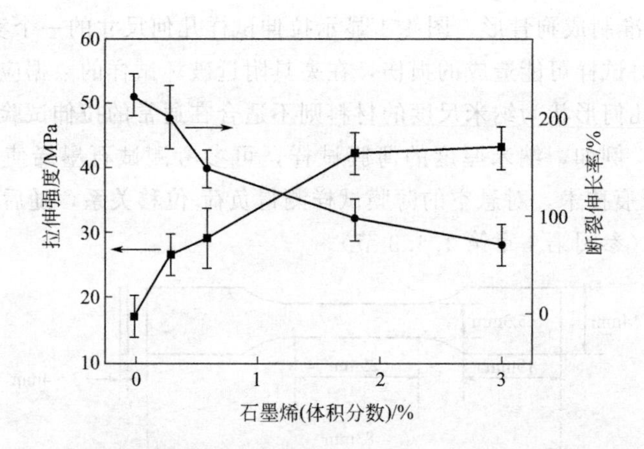

图 4.3　石墨烯/聚乙烯醇纳米复合材料的拉伸强度和断裂应变随石墨烯添加量的变化

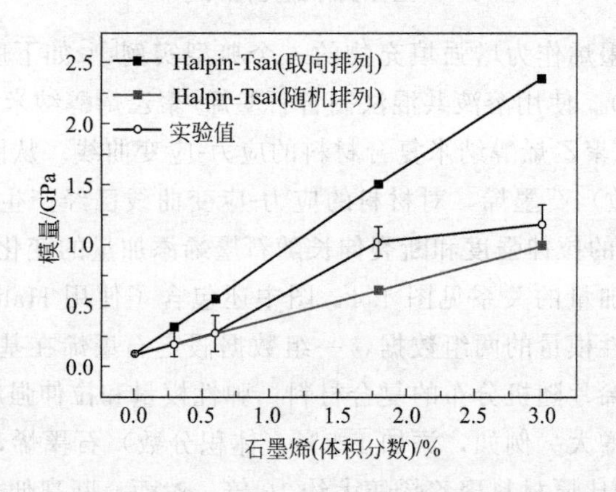

图 4.4　石墨烯/聚乙烯醇纳米复合材料的弹性模量随石墨烯添加量的变化

石墨烯/聚合物系统的典型行为。例如，还原氧化石墨烯增强聚丙烯（PP）纳米复合材料也表现出类似的情况。复合材料使用熔融共混法制备。图 4.5 和图 4.6 分别显示这种复合材料的应力-应变曲线和不同石墨烯添加量复合材料的弹性模量[27]。作为比较，图 4.6 中还显示了使用 Halpin-Tsai 模型获得的弹性模量预测值。从图中可见，仅仅添加 0.1%（质量分数）还原氧化石墨烯就可使聚丙烯的拉伸力学性能获得显著改善，屈服强度、拉伸强度和弹性模量分别增大了 36%、38%和 23%，而断裂伸长几乎不变，表明材料的韧性没有降低。拉伸强度和弹性模量在还原氧化石墨烯含量约为 0.5%～1.0%时达到峰值。更大的石墨烯添加量使得材料的力学性能急剧恶化。

注意到文献中不同作者常用不同的增强材料添加量的计量标准：体积分数和质量分数。大多数聚合物的密度为 1000kg/m^3，而石墨烯类填充物的密度则为 2000kg/m^3，因而体积分数值约为质量分数值的一半。例如，2%（质量分数）填充物的添加相当于 1%（体积分数）的添加。

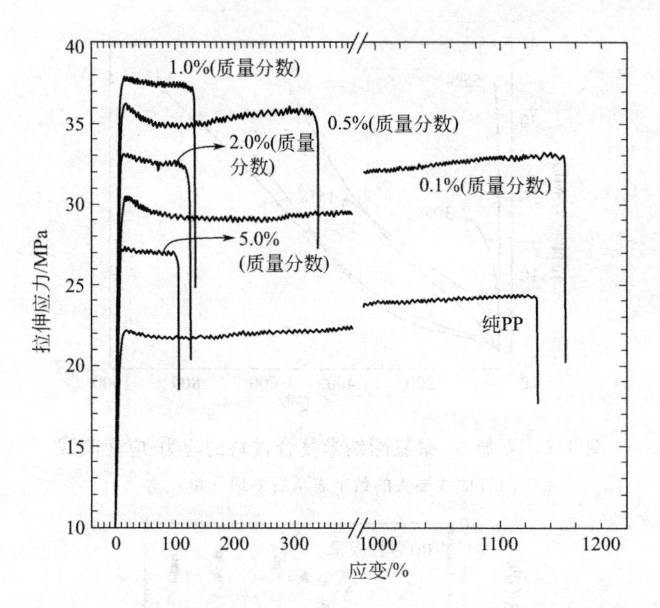

图 4.5　石墨烯/聚丙烯纳米复合材料的应力-应变曲线

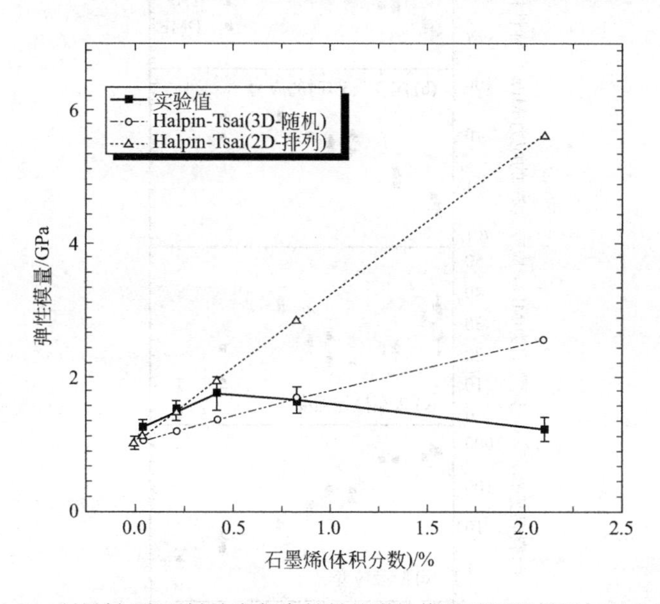

图 4.6　石墨烯/聚丙烯纳米复合材料的弹性模量随石墨烯添加量的变化

一个以石墨烯作增强填充物，弹性体聚合物为基体制备纳米复合材料的典型实例如下所述。基体材料为弹性聚合物聚氨酯（PU）。石墨烯由溶液剥离方法制备，使用溶液共混法制得石墨烯/聚氨酯纳米复合材料。图 4.7 显示不同石墨烯含量的这种纳米复合材料的应力-应变曲线[28]。拉伸仪选用 100N 负荷传感器，应变速率为 50mm/min。由图可见，随着石墨烯含量的增大，曲线斜率有显著增大。图 4.8 是复合材料各项力学性能作为石墨烯含量的函数所作曲线图[28]，图中显示了两组

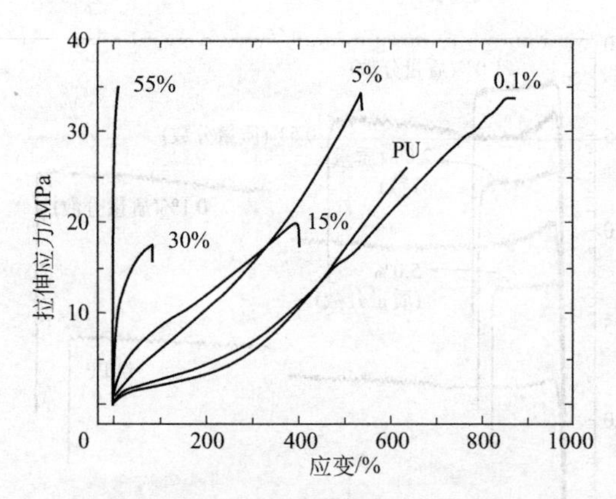

图 4.7 石墨烯/聚氨酯纳米复合材料的应力-应变曲线

（曲线端头的数字表示石墨烯含量）

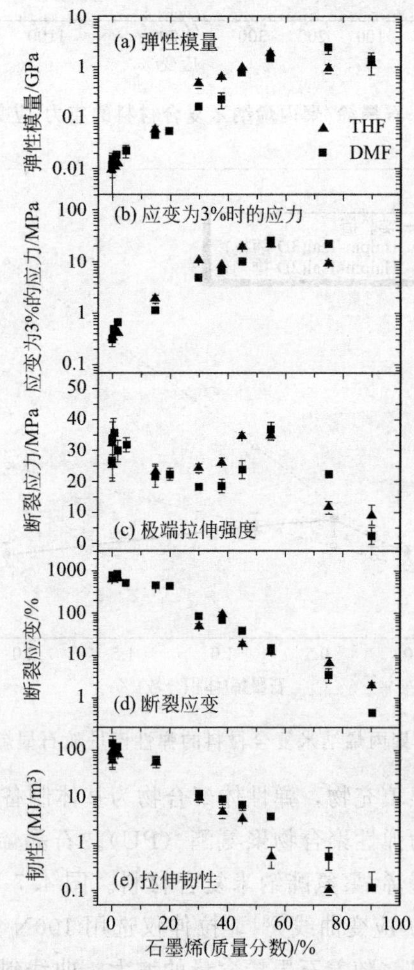

图 4.8 石墨烯/聚氨酯纳米复合材料的力学性能

（两组数据相应于制备时使用的两种不同溶剂）

数据，相应于制备过程中使用的两种不同溶剂（THF 和 DMF）。图 4.8(a) 显示复合材料的弹性模量以指数方式随石墨烯含量的增加而增大，在石墨烯含量约 50%（质量分数）时达到饱和。3%应变下的应力有相类似的规律［图 4.8(b)］。断裂应力随石墨烯含量的变化比较复杂，不成单调增减关系，如图 4.8(c) 所示，一般认为与石墨烯的团聚和基体聚合物特有的结构相关。断裂应变和韧性（以应力一应变曲线下的面积量度）与石墨烯含量的关系分别如图 4.8(d) 和图 4.8(e) 所示。可以看到，这两个量都随石墨烯含量的增大以指数方式减小。这种情景也在充填其他纳米材料的弹性复合材料中发生[29,30]。

4.2.3 石墨烯片大小对复合材料力学性能的影响

研究表明，对一给定的石墨烯含量，当石墨烯片的几何尺寸（直径）减小时，石墨烯的增强作用随之减弱，强的增强效果要求有大的石墨烯横向尺寸[31,32]。使用拉曼光谱术测量模型石墨烯/聚合物纳米复合材料中拉伸负荷下石墨烯片沿拉伸方向的应变分布，得出临界石墨烯尺寸为 3μm[31]。为了得到较好的石墨烯与聚合物之间的界面应力传递，要求石墨烯片的尺寸大于临界尺寸的 10 倍，亦即大于 30μm[31]。最近的研究指出，使用大尺寸氧化石墨烯片的纳米复合材料，比起小尺寸的填充物，能获得更好的增强效果[32]。实际上，片状增强填充物对聚合物的增强作用，片的大小（直径）有至关重要的影响。

图 4.9 显示使用大小不同的石墨烯片制备的（氧化）石墨烯/聚氨酯纳米复合材料纤维拉伸下的应力-应变曲线和从该曲线获得的各项力学参数（弹性模量、屈服应力、拉伸强度、断裂伸长和韧性）[32]。图中 LGO、MGO 和 SGO 分别表示大、中和小尺寸的氧化石墨烯，相应的平均尺寸为 12.2μm、2.5μm 和 0.3μm。图 4.9(a) 和图 4.9(b) 显示这种纤维具有典型的单轴拉伸下热塑性弹性体的应力-应变行为。可将这种力学行为分为有区别的三个阶段：阶段Ⅰ的低应变区域显示材料应变起始时的刚性和屈服行为；阶段Ⅱ为曲线的平台区域，对应于应变引起的材料软化行为；最后阶段为区域Ⅲ，为材料的结晶阶段，对应于应变引起的材料硬化行为。曲线的区域Ⅰ清楚地显示纤维低应变下的力学性能，例如弹性模量（Y）和屈服应力（YS），由于氧化石墨烯的添加有了明显的改善，同时保留了材料高延伸性和应变硬化特性。测试显示材料力学性能的增强程度与石墨烯片的大小密切相关。从图 4.9(c) 可见，石墨烯/聚氨酯纳米复合材料纤维在低应变下的杨氏模量（Y），对大尺寸石墨烯（LGO），比原材料增大约 80 倍，而对中尺寸（MGO）和小尺寸（SGO）的氧化石墨烯分别只增大 60 倍和 20 倍。对屈服应力（YS）的改善也有类似规律［图 4.9(d)］，添加 LGO、MGO 和 SGO 后，屈服应力分别增大约 40 倍、25 倍和 5 倍。拉伸强度（σ）也由于石墨烯的添加得到明显增强［图 4.9(e)］，但石墨烯片大小对其影响未见明显的变化规律。断裂伸长率（E）大致保持了原材料的值［图 4.9(f)］。氧化石墨烯的添加使材料的韧性（T）得到明显增大［图 4.9(g)］，大和中尺寸氧化石墨烯使韧性增大约 3 倍，显著大于小尺寸石墨烯片所起的

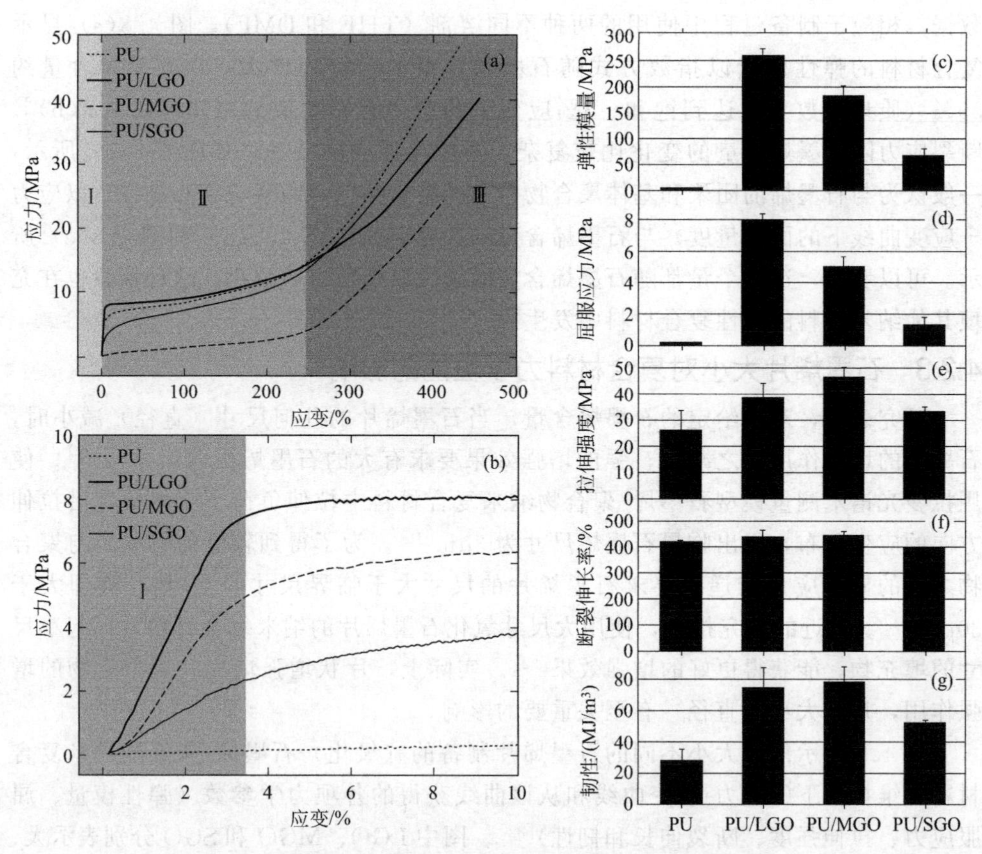

图 4.9 聚氨酯和氧化石墨烯/聚氨酯纤维的单轴拉伸力学性能

(图中 LGO、MGO 和 SGO 分别表示大、中和小片氧化石墨烯)

(a) 应力-应变曲线；(b) 低应变范围的放大应力-应变曲线；

(c) 弹性模量；(d) 屈服应力；(e) 拉伸强度；(f) 断裂伸长率；(g) 韧性

作用。

对非弹性体聚合物，石墨烯片的大小对增强作用也有相类似的影响，例如对聚甲基丙烯酸甲酯（PMMA）基体聚合物[33]。使用熔融共混法制得纳米复合材料石墨烯/聚甲基丙烯酸甲酯，增强填充物为电化学剥离法制备的少层石墨烯片，具有平均直径为 5μm（5-FLG）和 20μm（20-FLG）两类试样。研究表明，较小尺寸石墨烯片对熔融态材料的流变性质只有很小的影响，而较大尺寸石墨烯片则显著增大了材料的黏滞性和动态模量。图 4.10 为石墨烯/PMMA 纳米复合材料的应力-应变曲线[33]。分析曲线得出，石墨烯的添加对基体材料产生了显著的增强作用。对 5-FLG 增强的纳米复合材料，弹性模量最大增大了 7%［添加 2%（质量分数）石墨烯］，而 20-FLG 增强的纳米复合材料，弹性模量最大增大了 74%［添加 20%（质量分数）石墨烯］。这表明大尺寸石墨烯比小尺寸石墨烯对聚合物有更强的增强作用。不过，断裂应变则随石墨烯添加量的增大而减小了。由于石墨烯的添加，拉伸强度也有所提高，而且大尺寸石墨烯有更佳的增强效果。例如，两种尺寸石墨烯的添加量都为2%（质量分数）时，复合材料的拉伸强度都达到最大程度的提高，对5-FLG，增大了3%，而对20-FLG，则增大了7%。添加更多的石墨烯，断裂应力则反而降低了。

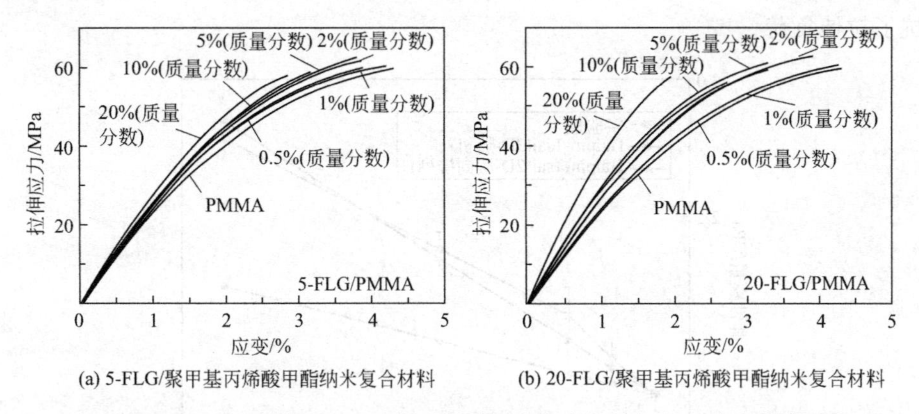

(a) 5-FLG/聚甲基丙烯酸甲酯纳米复合材料　(b) 20-FLG/聚甲基丙烯酸甲酯纳米复合材料

图 4.10　石墨烯/聚甲基丙烯酸甲酯纳米复合材料的应力-应变曲线

4.2.4 石墨烯片取向对复合材料力学性能的影响

在纤维状填充物增强聚合物基复合材料中，纤维体的取向排列对基体的增强作用有很大影响。填充物轴向沿外负荷方向的取向排列有利于复合材料在该方向力学性能的增强。与纤维体相比，石墨烯有完全不同的几何结构和表面形态，使得片状石墨烯沿着其表面方向和垂直于其表面方向都表现出增强效果。然而，理论研究和实验研究都表明，定向排列的石墨烯更有利于基体聚合物与增强体之间的应力传递[7,33,34]。例如，化学改性石墨烯片在聚酰亚胺（PI）中的取向分布能有效阻抗复合材料在外负荷作用下的断裂形变。

图 4.11 显示石墨烯/聚酰亚胺纳米复合材料弹性模量随石墨烯添加量变化的理论预测和实验测定的结果[7]。图中除了实验测定的曲线外，还显示使用 Halpin-Tsai 模型得出的两条理论预测曲线，一条曲线的数据假设各石墨烯片在基体聚合物中随机取向排列（三维分布），而另一条曲线的数据则来源于假定石墨烯片按二维取向排列的理论预测。可以看到，后者与实验测定的数据相靠近，而前者与实测数据有较大的偏差。图 4.12 是薄膜试样的侧视 SEM 像[7]，可以观察到取向排列的石墨烯片侧面（石墨烯表面平行于试样表面）。这是石墨烯片在基体聚合物中沿表面取向分布的直接证据。图像还显示石墨烯片与聚合物有良好的接触，表明增强材料与基体有强相互作用。图 4.13 显示石墨烯/PI 纳米复合材料拉伸强度和断裂伸长率随石墨烯添加量的变化[7]。从图中可见，石墨烯的添加使材料的拉伸强度显著增大，添加 1%（质量分数）就使拉伸强度增大 30%。断裂伸长率则由于石墨烯的添加稍有减小。石墨烯与基体聚合物的界面强相互作用加上石墨烯片在基体内的取向排列分布被认为是材料力学性能得到改善的主要根源。图 4.14(a) 能解释

石墨烯片在聚酰亚胺基体中取向分布的形成。热压过程中施加的均匀垂直应力使具有大比表面积、三维随机排列分布的石墨烯片沿着薄膜表面方向取向排列。图4.14(b) 显示的模型解释了取向分布的石墨烯片对材料力学性能的增强作用[7]。石墨烯片边缘与基体聚合物分子链之间的共价强结合界面能有效地传递应力，从而阻抗了拉伸负荷。

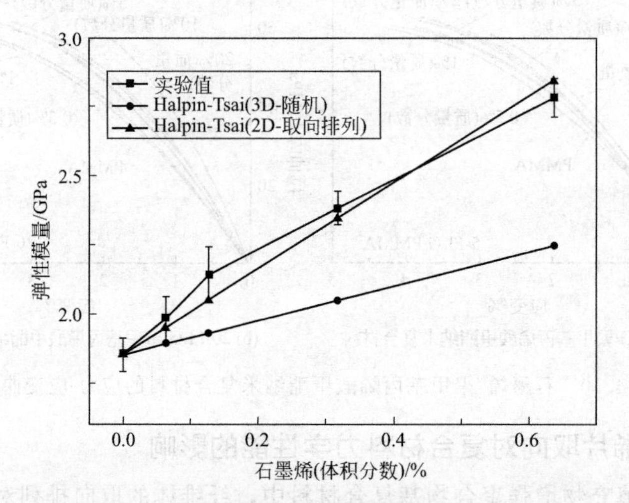

图 4.11　石墨烯/PI 纳米复合材料弹性模量随石墨烯含量的变化

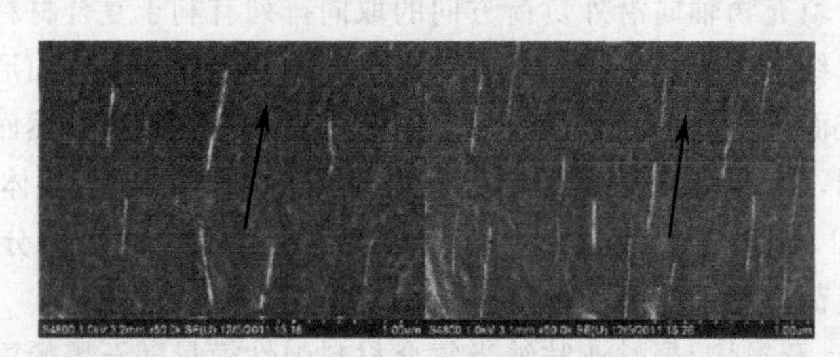

图 4.12　石墨烯/PI 纳米复合材料薄膜试样侧视 SEM 电子显微图

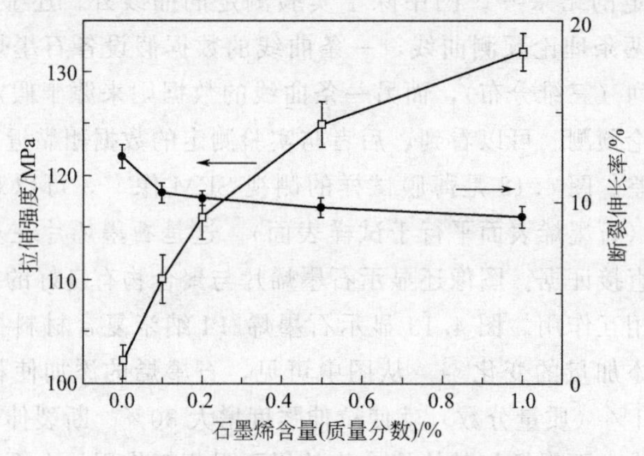

图 4.13　石墨烯/PI 纳米复合材料拉伸强度和断裂伸长率随石墨烯含量的变化

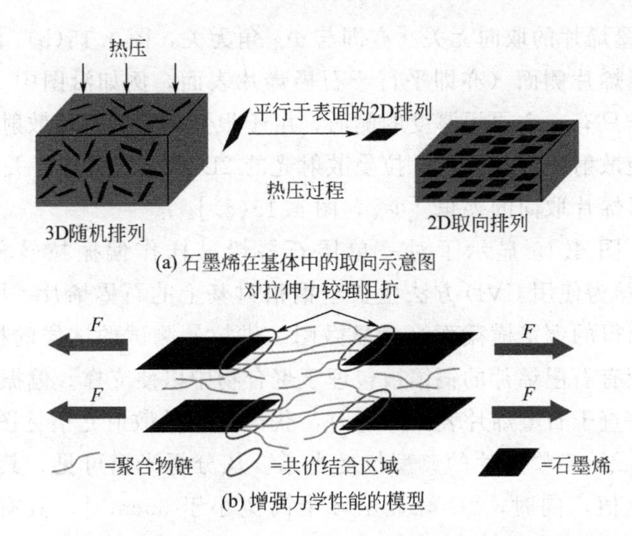

(a) 石墨烯在基体中的取向示意图

(b) 增强力学性能的模型

图 4.14　石墨烯/PI 纳米复合材料中石墨烯的取向

如前所述，增强材料在聚合物基复合材料中的空间取向在控制材料力学性能上起着十分重要的作用。显然，一种被认可的纳米尺度片状填充物，如石墨烯，在纳米复合材料中空间取向的定量表征是值得研究人员探索的课题。这一课题近来取得了重要进展[34,35]。

偏光拉曼光谱术能用于定量描述各种不同材料（例如聚合物大分子、半导体晶体和纳米复合材料中的碳纳米管）的取向分布[36,37]。这种表征方法的基本原理如下：当一束偏振光入射于试样时，拉曼散射光的某个或某几个峰的强度和入射光的偏振方向与取向试样方位之间的夹角有关。这一原理同样适用于石墨烯片取向的定量表征，只是由于石墨烯的特殊几何形状和拉曼特性，在方法上有所修正。

图 4.15 显示石墨烯试样几何与偏振光偏振方向之间的关系示意图[34]。实验指出，当偏振光垂直入射于石墨烯片表面时（亦即沿图中 Z 轴方向），拉曼散射光的

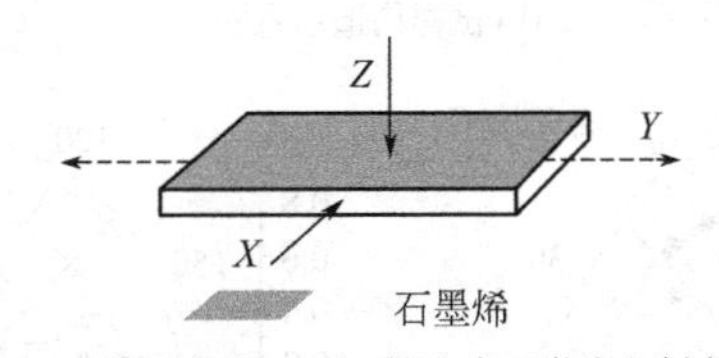

(a) 三维示意图, X 和 Z 箭头表示激光入射方向

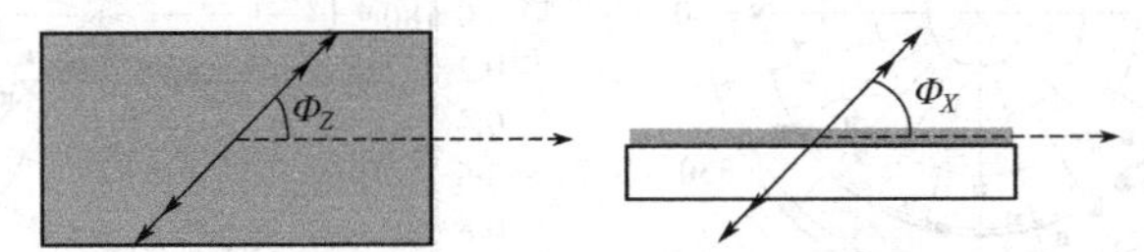

(b) Z方向入射激光，实线箭头表示入射光和散射光的偏振方向，虚线箭头代表Y坐标方向

(c) X方向入射激光，实线箭头表示入射光和散射光的偏振方向，虚线箭头代表Y坐标方向

图 4.15　试样几何与偏振光偏振方向间关系示意图

2D 峰强度与石墨烯片的取向无关［亦即与 Φ_Z 角无关，图 4.15(b)］。然而，当偏振光垂直于石墨烯片侧面（亦即平行于石墨烯片表面，例如沿图中 X 轴方向）入射时，即使试样只有一个原子厚度的侧面，由于很强的共振拉曼散射，依然能获得可供分析的拉曼散射光谱，而且，拉曼散射光的 2D 峰强度强烈有关于入射偏振光偏振方向与石墨烯片取向的夹角［Φ_X，图 4.15(c)］。

作为实例，图 4.16 显示了对一单层石墨烯试样作偏振拉曼分析的测定结果[34]。待测试样为使用 CVD 方法生长于铜箔衬基上的石墨烯片。图 4.16(a) 是用超薄切片机制得的铜箔横截面光学显微图。供拉曼测试的试样的构型如图 4.16(b) 所示，沉积有石墨烯片的铜箔被包埋于聚合物中以便支撑。偏振光束平行于 Z 轴入射，亦即垂直于石墨烯片表面入射时，获得的拉曼散射光谱见图 4.16(c)，这是由 CVD 法生成的石墨烯片的典型拉曼光谱。从分析光谱可见，其 2D 峰强度与 G 峰强度有高比值，同时，2D 峰显示峰半高宽小于 35cm^{-1}，具有尖锐的峰形，这是单层石墨烯片的特征。2D 峰强度 I_{2D} 随石墨烯片的方位角 Φ_Z 的变化如图 4.16(d) 所示，I_{2D} 随 Φ_Z 角基本上不发生变化。图 4.16(c) 也显示入射激光束沿 X 轴，亦即平行于铜箔表面的方向，而且 $\Phi_X=0$ 时入射，获得的拉曼光谱。这时 2D 峰的强度较弱，但仍然可以清楚地观测到。由于入射光束在试样表面的光斑直径达到约 2μm，因而光谱中除了显示厚度仅为 0.34nm 的石墨烯的拉曼信息外，还

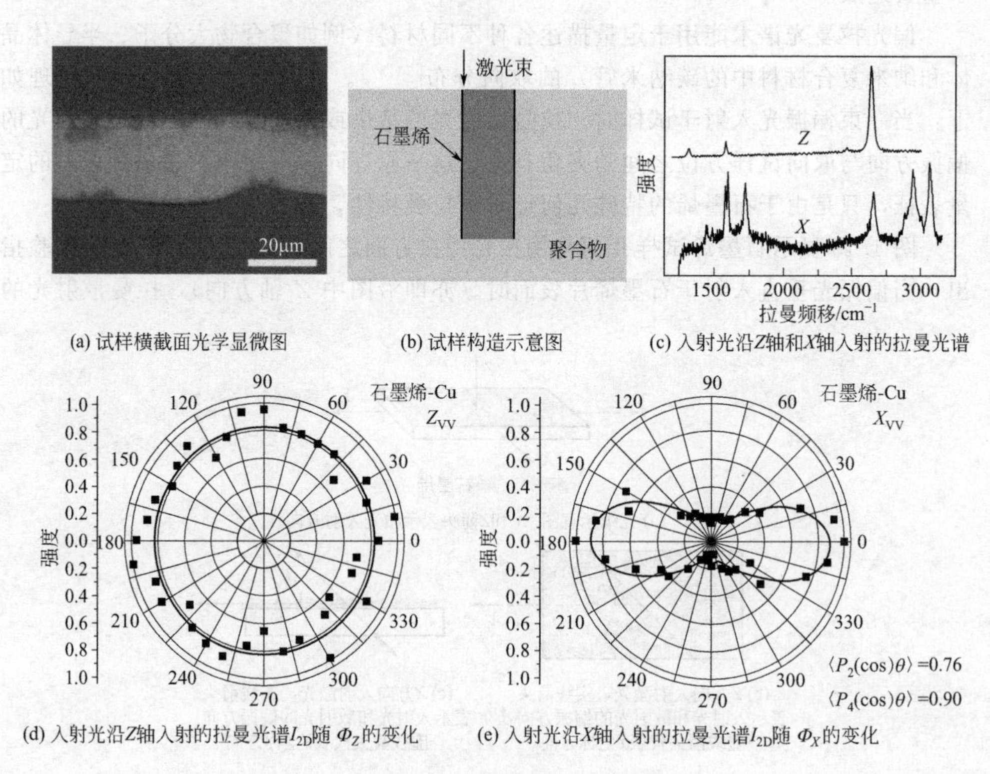

(a) 试样横截面光学显微图　(b) 试样构造示意图　(c) 入射光沿Z轴和X轴入射的拉曼光谱

(d) 入射光沿Z轴入射的拉曼光谱I_{2D}随 Φ_Z的变化　(e) 入射光沿X轴入射的拉曼光谱I_{2D}随 Φ_X的变化

图 4.16　铜基上单层石墨烯的偏振拉曼分析

包含来自试样支撑聚合物的拉曼信号，光谱显现出较强的荧光背景。散射光谱2D峰强度 I_{2D} 随入射光偏振方向相对石墨烯片的方位角 Φ_X 的变化如图4.16(e)所示，在 $\Phi_X=0°$ 时为极大，而 $\Phi_X=90°$ 时为极小。对石墨烯纸作类似的拉曼测量，发现其散射拉曼光谱的D峰强度对偏振方向相对试样表面的方位角敏感，测试结果如图4.17所示。

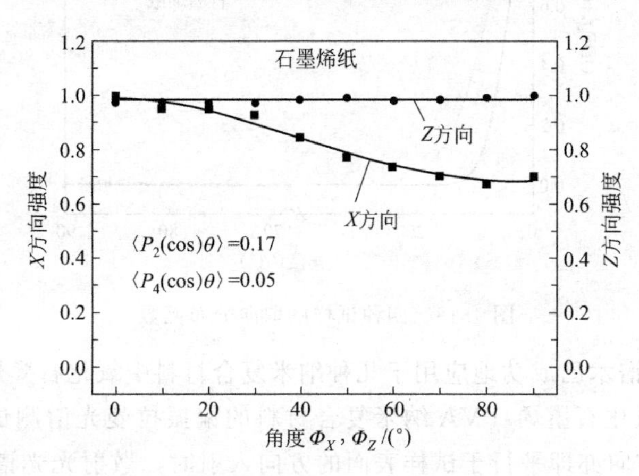

图4.17 入射光沿 Z 和 X 方向入射石墨烯纸的拉曼光谱 I_G 随 Φ_Z 和 Φ_X 的变化

取向分布函数 $f(\theta)$（orientation distribution function，ODF）和由偏振拉曼光谱术测得的取向序列参数（orientation order parameter）$<P_2(\cos\theta)>$ 及 $<P_4(\cos\theta)>$ 能用于定量描述石墨烯的取向。一般而言，$<P_2(\cos\theta)>$ 和 $<P_4(\cos\theta)>$ 的值越大，表示取向越好。$<P_2(\cos\theta)>$ 是主要参数，包含了取向的基本信息（平均取向度）。与之相比，$<P_4(\cos\theta)>$ 对平均取向度的影响较弱，但在构建取向分布函数时是不可缺少的参数。例如，$<P_2(\cos\theta)>\geqslant 0$ 意味着石墨烯片随机取向。有时在描述某种特殊情况时，$<P_4(\cos\theta)>$ 更为合适。对取向分布函数和取向序列参数的详细分析和对从偏振拉曼光谱测得数据的处理可参阅相关文献[34,35,38～42]。几种试样，如铜衬基-石墨烯、PET衬基-石墨烯、HOPG和石墨烯纸的取向序列参数见表4.1，取向分布函数 $f_N(\theta)$ 见图4.18。从表4.1中可见，与其他试样相比，石墨烯纸的 $<P_2(\cos\theta)>$ 和 $<P_4(\cos\theta)>$ 都有最低值，表明其取向程度最差。这是一个合理的结果。比较取向分布函数图中各条曲线，可见HOPG、铜衬基单层石墨烯和PET衬基单层石墨烯有相近似的取向分布曲线，而石墨烯纸则有最差的空间取向。这与使用其他表征方法测得的结果相一致[34]。

表4.1 四种试样的取向程度参数

材料	$<P_2(\cos\theta)>$	$<P_4(\cos\theta)>$
石墨烯-Cu	0.85±0.12	0.94±0.05
石墨烯-PET	0.76±0.14	0.83±0.05
HOPG	0.79±0.01	0.73±0.02
石墨烯纸	0.17±0.01	0.05±0.05

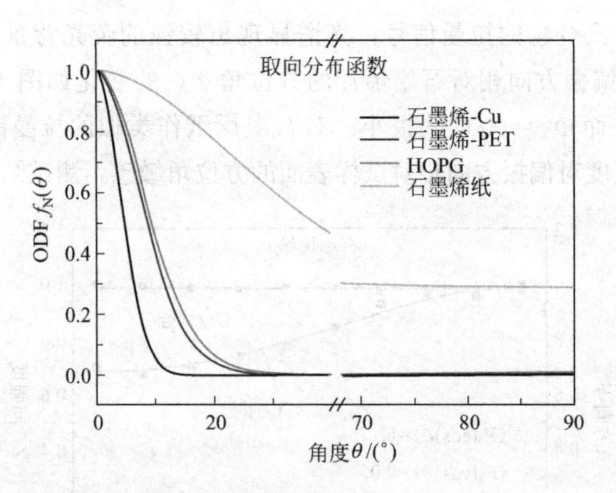

图 4.18 四种试样的取向分布函数

偏振拉曼光谱术已成功地应用于几种纳米复合材料中氧化石墨烯空间分布的定量表征[35]。对氧化石墨烯/PVA 纳米复合材料的偏振拉曼光谱测试表明，当入射偏振光沿 X 轴方向亦即平行于试样表面的方向入射时，散射光光谱的 G 峰强度随偏振方向与试样表面间的方位角 Φ_X 发生变化，而沿 Z 轴方向亦即垂直于试样表面的方向入射时，G 峰强度与试样的方位角，亦即角 Φ_Z 无关。测试结果如图 4.19 所示[35]，图中还标示了取向参数 $\langle P_2(\cos\theta)\rangle$ 和 $\langle P_4(\cos\theta)\rangle$ 的值，表明氧化石墨烯片在纳米复合材料中的排列有一定程度的空间取向。这与 SEM 观察得出氧化石墨烯片大致与试样表面相平行的结果相吻合。对石墨烯/环氧树脂纳米复合材料沿 X 轴、Y 轴和 Z 轴方向作类似测试的结果如图 4.20 所示[35]。散射光谱 G 峰的强度与试样方位，即与角度 Φ_X、Φ_Y 和 Φ_Z 无关，表明氧化石墨烯片在复合材料中的分布是随机的。对石墨烯/PMMA 纳米复合材料的测试也给出与石墨烯/环氧树脂相似的结果。几种试样的取向分布函数曲线如图 4.21 所示[35]。氧化石墨烯/

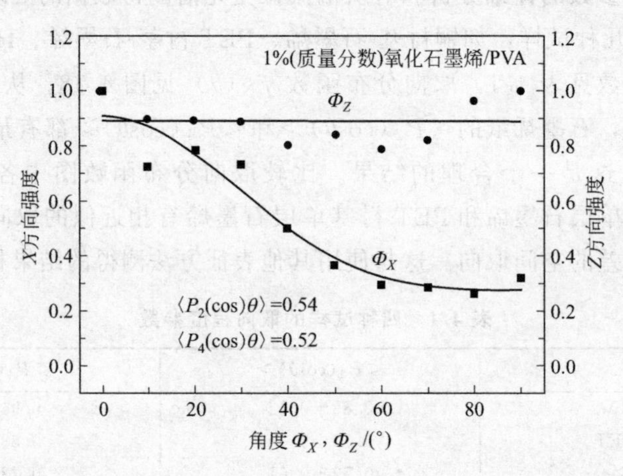

图 4.19 光沿 Z 和 X 方向入射时，氧化石墨烯/PVA 纳米复合材料拉曼光谱的 I_G 随 Φ_Z 和 Φ_X 的变化

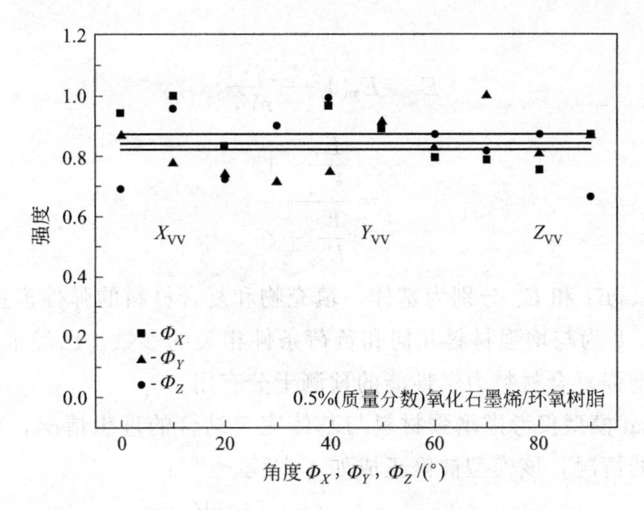

图 4.20 光沿 X、Y 和 Z 方向入射时，氧化石墨烯/环氧树脂纳米复合材料拉曼光谱的 I_G 随 Φ_X、Φ_Y 和 Φ_Z 的变化

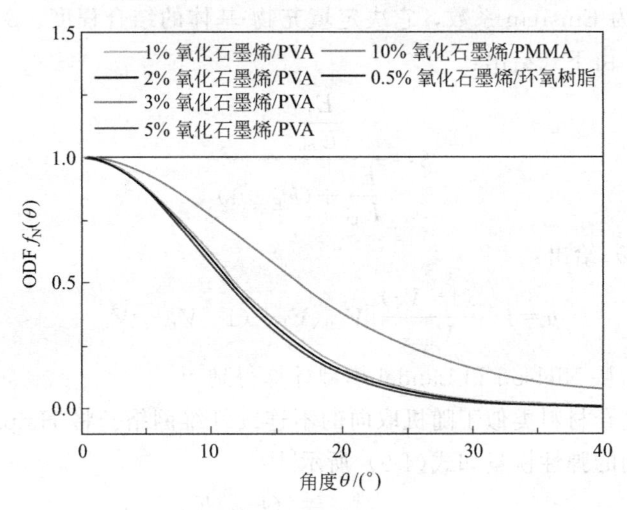

图 4.21 几种复合材料的取向分布函数

环氧树脂和氧化石墨烯/PMMA 的 $f_N(\theta)$ 的值都不随 θ 角而变化，表示石墨烯片随机取向，而 $f_N(\theta)$ 的值随 θ 角减小越快，表示取向度越高。

4.3 力学性能的理论预测

文献报道有多种数学模型和它们的修正模型可用于预测复合材料的力学性能，重要的有 Halpin-Tsai 模型[43]、均匀应力-均匀应变模型[44]和 Mori-Tanaka 模型[44]。

4.3.1 Halpin-Tsai 模型

对单向的和不连续的填充物复合材料，Halpin-Tsai 模型是一种很实用的模型。使用 Halpin-Tsai 方程能获得包括模量在内的各项力学性能。复合材料的模量由式

(4-4) 给出：

$$E_c = E_m \left(\frac{1+\zeta\eta V_f}{1-\eta V_f}\right) \tag{4-4}$$

$$\eta = \frac{\dfrac{E_f}{E_m} - 1}{\dfrac{E_f}{E_m} + \zeta} \tag{4-5}$$

式中，E_m、E_f 和 E_c 分别为基体、填充物和复合材料的弹性模量；V_f 为填充物的体积分数；ζ 为与增强材料几何和负荷条件相关的参数。已经证实式(4-1) 对短纤维和颗粒增强复合材料力学性能的预测十分有用。

Halpin-Tsai 模型仅考虑增强材料与基体完美结合的理想情况，对填充物与基体弱界面结合的情况，该模型被修正成如下方程[45,46]：

$$E_c = E_m \left\{\frac{1+(k_E - 1)\beta V_f}{1-\beta\mu V_f}\right\} \tag{4-6}$$

式中，k_E 为 Einstein 系数，它决定填充物-基体的结合程度。β 与填充物和基体的模量相关，由下式给出：

$$\beta = \frac{\dfrac{E_f}{E_m} - 1}{\dfrac{E_f}{E_m} + (k_E - 1)} \tag{4-7}$$

μ 由式(4-8) 给出：

$$\mu = 1 + \frac{(1-V_f)}{V_{max}}[V_{max}V_f + (1-V_{max})V_m] \tag{4-8}$$

式中，V_{max}从 Nielson 和 Landel 模型计算得到[47]。

碳纳米管复合材料类似于随机取向的不连续纤维网络。将 Halpin-Tsai 方程应用于该系统得到的弹性模量如式(4-9) 所示[48]：

$$E_c = \frac{3}{8}E_M \frac{1+2(l_{NT}/d_{NT})\left[\dfrac{(E_{eq}/E_M)-1}{(E_{eq}/E_M)+2(l_{NT}/d_{NT})}\right]V_{NT}}{1-\left[\dfrac{(E_{eq}/E_M)-1}{(E_{eq}/E_M)+2(l_{NT}/d_{NT})}\right]V_{NT}} + \frac{5}{8}E_M \frac{1+2\left[\dfrac{(E_{eq}/E_M)-1}{(E_{eq}/E_M)+2}\right]V_{NT}}{1-\left[\dfrac{(E_{eq}/E_M)-1}{(E_{eq}/E_M)+2}\right]V_{NT}} \tag{4-9}$$

式中，E_c 为复合材料的弹性模量；l_{NT}为碳纳米管的长度（单壁管为 10μm，多壁管为 20μm）；d_{NT}为碳纳米管平均直径（单壁管为 2nm，多壁管为 20nm）；E_{NT}为碳纳米管的弹性模量（单壁管为 1TPa，多壁管为 450GPa）；E_M 为纯环氧树脂的弹性模量；$E_{eq}=[(2t)/(r^{NT})]E_{NT}$，为考虑到作为固体圆柱形空心管的纳米管等效模量；$t$ 为纳米管壁厚（单壁管为0.34nm，多壁管为1.5nm），r^{NT} 为碳纳米管半径（单壁管为1nm，多壁管为10nm）；V_{NT} 为碳纳米管的体积分数（单壁管为0.171%，多壁管为0.138%）。碳纳米管的密度可依据已知的石墨密度（2.25g/cm^3）和供应商提供的碳纳米管直径（单壁管的外径为2nm，内径为1.66nm；多壁管外径为20nm，内径为17nm）估算。环氧树脂的密度约为1.2g/cm^3。

为了预估石墨烯增强复合材料的模量，将石墨烯片考虑成一个等效的长方形固体填充物，其宽度、长度和厚度分别为 W、L 和 t。对石墨烯增强纳米复合材料，Halpin-Tsai 方程可被修正为如下方程[48]：

$$E_c=\frac{3}{8}E_M\frac{1+\xi\eta_L V_{eff,fib}}{1-\xi\eta_L V_{eff,fib}}+\frac{5}{8}E_M\frac{1+\eta_W V_{eff,fib}}{1-\eta_W V_{eff,fib}} \tag{4-10}$$

$$\eta_L=\frac{(E_{eff,fib}/E_M)-1}{(E_{eff,fib}/E_M)+\xi} \tag{4-11}$$

$$\eta_W=\frac{(E_{eff,fib}/E_M)-1}{(E_{eff,fib}/E_M)+2} \tag{4-12}$$

式中，E_c 为纳米复合材料的弹性模量；$V_{eff,fib}$ 为等效填充物的体积分数；$E_{eff,fib}$ 和 E_M 为等效填充物和基体的模量，$E_{eff,fib}$ 可以假定为石墨烯的模量（约1.1TPa）；参数 ζ 为等效填充物的几何因子。根据长方形填充物的 Halpin-Thomas 理论，该几何因子如下式所示：

$$\zeta=2\left[\frac{(W+L)/2}{t}\right] \tag{4-13}$$

式中，L、W 和 t 分别为石墨烯的平均长度、宽度和厚度。假定 $V_{eff,fib}=V_{GPL}$。并将式(4-11)～式(4-13) 代入式 (4-10)，最后得到：

$$E_c=\frac{3}{8}E_M\frac{1+[(W+L)/t]\left[\frac{(E_{GPL}/E_M)-1}{(E_{GPL}/E_M)+(W+L)/t}\right]V_{GPL}}{1-\left[\frac{(E_{GPL}/E_M)-1}{(E_{GPL}/E_M)+(W+L)/t}\right]V_{GPL}}+\frac{5}{8}E_M\frac{1+2\left[\frac{(E_{GPL}/E_M)-1}{(E_{GPL}/E_M)+2}\right]V_{GPL}}{1-\left[\frac{(E_{GPL}/E_M)-1}{(E_{GPL}/E_M)+2}\right]V_{GPL}} \tag{4-14}$$

式中，E_c 为石墨烯纳米复合材料的弹性模量。为了将质量分数转换成体积分数，需预知石墨烯和环氧树脂的密度。对纤维增强复合材料，根据组成成分的密度可用下式计算：

$$V_{GPL}=\frac{\rho_c}{\rho_{GPL}}W_{GPL} \qquad \rho_c=\rho_{GPL}V_{GPL}+\rho_M V_M \tag{4-15}$$

式中，V_{GPL} 和 W_{GPL} 分别为石墨烯的体积分数和质量分数；V_M 为基体的体积分数；ρ_c 为纳米复合材料的密度；ρ_{GPL} 为石墨烯的密度；ρ_M 为基体的密度。重新整理式(4-15)，得到下列石墨烯的体积分数：

$$V_{GPL}=\frac{W_{GPL}}{W_{GPL}+(\rho_{GPL}+\rho_{M})(1-W_{GPL})} \tag{4-16}$$

4.3.2 均匀应力-均匀应变模型

均匀应力-均匀应变模型仅能给出复合材料模量的上限值和下限值。

文献［49］就刚性微粒对聚合物的增强作用和微粒增强剂对力学性能的影响进行了详细的讨论。微粒增强聚合物的弹性模量能很容易予以预测，只是获得的预测值是模量的上限和下限，而不是一个确定的值。这两个值分别相应于复合材料承受均匀应变和均匀应力的情况。

处于均匀应变下的复合材料，复合材料的弹性模量 E_c 由式(4-17) 确定：

$$E_c=V_pE_p+V_mE_m \tag{4-17}$$

或者

$$\frac{E_c}{E_m}=V_p\frac{E_p}{E_m}+V_m \tag{4-18}$$

式中，E_p 为微粒的弹性模量；E_m 为基体的弹性模量；V_p 和 V_m 为微粒和基体在复合材料内的体积分数（$V_p+V_m=1$）。

另一种情况考虑均匀应力，复合材料的弹性模量由式(4-19) 给出[8]：

$$\frac{1}{E_c}=\frac{V_p}{E_p}+\frac{V_m}{E_m} \tag{4-19}$$

重新安排后有：

$$\frac{E_c}{E_m}=\frac{E_p}{V_mE_p+V_pE_m} \tag{4-20}$$

这些方程式给出的微粒增强纳米复合材料的弹性模量值有较大的差异，尤其是当 $E_p \gg E_m$ 时，通常取性能的上限和下限。一般情况下，增强剂有不均匀的应力分布，微粒承受的既不是均匀应力也不是均匀应变。弹性模量值应该是在两个预测值之间。

没有获得预测模量的单值，是这一模型的重大不足。此外，该模型假定了所有填充物在复合材料中都有相同的取向，也没有考虑到填充物-基体间界面存在不完善结合的情况。

4.3.3 Mori-Tanaka 模型

Mori-Tanaka 模型[44]假定纤维和基体都承受相同的平均应变，预测复合材料的刚性张量。实际上，模型考虑了宏观平均应变和由相邻纤维引起的脉动应变，复合材料的刚性如下式所示：

$$\begin{aligned}C^{comp}=&C^m+f_f(C^f-C^m)[I+S^E(C^m)^{-1}(C^f-C^m)]^{-1}\times\\&\{f_mI+f_f[I+S^E(C^m)^{-1}(C^f-C^m)]^{-1}\}^{-1}\end{aligned} \tag{4-21}$$

式中，C^{comp}、C^m 和 C^f 分别为复合材料、基体和纤维的刚性矩阵；S^E 为复合材料、基体和纤维的柔度矩阵；f_m 和 f_f 分别为复合材料中基体和纤维的体积分数；I 为单元矩阵。

4.4 动态力学性能

动态力学行为是指在交变应力或交变应变作用下材料的力学响应，能给出力学性能（例如模量）与温度和应力交变频率之间的关系。常用的交变应力为正弦变化方式。动态力学分析简称 DMA（dynamic mechanical analysis）。

复合材料的动态力学分析能获得许多重要的力学性能参数，例如储能模量 E'、损耗模量 E''和力学损耗因子 $\tan\delta$ 以及它们与温度的关系。纳米复合材料的动态力学分析常用于探测纳米填充物对基体材料的增强作用。

储能模量表征材料在形变过程中由于弹性形变而储存的能量，由式(4-22)表达：

$$E'=\frac{应力}{应变}\cos\delta \tag{4-22}$$

损耗模量 E''是指因为材料的黏性形变而以发热的形式损耗的能量，由式(4-23) 表达：

$$E''=\frac{应力}{应变}\sin\delta \tag{4-23}$$

力学损耗因子是指损耗模量与储能模量的比值，如式(4-24) 所示：

$$\tan\delta=\frac{E''}{E'} \tag{4-24}$$

式中，δ 为当正弦交变应力施加于试样时，交变应变相对交变应力的滞后相位角。对理想的弹性体，应变对应力的响应是瞬间发生的，应变与应力同相位，$\delta=0$；对理想黏性体，应变响应滞后应力 90°相位角，$\delta=90°$。对大都属于黏弹性材料的聚合物，应变滞后于应力的相位角，δ 在 0°～90°。

纳米复合材料动态力学性能的测定可用于分析纳米填充物对基体材料的增强作用和复合材料的黏弹性质。

作为实例，图 4.22 给出了石墨烯/丁苯橡胶（SBR）纳米复合材料的 DMA 测试结果[50]。复合材料由溶液混合法制得。石墨烯的添加使弹性体的力学性能得到全面改善。拉伸试验得出，弹性模量、拉伸强度和撕裂强度都得到大幅增强。示意图显示了纯弹性体和其石墨烯纳米复合材料的储能模量和损耗因子［图 4.22(a)］以及损耗模量［图 4.22(b)］随温度的变化。从 $\tan\delta$ 曲线峰位置确定的玻璃化转变温度 T_g 提高了 4℃［石墨烯含量为 10.5%（体积分数)]。这是因为在动态力学形变过程中分子链的流动性降低了。在玻璃态和橡胶态区域储能模量有显著的增强。当石墨烯含量为 10.5%（体积分数）时，储能模量在玻璃态区增大为原值的约 3 倍（从 900MPa 增加到 2609MPa)，而在橡胶态区则增大为原值的约 7 倍（从 2.4MPa 增大到 18MPa)。在橡胶态区的这种显著改善表明基体分子链与石墨烯片有很强的相互作用。在橡胶态区，弹性体是软的，石墨烯的增强效果更为突出。损耗模量也表现出在橡胶态区比起在玻璃态区获得更大的改善。当石墨烯含量为10.5%（体积分数）时，在玻璃态区的损耗模量增大200%，而在橡胶态区则有10倍的增大。损耗模量来源于材料的黏弹行为有关于弹性体的塑性响应。在低于 T_g 温度以下，纳米复合材料既不会有塑性行为，也不会有黏弹行为，因为基体分子被“冻住”了。在较高温度下，石墨烯显现出对未“冻住”的基体分子有很强的增强作用。可见石墨烯片对弹性体的塑性和弹性性质都有杰出的增强作用。

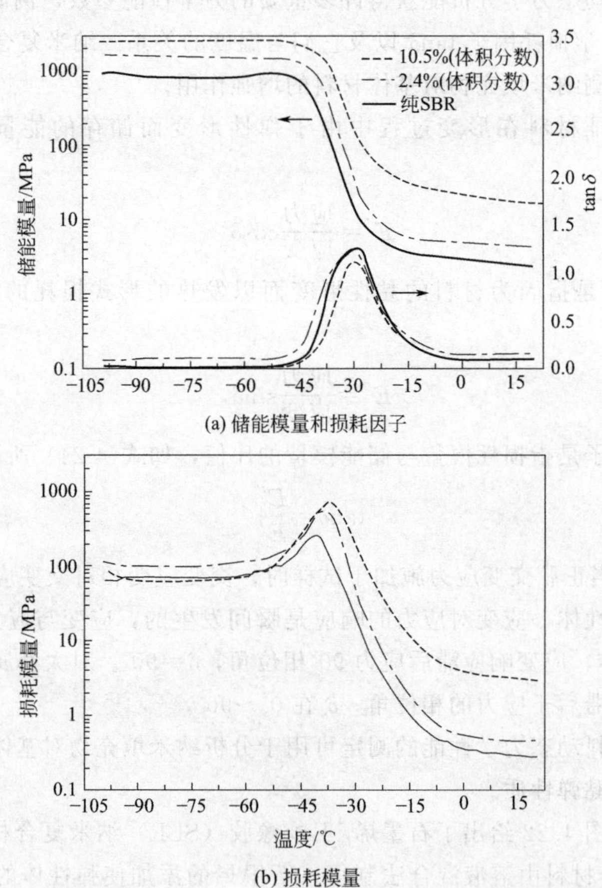

图 4.22 石墨烯/SBR 纳米复合材料的 DMA 测试

对刚性聚合物基石墨烯纳米复合材料氧化石墨烯/PMMA 的 DMA 测试结果如图 3.58 所示[51]。使用原位聚合法制备复合材料。拉伸试验表明，石墨烯片（化学改性石墨烯或氧化石墨烯）的添加改善了材料的拉伸力学性能。

作为实例。一组 DMA 试验采用的基本实验参数如下：试样为厚度约 0.2mm，宽度约 5mm 的薄膜；施加 0.01N 的预加拉伸负荷；动态负荷为 0.02%线性应变，频率为 1Hz；温度变化率为 2℃/min。

DMA 测试结果指出，不论添加化学改性石墨烯或是氧化石墨烯，与纯净 PM-

MA相比，复合材料的玻璃化温度都有相当程度的升高，模量也明显增大，确认了石墨烯的增强作用。这与拉伸试验的结果相一致。

4.5 抗压曲性能

石墨烯复合材料弹性模量的增强提示材料在压负荷下的压曲稳定性会得到改善。压曲是结构不稳定破坏的一种模式，是结构设计关切的一个主要问题之一。压曲既有关于结构的几何，也与结构材料的性质密切相关。对压负荷下的细长柱体，通常在材料允许应力达到之前压曲就会发生。轴向压曲负荷下柱体的最小临界负荷（即结构不稳定开始时的负荷）由Euler方程给出：

$$P_{\text{buckling}}=\frac{\pi^2 EI}{L_e^2} \tag{4-25}$$

式中，P_{buckling}为临界压曲负荷；E为柱体的弹性模量；L_e为柱体的有效长度；I为横截面的惯性矩（刚体绕轴转动的惯性）。有效长度决定于柱体的边界条件。对固定边界条件，有效长度等于柱体测量长度（标距长度）的一半。假定试样的长细比L_e/ρ约为45（ρ为柱体半径），大于临界长径比SR_c约为40，可以认为试样是细长的适用于Euler方程的柱体。长细比和临界长细比可用下式计算：

$$\frac{L_e}{\rho}=\frac{L_{\text{gage}}/2}{\sqrt{I/A}} \tag{4-26}$$

$$SR_c=\sqrt{\frac{E\pi^2}{\sigma_{pl}}} \tag{4-27}$$

式中，L_{gage}为测量长度；I为横截面的最小惯性矩；A为横截面的面积；σ_{pl}为材料的比例极限（应力）。从经典的Euler方程考虑，石墨烯增强剂添加入基体材料将增大试样的弹性模量，从而导致临界压曲负荷的相应增大。因此，可以期待压曲稳定性的增强正比于复合材料结构的刚性增强（亦即弹性模量的增强）。

下面阐述石墨烯/环氧树脂纳米复合材料的压曲试验的结果[25]。为了比较，也同时测试了环氧树脂和使用类似程序制得的单壁碳纳米管/环氧树脂和多壁碳纳米管/环氧树脂纳米复合材料试样。各个试样的夹距约90～100mm，宽约24.5mm，长约3.5～3.9mm。首先测定试样的拉伸曲线，拉伸试验的结果如图1.2所示。弹性模量值从该应力-应变曲线获得（图4.23），可用于Euler方程计算理论压曲负荷。做压曲试验时，单调增大试样的压缩位移（例如，约为0.1mm/min）。测得的典型负荷-位移响应如图4.24(a)所示，该曲线可用于确定压曲负荷。在压曲点，系统是不稳定的，位移的继续增加并不会使负荷增大。由于压曲负荷与试样几何形状有关，为便于比较，使用下式对从图4.24(a)测得的压曲负荷作适当的定标：

$$P_{\text{Buckling,Scaled}}=P_{\text{Buckling}}\frac{L^2}{L_{\text{ref}}^2}\times\frac{I_{\text{ref}}}{I} \tag{4-28}$$

式中，$P_{\text{Buckling,Scaled}}$为用于比较的定标压曲负荷；$P_{\text{Buckling}}$为实验测得的压曲负

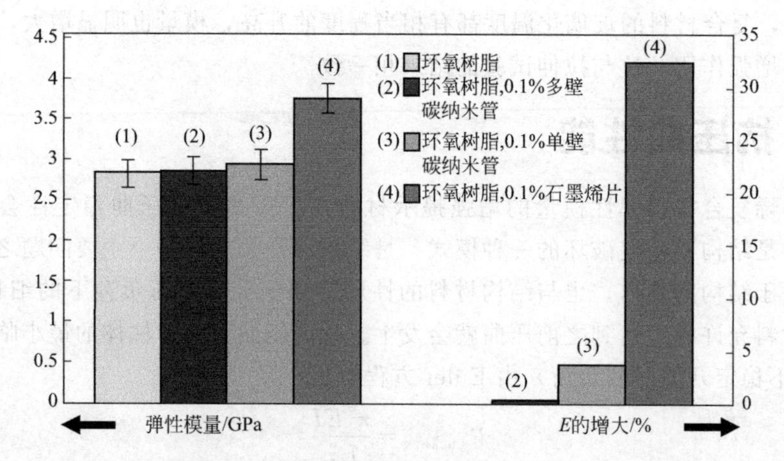

图 4.23 纯环氧树脂和环氧树脂基纳米复合材料弹性模量的比较

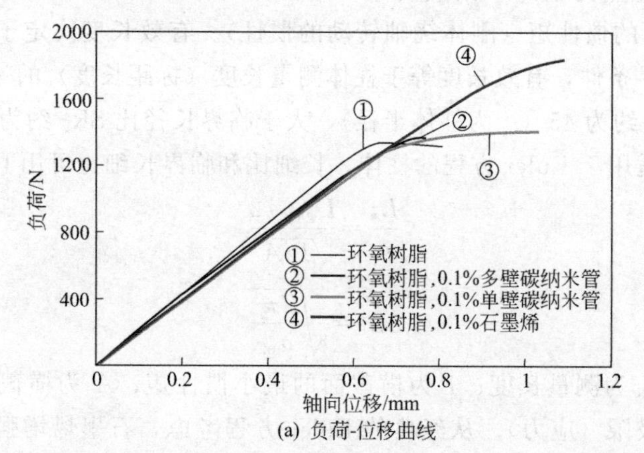

(a) 负荷-位移曲线

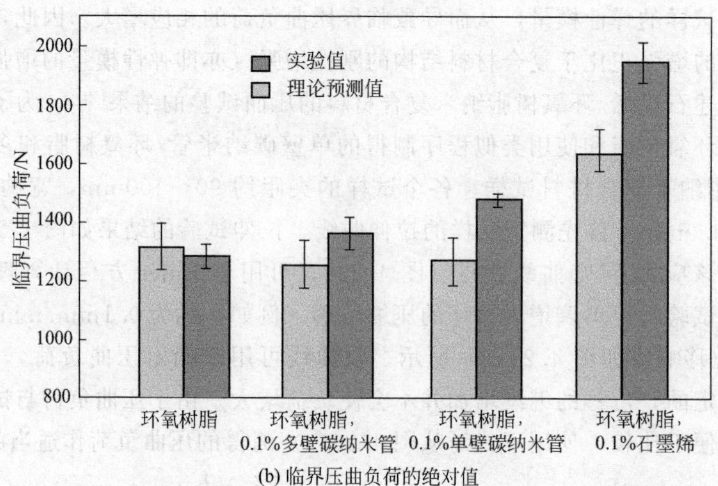

(b) 临界压曲负荷的绝对值

图 4.24 纯环氧树脂和环氧树脂基纳米复合材料的压缩力学性能

荷；L 为纳米复合材料的夹持长度；I 为纳米复合材料的惯性矩；L_{ref} 为参考物（纯净环氧树脂）试样的夹持长度；I_{ref} 为参考物（纯净环氧树脂）试样的惯性矩。使用基准环氧树脂的尺寸作参照定标压曲负荷，可对各试样的压曲大小直接作比较。对环氧树脂试样，平均定标压曲负荷与根据经典 Euler 方程［式(4-22)］和测得的拉伸模量（图 4.23）所预测的值相近［图 4.24(b)］。图 4.24(b) 表示一定量多壁纳米管剂的添加，使环氧树脂的平均定标压曲负荷有约 6.2%的增大。对单壁纳米管，临界压曲负荷增大约 15%。在相同的纳米填充物添加量下，石墨烯远优于碳纳米管，其临界压曲负荷增大约 52%。

根据经典 Euler 压曲方程，压曲负荷是材料几何和模量的函数。由于适当的定标，已经去除了几何参数的影响，因此，压曲负荷的增大只要考虑纳米复合材料相对基准环氧树脂弹性模量的增大。如此，可以想象对多壁碳纳米管、单臂碳纳米管和石墨烯的添加，基于弹性模量的增大（图 4.23），材料的压曲负荷分别有约 0.5%、4%和 32%的增大。然而，实验测得的临界压曲负荷的增大分别是 6.2%、15%和 52%。这一结果表明，碳纳米管和石墨烯的弹性模量在大压曲负荷下（更具体地说，在压曲开始时）比起拉伸负荷下要大得多。拉曼光谱术研究证实碳纳米管/环氧树脂纳米复合材料在压曲负荷下与拉伸负荷下相比，界面负荷传递得到增强[52]。当复合材料承受大压曲负荷时，与承受拉伸负荷时相比，拉曼峰频移有更大的偏移，表明在大压缩应力下纳米管束的负荷传递，与拉伸应力下相比有了改善。这能够从纳米管束的结构得到解释。当试样承受拉伸负荷时，由于纳米管束与环氧树脂相结合，仅仅纳米管束的周围表面能有效地传递负荷，管与管之间的弱结合对负荷传递几乎没有贡献。反之，当试样承受压缩负荷时，高压缩应力可能迫使聚合物渗入纳米管束内，引起聚合物与纳米管较大的相互作用区，从而改善了聚合物与纳米管束间的负荷传递。

对石墨烯，与碳纳米管相似，也观测到在压缩应力下负荷传递得到增强。典型的石墨烯片常由几片（如 3～4 片）组成。类似于纳米管束，在拉伸下只有外层的石墨烯对负荷传递有贡献，而在压缩下，负荷可能被各层石墨烯所分担。此外，考虑到在压缩应力下，石墨烯聚集体内的各个石墨烯层由于只有原子尺度的厚度，将发生弯曲形变。各个石墨烯层的弯曲形变将增加石墨烯片内各层间的摩擦锁合，从而使得石墨烯片内有较好的层对层负荷传递。总之，石墨烯复合材料在压曲稳定性的增强方面有着可观的潜力。

4.6 断裂韧性

4.6.1 韧性的定量描述

对于纳米复合材料力学性能的探索，除了应力-应变关系外，断裂韧性也是十分重要的。断裂韧性用来描述含有裂纹的材料阻抗断裂的能力，因而在材料的设计应用上至关重要。

工程材料的理论强度与实验测得的断裂强度总是存在偏差，通常认为这是由于材料中存在固有的裂纹或缺陷所致。在材料制作过程中，不可避免地会在内部或/和表面产生诸如微裂纹、微孔或层离等缺陷。结构部件在外力作用下，这些缺陷可能引发成裂纹，裂纹的发展将导致部件的最终破坏。因此，人们总是希望材料具有阻抗从这些缺陷引发的裂纹生成和成长的能力。断裂韧性定量地描述这种能力。具有高断裂韧性的材料能提供安全、可靠和长使用寿命的结构部件。

在外加负荷下，有三种基本的裂纹成长（扩展）模式，如图 4.25 所示[53]：模式Ⅰ拉伸；模式Ⅱ面内剪切（in-plane shear）；模式Ⅲ出面剪切（out-of-plane shear）。

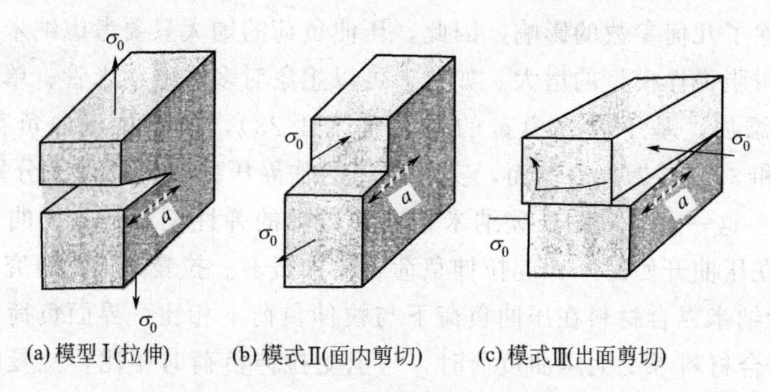

图 4.25 三种断裂模式示意图

材料的断裂韧性 K_c 由式(4-29) 给出：

$$K_c = Y\sigma_{oc}\sqrt{\pi \times a_c} \tag{4-29}$$

式中，Y 为由试样和裂纹几何决定的尺寸参数；a_c 是临界裂纹尺寸；σ_{oc} 为与临界裂纹尺寸相应的临界应力。对模式Ⅰ的负荷形式，标记以 K_{Ic}，亦称平面应变断裂韧性，定义为当施加应力为模式Ⅰ时含裂纹材料阻抗破坏的能力。K_{Ic}有关于模式Ⅰ下的临界能量释放率 G_{Ic}，G_{Ic}定义为当裂纹传播时每单位面积释放的能量，由下式给出：

$$G_{Ic} = \frac{K_{Ic}^2(1-\nu^2)}{E} \tag{4-30}$$

式中，ν 为材料的泊松比。应变能释放率决定了裂纹传播速率。

一典型的用于聚合物基复合材料断裂韧性测量的试样几何尺寸如图 4.26 和表 4.2 所示。试样中的单边预裂纹可用日常的锋利刀片获得。根据 ASTM 标准 D5045，应用下列方程计算断裂韧性 K_{Ic}：

$$K_{Ic} = \frac{P_{max}}{BW^{1/2}} f\left(\frac{a}{W}\right) \tag{4-31}$$

式中，P_{max}为拉伸试样负荷-位移曲线中的最大负荷；B 为试样厚度；W 为试样宽度；$f\left(\frac{a}{W}\right)$是与试样几何形状有关的参数，如式(4-32) 所示：

$$f\left(\frac{a}{W}\right)=\frac{\left\{\left(2+\frac{a}{W}\right)\left[0.886+4.64\left(\frac{a}{W}\right)-13.32\left(\frac{a}{W}\right)^2+14.72\left(\frac{a}{W}\right)^3-5.6\left(\frac{a}{W}\right)^4\right]\right\}}{\left(1-\frac{a}{W}\right)^{3/2}} \tag{4-32}$$

式中，a 为裂纹长度。

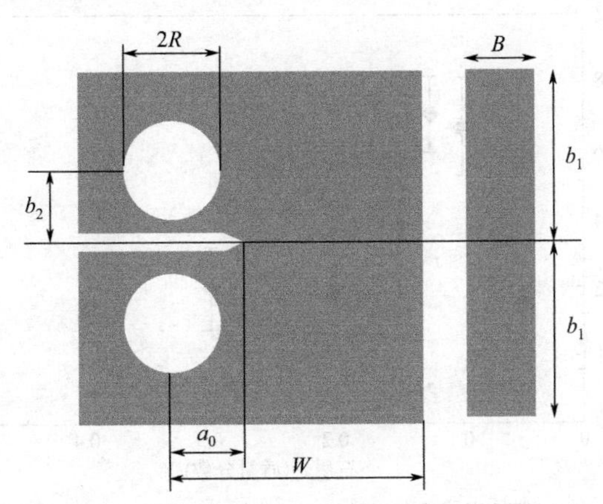

图 4.26　用于断裂韧性表征的拉伸试样几何形状

表 4.2　图 4.26 所示试样的尺寸大小

代号	名　称	尺寸/mm
W	宽度	25.4
L	总长度	31.75
$2\times b_1$	总宽度	30.5
$2\times b_2$	孔中心与裂缝平面间距离	13.97
R	半径	3.2
B	厚度	12.7
a_0	起始裂纹长度	5

4.6.2 环氧树脂基纳米复合材料

由于固化的环氧树脂有高交联密度，使得在断裂过程中只有很低的能量吸收，这种聚合物对断裂和疲劳的阻抗能力是令人不满意的，表现出典型的脆性材料特性。人们已经努力探索使用各种不同纳米材料，例如碳纳米管和其他无机纳米颗粒（如 Al_2O_3、TiO_2、SiO_2 和纳米黏土等），增强它的韧性。石墨烯由于其优异的力学和物理性质以及二维的几何形状自然成为重要的侯选者。研究表明石墨烯作为这种聚合物材料的增韧剂已经显示了其特有的优越性。

图 4.27 为一种环氧树脂基石墨烯纳米复合材料的断裂韧性 K_{Ic}随石墨烯含量的变化[54]。复合材料使用溶液共混法制备，为了有良好的分散，预先对石墨烯片作氧功能化处理。图中可见，添加 0.125%（质量分数）石墨烯，断裂韧性增大 65%（由约 1.03MPa・$m^{1/2}$增大到约 1.75MPa・$m^{1/2}$）。石墨烯含量的进一步增加将使 K_{Ic}减小，当含量达到 0.5%时，K_{Ic}几乎等于纯环氧树脂的值。这可能是由

于石墨烯含量超过 0.125%（质量分数）后，分散性恶化了。碳纳米管在环氧树脂中的分散性也观察到类似的情况，只是在碳纳米管的含量高得多时（大于 5%）才发生分散性才变差。研究表明，碳纳米管、纳米颗粒 Al_2O_3、TiO_2、SiO_2 和纳米黏土等都能用于环氧树脂的增韧，但有的难以达到大的增韧百分比，有的则需要高得多的添加量，例如，是石墨烯添加量的几十倍，甚至百余倍。

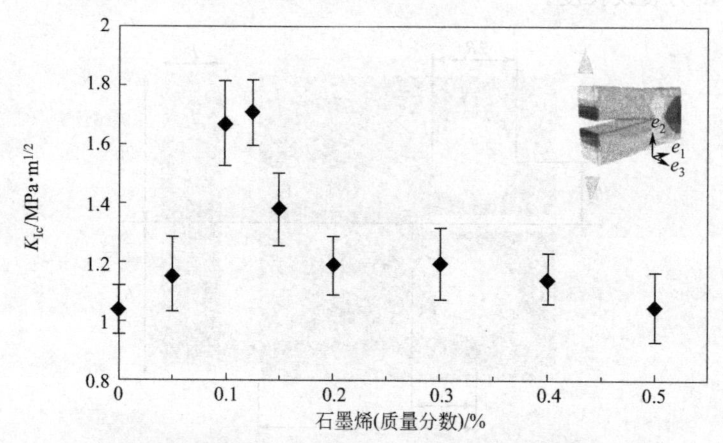

图 4.27 石墨烯/环氧树脂纳米复合材料断裂韧性与石墨烯含量的关系（插入图为拉伸下裂纹扩展示意图）

依据实验测得的拉伸模量 E 和断裂韧性 K_{Ic}应用方程式(4-30) 可以计算临界能量释放率（断裂能）。图 4.28 为断裂能 G_{Ic} 随石墨烯含量的变化。从图中可见，环氧树脂的断裂能约为 325J/m^2，是典型的脆性聚合物（脆性聚合物的 G_{Ic}应小于 500J/m^2）。添加 0.125%（质量分数）石墨烯的纳米复合材料断裂能约 700J/m^2，增大约 115%。石墨烯/环氧树脂纳米复合材料的临界能释放率接近于脆性金属，后者的 G_{Ic} 典型值在800～2000J/m^2 范围内。

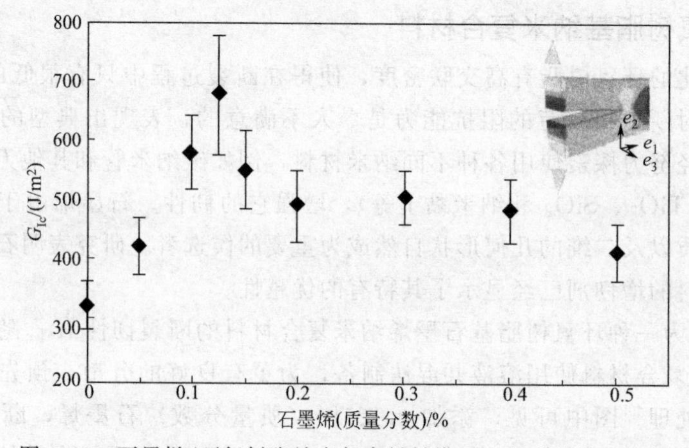

图 4.28 石墨烯/环氧树脂纳米复合材料模型Ⅰ断裂能与石墨烯含量的关系（插入图为拉伸下裂纹发展示意图）

相同添加量［约0.1%（质量分数）］下，单壁碳纳米管/环氧树脂、多壁碳纳米管/环氧树脂复合材料和石墨烯/环氧树脂复合材料的断裂韧性和断裂能的比较见图4.29。相比纯环氧树脂，复合材料断裂韧性的增大分别为约14%、20%和53%，断裂能的增大分别为约45%、66%和126%。显然，石墨烯的增韧能力显著优于碳纳米管。

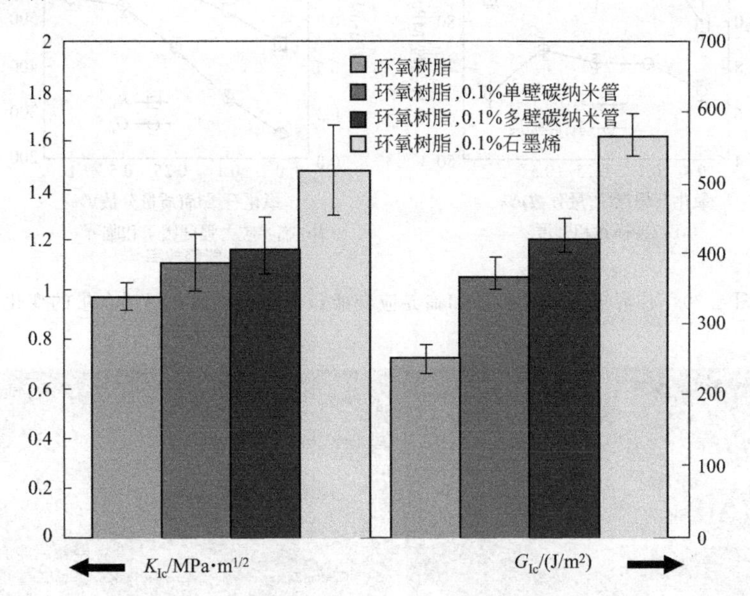

图4.29 环氧树脂和各种纳米复合材料的模型Ⅰ断裂韧性和模型Ⅰ断裂能

有报道指出[55]，与原材料相比，氧化石墨烯的添加使环氧树脂基纳米复合材料（使用溶液共混法制备）临界应力强度因子（K_{Ic}）有28%～63%的增大，临界应变能释放率（G_{Ic}）有29%～111%的增大。图4.30显示K_{Ic}和G_{Ic}随氧化石墨烯含量的变化[55]。在氧化石墨烯含量0.5%（质量分数）以下，随含量的增大韧性改善的程度很明显。然而，在含量达到1.0%（质量分数）后，对韧性的改善趋于饱和。氧化石墨烯添加量从0.5%（质量分数）增加到1.0%（质量分数），K_{Ic}仅增大了约1%。试样断裂面的SEM显微图显示环氧树脂与复合材料有不同的形态学结构，如图4.31所示。图中可见，环氧树脂断裂面显现典型的镜面形貌［图4.31(a)］，是脆性材料断裂面的特征形态[56]。图中显示了缺口、预裂纹和裂缝传播区域的表面形态。复合材料断裂面［图4.31(b)、图4.31(c)和图4.31(d)］未见在纤维或碳纳米管复合材料断裂面中常常出现的纤维拉出（pull-out）、裂纹搭桥和脱结合等增韧的证据[57～60]。然而，复合材料断裂面显示了粗糙而多台阶的形貌［图4.31(b)和图4.31(c)］，表明氧化石墨烯片已经对传播中的裂纹产生了转向作用。这个过程导致离面负荷并产生了新的断裂表面，从而继续断裂就需要增加应变能。SEM显微图中还能观察到裂纹钉扎的证据［图4.31(d)箭头所示］。当裂纹传播过程中遇到不能穿过的障碍物时则发生裂纹钉扎，这也是增韧的机制之一。纳米尺度大小的颗粒和纤维并不发生裂纹钉扎，因为它们的尺寸太小，而石墨烯片的横向尺度则能达到与裂纹前沿尺寸相当的微米级，具备发生裂纹钉扎的条件。

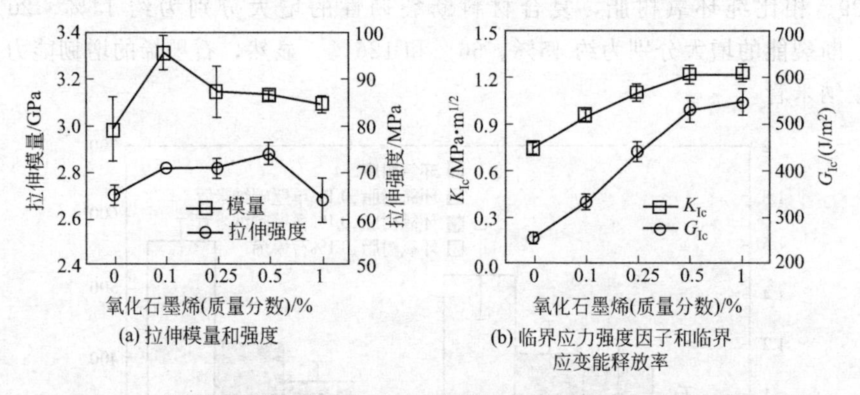

(a) 拉伸模量和强度

(b) 临界应力强度因子和临界应变能释放率

图 4.30　临界应力强度因子和临界应变能释放率随氧化石墨烯含量的变化

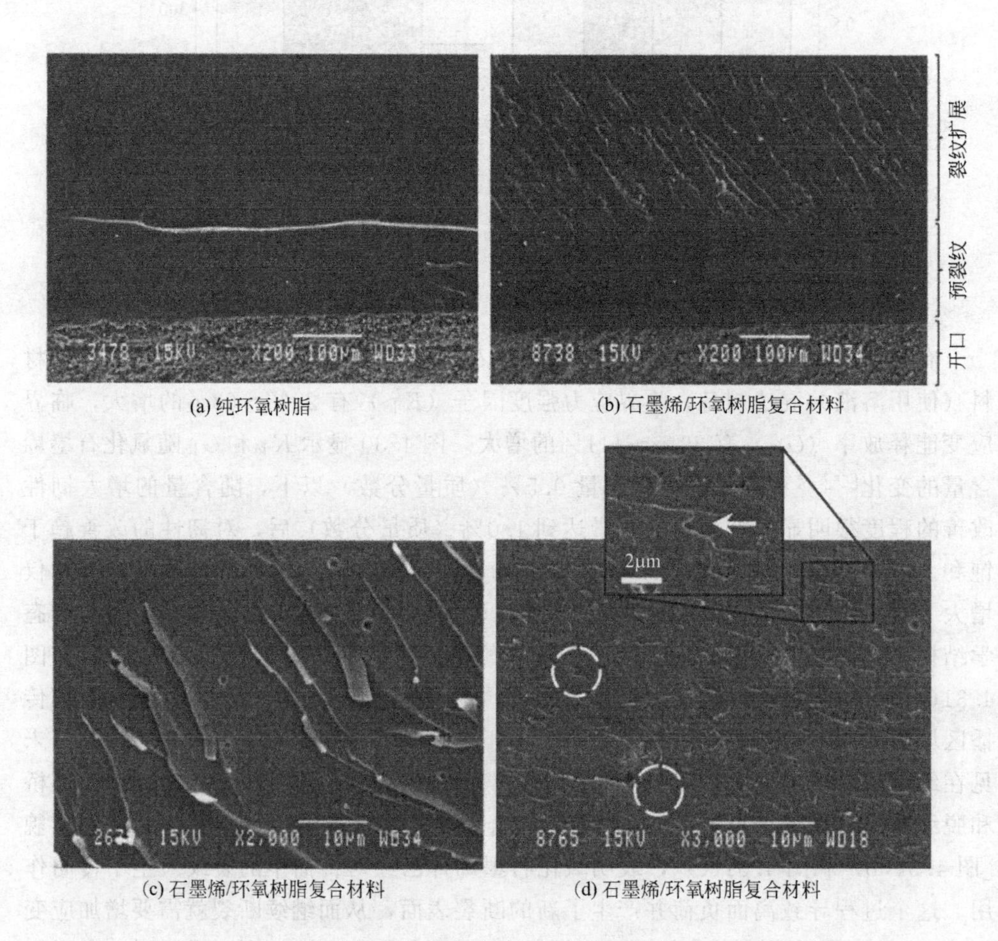

(a) 纯环氧树脂

(b) 石墨烯/环氧树脂复合材料

(c) 石墨烯/环氧树脂复合材料

(d) 石墨烯/环氧树脂复合材料

图 4.31　环氧树脂和石墨烯/环氧树脂纳米复合材料开口裂纹拉伸试验断裂面的 SEM 电子显微像

4.6.3 聚酰胺基纳米复合材料

有报道称很少量石墨烯的添加能显著提高聚酰胺12的韧性[61]。使用功能化石墨烯（氧化石墨烯）作增韧剂，熔融共混法制备纳米复合材料试样。试验得出，很少量石墨烯的添加使材料的极端拉伸强度、断裂伸长、冲击强度和韧性都有大幅提升。例如，使用0.6%（质量分数）功能化石墨烯可使聚酰胺的极端拉伸强度和断裂伸长分别增大了约35%和200%。图4.32显示典型的应力-应变曲线，反映了很少量石墨烯的加入除去增大拉伸强度外，材料的韧性也得到增强，最直接的证据是断裂伸长的增大。但过量的石墨烯添加，例如3%（质量分数），反而使材料变脆。

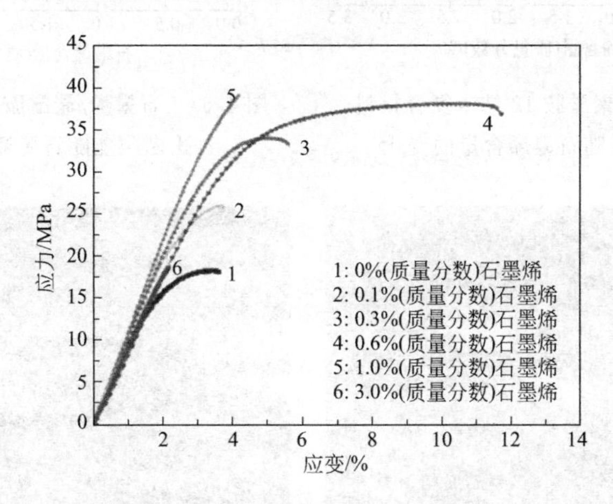

图4.32 石墨烯/聚酰胺12纳米复合材料的应力-应变曲线

图4.33为模型Ⅰ断裂韧性的测试结果[61]。添加0.6%（质量分数）功能化石墨烯使材料的断裂韧性 K_{Ic} 增加了72%（从约1.28MPa·m$^{1/2}$增大到2.2MPa·m$^{1/2}$），更多的添加则使 K_{Ic} 值减小。对试样冲击强度试验的结果如图4.34所示。添加0.6%（质量分数）功能化石墨烯使聚酰胺的冲击断裂能增加175%。冲击断裂能的改善也是聚酰胺能量分散能力增强的证据，能量分散能力越强意味着系统的韧性越强。显然，0.6%（质量分数）是改善聚酰胺12韧性的石墨烯最佳浓度。更高的浓度可能导致石墨烯的聚集，成为应力集中区，降低能量分散能力，最终引起韧性的降低。

研究基体聚合物结晶大小随石墨烯含量的变化是从另一个角度分析韧性的演变规律。图4.35为聚酰胺12及其纳米复合材料的偏振光光学显微图[61]。聚酰胺有较大的晶粒［图4.35(a)］，添加0.6%（质量分数）功能化石墨烯后，平均晶粒明显减小［图4.35(b)］，添加量更大时（1%和3%），晶粒又开始增大［图4.35(c)和图4.35（d)］。平均晶粒的增大将使石墨烯的分散性恶化，影响石墨烯的增强和增韧效果。一般认为，减小晶粒尺寸有利于提高聚合物的韧性[62,63]。试样的XRD和FTIR分析也表明添加0.6%（质量分数）功能化石墨烯的最有利于增加聚酰胺的韧性。图4.36为试样的XRD测试结果。衍射花样中位于 $2\theta=5.5°$ 和 $21.5°$ 的两

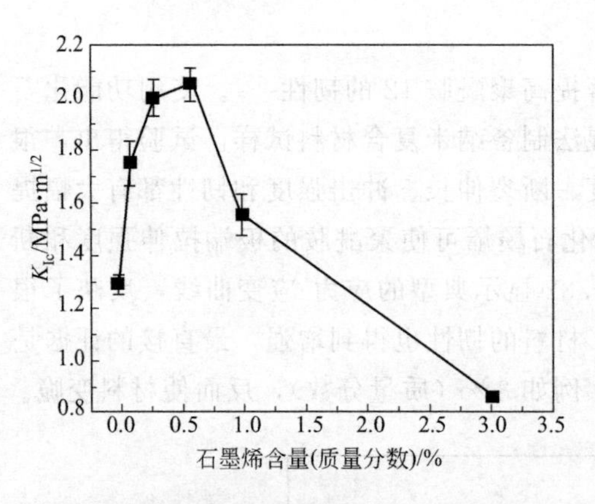

图 4.33 石墨烯/聚酰胺 12 纳米复合材料模型Ⅰ断裂韧性随石墨烯含量的变化

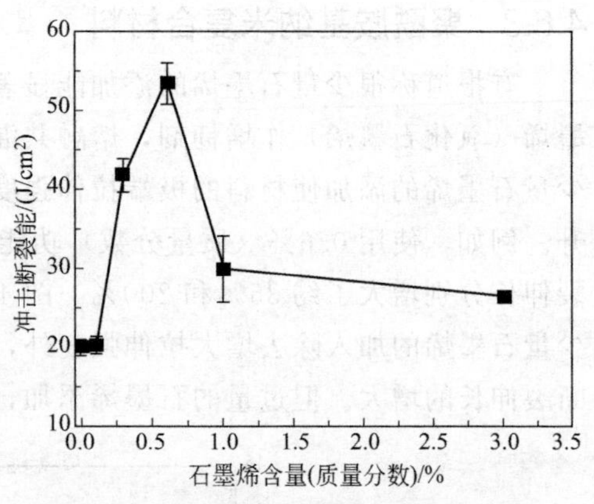

图 4.34 石墨烯/聚酰胺 12 纳米复合材料冲击断裂能随石墨烯含量的变化

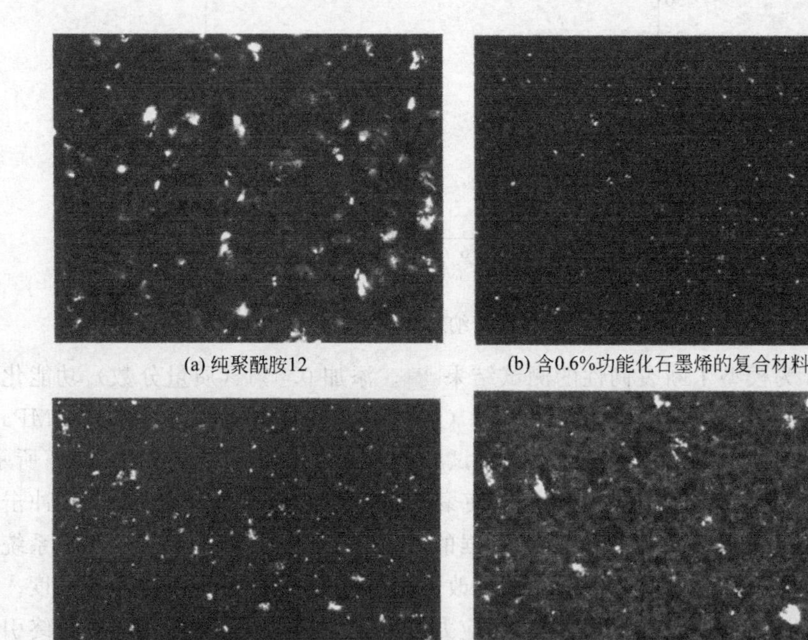

(a) 纯聚酰胺12
(b) 含0.6%功能化石墨烯的复合材料
(c) 含1%功能化石墨烯的复合材料
(d) 含3%功能化石墨烯的复合材料

图 4.35 聚酰胺 12 及其复合材料的偏光光学显微图

个反射峰归属于半结晶聚酰胺 12 中的 γ 相。从图中可见，添加 0.6%（质量分数）功能化石墨烯使试样具有最高的 γ 相反射峰，表明复合材料中 γ 相的增多。随着石墨烯添加量增大，γ 相减少了。这意味着加强了材料的脆性行为，因为在聚酰胺 12 中 γ 相是韧性晶体。因此，可以得出结论，随着 γ 相含量的增大和结晶尺寸的减小，聚酰胺 12 的韧性得到增强。FTIR 的测试结果如图 4.37 所示。光谱显示了分别位于 663cm^{-1}和 621cm^{-1}的特征 α 和 γ 峰。对峰强度的分析给出了与上述结论一致的结果。

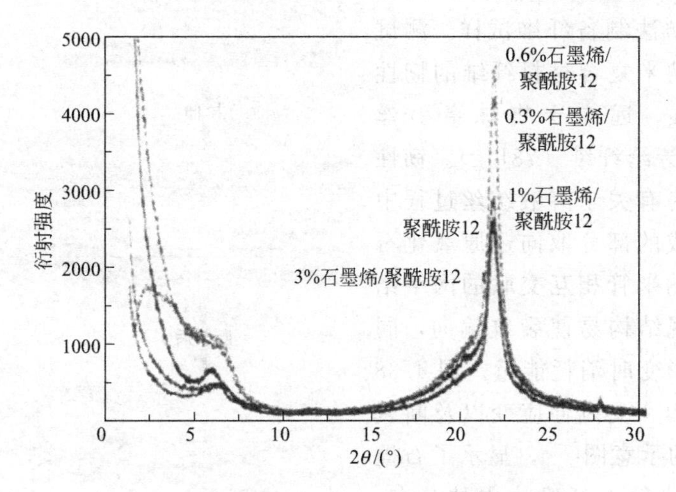

图 4.36 聚酰胺 12 及其复合材料的 XRD 曲线

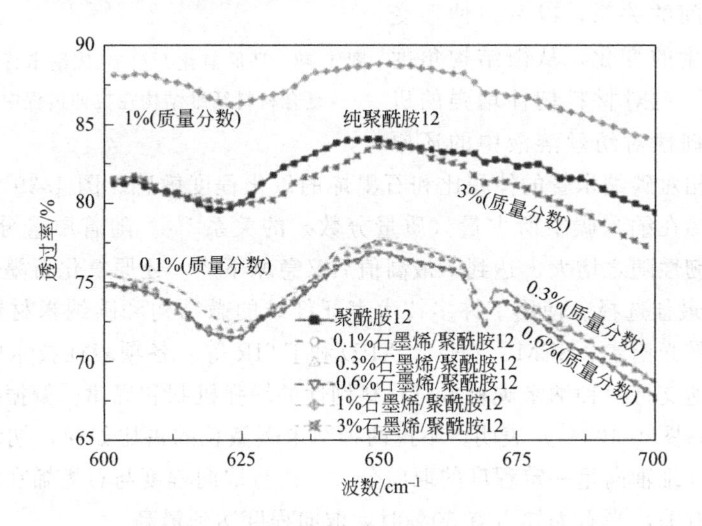

图 4.37 聚酰胺 12 及其复合材料的 FTIR 光谱

使用石墨烯增韧聚酰胺 12 的试验也有报道给出不同的结果[64]。增韧剂是纯石墨烯，也用熔融共混法制备试样。测试结果得出石墨烯的增韧效果远低于碳纳米管，几乎未见石墨烯对聚酰胺 12 的增韧作用。不同试验得出不一致的结果是正常的现象，因为增强和增韧效果取决于很多因素，例如使用的原材料和制备工艺都直接影响石墨烯在基体聚合物中的分散和聚合物的微观结构，从而影响复合材料的最终力学性能。

4.6.4 石墨烯/碳纳米管/PVA 纳米复合材料

高强、高韧又轻的聚合物纤维是许多应用领域所希望获取的材料。据报道[65]，一种同时使用还原氧化石墨烯和碳纳米管增韧聚合物纤维的试验获得了很好的结果。基体聚合物为聚乙烯醇，使用溶液湿纺法制备纤维试样。测试得出，这种纳米复合材料纤维的韧性接近 1000J/g，远高于蜘蛛牵引丝（165J/g）和芳纶纤维（78J/g）。韧性的增强被认为有关于溶液纺丝过程中纤维内部形成的部分取向还原氧化石墨烯以及碳纳米管相互交联的网络结构。这种微观结构易使裂纹偏向，同时在聚合物形变时消耗能量。图 4.38 是纤维微结构和受拉伸应变以及断裂后结构变化的示意图[65]，显示了石墨烯片和碳纳米管在纤维体中的分布、取向和相互间的关系，以及拉伸形变和断裂后发生的变化，从微结构角度解释了纳米微粒对材料韧性增强的机制。纤维的韧性对纺丝溶液中的还原氧化石墨烯相对碳纳米管的体积比和石墨烯的氧化程度敏感。图 4.39 为韧性与还原氧化石墨烯在纳米碳中所占量（质量分数）的关系[65]。随着质量分数的增大，复合材料的韧性随之增大，达到一最高值后又急剧下降。还原氧化石墨烯占纳米微粒的 50%是最佳选择。使用了许多技术表征纤维的微结构和碳纳米材料的相互作用，包括拉曼光谱术、SEM、TEM、XRD 和 FTIR 等。各项表征技术的测试结果都或强或弱地支持两种纳米碳材料对材料韧性的增强机制和规律。偏振拉曼光谱术的测试结果（图 4.40[65]）表明，不论两种纳米碳微粒的占比如何，纳米碳微粒在纤维内都沿纤维轴向呈一定程度的取向分布，而且取向程度与石墨烯在纳米微粒中所占百分比有关，当石墨烯占有 50%时，取向程度达到最高。

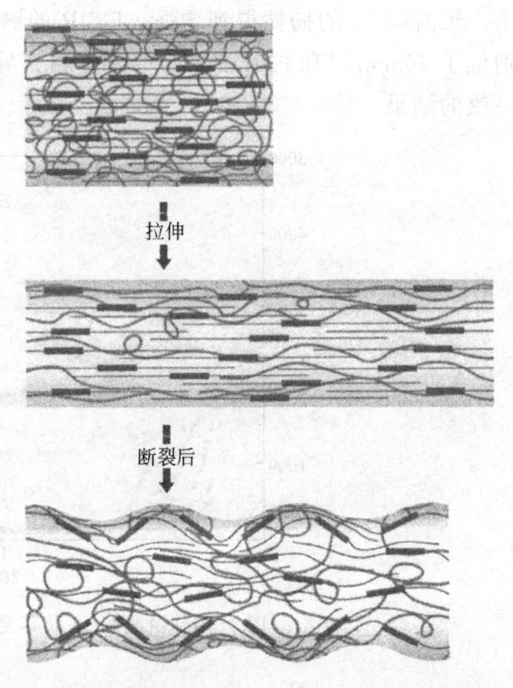

图 4.38　还原氧化石墨烯/碳纳米管/PVA 纳米复合材料纤维结构在拉伸过程中的变化

图 4.40 的纵坐标中 $G_{\parallel}$ 和 $G_{\perp}$ 分别是指当入射光的偏振方向平行于和垂直于纤维轴向时纳米碳拉曼光谱 G 峰的强度。它们的比值对碳纳米管相对纤维轴向的取向很敏感，可用于表征碳纳米微粒的取向[36,37,66]。图中显示，$G_{\parallel}$ 相对 $G_{\perp}$ 的比值随石墨烯所占百分比的增加而增大，在占比为 1∶1 时，达到最高值，表示沿纤维轴向的取向程度最大，随后下降。这种规律与韧性大小的变化规律相一致。

4.6.5　高强度、高韧性纳米复合材料

聚合物基纳米复合材料的强度和韧性往往难以同时满足人们的要求，结构设计人员常常不得不采取折中的平衡方案。这是因为在设计和制备复合材料时，努力使

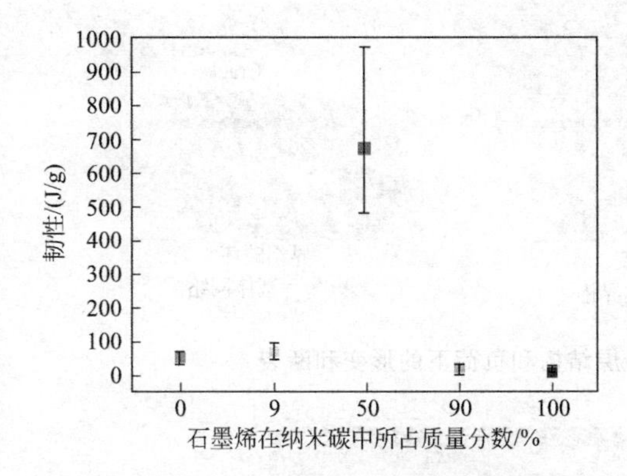

图 4.39 还原氧化石墨烯/碳纳米管/PVA 纳米复合材料的韧性随还原氧化石墨烯在纳米碳中所占百分比的变化

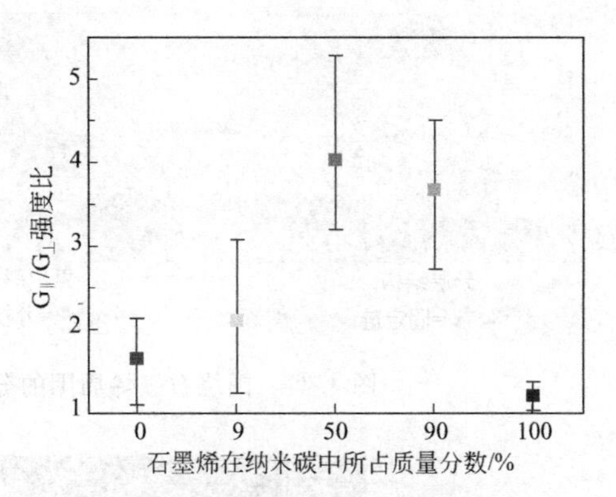

图 4.40 还原氧化石墨烯/碳纳米管/PVA 纳米复合材料 G 峰强度比 $G_{\parallel}/G_{\perp}$ 随还原氧化石墨烯在纳米碳中所占百分比的变化

增强用纳米微粒与基体聚合物间发生强界面结合固然有利于应力传递，从而获得材料的高强度。然而，由此却使得流动性变差，在一定程度上限制了聚合物分子链段的流动和层间滑移，不利于形变时的能量耗散，表现为低韧性。增强纳米微粒与基体聚合物之间适当的界面结合可能是解决这一问题的关键所在。

一种特别设计的界面结构给出了较佳的结果，即在石墨烯与环氧树脂之间形成分层柔性界面［参阅图 3.33(b)］[67]。首先将长链芳香胺共价接枝于石墨烯片表面，随后制得石墨烯/环氧树脂纳米复合材料。测试表明，加入 0.6%（质量分数）的胺功能化石墨烯的复合材料，与原材料相比弯曲强度提高了 91.5%，断裂韧性提高了 93.8%。高强度同时又有高韧性关键在于长链芳香胺接入石墨烯片。它们对环氧树脂复合材料多层结构的形成起了多种作用：①促进石墨烯纳米片的剥离和在环氧树脂中的分子级分散；②充当石墨烯片与环氧树脂网络之间的连接，有利于负荷传递；③调节石墨烯片周围的化学计量比，构建分层结构，有利于断裂时耗散更多的应变能。图 4.41 显示石墨烯片周围的分层结构和负荷下的形变和断裂情形[67]。石墨烯的富胺表面能在石墨烯与基体之间构建分层的柔性界面相。最接近表面的接枝层具有线型结构，分子链段的流动性受到限制，在界面中充当负荷传递的作用（利于增强）。然而，对位于接枝层和基体之间的链段，它们受到石墨烯片和基体的约束较少。这有利于增强石墨烯片在基体中的流动性和形变过程中的能量耗散（利于增韧）。试样断裂面的 SEM 显微图如图 4.42 所示[67]。图 4.42(a) 和图 4.42(b) 显示一条扩展过程中的裂纹不同位置的图像，图 4.42(c) 和图 4.42(d) 是为了观察细节的放大像。一个值得重视的情况是观察到断裂过程中被环氧树脂包裹的石墨烯被拉出的迹象，表明断裂可能并不发生在石墨烯与环氧树脂之间的界面，而是发生在界面附近的基体材料中。

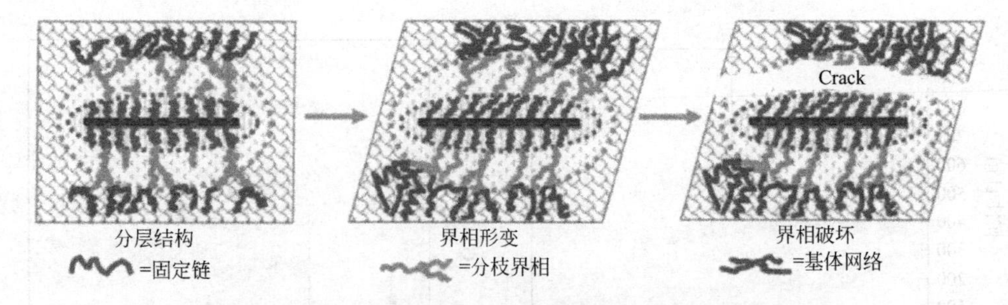

图 4.41　围绕石墨烯周围的分层结构和负荷下的形变和断裂

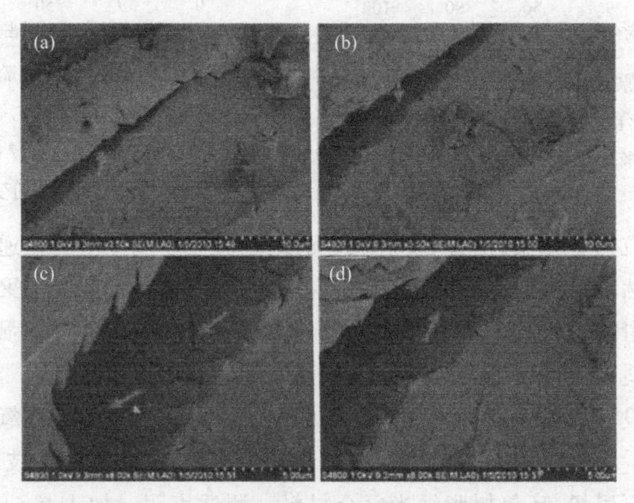

图 4.42　石墨烯/环氧树脂纳米复合材料中的裂纹和石墨烯片的拉出
（4 幅 SEM 像显示裂纹的不同部位或不同放大倍数）

仿生学研究认为，天然生物材料骨骼的高强度和高韧性来源于生物分子的牺牲键和隐藏长度。文献［15］报道了一种特殊设计的界面结构，它包含了牺牲键和隐藏长度，能使弹性体（聚氨酯）基石墨烯纳米复合材料同时获得高强度和高韧性。力学测试得出，添加 2%（质量分数）功能化石墨烯使断裂强度、拉伸模量和韧性分别增大 50.7%、104.%和 47.3%，而且，断裂伸长率几乎不变。图 4.43 为纯聚氨酯及其纳米复合材料的拉伸应力-应变曲线[15]。纳米微粒的添加并没有减小断裂伸长率。图中插图是拉伸中的试样照片，显示试样被拉伸至原长度的 9 倍仍未断裂。约 47.3%的韧性增大和 900%的断裂应变是很值得关注的。这归因于对界面结构的巧妙设计，关键点在于构建了牺牲键和隐藏长度于石墨烯与聚氨酯的界面之中。石墨烯的共价和非共价功能化实现了这一设计。石墨烯片表面的残余 OH^- 基和环氧基能够使聚氨酯的低聚物链共价结合到石墨烯片上，这些聚氨酯的低聚物链隐藏在界面中。非共价结合聚氨酯低聚物链则通过 π-π 相互作用发生在石墨烯与芘环之间，形成牺牲键。图 4.44 显示负荷下牺牲键和隐藏长度所起的作用[15]。π-π 相互作用（牺牲键）的破坏和隐藏长度的释放（聚氨酯低聚物链与聚合物链之间氢键的解体）使得复合材料显现出高韧性和几乎与纯净聚氨酯相同的延伸性（断裂应变大于900%）。

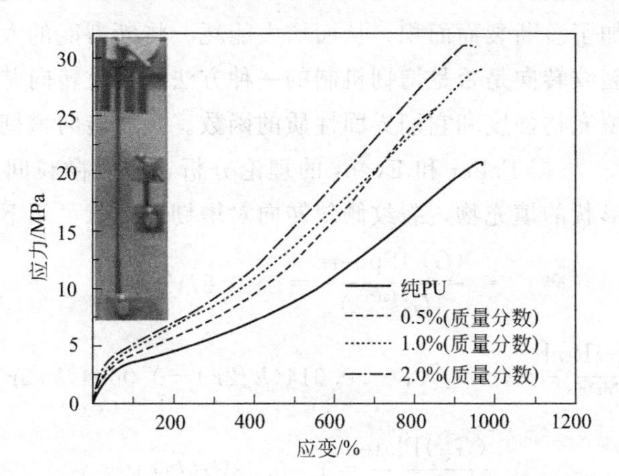

图 4.43　纯聚氨酯及其复合材料的拉伸曲线

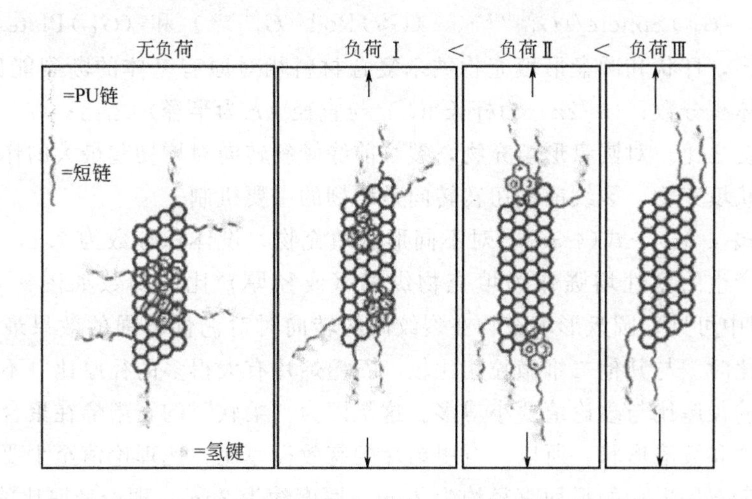

图 4.44　石墨烯/聚氨酯复合材料力学试验中牺牲键的断裂和隐藏长度的释放

4.7 增韧机制

有多种机制能使石墨烯填充物增强聚合物的断裂韧性，主要有下列几种：裂纹转向（crack deflection）；裂纹钉扎（crack pinning）；脱结合（debonding）和拉出（pull-out）；纤维搭桥（fiber bridging）；微开裂（microcracking）；塑性区分枝（plastic-zone）和裂纹尖端变钝（crack tip blunting）等[53]。

4.7.1 裂纹转向

对石墨烯纳米复合材料，在纳米填充物界面的裂纹转向是增大能量耗散的一个重要来源。当裂纹前缘遭遇一第二相物质时，它有两种方式继续前行：“切开”它和绕过它（亦即偏离原来的轨迹）。裂纹穿过脆性填充物并不能改善聚合物的韧性，因为在脆性破坏时能量耗散不大。但是，如果裂纹倾斜或扭转绕过纳米微粒，裂纹将改变方向，增加了总断裂面面积，从而增大能耗。将断裂能的大小与断裂面粗糙度相联系是确认裂纹转向是否是增韧机制的一种方法。裂纹转向并因此增大断裂韧性是基体强度、填充物强度和它们界面性质的函数。裂纹转向增韧机制的理论研究早期已有报道[68]。根据 Faber 和 Evans 的理论分析，假定微粒间距不变和尺寸均匀，对不同几何形状的填充物，裂纹倾斜转向对增韧的贡献可用下式计算：

$$\frac{(G_C^t)\text{Sphere}}{(G_C^{\text{Matrix}})}=1+0.87V_f \tag{4-33}$$

$$\frac{(G_C^t)\text{Rod}}{(G_C^{\text{Matrix}})}=1+V_f[0.6+0.014(h/2r)-0.0004(h/2r)^2] \tag{4-34}$$

$$\frac{(G_C^t)\text{Plate}}{(G_C^{\text{Matrix}})}=1+0.28V_f(l/t) \tag{4-35}$$

式中，$(G_C^t)\text{Sphere}/(G_C^{\text{Matrix}})$、$(G_C^t)\text{Rod}/(G_C^{\text{Matrix}})$ 和 $(G_C^t)\text{Plate}/(G_C^{\text{Matrix}})$ 分别是球形，杆状和圆盘形填充物纳米复合材料相对原有基体的断裂能比；V_f 为填充物的体积分数；$(h/2r)$ 为杆长（h）与直径（r 为半径）之比；(l/t) 为片的直径与厚度之比。对圆盘形填充物，裂纹前缘倾斜转向对增韧起最大的作用；而对球形和杆状填充物，裂纹前端扭转转向是增韧的主要机制。

根据式(4-33)～式(4-35)，对不同形状填充物，设体积分数为 0.1，由于裂纹倾斜转向产生的韧性增强作为填充物纵横（或径厚）比的函数如图 4.45(a) 所示[53]。图中可见，圆盘形填充物在裂纹倾斜转向时对韧性增强的效果最大，尤其在大径厚比时。与其他二维微粒相比较，石墨烯片有大得多的径厚比。不过，石墨烯片真实的径厚比与理论值要小得多。这是因为“柔软”的石墨烯在聚合物基体中大都呈弯曲和波浪形状。所以，石墨烯片的有效径厚比，比理论值至少要小一个数量级。假定石墨烯片的平均直径约为 2μm，厚度约为 2nm，理论径厚比约为 1000。考虑到弯曲，在图 4.45(b) 中将径厚比减小为 100。在减小的径厚比下，Faber-Evans 模型显示出在约 0.125%（质量分数）以下，理论值与实验测定值之间有极佳的吻合，在这之后，实验值快速减低，这是因为石墨烯片的分散恶化。

4.7.2 裂纹钉扎

裂纹钉扎是一个有效的增韧机制，它以具有合适微粒间距的第二相来阻抗复合材料中裂纹的发展[69]。裂纹钉扎发生在传播中的裂纹遭遇到不能穿透的障碍物时，裂纹前缘在两个颗粒间弯曲，但仍然被颗粒牵制（图 4.46）。这种增韧机制在无机纳米颗粒增强环氧树脂纳米复合材料中很普遍。裂纹钉扎迫使裂纹前缘在纳米填充物之间弯曲，使复合材料断裂过程中增加能量耗散。裂纹在填充物之间弯曲增加了裂纹长度（图 4.46 中间图），从而增加了裂纹扩展所吸收的能量。钉扎裂纹构建了

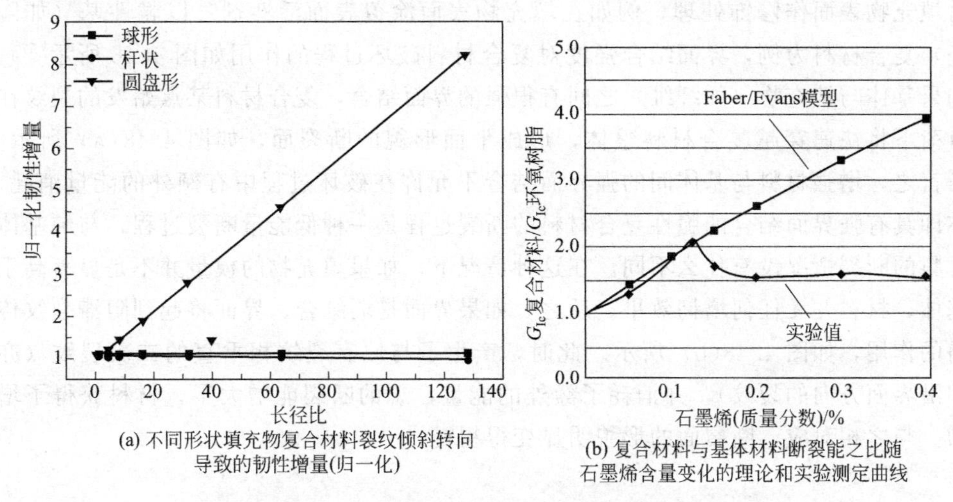

(a) 不同形状填充物复合材料裂纹倾斜转向导致的韧性增量(归一化)

(b) 复合材料与基体材料断裂能之比随石墨烯含量变化的理论和实验测定曲线

图 4.45 裂纹转向产生的断裂韧性增强

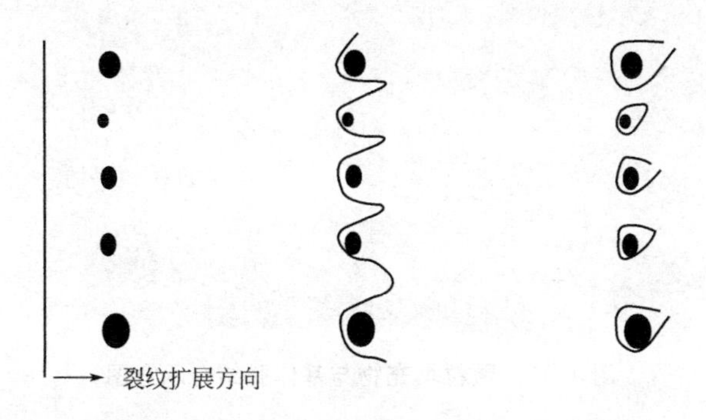

图 4.46 第二相颗粒钉扎裂纹前缘的示意图

新的（断裂）表面，并使二次裂纹成核形成拖尾样结构，如图 4.46 右边图所示，导致增大能量的吸收。纳米尺度颗粒或纤维增强复合材料中并不能产生裂纹钉扎，因为它们的尺寸太小不足以产生裂纹钉扎。但对微米尺度的二维石墨烯或氧化石墨烯，其尺寸已足以产生裂纹钉扎。

4.7.3 脱结合和拉出

在填充物与基体的界面结合足够强又不太强时，纳米填充物从基体脱结合或拉出，并随后在聚合物中形成塑性孔穴（图 4.47[53]），是复合材料至关重要的增韧机制。除了在脱结合和拉出过程中耗散能量外，也在脱结合和拉出之后聚合物的塑性变形中耗散能量。在纤维增强增韧复合材料中，这种增韧机制已经得到广泛研究[57,70,71]。实际上，要充分发挥这种机制的增韧作用，增强材料与基体的界面结合程度是关键因素。过强的界面结合，将导致裂纹穿过填充物（填充物破坏），不发生脱结合和拉出。过弱的界面结合则难以实现应力传递，填充物反而成为材料的缺陷，恶化了材料的力学性能。为了获得合适的界面结合强度，常常采取各种方法对填充物表面作修饰处理，例如在填充物表面涂覆表面活性剂。以脆性基（如陶瓷）复合材料为例，界面结合强度对复合材料破坏过程的作用如图 4.48 所示[57]。如果基体与填充物（如纤维）之间有很强的界面结合，复合材料某点始发的裂纹在负荷下将快速穿越复合材料整体，形成平面形貌的断裂面，如图 4.48(a) 所示。换言之，增强材料与基体间的强界面结合不允许在破坏过程中有额外的能量消耗，亦即具有强界面结合的脆性复合材料的断裂过程是一种低能量断裂过程，与纯基体材料的断裂情况没有什么不同。在这种情况下，如果填充物的模量并不是显著高于基体，材料并无任何增韧效果。反之，如果界面是弱结合，界面将起到阻滞裂纹传播的作用，如图 4.48(b) 所示。此时，产生了与原有裂纹相垂直的二次裂纹（亦即沿界面方向的裂纹），并消耗了额外的能量，总的断裂能增大了，材料获得了增韧。与之相对应，断裂面的形貌明显变得粗糙。

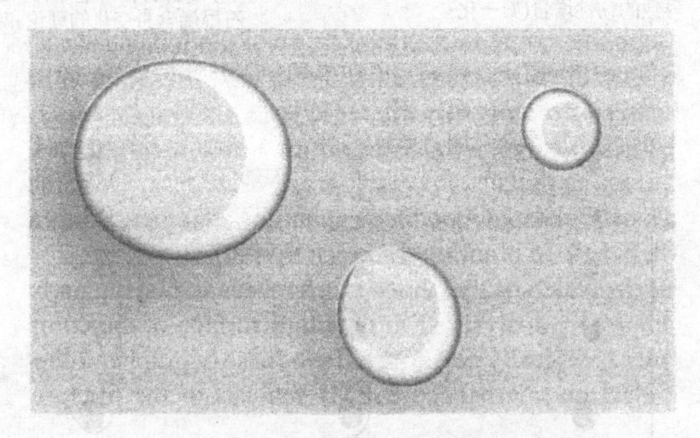

图 4.47　颗粒填充物与基体脱结合示意图

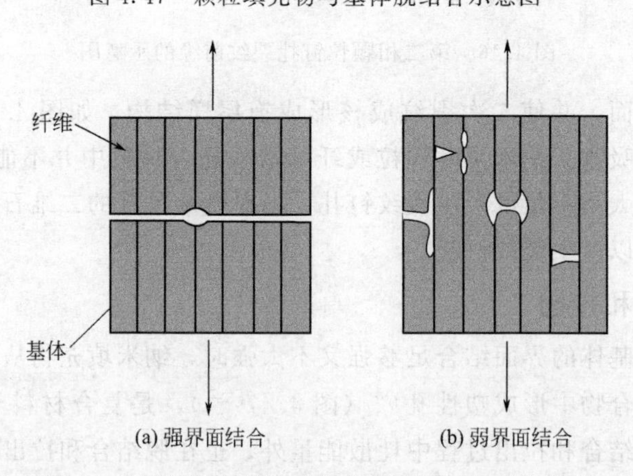

图 4.48　界面结合强度对复合材料破坏方式的影响

在石墨烯/聚合物纳米复合材料中发生的石墨烯脱结合和拉出现象已在复合材料断裂面的 SEM 表征中观察到，尽管这种观察多少有些不容易（因为衬度较差）。以下所述有利于理解脱结合和拉出的增韧作用并可借鉴其实验方法。

图 4.49 为一根直径变化的碳纳米管从线型聚乙烯分子束中拉出过程的示意

图[57]。如图 4.49 中 A 所示，小直径的一端正从聚合物分子“刷”中拉出，而大直径一端即将被拉出的情景见图 4.49 中 B。碳纳米管的大直径使分子束发生大的形变，这需要提供额外的能量。这种情况下，填充物与基体的界面结合是一种机械锁合，它的破坏也是增韧的一种来源。分子模型的下方是系统位能变化示意图。碳纳米管大直径部分的拉出相当于克服碳纳米管与基体间的机械锁合。

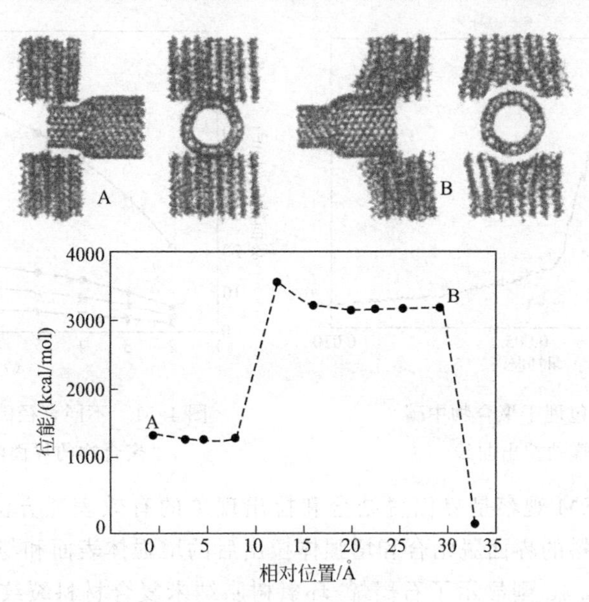

图 4.49　碳纳米管拉出过程的分子模型（1cal=4.1840J，余同）

脱结合（界面破坏）所耗散的能量用界面能表征。界面断裂能常常作为复合材料界面韧性的量度。使用类似于传统的纤维拉出试验在 AFM 下操作能够测定复合材料的界面断裂能[72]。有报道使用将碳纳米管从表面剥离的方法（剥离力谱术，peeling force spectroscopy）测量界面能，这也需要在 AFM 下操作[73,74]。

拉出试验的程序大致如下：首先在扫描电子显微镜中操作，使一根碳纳米管的一端黏附在 AFM 的硅针尖上，随后在 AFM 中将碳纳米管自由的一端“插入”熔融的聚合物中，聚合物冷却固化后即得碳纳米管包埋于聚合物基体中的拉出试样，最后在 AFM 中拉出碳纳米管，记录相关数据。

图 4.50 为包埋于聚乙烯-丁烯基体中的一根多壁碳纳米管的拉出力曲线[72]。曲线形状与传统的纤维/聚合物拉出试验的曲线相似。在起始阶段，碳纳米管保持与基体聚合物的完全接触，拉出力随时间逐渐增大。这意味着碳纳米管与聚合物之间界面剪切应力的逐渐增大。随后碳纳米管相对聚合物的位移引起界面脱结合的发生和发展，直到达到临界最大力时，碳纳米管与聚合物基体完全脱结合。与此同时，由于界面破坏，力的大小急剧减小。此后，纳米管移动时作用于纳米管上的力仅仅是聚合物与纳米管之间的摩擦力。

使用与纤维增强复合材料拉出试验数据处理相类似的方法，可以计算出碳纳米管从聚合物中拉出时的界面断裂能 G_c，如图 4.51 所示[72]。图中横坐标 R/r 是应力传递参数，描述增强体在基体中的分布空间。从图中可见，界面断裂能在 4～70J/m² 之间。而且，小直径组（10～20nm）的界面断裂能显著大于其他各组。这可能是碳纳米管的小尺寸效应在界面断裂能中的反映。与大直径碳纳米管相比，小直径的碳纳米管与聚合物基体形成较强的界面结合。

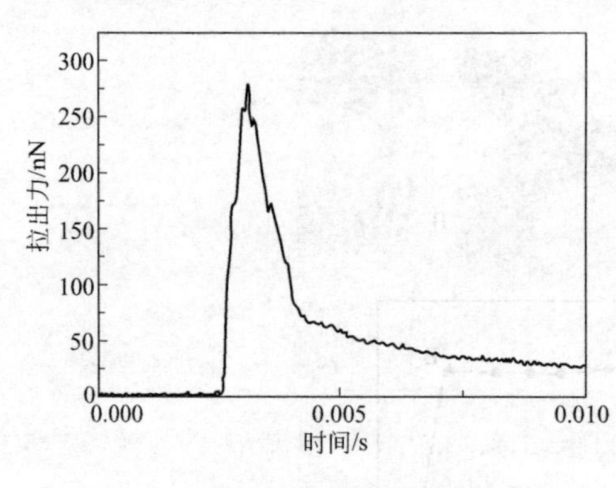

图 4.50　包埋于聚合物中碳纳米管的拉出曲线

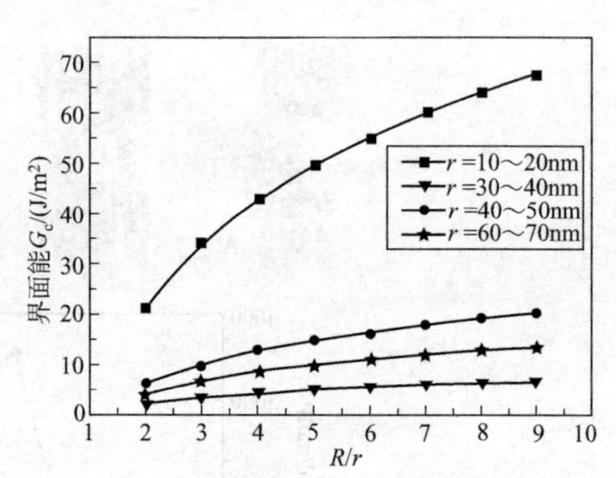

图 4.51　不同直径碳纳米管增强聚合物的界面断裂能

断裂面的 SEM 观察是界面脱结合和拉出现象的有效表征方法。图 4.52 显示纤维增强复合材料的界面脱结合和增强体拉出后的增强体表面和与增强体分离的基体形态[57]。图 4.42 则显示了石墨烯/环氧树脂纳米复合材料裂纹中被拉出的包裹有聚合物的石墨烯片。无论何种情况，增强体的脱结合和随后的被拉出都对材料的增韧有所贡献。

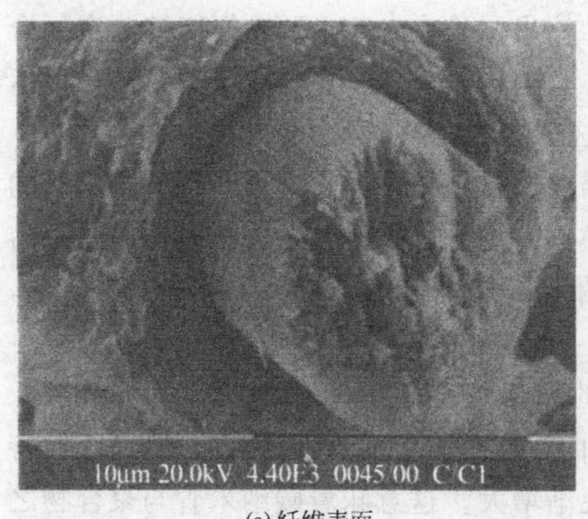

(a) 纤维表面

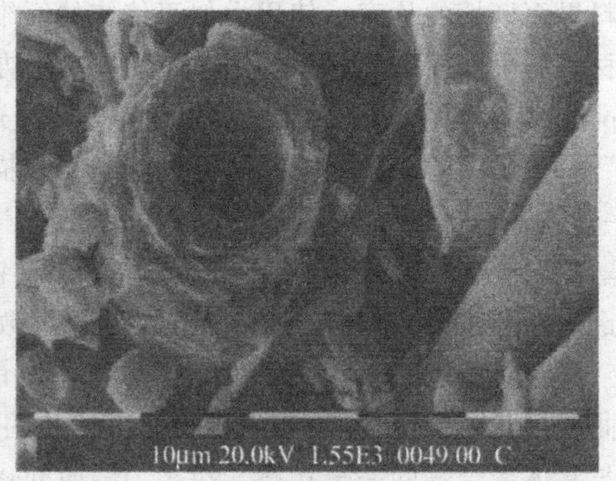

(b) 基体内壁

图 4.52　拉出纤维的 SEM 电子显微图

4.7.4 裂纹搭桥

以高纵横比填充物从基体中拉出并在裂纹的前端搭桥，是杆状填充物增强聚合物纳米复合材料的一种增韧机制[68,75]。搭桥填充物降低了裂纹尖端的应力集中（图 4.53）。

纤维增强聚合物基复合材料的双开口试样拉伸试验能形象地说明纤维搭桥和脱结合对增韧所起的作用。图 4.54(a) 是拉伸过程中测得的负载-位移曲线，而图 4.54(b) 是试样中一条裂缝的发生和发展并形成纤维脱结合搭桥的示意图[76]。在负载开始阶段，复合材料发生可逆的力学现象，相当于两图中从 0→A 的情况。从 A 点开始，基体的裂缝搭桥区开始出现裂缝，并逐渐发展，到达负载-位移曲线的 B 点时，裂缝在两开口之间的区域贯通。这一阶段之后，复合材料内部的纤维开始发生断裂，纤维的承载能力减弱，直到断裂纤维的数量达到临界数，相应于图中的 C 点。断裂的纤维将出现拉出现象。由于纤维与基体之间的界面摩擦，纤维拉出对负载有一额外的贡献。每一根纤维的断裂，都会引起负载在剩余的未断裂纤维中的重新分配。重新分配之后，每根未断裂纤维将承受更大的负载，引起更多纤维的断裂，一直到所有纤维都发生断裂，相应于图中的 D 点。此后，试样负载完全由断裂纤维在拉出过程中的界面摩擦承载，直到试样完全破坏，分离为两个部分，相应于图中 D→X。

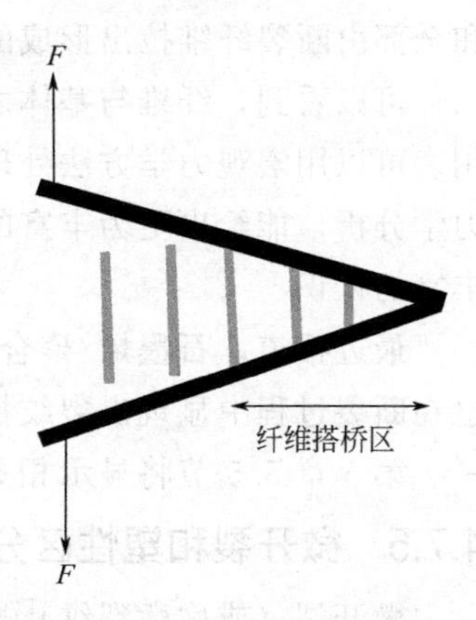

图 4.53 裂纹搭桥示意图

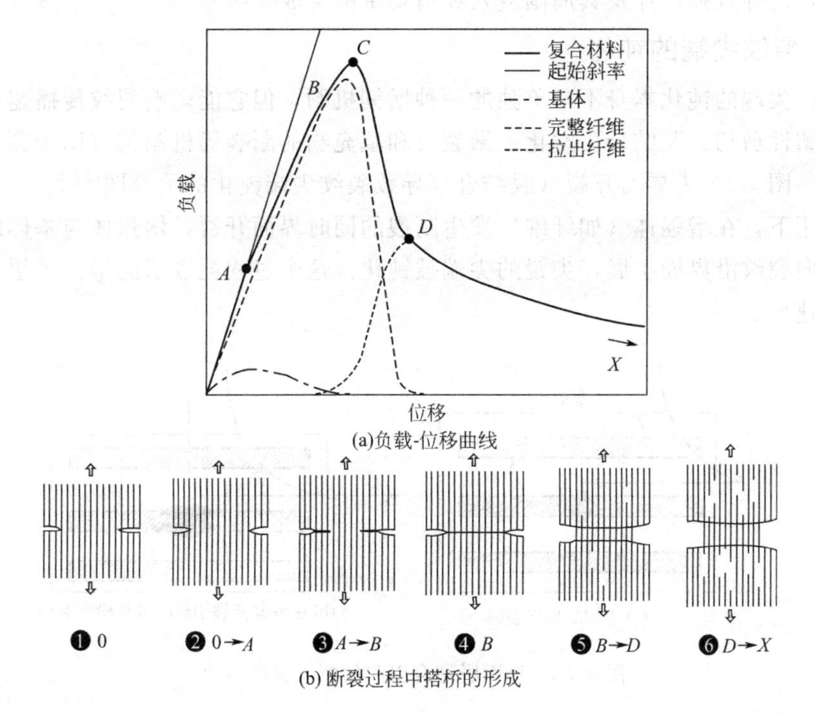

图 4.54 双开口试样纤维搭桥试验

整个断裂过程的力学行为可以归结为如下程序：复合材料的线性弹性行为（0→A），纤维的线性弹性行为（A→B），未断裂纤维的搭桥和纤维拉出（B→D）

和全部由断裂纤维拉出形成的摩擦搭桥（$D\rightarrow X$）。

可以看到，纤维与基体之间的界面行为在上述纤维增韧力学现象中起着关键作用。可以用宏观力学方法处理搭桥力学现象。然而，结合拉曼或荧光光谱术的微观力学分析，能给出更为丰富的资料，并对搭桥力学现象中的界面行为有更为深入和丰富的认识[57]。

最近报道，石墨烯/聚合物纳米复合材料，如同纤维增强聚合物复合材料一样，也在断裂过程中显现出裂纹搭桥现象[77]，是纳米复合材料增强增韧的重要机制之一。第 5 章 5.5 节将显示相关图像并讨论这一现象。

4.7.5 微开裂和塑性区分支

微开裂（或称微裂纹）[78]是聚合物纳米复合材料的有效增韧机制。微裂纹能产生在基体、片形填充物的层间和填充物-基体间的界面中。微裂纹形成的微孔释放了对基体的约束，允许产生额外的应变。类似于填充物的脱结合，微裂纹利于基体塑性孔的生长。

塑性区分支是无机和弹性体填充物杂化复合材料对聚合物增韧的有效机制。由于无机颗粒的存在，在基体中产生的高应力区除了引起无机填充物之间基体的剪切变形外，还导致弹性体及其周围空穴和剪切带的生成[79]。

4.7.6 裂纹尖端的钝化

裂纹尖端的钝化本身不是单独的一种增韧机制，但它能影响裂纹传播速率。诸如局部塑性剪切、脱结合、空化、微裂纹和填充物的断裂等机制都有助于裂纹尖端的钝化。图 4.55 为界面开裂（脱结合）导致裂纹尖端钝化的示意图[57,80,81]。在外负荷作用下，在增强体（如纤维）发生断裂的同时界面开裂，增强体与基体间脱结合，横向裂纹沿界面扩展，尖锐的尖端被钝化。这个过程耗散了能量，延缓了裂纹的传播速率。

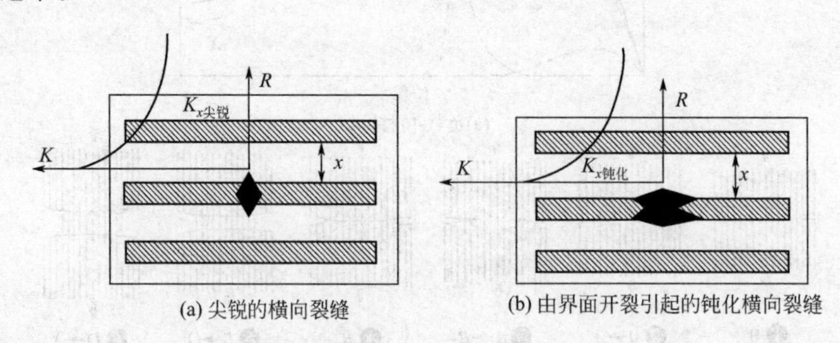

图 4.55 界面脱结合引起的裂纹尖端钝化

4.7.7 断裂机制的表征

断裂面形态学分析是断裂机制表征的主要手段之一，有助于确定上述各种断裂机制中何种或几种机制在复合材料断裂中发生的作用。

SEM 能直观地显示断裂面形貌，是分析断裂面形态的最重要手段。SEM 已经观察到石墨烯纳米复合材料断裂时裂纹转向[55]、裂纹钉扎[55]、脱结合和拉出[67]以及裂纹搭桥[77]等断裂机制的直接证据（参阅本章 4.5.2 节，图 4.31；本章 4.5.5 节，图 4.42）。

复合材料断裂面显示的河流样条纹，成台阶样多台面的形貌是传播中的裂纹前缘转向这种增韧机制的确切证据（参阅图 4.31）。这个过程引起面外负荷，产生了新的断裂面，从而为断裂的继续进行增加了所需要的应变能。

断裂面粗糙度是断裂面形貌的重要定量描述。对石墨烯纳米复合材料，断裂面粗糙度与石墨烯含量有关。图 4.56(a) 为石墨烯/环氧树脂纳米复合材料断裂面粗糙（R_a）与功能化石墨烯质量分数的关系[54]。当石墨烯片含量从 0.1%增加到 0.125%时，R_a 值增大到原值的二倍，此后，随着石墨烯片含量的继续增加，粗糙度增大的效果将开始趋于饱和。粗糙度随石墨烯含量而增大提示裂纹转向在材料的韧性上起重要作用[53]。当裂纹遭遇刚性包含物时原始裂纹发生倾斜或扭转，导致裂纹转向。这一过程增加了总断裂面，与未添加石墨烯的聚合物材料相比引起更大的能量吸收。倾斜和扭转使裂纹离开原来的传播面，并使裂纹在混合模式（拉伸/

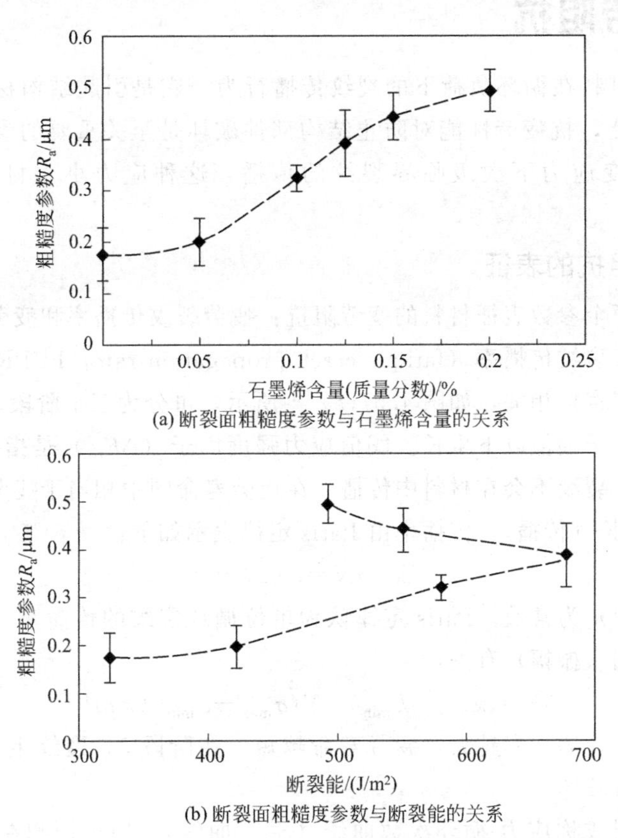

(a) 断裂面粗糙度参数与石墨烯含量的关系

(b) 断裂面粗糙度参数与断裂能的关系

图 4.56 石墨烯/环氧树脂纳米复合材料断裂面粗糙度参数与增韧的关系

面内剪切和拉伸/出面剪切）条件下发展。裂纹在混合条件下传播比起在模型Ⅰ（拉伸）要求更大的驱动力[54]，也导致更高的断裂韧性。如若这种裂纹转向过程起主要作用，当断裂能增大时断裂面粗糙度应该成线性增大。测试得出，这与石墨烯/环氧树脂复合材料石墨烯质量分数在 0.0%～0.125%内的情况基本符合[54][图 4.56(b)]。然而，更高的石墨烯质量分数，曲线趋向反转，这可能是由于石墨烯的聚集降低了韧性的原因。

理论分析也有益于对断裂过程中增韧机制的分析。例如，经典 Faber-Evans 模型分析得出与其他填充物相比，具有高径厚比的石墨烯片对裂纹转向更为有效。图 4.45 显示对杆形、球形和片形填充物由于裂纹倾斜产生的归一化韧性增强相对颗粒纵横比的关系。结果指出，具有大纵横比（径厚比）的片状物（如石墨烯片），裂纹前缘的倾斜起增韧的重要作用。球形和杆形颗粒在裂纹倾斜过程中都没有值得注意的增韧效应，而且在裂纹倾斜过程中，杆形填充物的长径比对增韧几乎没有影响。这表明具有高径厚比的石墨烯片对基体的增韧是高度有效的，这与实验测定的结果相一致。

4.8 疲劳阻抗

疲劳涉及材料在循环负荷下的裂纹传播行为，它是引起结构材料破坏的基本原因之一。因此，抗疲劳性能对防止结构部件破坏是至关重要的参数。抗疲劳是指材料阻抗交变应力下次级临界裂纹的传播，这种应力小于材料的极限拉伸应力。

4.8.1 疲劳阻抗的表征

常用下面两个参数表征材料的疲劳阻抗：疲劳裂纹传播率和疲劳寿命[82～84]。

材料的疲劳裂纹传播率（fatique crack propagation rate，FCPR）da/dN 与应力强度因子范围直接相关，如图 4.57(a)[53]所示，可分为三个阶段。在阶段 1，裂纹在应力强度因子阈值以下生长。阈值应力强度因子（Δk_{th}）是指某个应力范围，在该范围以下，裂纹不会在材料中传播。在疲劳寿命图中相当于疲劳极限。在阶段 2，裂纹稳定生长（传播），传播率由 Paris 定律表示如下：

$$da/dN=C(\Delta k)^n \tag{4-36}$$

式中，C 和 n 为常数。Paris 定律认为单位循环裂纹的传播率（da/dN）与应力强度因子范围（振幅）有关：

$$\Delta k=(k_{max}-k_{min})=Y(\sigma_{max}-\sigma_{min})(\pi a)^{1/2} \tag{4-37}$$

裂纹生长（传播）率越大，疲劳寿命越短。在阶段 3，裂纹生长是不稳定的，并最终导致材料破坏。

疲劳寿命图或称应力-循环次数曲线（S-N 曲线），用于预测在给定应力（S）下材料能够承受的寿命循环次数（N_f）。S 大，则 N_f 小，即寿命短，该区域称为

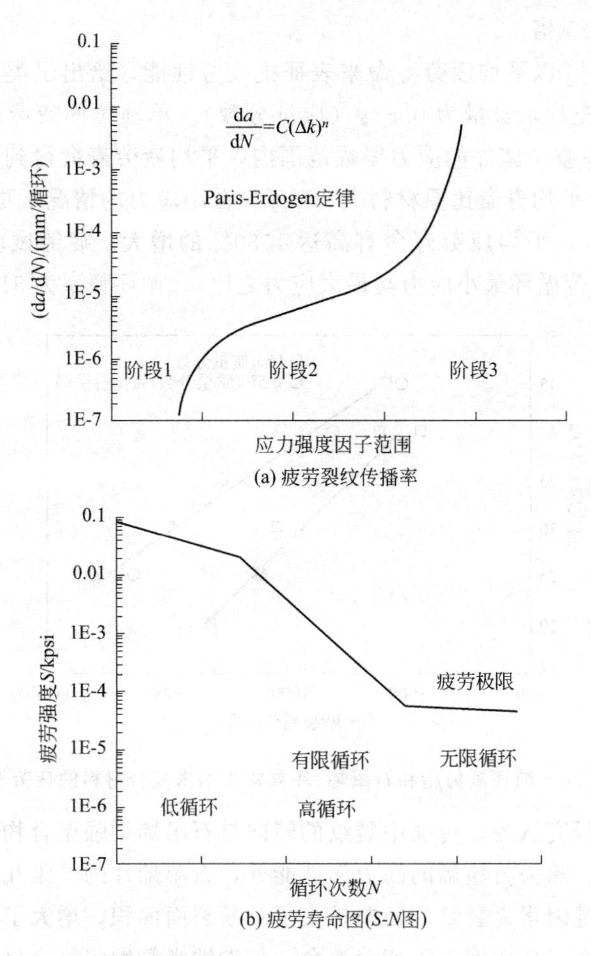

图 4.57 疲劳阻抗的表征（1psi＝6.895kPa＝0.0689476bar，余同）

低循环疲劳；反之，S 小，则 N_f 大或寿命长，相应于高循环疲劳区。典型材料的 S-N 曲线见图 4.57(b)[53]。当裂纹传播在混合模式下传播时，预测材料的疲劳寿命特别困难。韧性材料通常显现在模式Ⅰ和模式Ⅱ下的裂纹传播。材料中起始裂纹的传播在剪切模式（模式Ⅱ）下进行，而在最后阶段则在拉伸模式（模式Ⅰ）下传播。

4.8.2 环氧树脂基纳米复合材料的抗疲劳性能

石墨烯的添加能显著提高聚合物环氧树脂的抗疲劳性能。图 1.5 显示一种石墨烯/环氧树脂纳米复合材料和纯净环氧树脂的疲劳裂纹传播率（da/dN）随外加应力强度因子振幅（Δk）的变化[54]。添加物为部分氧化的功能化石墨烯，含量为 0.125%（质量分数）。动态裂纹传播试验使用 ASTM 标准 E645 制备试样。图中可见，在整个应力强度因子振幅范围内，与纯环氧树脂相比，纳米复合材料的裂纹生长率要低得多。例如，在 $\Delta k=0.5\text{MPa}\cdot\text{m}^{1/2}$ 时，纳米复合材料的 da/dN 要比纯环氧树脂低约25倍。

另一项研究[55]以平均疲劳寿命来表征抗疲劳性能，给出了类似的结果。使用氧化石墨烯作填充物，含量为0.5%（质量分数）。单轴拉伸疲劳试验的结果如图4.58所示[55]。在整个施加的应力振幅范围内，平均疲劳寿命得到显著提高。在应力为40MPa时，平均寿命比原材料大420%。在小应力的情况下更为明显，例如，应力为25MPa时，平均疲劳寿命有高达1580%的增大。疲劳试验的基本参数为$R=0.1$（R为疲劳循环最小应力与最大应力之比）；循环频率为5Hz。

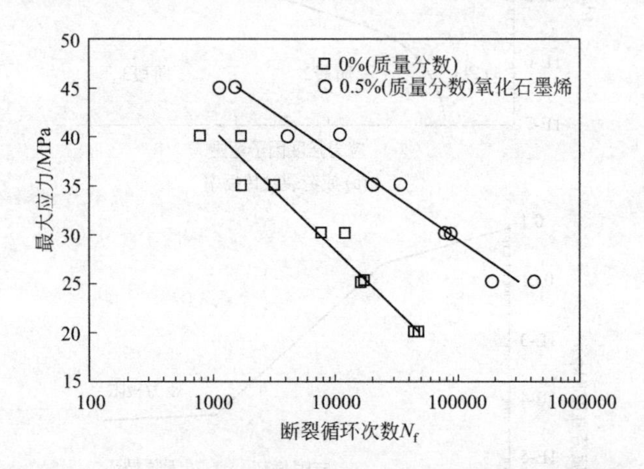

图4.58 纯环氧树脂和石墨烯/环氧树脂纳米复合材料的疲劳寿命

理论和实验研究认为，传播中裂纹的转向是石墨烯增强聚合物纳米复合材料抗疲劳的主要机制。除去石墨烯的高力学性能外，石墨烯片的二维几何和大至微米级的横向尺寸是关键因素。裂纹的转向扩大了总断裂面面积，增大了能量耗散，延缓了裂纹的传播速率，从而增大了疲劳寿命。与碳纳米管增强复合材料中常见的裂纹搭桥机制不同，在石墨烯复合材料中未见这种增韧机制的出现。

4.9 抗磨损性能

研究表明，石墨烯的适量添加可使材料获得优异的抗磨损性能。

聚四氟乙烯（PTFE）是被广泛应用的固体润滑材料。然而它的高磨损率限制了它的应用。实验得出，适量石墨烯的添加，可使材料的耐磨性能提高几个数量级[84]。图4.59显示对纯PTFE和不同石墨烯添加量石墨烯/PTFE纳米复合材料，磨损体积与滑移距离之间的关系。在2%和5%添加量时，磨损体积有着急剧的下降。显然，石墨烯的适量加入极大地增强了材料的抗磨损性能。不同添加量对稳定态复合材料磨损率的影响如图4.60所示。纯PTFE的磨损率约为$0.4\times10^{-3}\mathrm{mm}^3/(\mathrm{N\cdot m})$。石墨烯添加量在0.1%以下，对磨损率的提高没有什么作用。更多的添加量，磨损率继续减小，直到10%添加量，使磨损率减小4个数量级，达到约$1\times10^{-7}\mathrm{mm}^3/(\mathrm{N\cdot m})$。图4.61是纯PTFE和石墨烯/PTFE纳米复合材料磨损后的

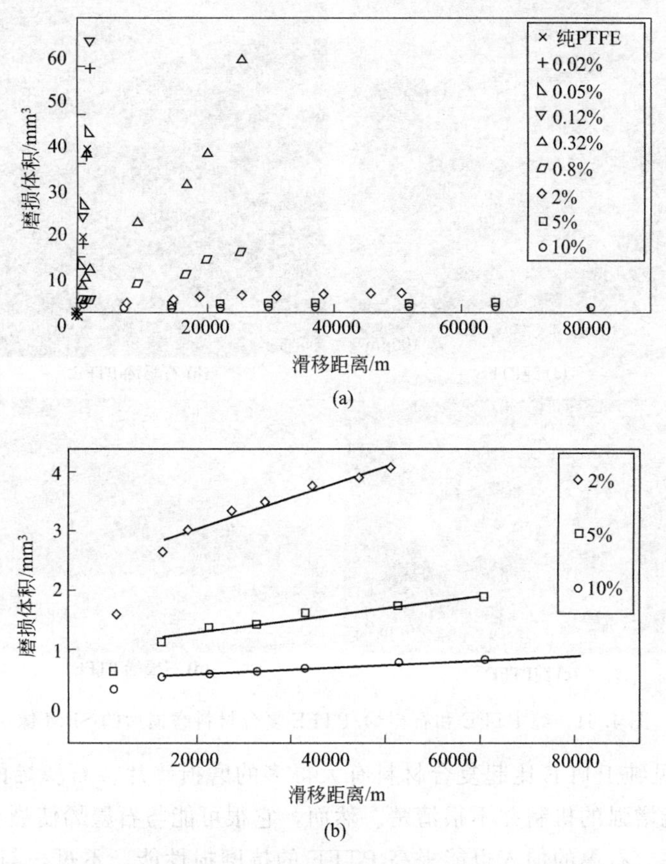

图 4.59 纯 PTFE 和不同石墨烯添加量 PTFE/石墨烯复合材料磨损体积与滑移距离之间的关系
[图(b) 为图(a) 局部纵坐标的放大图]

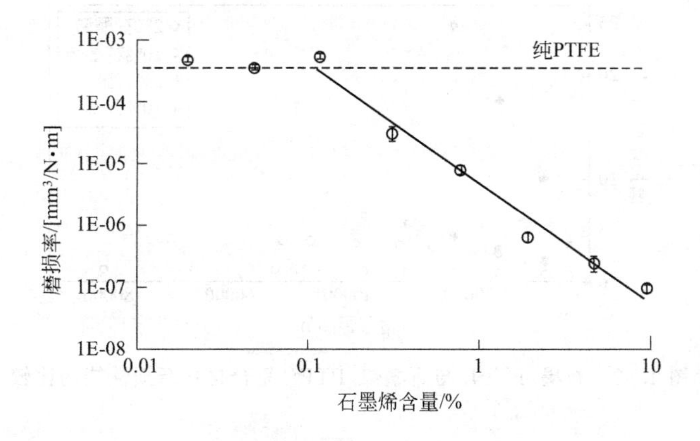

图 4.60 不同石墨烯添加量对稳定态复合材料磨损率的影响

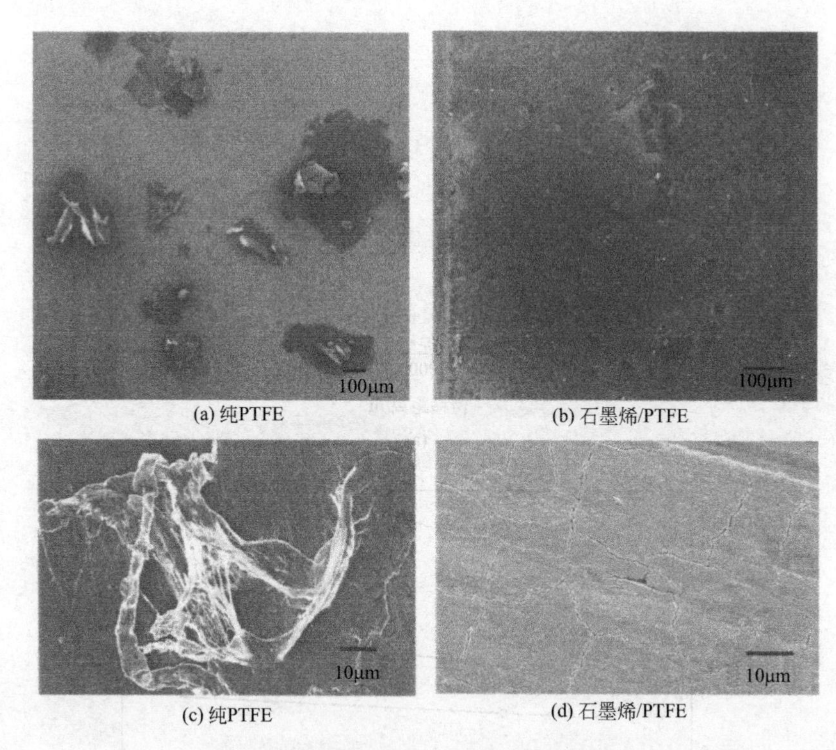

(a) 纯PTFE (b) 石墨烯/PTFE (c) 纯PTFE (d) 石墨烯/PTFE

图 4.61 纯 PTFE 和石墨烯/PTFE 复合材料磨损后的 SEM 像

SEM 像。可见纯 PTFE 比起复合材料有大得多的磨损碎片。石墨烯的添加引起材料抗磨损性能增强的机制并不很清楚。然而，它很可能与石墨烯使裂纹的生长方向发生偏转有关。石墨的加入也能提高 PTFE 的抗磨损性能，不过，与石墨烯相比，后者的效果显然要高出许多倍，如图 4.62 所示。一般而言，在相同添加量的情况下，石墨烯填充物对磨损率的降低比起石墨要高 10～30 倍。

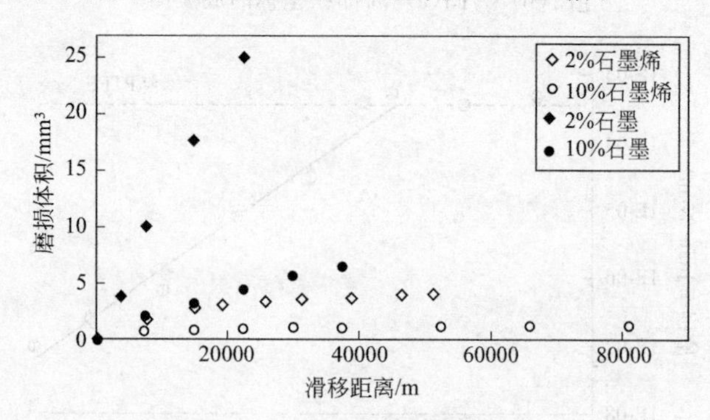

图 4.62 石墨/PTFE 与石墨烯/PTFE 复合材料磨损性能的比较

参 考 文 献

[1] Zou H, Wu S, Shen J. Polymer/silica nanocomposites: preparation, characterization, properties and

applications. Chem Rew, 2008, 108: 3893.
[2] F rogley M D, Ravich D, Wagner H D. Mechnical properties of carbon nanoparticle-rienforced elastomers. Comp Sci Tech, 2003, 63: 1647.
[3] Ponnamma D, Sadasivuni K K, Grohens Y, Guo Q, et al. Carbon nanotube based elastomer composites-an approach towards multifunctional materials. J Mater Chem C, 2014, 2: 8446.
[4] Coleman J N, Uhan U, Blau W J, Gun' ko Y K. Small but strong : a review of mechanical properties of carbon nanotube-polymer composites. Carbon, 2006, 44: 1624.
[5] Lan T, Pinnavaia T J. Clay-reinforced epoxy nanocomposites. Chem Mater, 1994, 6: 2216.
[6] Gorrasi G, Lieto R D, Patimo G, Pasquale S D, et al. Structure-properties relationship on uniaxially orientated carbon nanotube/polyethylene composites. Polymer, 2011, 52: 1124.
[7] Huang T, Lu R G, Su C, Wang H N, et al. Chemically modified graphene/polyimide composite films based on utilization of covalent bonding and orientated distribution. ACS Appl Mater Interfaces, 2012, 4: 2699.
[8] Young R, Kinlock I A, Gong L, Novoselov K S. The mechanics of graphene nanocomposites: a review. Comp Sci Tech, 2012, 72: 1459.
[9] Papageorgiou D G, Kinlock I A, Young R J. Graphene/elastomer nanocomposites. Carbon, 2015, 95: 460.
[10] Potts J R, Dreyer D R, Bielawski C W, Ruoff R S. Graphene-based polymer nanocomposites. Polymer, 2011, 52: 5.
[11] Potts J R, Shankar O, Du I, Ruoff R S. Processing-morghology-property relationships and composite theory analysis of reduced graphene oxide/natural rubber nanocomposites. Macromolecules, 2012, 45: 6045.
[12] Chen B, Ma N, Bai X, Zhang H, et al. Effects of graphene oxide on surface energy , mechanical, damping and thermal properties of ethylene-propylene-diene rubber/petroleum resin blends. RSC Adv, 2012, 2: 4683.
[13] Araby S, Meng Q, Zhang L, Kang H, et al. Electrical and thermally conductive elastomer/graphene nanocomposites solution mixing. Polymer, 2014, 55: 201.
[14] Matos C F, Galembeck F, Zarbin A J. Multifunctional and environmentally friendly nanocomposites between natural rubber and graphene or graphene oxide. Carbon, 2014, 78: 469.
[15] Chen Z, Lu H. Constructing sacrificial bonds and hidden lengths for ductile graphene/polyurethane elastomers with improved strength and toughness. J Mater Chem, 2012, 22: 12479.
[16] Xing W, Wu J, Huang G, Li H, et al. Enhanced mechanical properties of graphene/natural rubber nanocomposites at low content. Polym Int, 2014, 63: 1674.
[17] Liu X, Kuang W, Guo B. Preparation of rubber/graphene oxide composites with in-situ interfacial design. Polymer, 2015, 56: 553.
[18] Hu H T, Wang X B, Wang J C, Wan L, et al. Preparation and properties of graphene nanosheets-polystyrene nanocomposites via in situ emulsion polymerization. Chem Phys Lett, 2010, 484: 247.
[19] Xu Z, Gao C. In situ polymerization approsch to graphene reinforced nylon-6 composites. Macomol, 2010, 43: 6716.
[20] Bao C L, Song L, Xing W Y, et al. Prepapation of graphene by pressurized oxidation and multiptex reduction of its polymer nanocomposites by master-based melt blending. J Mater Chem, 2012, 22: 6088.
[21] Suk J W, Piner R D, An J, Ruoff R S. Mechanical properties of monolayer graphene oxide, 2010, 4: 6557.

[22] Go'mez-navarro C，Burghard M，Kern K. Elastic properties of chemically derived single graphene sheets. Nano Lett，2008，8：2045.
[23] 杨序纲，吴琪琳. 纳米碳及其表征. 北京：化学工业出版社，2016.
[24] 杨序纲，杨潇. 原子力显微术及其应用. 北京：化学工业出版社，2012.
[25] Rafiee M A，Rafiee J，Yu Z Z，Koratka N. Buckling resistant graphene nanocomposites. Appl Phys Lett，2009，95：223103.
[26] Zhao X，Zhang Q，Chen D. Enhanced mechanical properties of graphene-based Poly（vinylalcohol）composites. Macromolecules，2010，43：2357.
[27] Song P，Gao Z，Cai Y，Zhao L，et al. Fabrication and exfoliated graphene-based polypropylene nanocomposites with enhanced mechanical and thermal properties. Polymer，2011，52：4001.
[28] Khan V，May P，Oneill A，Coleman J N. Development of stiff，strong，yet tough composites by the addition of solvent exfoliated graphene to polyurethane. Carbon，2010，48：4035.
[29] Blighe F M，Werner B J，Coleman J N. Towards tough，yet stiff，composites by filling an elastomer with single-walled nanotubes at very high loading level. Nanotechnology，2008，19：415709.
[30] Li X D，Gao H S，Scrivens W A，Fei D L，et al. Structural and mechanical characterization of nanoclay-reinforced agarose nanocomposites. Nanotechnology，2005，16 ：2020.
[31] Gong L，Kinlock I A，Young R J，Riaz I，Jalil R，et al. Interfacial stress transfer in a graphene monolayer nanocomposite. Adv Mater，2010，22：2694.
[32] Seyedin M Z，Razal J M，Innis P C，Jalili R，et al. Achieving outsdanding mechanical performance in reinforced elastomeric composite fibers using large sheets of graphene oxide. Adv Funct Mater，2015，25：94.
[33] Valles C，Abdelkader A M，Young R J，Kinlock I A. The effect of flake diameter on the reinforcement of few-layer graphene-PMMA composites. Comp Sci Tech，2015，111：17.
[34] Li Z，Young R J，Kinlock I A，Wilson N R，et al. Quantitative determination of the spatial orientation of graphene by polarized Raman spectroscopy. Carbon，2015，88：215.
[35] Li Z，Young R J，Wilson N R，Kinlock I A，et al. Effect of orientation of graphene-based nanoplatelets upon the Young's modulus of nanocomposites. Comp Sci Tech，2016，123：125.
[36] 杨序纲，吴琪琳. 拉曼光谱的分析和应用. 北京：国防工业出版社，2008：75，239.
[37] 杨序纲，吴琪琳. 材料表征的近代物理方法. 北京：科学出版社，2013：290.
[38] Liu T，Kumar S. Quantitative characterization of SWNT orientation by polarized Raman spectroscopy. Chem Phys Lett，2003，378：257.
[39] Van Gurp M. The use of rotation matrices in the mathematical description of molecular orientations in polymers. Colloid Polym Sci，1995，273：607.
[40] Perez R，Banda S，Ounaies Z. Determination of the orientation distribution function in aligned single wall nanotube polymer nanocomposites by polarized Raman spectroscopy. J Appl Phys，2008，103：074302.
[41] Chatterjee T，Mitchell CA，Hadjiev VG，Krishnamoorti R. Oriented single-walled carbon nanotubes-poly（ethylene oxide）nanocomposites. Macromolecules，2012，45：9357.
[42] Bower DI. Orientation distribution functions for uniaxially oriented polymers. J Polym Sci Polym Phys Ed，1981，19：93.
[43] Halpin J C，Kardos J L. The Halpin-tsai equations：a Review. Polym Eng Sci，1976，16：344.
[44] Pilato L A，Michno M J. Advanced composite materials. Berlin：Springer，1994.
[45] Lewis T B，Nielson L E. Dynamic mechanical properties of particular-filled composites. J Appl Polym

Sci，1970，14：1449.

[46] McGee S，McCullough R L. Combining rules for predicting the thermelastic properties of particulate filled polymers，polymers，polyblends，and foams. Polym Composite，1981，2：149.

[47] Nielson L E，Landel R F. Mechanical Properties of polymers and composites：2nd. CRC Press，1994.

[48] Rafiee M A，Rafiee J，Wang Z，Song H，et al. Enhanced mechanical properties of nanocomposites at low graphene content. ACS Nano，2009，3：3884.

[49] Young R J，Lovell P A. Introduction to Polymers：3rd ed. London：CRC Press，2011.

[50] Araby S，Meng Q，Zhang L，Kang H，et al. Electrically and thermally conductive elastomer/graphene nanocomposites by solution mixing. Polymer，2014，55：201.

[51] Potts J R，Lee S H，Alam T M，An J，et al. Thermomechanical properties of chemically modified graphene/ PMMA nanocomposites made by in situ polymerization. Carbon，2011，49：2615.

[52] Schadler L S，Giannaris S C，Ajiyan P M. Load transfer in carbon nanotube epoxy composites. Appl Phys Lett，1998，98：252.

[53] Karatkar N. Graphene in composite materials：synthesis，characterization and application. Lancaster PA：DESTECH，2013.

[54] Rafiee M A，Rafiee J，Srivastava I，Wang Z，et al. Fracture and fatique in graphene nanocomposites. Small，2010，2：179.

[55] Bortz D R，Heras E G，Martin-Gullon I. Impressive fatigue life and fracture toughness improvements in graphene oxide/epoxy composites. Macromolecules，2012，45：238.

[56] 杨序纲. 聚合物电子显微术. 北京：化学工业出版社，2014.

[57] 杨序纲. 复合材料界面. 北京：化学工业出版社，2010.

[58] Fiedler B，Gojny F，Wichmann M，Nolte M，et al. Fundamental aspects of nano-rienforced composites. Comp Sci Tech，2006，66：3115.

[59] Gojny F H，Wichmann M H G，Fiedler B，Schulte K. Influence of different carbon nanotubes on the mechanical properties of epoxy matrix composites：a comparative study. Comp Sci Tech，2005，65：2300.

[60] Hwang G L，Shieh Y T，Hwang K C. Efficient laod transfer to polymer grafted multiwalled carbon nanotubes in polymer composites. Adv funt Mater，2004，14：487.

[61] Rafiq R，Cai D，Jin J，Song M. Increasing the toughness of nylon by the incorporation of functionalized graphene. Carbon，2010，48：4309.

[62] Lovinger A J，Williams M L. Tensile properties and morphology of blends of polyethylene and polypropylene. J Appl Polym Sci，1980，25：1703.

[63] Way J L，Atkinson J R，Weitting J. The effect of spherulite size on the fracture morphology of polypropylene. J Mater Sci，1974，9：293.

[64] Chaterjee S，Niiesch F A，Chu B T T. Comparing carbon nanotubes and graphene nanoplatelets as reinforcements in polyamide 12 composites. Nanotechnology，2011，22：275714.

[65] Shin M K，Lee B，Kim S H，Lee J A，et al. Synergistic toughening of composite fibres by self-alignment of reduced graphene oxide and carbon nanotubes. Nature Communications，2012，3：650.

[66] Gommans H H. Fibers of aligned single-walled carbon nanotubes：polarized Raman spectroscopy. J Appl Phyls，2000，88：2509.

[67] Fang M，Zhang Z，Li J，Zang H，et al. Constructing hirarchically structured interphases for strong and tough epoxy nanocomposites by amine-rich graphene surfaces. J Mater Chem，2010，20：9635.

[68] Faber K T，Evans A G. Crack deflection processes：1，theory. Acta Metallurgica，1983，31：565.

[69] Lange F F. Interaction of a crack front with a second-phase dispersion. Philo Mag，1970，22：983.
[70] 袁象凯，潘鼎，杨序纲. 模型氧化铝单纤维复合材料的界面应力传递. 材料研究学报，1998，12：624.
[71] 杨序纲，袁象凯，潘鼎. 复合材料界面的微观力学行为研究——单纤维拉出试验. 宇航材料工艺. 1999，19（1）：56.
[72] Barber A H，Cohen S R，Kenig S，Wagner H D. Interfacial fracture energy measurements for multi-walled carbon nanotebes pulled from a polymer matrix. Comp Sci Tech，2004，64：2283.
[73] Strus M C，Cano C I，Pipes R B，Nguyen C V，et al. Interfacial energy between carbon nanotubes and polymers measure from nanoscale peel tests in the atomic force microscope. Comp Sci Tech，2009，69：1580.
[74] Strus M C，Zalamea L，Raman A，Pipes R B，et al. Peeling force spectroscopy：exposing the adhesive nanomechanics of one-dimensional nanostructures. Nano Lett，2008，8：544.
[75] Zhang W，Picu C R，Koraktar N. The effect of carbon nanotube dimension and dispersion on the fatigue behavior of epoxy nanocomposites. Nanothchnology，2008，19：285709.
[76] Dassios K G，Galiotis C，Kostopoulos V，Steen M. Direct in situ measurements of bridging stress in CFCCs. Acta Materialia，2003，51：5359.
[77] Xu P，Loomis J，Bradshaw R D，Panchapakesan B. Load transfer and mechanical properties of chemically reduced graphene reinforcements in polymer composites. Nanotechnology，2012，23：505713.
[78] Huang Y. Mechanisms of toughening thermoset resins. Adv in Chem，1993，233：1.
[79] Azimi H R，Pearson R A，Hertzberg R W. Fatigue of hybrid epoxy composites：epoxies containing rubber and hollow glass spheres. Polym Eng Sci，1996，36：2352.
[80] Schadler L S，Amer M S，Iskandurani B. Experimental measurement of fiber/fiber interaction using mocro-Raman spectroscopy. Mech Mater，1996，23：205.
[81] Detassis M，Frydman E，Vrieling D，Zhou X F，et al. Interface toughness in fibre composites by the fragmentation test. Comp Part A，1996，27A：769.
[82] Paris P C，Gomez M P，Anderson W P. A rational analytic theory of fatigue. The Trend in Engineering，1961，13：9.
[83] Mai Y W，Williams J G. Temperature and enviromental effects on the fatigue fracture in polystyrene. J Mater Sci，1979，14：1933.
[84] E 647 Stantard Test Method for mesurement of fatigue crack growth rates. American Society for Testing and Materials，1997.
[85] Kandanur S S，Rafiee M A，Yavari F，Schrameyer M，et al. Suppression of wear in graphene polymer composites. Carbon，2012，50：3178.

第5章 石墨烯/聚合物纳米复合材料的界面行为

5.1 概述

所谓复合材料的界面行为一般包含两方面内容：界面（区）或界相区的微观结构；与界面微观结构密切相关的界面力学行为。

复合材料的界面能否有效地传递负载，有赖于增强体与基体之间界面化学结合和物理结合的程度，强结合有利于应力的有效传递。界面结合的强弱显然与界相区域物质的微观结构密切相关。对于以增韧为目标的复合材料系统，则要求较弱的界面结合强度，期望在某一负载后发生界面破坏，引起界面脱结合，此后由增强体与基体之间的摩擦力承受负载。摩擦力的大小与脱结合后增强体和基体表面的粗糙度密切相关，而表面粗糙度则在一定程度上取决于界相区的形态学结构[1]。

复合材料的结构缺陷，例如孔隙、杂质和微裂缝，常常倾向于集中在界相区。这引起增强复合材料性能的恶化。在材料使用过程中，由于湿气和其他腐蚀性气体的侵蚀，常常使界相区首先受到不可逆转的破坏，从而成为器件损毁的引发点。基于上述原因，不论在制造还是在使用过程中，复合材料的界面结构都吸引了人们特别的关注。

界面结构主要是指界相区的结构，也包含邻近界相区的基体和增强体的结构。许多复合材料的界相区与基体或增强体并无确切的边界。即便是同一种复合材料，界面结构也非均匀一致，有的有明锐的边界，有的有模糊的边界。界相区有时是一个结构逐渐过渡的区域。对界面结构的完整认识，应该包含对其邻近区域结构的检测。

界面力学行为主要是指复合材料在外负荷下作用力通过界面传递发生的力学行为。这种行为可以通过多个参数来描述，例如，界面剪切应力（及其沿界面的分布）、界面脱结合力、界面屈服强度、界面断裂能和脱结合后填充物与基体之间的摩擦力等。

石墨烯纳米复合材料界面行为的探索还处于起始阶段，相关研究成果的报道较少，尤其在界面微结构方面，期待有兴趣的研究人员作出更大的贡献。然而，对纤维和碳纳米管复合材料界面行为的研究有较长的历史，相对成熟。本章随后的阐述中将时有涉及这类复合材料的相关内容，希望对石墨烯纳米复合材料界面行为的理解有所帮助。实际上，不论使用何种填充物，界面行为的许多方面是相通的。

5.2 界面行为的表征技术

5.2.1 界面微结构的表征技术

复合材料界面微结构的最重要表征手段是TEM[2]。SEM因其使用简便和能快速获得结果，也被广泛应用[2]。近年来，AFM[3]和显微拉曼光谱术[4]受到研究人员的关注。它们具备的某些特有功能常常能获得TEM和SEM无法获得的界面结构信息，而且使用简便，设备费用也相对较低廉。

目前，有关石墨烯复合材料界面微观结构的研究还在起始阶段，公开报道的资料很少。本节所列实例，有些复合材料中并不包含石墨烯，但是所给出的技术和信息在纳米复合材料界面结构研究中都比较成熟，应该对石墨烯纳米复合材料界面微观结构的探索有所启发和帮助。

(1) SEM

对界面断裂面或/和横截面形貌的SEM观察能给出界面微结构的某些信息。不过，这只是对界面微结构的粗略检测，仅根据形貌难以对界面结构作出确切的认定。参考所研究复合材料的相关资料（基体和填充物的性质和成型工艺参数等），依据界面形貌，有时可以获得界面可能存在某种结晶态、无定形态和其他聚集态以及组成物等结构单元的信息或启示。当然，据此获得的微观结构资料有时是不确切的，只是一种合理的推断或“猜测”。为了获得确切的结论，可与透射电子像或其他测试技术获得的资料相互印证。

通常，界面形貌的观察对象包括界面横断面（包含界面在内的复合材料横断面）和脱结合后暴露的填充物表面和基体表面。考虑到对分辨本领和焦深的要求，扫描电子显微镜中的二次电子像最适合于界面形貌观察。由于无需如同观察透射电子像那样需要冗长复杂的试样准备程序，仪器操作简便，能快速获得资料，这种方法得到广泛应用，常常是人们粗略了解界面结构的首选方法。

用于SEM观察的横截面试样，制备简便。可以是外力破坏的断裂面，也可以是磨平抛光的截面。对韧性复合材料常用冷冻法[2]制备断裂面。对拉出填充物表面的考察有时也能给出界面微结构的信息。

图2.42显示一种石墨烯增强纳米复合材料断裂面的SEM像，可以观察到被拉出的石墨烯片。据此，可推测复合材料在外力作用下发生的界面行为，提供界面结构和界面结合强度的信息。例如，SEM像中显示拉出石墨烯片的表面被基体物质所包裹，表明了基体与填充物之间有较强的界面结合结构。

对某些具有多成分组成界面的试样，抛光横截面的SEM二次电子像观察能获得丰富的界面微结构信息。例如，像碳化硅纤维增强钛合金复合材料（SiC/Ti-6Al-4V）这类金属基复合材料，常常在纤维表面与基体间形成结构较为复杂的反应层。抛光横截面的SEM像能显示其确定的反应层的不同组成[5]。试样界面区图像的衬度可能来源于界面中不同组分二次电子发射能力的差异，也可能来源于不同组分抗磨损性能的不同，在抛光研磨过程中形成的形貌变化。

顺便指出，研究人员应该充分了解二次电子像的成像衬度机制，避免应用观察日常光学照片的经验“误读”二次电子图像，以致得出谬误的结论。

(2) TEM

透射电子像能给出界面微结构更丰富的信息。透射电子成像在透射电子显微镜中完成。原则上讲，透射电子像能区分试样中的晶态和无定形态区域，能获得试样物质的晶格像，甚至分子、原子像。近代透射电子显微镜能达到约 0.1nm 的高分辨率。TEM 不仅能给出界面区域的电子透射像，而且能作界面区的微区电子衍射分析和 EDX 分析，前者能给出界面区物质的结晶学信息，而后者则可用作界面的成分分析。用透射电镜观察复合材料界面微结构，其试样制备工作比大多数其他测试技术都要繁杂得多，要求工作人员有足够的耐心和经验。对复合材料，常用的方法是超薄切片法或离子轰击减薄法。

超薄切片在超薄切片机中进行，使用专门自行制作的“新鲜”玻璃刀或购置的超薄切片机专用金刚石刀。对一般透射电镜，要求切片厚度在 200nm 以下。超薄切片法一般仅适用于聚合物复合材料。对于包含弹性体或软性物质的试样需用冷冻超薄切片术。

离子轰击减薄是一种运动中的离子对物质的溅射作用。这种方法一般适用于陶瓷基复合材料和金属基复合材料，有时也用于耐高温的聚合物复合材料。

一种聚合物复合材料 PP/PP 的 TEM 像显示在图 5.1[6]。使用超薄切片法制得薄试样，用 RuO_4 对切片作重金属染色。图像的右下方为纤维。图像显示了在基体靠近纤维区域的穿晶层，它们规则排列，垂直于纤维表面，层厚约为 10nm。

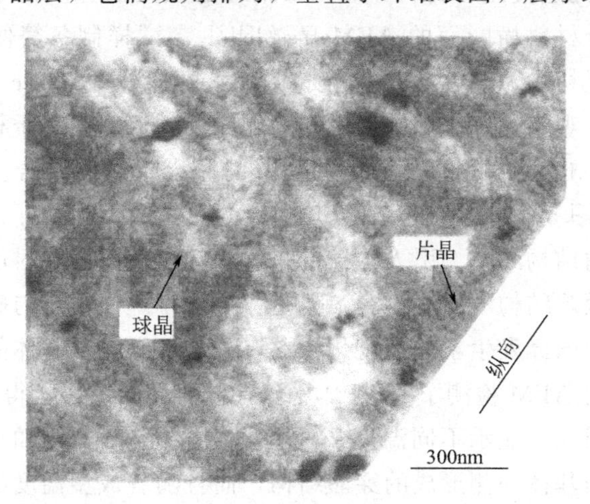

图 5.1 PP/PP 复合材料界面区的 TEM 像

对陶瓷基和金属基这类复合材料，常常能在 TEM 中观察到具有明显边界的界相区，能够确认界面区的结晶或无定形结构，并能作出成分分析，确定界面层的成分组成[7]。

(3) AFM

原子力显微术是近期发展起来的很有应用价值的材料表面分析技术。AFM 能给出从几纳米到几百微米区域的表面结构的高分辨像，可用于表面微观粗糙度的高精度和高灵敏度定量分析，能观测到表面物质的组分分布、高聚物的单个大分子、晶粒和层状结构以及微相分离等物质微观结构情景[3,8~10]。在许多情况下，也能显示次级表面结构。AFM 也是表征固体物质局部区域力学性能（例如硬度、吸附性和黏弹性等）、电学和磁学等物理性质的强有力工具。

在检测材料微观结构的功能方面，AFM 和 TEM 有若干共同之处。然而，AFM 的应用近年来得到更为快速的发展。吸引人们应用 AFM 的原因有下述几点：AFM 的试样准备十分简便，不像 TEM 那样，通常要求熟练的技巧和冗长的过程；AFM 可以在大气条件下进行检测，而不必像大多数电子显微镜那样必须在高真空条件下检测试样；AFM 可以在三维尺度上检测试样结构单元的尺寸，而 TEM 只能在横向尺度（二维）上进行检测，对纵深方向上结构单元尺寸的检测几乎无能为力。

一般而言，TEM 是检测界面微观结构最为有效的方法。然而，对无机填充物（如碳材料）增强聚合物这类复合材料，在制备同时包含填充物、基体和界面区域的用于 TEM 测试的完整薄膜试样时遇到了几乎难以克服的困难。无机填充物与高分子聚合物在力学和物理性能上相差悬殊，即便经验丰富、技能高超的工作者，也难以在超薄切片机上获得这类复合材料合适的薄膜试样。切片大都在界面区分裂。而在使用离子减薄技术制备试样时，由于大多数无机物和聚合物材料对离子轰击的减薄速度相差甚大，也难以获得满意的薄区。

AFM 有着检测这类复合材料界面区微结构的强大能力。图 5.2 是一种碳纤维增强环氧树脂复合材料横断面的 AFM 显微图[11]。试样制备简便，只需将材料按所要求的几何位置切平，随后磨平抛光。图 5.2(a) 和图 5.2(c) 是 AFM 轻敲模式的高度像，可以观察到纤维和基体之间的间隙。这可能来源于材料制造过程中形成的不完全结合，也可能是试样制备过程中刮擦导致的脱结合。图 5.2(b) 和图 5.2(d) 分别是与图 5.2(a) 和图 5.2(c) 相应的相位像。明显可见，相位像比高度像显示了更丰富的结构细节。引人注意的是界面区出现的明亮衬度。并不清楚这种明亮反映了界面微观结构的什么内容，但是，可以肯定地说，与碳纤维和基体材料相比，界面区特性已经发生了显著变化，它有不同于纤维和基体的结构。

有研究人员用 AFM 检测了 PP/PP 复合材料的界面结构，得到的结果与 TEM 的结果相吻合。图 5.3 显示不同温度下成型的复合材料横断面的 AFM 显微图[6]，可以看到在界面的基体一侧形成的穿晶结构，而且随着成型温度的升高，穿晶层向基体方向发展得更远。

(4) 拉曼光谱术

拉曼光谱术是物质结构研究的强有力手段之一。在探索各种材料微观结构方

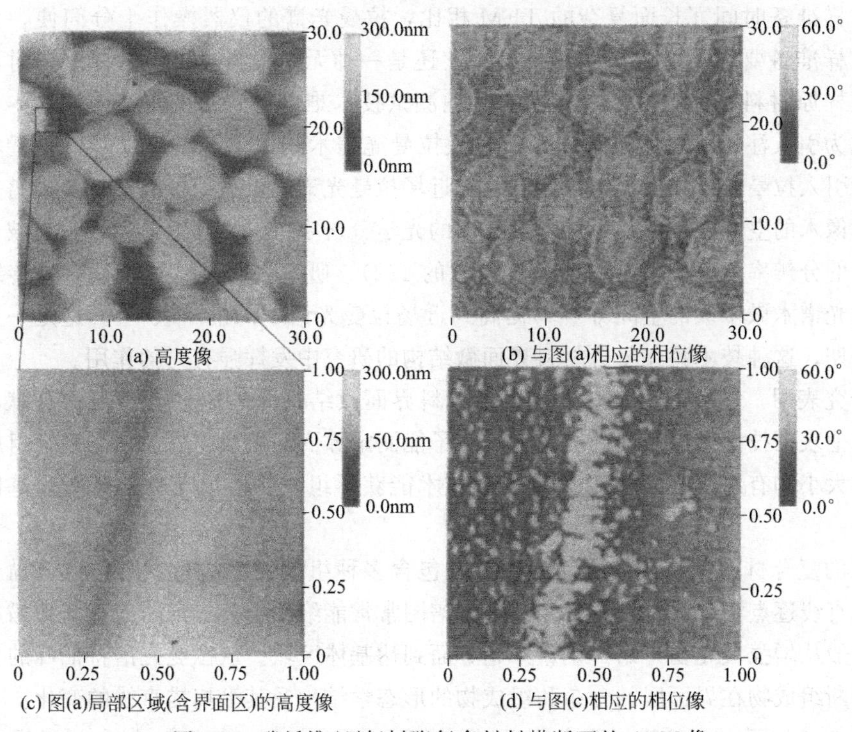

图 5.2　碳纤维/环氧树脂复合材料横断面的 AFM 像

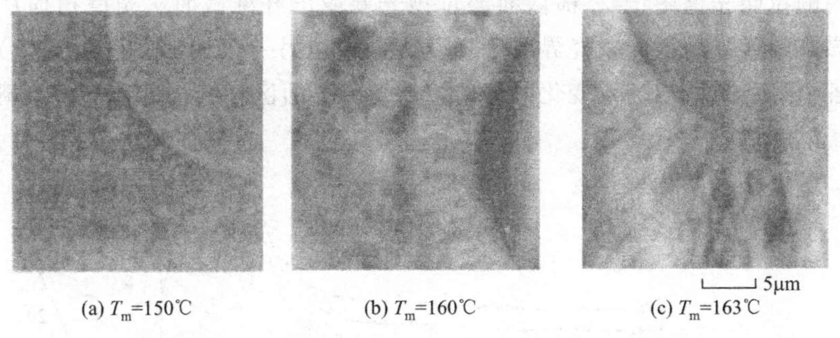

图 5.3　不同温度下成型的 PP/PP 复合材料横断面界面区的 AFM 像

面，其主要功能包括组成材料的化合物的鉴定，组成物的定性和定量分析，分子结构和结晶学结构分析以及分子取向的确定等。其中显微拉曼光谱术（又称拉曼探针 Raman Probe）的应用，使得有可能对材料进行微区分析。结合扫描技术，可沿一给定直线逐点测定其拉曼光谱，观察各拉曼峰或某一特征峰沿直线的变化，推测试样微观结构沿扫描直线的变化。如果进行逐行扫描就能获得整个扫描面积的拉曼信号，将微观结构分析从点分析扩展到一维直线分布，以至二维的面分布。分析某一个或几个特征峰的强度或峰宽或其它峰特征能获得与之相对应的试样结构情景，例如，结晶度或成分的分布图（此即为拉曼成像）。

显微拉曼光谱在复合材料界面结构研究中能起到强有力的作用。与仪器操作复杂，试样准备时间冗长而复杂的 TEM 相比，拉曼光谱的仪器操作十分简便，无特殊的试样准备要求，能快速获得结果。它还是一种无损检测技术，试样准备时不必破坏试样原材料。而且，往往能获得其他测试技术难以得到的试样结构信息[4]。

尤为引人注目的是近年来高分辨显微拉曼光谱术获得了突破性进步。将近场光学技术引入拉曼光谱术发展起来的高分辨近场拉曼光谱术极大地提高了拉曼光谱术和拉曼成像术的空间分辨率。近场光学技术的光学分辨率可以达到纳米量级，突破了传统光学的分辨率衍射极限（约为光波波长的 1/2）。研究表明，这种新技术将传统显微拉曼光谱术微米级的空间分辨率提高到近场拉曼光谱术的纳米级[12]。这是一个合理的预期，这种技术将在复合材料界面微结构的研究中发挥强有力的作用。

研究表明，显微拉曼光谱术在复合材料界面微结构的表征中能作出的贡献，有些是其他表征技术难以做到的。例如，除了能测定界面的组成物外，也能确定组成物晶粒的大小和有序度[13]，使用光谱扫描技术能获得组成物沿填充物、界面和基体中的分布。

有的复合材料有复杂的界面层结构，包含多种组成物。这时，用光谱扫描（亦即沿一直线逐点测定）得到的系列拉曼光谱图常常能给出十分丰富的信息。扫描所沿直线一般从增强填充物开始，垂直穿越界面到达基体区域。从拉曼光谱特征峰的变化可以判断组成物在界面区的分布和组成物的形态学结构及其沿扫描直线的变化。

图 5.4 显示 SiC 纤维增强莫来石（mullite）（$3Al_2O_3$-$2SiO_2$）复合材料沿直线逐点测得的拉曼光谱图[14]。横截面经过抛光暴露出纤维截面。光谱扫描从一根纤维的边界开始横过横截面，经界面区和莫来石到达另一根纤维。空间间隔为 2μm。通过对各个特征峰沿扫描线变化的分析，能获得界面区相结构分布的大致情景。

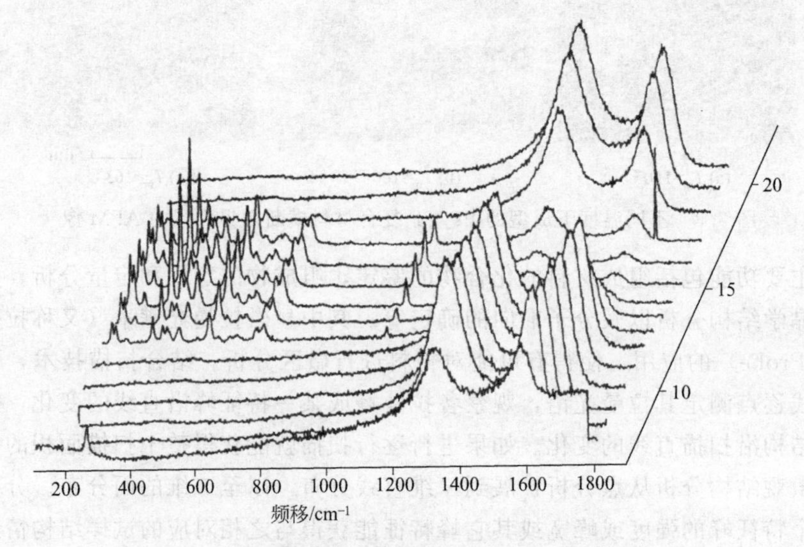

图 5.4 碳化硅/莫来石复合材料线扫描系列拉曼光谱

扫描拉曼光谱术能用于获取界面区的拉曼像。图 5.5 是一种碳化硅单丝

(SCS-6TM) 增强钛合金 Ti6242 复合材料横截面的拉曼像。图像的衬度来源于与 sp^2 杂化碳相应的拉曼峰 ($1600cm^{-1}$峰) 的面积，亦即图像像素的亮度正比于 $1600cm^{-1}$峰的强度 (面积)。图像显示了 sp^2 杂化碳在扫描区域中的分布情景。

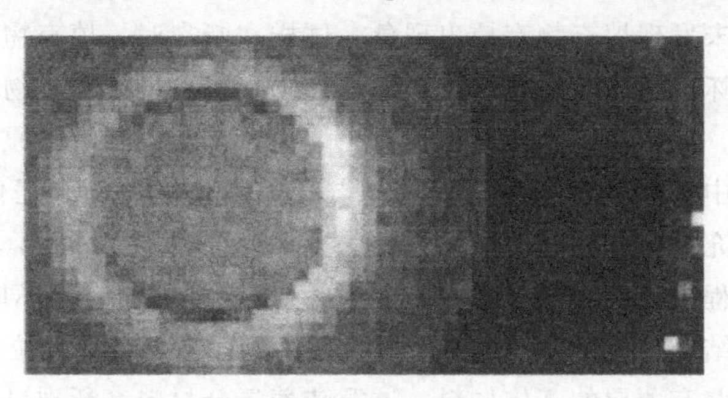

图 5.5 碳化硅/钛合金复合材料横截面 (含界面区) 的拉曼像

(5) 成分分析

成分分析也是界面微结构表征的内容之一。界面的成分分析是指检测界面区域的化学元素组成，包括某给定微区的元素组成和某给定元素在界面区域的分布。最常用的方法是在装备有能谱仪的电子显微镜 (TEM 或 SEM) 下检测试样的特征 X 射线能谱 (EDX)，在观测试样形貌或组织结构的同时获得化学元素组成的信息。SEM 中的背散射电子像也能提供试样化学成分的资料。其他可用于界面成分分析的方法还有电子能量损失谱术 (EELS)，二次离子质谱术 (SIMS)、俄歇电子谱术 (AES) 和 X 射线光电子能谱术 (XPS) 等[1,12]。

5.2.2 界面力学行为的表征技术

(1) 传统力学方法

有许多传统的力学方法在探索复合材料界面行为的研究中得到广泛应用。例如，填充物拉出试验、微滴包埋拉出试验、单纤维断裂试验、填充物压出试验、弯曲试验、剪切试验和 Broutman 试验等[1]。它们主要是在纤维增强复合材料界面行为的研究中发展起来的。对于纳米微粒增强复合材料，由于填充物的微小尺寸，上述方法的应用遇到困难。近代 AFM 表征技术的出现给类似方法的应用提供了条件[3]。例如，有研究者借助于 SEM 和 AFM 制备了碳纳米管/聚合物模型复合材料拉出试验的试样，随后在 AFM 下实施将碳纳米管从聚合物基体中拉出或从表面剥离 (剥离力谱术，peeling force spectroscopy)，记录相关力学数据，探索碳纳米管/聚合物纳米复合材料的界面行为[1,15~17]。研究者测定了碳纳米管的拉出曲线 (参阅第 4 章图 4.50) 以及界面剪切强度和界面断裂能等界面行为的重要参数。可能是由于石墨烯固有的特殊几何形状 (原子级厚度的扁平状) 造成的实验困难，迄今未见传统力学方法使用于石墨烯复合材料界面行为研究的报道。

(2) 断裂面形貌观察

复合材料断裂面的 SEM 观察是研究界面行为的重要手段。通常观察的是二次电子像，这种图像有高达纳米级的高分辨率，又有很大的场深，能充分显示粗糙断裂面的形貌[1,2]。从断裂面形貌能确认复合材料断裂过程中是否发生填充物的拉出现象。据此可判断填充物与基体材料间界面的强或弱。当然，这种描述只是定性的。例如，如若未发现填充物有拉出现象，试样在断裂时，填充物与基体材料同时或先后被拉断破坏，相当于断裂裂纹穿过填充物，则可推断填充物与聚合物间界面有强结合；反之，如果观察到填充物被拉出，而且其表面形貌与原材料相似，在复合材料断裂过程中填充物与基体“轻易地”分离，未见表面有任何附着的基体材料，则可推定填充物与基体间只有很弱的界面相互作用（参阅第 4 章图 4.52，复合材料在断裂过程中，纤维被从基体材料中完整地拉出，表面不附有任何基体材料，是典型的弱结合界面）。一种中间情况是断裂面中观察到被拉出的填充物，而且填充物表面覆盖有薄层的基体材料。这意味着复合材料在断裂过程中填充物与基体材料间的界面相发生破坏，被破坏的界面相材料覆盖在填充物表面上。显然，这种复合材料有中等强度的界面结合。在石墨烯/聚合物纳米复合材料断裂面的 SEM 像中能观察到被拉出的石墨烯片，而且其表面附着有薄层的基体聚合物。例如，石墨烯/PDMS 纳米复合材料断面的 SEM 像［图 5.6(a)］[18] 显示了被包埋在 PDMS 基体中的尺寸以几微米计的石墨烯片。图中插入小图为局部区域的高放大倍数像，可以观察到附着在石墨烯片上的聚合物，表明石墨烯片与基体的较强界面结合。在 SEM 中对试样作原位应变，当应变达到 7%以上时，可观察到石墨烯片从 PDMS 中脱结合的情景，如图 5.6(b) 所示[18]。SEM 像中脱结合界面清晰可见。插入小图为另一石墨烯片在应变达到约 7%时发生的类似脱结合情景。

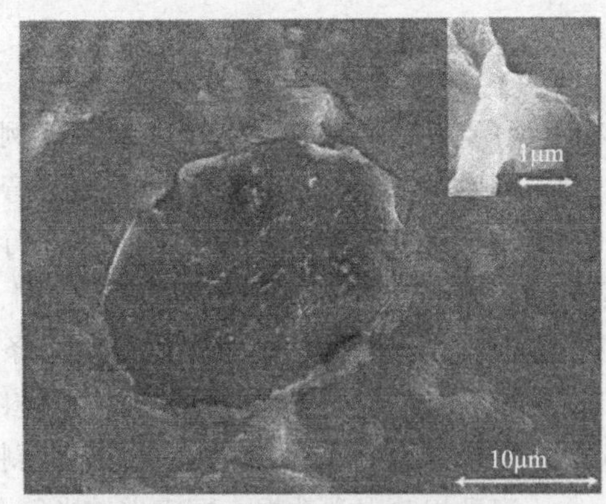

(a) 包埋在PDMS中的石墨烯片，插入图为局部区域的放大像

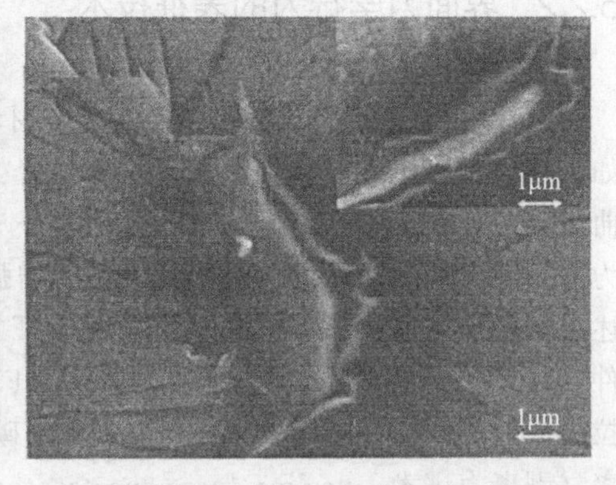

(b) 界面脱结合，插入图显示另一石墨烯片

图 5.6　石墨烯/PDMS 纳米复合材料的 SEM 像

需要指出，由于碳材料与大多数聚合物有相近似的二次电子发射能力，它们在 SEM 像中的衬度很弱，在断裂面图像中鉴别出石墨烯片有些困难。一般可从石墨烯片固有的特殊几何形状和与基体材料有区别的断裂面形貌予以判断。对陶瓷基石墨烯复合材料的断裂面，通常比聚合物基复合材料易于判断，一般不会发生大的困难。

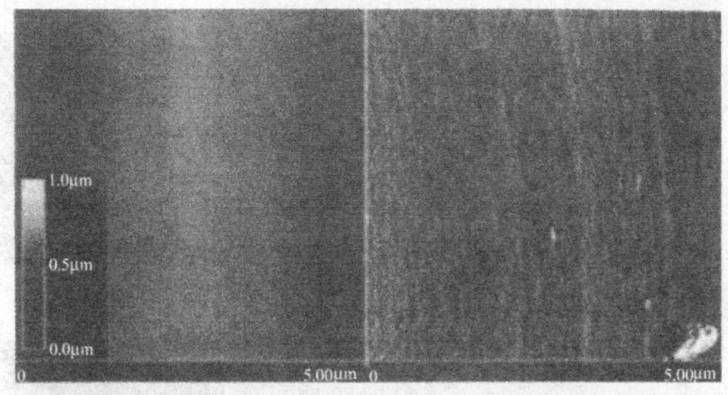

(a) 原纤维(左图为高度像，右图为振幅像)

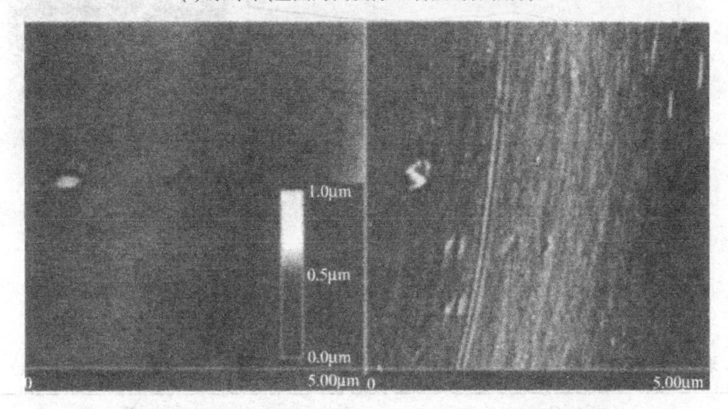

(b) 从复合材料中拉出纤维(左图为高度像，右图为振幅像)

图 5.7 纤维表面的 AFM 轻敲模式像

对从基体中拉出填充物表面的 AFM 分析常能给出界面结合强度的信息。例如，用 AFM 观测从芳纶纤维/环氧树脂复合材料基体中拉出纤维的表面结构，并与原材料纤维表面相比较，从它们粗糙度的变化可以推测复合材料的界面情形。图 5.7(a) 和图 5.7(b) 分别是原材料纤维和拉出纤维表面的轻敲模式 AFM 像[19]。图中显示，原材料纤维（HM）具有不平滑和不均匀的表面结构。从 AFM 高度像的断面分析得出，其平均粗糙度在 5～25nm 范围。表面上也观测到纺丝过程中产生的黏附物和污染物。与之相比较，拉出纤维的表面十分光滑，表明纤维与基体之间的结合（界面）发生破坏，而且很明显，界面只有低结合强度。表面高度分析的结果如图 5.8 所示，图中可见，拉出纤维表面的平均粗糙度 R_a 和极大粗糙度 R_{max} 与原纤维相比显著较小。

AFM 测试得出，经表面活化处理的 HM 纤维（HMA）及其拉出纤维与未经处理的 HM 纤维及其拉出纤维显示不同的 AFM 像细节。据此，可以解释表面活化处理使复合材料有较强的界面强度。检测指出，拉出纤维的表面平均粗糙度和极大粗糙度都比原材料纤维明显增大。两种纤维的 R_a 和 R_{max} 值列于表 5.1。

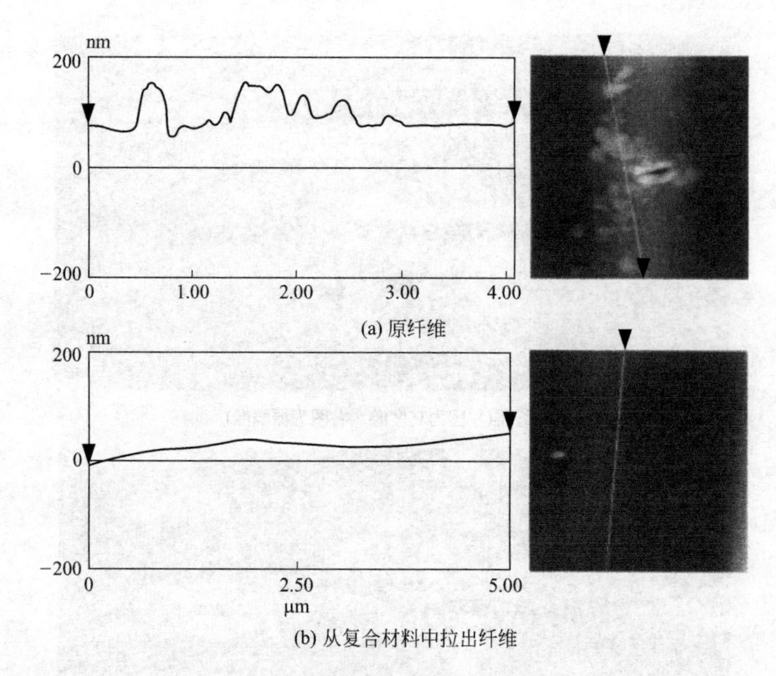

(a) 原纤维

(b) 从复合材料中拉出纤维

图 5.8　纤维表面高度轮廓曲线

（右边图为相应的 AFM 高度像）

表 5.1　原纤维和拉出纤维表面的平均粗糙度 R_a 和极大粗糙度 R_{max}

纤维类型	R_a/nm		R_{max}/nm	
	原纤维	拉出纤维	原纤维	拉出纤维
HM	22	6	105	35
HMA	22	32	138	159

（3）拉曼光谱术

使用拉曼光谱术探索复合材料界面力学行为的理论基础在于某些增强用填充物的特征拉曼峰行为，如频移或强度或半高宽的变化，对填充物的应变有着有规律的响应[1]。原则上讲，依据这种规律，结合合适的传统力学方法都能测得描述界面力学行为的主要参数。具有这种特性的典型填充物有碳材料，如碳纤维、碳纳米管和石墨烯；高性能有机纤维，如芳香族类纤维、PBO、ABPBO、PBT 和超高分子量 PE 纤维等以及某些陶瓷材料，如氧化铝纤维和碳化硅纤维等[1]。

图 5.9 显示几种典型填充物的拉曼特征峰频移随填充物应变的变化规律[1]。碳纤维的三个主要拉曼峰，D 峰、G 峰和 D*（或 G′）峰都对纤维应变敏感。在拉伸或压缩应变下的拉曼光谱行为，主要表现为峰位置和峰宽度发生变化。三个峰的频移都会随应变发生偏移，而且偏移的大小与应变之间有近似线性关系。图 5.9(a) 显示一种碳纤维的拉曼 G′峰频移的偏移量与纤维应变的函数关系[20]。可以看到，不论是在拉伸应变还是压缩应变下，在纤维破坏之前，两个峰频移的变化量都

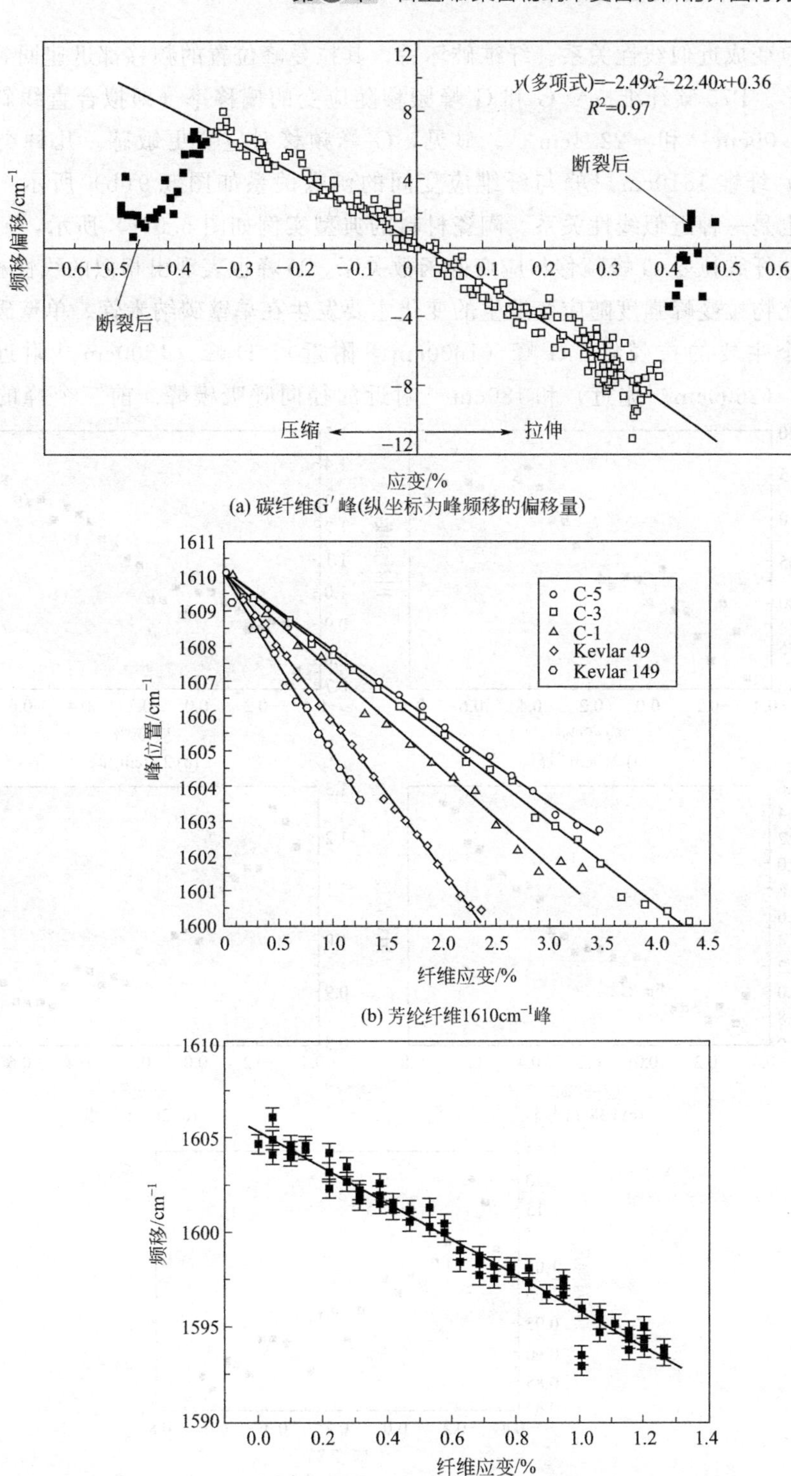

(a) 碳纤维G′峰(纵坐标为峰频移的偏移量)

(b) 芳纶纤维1610cm⁻¹峰

(c) 碳化硅纤维G峰

图 5.9 几种典型填充物的拉曼特征峰频移随填充物应变的变化规律

与纤维应变成近似线性关系。纤维破坏后，其拉曼峰位置的频移都迅速回到零应变时的频移。P75 碳纤维拉曼 G 和 G′峰频移随应变的偏移率（即拟合直线斜率）分别为$-9.09cm^{-1}$和$-22.4cm^{-1}$。显见，G′峰频移对应变更敏感。几种类型芳纶（PPTA）纤维 $1610cm^{-1}$峰与纤维应变间的函数关系如图 5.9(b) 所示。可以看到，这也是一种近似线性关系。陶瓷材料的典型实例如图 5.9(c) 所示，显示了一种碳化硅纤维拉曼 G 峰频移与应变的函数关系，D 峰也表现出相似的线性相关性。

填充物拉曼峰强度随应变发生的变化主要发生在单壁碳纳米管。单壁碳纳米管显示四个主要的拉曼峰：G 峰（$1600cm^{-1}$附近）、D 峰（$1300cm^{-1}$附近）、D^*（G′）峰（$2600cm^{-1}$附近）和 $180cm^{-1}$附近的径向呼吸模峰。前三个峰的频移都

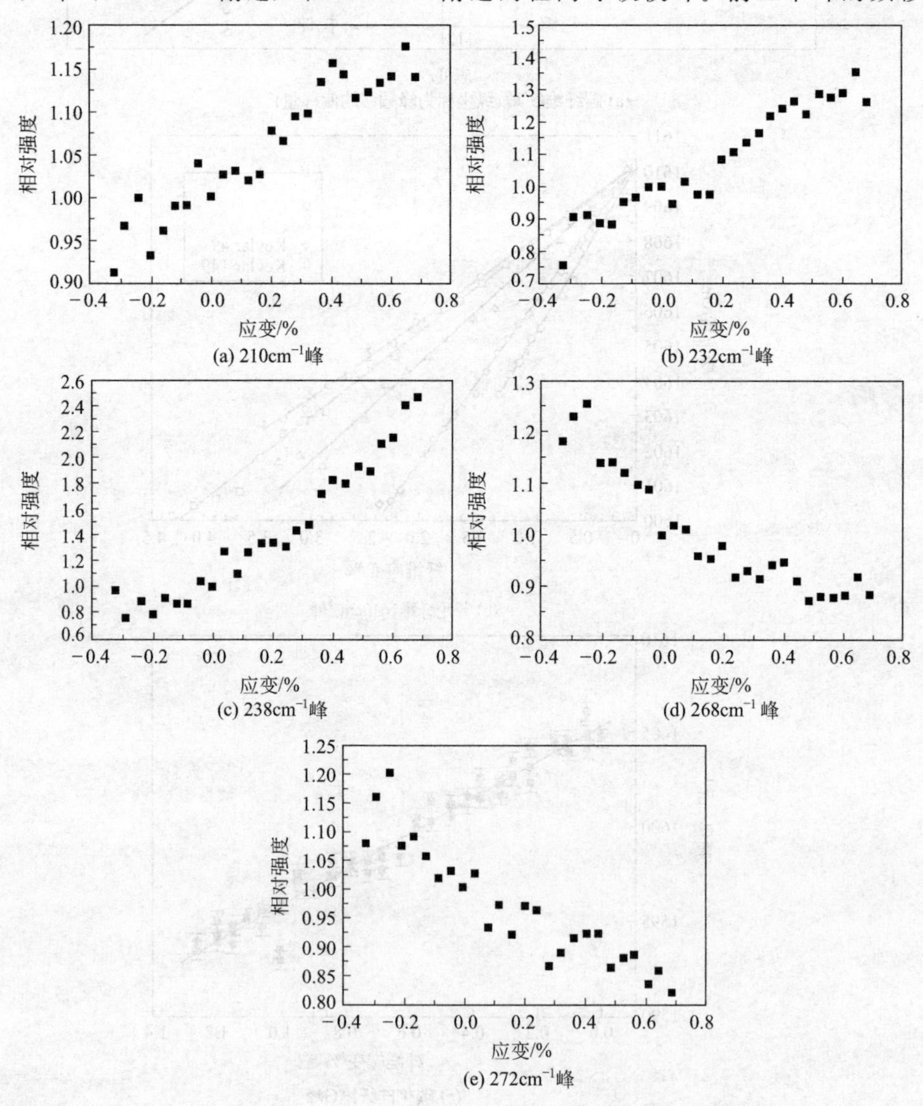

图 5.10 单壁碳纳米管各个 RBM 模峰的强度随应变的变化

对应变敏感，而后一个峰（实际上是一组峰）则是它的强度对应变敏感[21]。应变使各个峰的强度发生明显变化，而且变化的规律各不相同。RBM峰的强度随试样表面应变的关系如图5.10所示[22]。图中纵坐标已相对零应变时的强度归一化（即取零应变时峰强度为1）。五个峰对应变的响应并不相同。在拉伸过程中，位于$210cm^{-1}$、$232cm^{-1}$和$238cm^{-1}$三个峰的强度随应变增大而增大，而位于$268cm^{-1}$和$272cm^{-1}$两个峰则随应变增大强度减小。在压缩过程中，RBM峰的强度则向相反方向变化。前三个峰随应变增大强度减小，而后二个峰随应变增大强度增大。而且，在相同应变范围下，强度的变化值也不相同。

填充物拉曼峰峰宽随应变发生变化常在高性能有机纤维和陶瓷纤维中出现。图5.11显示几种填充物的特征拉曼峰半高宽与应变间的函数关系。图5.11(a)和图5.11(b)分别是NicalonNLM202（一种碳化硅纤维）G峰和D峰半高宽与纤维拉伸应变的关系图[23,24]。而图5.11(c)和图5.11(d)分别显示了芳纶、Technora和PBO纤维的$1610cm^{-1}$峰半高宽随应力的变化[25]。由图可见，这些数据都有着近似的线性关系。

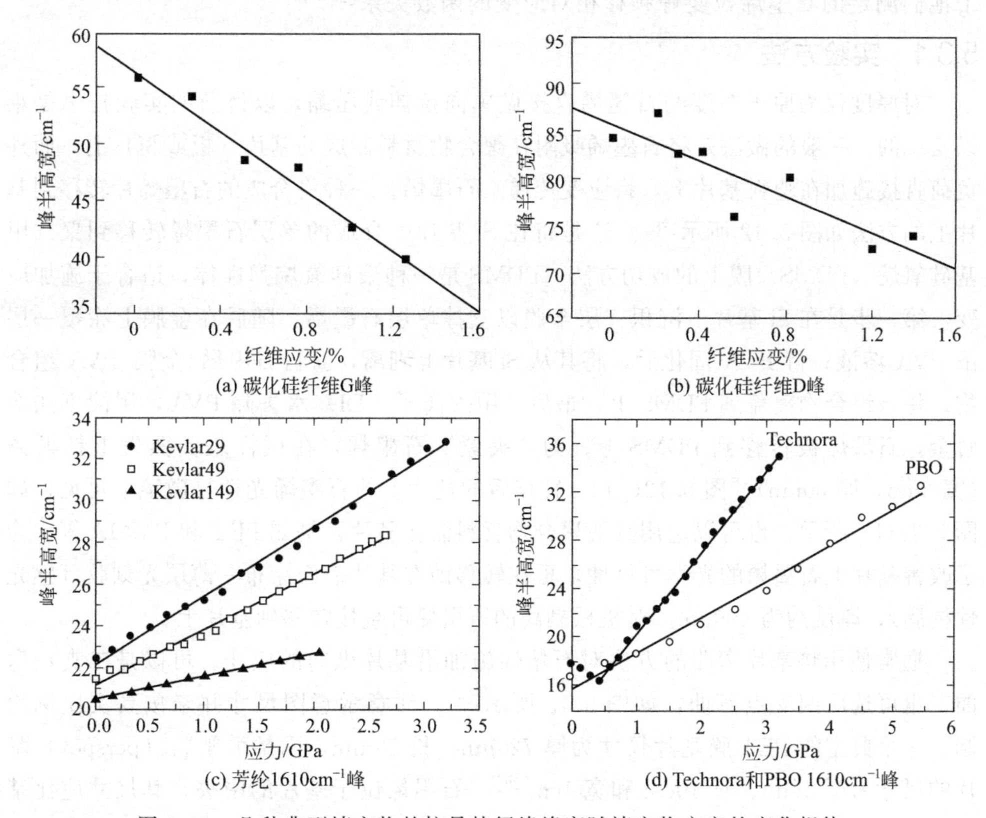

图5.11 几种典型填充物的拉曼特征峰峰宽随填充物应变的变化规律

在常用拉曼光谱系统中，不需任何改装或附件，能很方便地获得某些材料，例如掺铬氧化铝和掺铒或铯的玻璃纤维的荧光光谱。这些光谱包含有强而尖锐的荧光峰，而且荧光峰的位置（波数或波长）与材料应变间有良好的线性关系。过去十余年来，这一物理现象已经成功地应用于复合材料的界面微观力学研究，并且获得了令人关注的成果[1,26,27]。

一种材料的拉曼或荧光光谱中可能有多个光谱峰的行为对应变敏感，应该选择一个合适的峰用于表征复合材料的界面力学行为。原则上讲，只要有确定的函数关系，可以选用任何一个拉曼峰或荧光峰作为测量对象。选用哪一个峰作为测量对象，考虑的主要因素有：峰的强弱和尖锐程度；峰频移、强度或峰宽对应变的敏感程度；峰频移、强度或峰宽与应变之间函数关系的简单或复杂程度以及峰在光谱中所处位置是否存在基体材料拉曼峰的干扰等。例如，对各种碳材料，通常，人们偏向于选用 G′峰作为应变校正的测量对象。

5.3 石墨烯的拉曼峰行为对应变的响应

对应变/应力敏感的石墨烯拉曼峰行为表现在峰频移的变化。一些研究者报道了他们测定的石墨烯拉曼峰频移相对应变的函数关系[28~33]。

5.3.1 实验方法

对厚度仅为原子厚度的石墨烯直接做单向拉伸或压缩，以目前的实验技术是难以实现的。一般的做法是将石墨烯吸附在聚合物材料制成的基片（板或膜）上，而外负荷直接施加在塑料基片上，将应变传递给石墨烯。一种将合成的石墨烯片转移到基片上的方法如图 5.12 所示[28]。这是将在 Si 基片上合成的单层石墨烯转移到聚二甲基硅氧烷（PDMS）膜上的成功方法。PDMS 是一种聚硅氧烷弹性体，适合于施加应变。第一步是在 Si 基片上沉积一层金膜以支撑单层石墨烯，随后在金膜上涂覆一层浓 PVA 溶液；待 PVA 固化后，将其从 Si 基片上剥离，获得石墨烯/金膜/PVA 组合物；将该组合物覆盖到 PDMS 上；最后，用去离子（DI）水去除 PVA，用蚀刻法溶解金，石墨烯被转移到 PDMS 上。为“夹紧”石墨烯，在试样表面蒸发上钛栅条（宽 2μm，厚 60nm）［图 5.12(g)］。转移后的基片上的石墨烯光学显微镜下可见，如图 5.12(f) 所示。也可以选用其他聚合物材料制作基片，例如 PET 和 PMMA 等。为了改善基片上石墨烯的光学可见性，可在转移前在基片表面涂布一薄层光刻胶（感光性树脂），厚度约为 400nm。对机械剥离的石墨烯可直接转移到基片上。

通常使用将基片弯曲的方法对石墨烯施加沿基片纵向的应变。可以是二支点弯曲，也可选用四支点弯曲，如图 5.13 所示[29]。注意示意图尺寸并未按真实比例绘制。一个典型的 PET 膜基片尺寸为厚 720μm，长 23mm，丙烯酸塑料（perspex）基片的尺寸为厚 3mm、长 10cm 和宽 1cm[29]。石墨烯位于基片的中央，其尺寸应比基片长度小 10^3～10^4 倍。有多种测量基片（石墨烯）纵向应变的方法。对如图 5.12(g) 所示的试样，可在光学显微镜下直接测量 Ti 栅条间距的变化获得应变的大小；使用应变片是另一种方便的方法；也可测量支点的位移通过计算获得基片表面的应变。

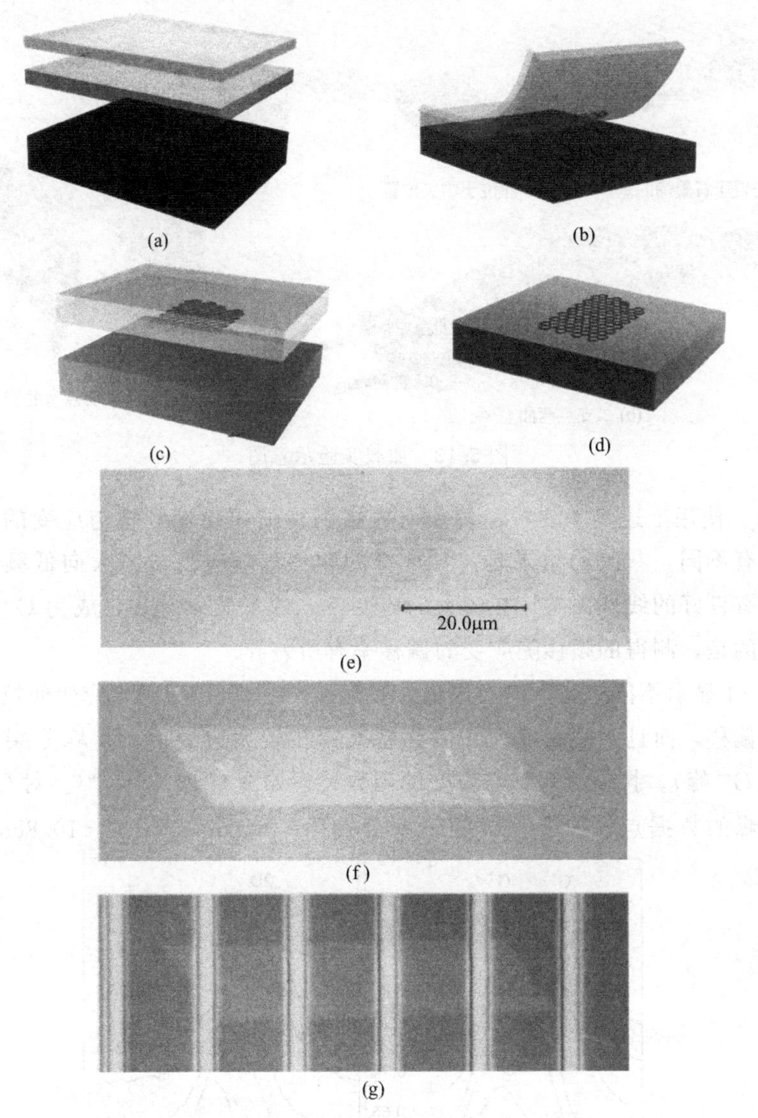

图 5.12 石墨烯的转移过程。(a)～(d) 将 Si 基片上的石墨烯转移到 PDMA 膜上；(e) Si 基片上（转移前）石墨烯片的光学显微像，(f) PDMS 片上石墨烯（转移后）的光学显微像；(g) 沉积 Ti 栅条后的光学显微像

作拉曼光谱测试时应注意激光功率的控制，通常应使试样上的功率小于 2mW，以保证石墨烯不会发生热损伤（在给定应变下，拉曼峰的频移和峰宽都不发生变化）。负载和卸载时数据的重现情况能确认石墨烯与基片间是否发生滑移。

5.3.2 峰频移与应变的函数关系

高质量石墨烯在 800～3000cm^{-1}范围内的拉曼光谱，通常显示两个特征峰：G 峰和 G′(2D) 峰。原子结构含有缺陷的石墨烯和氧化石墨烯则除了这两个峰外，还

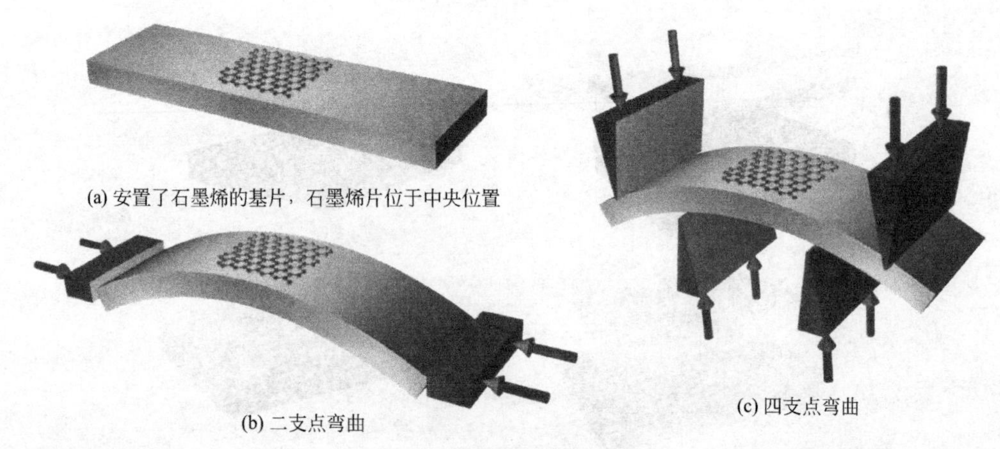

(a) 安置了石墨烯的基片，石墨烯片位于中央位置
(b) 二支点弯曲
(c) 四支点弯曲

图 5.13 加载实验示意图

出现 D 峰。使用上述实验装置，各个研究组测得的拉曼峰频移与应变的函数关系既相似又有不同。共同的结果是：各个峰的频移都随应变的增大向低频移方向偏移，而且有良好的线性关系；在较大的应变下，G 峰发生分裂，成为 G^+ 峰和 G^- 峰。不同的是，测得的频移随应变的偏移率有所差异。

图 5.14 显示不同应变下的石墨烯拉曼光谱[29]。可以看到，应变使拉曼峰的频移发生红偏移，而且，应变越大，偏移越大；在较大应变下，G 峰分裂为两个峰（G^+ 峰和 G^- 峰）。拉曼峰频移与应变的函数关系如图 5.15 所示[29]。对 G′峰、G^+ 峰和 G^- 峰的数据点，拟合直线的斜率分别为 $-64\text{cm}^{-1}/\%$、$-10.8\text{cm}^{-1}/\%$ 和

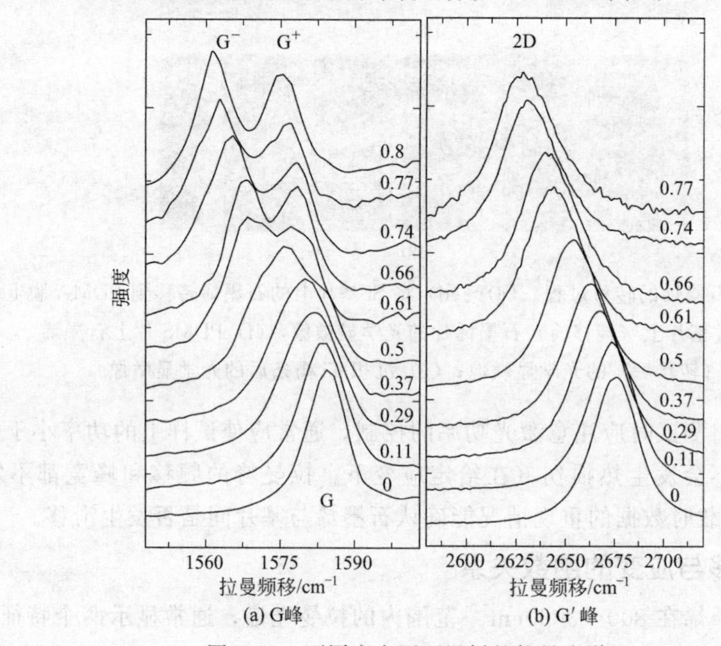

图 5.14 不同应变下石墨烯的拉曼光谱

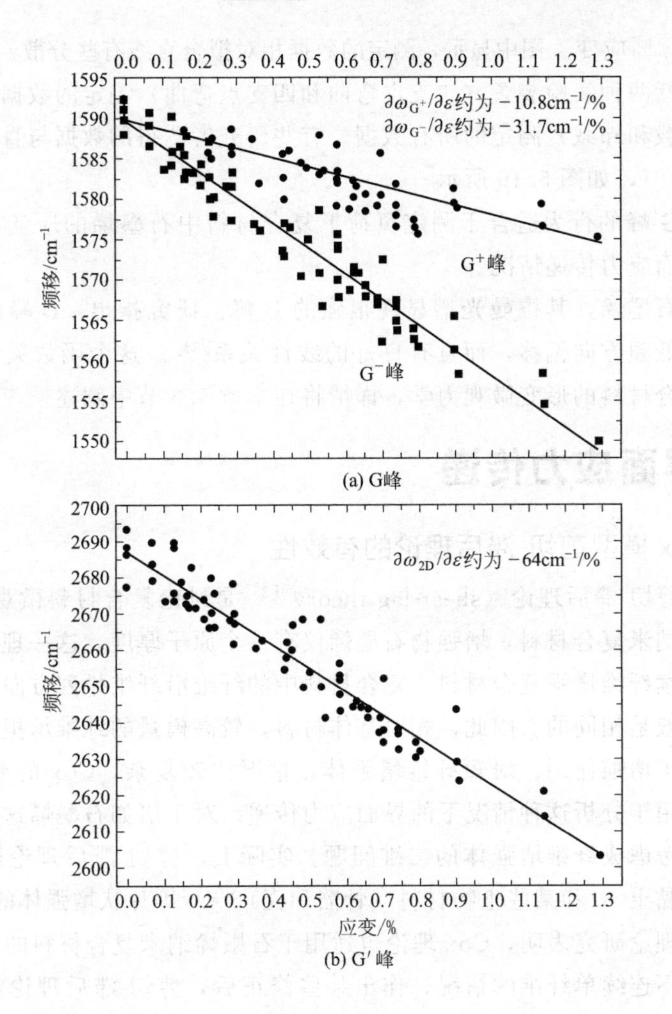

图 5.15 拉曼峰频移相对应变的函数关系

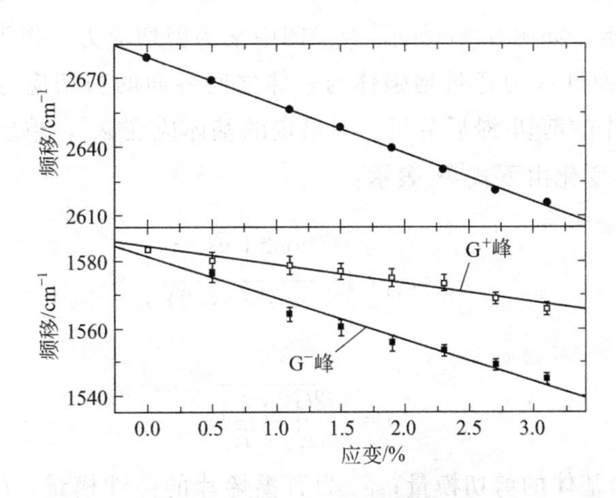

图 5.16 石墨烯 G 峰和 G′峰频移随应变的线性关系

$-31.7\mathrm{cm}^{-1}/\%$应变。图中显示，测定的数据相对拟合直线有些分散。这可能是由于这组数据包括两种实验装置（二支点弯曲和四支点弯曲）测定的数据，也包含了循环负荷（加载和卸载）测定的所有数据。有些研究者测得的数据与直线则有很好的相关性[28,32,33]，如图 5.16 所示[28]。

显然，G′峰的行为适合于测定负荷下复合材料中石墨烯的应变及其分布，并据此分析界面应力传递情况。

对氧化石墨烯，其拉曼光谱显现很强的 D 峰。研究指出，D 峰的频移也随应变的增大向低频方向偏移，而且有良好的线性关系[34]。这个函数关系也可应用于研究相关复合材料的形变微观力学，详情将在本章 5.6 节中阐述。

5.4 界面应力传递

5.4.1 Cox 模型剪切-滞后理论的有效性

Cox 的剪切-滞后理论（shear-lag theory）[35]是讨论复合材料微观力学的基础。对于石墨烯纳米复合材料，增强物石墨烯仅有一个原子厚度，这一理论是否适用？

对长连续纤维增强复合材料，复合材料中的纤维沿纤维排列方向的轴向应变与基体应变一般是相同的。因此，相对基体材料，较高模量的纤维承担了负荷的主要部分，起到了增强作用。对短纤维增强体，情况比较复杂。Cox 的剪切-滞后理论已成功地应用于分析这种情况下的界面应力传递。对于诸如石墨烯这样的片状增强体，可将它考虑成纤维增强体的二维问题。实际上，剪切-滞后理论已经被用于分析诸如层状黏土[36]和某些生物材料（骨骼和壳）[37,38]等片状增强体的增强作用。

实验和理论研究表明，Cox 理论也适用于石墨烯纳米复合材料的分析。

类似于不连续单纤维的情况，作出某些修正后，剪切-滞后理论能用于模拟单层石墨烯在基体中的力学行为[32]。假定石墨烯是力学连续体，而且，其周围是一层弹性聚合物树脂，如图 5.17 所示[39]。图中 τ 为剪切应力，作用在距离单层石墨烯片中心 z 处。弹性应力通过增强体与基体之间界面的剪切应力从基体传递给增强体。根据片状体的剪切-滞后分析，对给定的基体应变 e_{m}，单层石墨烯片上的应变 e_{f} 随位置 x 的变化由下式[32]表示：

$$e_{\mathrm{f}}=e_{\mathrm{m}}\left[1-\frac{\cosh\left(ns\dfrac{x}{l}\right)}{\cosh(ns/2)}\right] \tag{5-1}$$

式中：

$$n=\sqrt{\frac{2G_{\mathrm{m}}}{E_{\mathrm{g}}}\left(\frac{t}{T}\right)} \tag{5-2}$$

式中，G_{m} 为基体的剪切模量；e_{f} 为石墨烯片的弹性模量；l 为石墨烯片在 x 方向的长度；t 为石墨烯的厚度；T 为树脂的总厚度；s 为石墨烯在 x 方向的长厚比（l/t）；参数 n 为在复合材料微观力学中被广泛认可的界面应力传递效率的有效量度。所以，ns 既取决于石墨烯片的形态，又取决于石墨烯与基体的相互作用程度（即界面结合强度）。

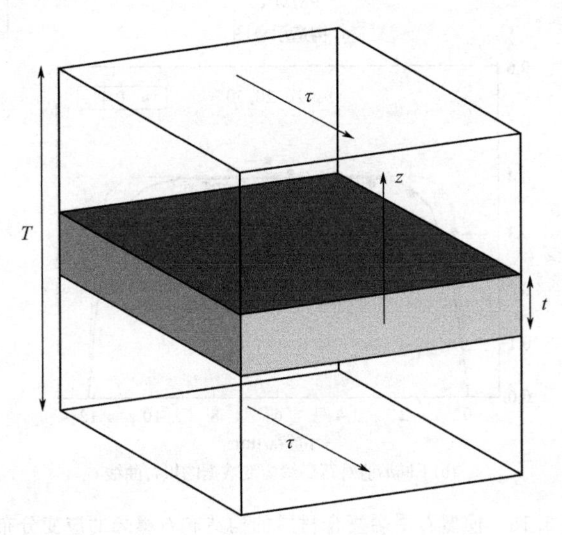

图 5.17　用于剪切-滞后分析的树脂内石墨烯片的模型

石墨烯/聚合物界面的剪切应力 τ_i 由式(5-3) 给出[32]：

$$\tau_{\mathrm{i}}=nE_{\mathrm{g}}e_{\mathrm{m}}\frac{\sinh\left(ns\dfrac{x}{l}\right)}{\cosh(ns/2)} \tag{5-3}$$

考察这些方程式可见，在乘积 ns 有高值时，单层石墨烯将承受高应力，亦即增强体有高的增强效果。这意味着为了获得好的增强效果，应该有大的长厚比 s 和大的 n 值。必须指出，上述分析假定了单片石墨烯和聚合物都具有线性弹性连续体行为。

5.4.2　应变分布和界面剪切应力

应用石墨烯 G′拉曼峰频移与石墨烯应变间的近似线性关系，可监测石墨烯复合材料的应力传递行为。一些纤维，包括碳纤维[40～42]、陶瓷纤维[43～45]和聚合物纤维[19,46]的拉曼峰频移或荧光峰波数对纤维应变敏感，据此，拉曼光谱术已经被成功地用于测定基体内纤维的应变分布，研究纤维与基体的相互作用[1]。对石墨烯复合材料，可比照相似的方法，制备模型石墨烯复合材料，测定负荷下石墨烯沿负荷方向应变的分布，然后分析界面应力传递的详情。

图 5.18(a) 显示一种模型石墨烯复合材料构造示意图[39]。作为实例，以下叙述模型石墨烯复合材料试样的一种制备方法。将厚度约为 5mm 的 PMMA 板材表面旋涂一层 SU-8 环氧树脂，厚度约为 300nm。将用机械剥离法获得的石墨烯片转移到环氧树脂表面上。这种方法制备的石墨烯片常有不同的层数，用光学显微术或

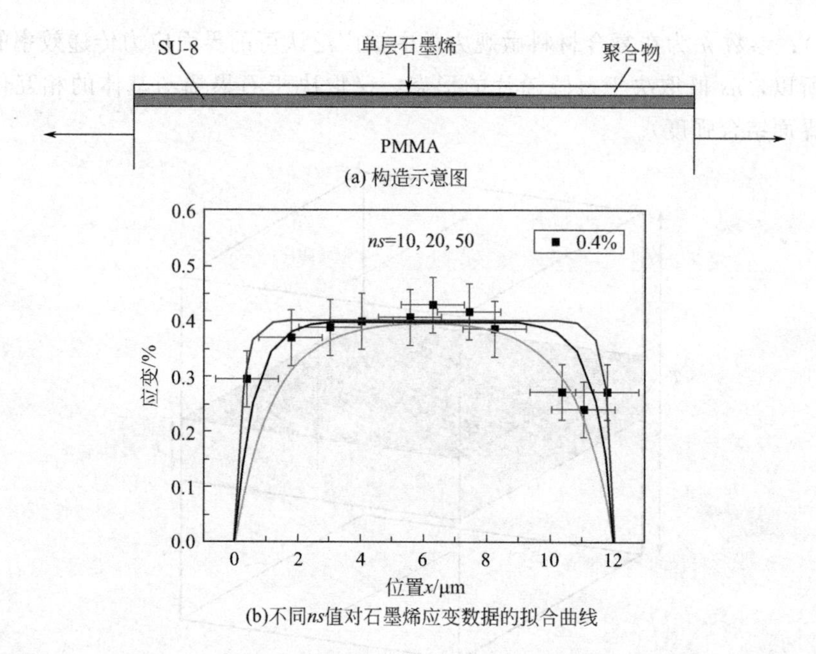

图 5.18 模型石墨烯复合材料的构造和石墨烯的应变分布

拉曼光谱术可确认单层的石墨烯。最后用旋涂法在板材上覆盖一薄层 PMMA，厚度约为 50nm。两聚合物层之间的石墨烯在光学显微镜下可见。图 5.19 显示具有不同厚度石墨烯片的光学显微图，从石墨烯片与基片之间的衬度差异可以确定与单层石墨烯相应的区域。使用拉曼光谱术也能确认单层石墨烯片，其方法将在以下叙述。

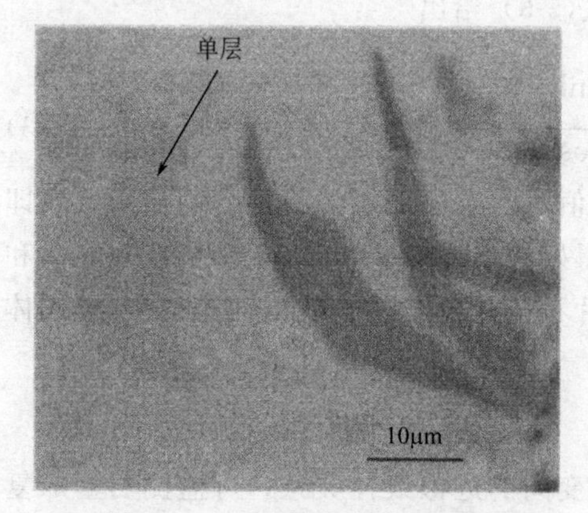

图 5.19 石墨烯的光学显微图

用四支点弯曲法形变 PMMA 板材（参阅图 5.13），粘贴在其表面上的应变片能测定其应变值。石墨烯拉曼光谱的测定使用低功率的 HeNe 激光，试样上的功率小于 1mW。石墨烯的形变以其 G′峰频移的偏移获得。激光束的偏振方向通常平行于拉伸方向。

应用式(5-1) 对如图 5.18(a) 所示的试样测得的实验数据作拟合，可得到拟合曲线［图 5.18(b)］。最佳拟合曲线的获得取决于 ns 值的合适选取。取不同 ns 值的拟合处理得出，在基体应变为 $e_m=0.4\%$时，取 $ns=20$ 获得了合适的拟合，如图 5.18(b) 中曲线所示。或大（$ns=50$）或小（$ns=10$）的 ns 值，都使拟合曲线与实验数据有更大的偏离。是否达到最佳拟合，可从拟合系数（率）判断，完全理想的拟合，其拟合系数应达到 1。

图 5.20(a) 显示基体应变为 $e_m=0.4\%$时，由应力引起的拉曼峰频移偏移测得的单层石墨烯沿 x 方向（拉伸方向）的应变［与图 5.18(b) 所示不同的另一组数据］。图中可见，石墨烯在平行于应变轴方向的轴向应变沿 x 轴是不均匀的，应变在端头发生，沿中央方向逐渐增大，在中央区域成为平台常值，等于基体的应变 $e_m=0.4\%$。这种情况与模型不连续单纤维复合材料，当纤维与基体有强界面结合，基体应变不是太大时的情况完全相似，可以用剪切-滞后理论作分析。

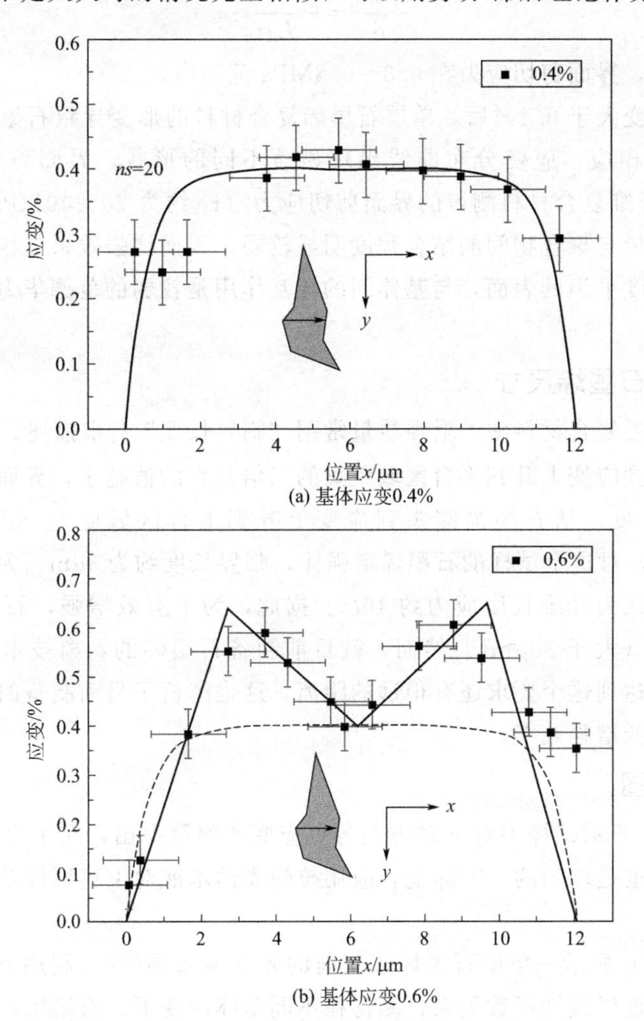

(a) 基体应变0.4%

(b) 基体应变0.6%

图 5.20 沿 x 轴方向石墨烯应变的分布

应用式(5-3)，可确定石墨烯-聚合物间界面剪切应力 τ_i 沿 x 轴的变化。端头具有最大的剪切应力，约 2.3MPa。

当基体应变达到 $e_m=0.6\%$时，测得的单片石墨烯轴向应变的数据分布情况与图 5.20(a) 所示大有不同，如图 5.20(b) 所示。这时，石墨烯两端的应变近似呈直线分布，直到靠近中央的 0.6%应变（相等于基体应变，$e_m=0.6\%$）。在石墨烯的中央应变下降到0.4%。这种情况下，似乎石墨烯与聚合物基体间的界面已经遭到破坏，发生了脱结合，应力传递通过界面摩擦力发生。在石墨烯中央应变并不下降到零，意味着石墨烯仍然与聚合物保持接触。这与碳纤维的单纤维断裂试验中发生的情况不同。这种情况下的界面剪切应力可使用下列力平衡方程从图5.20(b)的直线斜率计算得到：

$$\frac{de_{\mathrm{f}}}{dx}=-\frac{\tau_{\mathrm{i}}}{E_{\mathrm{f}}t} \tag{5-4}$$

计算得出，界面剪切应力在0.3～0.8MPa范围内。

在轴向应变大于0.4%后，单层石墨烯复合材料的形变导致石墨烯聚合物间界面破坏，与之相应，应变分布曲线出现显著不同的形状，界面剪切应力仅约为1MPa。与碳纤维复合材料测得的界面剪切应力（τ_{i} 约为20～40MPa[40～42]）相比较，单层石墨烯与聚合物间的结合程度明显较弱，因而增强效果是相当低的。考虑到一个原子厚度平坦的表面，与基体间的相互作用是较弱的范德华力结合，这个结果是合理的。

5.4.3 最佳石墨烯尺寸

在纤维增强复合材料中，增强质量常用“临界长度”l_{c}来描述。这个参数定义为从纤维端头到应变上升到平台区域距离的二倍，它的值越小，界面结合越强[47]。图5.20(a)可见，从石墨烯端头到应变上升到平台区域应变90%的距离约为1.5μm，因此，对这个试样的石墨烯增强体，临界长度约为3μm。为了获得好的纤维增强，一般认为纤维长度应为约$10l_{\mathrm{c}}$。据此，为了有效增强，石墨烯片需要有相当大的尺寸（大于30μm）。然而，就目前制备石墨烯的剥离技术，获得的单层石墨烯尺寸要达到这个要求还有很远的距离。这也解析了目前制备的石墨烯聚合物复合材料只有低增强效率。

5.4.4 应变图

在图5.20所示试样中对y轴方向各点应变的测量得出，在中央区域，沿y方向的应变分布也是均匀的。实际上，应用拉曼光谱术能对上述试样精确作出二维应变分布图。

图5.21(a)显示一单层石墨烯形变前的光学显微图[33]。利用其拉曼2D峰频移与应变间的近似线性函数关系，测得在不同基体应变下，石墨烯各点应变的分布如图5.21(b)所示[39]。图中各黑色圆点表示拉曼测试点。由于激光斑点有约2μm的大小，不可能测出石墨烯近边缘区域的应变，图中在应变图外绘出了试样的轮廓。示意图显示，未形变和直到基体应变达到0.6%时，石墨烯各点的应变基本上是均匀的，超过了这个值，石墨烯表现出高度不均匀的应变分布（见基体应变为0.8%时的应变图）。高负荷将导致石墨烯与聚合物层间界面的破坏，应力传递的方式受到改变，表现为石墨烯应变发生变化。引起模型复合材料损伤的可能机制有如

下两个（图 5.22）：单层石墨烯断裂［图 5.22(b)］；覆盖聚合物 SU-8 发生开裂［图 5.22(c)］。考虑到石墨烯约 100GPa 的断裂应力和 20%的断裂伸长率，仅仅 0.8%的外加应变不可能使石墨烯发生破坏，因此，可能的机理是聚合物的开裂。尽管界面受到损伤，石墨烯与基体仍然保持接触。裂纹间石墨烯应变分布的形状呈三角形，界面剪切应力仅约为 0.25MPa，比起开裂前小一个数量级。

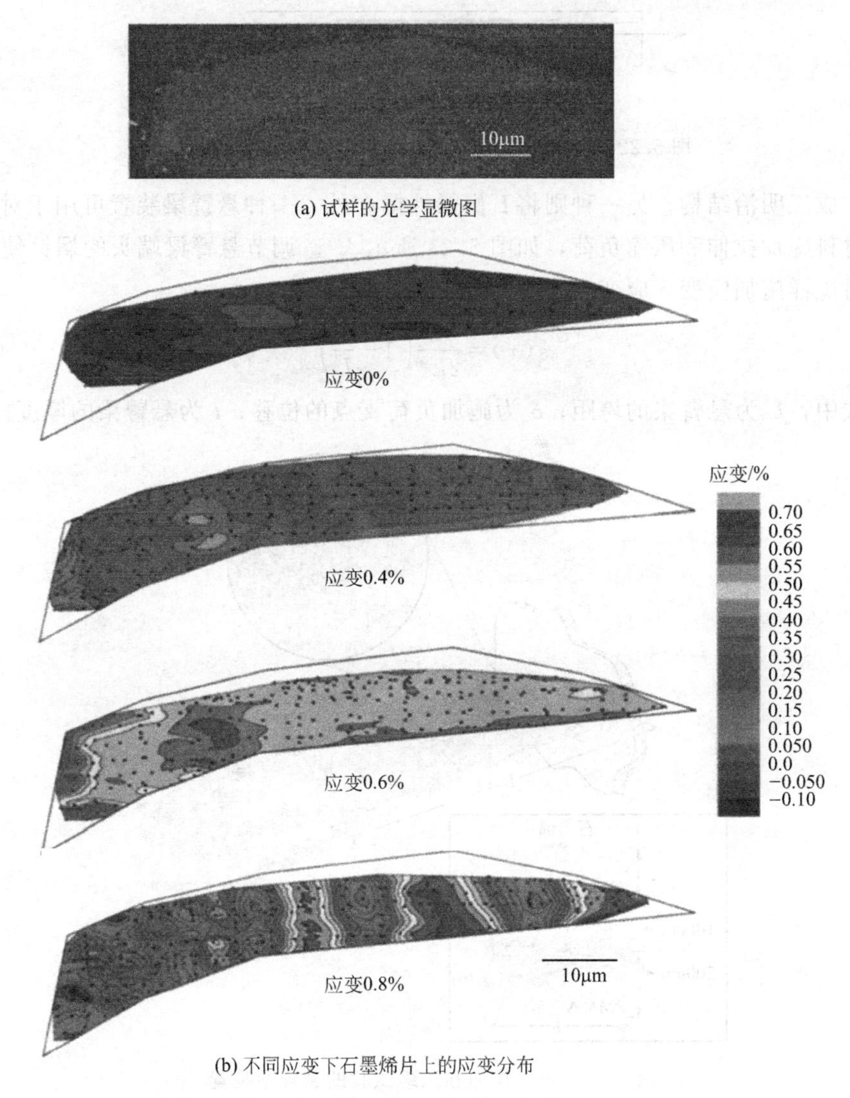

(a) 试样的光学显微图

(b) 不同应变下石墨烯片上的应变分布

图 5.21　单层石墨烯的应变图

5.4.5 压缩负荷下的界面应力传递

复合材料在实际应用中通常都承受很复杂的应力场，而且常常损坏于压缩负荷下的压曲破坏。拉曼光谱术也应用于在压缩负荷下模型石墨烯复合材料的界面力学行为研究[48,49]。使用与图 5.18(a) 所示相似的试样，一种试样顶部覆盖一薄层聚

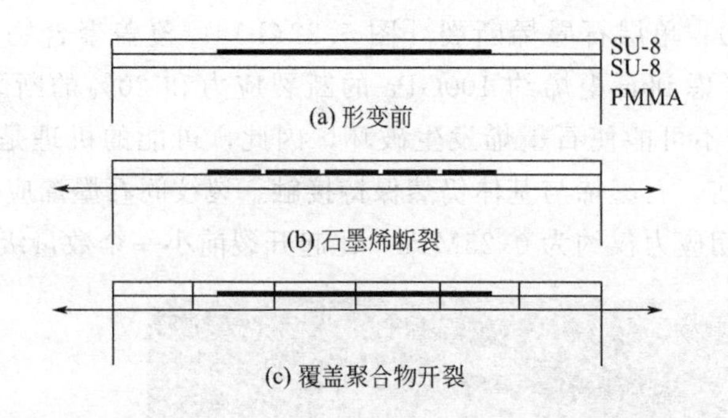

图 5.22 模型石墨烯复合材料界面破坏的可能机制

合物，成三明治结构，另一种则将石墨烯裸露在外。一种悬臂梁装置可用于对模型复合材料施加拉伸和压缩负荷，如图 5.23 所示[49]。调节悬臂梁端头的螺钉使其弯曲，对试样施加应变。应变由式(5-5) 计算得到：

$$\varepsilon(x)=\frac{3t\delta}{2L^2}\left(1-\frac{x}{L}\right) \tag{5-5}$$

式中，L 为悬臂梁的垮距；δ 为施加负荷支点的位移；t 为悬臂梁的厚度。

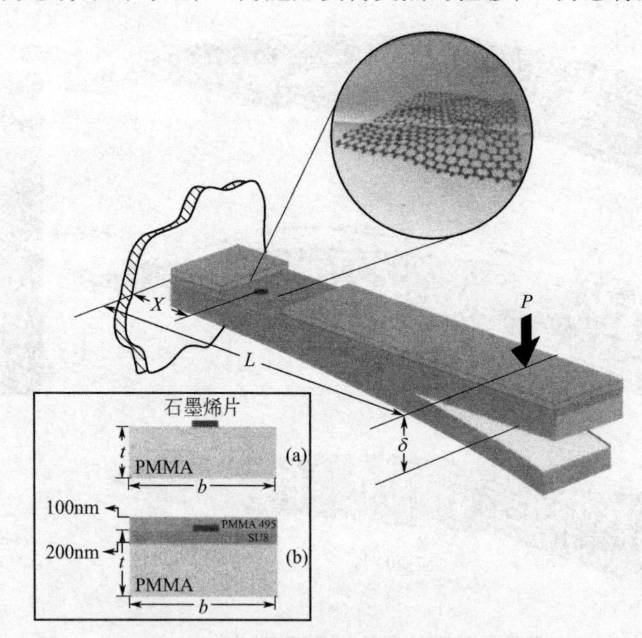

图 5.23 用于拉伸和压缩试验的悬臂梁装置

插入小图中：(a) 石墨烯裸露试样；(b) 石墨烯三明治试样。

图 5.24 显示拉伸和压缩应变下石墨烯的拉曼光谱 G 峰[48]。与拉伸时的拉曼光谱行为不同，在压缩负荷下，石墨烯拉曼 G 峰随应变的增大向高频移方向偏移，相似的行为是在较高负荷下 G 峰都发生分裂，形成 G^+ 和 G^- 两个峰。试验表明，石墨烯的几何形状对峰频移与压缩应变的函数关系有影响。图 5.25 显示三种不同

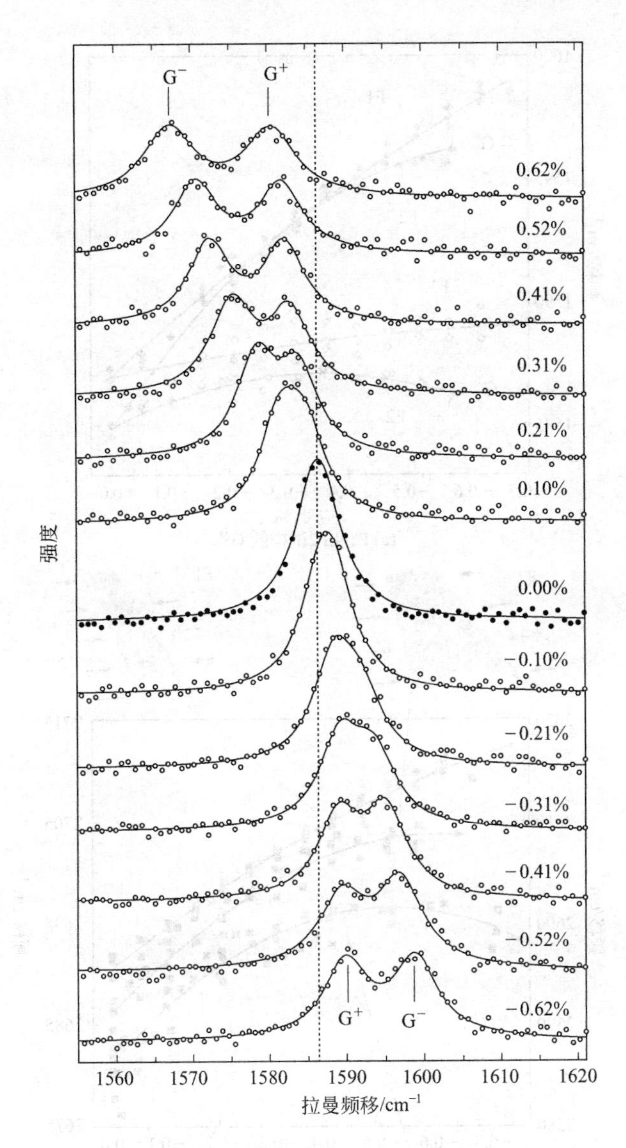

图 5.24 拉伸和压缩负荷下的石墨烯拉曼光谱 G 峰

几何形状石墨烯（F1，F2 和 F3）G 峰和 G′峰峰频移与压缩应变的函数关系[48]。可以看到，不论拟合曲线的形状、起始斜率和随压缩应变的增大斜率的变化，都与石墨烯的形状相关。不过，整体而言，在压缩负荷下，小应变时 G′峰频移以一定偏移率（与拉伸负荷时相近）随应变增大向高频移方向偏移。然而，当压缩应变增大后，峰频移偏移率逐渐减小，直到临界压缩应变。这时，由于发生 Euler 型压曲过程，不再有进一步的峰偏移。临界压缩应变的大小与单层石墨烯的几何形状有关。

5.4.6 最佳石墨烯片层数

前文讨论了单层石墨烯复合材料的有效增强要求石墨烯片有足够大的平面尺寸

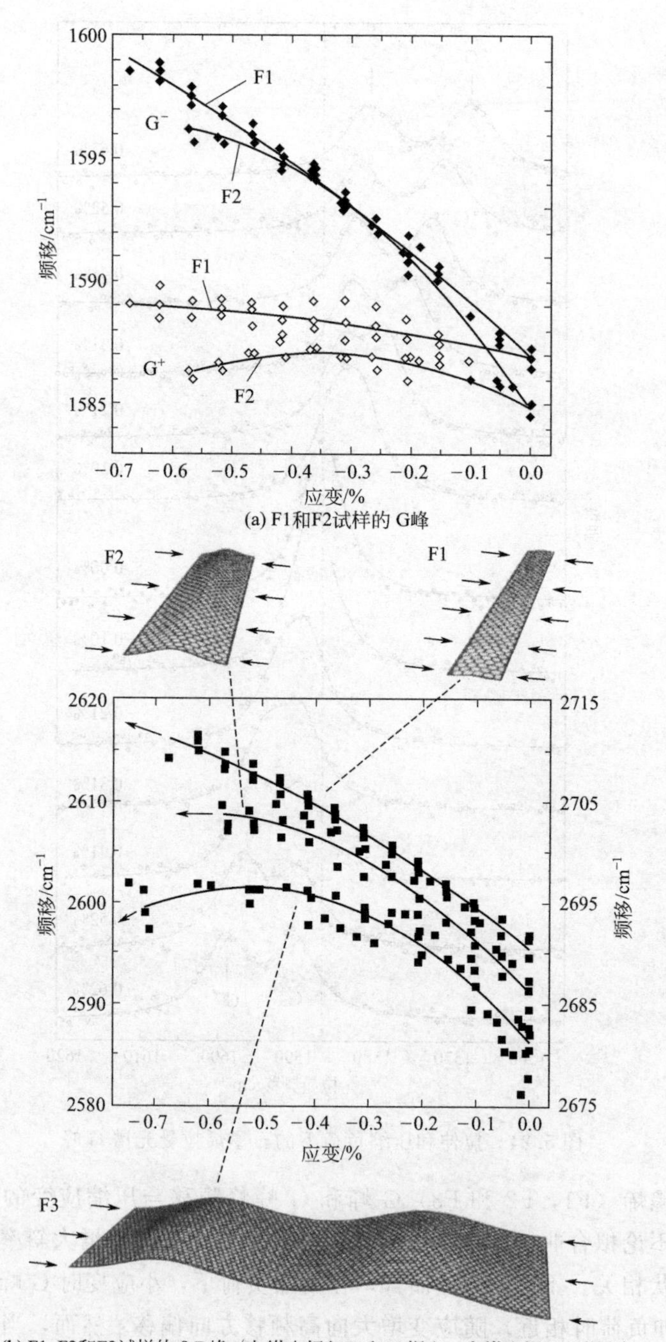

(a) F1和F2试样的G峰

(b) F1, F2和F3试样的2D峰（左纵坐标与F1和F2相应，右纵坐标与F3相应）

图 5.25　压缩负荷下石墨烯拉曼峰频移与应变的函数关系

（大于 30μm）。石墨烯的层数对复合材料的增强效果有什么影响是值得探索的另一个课题。许多研究人员已经做出了很大的努力，研究如何从石墨大批量获取单层石墨烯[50~53]，以便用于复合材料的增强。一个疑问是单层石墨烯是否最有利于复合材料的增强。

已知石墨的各个石墨烯层之间只有相当弱的范德华力结合，因而各层间很易发生滑移。这是石墨具有低摩擦性质的经典解释。近期，有人使用AFM的摩擦力显微术研究了石墨烯片的摩擦特性。研究指出，单层石墨烯极大地降低了在SiC片上的摩擦力，而且，双层石墨烯片能进一步降低摩擦力2个数量级[54]。在对不同层数石墨烯片的系统研究发现[55]，摩擦随石墨烯层数的增加单调地减小，而且趋向于块状材料的值。石墨烯层间的易于剪切，将减弱应力传递能力，从而减弱石墨烯在复合材料中的增强效果，所以，似乎可以认定单层石墨烯是增强体的最佳选择。

一个类似的问题也出现在多壁碳纳米管中，即使纳米管与基体间有强界面结合，内壁与外壁间的滑移也会降低增强效果。有研究人员[56]制备了双壁碳纳米管/环氧树脂模型复合材料，用四支点弯曲法形变复合材料，研究多壁碳纳米管的层间应力传递。测得与外壁相应的2D峰的高频次级峰的应变偏移率为$-9.2cm^{-1}$/%应变，而与内壁相应的2D峰的低频次级峰的应变偏移率仅为$-1.1cm^{-1}$/%应变。这表明从外层向内层传递应力的效率是很低的，因而内壁并不承担多少负荷。他们还证实多壁碳纳米管在复合材料中的有效模量随壁数的增加而降小，各壁的交联可能增大对剪切过程的阻抗。这种多壁碳纳米管应力传递的规律能否延伸到石墨烯的增强性能，需要做更深入的研究。

当石墨烯遭受形变时，其G峰和G′峰会发生应力引起的大的频率偏移，而且，每单位应变的峰频移偏移率与材料的弹性模量相关。一些研究还指出，应变引起的峰频移偏移率与石墨烯的层数有关，2层和2层以上的多层石墨烯片的峰频移偏移率明显小于单层石墨烯[49,57,58,]。这种行为似乎是石墨烯层间易于剪切的结果。

文献[59]报道了石墨烯层数对增强效果影响的系统研究，颇具参考价值。

判定制得的石墨烯片的层数是首先要做的事。最简便的方法是使用光学显微镜观察试样的光学像，从不同层数区域相对基片的衬度判断层数，如图5.26(a)和图5.26(b)所示[60]（也参阅图5.19）。更确切的判定方法是使用拉曼光谱术，其依据是不同层数的石墨烯片常有不同数目的次级构成峰。图5.26(c)～图5.26(f)显示不同层数石墨烯片的G′峰。可以看到，单层石墨烯显示单峰，双层和三层石墨烯的G′峰分别由4个和6个次级峰拟合而成，而多层石墨烯的拉曼峰则与石墨相似。从拉曼G′峰的次级峰数目，可以明确无误地确认试样的石墨烯层数。

使用类似于图5.18(a)所示的方法制备试样，用弯曲法实现石墨烯片的形变。对覆盖和未覆盖顶层聚合物的单层和双层石墨烯片测得的2D峰频移随拉伸应变的函数关系如图5.27所示[59]。图5.27(a)显示，对单层石墨烯，不论是否覆盖顶层聚合物，都有相近似的G′峰频移应变偏移率；与之不同，对双层石墨烯相同测试的结果[以单峰拟合光谱，图5.27(b)]得出，覆盖顶层聚合物的石墨烯比起未覆盖试样有显著高的单位应变G′峰频移偏移。这个结果表明，石墨烯与聚合物之

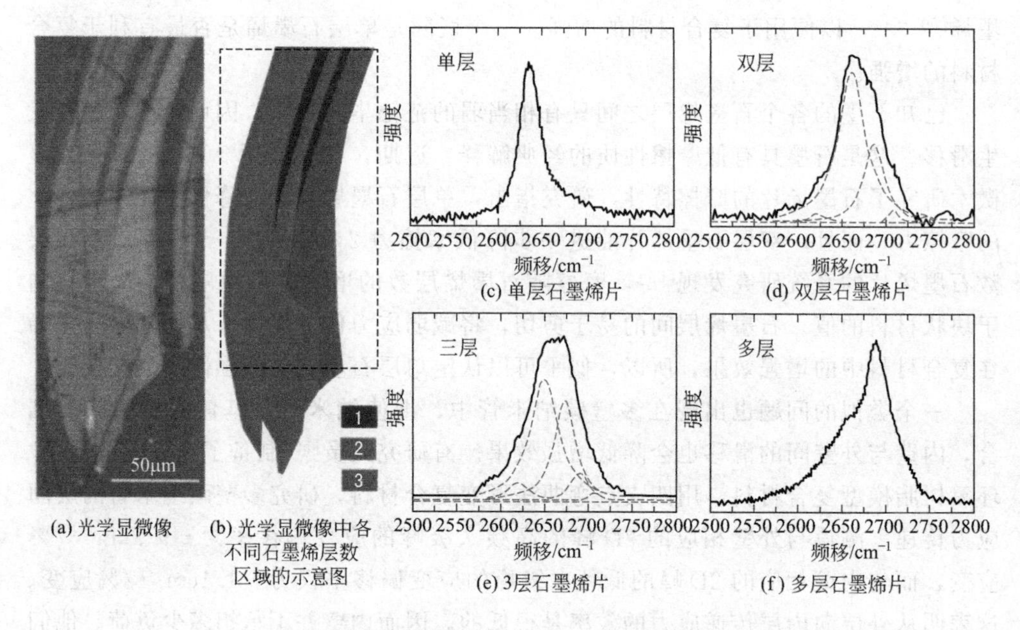

(a) 光学显微像 (b) 光学显微像中各不同石墨烯层数区域的示意图 (c) 单层石墨烯片 (d) 双层石墨烯片 (e) 3层石墨烯片 (f) 多层石墨烯片

图 5.26 PMMA 上石墨烯片层数的判定

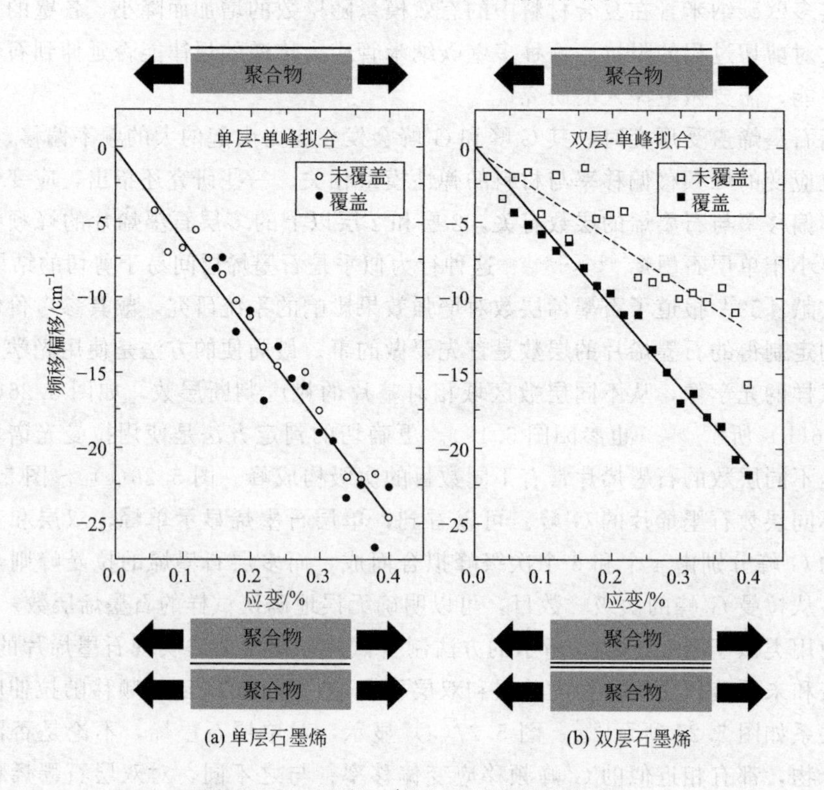

(a) 单层石墨烯 (b) 双层石墨烯

图 5.27 石墨烯 G′峰频移随应变的偏移

间有较好的应力传递，而上层与下层石墨烯之间则有相对较弱的应力传递效果。

图 5.28显示不同层数石墨烯 G′峰频移随应变的变化[59]。测试时，除了多层石墨烯片外，其他不同层数的石墨烯都在同一片试样上，如图 5.26(a) 所示。这是为了保证每个区域石墨烯的取向相同。石墨烯片上方都覆盖有一薄层聚合物。双层石墨烯片的 4 个次级峰频移随应变的变化显示在图 5.28(a)，作为比较，也显示相邻区域单层石墨烯的数据。图中可见，2D1B 和 2D2B 次级峰的数据较为分散，这是因为这两个峰的强度较弱。但是，2D1A 和 2D2A 两个强峰的拟合直线斜率都与邻近的单层石墨烯区域的相应斜率相近。这意味着双层石墨烯与单层石墨烯有相似的增强效果。图 5.28(b) 比较不同石墨烯层数的 4 种试样的实验数据，其中多层石墨烯片与其他 3 种石墨烯不在同一片试样上。每个 2D 峰都拟合成单洛伦兹（Lorentzian）峰，以便于比较。图中显示双层与单层石墨烯有相近的拟合直线斜率（分别为−53cm^{-1}/%应变和−52cm^{-1}/%应变），3 层石墨烯较小（−44cm^{-1}/%应变），而多层石墨烯则有低得多的斜率（−8cm^{-1}/%应变）。这一实验事实再一次说明，石墨烯与聚合物间有好的界面结合，但是，石墨烯层间的应力传递能力较低。

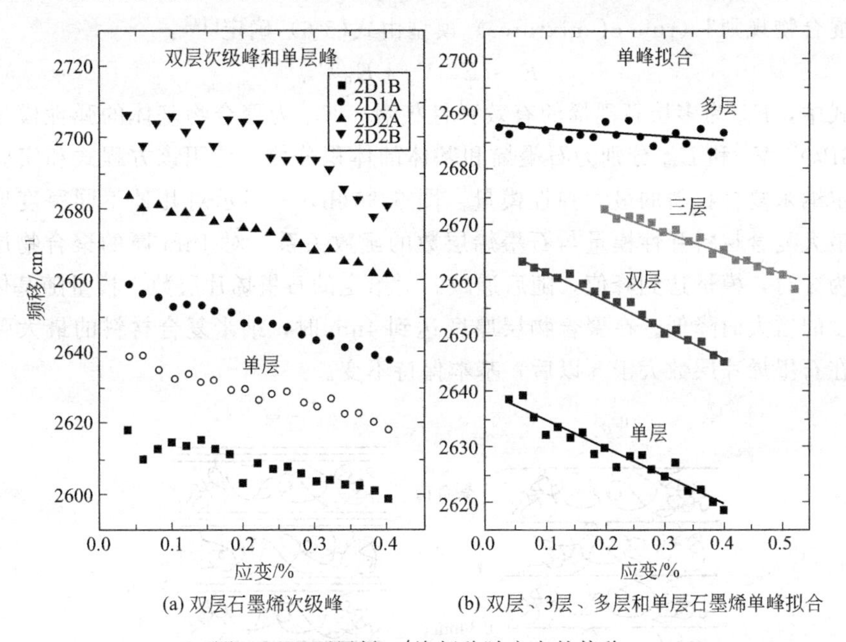

(a) 双层石墨烯次级峰　　(b) 双层、3层、多层和单层石墨烯单峰拟合

图 5.28　石墨烯 G′峰频移随应变的偏移

多壁碳纳米管有着类似的情况。有人提出一种理论[60]，用参数 K_i 表征壁间的应力传递效率，对壁间的完善传递，$K_i=1$；无应力传递，则 $K_i=0$。这种分析已经成功地模拟了复合材料中双壁碳纳米管内外壁间的应力传递。应用这一理论，根据测得的 2D 峰频移偏移率，能对多层石墨烯的层间应力传递效率作出定量描述[59]。

对复合材料中石墨烯的增强效果，除了考虑石墨烯层间应力传递效率外，还必须考虑其他相关因素的作用。例如，使用双层石墨烯比起单层石墨烯的相对好处：

对良好地分散在聚合物中的两片单层石墨烯，它们能够有的最小间距是聚合物线团的尺度，亦即至少几个纳米。然而，在双层石墨烯中两原子层间的距离仅为0.34nm，因而，在聚合物纳米复合材料中更易于获得较高的填充物含量，使得增强能力的改善比起单层石墨烯高出2个数量级。考虑上述因素可以确定对聚合物基纳米复合材料的最佳多层石墨烯层数。双层和单层石墨烯有相近的有效弹性模量，此后则随层数的增加而降低。然而，在高体积含量的纳米复合材料中，石墨烯片间需要容纳聚合物线团，石墨烯片的间距将被聚合物线团的尺寸所限制，如图5.29所示[59]。石墨烯片的最小间距取决于聚合物的类型和聚合物与石墨烯的相互作用方式。这种最小间距不会小于1nm，多半会达到几个纳米，而在多层石墨烯中，层间距仅为0.34nm。假定纳米复合材料内的所有石墨烯片都平行排列，片间充满厚度均匀的聚合物薄层。图5.29显示分别含有单层和3层石墨烯的这种纳米复合材料的示意图。对给定的聚合物层厚度，复合材料中石墨烯的最大含量随石墨烯层数的增大而增大［图5.30(a)[59]］。这种纳米复合材料的弹性模量E_c可应用简单的“混合物规则”（rule of mixtures）模型由式(5-6)确定[47]：

$$E_c = E_{eff}V_g + E_mV_m \tag{5-6}$$

式中，E_{eff}为多层石墨烯的有效弹性模量；E_m为聚合物基体的弹性模量（约为3GPa）；V_g和E_m分别为石墨烯和基体的体积分数。使用该方程式和实验资料可确定纳米复合材料的最大弹性模量。图5.30(b)[59]显示对几种不同厚度聚合物层，最大复合材料弹性模量与石墨烯层数的函数关系。对1nm厚的聚合物层，当层数为3时，模量达到峰值，随后递减。对给定的石墨烯片层数，模量随基体聚合物厚度的增大而降低。在聚合物层厚度达到4nm时，纳米复合材料的最大弹性模量，在石墨烯片层数大于5以后，基本保持不变。

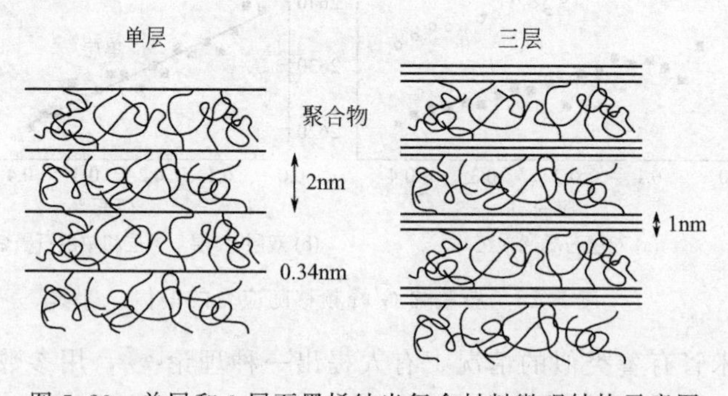

图5.29 单层和3层石墨烯纳米复合材料微观结构示意图

基于上述研究，总的来说，为了达到最佳增强，单层材料并非是必须的条件。最佳增强取决于聚合物层的厚度和石墨烯层间的应力传递效率。需要指出，上述分析假定了石墨烯片是无限长的，而且石墨烯与聚合物间界面有良好的应力传递。实际上，石墨烯片的尺寸是有限的，石墨烯片与聚合物间也可能存在界面损伤，所以，实际模量要比预测的值小。

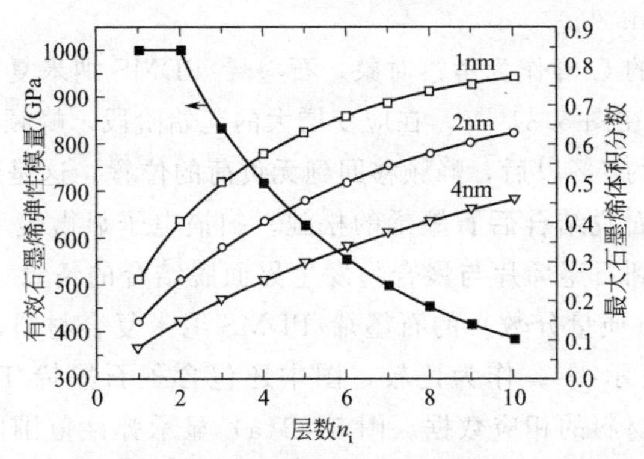

(a) 有效石墨烯弹性模量随石墨烯层数的变化和不同聚合物层厚度的最大石墨烯体积分数随石墨烯层数的变化

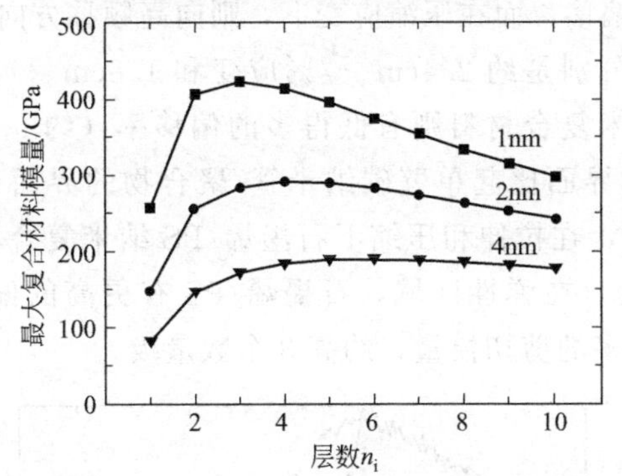

(b) 不同聚合物层厚度最大纳米复合材料模量随石墨烯层数的变化

图 5.30 石墨烯层数对复合材料力学性能的影响

5.5 PDMS基纳米复合材料的界面应力传递

上述分析的对象大都是模型复合材料。与真实复合材料相比，这种试样可限定材料中的可变参数，将问题简单化，便于试验和分析试验获得的数据，很适用于复合材料界面行为的分析。对真实复合材料界面应力传递行为的研究至今报道较少，以下仅涉及PDMS（聚二甲基硅氧烷）基石墨烯纳米复合材料[18,62]和氧化石墨烯/聚合物纳米复合材料[34,62]。

一种石墨烯/PDMS纳米复合材料使用溶液共混法制得[18]。石墨烯为热还原氧化石墨烯，平均尺寸为3～5μm，每片石墨烯片约含3～4层石墨烯。作为参考，以下列出相关拉曼测试的实验参数[18]。使用可以安装在显微拉曼光谱仪中的微型力学试验仪对试样施加拉伸或压缩负荷；PDMS的拉曼峰在负荷下不发生频移偏移，因而将标准的PDMS位在约2906cm^{-1}的峰作为内标；用高斯-劳伦斯(Gaussian-Lorentzian)函数拟合各个拉曼峰；选取聚合物表面以下大于5μm处的石墨烯片作为拉曼测试对象，以保证填充物与基体有适当的相互作用；所有峰的频移准确到约 0.2cm^{-1}。

以石墨烯片的 G 峰作为考察对象。石墨烯/PDMS 纳米复合材料不同应变下的石墨烯 G 峰显示在图 5.31[18]。在应变增大的起始阶段，峰频移随应变向高频移方向偏移。在大于约 7%以后，峰频移回到无负荷的位置。这是因为大负荷下石墨烯与基体间发生界面脱结合后石墨烯的松弛。扫描电子显微镜下的原位应变动态观察，能清楚地看到石墨烯片与聚合物发生界面脱结合的情景（图 5.6）。对石墨烯添加量为 0.1%（质量分数）的石墨烯/PDMS 纳米复合材料，G 峰频移随应变的变化如图 5.32 所示[18]。作为比较，图中还包含了石墨烯/PS 和单壁碳纳米管/PDSM 纳米复合材料的相应数据。图 5.32(a) 显示弹性范围内的情况（应变小于 1.5%），而图 5.32(b) 则指出大应变下的响应。在弹性范围内，G 峰频移随施加的拉伸应变向低频移偏移，而在压缩应变下，则向高频移方向偏移。在拉伸和压缩负荷下的应变偏移率分别是约 2.4cm^{-1}/%应变和 1.8cm^{-1}/%应变。相同含量的单壁碳纳米管增强纳米复合材料则有低得多的偏移率（约 0.1cm^{-1}/%应变）。这表明石墨烯/聚合物的界面比起单壁碳纳米管/聚合物的界面有更佳的负荷传递效果。PS 有较高的模量，在拉伸和压缩下石墨烯/PS 纳米复合材料的频移偏移率达到约 7.3cm^{-1}/%应变。在弹性区域，石墨烯/PS 有更高的偏移率，这是因为 PS 有着比起 PDMS 高得多的剪切模量，约高 3 个数量级。

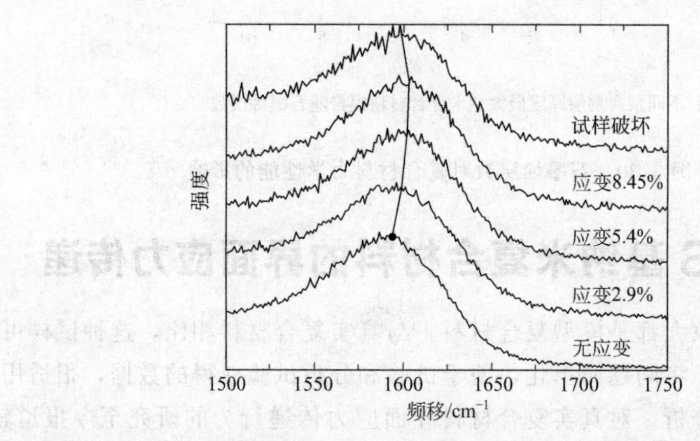

图 5.31 不同应变下石墨烯/PDMS 纳米复合材料中石墨烯片的拉曼光谱 G 峰

在大应变区，G 峰频移对应变的响应如图 5.32(b) 所示。在该区域（应变大于 2%），聚合物已经发生塑性形变。此时，出现一个不寻常的现象，石墨烯在复合材料受拉伸的情况下，遭受压缩应变，反之亦然。这是因为在小应变时，基体对石墨烯有着有效的弹性应变传递，而在大应变时，易流动的 PDMS 分子链在单轴应力方向发生延伸。在这个过程中，分子链横向地压向石墨烯，使其原子间键受到压缩，导致拉曼峰向较高频移方向偏移。与此类似，在压应变时，分子链将施加于石墨烯以拉伸应力（图 5.33）。图 5.32(b) 还指出在应变大于 7%后，不论拉伸应变，还是压缩应变，拉曼峰都返回到原始频移位置。

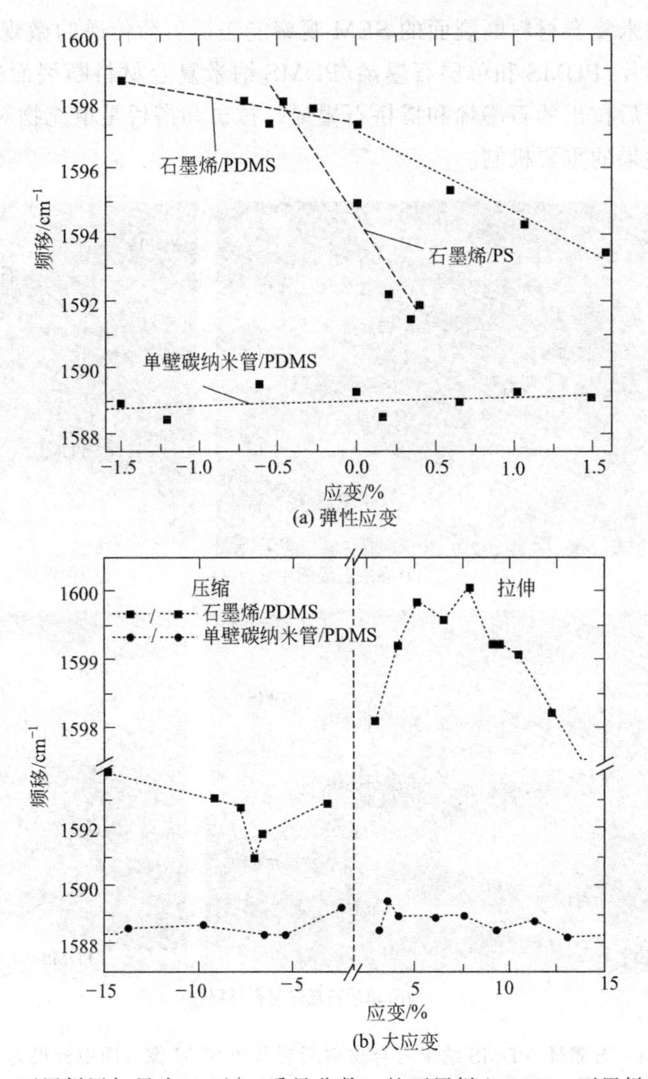

(a) 弹性应变

(b) 大应变

图 5.32 石墨烯添加量为 0.1%（质量分数）的石墨烯/PDMS、石墨烯/PS 和单壁碳纳米管/PDMS 纳米复合材料 G 峰频移随应变的变化

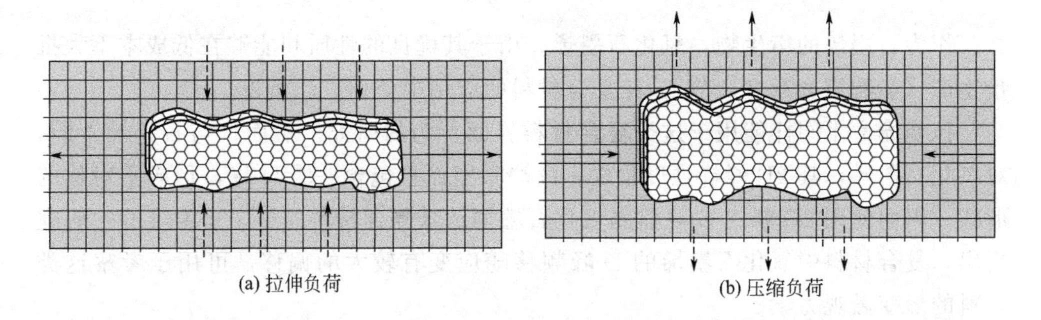

(a) 拉伸负荷

(b) 压缩负荷

图 5.33 大应变下石墨烯/PDMS 纳米复合材料界面负荷传递机制示意图

石墨烯纳米复合材料断裂面的 SEM 观察能表征负荷传递的微观形态。图 5.34 是多层石墨烯片/PDMS 和单层石墨烯/PDMS 纳米复合材料断裂面的 SEM 像[61]，显示了脱结合后拉出的石墨烯和搭桥石墨烯。拉出和搭桥是填充物对复合材料产生增强和增韧效果的重要机制。

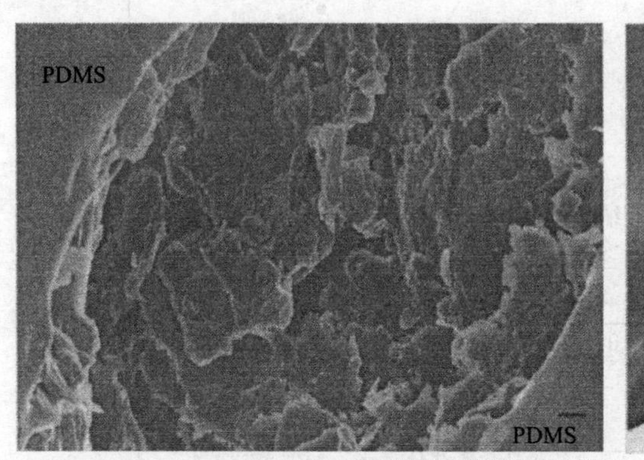

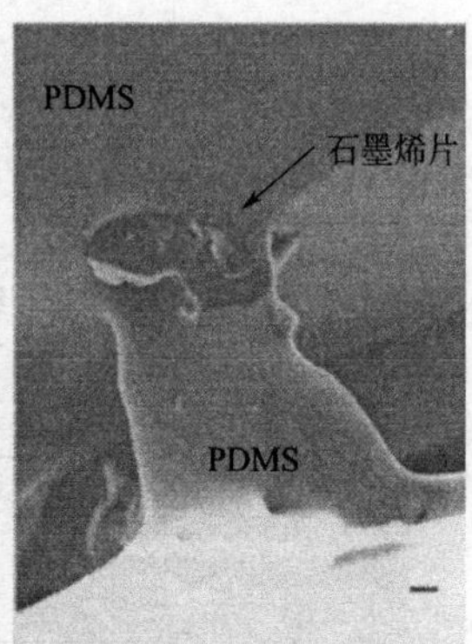

(a) 多层石墨烯片复合材料

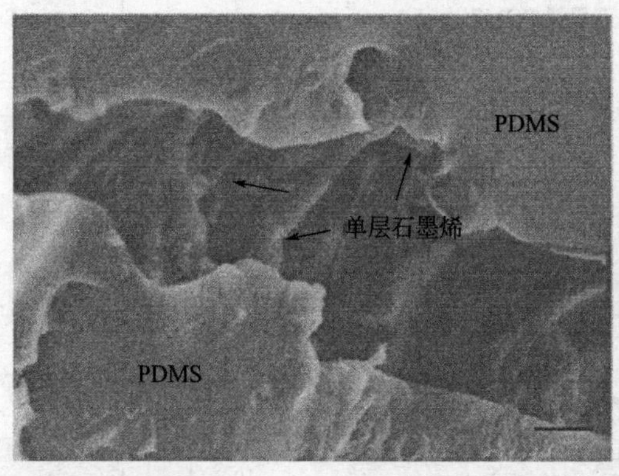

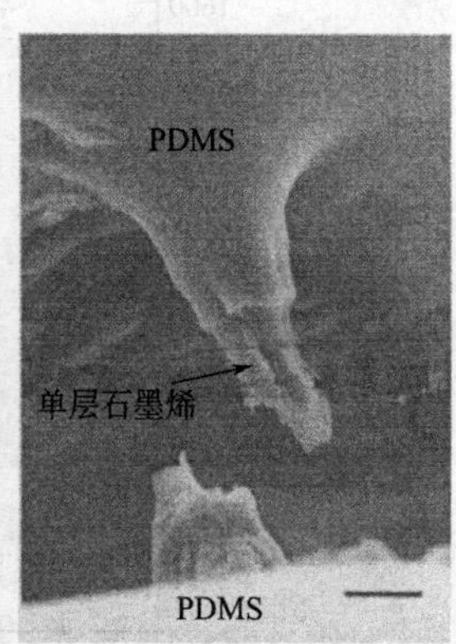

(b) 单层石墨烯复合材料

图 5.34 石墨烯/PDMS 纳米复合材料断裂面的 SEM 像（图中标尺为 500nm）

5.6 氧化石墨烯纳米复合材料的界面应力传递

作为石墨烯的衍生物，氧化石墨烯，由于其优良的性质和能够在低成本下大批量生产（参阅第 2 章 2.2 节），在复合材料的应用中受到广泛重视。

拉曼光谱术同样能用于这类复合材料界面行为的研究。然而，与石墨烯不同，对氧化石墨烯，其 2D 峰峰强度很弱，G 峰很宽而且包含一弱 D′峰，形成不对称的形状，因而使用 2D 峰或 G 峰监测氧化石墨烯纳米复合材料的形变是困难的。研究指出，复合材料中氧化石墨烯的 D 峰频移随应变有较大的偏移，可用于考察这类材料的形变微观力学。

下面一个实例是关于氧化石墨烯/PVA 纳米复合材料的界面应力传递研究[34]。

用溶液共混法制备氧化石墨烯/PVA复合材料薄膜试样。试样粘贴在PMMA板材上，使用与模型复合材料测试相似的四支点弯曲法施加负荷。图5.35显示施加拉伸应变0.4%前后氧化石墨烯的D峰，可见拉伸应力使D峰频移向低频方向偏移，这是由于石墨烯C—C键的伸长而发生的。复合材料中氧化石墨烯D峰频移随复合材料应变的函数关系显示在图5.36，图中包含了负载和卸载的两组数据。图中显示负载和卸载下D峰频移随应变变化的实验数据几乎相互重合，而且都有近似的线性关系，偏移率约为$-8cm^{-1}/\%$应变。这表明氧化石墨烯与PVA之间有良好的界面应力传递。

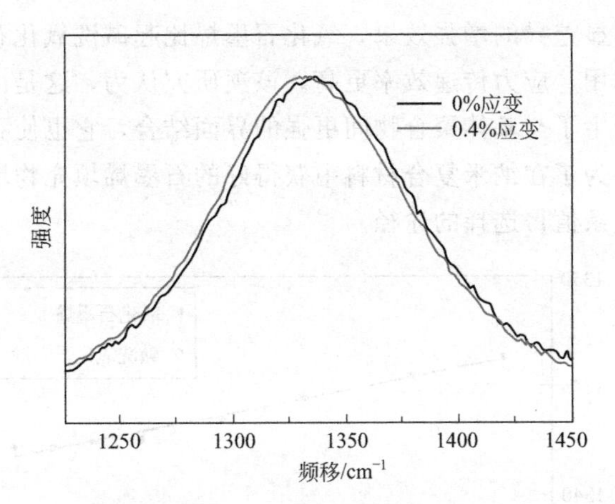

图5.35 不同应变下氧化石墨烯/PVA纳米复合材料中氧化石墨烯的拉曼D峰

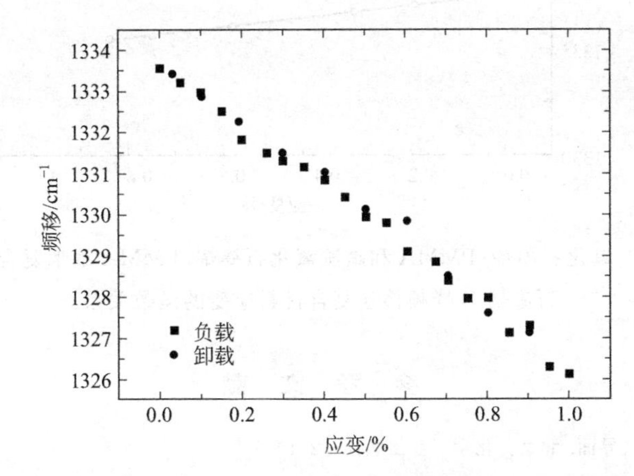

图5.36 氧化石墨烯/PVA复合材料中氧化石墨烯的拉曼D峰频移与复合材料应变的函数关系

用Hummers方法制备的氧化石墨烯实际上是一种功能化石墨烯。最近的研究[63]指出，氧化石墨烯附着有某些氧化碎片（参阅图2.2）。碱（NaOH）洗能够去除这种附着物，使氧化石墨烯的含氧量从33%降低到小于20%。显然，碱洗氧化石墨烯和氧化石墨烯与聚合物基体可能会有不同的界面结合程度。拉曼光谱术能检测这种不同，判断不同的界面应力传递效率。

熔融共混法（使用双螺杆挤出机）被用于制备氧化石墨烯/PMMA 和碱洗氧化石墨烯/PMMA 纳米复合材料。使用四支点弯曲法对试样直接施加应变。由于从基体 PMMA 通过界面的应力传递，石墨烯遭受相应的应变，其拉曼 D 峰的频移向低频移方向偏移。测得纳米复合材料中的氧化石墨烯和碱洗氧化石墨烯拉曼 D 峰频移与复合材料应变的函数关系如图 5.37 所示（增强填充物的含量均为 10%）[62]。拟合直线的斜率分别为 $4cm^{-1}/\%$应变和 $2.4cm^{-1}/\%$应变，估算的有效弹性模量分别为约 60GPa 和 36GPa，与拉伸试验和 DMTA 试验的结果相一致。这个结果表明两种填充物有明显差异的增强效果，氧化石墨烯比起碱洗氧化石墨烯与基体聚合物有更强的相互作用，应力传递效率更高。该项研究认为，这是由于氧化石墨烯中氧化碎片的存在产生了与基体聚合物间更强的界面结合，它也使石墨烯片在基体中获得更佳的分散；为了在纳米复合材料中获得好的石墨烯填充物增强效果，石墨烯的功能化似乎是一条值得选择的途径。

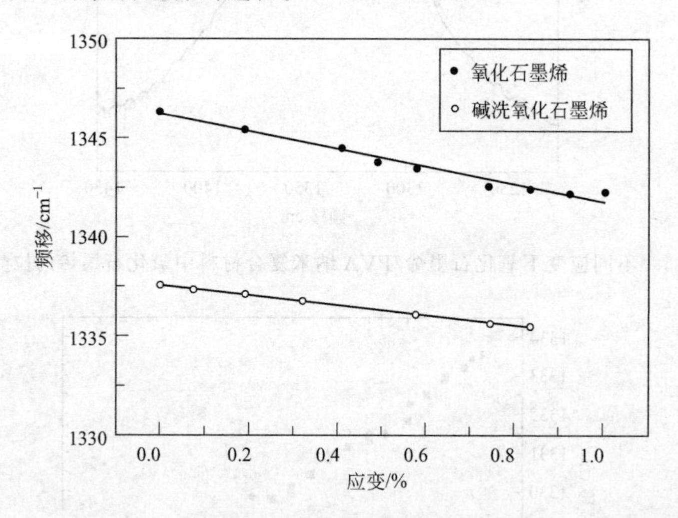

图 5.37 氧化石墨烯/PMMA 和碱洗氧化石墨烯/PMMA 纳米复合材料中石墨烯 D 峰频移与复合材料应变的函数关系

参 考 文 献

[1] 杨序纲. 复合材料界面. 北京：化学工业出版社，2010.

[2] 杨序纲. 聚合物电子显微术. 北京：化学工业出版社，2015.

[3] 杨序纲，杨潇. 原子力显微术及其应用. 北京：化学工业出版社，2012.

[4] 杨序纲，吴琪琳. 拉曼光谱的分析与应用. 北京：国防工业出版社，2008.

[5] Fu Y C，Shi N L，Zhang D Z，Yang R. Effect of coating on the interfacial microstructure and properties of SiC fiber-reinforced Ti matrix composites. Mater Sci Eng A，2006，426：278.

[6] Kitayama T，Utsumi S，Hamada H，Nishino T，et al. Interfacial properties of PP/PP composites. J Appl Phys Sci，2003，88：2875.

[7] Hu W, Weirich T, Hallstedt B, Chen H, et al. Interfacial structure, chemistry and properties of NiAl composites fabricated from matrix-coated single-crystalline Al_2O_3 fibers (sapphire) with and without hBN interlayer. Acta Materialia, 2006, 54: 2473.

[8] Snetivy D, Vancso G J. Atomic force microscopy of polymer crystals: chain packing, disorder and imaging of methyl groups in oriental isotactic polypropylene. Polymer, 1992, 35: 461.

[9] Jandt K D, McMaster T J, Miles M J, Petermann J. Scanning force microscopy of melt-crystallized, metal-evaporated poly (butene-1) ultrathin film. Macromolecules, 1993, 26: 6552.

[10] Yan Jie, Yang Xugang. AFM investigation of PMMA/PAN core-shell particals. Beijing-TEDA 2004 Scanning Probe Microscopy, Sensors and Microstructure Conference Proceedings, 2004: 197.

[11] Ying Wang, Thomas H H. AFM characterization of the interfacial properties of carbon fiber reinforced polymer composites subjected to hydrothermal treatments. Comp Sci Tech, 2007, 67: 92.

[12] 杨序纲，吴琪琳. 材料表征的近代物理方法. 北京：科学出版社，2013.

[13] Yang X, Wang Y M, Yuan X K. An investigation of microstructure of SiC/ceramic composites using Raman spectroscopy. J Mater Sci Lett, 2000, 19: 1599.

[14] Gouadec G, Karlin S, Wu J, Parlier M, et al. Physical chemistry and mechanical study of ceramic-fiber-reinforced ceramic or metal matrix composites. Comp Sci Tech, 2001, 61: 383.

[15] Barber A H, Cohen S R, Kenig S, Wagner H D. Interfacial fracture energy measurements for multi-walled carbon nanotubes pulled from a polymer matrix. Comp Sci Tech, 2004, 64: 2283.

[16] Strus M C, Cano C I, Pipes R B, Vgayen C V, et al. Interfacial energy between carbon nanotubes and polymers measured from nanoscale peel tests in the atomic force microscope. Comp Sci Tech, 2009, 69.

[17] Strus M C, Zalamea L, Raman A, Pipes R B, et al. Peering force spectroscopy: exposing the adhesive nanomechanics of one-dimensional nanostructures. Nano Lett, 2008, 8: 544.

[18] Srivastava I, Mehta R J, Yu Z Z, Koratkar N, et al. Raman study of interfacial load transfer in graphene nanocomposites. Appl Phys Lett, 2011, 98: 063102.

[19] De Lange P J, Mäder E, Mai K, Young R J, Admad I. Characterization and micromechanical testing of the interphase of aramid-reinforced epoxy composites. Composites Part A, 2001, 32: 331.

[20] Filiou C, Galiatis C. In situ monitoring of the fibre strain distribution in carbon fibre thermoplastie composites 1. Application of a tensile stress field. Comp Sci Tech, 1999, 59: 2149.

[21] Lucas M, Young R J. Effect of uniaxial strain deformation upon the Raman radial breathing modes of single-wall carbon nanotubes in composites. Physical Review B, 2004, 69: 085405.

[22] Lucas M, Young R J. Unique identification of single-walled carbon nanotubes in composites. Composites Science and Technology, 2007, 67: 2135.

[23] Yang X, Young R J. Fibre deformation and residual strain in silicon carbide fibre reinforced glass composites. British Ceramic Transactions, 1994, 93: 1

[24] Young R J, Yang X. Nicalon/ SiC composites: The microstructure and fibre deformation. In "High Temperature Ceramic Matrix Composites" ed by Naslain R, Lamon J, Doumeingts. Woodhead Publishing limited, 1993: 20.

[25] Yeh W Y, Young RJ. Molecular deformation processes in aromatic high modulus polymer fibers. Polymer, 1999, 40: 857.

[26] Yang X, Young R J. Determination of residual strains in ceramic fiber reinforced composites using fluorescence spectroscopy. Acta Metall Mater, 1995, 43: 2407.

[27] 阎捷，杨潇，卞昂，吴琪琳，杨序纲. 形变多晶氧化铝纤维的荧光R谱线. 光散射学报，2007，19：242.

[28] Huang M Y, Yan H, Chen C Y, Song D H, et al. Phono softening and crystallographic orientation of

strained graphene by Raman spectroscopy. Proc Natl Acad Sci，2009，106：7304.

[29] Mohiuddin T M，Lombardo A，Nair R，Bonetti A，et al. Uniaxial strain in graphene by Raman spectroscopy：G peak splitting，gruneisen parameters，and sample orientation. Phys Rev B，2009，79：205433.

[30] Ferralis N. Probing mechanical properties of graphene with Raman spectroscopy. J Mater Sci，2010，45：5135.

[31] Huang M Y，Yan H，Heinz T F，Hone J. Probing strain-induced electronic structure change in graphene by Raman spectroscopy. Nano Lett，2010，10：4074.

[32] Gong L，Kinlock I A，Young R J，Riaz I，et al. Interfacial stress transfer in a graphene monolayer nanocomposite. Adv Mater，2010，22：2694.

[33] Young R J，Gong L，Kinlock I A，Riaz I，et al. Strain mapping in a graphene monolayer nanocomposite. ACS Nano，2011，5：3079.

[34] Li Z L，Young R J，Kinloch I A. Interfacial stress transfer in graphene oxide nanocomposites. ACS Appl Mater Interfaces，2013，5：456.

[35] Cox H L. The elasticity and strength of paper and other fibrous materials. Brit J Appl phys，1952，3：72.

[36] Tsai J L，Sun C T. Effect of platelet dispersion on the load transfer efficiency in nanoclay composites. J Compos mater，2004，38：567.

[37] Kotha S P，Kotha S，Guzelsu N. A shear-lag model to account for interaction effects between inclusions in composites reinforced with rectangular platelets. Comp Sci Tech，2000，60：2147.

[38] Chen B，Wu P D，Gao H. A characteristic length for stress transfer in the nanostructure for biological composites. Comp Sci Tech，2009. 69：1160.

[39] Young R J，Kinloch I A，Gong L，Novoselov K S. The mechanics of graphene nanocomposites：a review. Comp Sci Tech，2012，72：1459.

[40] Huang Y L，Young R J. Analysis of the fragmentation for carbon fiber epoxy model composites by means of Raman spectroscopy. Comp Sci Tech，1994，52：505.

[41] Huang Y L，Young R J. Interfacial behavior in high temperature cured carbon fiber/epoxy resin model composites. composites A：Appl Sci Manuf，1995，26：541.

[42] Huang Y L，Young R J. Interfacial micromechanics in thermoplastic and thermosetting matrix carbon fibre Composites. Composites A：Appl Sci Manuf，1996，27：973.

[43] 袁象恺，潘鼎，杨序纲. 模型氧化铝单纤维复合材料的界面应力传递. 材料研究学报，1998，12：624。

[44] Young R J，Yang X. Interfacial failure in ceramic fibre/glass composites. Composites Part A，1996，27：737.

[45] Mahiou H，Beakou A，Young R J. Investigation into stress transfer characteristics on alumina-fibre/epoxy model composites through the use of fluorescence spectroscopy. J Mater Sci，1999，34：606.

[46] Andrews M C，Day R J，Patrikis A K，Young R J. Deformation micromechanics in aramid/epoxy composites. Composites，1994，25：745.

[47] Young R J，Lovell P A. Introduction to polymers：3rd ed，Chapter 24. London：CRC Press，2011.

[48] Frank O，Tsoukleri G，Parthenios J，Papagelis K，et al. Compression behavior of single-layer grapheme. ACS nano，2010，4：3131.

[49] Tsoukleri G，Parthenios J，Papagelis K，Jalil R，et al. Subjecting a graphene monolayer to tension and compression. Small，2009，5：2397.

[50] Hernandez Y，Nicolosi V，Lotya M，Blighe M F，et al. High-yield production of graphene by liquid-phase exfoliation of graphite. Nat nanotechnol，2008，3：563.

[51] Khan U，O' neill A，Porwal H，May P，et al. Size selection of dispersed，exfoliated graphene flakes by

controlled centrifugation. Carbon，2012，50：470.

[52] Smith R J，King P J，Litya M，Wirtz C，et al. Large-scale exfoliation of inorganic layered compounds in aqueous surfactant solutions. Adv Mater，2011，23：3944.

[53] Khan U，Powal H，O' neill A，Nawas K，et al. Solvent exfoliated graphene at extremely high concentration. Langmuir，2011，27：9077.

[54] Filleter T，McChesney J L，Bostwick A，Rotenberg E，et al. Friction and dissipation in epitaxial graphene films. Phys Rev Lett，2009，102：086102.

[55] Lee C，Li Q Y，Kalb W，Liu X Z，et al. Frictional characteristic of atomically thin sheets. Science，2010，328：76.

[56] Cui S，Kinloch I A，Young R J，Noe L，et al. The effect of stress transfer within double-walled carbon nanotubes upon their ability to reinforce composites. Adv Mater，2009，21：3591.

[57] Ni Z H，Yu T，Lu Y H，Wang Y Y，et al. Uniaxial strain on graphene：Raman spectroscopy study and band-gap opening. ACS Nano，2008，2：2301.

[58] Proctor J E，Gregoryanz E，Novoselo K S，Lotya M，et al. High-pressure Raman spectroscopy of graphene. Phys Rev B，2009，80：073408.

[59] Gong L，Young R J，Kinlock I A，Riaz I，et al. Optimizing the reinforcement of polymer-based nanocomposites by graphene. ACS Nano，2012，6：2086.

[60] Zalamea L，Kim H，Pipes R B. Stress transfer in walled carbon nanotubes. Comp Sci Tech，2007，67：3425.

[61] Xu P，Loomis J，Bradshaw R D，Panchapakesan B. Load transfer and mechanical properties of chemically reduced graphene reinforcements in polymer composites. Nanotechnology，2012，23：505713.

[62] Valles C，Kinloch I A，Young R J，Wilson N R，et al. Graphene oxide and base-washed graphene oxide as reinforcements in PMMA nanocomposites. Comp Sci Tech，2013，88：158.

[63] Rourke J P，Pandey P A，Moor J J，Bates M，et al. The real graphene oxide revealed：stripping the oxidative debris from the graphene-like sheets. Angew Chem Int：Ed，2011，50：3173.

第6章 石墨烯/聚合物纳米复合材料的物理性质

6.1 热学性质

研究表明，石墨烯在改善聚合物的热学性质方面，与改善力学性能一样，是一种优良的填充物。很少量石墨烯的添加能使聚合物的许多热学性质得到显著改善，主要表现在材料的导热性、耐热性（热稳定性）、尺寸稳定性和阻燃性等方面。

6.1.1 导热性质

物质的导热性质通常用热导率来表征。热导率旧称导热系数（coefficient of thermal conductivity），是物质导热能力的量度。符号为 λ 或 K。按照傅里叶定律，其定义为单位温度梯度（在 1m 长度内温度降低 1K）在单位时间内经过单位导热面积所传递的热量。可具体表述如下：在物体内部垂直于导热方向取两个相距 1m，面积为 $1m^2$ 的平行平面，若两个平面的温度相差 1K，则在 1s 内从一个平面传导至另一个平面的热量即为热导率，单位为瓦特/米·开（W/m·K）。热阻抗 R 也用于表征物质的导热性质。

热导率和热阻抗由傅里叶方程表述如下：

$$Q=KA\Delta T/d \tag{6-1}$$

$$R=\Delta T/Q \tag{6-2}$$

式中，Q 为热量，W；K 为热导率，W/(m·K)；A 为接触面积；d 为热量传递距离；ΔT 为温度差；R 为热阻抗值。

物质的热导率可以通过理论和实验两种方式获得。理论上，从物质微观结构出发，以量子力学和统计力学为基础，通过研究物质的导热机制，建立导热的物理模型，经过复杂的数学分析和计算可以获得热导率。但由于理论的适用性受到限制，而且随着新材料的快速增多，人们迄今仍未找到足够精确而且适用范围广泛的理论方程，因此各种物质的热导率数值主要靠实验测定。常用的测量法主要有保护热板法[1]、热流计法[2]、热线法[3]和激光闪射法[4]等。

图 6.1 显示一种用于测量复合材料热导率装置的示意图[5]，使用的是稳定态一维传热法。实验装置包括一个电加热器、散热台和用于测量温度梯度的两个热电偶。为了减小界面热阻抗，将两个微细直径的电绝缘热电偶分别埋入两柔软的铟层中，以便测量薄圆柱形试样两边的温度。使用该装置测得的有关数据可获得试样的

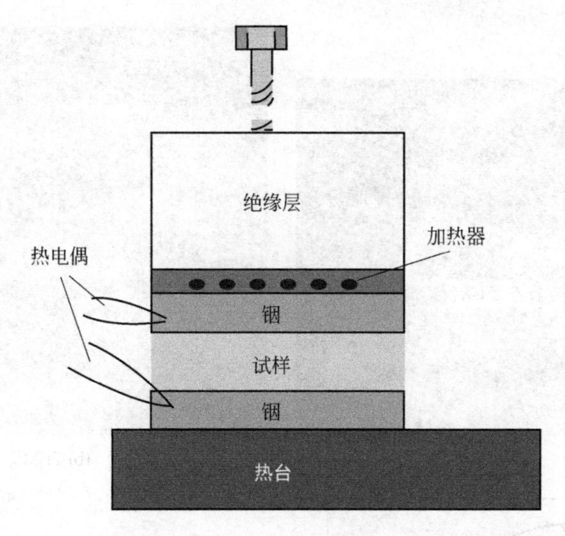

图 6.1 热导率测定装置示意图

热导率和热阻抗。

环氧树脂是不良热导体，研究表明石墨烯的添加能显著提高环氧树脂的热导率[6~10]。从纯环氧树脂的约 0.2W/(m・K)，提高到石墨烯/环氧树脂复合材料的 3～6W/(m・K)。热导率的改善效果与石墨烯的添加量直接相关。例如一种用超声波混合法制备的石墨烯/环氧树脂复合材料，其热导率与石墨烯含量的关系如图 6.2所示[6]。另有报道，20%氧化石墨烯的添加可使复合材料的热导率达到 6.44W/(m・K)[8]。可见，环氧树脂基复合材料的高热导率要求高的石墨烯含量[20%（质量分数）或更高]。例如，有报道称，64%（质量分数）石墨烯的添加，复合材料的热导率高达 80W/(m・K)[9]。为了降低石墨烯的添加量，人们探索了各种不同的制备技术。例如石墨烯的甲硅烷基胺（amine silyl groups）功能化，能在相同石墨烯含量下使复合材料的热导率提高 20%[7]。一个有趣的研究是发挥石墨烯和碳纳米管的联合作用。SEM 和 TEM 观察指出，单壁碳纳米管在邻近的石墨烯片之间形成了搭桥［图 6.3(a) 和图 6.3(b)］，组成了碳材料网络［图 6.3(c) 和图 6.3(d)］，有利于热传导[8]。

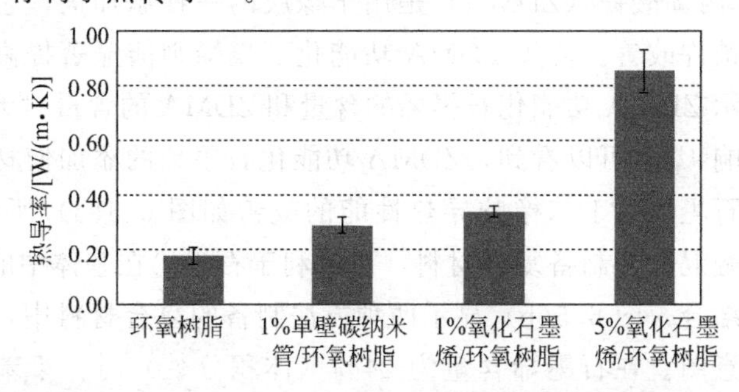

图 6.2 石墨烯/环氧树脂复合材料的热导率与氧化石墨烯含量的关系

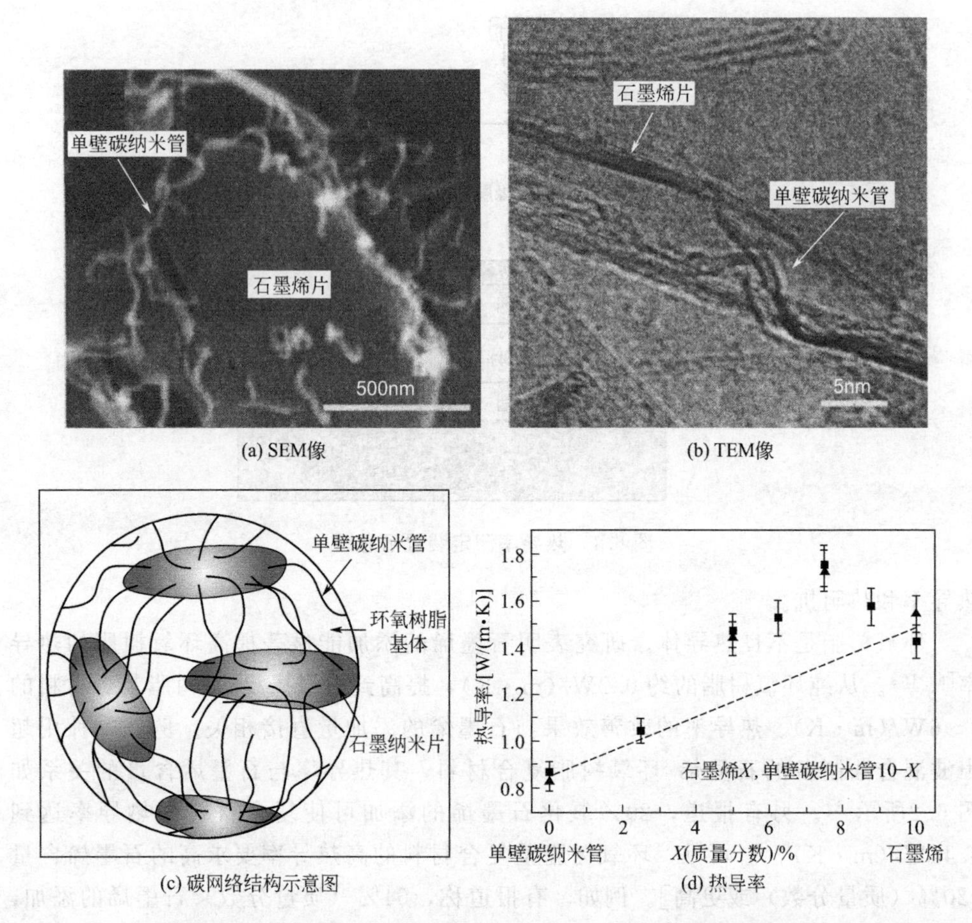

图 6.3 石墨烯/单壁碳纳米管/环氧树脂复合材料的结构和热导率

使用石墨烯对如橡胶之类弹性体聚合物热导性能改善的研究有大量报道[11~18]。研究表明，不论对天然橡胶还是人造橡胶，石墨烯的合适添加都能够显著提高材料的热导率。例如 5%（质量分数）还原氧化石墨烯的添加，可使天然橡胶的热导率从原材料的 0.157W/(m·K) 提高到 0.219W/(m·K)，有约 40% 的增大[11]。二甲基丙烯酸锌（ZDMA）是用于橡胶的一种添加剂，它能使天然橡胶的导热性能得到稍许改善。使用 ZDMA 功能化石墨烯则能显著提高天然橡胶的热导率。图 6.4 显示 ZDMA 功能化石墨烯的含量和 ZDMA 的含量对天然橡胶基复合材料热导率的影响[14]。可以看到，ZDMA 功能化石墨烯的添加使材料的导热性能得到大幅改善。石墨烯对丁苯橡胶导热性能的改善如图 6.5(a) 所示[11]。使用溶液混合法比起熔融混合法制备复合材料，更有利于石墨烯在基体中的分散和石墨烯与橡胶间的相互结合，图 6.5(b) 显示两种方法制备的复合材料中，所含石墨烯的不同形态结构示意图。在石墨烯含量为 24%（体积分数）时，丁苯橡胶的热导率提高到原材料的 3 倍。有人使用离子液体修饰氧化石墨烯（GO-ILs），以溶液混合法制备溴化丁基橡胶基纳米复合材料[18]。在存在ILs的情况下，氧化石墨烯能有效地分拆为少层形式并与橡胶分子链形成强界面结合。这降低了界面的声子散射或声阻抗失谐。作为结果，热导率得到显著增大。图6.6显示，4%（质量分数）GO-ILs含量的复合材料与原材料相比，热导率有约30%的增大[18]。

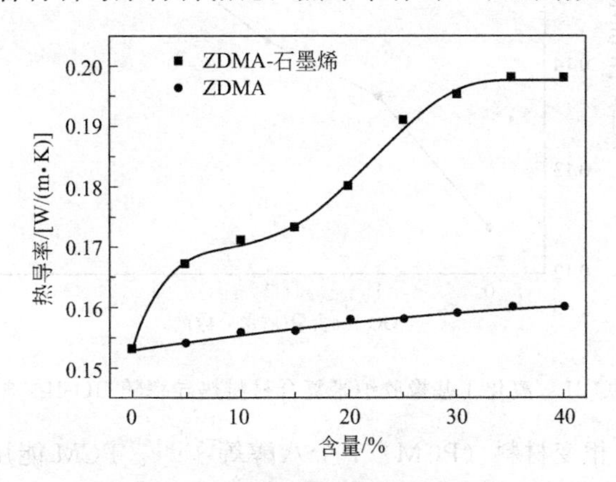

图6.4 天然橡胶基纳米复合材料的热导率随ZDMA功能化石墨烯含量和ZDMA含量的变化

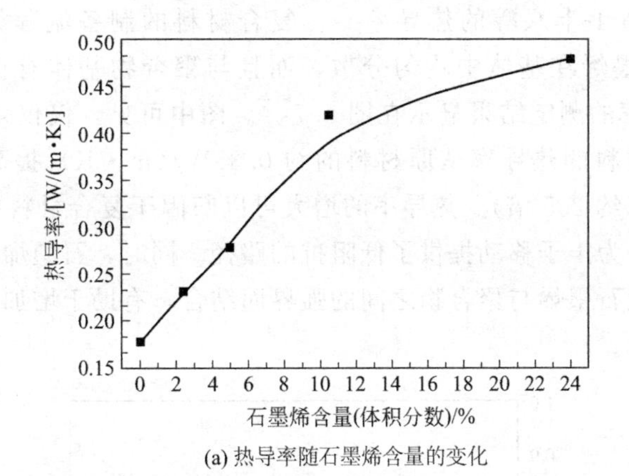

(a) 热导率随石墨烯含量的变化

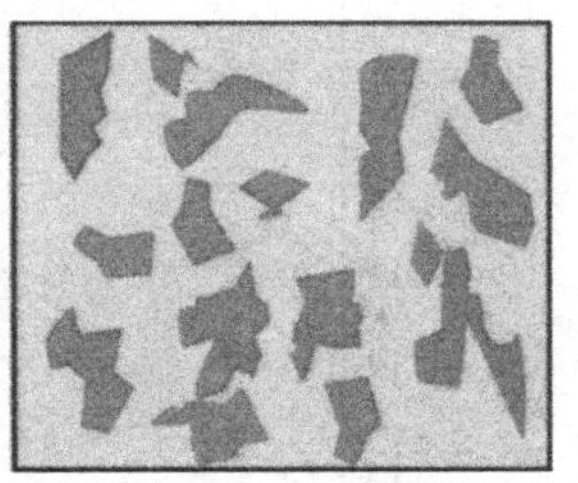

(b) 纳米复合材料内的石墨烯形态示意图
(左图为溶液混合法制备试样，右图为熔融混合法制备试样)

图6.5 石墨烯/丁苯橡胶纳米复合材料的热导率和基体内的石墨烯形态

石墨烯也已用于改善其他有机材料的导热性能，例如聚丙烯、聚苯乙烯、聚乙

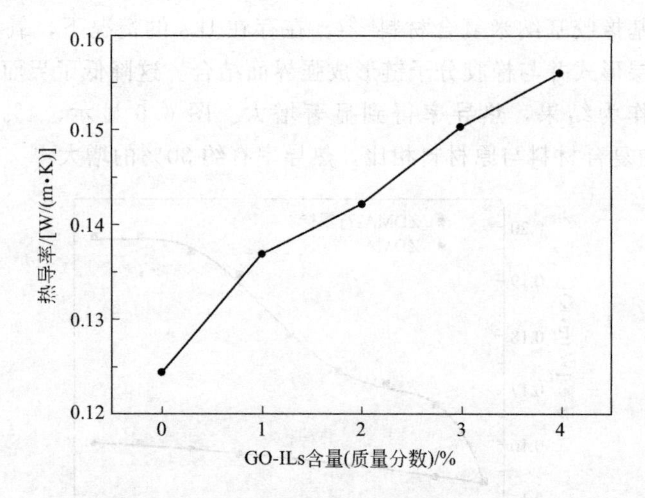

图 6.6 GO-ILs/溴化丁基橡胶纳米复合材料热导率随 GO-ILs 含量的变化

烯、聚酰胺和有机相变材料（PCM）1-十八醇等[5,19]。PCM 能用于电子装置的热防护系统、相变储能和计算机热控制的释放单元。然而，有机相变材料的低热导率导致在热转移过程中有大的温度梯度，降低了热转移效率。研究表明，石墨烯作为添加剂能显著提高 1-十八醇的热导率[5]。复合材料的制备流程如图 3.25 所示。SEM 观察表明石墨烯在基体中均匀分散，而且与聚合物基体有良好的界面结合（图 3.26）。热导率的测定结果显示在图 6.7[5]。图中可见，仅仅 4%（质量分数）石墨烯的添加，材料的热导率从原材料的约 0.38W/(m·K) 提高到复合材料的 0.91W/(m·K)（约 2.5 倍）。热导率的增大可以归因于复合材料中形成的石墨烯网络的高热导率，为声子移动提供了低阻抗的路径。同时，石墨烯的高宽厚比和大界面接触面积以及石墨烯与聚合物之间的强界面结合，有助于增加石墨烯纳米复合材料的热传输能力。

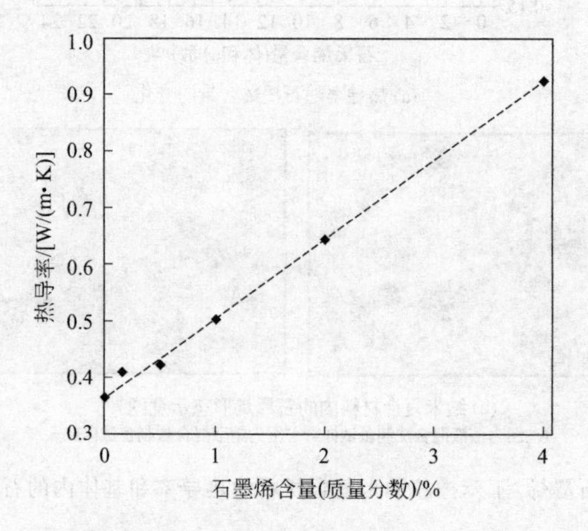

图 6.7 石墨烯/PCM 复合材料热导率与石墨烯含量的关系

研究指出，添加高热导率纳米填充物纳米复合材料导热性能的增强与纳米填充物的类型和基体本身有关。例如，添加5%（质量分数）石墨烯于环氧树脂中，材料的热导率增大4倍，而相同含量纳米银丝和多壁碳纳米管仅能提高热导率约20%和26%[20]。对于有相近高热导率的填充物（石墨烯和碳纳米管），产生如此悬殊效果的可能原因如下。

① 表面积的差异　碳纳米管仅仅外表面与基体相接触，因为聚合物链不能穿入碳纳米管的内孔。与之不同，片状石墨烯的两个表面都能与聚合物接触，形成较大的界面接触面。

② 界面结合情景的差异　石墨烯表面粗糙且有褶皱，这种表面形态易于与聚合物基体形成强机械锁合和界面吸附。这有利于降低纳米填充物与基体界面的热阻抗，从而增大了热导率。

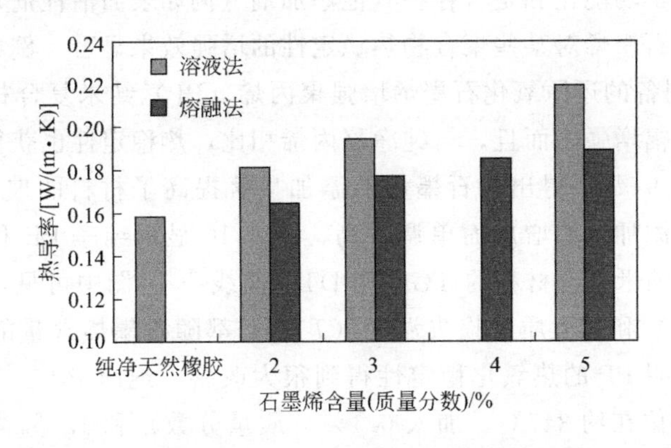

图6.8　溶液混合法和熔融混合法制备石墨烯/天然橡胶纳米复合材料的热导率比较

显然，对于给定的纳米填充物和基体材料，复合材料的制备工艺是关键因素。研究的焦点集中在如何获得填充物在基体中的均匀分散和填充物与聚合物间的强界面结合。例如，有研究者比较了使用溶液混合法和熔融混合法制备还原氧化石墨烯/天然橡胶纳米复合材料，对产物热导率的差异，如图6.8所示[12]。显见，溶液混合法比起熔融混合法能使复合材料获得更佳的导热性能改善。这是因为前一种方法制备的复合材料，石墨烯在聚合物中有更为均匀的分散，而且石墨烯与基体聚合物有更强的界面结合。此外，熔融混合法在加工过程中其剪切力将减小石墨烯片的横向尺寸，而溶液混合法则不会出现这种现象。因而在复合材料中最终出现的石墨烯片形态结构如图6.5(b)所示。从TEM像对石墨烯片横向尺寸的测定得出，溶液混合法制备的纳米复合材料中石墨烯片的横向尺寸约为140nm，而熔融混合法制备的纳米复合材料的相应尺寸为81nm[11]。从Halpin-Tsai模型的理论分析得出，熔融混合法制备产物中填充物片的宽厚比为7，而溶液混合法制备产物中的相应数据为27。显然，溶液混合法制备的纳米复合材料，由于填充物有较大的横向尺寸和宽厚比，在基体内更易形成导热网络。

6.1.2 热稳定性

热稳定性能亦称耐热性能，这是很重要的材料物理性能，因为它决定了材料可以使用的工作温度。

热重分析（TGA）技术能测量温度升高时材料的质量损失百分比，广泛地应用于纳米复合材料热稳定性的表征，观察无机填充物对聚合物材料热稳定性的影响。有时也将玻璃化转变温度与材料的热稳定性相联系。有大量文献报道了石墨烯的添加对聚合物材料热稳定性能的影响，例如对 PP、PMMA、PS、PA6、PVA、环氧树脂和各种弹性体（例如各种类型的橡胶和 PU）等热稳定性的影响[13,16,18,21～39]。石墨烯的添加对改善材料热稳定性效果的主要影响因素有基体材料本身的性质、所用石墨烯的类型、纳米复合材料的制备方法、石墨烯的分散程度、填充物的化学功能化和是否存在其他添加剂（例如表面活性剂）等。

研究表明，石墨烯对某些聚合物热稳定性的增强效果显著。例如，使用溶液混合-熔融混合法制备的还原氧化石墨烯增强聚丙烯（PP）纳米复合材料不仅材料的力学性能得到大幅增强，而且，与纯净聚丙烯相比，热稳定性也获得显著提高[21]。DSC 试验（图 6.9[21]）得出，石墨烯的添加显著提高了材料的玻璃化转变温度，而且，随石墨烯添加量的增加而单调升高。图 6.10 显示纯净 PP 和不同石墨烯含量的石墨烯/PP 纳米复合材料的 TGA 和 DTG 曲线[21]。图中可见，复合材料的起始降解温度（T_i）和最大质量损失温度（T_{max}）都随石墨烯含量的增加单调向较高温度偏移，表明 PP 的热氧化稳定性得到很大改善。纯净 PP 在 244℃（T_i）开始降解，T_{max}则位在约 347℃。加入 0.1%（质量分数）和 1.0%（质量分数）石墨烯后，材料的 T_i 值分别增加了 13℃（257℃）和 26℃（270℃）。而且，T_{max} 值也分别提高了 5℃和 19℃。热稳定性的增强被认为是由于石墨烯的片状形态结构所起的屏障作用。

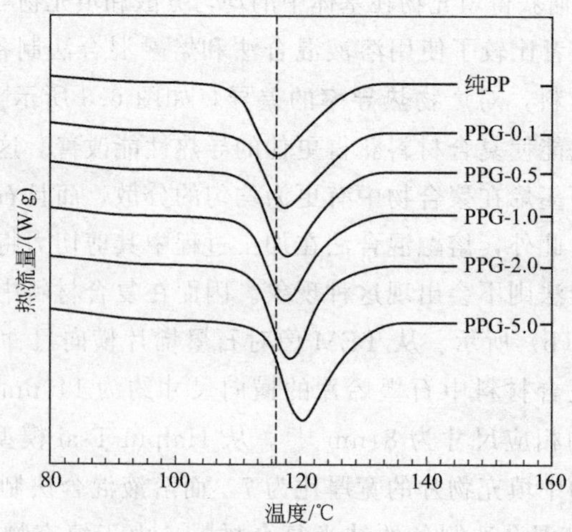

图 6.9 纯 PP 和石墨烯/PP 纳米复合材料的 DSC 曲线

（PPG 表示石墨烯/PP 纳米复合材料，其后的数字表示复合材料中石墨烯的质量分数）

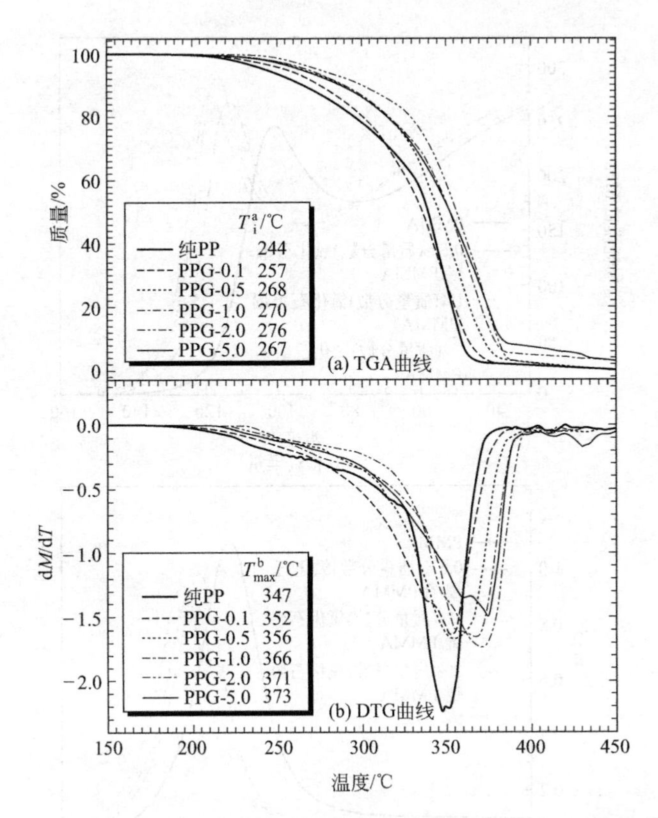

图 6.10 纯 PP 和石墨烯/PP 纳米复合材料的 TGA 和 DTG 曲线

（PPG 表示石墨烯/PP 纳米复合材料，其后的数字表示复合材料中石墨烯的质量分数）

石墨烯的添加对 PMMA 热稳定性的改善也有明显效果[22]。有研究者使用原位聚合法制备了氧化石墨烯/PMMA 纳米复合材料[22]。从 DMA 测试的损耗模量 E''和 $\tan\delta$ 曲线（图 6.11[22]）得出，随着氧化石墨烯含量的增加，复合材料的玻璃化转变温度 T_g 向较高方向偏移。对 0.5%（质量分数）含量的纳米复合材料，与纯净 PMMA 相比，T_g 提高了 12℃。图 6.12 显示纯 PMMA 和氧化石墨烯/PMMA 纳米复合材料的 TGA（氮气氛下）的测试结果[22]。图中可见，与纯 PMMA 相比，氧化石墨烯片的添加使材料的热稳定性有了很大的改善。仅仅 0.25%（质量分数）的氧化石墨烯添加，使得纳米复合材料的热降解起始温度 T_i 有了 13℃的提高。研究者认为这是由于氧化石墨烯片得到良好的剥离和均匀分散，阻碍热降解产物的逸出导致减缓降解。氧化石墨烯含量的进一步增加，例如达到 2%（质量分数），将引起纳米复合材料热稳定性的稍有下降。这种现象可以解释为，大量存在的氧化石墨烯片会起到热源的作用，从而促进了热降解。使用原位胶乳聚合法制备的石墨烯/PMMA 纳米复合材料同样表现出比纯净 PMM 高得多的热稳定性。DMA 和 DSC 分析确认，与纯净 PMMA 相比，复合材料的 T_g 提高了 12℃。而 TGA 测试指出，石墨烯的添加，使材料的起始降解温度提高了约 26℃。

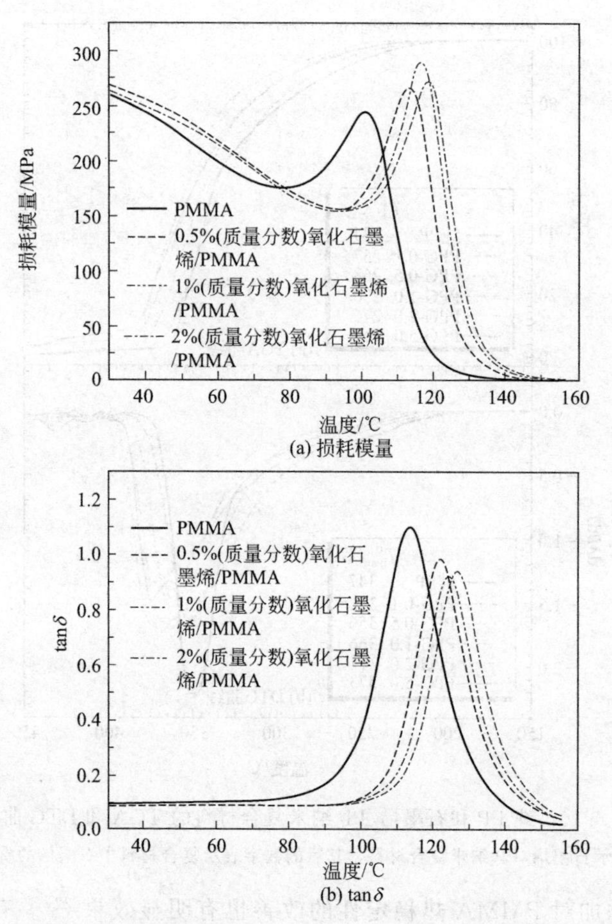

图 6.11　纯 PMMA 和氧化石墨烯/PMMA 纳米复合材料的 DMA 测试结果

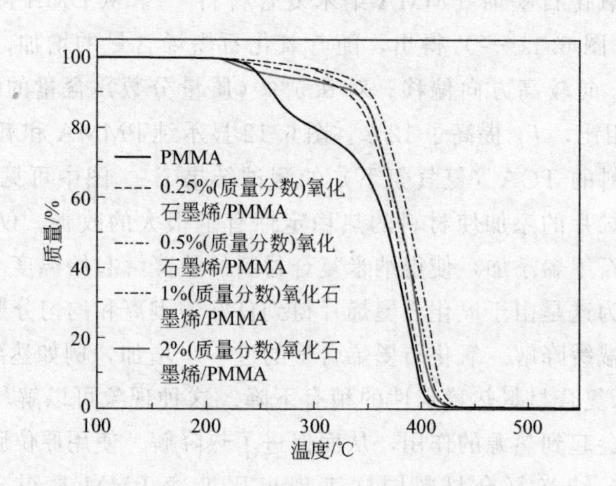

图 6.12　纯 PMMA 和氧化石墨烯/PMMA 纳米复合材料的 TGA 曲线

石墨烯的添加对 PS 热稳定性的改善作用十分显著[24~26]。有研究者应用原位

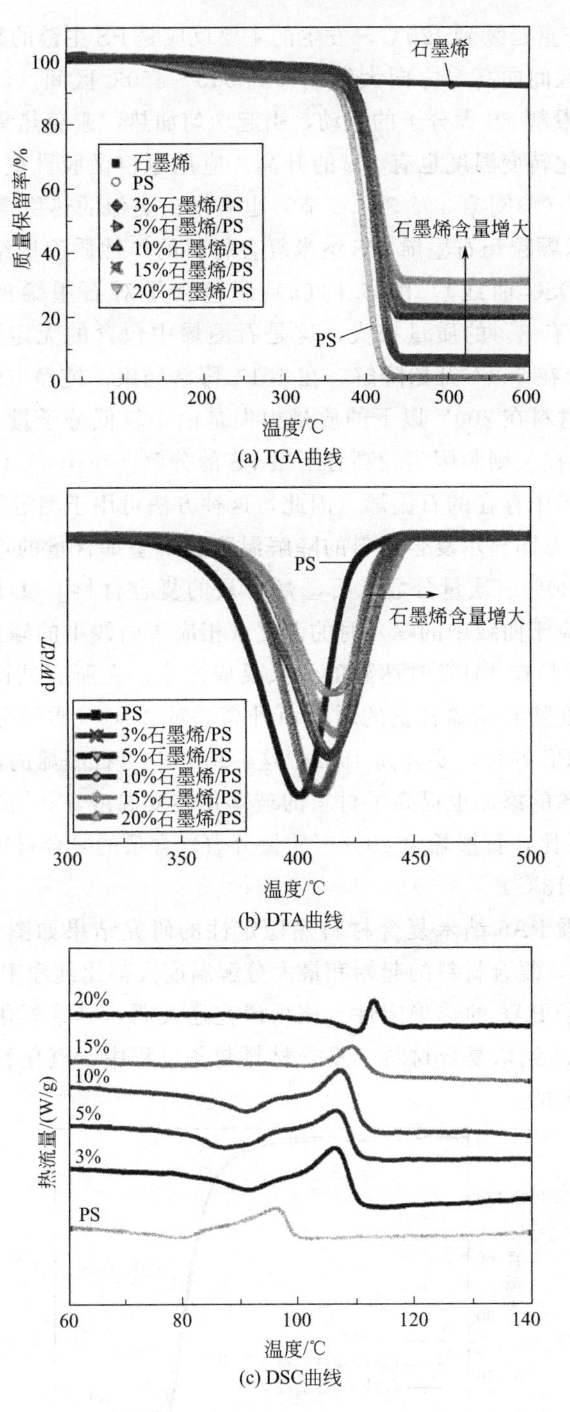

图 6.13 纯 PS 和石墨烯/PS 纳米复合材料的热学性质

胶乳聚合法制备石墨烯/PS 纳米复合材料，热降解温度与纯 PS 相比得到大幅提高。图 3.50(b) 显示 PS 和石墨烯/PS 纳米复合材料的 TGA 测试结果。PS 的降解起始于270℃，一直延续到420℃，发生的主要反应是PS主链的裂解。石墨烯的添加使材料的降解区间向高温方向大幅偏移到350～450℃区间。研究者认为，这是因为石墨烯能够限制PS大分子的流动，引起均匀加热，避免热集中。DSC测试得出，材料的玻璃化转变温度也有8℃的升高。应用原位微胶乳聚合制备的石墨烯/PS纳米复合材料（参阅第3章3.4.5节）也表现出类似的热稳定性改善。图6.13显示纯净PS纳米颗粒和石墨烯/PS纳米复合材料的热性质测试结果（氮气氛下的TGA、DTA和DSC曲线）。图6.13(a)还包含了对石墨烯的TGA曲线。在350℃以下石墨烯有8%的质量损失，这是石墨烯中包含的无定形碳的氧化所致。纯净PS纳米颗粒在380℃开始降解，在401℃降解结束。纯净PS纳米颗粒和石墨烯/PS纳米复合材料在200℃以下的质量损失是由于较低分子量PS的分解，而在200℃以上的质量损失则归因为较高分子量PS的分解。在400℃以上保持不变的质量是由于复合材料中存在的石墨烯（因此，这种方法可用于测定复合材料中石墨烯的真实含量）。示意图显示复合材料的降解温度随石墨烯含量的增加而升高，最大升高达到16℃［20%（质量分数）石墨烯含量的复合材料］。DTA曲线能显示极大反应速率（相应于曲线中的峰）时的温度（相应于曲线中的峰位置）。从图6.13(b)可见纯PS颗粒在401℃时达到的最大反应速率，在所有试样中温度最低。最大反应速率的温度随石墨烯含量的增加而升高。对20%（质量分数）含量的复合材料，相比纯净PS颗粒，要升高15℃。这种结果表明石墨烯的添加改善了PS的热稳定性。石墨烯的添加也提高了材料的玻璃化转变温度 T_g［图6.13(c)］。与纯净PS纳米颗粒相比，石墨烯为20%（质量分数）含量的复合材料 T_g 提高了17℃（从96℃偏移到113℃）。

对石墨烯增强PA6纳米复合材料热稳定性的研究结果如图6.14和表6.1所示[23]。可以看到，复合材料的起始和最大分解温度大都比纯净PA6更高，表明石墨烯的添加改善了PA6的热稳定性。该项研究还表明，尽管氧化石墨烯的热稳定性很差，它的PA6纳米复合材料（复合材料制备过程中，氧化石墨烯被原位热还原）依然是热稳定的。

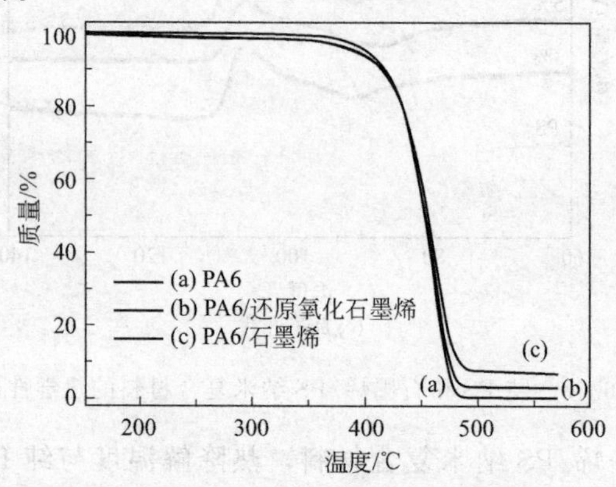

图6.14 纯净PA6，还原氧化石墨烯/PA6和石墨烯/PA6纳米复合材料的TGA曲线

表 6.1 PA6 及其复合材料的 TGA 测试结果

试样	T_i/℃	T_{max}/℃	残炭/%
PA 6	419.7	460.6	0.2
PA 6/1%(质量分数)还原氧化石墨烯	422.3	461.8	1.3
PA 6/2%(质量分数)还原氧化石墨烯	422.1	462.3	3.0
PA 6/1%(质量分数)石墨烯	424.5	461.0	2.3
PA 6/2%(质量分数)石墨烯	417.6	463.0	6.8

有研究者对石墨烯/PVA 纳米复合材料热性能的研究指出，石墨烯的添加能改善 PVA 的热稳定性，表现为 DTG 曲线中峰值温度的提高[27]。研究者认为热稳定性的增强主要归因于氧化石墨烯与聚合物基体的强相互作用，石墨烯对高分子链骨架有一定程度的保护作用。图 6.15 显示纯 PVA 和含有 0.7%（质量分数）氧化石墨烯复合材料的 DSC 曲线[27]。复合材料的玻璃化转变温度 T_g 比起纯净 PVA 提高了 3.3℃。这种现象被认为是由于氧化石墨烯与 PVA 分子链之间强烈的氢键作用阻碍了聚乙烯分子链的流动。

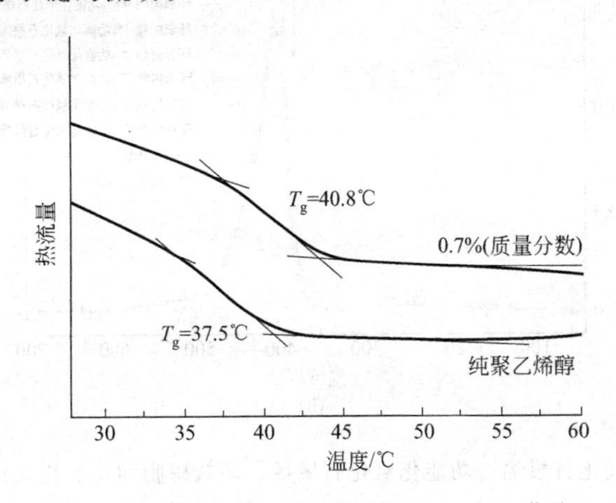

图 6.15 纯净 PVA 和其复合材料的 DSC 曲线

有研究指出石墨烯的添加能提高环氧树脂的热稳定性[28]。为了获得石墨烯的均匀分散和填充物-基体间的强界面结合，通过表面改性将氧化石墨烯功能化并使用原位热聚合法制备纳米复合材料。图 6.16 显示原材料和复合材料的 TGA 和 DTG 曲线[28]。氧化石墨烯和功能化石墨烯的质量损失来源于吸附水的蒸发、不稳定氧功能基团和功能化基团的分解以及残留碳的燃烧分解。与纯净环氧树脂相比，功能化氧化石墨烯/环氧树脂纳米复合材料的起始降解温度有所降低，这是由于功能化氧化石墨烯的热降解。但其最高降解温度则提高了 5～10℃，而且在 700℃时的最终碳残留也有所增加。DTG 曲线指出最大分解率下降了 27%。这些结果表明材料的热稳定性得到了改善。热稳定性的增强被认为是由于功能化氧化石墨烯纳米片的物理屏蔽作用、石墨烯片与环氧树脂基体的强相互作用和功能化添加剂的阻燃作用。

对 PU 这类弹性体材料，也有报道[40]称石墨烯的添加能改善其热稳定性。使

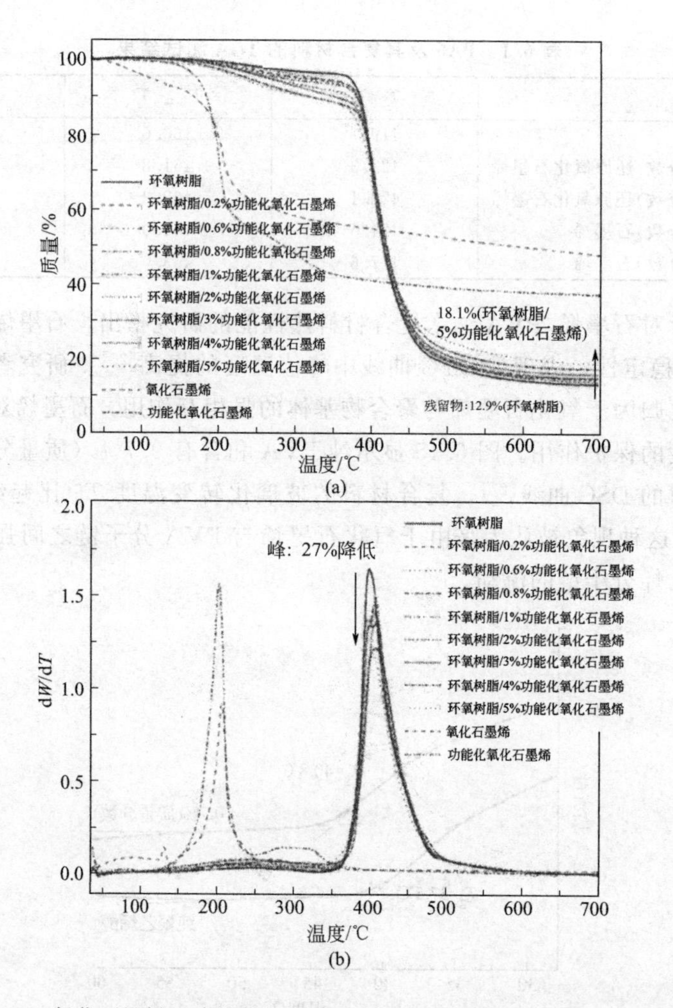

图 6.16　氧化石墨烯、功能化氧化石墨烯、环氧树脂和功能化氧化石墨烯/环氧树脂纳米复合材料的 TGA（a）和 DTG（b）曲线

用原位聚合法将石墨烯纳米片结合于 PU 大分子上，制得石墨烯/PU 纳米复合材料，显著改善了材料的力学性能，也提高了热稳定性。图 6.17 显示石墨烯、氧化石墨烯、PU 及其复合材料的 TGA 曲线。氧化石墨烯是热不稳定的，经过化学还原处理去除了热不稳定的含氧功能基团后的石墨烯片有显著高的热稳定性。对 TGA 曲线的分析得出，添加了 2.0%（质量分数）石墨烯的复合材料，5%质量损失的温度提高了 40℃。热稳定性的提高归因于石墨烯片的“曲折路径”（tortuous）效应，延迟了易挥发降解产物的逸出和碳的形成。

最近，有研究者使用原位聚合法制备了氧化石墨烯/PU/环氧树脂纳米复合材料[41]。测试指出，与 PU/环氧树脂复合材料相比，由氧化石墨烯添加制得的纳米复合材料的力学性能有了显著增强。热性能的测定结果（TGA 曲线）如图 6.18 所示[41]。很少量氧化石墨烯［0.033%（质量分数）］的加入使纳米复合材料 5%质量损失时的温度向高温方向偏移少许，而随着氧化石墨烯含量的增加，这个温度将向低温方向偏移（图中插入图）。可见氧化石墨烯对这种复合材料热稳定性只有不大的影响。

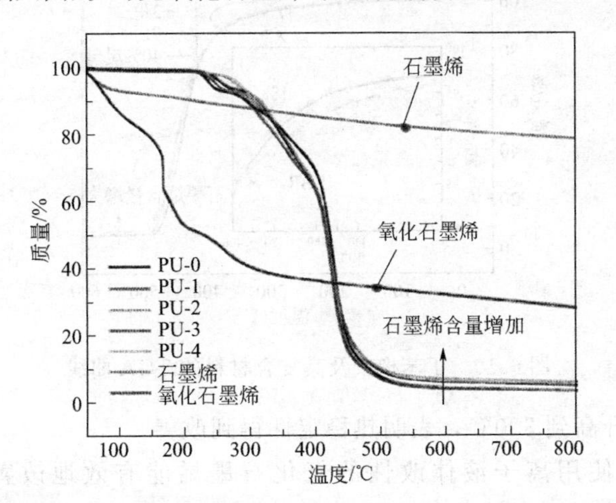

图 6.17　氧化石墨烯、石墨烯、PU 及其复合材料的 TGA 曲线

（PU-0～PU-4 中的数字

表示复合材料中包含不同石墨烯含量，数字越大含量越高）

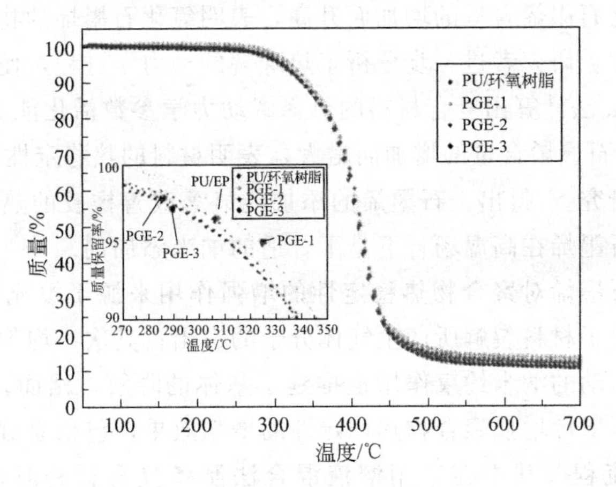

图 6.18　石墨烯/PU/环氧树脂复合材料的 TGA 曲线

［PGE-1，PGE-2 和 PGE-3 分别表示复合材料氧化石墨烯的含量为 0.033%（质量分数），0.066%（质量分数）和 0.1%（质量分数），插入图为局部温度范围的 TGA 曲线］

丁苯橡胶（SBR）是橡胶工业中得到最广泛应用的材料之一。有研究指出石墨烯的添加能显著改善其多种性能，包括热稳定性[42]。石墨烯/SBR 纳米复合材料使用胶乳共混法制得（参阅第 3 章 3.4.3 节）。图 6.19 显示原材料 SBR 和复合材料的 TGA 测试结果，作为比较，曲线中包含了炭黑/SBR 复合材料的测试数据。一般而言，起始降解温度是指质量损失为 5%时的温度。大量炭黑（40%）的添加对材料的起始降解温度影响不大。与之相反，1%石墨烯的添加使起始降解温度从

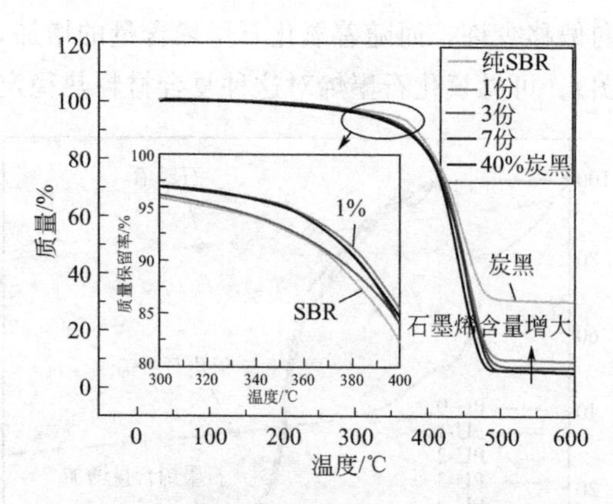

图 6.19 丁苯橡胶及其复合材料的 TGA 曲线

原材料的 324℃升高到 350℃，表明热稳定性得到改善。

有研究得出使用离子液体改性的氧化石墨烯能有效地改善溴化丁基橡胶(BIIR)的热稳定性[18]。氧化石墨烯/BIIR 复合材料的热性能测定结果如图 6.20 所示[18]。分析 TGA 曲线得出，改性氧化石墨烯的添加使材料的起始降解温度稍有降低。这是由于氧化石墨烯的低降解温度。然而，从图 6.20(b) 可见，DTG 的峰值温度随着氧化石墨烯含量的增加而升高，表明氧化石墨烯的物理屏蔽作用增强了橡胶的热稳定性。研究者进一步分析了热降解的动力学过程，使用 Kissiger 法和 Flynn-Wall-Ozawa 法计算出复合材料的热降解动力学参数活化能 E_a。两种方法都得出 E_a 随着氧化石墨烯含量的增加而增大，表明材料的热稳定性得到提高。

对氟橡胶的研究[43]得出，石墨烯的添加能显著改善橡胶的热稳定性。研究者同时指出，氧化石墨烯在高温场合下是不合适的纳米添加剂。

总的来说，石墨烯对聚合物热稳定性的增强作用来源于填充物的物理屏障效应，首先，它阻碍了材料裂解所产生气体分子的逸出；其次，均匀分散的石墨烯对聚合物大分子链运动的纳米约束作用也推延了基体的降解。然而，前述已经指出，有很多因素影响石墨烯增强聚合物热稳定性的增强效果，包括原材料的固有性质和复合材料的制备流程。其中在应用溶液混合法制备复合材料时使用的表面活性剂[31]，或者以有机基团功能化的填充物[43]都将对材料的热稳定性增强效果会产生尤其重要的影响，因为这些活性剂或有机基团比起基体的热稳定性往往更差，它们常常在比起基体更低的温度下就开始分解。图 6.21 显示天然橡胶及其还原氧化石墨烯和氧化石墨烯纳米复合材料的 TGA 曲线[31]。复合材料使用胶乳溶液混合法制备。从 TGA 分析［图 6.21(a)］可见，还原氧化石墨烯/天然橡胶复合材料比起纯净天然橡胶在较低的温度下开始降解。降解温度的降低与复合材料制备过程中加入的活性剂(CTAB) 有关，比起基体天然橡胶，它在更低的温度下开始降解（降解范围为 260～310℃)。氧化石墨烯/天然橡胶复合材料的降解起始温度与天然橡胶十分相近［图 6.21(b)］，表明氧化石墨烯的存在并不影响天然橡胶的热稳定性。

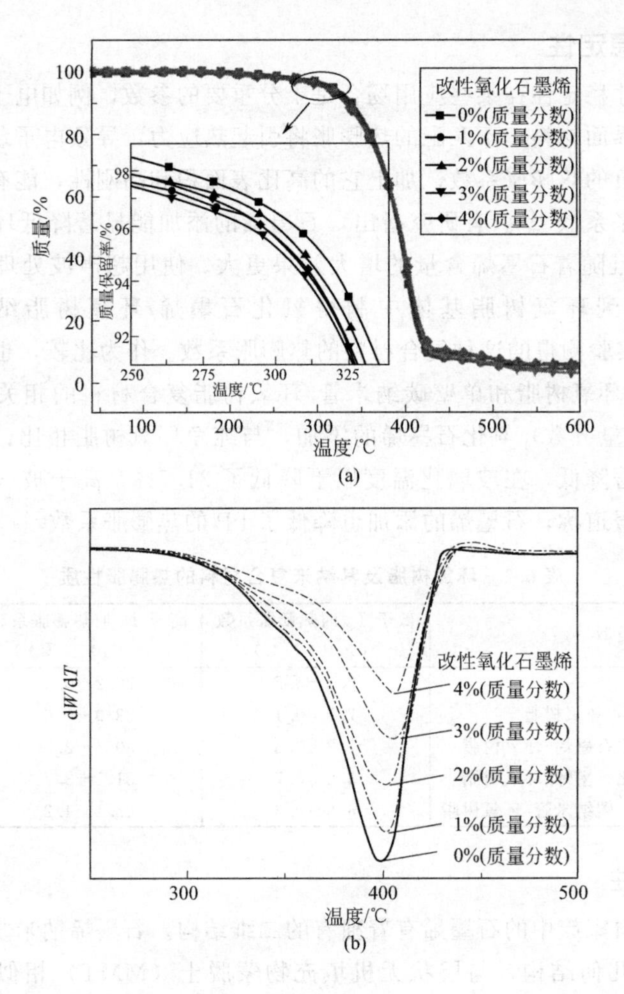

图 6.20 氧化石墨烯/BIIR 纳米复合材料的 TGA (a) 和 DTG (b) 曲线

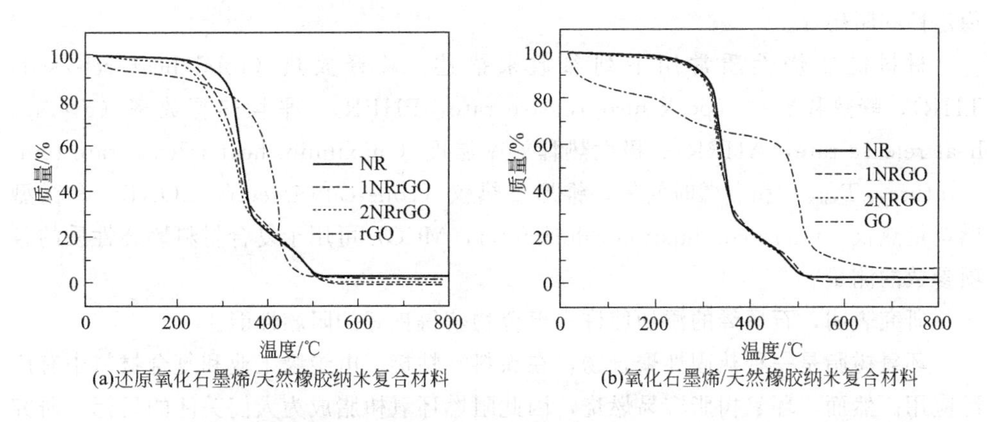

图 6.21 还原氧化石墨烯（rGO）、氧化石墨烯（GO）和天然橡胶（NR）及其复合材料的 TGA 曲线（图中数字 1 和 2 分别表示 1%和 2%的填充物含量）

6.1.3 尺寸稳定性

材料的尺寸稳定性在某些应用场合是十分重要的参数，例如电子工业中用作连接热元件的热界面材料，不匹配的热膨胀将引起热应力，导致电子装置的损坏。

石墨烯有负的热膨胀系数，加上它的高比表面积和高刚性，能有效地降低聚合物基体的热膨胀系数[44]。有研究指出，石墨烯的添加能显著降低环氧树脂的热膨胀系数[6]，而且随着石墨烯含量的增大效果更大。使用超声波处理法将氧化石墨烯均匀地分散到环氧树脂基体中制得氧化石墨烯/环氧树脂纳米复合材料。表6.2[6]列出实验测得的这种复合材料的热膨胀系数。作为比较，也测定了纯净环氧树脂、石墨/环氧树脂和单壁碳纳米管/环氧树脂复合材料的相关参数[6]。表中可见，5%（质量分数）氧化石墨烯的添加，与纯净环氧树脂相比，复合材料的热膨胀系数有显著降低，在玻璃化温度以下降低了31.7%，高于玻璃化温度时则无明显变化。有报道称，石墨烯的添加也降低了PP的热膨胀系数[45]。

表6.2 环氧树脂及其纳米复合材料的热膨胀性质

类型	低于 T_g 时热膨胀系数 /(×10^{-5}/℃)	高于 T_g 时热膨胀系数 /(×10^{-5}/℃)	T_g/℃
环氧树脂	8.2±0.2	28.2±0.4	136.2±1.8
1%(质量分数)石墨/环氧树脂	7.7±0.1	28.9±0.6	135.3±0.8
1%(质量分数)氧化石墨烯/环氧树脂	7.2±0.6	30.4±2.5	140.0±2.1
5%(质量分数)氧化石墨烯/环氧树脂	5.6±0.7	31.1±3.7	136.0±1.9
1%(质量分数)单壁碳纳米管/环氧树脂	6.0±0.6	28.1±4.2	131.5±3.5

6.1.4 阻燃性

纳米碳材料家族中的石墨烯有着独有的二维结构。石墨烯纳米复合材料中石墨烯的这种层状几何结构，与层状无机填充物蒙脱土（MMT）相似，起了屏障作用，能减缓热释放并阻抗燃烧（氧化）气体进入燃烧区域，因而能增强聚合物的热稳定性和阻燃性。

材料的燃烧性质常用下列参数来描述：总释放热（total heat released，THR）、峰热释放率（peak heat release rate，PHRR）、平均热释放率（average heat release rate，AHRR）、极大热释放率温度（maximum heat release rate temperature，T_{max}）和点燃时间等。锥形量热仪（cone calorimeter，CONE）和微型燃烧量热仪（micro combustion calorimeter，MCC）可用于复合材料燃烧性质的各项参数的测量。

研究表明，石墨烯的添加使许多聚合物获得良好的阻燃性能。

环氧树脂是一种热固性聚合物，在涂料、粘接、电绝缘工业和复合材料中有广泛应用。然而，环氧树脂容易燃烧，因此阻燃环氧树脂成为人们关注的目标。研究指出，石墨烯对环氧树脂阻燃性能的获得具有显著效果。有研究者使用原位聚合法制备了石墨烯、氧化石墨烯和功能化（含磷）氧化石墨烯增强环氧树脂纳米复合

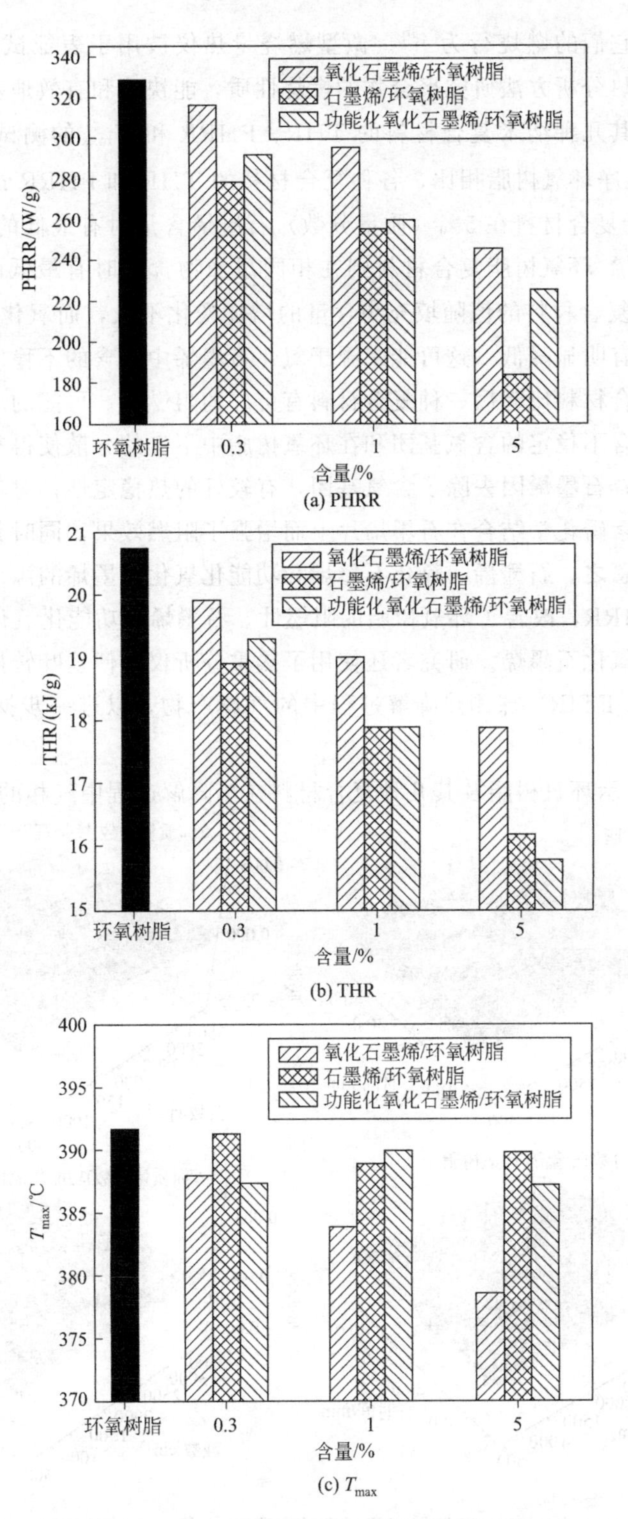

(a) PHRR

(b) THR

(c) T_{max}

图 6.22 环氧树脂及其纳米复合材料的燃烧性质

材料，比较了它们的燃烧行为[46]。微型燃烧量热仪被用于表征试样的燃烧性质。这种仪器使用热分析方法研究聚合物的燃烧性质，能快速和有效地获得结果。对纯净环氧树脂及其几种纳米复合材料的 THR、PHRR 和 $T_{\max}$ 的测试结果如图 6.22 所示[46]。与纯净环氧树脂相比，各种复合材料的 THR 和 PHRR 都明显降低，石墨烯/环氧树脂复合材料在 5%（质量分数）石墨烯含量时有最低的 PHRR 值，功能化氧化石墨烯/环氧树脂复合材料则在相同添加物含量时有最低的 THR 值。对 $T_{\max}$，这两种复合材料的值随填充物含量的增加变化不大，而氧化石墨烯/环氧树脂复合材料则有明显降低（这可能来源于氧化石墨烯中包含的不稳定的含氧基团）。可见前两种复合材料比起后一种复合材料有更好的阻燃性。可能的原因在于：氧化石墨烯片上包含不稳定的含氧基团和在环氧树脂中不良的分散使得氧化石墨烯的增强有效性较差；石墨烯因去除了含氧基团，有较好的热稳定性；对功能化氧化石墨烯，因阻燃元素磷化学结合在石墨烯片上而增强了阻燃效果，同时其分散性也优于氧化石墨烯。总之，石墨烯、氧化石墨烯和功能化氧化石墨烯的添加都降低了材料的 THR 和 PHRR，改善了环氧树脂的阻燃性。石墨烯和功能化氧化石墨烯的阻燃效果显著优于氧化石墨烯。研究者还使用了热重分析仪与傅里叶转换红外光谱仪的联用仪器（TG-FTIR）探测热降解过程中的气体产物，以进一步探讨热降解和阻燃机理。

图 6.23 显示环氧树脂及其几种复合材料在热降解过程中气相的三维 TG-FTIR

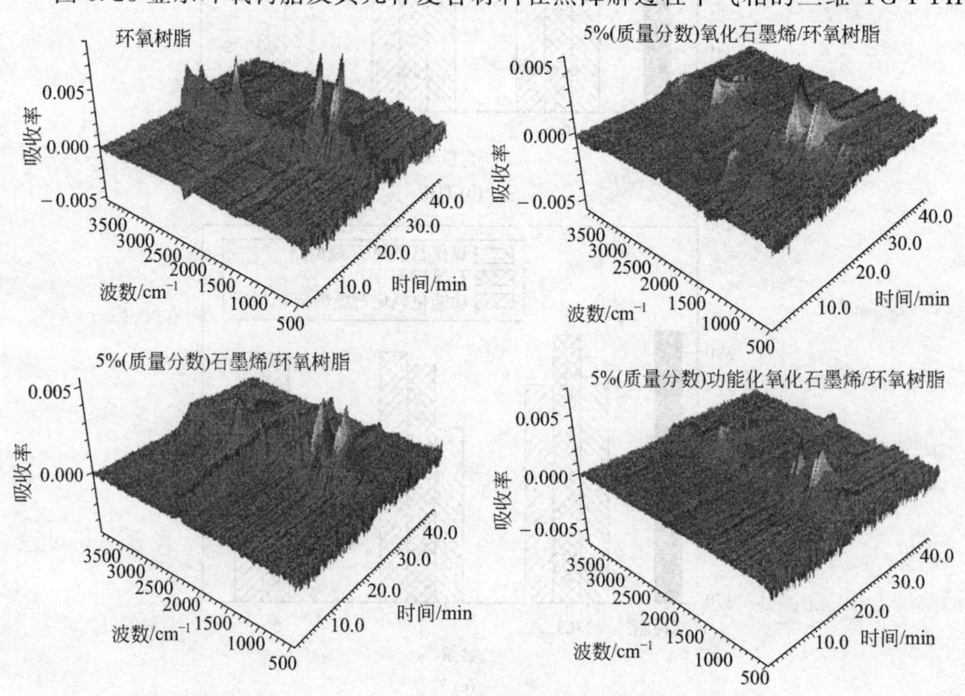

图 6.23 环氧树脂及其复合材料的三维 TG-FTIR 谱

谱[46]。谱图可见，三种阻燃剂的加入都显著降低了吸收峰的强度。这表明降解过程中三种复合材料裂解产物的强度都比纯净环氧树脂低。因此可以认为由于石墨烯添加物的存在，燃烧气体的释放和质量损失减小了，这有利于阻燃。阻燃机理被认为是由于石墨烯材料的分散起了屏障的作用，有效地减慢了热的释放并阻碍了燃烧气体向燃烧区域的传输和能量回馈。此外，在降解过程中形成的碳层能阻碍热的传输。这些因素都使得 PHRR 和 THR 值被降低。点燃时间也是材料燃烧行为的一个重要参数。有研究者试验得出氧化石墨烯的添加能有效延长环氧树脂的点燃时间[47]，改善了阻燃性。他们使用锥形量热仪表征纯净环氧树脂和其氧化石墨烯增强复合材料的燃烧行为。图 6.24 显示 1%（质量分数）氧化石墨烯/环氧树脂复合材料和纯净环氧树脂的热释放率曲线[47]。可以看到，氧化石墨烯的添加使材料的热释放率曲线宽化了，峰热释放率也有所降低。分析相关参数得出材料的点燃时间由原材料的 66s 延长到 76s。燃烧的推迟被认为是由于试样加热过程中产生了 CO_2 和热还原氧化石墨烯增强了导热性（这有利于热量在试样的更大体积范围内消散）。

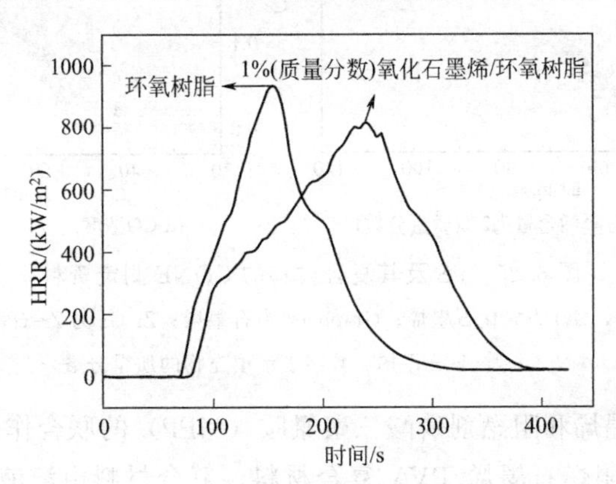

图 6.24　纯净环氧树脂及其复合材料的热释放率曲线

有研究者探索了石墨烯及其衍生物对 PS 燃烧行为的影响[48]。使用母料熔融混合法制备氧化石墨、石墨烯和金属-石墨烯增强 PS 基纳米复合材料，锥形量热仪被用于表征复合材料的燃烧行为。从 CONE 测得的有关燃烧行为的参数，HRR、THR 和 CO 浓度显示在图 6.25[48]。0.1%（质量分数）石墨烯的添加，不论是石墨烯、氧化石墨烯还是金属修饰石墨烯（Zr-石墨烯和 Ni-石墨烯）都对 PS 的 HRR 没有什么改善作用［图 6.25(a)］，而 2%（质量分数）填充物的复合材料，与纯净 PS 相比，HRR 有了明显减小［图 6.25(b)］。Zr-石墨烯/PS 复合材料显示最大的减小，而氧化石墨烯/PS 则减小得最少（可能是由于氧化石墨烯的结构缺陷和低热稳定性导致其较差的物理屏障效应）。不同试样 THR 数据的变化都在测量的误差范围之内，可见石墨烯对 THR 没有大的影响［图 6.25(c)］。图 6.25(d) 显示石墨烯的添加引起 CO 浓度的显著减小，尤其是金属-石墨烯/PS 复合材料。研究者认为，石墨烯的物理屏障效应与金属复合物的协同效应降低了复合材料的 HRR 和 CO 浓度。

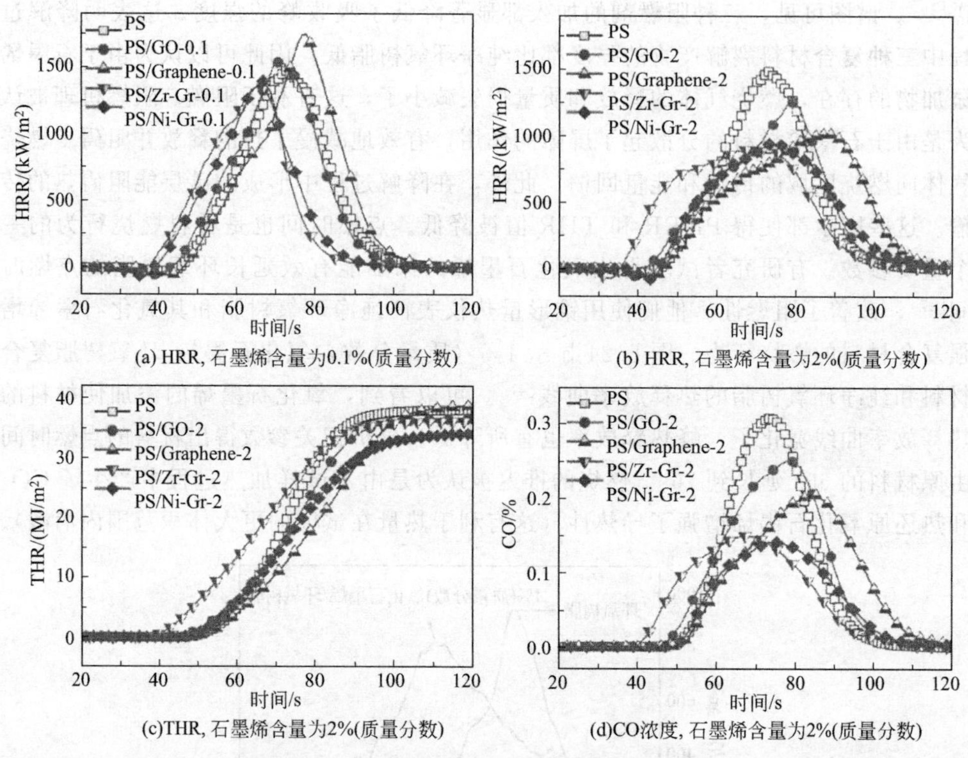

图 6.25 PS及其复合材料的CONE测定资料

（图中，GO为氧化石墨烯；Graphene为石墨烯；Zr-Gr为Zr-石墨烯；Ni-Gr为Ni-石墨烯；数字表示填充物的质量分数）

研究指出，石墨烯和阻燃剂磷酸三聚氰胺（MPP）的联合作用能显著改善PVA的阻燃性[49]，获得阻燃石墨烯/PVA复合材料。复合材料由溶液混合法制备，试样包括石墨烯/PVA（PVA/G1中的数字表示石墨烯的含量，以下同）、MPP/PVA（图和表中PVA/MPP10和PVA/MPP20）和石墨烯/MPP/PVA（图和表中PVA/G1/MPP10和PVA/G1/MPP20）。使用锥形量热仪检测复合材料的燃烧行为。PVA及其几种复合材料的HRR曲线和相关参数分别显示在图6.26和表6.3[49]。

表 6.3 PVA及其复合材料的CONE测试结果

项目	TTI/s	PHRR /(kW/m^2)	AHRR /(kW/m^2)	THR /(MJ/m^2)	ASEA /(m^2/kg)	AMLR /(g/s)
PVA	18±2	373±6	214±3	58±0.6	590±12	0.108±0.012
PVA/G1	25±3	214±7	116±2	55±0.5	574±9	0.064±0.008
PVA/MPP10	48±4	297±9	113±2	38±0.4	609±15	0.082±0.006
PVA/G1/MPP10	53±3	148±5	79±2	36±0.4	403±7	0.054±0.005
PVA/MPP20	64±3	134±4	39±1	19±0.3	754±17	0.044±0.004
PVA/G1/MPP20	70±4	114±4	34±1	18±0.2	564±10	0.040±0.003

注：G1为1%（质量分数）石墨烯；MPP10为10%（质量分数）MPP；MPP20为20%（质量分数）MPP。

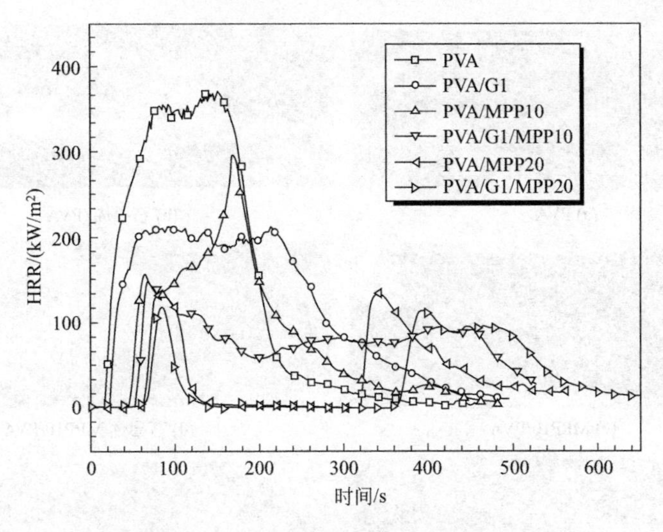

图 6.26 PVA及其复合材料的HRR曲线

（图中，G表示石墨烯；数字表示填充物的质量分数）

与纯PVA相比，石墨烯/PVA复合材料的PHRR和AHRR都有显著降低，而THR和ASEA（比消光面积平均值，average specific extinction area）则基本保持不变。石墨烯/PVA的点燃时间TTI比纯PVA延长了7s。对MPP/PVA复合材料，由于MPP的添加，材料的PHRR、AHRR、THR和AMLR（质量损失率平均值，average mass loss rate）都有明显降低，TTI也比纯净PVA更长。对三元复合材料石墨烯/MPP/PVA，数据显示PHRR、AHRR、THR和AMLR都有了更进一步的降低，TTI有了更长的延长。这表明石墨烯和MPP的联合效应改善了PVA的阻燃性能。此外，研究者还作了极限氧指数（limiting oxygen index，LOI）测定和垂直燃烧试验。结果表明，石墨烯在增强MPP/PVA复合材料的阻燃性中起了重要作用，也清楚地显示在PVA基体中存在石墨烯与MPP之间的联合效应。数码照相、SEM、FT-IR和XPS被用于进一步探索阻燃机制。图6.27和图6.28分别是经过锥形量热仪试验后各试样残余物的数码照片以及外表面和内部的SEM显微图像[49]。从残炭的形态学结构分析容易得出，在燃烧过程中石墨烯促进了在聚合物基体中形成密实的炭层。这些被石墨烯片增强了的炭层有效地阻止了热降解产物进入火焰区域以及氧气进入聚合物基体的内层。图6.29显示阻燃石墨烯/PVA复合材料炭层形成的模型[49]。炭层对热量和质量传输的阻止作用是阻燃的主要机制。FT-IR和XPS分析得出，在燃烧过程中形成了包含多磷酸或磷酸并有芳香族结构的膨胀了的残炭层；由于阻燃剂MPP和石墨烯的联合作用，石墨烯/MPP10/PVA复合材料的碳含量明显增大。

有研究[50]指出，石墨烯对聚合物PLA阻燃行为的影响稍为复杂。使用母料熔融混合法制得石墨烯/PLA纳米复合材料。锥形量热仪用于测试其燃烧行为。结果

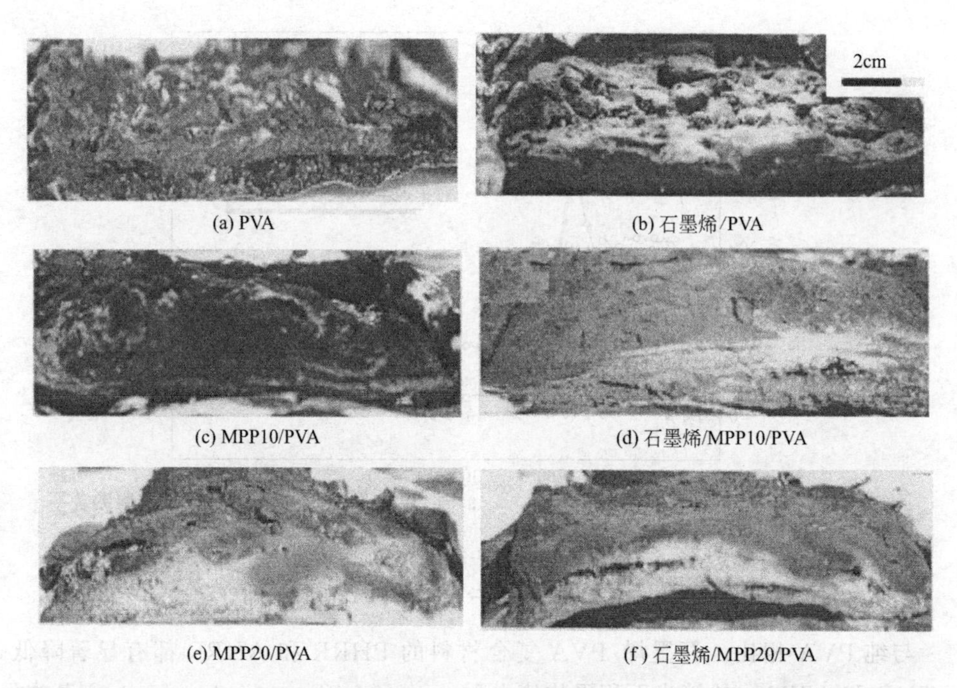

(a) PVA　(b) 石墨烯/PVA

(c) MPP10/PVA　(d) 石墨烯/MPP10/PVA

(e) MPP20/PVA　(f) 石墨烯/MPP20/PVA

图 6.27　PVA 及其复合材料 CONE 试验后残留物的数码照片（数字表示填充物的质量分数）

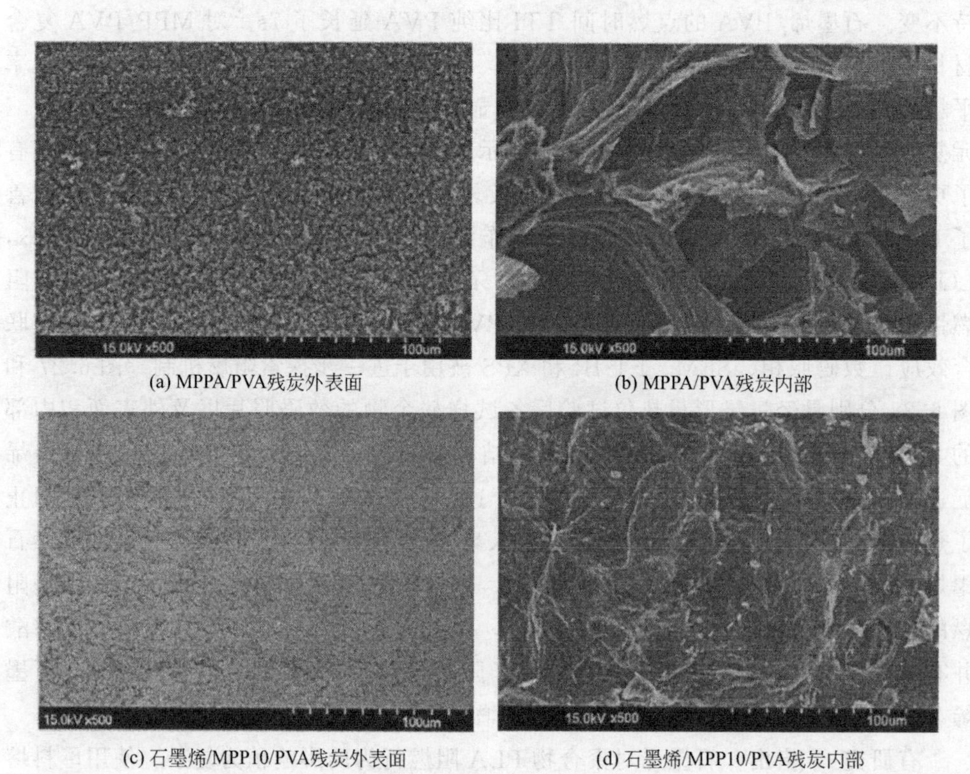

(a) MPPA/PVA残炭外表面　(b) MPPA/PVA残炭内部

(c) 石墨烯/MPP10/PVA残炭外表面　(d) 石墨烯/MPP10/PVA残炭内部

图 6.28　MPP10/PVA 和石墨烯/MPP10/PVA 残炭的 SEM 显微图

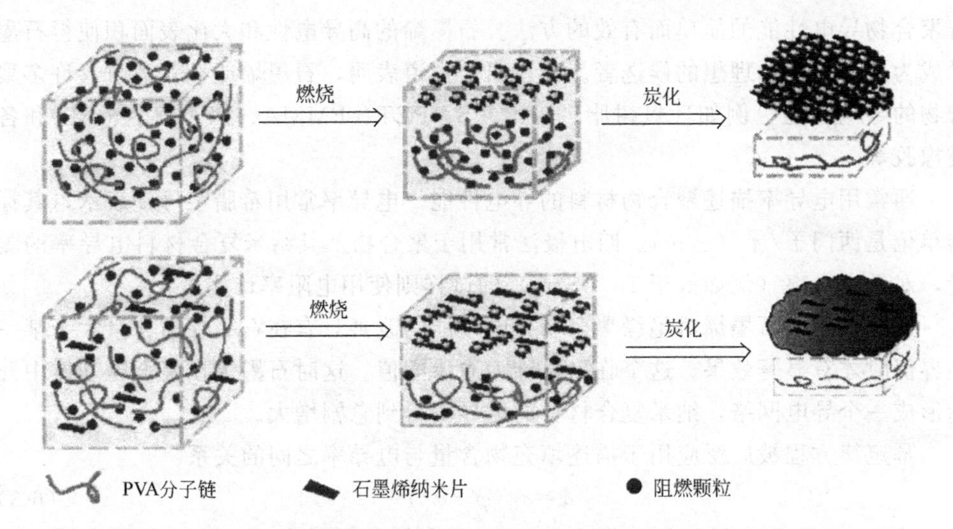

图 6.29 阻燃石墨烯/PVA 复合材料残炭形成的模型

得出，石墨烯/PLA 复合材料的点燃时间较原材料减少 5～34s，复合材料被较低的热辐射点燃。这可能是由于石墨烯的高热导率使得热量在 PLA 基体中扩散得更容易和快速。当石墨烯含量小于 0.2%时，复合材料与纯 PLA 有相近似的 PHRR 值，然而，当含量大于 0.2%后，尽管仍然有着石墨烯的高热导率，复合材料的 PHRR 减小了，最大减小 40%（石墨烯含量 2%时）。图 6.30 显示纯 PLA 及其石墨烯复合材料的 HRR 曲线。

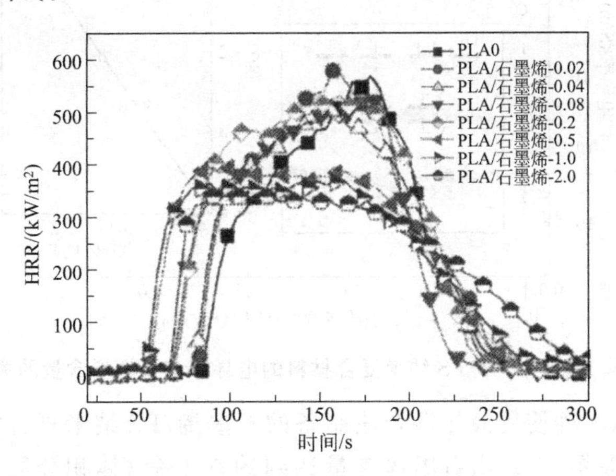

图 6.30 PLA 及其石墨烯纳米复合材料的 HRR 曲线（图中石墨烯后方数字表示质量分数）

6.2 电学性质

6.2.1 导电性质

许多聚合物材料是电绝缘的。将具有高导电性能的填充物加入聚合物基体是改善聚合物导电性能的简单而有效的方法。石墨烯的高导电性和大比表面积使得石墨烯成为这种填充物理想的候选者。大量研究报道表明，石墨烯能显著地改善许多聚合物的导电性能，例如环氧树脂、PA、PS、PET、PMMA、PI、PLA、PU和各类橡胶等。

通常用电导率描述聚合物材料的导电性能。电导率常用希腊字母κ表示，其标准单位是西门子/米（S/m）。四电极法常用于聚合物及其纳米复合材料电导率的测量，对低电导率（例如低于10^{-6}S/m）的试样则使用电阻率计测量[51]。

研究表明，石墨烯对绝缘聚合物导电性能的改善只有在石墨烯的含量大于某一临界值时才有显著效果。这个临界值称为逾渗阈值。这时石墨烯在聚合物基体中开始形成一个导电网络，纳米复合材料的电导率得到急剧增大。

幂定律方程被广泛应用于描述填充物含量与电导率之间的关系：

$$\sigma=\sigma_0(\varphi-\varphi_c)^t \tag{6-3}$$

式中，σ为复合材料的电导率；σ_0为填充物的电导率；φ为填充物的体积分数；φ_c为逾渗阈值；t为指数。在达到阈值后，电导率作为填充物含量的函数，电导率的增大可用该方程式模拟。

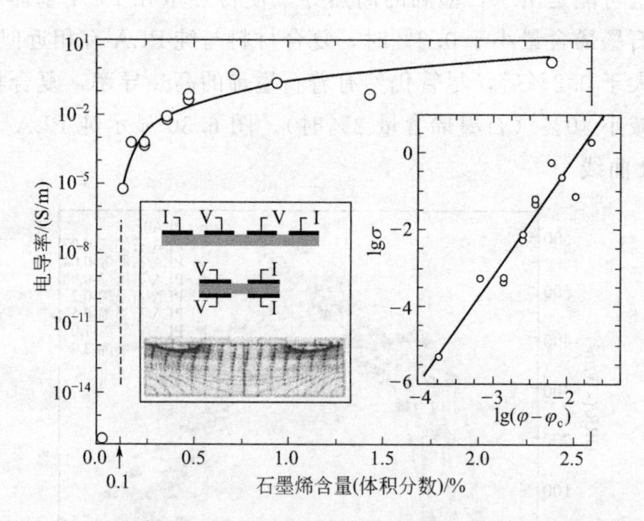

图 6.31 石墨烯/PS纳米复合材料的电导率与石墨烯含量的关系

图6.31显示一种使用液相混合法制备的石墨烯/PS纳米复合材料电导率与石墨烯体积分数的关系[52]。当石墨烯含量达到约0.1%（体积分数）后，复合材料的电导率比起原材料有一个急速的升高。这个含量值即为逾渗阈值。此后，随着石墨烯含量的增大，复合材料的电导率快速增大。在0.15%（体积分数）含量时，复合材料的电导率已能满足（对薄膜的）抗静电标准（10^{-6}S/m）。在石墨烯含量为2.5%（体积分数）时，复合材料的电导率达到约1S/m。右边插入图显示复合材料$\lg\sigma$与$\lg(\varphi-\varphi_c)$的函数关系。图中的两条实线是复合材料实测数据相对电导率方程式(6-3)的拟合曲线。拟合参数如下：$t=2.74\pm0.20$；$\sigma_0=10^{4.92\pm0.52}$S/m；

$\varphi_c=0.1\%$（体积分数）。左边插图中的上图和中图分别表示试样表面和横断面的四电极电导率测量装置示意图，下方图是电流密度分布图。随后，有研究者使用原位胶乳聚合法制备的石墨烯纳米片/PS复合材料，当石墨烯含量为2.0%（质量分数）时，材料的电导率从纯PS的1×10^{-10}S/m提高到2.9×10^{-2}S/m[25]。

据报道，一种使石墨烯在聚合物基体中选择性区域分布的方法能进一步增强电导率和降低逾渗阈值[51]。研究者使用溶液混合法制备三相纳米复合材料，石墨烯/PLA/PS，作为对比，也制备了石墨烯/PS和碳纳米管/PS纳米复合材料。使用四极法测定PS基纳米复合材料的体电导率，结果如图6.32所示[51]。示意图清楚地表明，在相同的填充物含量下，石墨烯纳米复合材料比起碳纳米管纳米复合材料有更高的电导率，也有更小的阈值。例如，当石墨烯含量从0.11%（体积分数）增加到0.69%（体积分数）时，石墨烯/PS复合材料的电导率从6.7×10^{-14}S/m增大到0.15S/m。添加1.1%（体积分数）石墨烯将使复合材料的电导率高达约3.49S/m。然而，对碳纳米管，添加0.69%（体积分数），仅使材料的电导率达到约3×10^{-5}S/m，比起石墨烯/PS复合材料要低约4个数量级。显然，对PS导电性能的改善，石墨烯比起碳纳米管更为有效。研究者认为，首先，这是因为比起一维的碳纳米管，二维的石墨烯纳米片有较高的比表面积，它能够在更低的含量下形成导电网；其次，石墨烯二维的片状几何结构比起一维填充物更便于形成各纳米填充物的相互接触（亦即形成聚合物内的网络结构）。图6.33显示两种复合材料的TEM显微像[51]。可以看到，在碳纳米管/PS复合材料中存在碳纳米管在PS基体中的聚集［图6.33(a)中的暗点］。与之不同，石墨烯/PS复合材料的TEM显微像［图6.33(b)］并不显示石墨烯片堆叠聚集的证据，石墨烯片均匀地分布在PS基体中，形成连续的网络结构。这形象地解释了为什么石墨烯片比起碳纳米管能更有效地提高PS的电导率。

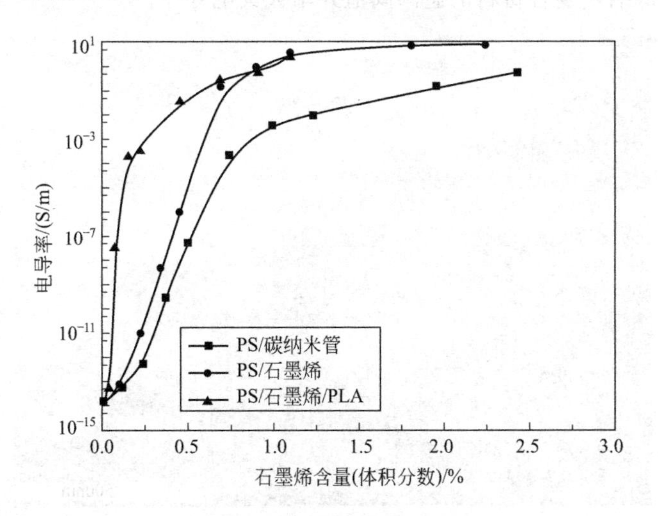

图6.32 几种PS基纳米复合材料电导率与填充物含量的关系

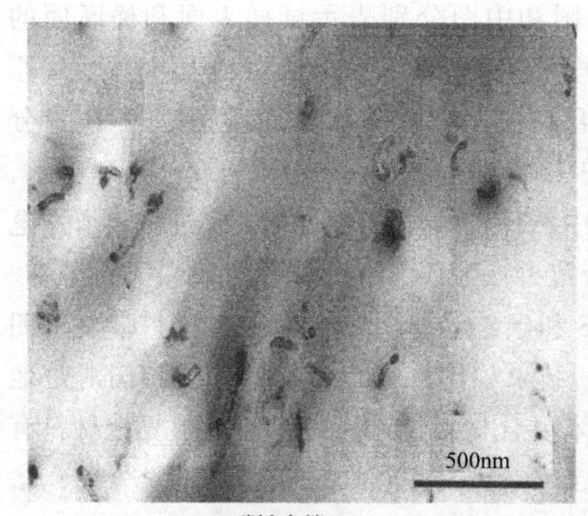

(a) 碳纳米管/PS

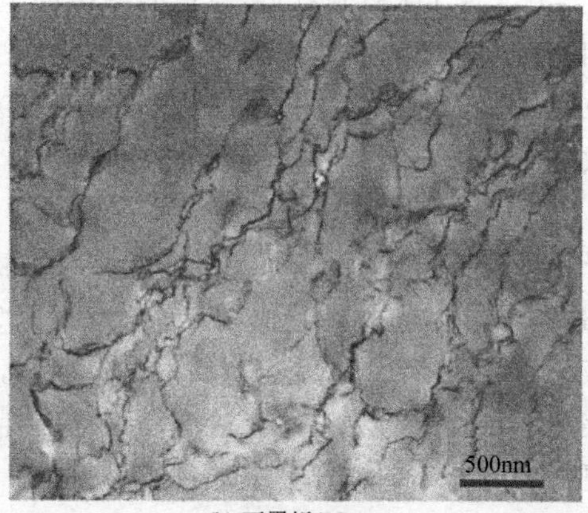

(b) 石墨烯/PS

图 6.33 碳纳米管/PS和石墨烯/PS纳米复合材料的TEM显微像

图 6.32 还显示，PLA 的添加显著地改善了石墨烯/PS复合材料的导电性，并降低了逾渗阈值。PS/PLA复合材料由60%PS和40%PLA组成。添加0.15%（体积分数）的石墨烯能使三相复合材料石墨烯/PLA/PS的电导率达到约2.05×10^{-4} S/m，而对二相复合材料石墨烯/PS，为了达到相同的电导率，则需要添加约0.57%（体积分数）的石墨烯。石墨烯/PLA/PS三相复合材料的逾渗阈值为约0.075%（体积分数），比石墨烯/PS二相复合材料低4.5倍。石墨烯在PS/PLA复合材料中的选择性分布可用于解释这种现象。图 6.34 显示石墨烯/PLA/PS三相复合材料的TEM显微像[51]。复合材料中60%为PS，40%为PLA，石墨烯含量为0.46%（体积分数）[约1.0%（质量分数）]。图中可见，石墨烯纳米片仅分布在PS基体，而不存在于PLA相中。石墨烯纳米片的这种选择性分布使得在相对较低的石墨烯含量下就能形成网络结构，显著降低纳米复合材料的逾渗阈值并增大其电导率。

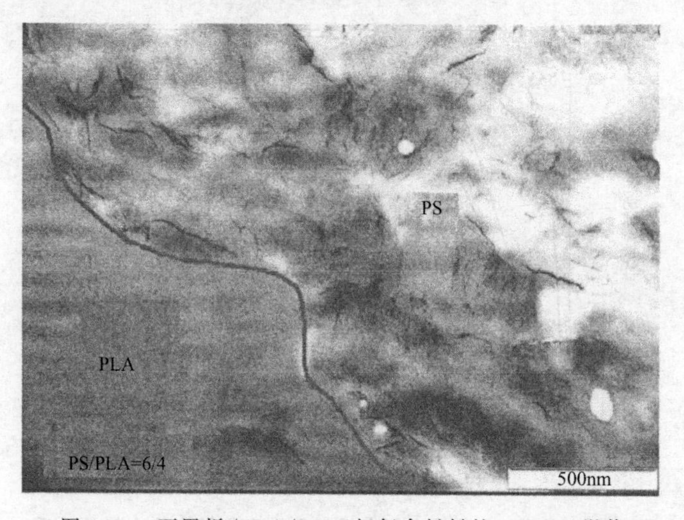

图 6.34 石墨烯/PLA/PS三相复合材料的TEM显微像

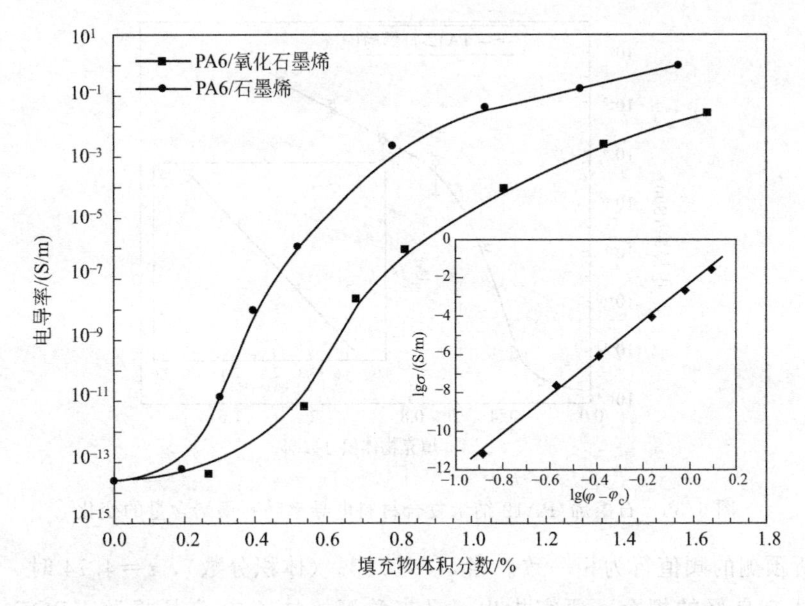

图 6.35 石墨烯/PA6 纳米复合材料电导率与石墨烯含量的关系

从图 6.35 可以看到石墨烯对 PA6 导电性能改善的效果[23,53]。插入图是氧化石墨烯/PA6 复合材料的电导率相对（$\varphi-\varphi_c$）的双对数（lg）图，复合材料的电导率与方程式（6-3）所描述的阈值行为相一致。石墨烯/PA6 和氧化石墨烯/PA6 纳米复合材料使用原位聚合法制得。氧化石墨烯是绝缘体，但在复合材料制备的原位聚合中获得热还原，成为导电体。图中两条曲线表明，石墨烯和氧化石墨烯的添加都显著地改善了 PA6 的导电性能。石墨烯/PA6 复合材料的逾渗阈值 φ_c 为 0.22%（体积分数），低于氧化石墨烯/PA6 复合材料的 0.41%（体积分数）。当填充物含量高于各自的阈值后，两种复合材料的电导率都快速增大。然而，在相同填充物含量下，前者的电导率都高于后者。这些差异可归因于两种填充物的热还原程度的不同。石墨烯是在 1050℃下由氧化石墨烯热还原和分拆而得，而氧化石墨烯纳米片仅在聚合物原位聚合时低得多的温度（260℃）下热还原，显然，这种还原是不完全的。尽管石墨烯比起氧化石墨烯有着改善聚合物导电性能更佳的效果，由于氧化石墨烯的低成本，使用它改善聚合物的导电性能仍然是一种可取的选择。

有研究者使用熔融混合法制备了导电石墨烯/PA12 纳米复合材料[54]，其逾渗阈值 φ_c 为 0.3%（体积分数）。图 6.36 显示这种二相复合材料电导率与石墨烯含量的关系[54]。图中可见，石墨烯的添加极大地改善了 PA12 的导电性能。在石墨烯含量大于复合材料的逾渗阈值 0.3%（体积分数）后，材料的电导率快速增大。例如，当石墨烯含量达到 1.38%（体积分数）时，材料的电导率从 PA12 的 2.8×10^{-14}S/m 迅速地增大到复合材料的 6.7×10^{-2}S/m。图 6.36 中的插入图是电导率 σ 相对（$\varphi-\varphi_c$）的双对数图，可见石墨烯/PA-12 纳米复合材料电导率与方程式

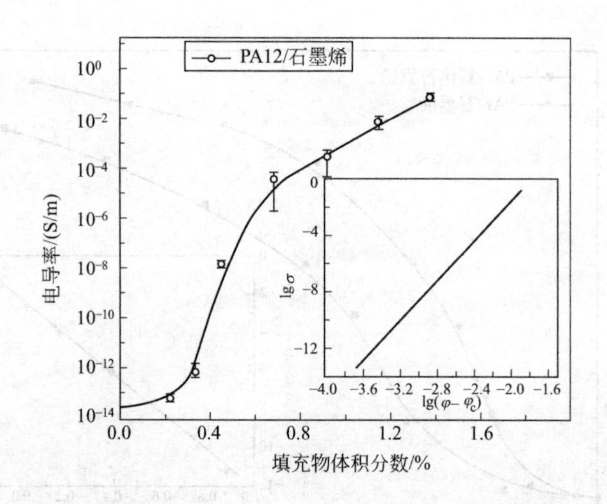

图 6.36 石墨烯/PA12 纳米复合材料电导率随石墨烯含量的变化

(6-3) 所预测的阈值行为相一致。当 $\varphi_c=0.3\%$（体积分数），$t=4.74$ 时，实验数据与直线有良好的拟合。研究指出，马来酸酐接枝乙烯-辛烯橡胶（POE-g-MA）的引入能进一步增强石墨烯/PA12 纳米复合材料的电导率。研究者使用不同的复合材料合成程序制备了具有不同微观结构的三种石墨烯/POE-g-MA/PA12 三相纳米复合材料，微观结构的不同主要在于石墨烯不同的分布区域。图 6.37 显示三种复合材料的 TEM 显微像[54]。试样 T1［图 6.37(a)］中的石墨烯在聚合物基体中随机分布，但大部分石墨烯片分布在 PA12 内，很少量则出现在 POE-g-MA 相中；对 T2 试样［图 6.37(b)］，几乎所有石墨烯片都出现在 PA12 中，在橡胶相内未见石墨烯片；试样 T3［图 6.37(c)］显示了很不相同的微观结构，石墨烯选择性地位于橡胶相，而且存在某种程度的聚集（这是因为橡胶相的高黏度，不利于石墨烯片的分散）。对三种三相复合材料和石墨烯/PA12 二相复合材料 B2 的电导率测定结果显示在图 6.38[54]。三相纳米复合材料 T1 显示出几乎与二相复合材料 B2 相同的电导率，这是因为它们在基体中都存在类似的石墨烯网络。试样 T3 在相同石墨烯含量下表现出电绝缘的性质。这是合理的结果，因为在这种复合材料中，石墨烯没有形成有效的物理结构。值得注意的是试样 T2，其电导率不仅显著高于 T1 和 B2，而且高于使用熔融混合法制备的其他石墨烯增强二相系统的电导率，甚至与某些使用原位聚合和溶液混合制备的系统相当。研究者将试样 T2 表现出的高电导率归因于在 T2 中 POE-g-MA 的体积排他效应（volume-exclusion），石墨烯片选择性地分布于 PA-12 中，在相同石墨烯含量下形成更完善的导电网络。

石墨烯/环氧树脂纳米复合材料是得到最为广泛研究的体系之一。石墨烯的添加除了增强了材料的力学和热学性能外，也明显改善了环氧树脂的导电性能[8,28,55,56]。使用溶液混合法制备的一种功能化石墨烯/环氧树脂复合材料的电导率与填充物含量的关系如图 6.39 所示[55]。插入图为电导率相对 $(\varphi-\varphi_c)/\varphi_c$ 的

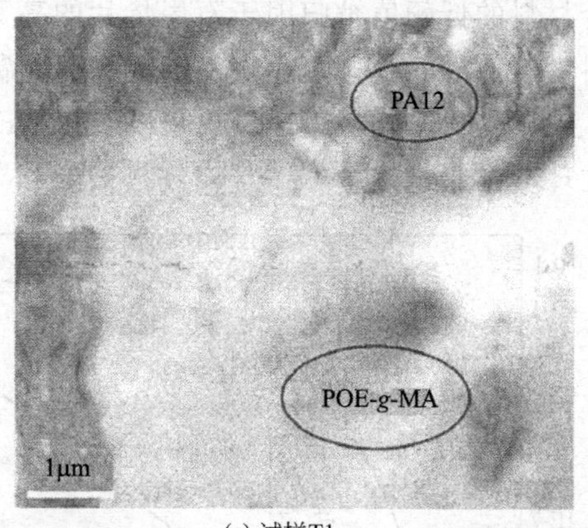

(a) 试样T1

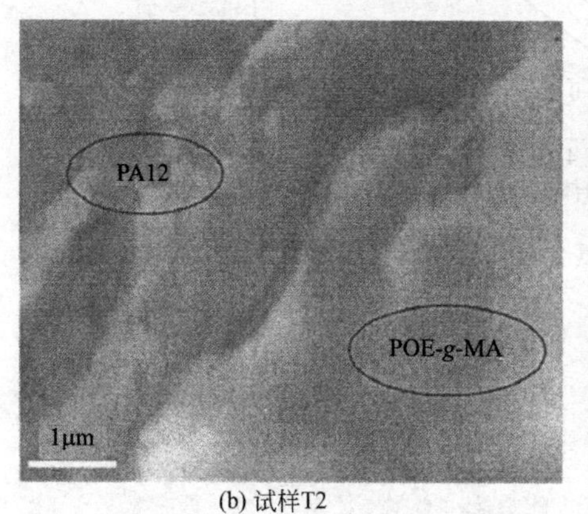

(b) 试样T2

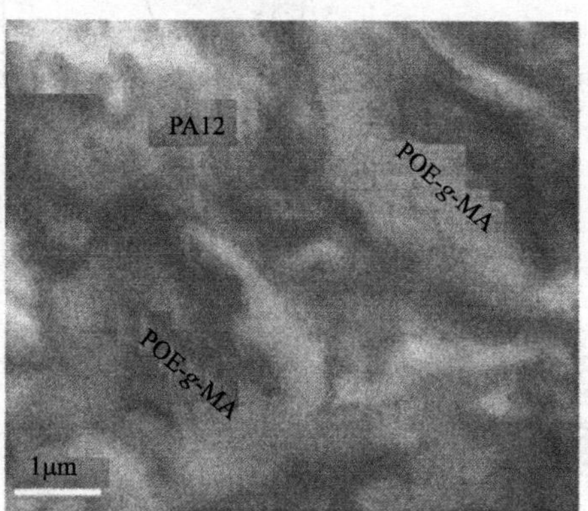

(c) 试样T3

图 6.37 石墨烯/POE-*g*-MA/PA12 三相纳米复合材料的 TEM 像

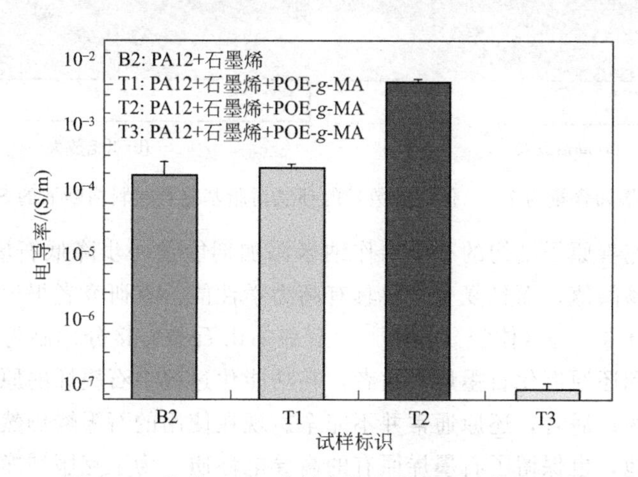

图 6.38 几种 PA12 基纳米复合材料电导率的比较

lg-lg 图。功能化石墨烯/环氧树脂复合材料的电导率与方程式（6-3）预测的阈值行为十分一致。在 $\varphi_c=0.52\%$（体积分数）和 $t=5.37$ 时，直线与实验测得的数据拟合得很好。复合材料的低阈值被归因于石墨烯片的高宽厚比和在环氧树脂中的良好分散。复合材料横断面的SEM观察被用于表征石墨烯片的分散情景。图6.40显示石墨烯含量为7%（质量分数）复合材料横断面的SEM显微像，可以看到石墨烯片良好地分散在环氧树脂基体中，而且相互搭接形成导电网络。

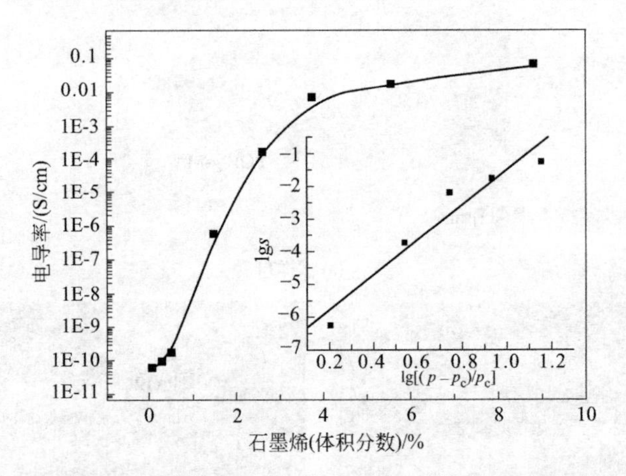

图6.39　功能化石墨烯/环氧树脂复合材料电导率与填充物含量的关系

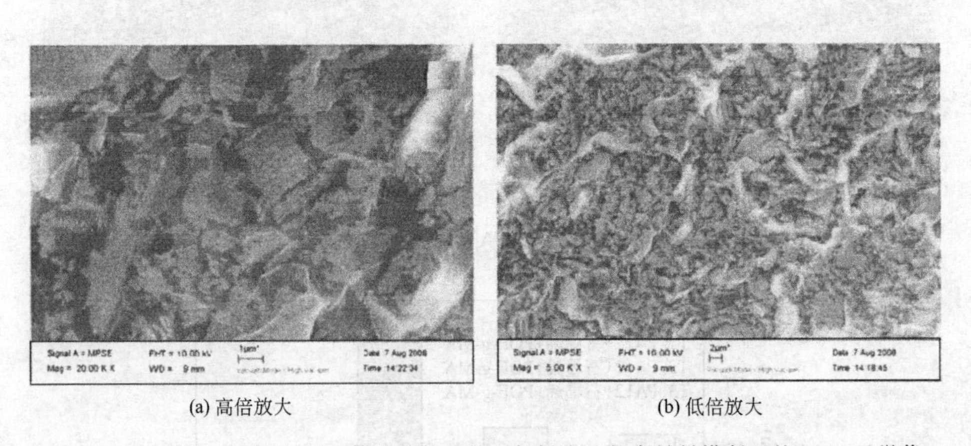

(a) 高倍放大　　(b) 低倍放大

图6.40　石墨烯含量为7%（体积分数）的环氧树脂基复合材料横断面的SEM显微像

使用具有完善原子结构的石墨烯作纳米添加剂能进一步降低石墨烯/环氧树脂复合材料的逾渗阈值，而且复合材料具有高力学性能。有研究者报道，这种复合材料的阈值低至0.088%（体积分数）[56]。石墨烯由石墨直接分拆制得。因此，不像功能化石墨烯和还原氧化石墨烯，前者，在功能化过程中石墨烯的原有结构已受到一定程度的破坏；后者，还原通常并不完全。现在使用的石墨烯仍然保持原有的完善结构，相应地，也保留了石墨烯原有的高导电性质。为了克服纯净石墨烯容易积聚的问题，复合材料合成过程中使用聚乙烯吡咯烷酮（PVP）稳定化石墨烯，使得石墨烯能在环氧树脂和最终的复合材料中都有很好的分散。研究者使用了两种制备方法：溶液混合法和冷冻干燥法，并对两种方法的效果作出比较。图6.41显示使

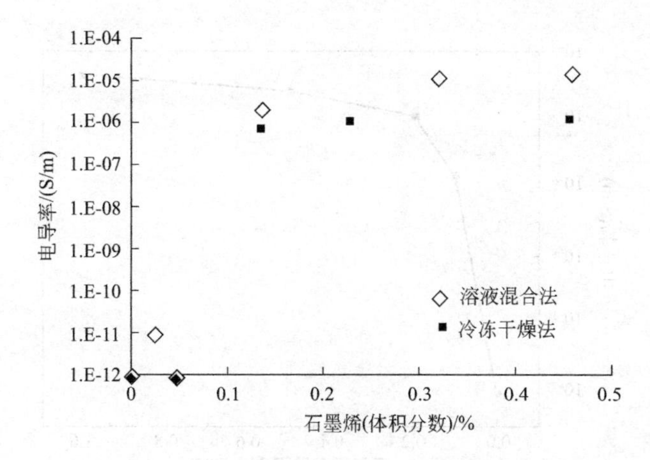

图 6.41 石墨烯/环氧树脂纳米复合材料电导率随石墨烯含量的变化

用四点探针法测定的复合材料电导率随石墨烯含量的变化[56]。当石墨烯添加量达到0.46%（体积分数）时，与纯净环氧树脂相比，复合材料的电导率有了7个数量级的增大。实验测定的电导率增大规律与使用式(6-3)的预测相一致。这种纳米复合材料之所以有如此低的阈值和低石墨烯含量下的高电导率，研究者认为是由于使用了完善结构的石墨烯作增强材料，同时又有高质量的分散。

聚酰亚胺（PI）是一种重要的高性能热固性工程塑料，在电子和宇航工业中尤其受到重视。有研究者使用化学改性石墨烯制备的PI基复合材料薄膜，除了在力学性能、热稳定性和疏水行为方面有显著改善外，导电性能也得到显著提高[57]。制备过程中使用的热压成型工艺流程使得复合材料薄膜具有层状结构，石墨烯片被聚合物PI包裹，有着平行于试样表面的平面取向排列。图6.42显示纯PI及其复合材料拉伸断裂面的SEM显微像[57]。纯净PI薄膜表面显示平滑形态结构，而石墨烯/PI复合材料则有平行于表面排列的层状结构，尤其是石墨烯含量较高的试样更为明显。这种平面取向结构被认为是赋予石墨烯/PI复合材料薄膜高导电性能的原因之一。图6.43显示纯PI的电导率和石墨烯/PI复合材料薄膜电导率与石墨

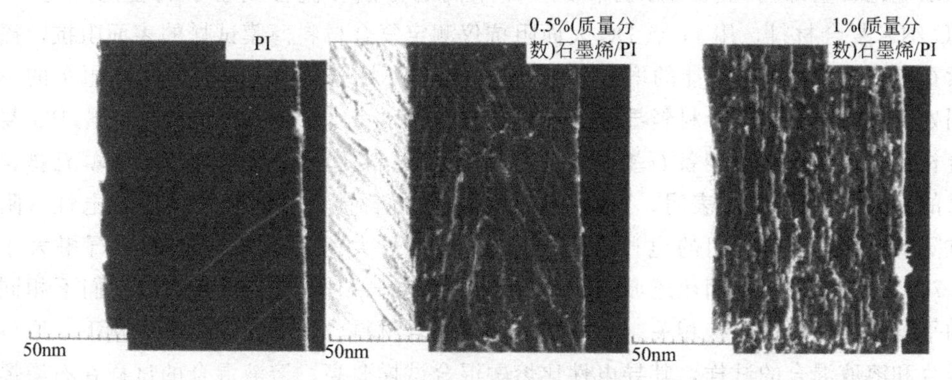

图 6.42 纯PI及其石墨烯复合材料断裂面的SEM显微像

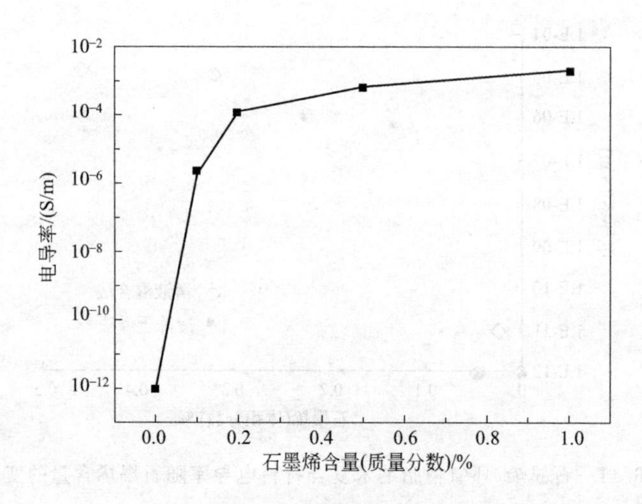

图 6.43　纯净 PI 及其复合材料薄膜的电导率

烯填充量的关系[57]。当石墨烯含量达到 0.2%（质量分数）时，示意图显现出石墨烯/PI 薄膜试样被极大改善的电导率，其大小超过了抗静电标准 10^{-6}S/m，并且随着填充物含量的增加继续增大，直到填充物含量增加到 1%（质量分数）。复合材料有约为 0.2%（质量分数）的逾渗阈值。研究者将复合材料具有如此低的阈值归因于：石墨烯片在 PI 基体中均匀的平面取向；制备过程中有效的热还原以及具有大比表面积石墨烯片的有效分拆。

有报道称，原位胶乳聚合法制备的石墨烯/PMMA 纳米复合材料，比起纯 PMMA，电导率有几乎 14 个数量级的改善，石墨烯的添加使材料的电导率从约 10^{-14}S/m 提高到约 1S/m[58]。

研究表明，石墨烯对弹性聚合物 PU 的导电性能有明显改善作用[40,59,60]。例如，使用原位法制备的功能化石墨烯片/水性聚氨酯纳米复合材料，由于石墨烯片能在 PU 基体中均匀分散，复合材料的电导率达到水性 PU 的 10^5 倍[59]。有研究者以氧化石墨烯为增强剂原材料，使用不同的方法和流程制备了石墨烯/热塑性 PU 纳米复合材料，用 11-点 DC 表面阻抗仪测定复合材料薄膜试样的表面阻抗，探索石墨烯对 PU 导电性能的增强作用，并比较了不同合成工艺和对氧化石墨烯的不同处理方法对最终复合材料导电性能的影响。图 6.44 显示熔融法制备石墨/PU 复合材料，和不同方法制备石墨烯/PU 纳米复合材料薄膜试样表面阻抗与填充物含量的关系[60]。示意图表明，石墨和热还原石墨烯都能有效增强 PU 的导电性（阻抗降低），然而，它们的电阈值起始含量有着很大的不同，未处理的石墨大于 2.7%（体积分数），而热还原石墨烯则小于 0.5%（体积分数）。这与它们不相同的平均颗粒宽厚比直接相关。对石墨烯增强复合材料，在相同填充物含量下，原位聚合和溶液混合的试样，其导电性比熔融混合试样要高。溶液混合的试样在石墨烯含量甚至小于 0.3%（体积分数）时，阻抗就发生减小，而对熔融混合的试样则要求大于0.5%（体积分数）的含量。这可能与下列两因素有关：熔融混合过程中发生石墨烯片的重新聚集（TEM观察证实）；熔融挤出的加工过程中石墨烯片受到损伤，其横向尺寸减小。溶液混合和原位聚合试样的阈值在0.3%～0.5%（体积分数）之间，后者稍高于前者。这被认为是由于共价接枝到石墨烯表面的PU分子链阻碍了石墨烯片之间的直接接触，降低了有效颗粒宽厚比。

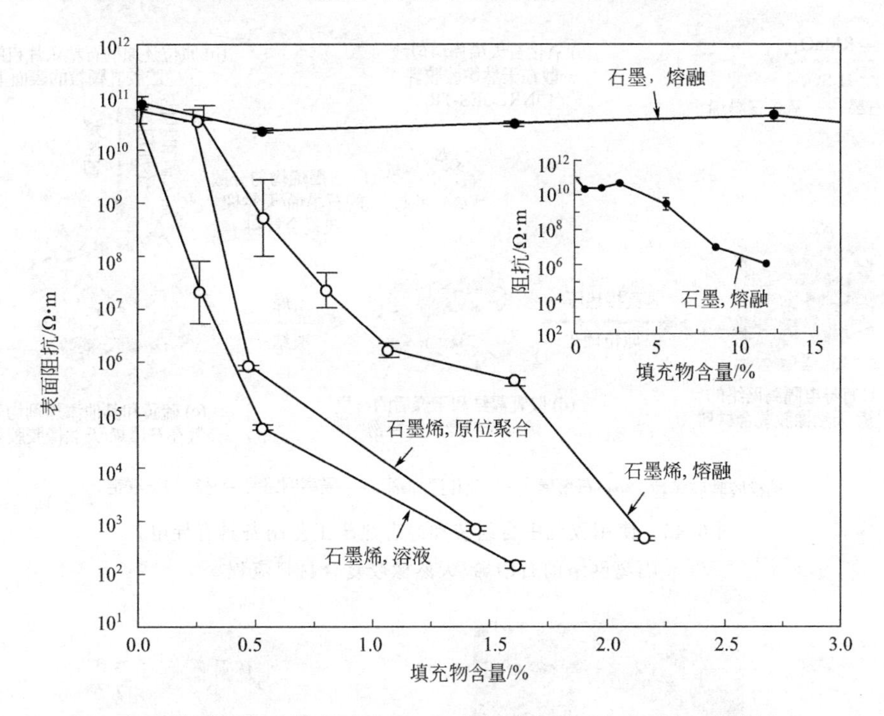

图6.44 熔融混合法制备石墨/PU复合材料和不同工艺制备石墨烯/PU纳米复合材料的DC表面阻抗

石墨烯对改善橡胶材料导电性能的作用得到广泛研究，包括天然橡胶和各类人造橡胶[11,12,15,16,30,31,37,38,42,44,61～68]。人们使用多种方法和工艺流程制备导电石墨烯/橡胶纳米复合材料，试图获得具有高导电性能又有满意的力学和热学性能的橡胶基复合材料。一个典型的制备天然橡胶基复合材料的实例如图6.45所示[61]。值得注意的是，由氧化石墨烯经过原位还原获得的石墨烯被自组装在橡胶胶乳颗粒表面上［图6.45(b)］；最终获得的复合材料产物由于使用两种不同的成型工艺，有着大不相同的微观结构，如图6.45(e) 所示使用静态热压法获得的隔离网络结构和如图6.45(f) 所示使用双辊混炼和热压法获得的石墨烯片均匀分布结构。图6.46是这两种复合材料的TEM像[61]。图6.46(a) 和图6.46(b) ［与图6.45(e) 相应］十分清晰地显示了石墨烯在橡胶基体中形成的隔离网络结构，覆盖在橡胶颗粒表面的石墨烯“壳”相互连接形成导电网络。图6.46(c) 和图6.46(d) ［与图6.45(f) 相应］则显示均匀分布在橡胶基体中的较薄的石墨烯层，这是因为石墨烯

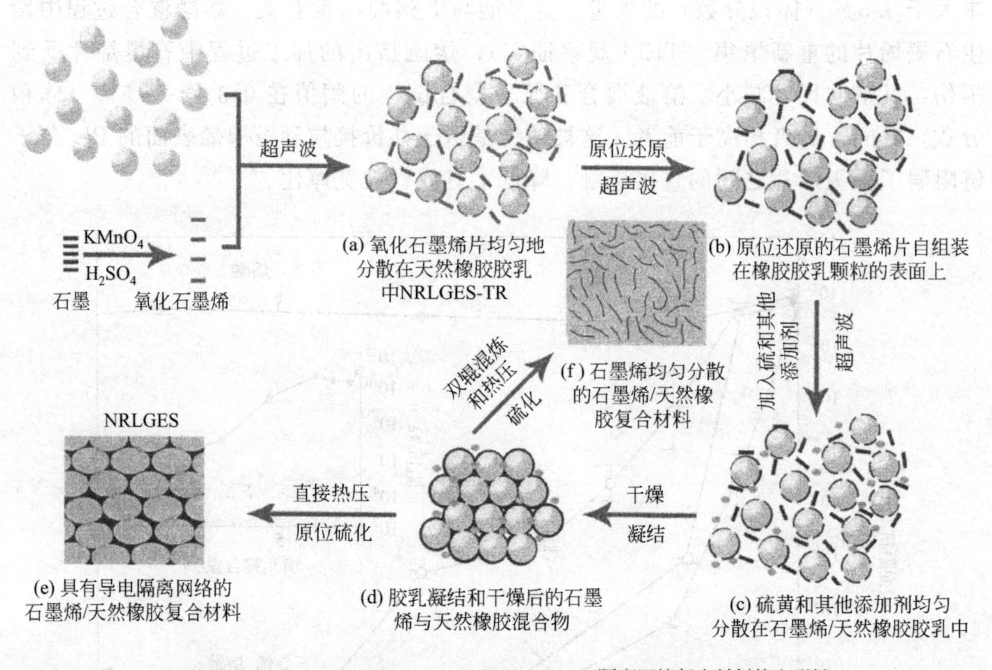

图 6.45 使用胶乳中自组装和静态热压工艺制备具有导电隔离网络的石墨烯/天然橡胶复合材料流程

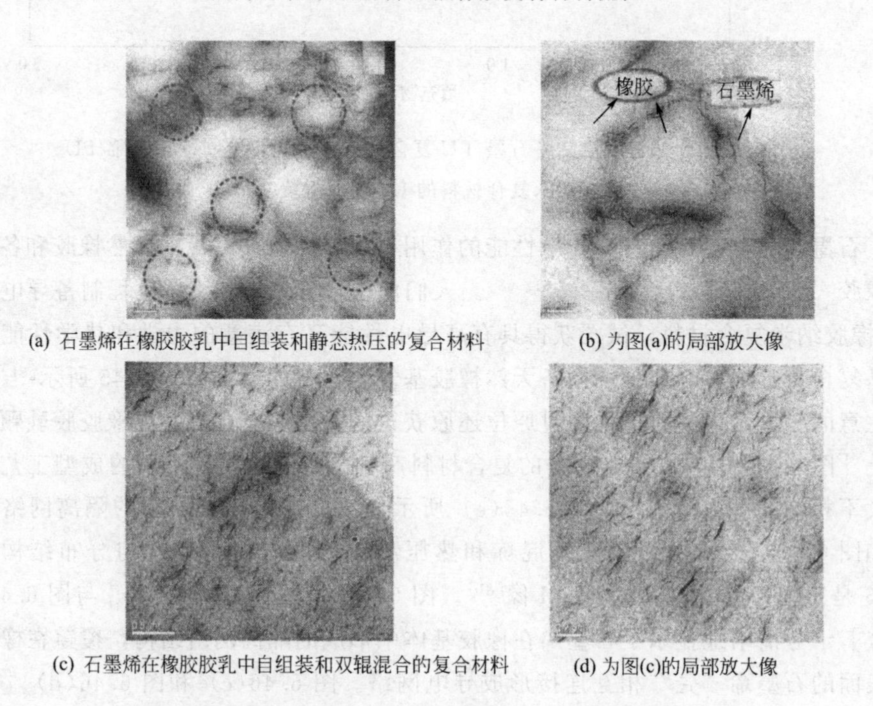

(a) 石墨烯在橡胶胶乳中自组装和静态热压的复合材料　(b) 为图(a)的局部放大像

(c) 石墨烯在橡胶胶乳中自组装和双辊混合的复合材料　(d) 为图(c)的局部放大像

图 6.46 石墨烯/天然橡胶复合材料的 TEM 像

隔离网络在双辊混合的剪切力作用下被破坏了。上述复合材料试样和几种其他方法制备的复合材料试样的电导率与石墨烯含量的关系显示在图 6.47[61]。图中可见，缺少胶乳混合程序，使用石墨烯粉末与橡胶直接混合法制备的复合材料（NRGE-TR 和 HRGE-HM），即使石墨烯含量高达 8%（体积分数），电导率也低至约 10^{-7} S/m。具有隔离网络结构的试样（NRLGES）有着最佳的导电性能，其逾渗阈值低至约 0.62%（体积分数），而无隔离网络结构的试样（NRLGES-TR）则高达约 4.62%（体积分数）。依据上述实验结果可见，胶乳混合和隔离网络结构是改善天然橡胶导电性能的重要因素。隔离网络使大多数石墨烯片参与在基体聚合物内构建一连续的导电网，它们的接触概率增大，使得阈值降低。

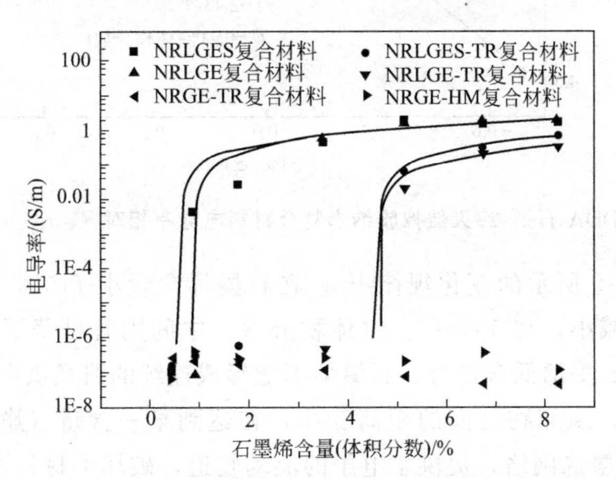

图 6.47 不同制备方法获得的石墨烯/天然橡胶复合材料电导率与石墨烯含量的关系

（NRLGES 为具有石墨烯隔离网络的交联石墨烯/天然橡胶复合材料，在胶乳中自组装和直接热压法制得；NRLGES-TR 为无隔离网络的交联石墨烯/天然橡胶复合材料，使用胶乳混合和双辊混合法制备；NRLGE 为具有隔离网络的未交联石墨烯/天然橡胶复合材料，使用胶乳中自组装和直接热压法制得；NRLGE-TR 为无隔离网络的未交联石墨烯/天然橡胶复合材料，使用胶乳混合和双辊混合法制备；NRGE-TR 为使用直接双辊混合石墨烯粉末和橡胶制备的复合材料；NRGE-HM 为将石墨烯粉末与橡胶直接使用 Haake 密炼机制得的复合材料）

考虑到橡胶基体的高黏度和交联性，在交联橡胶中构建合适网络结构多少是个难题。最近，有研究者以 PDDA 功能化石墨烯片，使其带有负电荷，而天然橡胶带有正电荷，在静电力的驱动下，易于发生自组装，最终制得的复合材料在天然橡胶基体中形成三维交联的石墨烯网络[63]（参阅第 3 章 3.3.4 节，图 3.30、图 3.31 和图 3.32）。图 6.48 显示 PDDA 功能化石墨烯/天然橡胶电导率 φ 相对 $(\varphi-\varphi_c)$ 的双 lg 图[63]，曲线拟合参数为 $\varphi_c=0.21\%$（体积分数），指数 $t=2.43$。复合材料有很低的逾渗阈值 φ_c，当石墨烯含量为 4.16%（体积分数）时，纳米复合材料的电导率达到最大值 7.31S/m。

丁苯橡胶（SBR）的导电性能也能通过添加石墨烯得到显著增强。例如，使用溶液混合法制备的石墨烯/丁苯橡胶纳米复合材料的体积电阻率随着石墨烯添加量

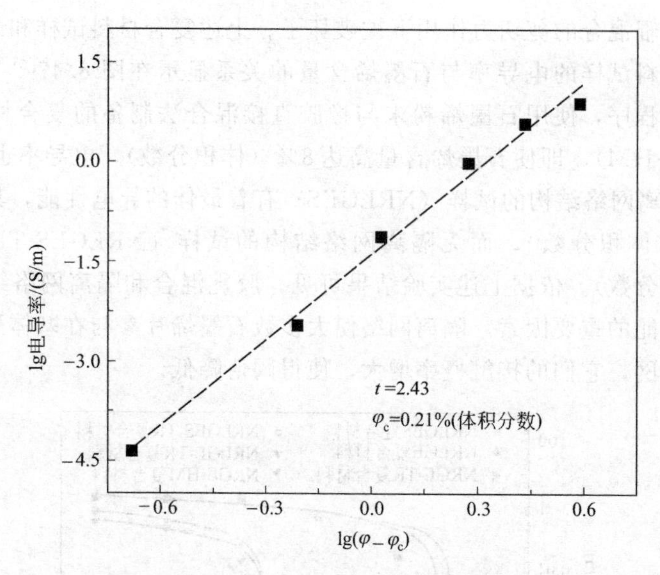

图 6.48　PDDA-石墨烯/天然橡胶纳米复合材料电导率相对（$\varphi-\varphi_c$）的 lg-lg 图

的增大有如图 6.49 所示的变化规律[11]。在石墨烯含量小于 5%（体积分数）时，体积电阻率稍有减小，在 5%～7%（体积分数）之间则有显著下降。由图上方的示意图可见，在石墨烯低含量时，石墨烯不能形成连续的路径供电子流动。随着石墨烯含量的增大，填充物之间的距离变小，在达到某一含量（逾渗阈值 φ_c）后，形成了石墨烯-石墨烯网络，提供了电子的流动轨道，破坏了材料原有的绝缘性质。使用方程式(6-3) 拟合测得的电导率数据 σ，得到 σ 相对（$\varphi-\varphi_c$）的双 lg 图中的曲线，其直线斜率为 $t=2.05$，如图 6.49 中的插入图所示。取 φ_c 为 5.3%（体积分数）时，获得最佳拟合，该值即为石墨烯/丁苯橡胶纳米复合材料的阈值。使用胶乳共混法制备的石墨烯/丁苯橡胶纳米复合材料也有类似的情况，石墨烯的添加显著改善了橡胶的导电性能。图 6.50 显示这种纳米复合材料的电导率随石墨烯含量的增加有了很大的增大[42]。当石墨烯含量为 3%（体积分数）时，纳米复合材料的电导率就达到了抗静电的标准（10^{-6}S/m），而当含量为 7%（体积分数）时，复合材料已经成为导体。

表 6.4 列出几种石墨烯/橡胶复合材料的制备方法、逾渗阈值和电导率[61,63,69～73]。

表 6.4　几种石墨烯/橡胶复合材料的制备方法、逾渗阈值和电导率

基体	制备方法	逾渗阈值 (体积分数)/%	电导率/(S/m) (体积分数,%)①	参考文献
SBS	溶液混合	0.12	1.64×10^{-2}(2.0)	[69]
PDMS	溶液混合	0.63	约为 2.0×10^{-5}(0.15)	[70]
S-SBR	双辊混合	约为 6.24	约为 1.0×10^{-5}(20.80)	[71]
SBR	胶乳法	约为 0.41	8.24×10^{-4}(2.08)	[72]
NR	溶液混合	约为 0.41	约为 0.01(2.08)	[73]

续表

基体	制备方法	逾渗阈值(体积分数)/%	电导率/(S/m)(体积%)①	参考文献
NR	自组装	0.62	约为 0.5(8.30)	[61]
NR	自组装	0.21	7.31(4.16)	[63]

① 电导率括号内的数字表示石墨烯含量的体积分数。

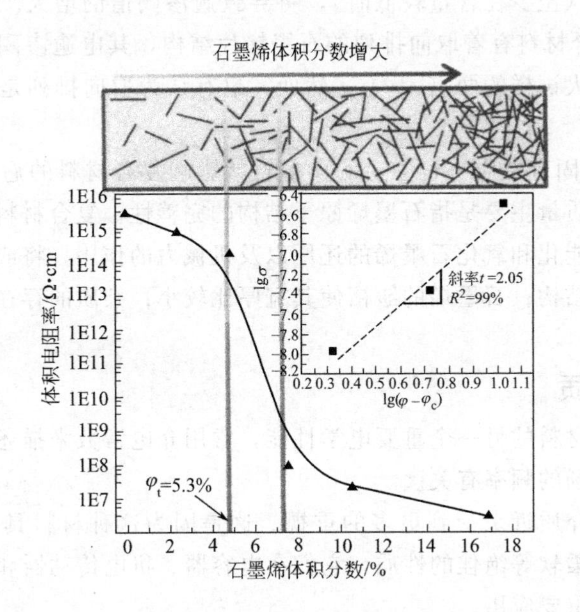

图 6.49 溶液混合法制备的石墨烯/丁苯橡胶纳米复合材料的体积电阻率

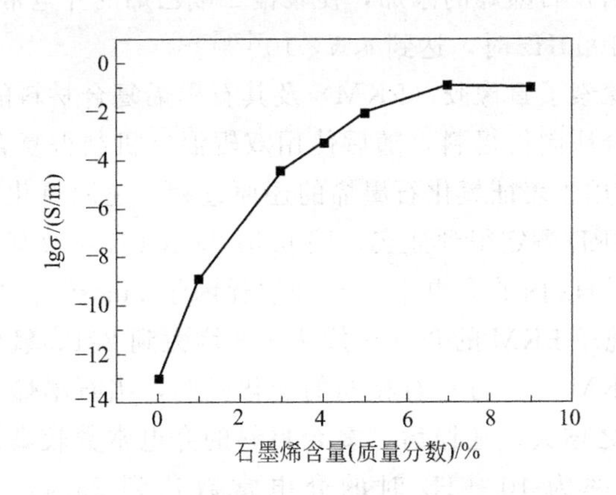

图 6.50 熔融共混法制备的石墨烯/SBR 复合材料的电导率

基于上述研究，可以确认，石墨烯是改善聚合物导电性能的绝佳填充物，一般而言，其改善效果优于碳纳米管、炭黑、纳米金属丝和其他填充物。有许多因素影响改善的效果，下述几项是受到共同认可的，得到更多关注的因素。

① 石墨烯在聚合物基体中的分散程度 一般认为，填充物的分散是获得增强

性能的必要条件。然而，高度分散可能并不是获得最低电阈值所必须的要求。这是因为高度分散填充物的表面可能覆盖的聚合物层将阻碍填充物颗粒间的直接接触，不利于形成石墨烯导电网络。当然，这种非高度分散的结构情景可能对力学性能的增强产生不利影响。

② 石墨烯在基体内的排列　石墨烯片在基体中的取向排列，降低了石墨烯片相互接触的机会（至少在含量较低时），将导致逾渗阈值的增大。例如压模成型的石墨烯/PET 复合材料有着取向排列的石墨烯片结构，其电逾渗阈值是具有随机取向石墨烯片的退火试样的两倍[74,75]。然而，也有认为取向排列是导致低阈值原因之一的观点[57]。

③ 填充物的固有性质　石墨烯的质量直接影响复合材料的逾渗阈值的大小和导电性能。所谓质量主要是指石墨烯原子结构的完善性。复合材料合成过程中的一些程序，例如功能化和氧化石墨烯的还原以及机械力的作用，将或大或小地损伤石墨烯原有的完善结构；石墨烯的皱褶使其宽厚比较小；杂质的存在也将改变石墨烯的原有结构。

6.2.2 介电性质

介电性质是材料的另一个重要电学性能，常用介电常数来描述。材料介电常数的大小与交变电场的频率有关。

聚合物基电介质近来受到更多的重视。这是因为这种材料具有诸如低介电损耗、易于加工和柔软等绝佳的性质，它们在电容器、机电传动器和高能量密度脉冲电源等领域有着重要应用。

早期有研究得出，石墨烯的添加，使聚偏二氟乙烯的介电常数显著增大，复合材料的介电常数在 1000Hz 时，达到 4.5×10^{7}[76]。

最近有研究者探索了氟橡胶（FKM）及其石墨烯复合材料的介电性质[77]。复合材料使用溶液混合法制得母料，随后使用双辊混炼机制得复合材料试样。XPS、UV-Vis 和 FTIR 被用于表征氧化石墨烯的还原过程，还原氧化石墨烯的分散程度则从 SEM 观察和 XRD 测定得到证实。图 6.51 显示 FKM 及其复合材料室温下在频率范围 $10^{7}\sim10^{-1}$ Hz 内的介电常数 ε' 和损耗因子 $\tan\delta$[77]。当频率从 10^{7} Hz 减小到 10^{-1} Hz 时，纯净 FKM 的介电常数从 4.3 增大到 8.1。氧化石墨烯/FKM 和还原氧化石墨烯/FKM 复合材料有相同的变化倾向，当石墨烯含量增加时，复合材料的介电常数随之增大。还原后，复合材料的介电常数较高，尤其是在低频区域。复合材料在频率为 10^{-1} Hz 时的介电常数达到 26.4，显著高于纯 FKM 的 8.1。

有研究者使用还原氧化石墨烯改性聚（异乙烯-异戊二烯）（IIR），获得具有高介电常数和低介电损耗的石墨烯/IIR 纳米复合材料[78]。复合材料的合成工艺使用溶液混合法。图 6.52 显示复合材料在 25℃和－70℃下，在 $10^{6}\sim10^{-2}$ Hz 范围的介电常数和介电损耗[78]。作为比较，也显示了膨胀石墨/IIR 复合材料的实验数据。

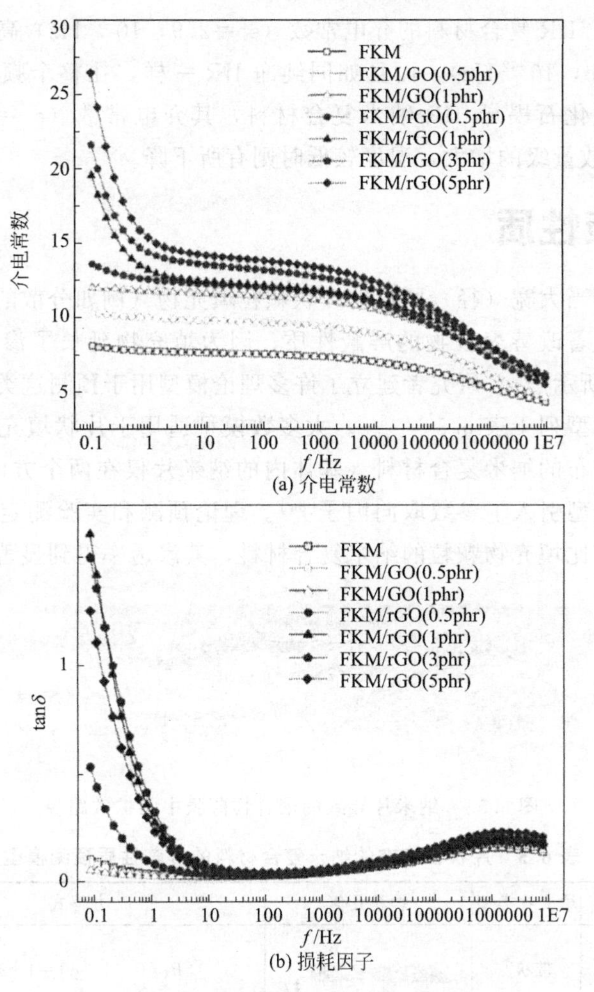

图 6.51 FKM及其复合材料的介电常数和损耗因子

（图中GO表示氧化石墨烯，rGO表示还原氧化石墨烯）

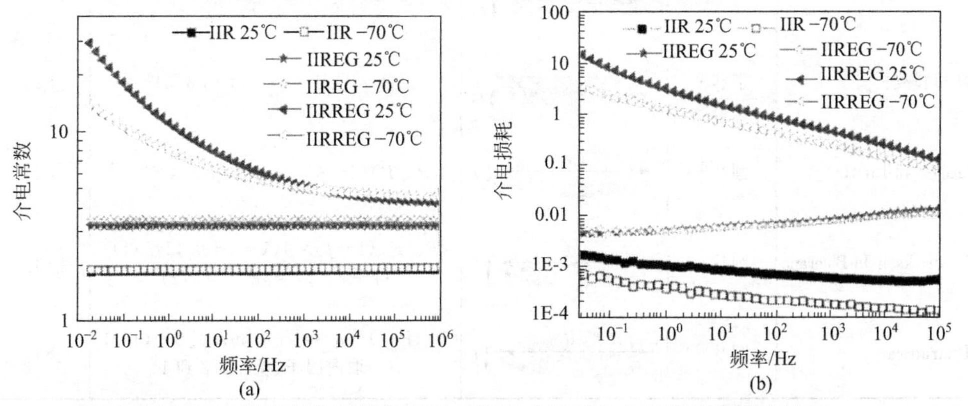

图 6.52 还原氧化石墨烯/IIR纳米复合材料的介电常数和介电损耗

（IIREG表示膨胀石墨/IIR复合材料；IIRREG表示还原氧化石墨烯/IIR复合材料）

图中可见，石墨/IIR复合材料的介电常数（$\varepsilon'=2.9$，10^{-2} Hz）高于纯净IIR的介电常数（$\varepsilon'=1.8$，10^{-2} Hz），而且如同纯净IIR一样，在整个频率范围内保持为常数。对还原氧化石墨烯/IIR纳米复合材料，其介电常数（$\varepsilon'=29.0$，10^{-2} Hz，25℃）有10个数量级的增大，温度较低时则有所下降。

6.3 屏蔽性质

添加具有相当大宽（径）厚比的片状颗粒填充物（例如分散的蒙脱土MMT和石墨烯片）能显著改善聚合物的屏蔽性质，因为填充物延长了渗入分子的扩散路径，如图6.53所示[79]。研究者建立了许多理论模型用于预测这类纳米复合材料的渗透率，主要模型列于表6.5[80~84]。大多数模型适用于片状填充物随机的垂直于渗透方向排列分布的纳米复合材料（基体内的纳米片仅在两个方向随机取向）。其中Bharadwaj模型引入了参数取向因子[84]。理论预测和实验测定都得出，在聚合物内具有高宽厚比填充物颗粒的纳米复合材料，其渗透率得到显著降低。

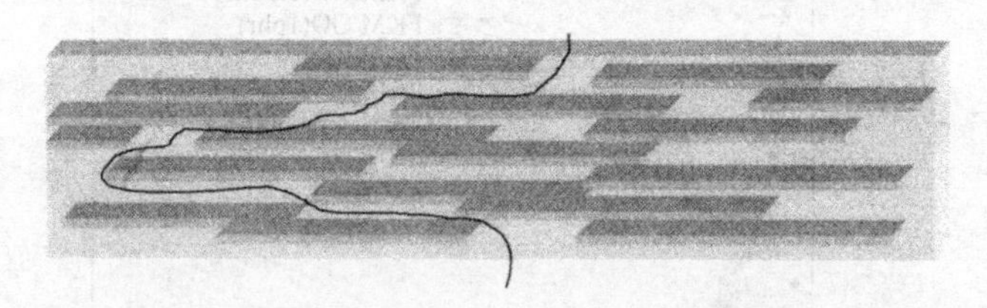

图6.53 纳米片导致的聚合物薄膜中的扩散路径

表6.5 片状物填充的纳米复合材料的屏蔽性质预测模型

模型	填充物类型	颗粒几何	方程式	参考文献
Nielson	带状①	w, t	$(P_0/P)(1-\phi)=1+\alpha\phi/2$	[80]
Cussler有规则排列	带状①	w, t	$(P_0/P)(1-\phi)=1+(\alpha\phi)^2/4$	[81]
随机排列	带状①	w, t	$(P_0/P)(1-\phi)=(1+\alpha\phi/3)^2$	[81]
Gusev和Lusti	圆片②	d, t	$(P_0/P)(1-\phi)=\exp[(\alpha\phi/3.47)^{0.71}]$	[82]
Fredrickson和Bicerano	圆片②	d, t	$(P_0/P)(1-\phi)=4(1+x+0.1245x^2)/(2+x)^2, x=\alpha\phi/2\ln(\alpha/2)$	[83]
Bharadwaj	圆片②	d, t	$(P_0/P)(1-\phi)=1+0.667\alpha\phi[S+(1/2)]$ S=取向因子(从$-1/2$到1)	[84]

① 带状：无限长，宽w，厚度t，宽厚比$\alpha=w/t$。

② 圆片：圆形，直径d，厚度t，宽厚比$\alpha=d/t$。

研究指出，石墨烯固有的原子结构和性质，加上具有高宽厚比几何形态，使得它成为降低聚合物渗透率的理想填充物，能显著改善聚合物材料的屏蔽性，包括对气体和液体的屏蔽和对电磁场的屏蔽。

6.3.1 气体屏蔽

所有气体（包括氦气）都不能透过无缺陷、结构完善的石墨烯。当石墨烯均匀分散在聚合物基体中时，石墨烯片形成的阻隔网络能增加气体分子的扩散路径长度，限制分子在基体中的扩散，提高聚合物的屏蔽性能。

复合材料的气体屏蔽性常用气体渗透率描述，其大小可用气体渗透仪测定。Nielson 的二维模型被广泛地应用于描述由于层状填充物的添加引起的渗透率的变化[42,84]：

$$\frac{P_{\mathrm{f}}}{P_{\mathrm{u}}}=\frac{1-\Phi_{\mathrm{f}}}{1+\frac{L}{2H}\Phi_{\mathrm{f}}\left(\frac{2}{3}\right)\left(S+\frac{1}{2}\right)} \tag{6-4}$$

式中，P_{f} 和 P_{u} 为纳米复合材料和无填充物原材料的气体渗透率；Φ_{f} 为填充物的体积浓度；L、H 和 S 为纳米填充物颗粒的长度、厚度和取向指数。

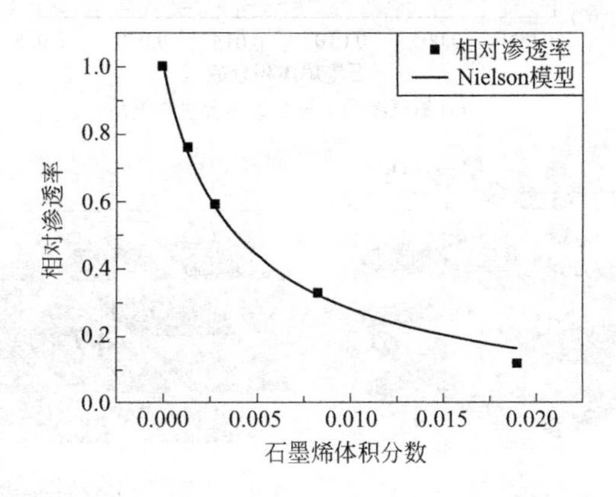

图 6.54 石墨烯/丁苯橡胶纳米复合材料的氧气渗透率（相对于基体材料）

图 6.54 显示石墨烯/丁苯橡胶（SBR）纳米复合材料对氧气渗透率的测定结果[42]。使用乳胶混合法和双辊混合工艺制备复合材料试样。图中纵坐标是石墨烯/SBR 复合材料氧渗透率相对纯净 SBR 渗透率归一化的值。可以看到，少量石墨烯的加入使材料的氧渗透率显著降低。图中实线是 Nielson 模型的预测曲线。拟合过程取 L/H 为 638，取向因子为 0.68。这个大宽厚比很接近原始氧化石墨烯的值（厚度 1nm，宽为 200nm～1.5μm）。这表明石墨烯在基体 SBR 中已达到分子级的分散。取向因子的大小（0.68）表明石墨烯纳米片大都沿一个方向排列，这是双辊混合和热压加工的结果。研究者认为，分子级的混合和石墨烯在橡胶基体内的平面取向导致了扩散距离的增大，从而给扩散气体显著延长了扩散路径。

对聚合物 PS[85] 和 PP[86]，早先的研究指出，石墨烯片的合理添加也能使得材料的氧气渗透率获得显著降低。比起纯净原材料，石墨烯/PP和石墨烯/PS纳米复合材料都有强得多的对氧气渗透的屏蔽性能。图 6.55(a) 显示石墨烯/PS纳米复合材料氧气渗透率（相对纯净PS渗透率归一化）随石墨烯添加量的变化，作为对比也列出MMT/PS纳米复合材料的相关数据。两种复合材料都有比纯PS低的氧气渗透量，然而，石墨烯比起MMT有更高的降低效果。图中还显示修正的Nielson模型和Cussler模型对相关数据的拟合曲线。图 6.55(b) 和图 6.55(c) 分别是与两种模型相应的石墨烯在PS中的排列形态示意图，显示了氧分子弯曲的扩散路径。

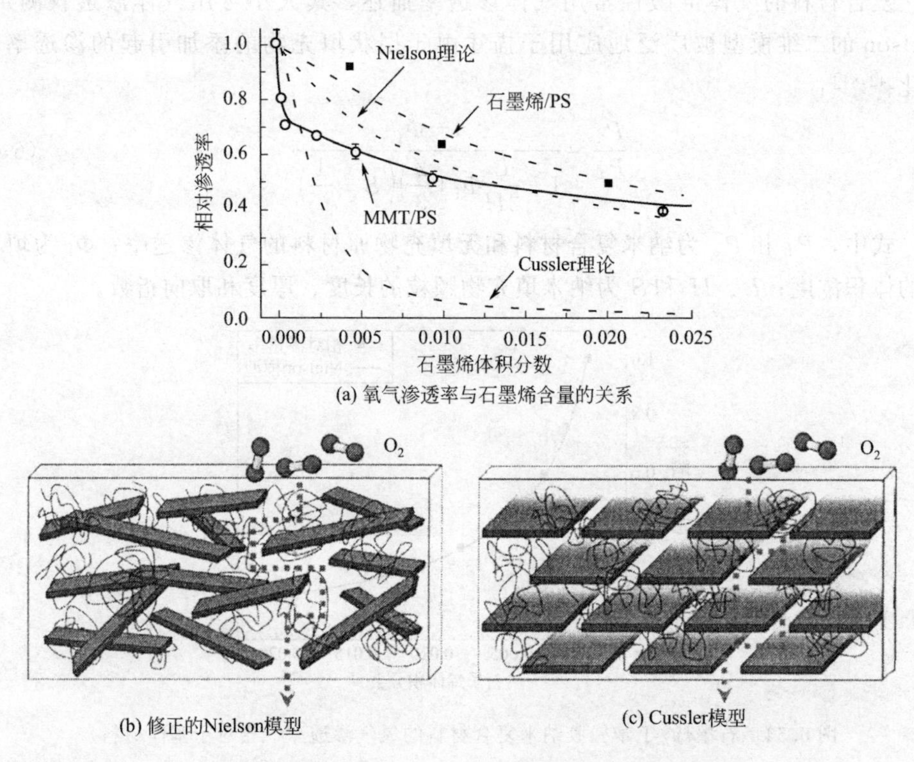

图 6.55 石墨烯/PS纳米复合材料的氧气渗透率（相对于基体材料）和与修正的Nielson模型、Cussler模型相应的微结构形态

有研究者对热塑性PU及其石墨烯复合材料的氮气渗透性作了详细研究[60]。使用化学改性氧化石墨烯和热还原氧化石墨烯两类纳米片和三种不同混合方法（溶液混合、原位聚合和熔融混合）制备石墨烯/PU纳米复合材料。图 6.56 显示各种复合材料在35℃环境下测得的氮气相对渗透率随填充物含量的变化[60]。插入图为熔融混合法制备的石墨/PU复合材料的相关数据。图中可见，碳纳米片的添加显著降低了氮气渗透率，表明分散的碳纳米片能作为聚合物薄膜的氮气扩散屏障。图中的实线是氮气渗透率 P_{N_2} 相对石墨烯体积分数的实测值使用Lape气体渗透模型[81]的拟合曲线，石墨烯的宽厚比 A_f 作为调整常数。1.6%（体积分数）iGO的

添加使 P_{N_2} 有 90%的降低。示意图对石墨烯不同化学处理方法和复合材料不同制备工艺对 P_{N_2} 的降低所起的作用作了比较。除了分散程度外，石墨烯片的大小（直径）被认为是影响气体渗透率的重要因素，大直径有利于降低气体渗透率。

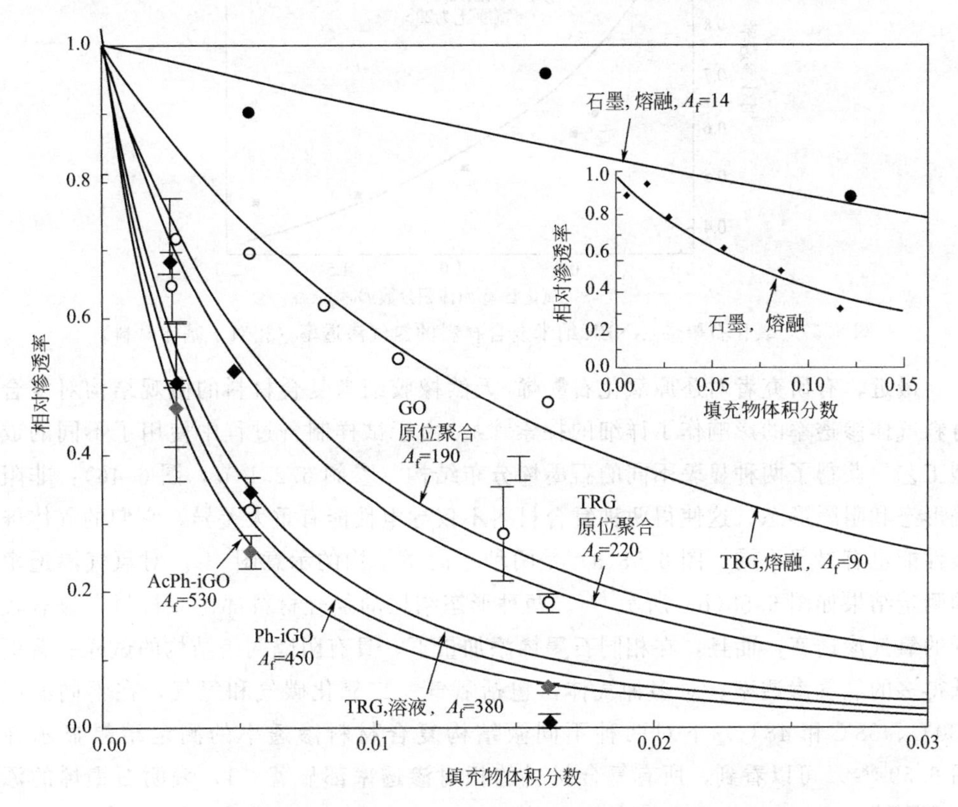

图 6.56 热塑性 PU 复合材料的氮气渗透率（对纯 PU 归一化）

（iGO 为异氰酸酯功能化氧化石墨烯；Ph-iGO 为异氰酸苯酯功能化氧化石墨烯；AcPh-iGO 为异氰酸乙酯功能化氧化石墨烯；A_f 为石墨烯片的宽厚比；TRG 为热还原氧化石墨烯）

石墨烯的添加也能使橡胶的氮气屏蔽得到有效增强。图 6.57 显示氧化石墨烯/XNBR（羧基丁腈橡胶）纳米复合材料氮气渗透率与氧化石墨烯体积分数的关系[87]。图中实线是对实测数据的 Nielson 模型预测拟合曲线。复合材料使用胶乳共凝聚法制备。随着氧化石墨烯含量的增加，气体渗透率快速下降。1.9%（体积分数）的添加减小了气体渗透率 55%。比较了 MMT/橡胶纳米复合材料的气体渗透率，这个值远高于相同 MMT 添加量引起的气体渗透率的降低。显然，石墨烯片比起 MMT 使橡胶对氮气有更强的屏蔽作用。石墨烯在聚合物复合材料中所起的强屏蔽作用归因于石墨烯大的宽厚比、石墨烯在聚合物中的良好分散和强界面相互作用。弱界面相互作用将产生界面区的微孔，不利于降低气体渗透率。

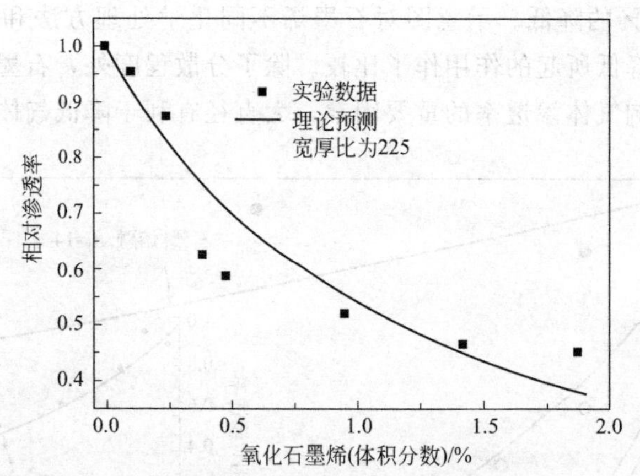

图 6.57　氧化石墨烯/XNBR 纳米复合材料的氮气渗透率（相对于基体材料）

最近，有研究者对还原氧化石墨烯/天然橡胶纳米复合材料的微观结构对复合材料气体渗透率的影响作了详细的探索[88]。由于试样制备过程中使用了不同的成型工艺，获得了两种显著不同的石墨烯分布结构（参阅 6.2.1 节，图 6.46）：非阻隔形态和阻隔形态。这使得两种复合材料不仅导电性能有重大差异，它们的气体屏蔽性能也有显著不同。图 6.58(a) 是两种不同微结构的示意图[88]。对氧气渗透率的测定结果如图 6.58(b) 所示[88]。两种形态结构的复合材料都比原材料有显著较低的氧气渗透率，而且，在相同石墨烯添加量下，具有阻隔网络结构的试样有着更低得多的氧气渗透率。对多种气体，包括氧气、二氧化碳气和氮气，在不同温度（30℃、38℃和 48℃）下对两种不同微结构复合材料渗透率的测定结果显示在图 6.59[88]。可以看到，所有复合材料的相对渗透率都显著<1，表明石墨烯的添

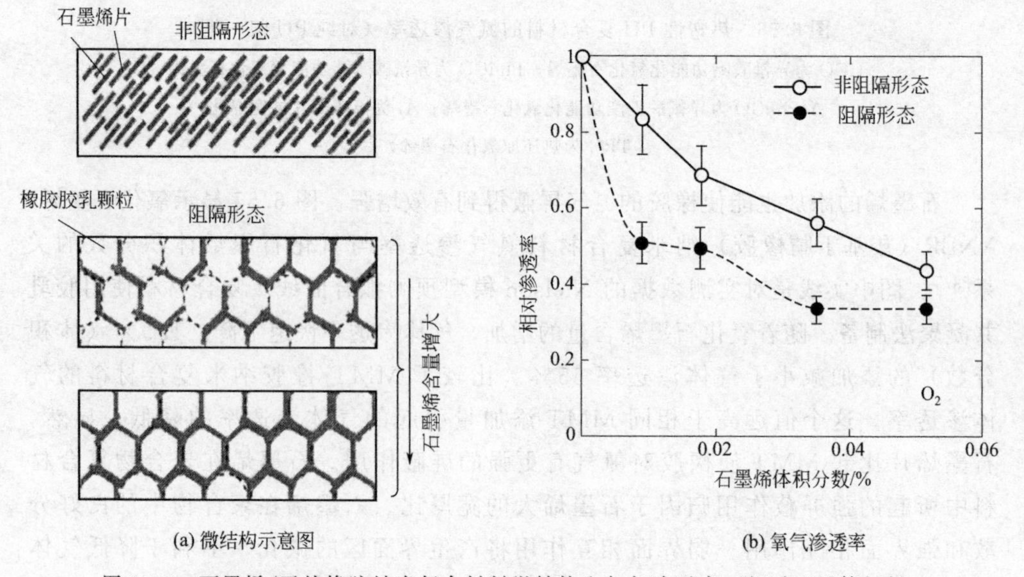

(a) 微结构示意图　　(b) 氧气渗透率

图 6.58　石墨烯/天然橡胶纳米复合材料微结构和氧气渗透率（相对于基体材料）

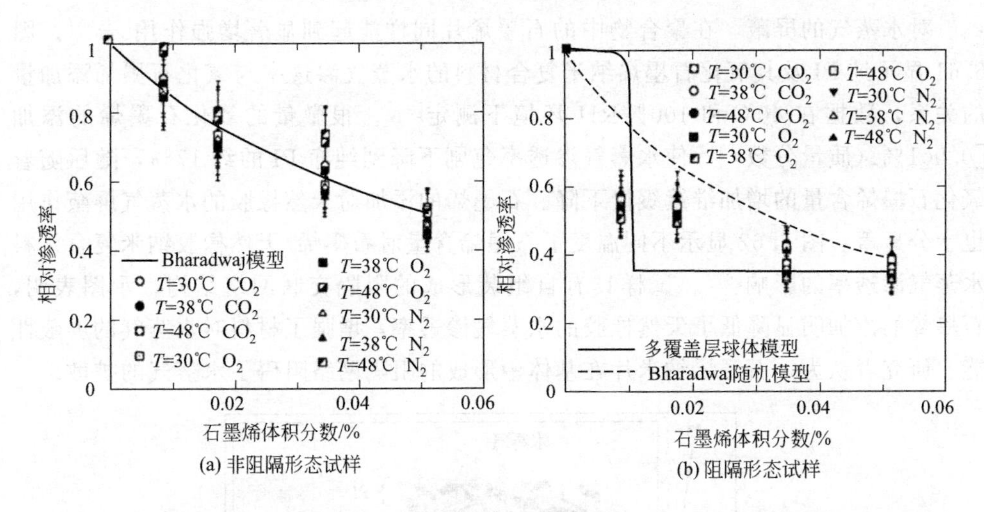

图 6.59 还原氧化石墨烯/天然橡胶纳米复合材料的气体相对渗透率（相对于基体材料）

加增强了材料的屏蔽性能，而且，在相同添加量下具有阻隔结构的试样具有明显更佳的屏蔽能力。研究者还使用几种理论模型模拟了实测数据，讨论了石墨烯在基体中的排列方式对气体渗透率的影响和可能的屏蔽机制。

石墨烯对天然橡胶空气渗透率的影响显示在图 6.60[89]。插入图显示渗透率的绝对值。使用表面硅烷功能化氧化石墨烯作为天然橡胶的纳米添加剂，溶液混合法被用于制作石墨烯/天然橡胶纳米复合材料。当添加剂含量达到 0.3%（质量分数）时，相对渗透率急剧下降到 52%。有两点需要指出：①与 MMT 相比，石墨烯的屏蔽效果显著较高；②实验指出，与热还原氧化石墨烯相比，功能化氧化石墨烯的屏蔽效果更好。这是由于功能化石墨烯均匀平坦的形态结构，而热还原氧化石墨烯由于高温处理使得石墨烯片发生褶皱，含有许多原子空位。此外，热处理也使石墨烯片的直径减小，相当于比功能化石墨烯片有较小的宽厚比。

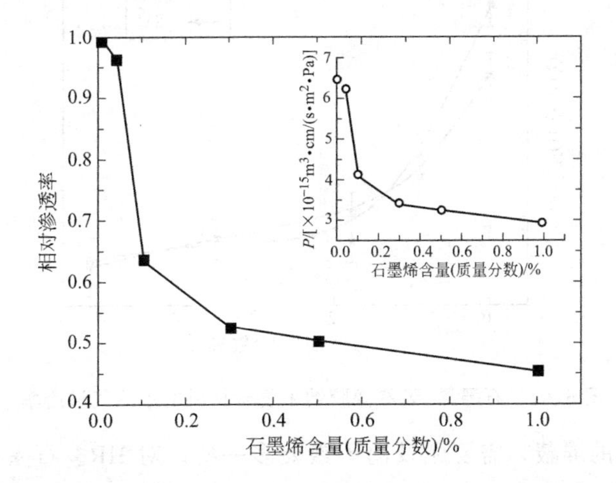

图 6.60 表面功能化氧化石墨烯/天然橡胶纳米复合材料的空气渗透率（相对于基体材料）

对水蒸气的屏蔽，在聚合物中的石墨烯片同样能起到显著增强作用[61,90]。图 6.61 显示纯 PI 及其氧化石墨烯纳米复合材料的水蒸气渗透率与氧化石墨烯添加量的关系，数据在 40℃和 100%RH 环境下测定[90]。很微量的氧化石墨烯的添加[0.001%（质量分数)]，使水蒸气渗透率急剧下降到纯净 PI 的约 17%，随后随着氧化石墨烯含量的增加继续缓慢下降。石墨烯的添加对天然橡胶的水蒸气屏蔽作用也十分显著。图 6.62 显示不同温度下石墨烯含量对石墨烯/天然橡胶纳米复合材料水蒸气渗透率的影响[61]。试样具有自组装形成的阻隔交联网络结构。示图表明，石墨烯的添加明显降低了天然橡胶的水蒸气渗透率，增强了材料对水蒸气的屏蔽性能。研究者认为，石墨烯纳米片在基体中形成的阻隔网络阻碍了水蒸气的扩散。

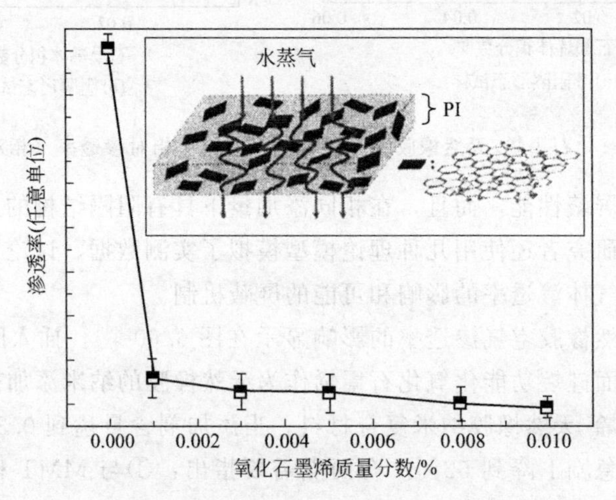

图 6.61 纯 PI 及其石墨烯复合材料的水蒸气渗透率，插入图为水蒸气在复合材料中渗透路径的示意图

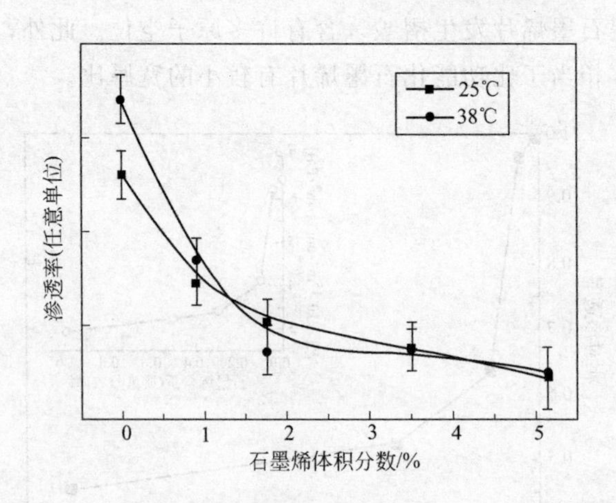

图 6.62 石墨烯/天然橡胶纳米复合材料的水蒸气渗透率

对有机溶剂的屏蔽，需要顾及的因素要多一些。对 IIR、石墨/IIR 和石墨烯/IIR 复合材料的甲苯蒸气相对扩散率的研究指出，层状纳米片加入 IIR 能高度有效

地降低有机蒸气的扩散率[78]。还原氧化石墨烯/IIR复合材料的相对扩散率相对原材料有80%的降低，而对石墨/IIR仅有25%的降低。这说明石墨片的分拆导致扩散弯曲路径的延长，从而增强了屏蔽性能。此外，甲苯分子与还原氧化石墨烯/IIR的强相互作用引起聚合物链的高流动性，也使得扩散率低于纯净IIR。

6.3.2 液体屏蔽

在评估石墨烯/聚合物纳米复合材料的液体屏蔽性能时，除去上述与气体屏蔽相关的参数外，还必须考虑更多的因素，例如，溶剂与石墨烯的相互作用；聚合物的固有性质；界面区结构；溶剂分子的聚集以及复合材料的部分溶解或银纹的产生等[91]。

6.3.3 电磁屏蔽

石墨烯的添加对聚合物材料电磁干扰（EMI）屏蔽性能的增强有显著效果。复合材料的电磁干扰屏蔽效率（SE）主要有关于填充物固有的导电性、介电常数和宽厚比。可以预期，原子厚度的石墨烯，其高导电性和大宽厚比的特性，能够给材料提供高电磁干扰屏蔽效率。有研究者使用溶液混合法制备了石墨烯/环氧树脂纳米复合材料，探索了石墨烯对环氧树脂电磁干扰屏蔽的增强效果[55]。图6.63显示这种复合材料在8.2～12.4GHz范围内电磁干扰屏蔽效率随石墨烯含量的变化[55]。图中可见，在整个频率范围内屏蔽效率SE随着石墨烯含量的增加而增强。这主要归因于在绝缘的环氧树脂基体中形成了交联的石墨烯片网络。当石墨烯含量达到15%（质量分数）时，石墨烯/环氧树脂复合材料在X-波段的SE达到约21dB，超过了商业上的应用指标（约20dB）。

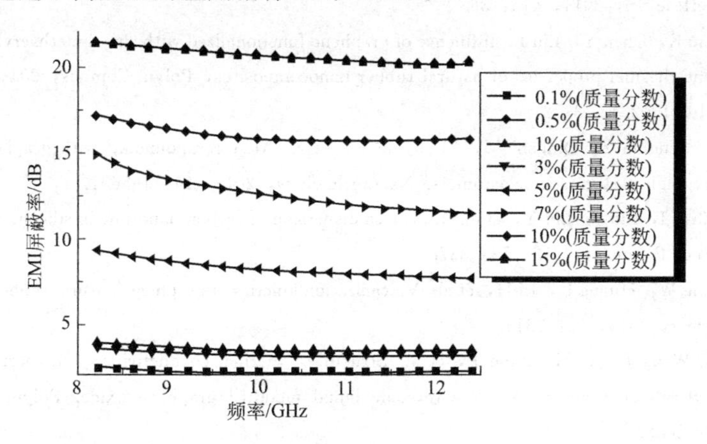

图6.63 石墨烯/环氧树脂纳米复合材料在X-波段EMI SE随石墨烯含量的变化

参考文献

[1] ASTM C177-2010：Standard Test Method for Steady State Heat Flux Measurements and Thermal Transmission Properties by means of the Guaurded hot-plate Apparatus.

[2] ASTM C518-2010：Standard Test Method for Steady-state Thermal Transmission Properties by Means of the Heat Flow Meter Apparatus.
[3] De Castro N，Li C A，Nagashima S F Y，Trengove R D，et al. Standard reference data for the thermal conductivity of liquids. J Phys Chem Ref Data，1986：1073.
[4] Parker W J，Jenkins R J，Butler C P，Abbott G L. Flash method of determining thermal diffusivity，heat capacity，and thermal conductivity. J Appl Phys，1961：1679.
[5] Yavari F，Fard H R，Pashayi K，Rafiee M A，et al. Enhanced thermal conductivity in a nanostructured phase change composite due to low concentration graphene additives. J Phy Chem C，2011，115：8753.
[6] Wang S，Tambraparni M，Qiu J，Tipton J，et al. Thermal expansion of graphene composites. Macromolecules，2009，42：5251.
[7] Fukusima H，Drzal L T，Rook B P. Thermal conductivity of exfoliated graphite nanocomposites. J Therm Anal Calorim，2006，85：235.
[8] Yu A，Ramesh P，Sun X，Bekyarova E，Itkis M E，et al. Enhanced thermal conductivity in a hybrid graphite nanoplatelets-carbon nanotube filler for epoxy composites. Adv Mater，2008，20：4740.
[9] Veca L M，Meziani M J，Wang W，Wang X，et al. Carbon nanosheets for polymeric nanocomposites with high thermal conductivity. Adv Mater，2009，21：2088.
[10] Gangulia S，Roy A K，Anderson D P. Improved thermal conductivity for chemically functionalized exfoliated graphite/epoxy composites. Carbon，2008，46：806.
[11] Araby S，Meng Q，Zhang L，Kang H，et al. Electrically and thermally conductive elastomer/graphene nanocomposites by solution mixing，Polymer，2014，55：201.
[12] Potts J R，Shankar O，Du L，Ruoff R S. Processing-morphology-property relationships and composite theory analysis of reduced graphene oxide/natural rubber nanocomposites. Macromolecules，2012，45：6045.
[13] Dao T D，Lee H，Jeong H M. Alumina-coated graphene nanosheet and its composite of acrylic rubber，J Coll Interface Sci，2014，416：38.
[14] Lin Y，Liu K，Chen Y，Liu L. Influence of graphene functionalized with zinc dimethacrylate on the mechanical and thermal properties of natural rubber nanocomposites，Polym Compos，2014，http：//dx.doi. org/10. 1002/pc. 23021.
[15] Sherif A，Izzuddin Z，Qingshi M，Nobuyuki K，et al. Melt compounding with graphene to develop functional，high performance elastomers. Nanotechnology，2013，24：165601.
[16] Hu H，Zhao I，Liu J，Liu Y，et al. Enhanced dispersion of carbon nanotube in silicone rubber assisted by graphene. Polymer，2012，53：3378.
[17] Wu J，Xing W，Huang G，Li H，et al. Vulcanization kinetics of graphene/natural rubber nanocomposites. Polymer，2013，54：3314.
[18] Xiong X，Wang J，Jia H，Fang E，et al. Structure，thermal conductivity，and thermal stability of bromobutyl rubber nanocomposites with ionic liquid modified graphene oxide. Polym Degrad Stab，2013，98：2008.
[19] Cai D，Song M. Recent advance in functionalized graphene/polymer nanocomposites. J Mater Chem，2010，20：7906.
[20] Koratkar N A. Graphene in Composite Materials：Synthesis，Characterization and Applications. Lancaster：DEStech Publications，2013.
[21] Song P，Gao Z，Cai Y，Zhao L，et al. Fabrication and exfoliated graphene-based polypropylene nanocomposites with enhanced mechanical and thermal properties. Polymer，2011，52：4001.

[22] Feng L，Guan G，Li C，Zhang D，et al. In situ synthesis of poly (methyl methacrylate) /graphene oxide nanocomposites using thermal-initiated and graphene oxide-initiated polymerization. J Macromol Sci Part A，2013，50：720.

[23] Zheng D，Tang G，Zhang H B，Yu Z Z，et al. In situ thermal reduction of graphene oxide for high electrical conductivity and low percolation threshold in polyamide 6 composites. Comp Sci Tech，2010，72：284.

[24] Wu X L，Liu P. Facil preparation and characterization of graphene nanosheets/polystyrene composites. Macromol Res，2010，18：1008.

[25] Hu H T，Wang X B，Wang J C，Wan L，et al. Preparation and properties of graphene nanosheets-polystyrene nanocomposites via in situ emulsion polymerization. Chem Phys Lett，2010，484：247.

[26] Patole A S，Patole S P，Kang H，Yoo J B，et al. A facile approach to the fabrication of graphene/polystyrene nanocomposite by in situ microemulsion polymerization. J Colloid Interface Sci，2010，350：530.

[27] Liang J J，Huang Y，Zhang L. Molecular-level dispersion of graphene into poly (vinyl alcohol) and effect reinforcement of their nanocomposites. Adv Funct Mater，2009，19：2297.

[28] Bao C L，Guo Y Q，Song L，Kan Y C，et al. In situ preparation of functionalized graphene oxide/epoxy nanocomposites with effective reinforcements. J Mater Chem，2011，21：13290.

[29] Valentini L，Bolognini A，Alvino A，Bittolo Bon S，et al. Pyroshock testing on graphene based EPDM nanocomposites. Compos Part B Eng，2014，60：479.

[30] Mensah B，Kim S，Arepalli S，Nah C，et al. A study of graphene oxide-reinforced rubber nanocomposite. J Appl Polym Sci，2014，131：40640.

[31] Matos C F，Galembeck F，Zarbin A J. Multifunctional and environmentally friendly nanocomposites between natural rubber and graphene or graphene oxide. Carbon，2014，78：469.

[32] Barrett J S，Abdala A A，Srienc F. Poly (hydroxyalkanoate) elastomers and their graphene nanocomposites. Macromolecules，2014，47：3926.

[33] Chen Z，Lu H. Constructing sacrificial bonds and hidden lengths for ductile graphene/polyurethane elastomers with improved strength and toughness. J Mater Chem，2012，22：12479.

[34] Kim J S，Yun J H，Kim I，Shim S E. Electrical properties of graphene/SBR nanocomposite prepared by latex heterocoagulation process at room temperature. J Ind Eng Chem，2011，17：325.

[35] Lian H，Li S，Liu K，Xu L，et al. Study on modified graphene/butyl rubber nanocomposites I Preparation and characterization. Polym Eng Sci，2011，51：2254.

[36] Gan L，Shang S，Yuen C W M，Jiang S-X，et al. Facile preparation of graphene nanoribbon filled silicone rubber nanocomposite with improved thermal and mechanical properties. Compos Part B Eng，2015，69：237.

[37] Xing W，Wu J，Huang G，Li H，et al. Enhanced mechanical properties of graphene/natural rubber nanocomposites at low content. Polym Int，2014，63：1674.

[38] Stanier D C，Patil A J，Sriwong C，Rahatekar S S，et al. The reinforcement effect of exfoliated graphene oxide nanoplatelets on the mechanical and viscoelastic properties of natural rubber. Compos Sci Technol，2014，95：59.

[39] Chen B，Ma N，Bai X，Zhang H，et al. Effects of graphene oxide on surface energy，mechanical，damping and thermal properties of ethylenepropylene-diene rubber/petroleum resin blends. RSC Adv，2012，2：4683.

[40] Wang X，Hu Y，Song L，Yang H，et al. In situ polymerization of graphene nanosheets and polyure-

thane with enhanced mechanical and thermal properties. J Mater Chem，2011，21：4222.

[41] Li Y，Pan D，Chen S，Wang Q，et al. In situ polymerization and mechanical，thermal properties of polyurethane/graphene oxide/epoxy nanocomposites. Materials and Design，2013，47：850.

[42] Xing W，Tan M，Wu J，Huang G，et al. Multifunctional properties of graphene/ruber nanocomposites fabricated by a modified latex compounding method. Comp Sci Tech，2014，99：67.

[43] Wei J，Qiu J. Allyl-functionalization enhanced thermally stable graphene/fluoroelastomer nanocomposites. Polymer，2013，55：3818.

[44] Paul D R，Robeson L M. Polymer nanotechnology：Nanocomposites. Polymer，2008，49：3187.

[45] Kalaitzidou K，Fukushima H，Drzal L T. Multifunctional polypropylene composites produced by incorporation of exfoliated graphite nanoplatelets. Carbon，2007，45：1446.

[46] Guo Y，Bao C，Song L，Yuan B，et al. In situ polymerization of graphene，graphite oxide and functionalized graphite oxide into epoxy resin and comparision study of on-the-flame behavior. Ind Eng Chem Res，2011，50：7772.

[47] Wang Z，Tang X，Yu Z，Guo P，et al. Dispersion of graphene oxide and its flame retardancy effect on epoxy nanocomposites. Chi J Polym Sci，2011，29：368.

[48] Bao C，Song L，Wilkie C A，Yuan B，et al. Graphite oxide，graphene，and metal-loaded graphene for fire safety applications of polystyrene. J Mater Chem，2012，22：16399.

[49] Huang G，Liang H，Wang Y，Wang X，et al. Combination effect of melamine polyphosphate and graphene on flame retardant properties of poly（vinyl alcohol）. Mater Chem Phys，2012，132：520.

[50] Bao C，Song L，Xing W，Yuan B，et al. Preparation of graphene by pressurized oxidation and multiplex reduction and its polymer nanocomposites by masterbatch-based melt blending. J Mater Chem，2012，22：6088.

[51] Qi XY，Yan D，Jiang Z，Cao Y K，et al. Enhanced electrical conductivity in polystyrene nanocomposites at ultra-low graphene content. ACS Appl Mater Inter，2011，3：3130.

[52] Stankovich S，Dikin D A，Dommett G H B，Kohlhaas K M，et al. Graphene-based composite materials. Nature，2006，442：282.

[53] Koratkar N A. Graphene in composite Materials：Synthesis，Characterization and Applications. Lancaster Pennsylvania：DEStech，2013.

[54] Yan D，Zhang H B，Jia Y，Hu J，et al. Improved electrical conductivity of polyamide 12/graphene nanocomposites with maleated polyethylene-octene rubber prepared by melt compounding. ACS Appl Mater Interfaces，2012，4：4740.

[55] Liang J，Wang Y，Huang Y，Ma Y，et al. Electromagnetic interference shielding of graphene/epoxy composites. Carbon，2009，47：922.

[56] Wajid A S，Ahmed H S T，Das S，Irin F，et al. High-performance pristine graphene/epoxy composites with enhanced mechanical and electrical properties. Macromol Mater Eng，2013，298：339.

[57] Huang T，Lu R，Su C，Wang H，et al. Chemically modified graphene/polyimide composite films based on utilization of covalent bonding and oriented distribution. ACS Appl Mater Inter，2012，4：2699.

[58] Kuila T，Bose S，Khanra P，Kim N H，et al. Characterization and properties of in situ emulsion polymerized poly（methylmethacrylate）/graphene nanocomposites. Composite Part A，2011，42：1856.

[59] Lee Y R，Raghu A V，Jeong H M，Kim B Y. Properties of waterborne polyurethane/functionalized graphene sheet nanocomposites prepared by an in situ method. Molecul Chem Phys，2009，210：1247.

[60] Kim H，Miura Y，Macosko G W. Graphene/polyurethane nanocomposites for improved gas barrier and

electrical conductivity. Chem Mater, 2010, 22: 3441.

[61] Zhan Y, Lavorgna M, Buonocore G, Xia H. Enhancing electrical conductivity of rubber composites by constructing interconnected network of selfassembled graphene with latex mixing. J Mater Chem, 2012, 22: 10464.

[62] Hernandez M, Bernal M M, Verdejo R, Ezquerra T A, et al. Overall performance of natural rubber/graphene nanocomposites. Compos Sci Technol, 2012, 73: 40.

[63] Luo Y, Zhao P, Yang Q, He D, et al. Fabrication of conductive elastic nanocomposites via framing intact interconnected graphene networks. Compos Sci Technol, 2014, 100: 143.

[64] Yang H, Liu P, Zhang T, Duan Y, et al. Fabrication of natural rubber nanocomposites with high graphene contents via vacuum-assisted self-assembly. RSC Adv, 2014, 4: 27687.

[65] Beckert F, Trenkle F, Thomann R, Mülhaupt R. Mechanochemical route to functionalized graphene and carbon nanofillers for graphene/SBR nanocomposites. Macromol Mater Eng, 2014, 299: 1513.

[66] Ozbas B, O'Neill C D, Register R A, Aksay I A, et al. Multifunctional elastomer nanocomposites with functionalized graphene single sheets. J Polym Sci Part B Polym Phys, 2012, 50: 910.

[67] Tian M, Zhang J, Zhang L, Liu S, et al. Graphene encapsulated rubber latex composites with high dielectric constant, low dielectric loss and low percolation threshold. J Coll Interface Sci, 2014, 430: 249.

[68] Wang Z, Nelson J, Hillborg H, Zhao S, et al. Nonlinear conductivity and dielectric response of graphene oxide filled silicone rubber nanocomposites in: Electrical Insulation and Dielectric Phenomena (CEIDP), 2012 Annual Report Conference on 2012, IEEE, 2012: 40.

[69] Li H, Wu S, Wu J, Huang G. Enhanced electrical conductivity and mechanical property of SBS/graphene nanocomposite. J Polym Res, 2014, 21: 1.

[70] Fakhru'l-Razi A, Atieh M A, Girun N, Chuah T G, et al. Effect of multi-wall carbon nanotubes on the mechanical properties of natural rubber. Compos Struct, 2006, 75: 496.

[71] Das A, Kasaliwal G R, Jurk R, Boldt R, et al. Rubber composites based on graphene nanoplatelets, expanded graphite, carbon nanotubes and their combination: a comparative study. Compos Sci Technol, 2012, 72: 1961.

[72] Kim J, Hong S, Park D, Shim S. Water-borne graphene-derived conductive SBR prepared by latex heterocoagulation. Macromol Res, 2010, 18: 558.

[73] Prud' Homme R, Ozbas B, Aksay I, Register R, et al. Functional graphene/rubber nanocomposites. Google Patents, 2010.

[74] Kim H, Macosko C W. Morphology and properties of polyester/exfoliated graphite nanocomposites. Macromol, 2008, 41: 3317.

[75] Kim H, Macosko C W. Processing-property relationships of polycarbonate/graphene composites. Polymer, 2009, 50: 3797.

[76] He F, Lau S, Chan H L, Fan J T, et al. High dielectric permittivity and low percolation threshold in nanocomposites based on poly (vinylidene fluoride) and exfoliated graphite nanoplates. Adv Mater, 2009, 21: 710.

[77] Xing Y, Bai X, Zhang Y. Mechanical, thermal conductive, and dielectric properties of fluoroelastomer/reduced graphene oxide composites in situ prepared by solvent thermal reduction. Polym Comp, 2014: 1779.

[78] Kumar S K, Carstro M, aiter A, Delbreilh L, et al. Development of poly (isobutylene-co-isoprene) / reduced graphene oxide nanocomposites for barrier, dielectric and sensing applications. Mater Lett,

2013，96：109.

[79] Paul D R，Robeson L M. Polymer nanotechnology：nanocomposites. Polymer，2008，49：3187.

[80] Nielson L E. Models for the permeability of filled polymer systems. J Macromol Sci (Chem)，1967，1：929.

[81] Lape N K，Nuxoll E E，Cussler E L. Polydisperse flakes in barrier films. J Membr Sci，2004，236：29.

[82] Gusev A A，Lusti H R. Rational design of nanocomposites for barrier applications. Adv Mater，2001，13：1641.

[83] Fredrickson G H，Bicerano J. Barrier properties of oriented disk composites. J Chem Phys，1999，110：2181.

[84] Bharadwaj K. Modeling the barrier properties of polymer-layered silicate nanocomposites. Macromolecules，2001，34：9189.

[85] Compton O C，Kim S，Pierre C，Torkelson J M，et al. Crumpled graphene nanosheets as highly effective barrier property enhancers. Adv Mater，2010，22：4759.

[86] Kalaitzidou K，Fukushima H，Drzal L T. Multifunctional polypropylene composites produced by incorporation of exfoliated graphite nanoplatelets. Carbon，2007，45：1446.

[87] Kang H，Zuo K，Wang Z，Zhang L，et al. Using green method to develop graphene oxide/elastomers nanocomposites with combination of high barrier and mechanical performance. Comp Sci tech，2014，92：1.

[88] Scherillo G，Lavorgna M，Buonocore G G，Zhan Y H，et al. Tailoring assembly of reduced graphene oxide nanpsheets to control gas barrier properties of nature rubber nanocomposites. ACS Appl Mater Inter，2014，6：2230.

[89] Wu J，Huang G，Li H，Wu S，et al. Enhanced mechanical and gas barrier properties of rubber nanocomposites with surface functionalized graphene oxide at low content. Polymer，2013，54：1930.

[90] Tseng I-H，Liao Y F，Chiang J C，Tsai M H. Transparent polyimide/graphene oxide nanocomposite with improved moisture barrier property. Mater Chem Phys，2012，136：247.

[91] Papageorgiou D G，Kinloch I A，R J Young. Graphene/elastomer nanocomposites. Carbon，2015，95：460.

第7章 石墨烯基柔性可穿戴材料

7.1 引言

可穿戴技术（wearable technology，WT），最早是20世纪60年代由美国麻省理工学院媒体实验室提出的创新技术。可穿戴电子技术将电子器件以服装、配件、皮肤粘贴和体内植入等形式与人体集成，实现了在体传感测量、数据存储和移动计算等诸多功能。可穿戴系统中的重要组成部分是功能繁多的可穿戴传感器，它们可以用于测量与人体各种生理特征相关的物理化学参数，如体温、心率和血糖等，也可以用于测量人体的各种运动状态，如手指、关节运动、肌肉延展和足部压力等。还可以测量与周围环境相关的参数，如位置坐标、温度、湿度和大气压等。这些功能和形态各异的可穿戴传感器为解决健康、医疗、运动、工业和军事等领域的传感测量问题提供了重要工具[1]。

本章将简要叙述可穿戴技术中柔性传感器的基本构成以及传感机制；重点阐述柔性传感器中石墨烯材料（包括石墨烯膜及石墨烯纤维）的制备；并通过具体应用实例阐述石墨烯材料对柔性可穿戴技术发展所起到的重要作用。

7.2 柔性传感器

可穿戴传感器包括了刚性传感器和柔性传感器。这两种形式最大区别在于其机械属性。刚性传感器通常基于刚性基底（如硅、二氧化硅、碳化硅和环氧树脂等），与柔软的人体皮肤和内部器官的机械属性并不匹配，因此无法高效地与人体集成，导致用户体验不佳。近年来，柔性传感器由于可以弯曲和折叠，部分传感器还实现了一定程度的拉伸，因此更适合与人体进行集成。柔性传感器的机械属性由其所使用的材料和材料中特殊结构共同决定。柔性传感器中包含了金属、有机物和半导体等材料的薄膜形式。

7.2.1 测量原理及传感器形式

可穿戴传感器的测量包括物理量测量和化学量测量。可穿戴传感器可对多种物理量进行测量，获得生物电、心率、温度、湿度、加速度、血氧和呼吸频率等多种参数。传感器使用了微机电系统传感器、平面电极、薄膜电极和光电传感器等多种形式。典型的可穿戴生物电测量传感器可用于表皮肌电、心电和脑电信号的采集，通常采用湿式或干式两种电极形式。湿电极使用导电凝胶作为媒介实现皮肤和传感器间的导电连接，然而导电凝胶不支持长时间测量，并且每次测量都需要涂覆，严重影响了用户体验；而干电极可以直接作用于皮肤而无需凝胶耦合，可实现长时间测量。化学量的测量可以采用包括电化学、光学和微机电测量在内的一系列可微型化的检测方法。其中电化学测量由于结构简单，成为目前最为流行的测量化学量的方法。采用可穿戴电化学传感器已经实现了对人体皮肤表面的汗液的收集，并测量其中葡萄糖和乳糖等成分的功能。另外，基于比色法或者化学显色法的可穿戴传感器，可以通过肉眼直接观察，定性判断体液中生物分子浓度或者一些环境指标（如挥发性有机物浓度）。使用荧光、电化学测量、亲和力测量等方法及包括微机电系统和微流体芯片等多种测量平台获得人体葡萄糖、病毒细胞、蛋白质和离子在内的很多分子的含量。

可穿戴传感器依据与人体接触形式可分为直接接触式、非接触式和植入式。其中直接接触式传感器主要用于测量皮肤表面的物理参数及部分可以通过人体体液（如汗液、泪液和组织液等）测量的化学参数；非接触测量主要用于测量与周围环境有关的参数和人体运动参数；而植入式测量主要被用于测量人体内的化学成分和重要器官（如心脏和大脑）的物理性质和工作状态。

7.2.2 柔性传感器结构组成

在结构方面，柔性电子应变传感器通常包括基底层、介电层、活性层和电极几个部分（图 7.1）。材料的柔韧性和可拉伸性以及在应力下不会产生物理损坏是制备柔性电子应变传感器的关键。其中可穿戴电子应变传感设备，如电子皮肤，要求材料能够满足人类皮肤柔韧性和拉伸性的基本要求，同时还需要具有可自愈功能以及较长的使用寿命。为了制备性能优异的柔性电子应变传感器，一些具有优异电学和力学性能、能够利用典型的传导机制实现传感器对外部刺激实时检测的功能材料是人们探索和研究的重点。

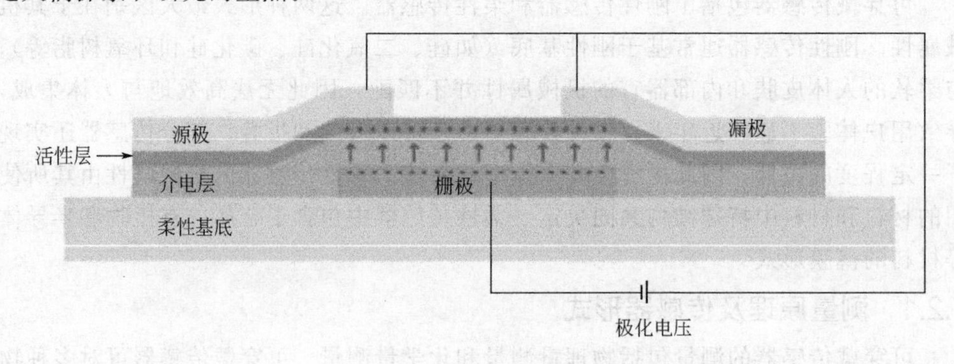

图 7.1 柔性电子应变传感器的基本组成示意图

7.2.2.1 基底材料

对于柔性电子应变传感器，基底材料是决定其弹性形变性能的关键因素。传统电子传感器通常以硅或氧化硅等作为基底材料，而柔性电子设备需要基底材料具有高柔韧性和相对低的粗糙度，通常采用聚二甲基硅氧烷（PDMS）、聚对苯二甲酸乙二醇酯（PET）、聚酰亚胺（PI）、聚乙烯（PE）和聚氨酯（PU）等。柔性基底在应用时有许多形变类型，并具有能量储存和收集的作用，其中常见形变类型有弯曲、塑形、单轴拉伸、双轴拉伸以及射线状拉伸。在器件制备过程中，为了使器件具有拉伸性能，通常采用的处理方法有：①将柔性基底做成薄膜；②将弹性体或聚合物做成网状结构；③将柔性电路与基底聚合物贴合拉伸。

作为柔性电子传感器常用材料，PDMS 主要是因为其具有以下优点：①弹性模量低，具有很好的柔韧性和拉伸性；②耐腐蚀性强，在广泛的使用温度范围内具有很好的透明性和稳定性，可作为大面积透明柔性电子器件或者热稳定性器件的基底材料；③容易与电子材料相结合，使电子材料固定于其表面，并且可以根据需要将 PDMS 制备成具有一定几何形状的结构来提高其延展性能，满足共平面结构要求；④制备过程简单易操作。

聚酰亚胺（PI）同样是一种性能优异的柔性电子器件基底材料。它不仅具有出色的稳定性、绝缘性和力学性能，而且其耐温性能比较好，可以适应较大范围内的温度变化，同时还具有很好的抗腐蚀性。此外，PI 薄膜具有超强的可弯曲能力，即使超薄的聚酰亚胺薄膜在较大的机械压力下也不会产生物理损坏，这使其成为柔性电子传感器件的优选基底材料。

还有更多的柔性基底材料被用于电子应变传感器中。例如，聚乙烯（PE）和聚对苯二甲酸乙二醇酯（PET）也是常用的柔性电子传感器件的基底材料，利用超薄（1μm）的 PE 基底制备的超轻塑料电子传感器件，可以像纸张一样褶皱和重复弯曲[4]。

7.2.2.2 介电材料

介电材料[5]，又称电介质，是电的绝缘材料。现在的研究热点是开发具备较高介电常数（k）、较低漏电流、更高偶极密度、更大电流密度、更大能量密度和快速放电以及较低损耗的介电材料，进而将这些材料通过旋涂、喷涂或浸涂等方式制备成为柔性电子器件的介电层。目前，获得具有高介电常数的介电材料主要从以下三个方面考虑：化学结构设计；添加无机纳米粒子；填充导电材料。典型的化学结构设计是利用聚合物链修饰来增加其极性，例如引入氰基或者含氟基团。有很多种无机纳米粒子可以作为高介电常数弹性体填充材料，如二氧化钛[6]、铁电纳米粒子[7]、钛酸钡[8]、金属纳米粒子类导电填充物[9]、导电聚合物[10]以及碳纳米管[11]等。通过添加填充材料，可以使主体材料中的电子极化，从而增加其介电常数。

7.2.2.3 活性材料

柔性电子应变传感器最重要的组成部分是活性层。具有优异的力学性能和电子特性的活性材料是决定活性层性能的关键。常见的活性材料主要分为以下三大类[12]：自身具有高导电能力材料、高弹性导电复合材料和压电材料。在不同的制备条件和制备工艺下，由各种类型活性材料制备的柔性应变传感器通常表现出不同的传感性能。最常见的几种柔性应变传感器的活性材料包括了碳纳米管、石墨烯和弹性复合结构。其中，石墨烯是由单层碳原子组成的蜂窝状晶格结构，具有很好的光学性能、力学性能、导热性能以及非常高的载流子迁移率［约 20000cm^2/(V·s)］，是构建柔性电子应变传感器最为理想的活性材料。

虽然单纯的纳米材料，如硅（Si）、氧化锌（ZnO）、砷化镓（GaAs）和硒化镉（CdSe）等，可以作为柔性电子应变传感器件的活性材料，但单纯纳米材料很难在宏观上集成为有序的阵列，极大地限制了柔性电子应变传感器的尺寸。为了使电子应变传感器能够在较大应变情况下保持较好的导电能力，将弹性体（PDMS、海绵、多孔材料）与导电材料（碳纳米管、石墨烯、炭黑、导电聚合物、金属纳米粒子、金属纳米线、导电石墨等）有机复合是一种有效途径。

7.2.2.4 电极材料

电极是柔性电子应变传感器中输入和导出电流的两个端极，在器件制备过程中，电极材料也是影响器件灵敏度和稳定性的重要因素[13]。在外力刺激下，压阻式传感器的电极与电极之间以及电极与活性层之间的接触电阻发生变化，并产生有效的电流输出信号，所以制备传感器电极通常利用具有优异导电性能和力学性能的石墨烯和碳纳米管等碳材料以及柔性复合材料。

7.2.3 柔性电子应变传感器的传感机制

为了实现对触觉刺激的检测，传感器需要将刺激信号转换为电信号等易于输出的形式，常见的传感转换方式主要有 4 种（图 7.2）。

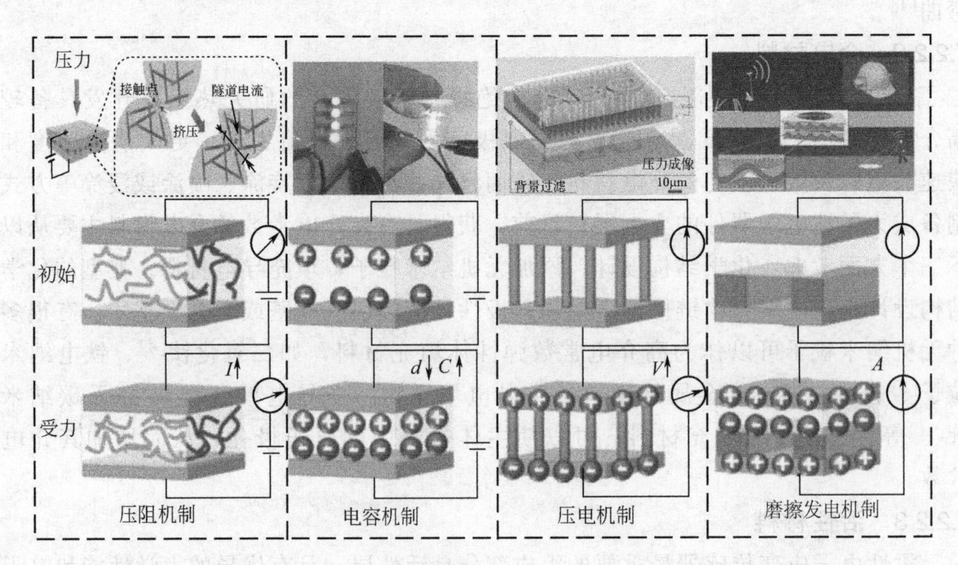

图 7.2 柔性可穿戴电子传感器四种信号传导机制和器件的示意图[14]

压阻式传感器是一种将外部刺激所引起的器件材料电阻值变化转换为电信号输出的传感器，是目前研究最为广泛的一种电子应变传感器。其中需要注意的是，石墨烯、碳纳米管和硅材料的电阻变化主要是其能带带隙变化所导致的。2015 年研究者开发了一种纳米石墨烯的压阻薄膜，灵敏度提高的同时，还降低了功耗[15]。

电容效应指因输电线距离遥远导致输电线上电容增大，从而影响输电线传输性能的效应。电容式传感器的主要优势是它们的控制方程简单，简化了器件的设计和分析过程。通常电容式触觉传感器的灵敏度与弹性介电层有关，利用高柔韧性和黏弹性的电介质可以提高传感器件的性能。

压电效应是指材料在外界机械压力作用下产生电压的现象。压电式传感器具有较高的灵敏度和响应速度，可用于检测声音的振动或脉搏的跳动等动态压力，在电子皮肤等可穿戴式电子应变传感器件方面具有很大的应用潜力。

光学效应是器件利用光作为媒介将触觉输入信号转换为电信号输出的过程。智能手机和平板电脑中经常要用到光压传感器。这些传感器件一般包括光源、传输介质和检测器几个部分，通过应力敏感波导管或者柔性光纤来调整光的强度或波长[16]。

还有其他一些将触觉信号转为电信号输出的传感转换机制，包括无线触觉传感[17]和摩擦生电传感等[18]。

为了赋予柔性电子传感器多功能测试的能力，将一些简单、独立的敏感元件组合在一起，形成传感矩阵是制备对多种刺激信号同时具有响应的柔性电子传感器的最常用方法。器件要区别不同类型和不同部位的输入信号仍有较高的难度，因此需要用特别的分析模块来提取和分析不同的信息。器件的集成一般包括阵列式传感、晶体管集成和模块化设计。这方面的内容读者可自行拓展阅读。

石墨烯在可穿戴柔性传感器方面得到了越来越多的应用。本章将重点介绍石墨烯基柔性材料，包括二维的石墨烯膜和一维的石墨烯纤维的制备、性能及其应用。

7.3 石墨烯膜柔性材料的制备方法

制备石墨烯膜柔性材料按照石墨烯来源主要有两种方式：①采用石墨烯溶液制备柔性材料，所用的石墨烯溶液为机械剥离的少层石墨烯分散液或者化学剥离的氧化石墨烯（GO）溶液；②通过 CVD 得到高质量的单层或少层石墨烯，然后转移至柔性基底表面制成柔性导体。其中，第一种制备方法较为简单、成本低廉、可大规模生产，后续通过化学法还原、热还原和光还原等方法可得到还原氧化石墨烯（rGO），提高其导电性，因此在规模化生产应用方面存在优势。CVD 法，可以得到大片的石墨烯薄膜，其结构和缺陷较少，性能优异。但制备的成本较高，其尺寸受限于 CVD 设备，而且这样的石墨烯薄膜需要被转移到柔性基底上以制备柔性导体，在转移的过程中容易引入缺陷和杂质，其规模化应用还有诸多困难和挑战。

7.3.1 石墨烯溶液成膜

氧化还原法和超声剥离法被广泛用来制备石墨烯溶液，其中，氧化还原法制备过程简单，原材料易得，产量高，是宏量制备石墨烯最常用的方法，所得到的GO在水中具有良好的分散性，可以采用真空抽滤、旋涂法或自组装等方式制备成石墨烯柔性薄膜材料。但是，GO在制备过程中由于强氧化剂和强酸的处理，不可避免地引入大量缺陷和含氧官能团，导致其导电性较低，通常需要将GO还原为石墨烯(rGO)，才能获得石墨烯柔性材料[19,20]。

7.3.1.1 真空抽滤法成膜

真空抽滤法[21]利用了氧化石墨烯易溶于水形成稳定悬浮液的特性。先用氧化石墨烯制备出稳定分散的悬浮液，离心处理除去溶液中的杂质，然后加入水合肼，并在较高的温度下进行还原反应，制得石墨烯悬浮液。通过真空抽滤装置用微孔滤膜过滤氧化石墨烯及石墨烯悬浮液，过滤后将薄膜连同滤膜一起置于烘箱中烘干，然后将薄膜从滤膜揭下，就得到氧化石墨烯或石墨烯薄膜。2008年，Eda等[22]首次报道了采用真空抽滤法制备石墨烯柔性电极。他们采用低浓度的GO水溶液，通过快速真空抽滤，GO沉积到含有微孔的纤维滤膜上。随后采用水合肼和低温退火的方式将GO还原，再转移至柔性PET表面制备成柔性透明导体。真空抽滤过程中，石墨烯片沉积到滤膜的表面，先将滤膜均匀覆盖，再层层沉积。这种方式得到的石墨烯膜均匀致密，而且石墨烯膜的厚度可由石墨烯溶液的浓度和用量来调控。改进的方法是将制备的GO溶液先用肼进行预还原，再将溶液抽滤至阳极氧化铝薄膜上，进行高温还原，得到石墨烯导体。最后用聚甲基丙烯酸甲酯（PMMA）辅助转移到柔性基底表面，得到柔性石墨烯透明导体（图7.3）[23]。

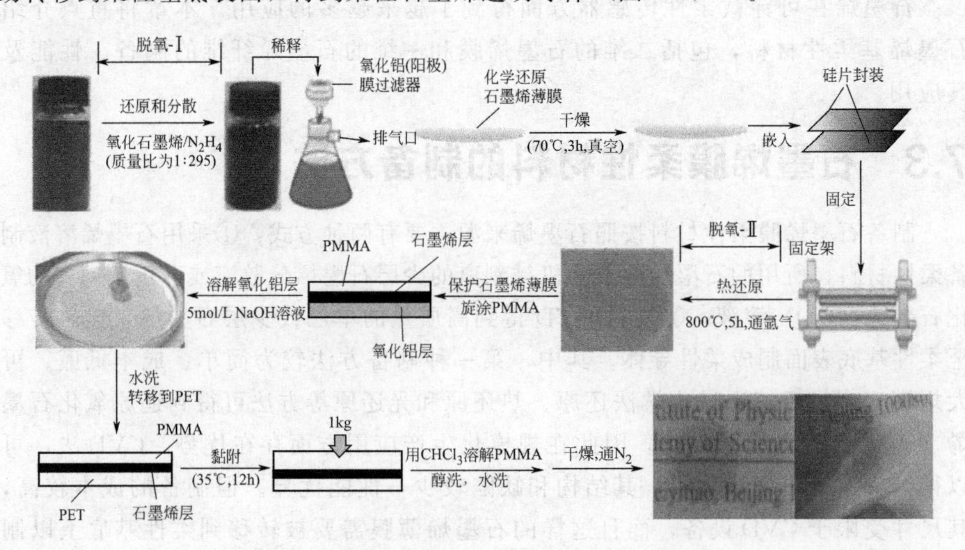

图7.3 真空抽滤法制备石墨烯/PMMA透明柔性膜[23]

7.3.1.2 旋涂法成膜

旋涂法是将氧化石墨烯溶液滴到基底上，让基底旋转，调节基底的转速，从而使溶液均匀地铺在基底表面，干燥后即可得到氧化石墨烯薄膜。制膜过程中可控的因素包括氧化石墨烯溶液的浓度以及旋转的转速。提高转速可以使溶剂挥发得更快，同时减小薄膜的厚度。旋涂法制备石墨烯薄膜，对基底的洁净程度和石墨烯溶液的组成要求较高。旋涂法制备石墨烯薄膜需要严格控制 GO 溶液和转速，转速增大可以加快溶剂蒸发，减小膜的厚度。譬如将石英片表面处理，得到亲水性表面，然后将 GO 水溶液旋涂在基底表面，得到平整的 GO 膜。薄膜干燥之后用肼和低温退火结合对 GO 进行还原，得到导电的石墨烯膜[24]。

Robinson 等[25]在 GO 水溶液中加入一定量的乙醇，旋涂在硅片基底表面之后，用氮气枪加快溶剂挥发，干燥之后在基底表面得到了纳米级厚度的石墨烯导电膜；用肼还原之后将样品放置于氢氧化钠溶液中刻蚀 SiO_2 层，石墨烯膜会浮在液体表面，再用柔性基底捞取，得到柔性导电电极。也可先用 Hummers 法制备 GO 悬浮液，用表面活性剂如十二烷基苯磺酸钠（SDBS）来处理 GO，有利于得到大面积的石墨烯片，再将 SDBS-GO 混合溶液用肼在 100℃下还原 24h。然后加入导电高分子（PEDOT：PSS），混合均匀，在 PET 基底上旋涂，蒸发溶剂得到柔性石墨烯导体[26]。这种常温下制备的石墨烯柔性导电膜具有良好的导电性和优异的耐弯折性能。

7.3.1.3 自组装成膜

石墨烯薄膜也可以通过自组装法进行制备，包括静电自组装、Langmuir-Blodgett（LB）自组装、气/液界面自组装。

静电自组装薄膜技术（electrostatic self-assembly，ESA），其形成薄膜的驱动力是带相反电荷的组分之间的静电引力。静电自组装技术成膜的基本操作步骤是将表面带电荷（假定是负电荷）的基片依次放入阳离子聚电解质、阴离子聚电解质的水溶液中浸渍，间隔以去离子水淋洗，重复进行“浸渍、淋洗”操作，即可形成多层自组装膜[27～31]。

Langmuir-Blodgett（LB）自组装方法能制备含有超大石墨烯片的柔性导电膜。一个具体实例[32]是将水/乙醇溶液按照体积比 1∶5 混合填充到 LB 槽中，再把 GO 分散液缓慢地注射到液体表面，表面张力促使石墨烯片充分分散，从而得到石墨烯膜。在制备石墨烯导电膜过程中，GO 形成连续的层层紧密堆积的薄膜，烘干之后经过还原得到多层石墨烯薄膜。用石墨烯溶液也可以通过 LB 膜技术来制备大面积薄膜，例如，先用超声剥离方式制备出高质量的单层石墨烯碎片，分散在有机溶剂中，采用 LB 自组装方式得到大面积柔性石墨烯导电膜，透光率可达 83%。

利用气/液界面自组装的方式可制备可自支撑的 GO 薄膜，这种方法得到的石墨烯薄膜厚度均匀，且厚度和尺寸可控，能够方便地转移至各种基底表面。这种气液界面自组装过程中，GO单层片因含氧官能团之间具有强烈的静电排斥作用，层与层之间以及边缘与边缘之间的排斥作用，可以有效地避免石墨烯片团聚，从而促进了均匀石墨烯薄膜的形成。

7.3.2 CVD法成膜

化学气相沉积法（chemical vapor deposition，CVD）是传统的制备薄膜的技术，其原理是利用气态的先驱反应物，通过原子、分子间化学反应，使得气态前驱体中的某些成分分解，而在基体上形成薄膜。化学气相沉积包括常压化学气相沉积、等离子体辅助化学沉积、激光辅助化学沉积、金属有机化合物沉积等。化学气相沉积法是半导体工业中应用最为广泛的用来沉积多种材料的方法，它也是目前为止能够制备出高质量的多层石墨烯甚至单层石墨烯薄膜的较佳方法。随着工艺的深入研究，能够制备尺寸越来越大的石墨烯薄膜。譬如，以C_2H_2为碳源，铜箔为基底及催化剂，H_2为反应气氛，Ar为载气，生产的石墨烯薄膜质量较高。尽管CVD法在制备高质量的石墨烯超薄膜方面有很大的优势，然而也存在着一些问题。例如：工艺比较复杂，条件要求苛刻。

2009年，Kim等[33]在Nature上首次报道了利用CVD法生长的石墨烯制备柔性可拉伸透明导体。研究者在硅片表面沉积了一层图案化的金属镍层，在1000℃下，CVD法生长出少层石墨烯薄膜，然后在表面封装一层PDMS，固化之后将镍层刻蚀去除，再将石墨烯层转印在目标基底上；或者直接将镍层刻蚀去除，石墨烯层漂浮在液体表面，然后用目标基底捞取悬浮的石墨烯层，从而得到柔性透明导电电极，其透光率达到80%，并且具有优异的光电性能。Bae等[34]采用卷对卷（roll to roll）滚轴方式（图7.4），将铜箔上生长的大面积单层石墨烯转移至PET表面，得到了尺寸达30in的柔性透明导电电极，薄膜电阻低至125Ω/□，透光率高达97.4%，表现出半整数量子霍尔效应。进一步采用层层堆叠的方式得到了含有四层石墨烯的柔性透明导电电极，其透光率达到90%，电阻仅为30Ω/□。

在多层石墨烯薄膜中，石墨烯层之间可以发生滑移，从而提供一定的可拉伸性。例如单层石墨烯薄膜在PET上当应变达到4.5%时，就出现了缺陷和破坏，而双层石墨烯薄膜的可拉伸性可提高到36.2%[35]。此外，为了增加石墨烯薄膜的可延展性，可设计成波纹状薄膜，譬如先利用波纹状铜箔结构，再通过CVD法生长石墨烯，然后在表面旋涂PDMS，固化之后刻蚀掉铜箔，得到了波纹状可拉伸石墨烯电极（图7.5），从而提高可拉伸性[36]。

基于CVD法石墨烯制备柔性导电材料面临的主要挑战是石墨烯的转移问题。该转移过程往往涉及聚合物或者刻蚀性化学溶液，这些物质的残余会影响其性能，比如残留的有机聚合物将增大电极材料的电阻并降低电子迁移率。这些问题需要通过探索新的转移方式进行解决。

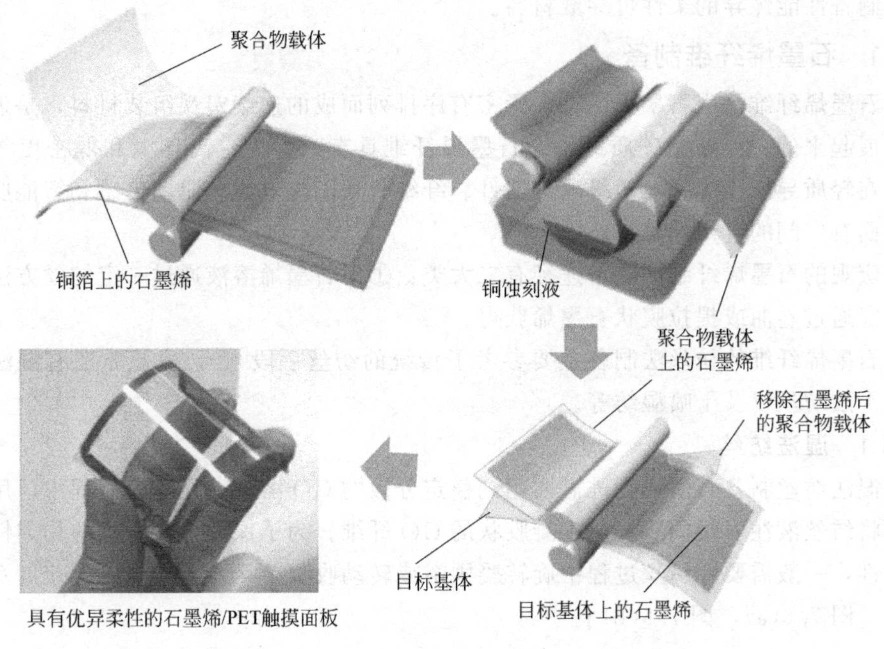

图 7.4　滚轴法获得大面积石墨烯 PET 薄膜[34]

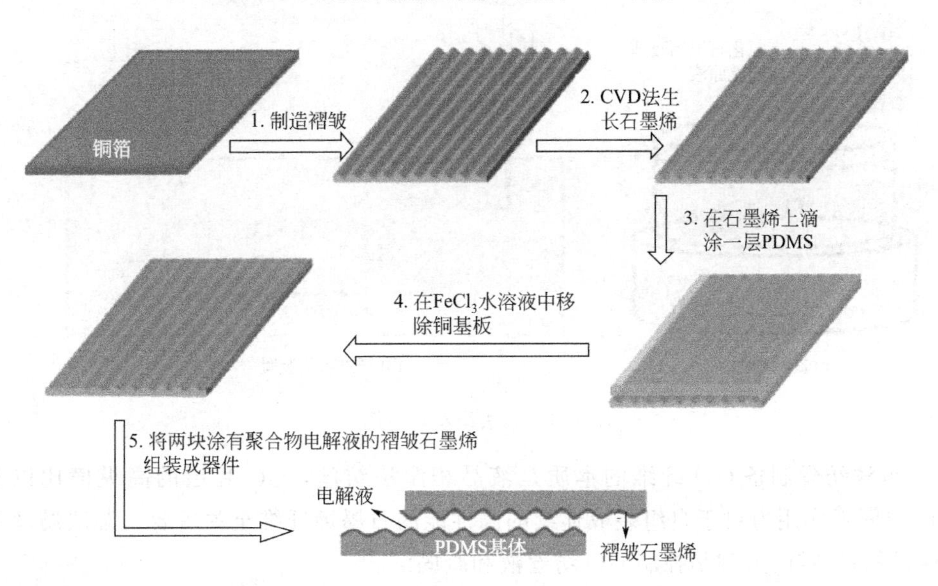

图 7.5　褶皱石墨烯透明可伸缩的超级电容器的制备流程示意图[36]

7.4　石墨烯纤维

纤维状的石墨烯材料也是目前的研究热点。所得到的石墨烯纤维不仅可以保持石墨烯优异的导电性和导热性等性能，而且具有优良的柔性和力学性能，从而可以加工制备性能优异的柔性可穿戴材料。

7.4.1 石墨烯纤维制备

石墨烯纤维是由石墨烯沿轴向紧密有序排列而成的连续宏观组装材料，是近年来发展起来的一种新型碳质纤维。石墨烯纤维具有高强度、高导电和低密度等特性，在轻质导线、纤维状超级电容器件、纤维状太阳能电池、驱动传感和智能服饰等方面有广阔的应用前景。

宏观的石墨烯纤维的制备途径有二大类：①由石墨烯溶液通过一定纺丝方法得到；②通过卷曲或提拉膜状石墨烯获得。

石墨烯纤维的纺丝法制备主要参考了传统的纺丝手段[37]，主要方法有湿法纺丝、干法纺丝以及干喷湿纺等。

7.4.1.1 湿法纺丝

湿法纺丝制备石墨烯纤维需要用到稳定分散的 GO 溶液。在纺丝过程中，用注射器将纺丝液注入凝固浴，得到凝胶状的 GO 纤维。为了保证 GO 纤维的均匀性和连续性，一般需要在纺丝过程中旋转凝固浴或转动收集单元，从而以一定速度牵引纤维［图 7.6(a)，图 7.6(b)］。

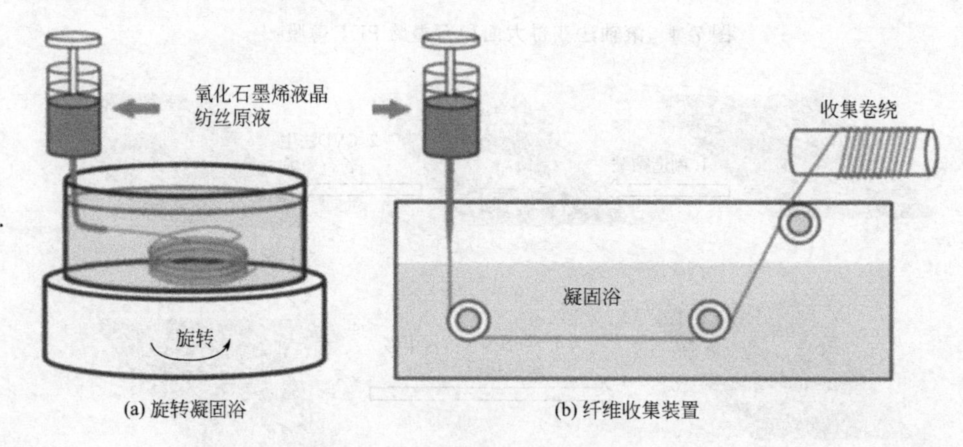

图 7.6 湿法纺丝示意图[42]

湿法纺丝制备 GO 纤维的本质是液晶相湿法纺丝，GO 片层的高纵横比以及 GO 层间强作用力对于自组装成连续的高性能的石墨烯纤维至关重要。湿法纺丝制备石墨烯纤维的关键是控制 GO 纺丝液和凝固浴。

GO 纺丝液的可纺丝性是由 GO 片层的尺寸和溶液的浓度决定的。对于大尺寸的 GO 纺丝液，只有当纺丝液中的 GO 完全为液晶相并大于临界浓度时才具备可纺丝性，否则得到的产物会是一些不连续的纤维或者团聚物。

除了 GO 纺丝液，凝固浴在石墨烯纤维的制备过程中也起到重要的作用。GO 纺丝液是由带负电的 GO 片层稳定分散在水中得到的，而当制备纤维时，需要打破这种稳定的状态，让 GO 沉析形成凝胶状，这一过程通常使用凝固浴来实现。GO

表面的含氧官能团使其可以稳定分散在极性或者可与GO形成氢键作用的溶液中，当其在非极性的溶液中就会产生沉析。譬如使用乙酸乙酯凝固浴，可以制备高性能的石墨烯纤维[38]。当带负电的GO遇到相反电荷离子的破坏作用时也会发生沉析，如具有两亲性、带相反电荷的聚合物或离子、二价阳离子等都可以作为凝固剂促使GO发生沉析[39~41]。

湿法纺丝获得的纤维通常表面不光滑，断口截面也呈现多褶皱结构（图7.7）。

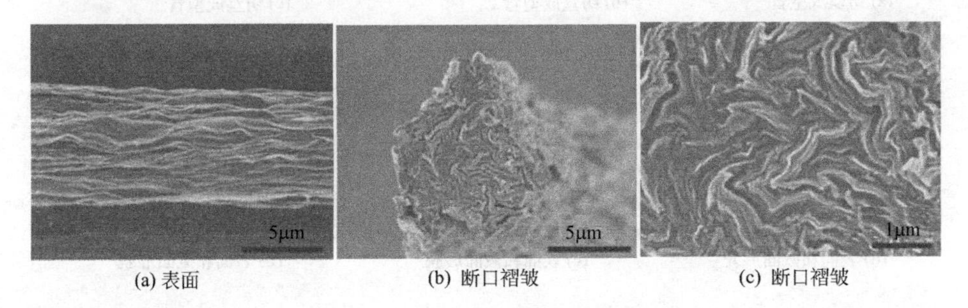

(a) 表面　(b) 断口褶皱　(c) 断口褶皱

图7.7　湿法纺丝获得的石墨烯纤维的SEM照片[42]

7.4.1.2　干法纺丝

石墨烯纤维干法纺丝也将GO分散在原液中（主要分散在水中）作为纺丝原液，但不再使用凝固浴（区别于湿法纺丝）。GO分散液是被注入并密封在管内，采用加热或高温化学还原方式使溶剂挥发，GO沉析堆叠成凝胶态纤维，进一步的溶剂除去可以得到干的石墨烯纤维。一方面，高温使分散剂去除较快，破坏了Zeta电势的平衡，从而增加了GO片层碰撞和沉析的概率；另一方面，高温或化学还原可以分离含氧基团，降低GO分散的绝对Zeta电位值；由于缺乏充足静电斥力，GO片层沉淀成具有溶剂溶胀的凝胶态纤维。分散体被认为是胶体（溶胶），大多数的GO的尺寸大于100nm。在干法纺丝过程中，液晶相分散液并不是必需的，分散杂乱的GO分散液以及低浓度的纺丝液也可以用来制备石墨烯纤维。

在图7.8(a)～图7.8(c)中，将GO分散液注入一维管内，管状材质可以是玻璃、石英[43]和PP[44]等，一定温度下加热得到石墨烯纤维。纤维的长度可达数米，拉伸强度可达180MPa。高温下（200℃以上温度）得到的纤维实质上是rGO纤维，因为高温促使GO发生了还原。研究发现，GO在180℃下27%的含氧官能团会被去除，大多数的羟基、环氧基团以及羧基在200℃下也会发生解离。干法纺丝得到的石墨烯纤维省去了还原过程，具有较好的电导率（10S/cm）。如果将GO和维生素C溶液共同注入聚丙烯（PP）管内[图7.8(c)]，在80℃下保持1h，GO在还原的同时也自组装成了凝胶状纤维。溶液蒸发干燥之后，石墨烯纤维极度收缩，直径减小了95%～97%，电导率达到8S/cm。纤维也表现出多褶皱的微观形貌结构[图7.8(d)～图7.8(f)]。

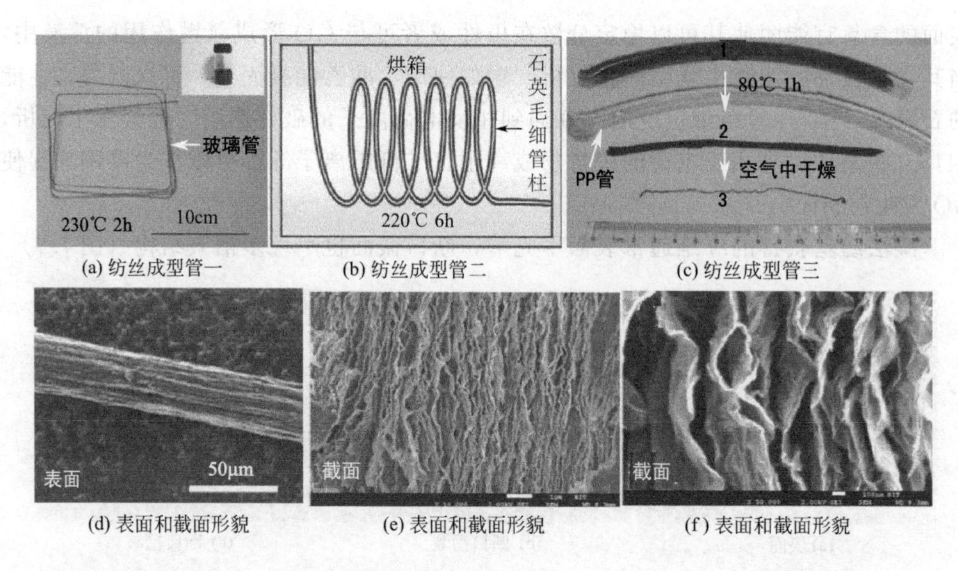

(a) 纺丝成型管一　(b) 纺丝成型管二　(c) 纺丝成型管三

(d) 表面和截面形貌　(e) 表面和截面形貌　(f) 表面和截面形貌

图 7.8　不同形状的纺丝成型管与干法纺丝获得的石墨烯纤维及其形貌结构[44]

7.4.1.3　干喷湿法纺丝

干喷湿纺是获得石墨烯纤维的另一种重要的方式。与湿法纺丝相比，区别在于前者注射器喷头顶端与凝固浴未直接接触，之间存在一段空气间隙。采用干喷湿纺方式可以制备出结构均匀、截面圆形的纤维。

典型的例子[45]是将 GO 分散在氯磺酸溶液中，GO 为液晶相，喷头顶端与凝固浴之间的距离为 12cm，制备得到了优异性能的石墨烯纤维。空气间隙的存在可以减小喷头与凝固浴之间的速度梯度，重力作用可以改善纤维的取向性（图 7.9）。

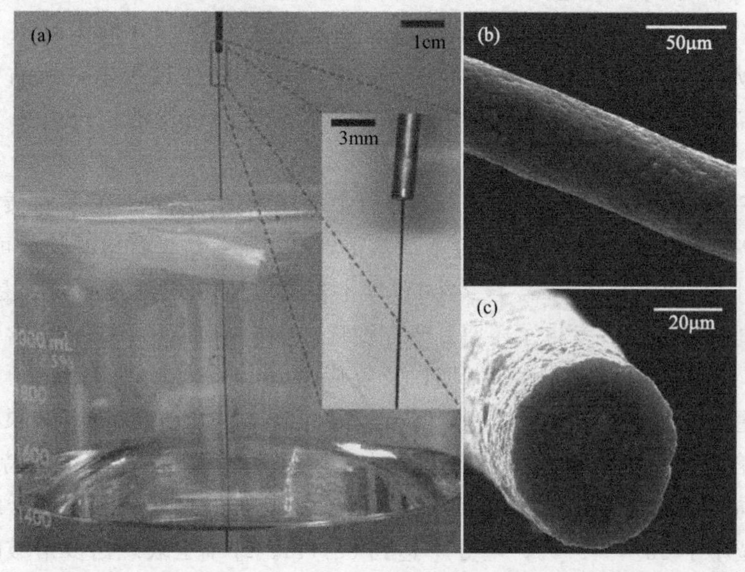

图 7.9　(a) 干喷湿法纺丝装置；(b) 和 (c) 分别是石墨烯纤维表面和截面 SEM 照片[45]

研究发现，空气间隙增大可使纤维直径减小，力学性能更好。但是，当空气间隙过长时纤维可牵伸性变差，纺丝效果也会变差，因此要选择合适的空气间隙。图 7.9(b) 和图 7.9(c) 显示干喷湿法获得的纤维表面光滑，截面圆整，这是湿法纺丝和干法纺丝达不到的。

7.4.1.4 电泳沉积法

GO 分散液可视为胶体，在电场的作用下，带电的 GO 片层会产生迁移运动，出现电泳现象。可采用石墨针作为正极，将石墨针浸没在 GO 分散液中，施加 1～2V 的恒定电压，在提拉石墨针过程中，GO 会在电极的末端自组装成凝胶状纤维。干燥和退火之后，纤维具有光滑的表面。但电泳法制备石墨烯纤维效率较低，不适合大规模生产。

7.4.1.5 静电纺丝

静电纺丝法也被用来制备石墨烯基纳米纤维[46～47]。将少量的功能化石墨烯和聚醋酸乙烯酯（PVAC）混合，进行静电纺丝，或者沉积在尼龙 66 纤维表面都可以制得复合纤维，可应用于光导和透明导电薄膜领域。因此，静电纺丝是一种很有前途的方法。图 7.10 是静电纺石墨烯复合纤维的示意图。

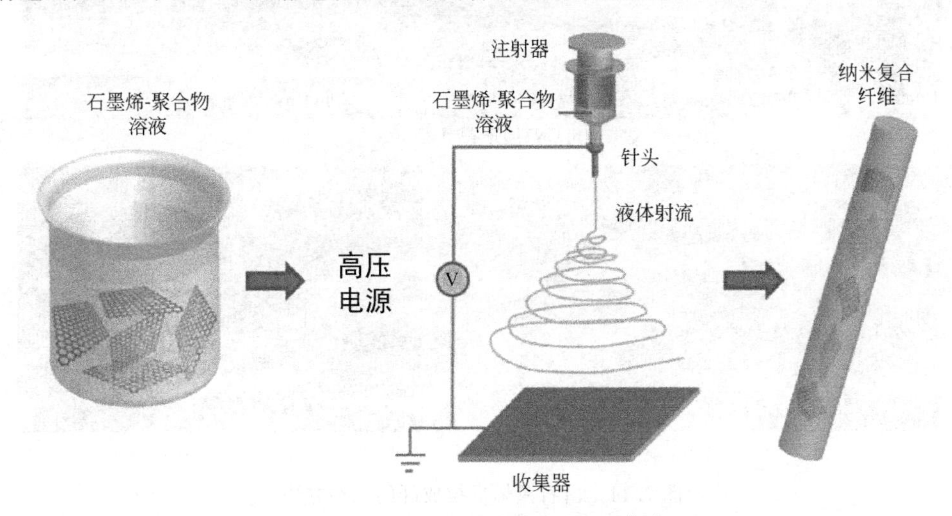

图 7.10 静电纺石墨烯复合纤维[46]

上述石墨烯纤维的纺丝制备方法中，湿法纺丝的研究最为广泛。液晶溶液是各种用途的有用的主体，基于石墨烯的多功能复合纤维也正在研究之中。

7.4.1.6 从石墨烯薄膜制备纤维

上面阐述的石墨烯纤维制造方法是基于直接将石墨烯溶液通过纺丝的方法转变为纤维的解决方案。本节将涉及如何从固态的石墨烯膜转变成纤维。

石墨烯膜可以直接卷缩或加捻成纤维。这种方法的关键是石墨烯膜或 GO 膜是可独立存在的，即不需依靠支撑物。目前，已经开发了两种方法来实现这一过程。第一种是由 GO 薄膜卷绕得到石墨烯纤维。例如，在聚四氟乙烯薄膜上刮涂 GO 溶液并蒸发溶剂得到连续的、800～1200cm^2的大面积GO膜，将GO薄膜裁剪成带状，再卷绕成石墨烯纤维［图7.11(a)］[48]。获得的石墨烯纤维有非常大的断裂伸长率（高达76%）、高韧性（高达17J/m^3）和吸引人的宏观属性，如均匀的圆形截面、光滑的表面和极佳的可打结性（knotability）。该方法简单，热还原后，可以得到高导电纤维，电导率达416S/cm。

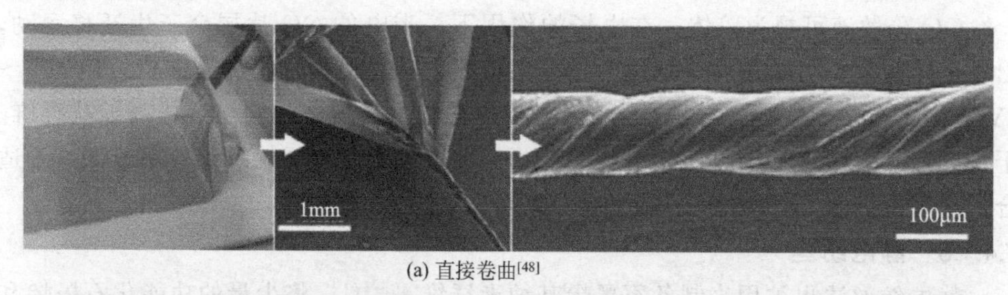

(a) 直接卷曲[48]

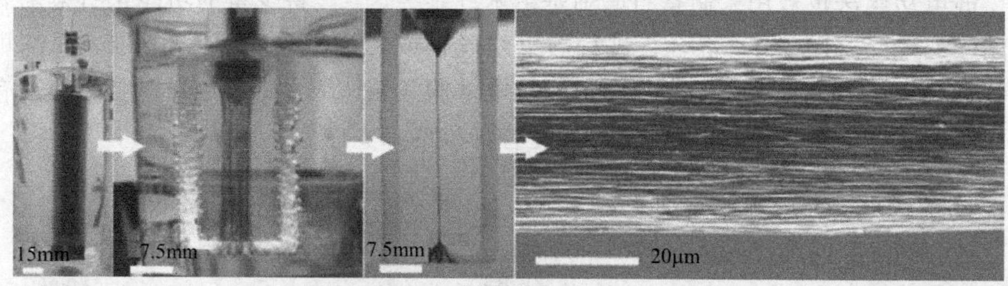

(b) CNT展开法[49]

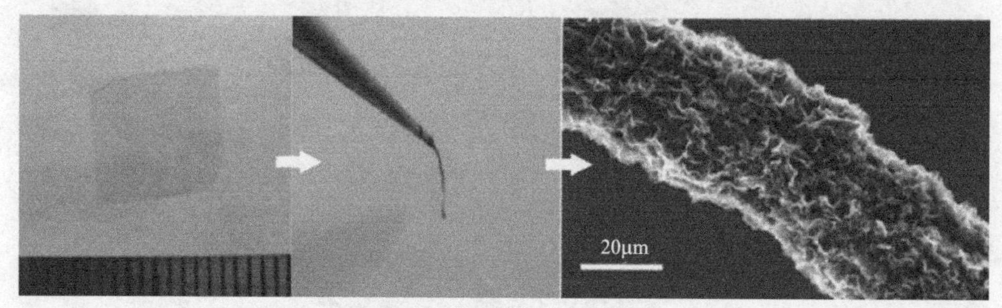

(c) CVD法[50]

图7.11　由石墨烯提拉成纤的三种方法

第二种方法是将碳纳米管展开形成石墨烯纳米带[49]。在$KMnO_4/H_2SO_4$溶液中，CNT被展开转变为氧化石墨烯，这些氧化石墨烯彼此是连接在一起的，就在溶液中形成了连续的膜。当提取到空气中后，该膜即收缩成凝胶态纤维，最后溶剂挥发，得到干的石墨烯纤维［图7.11(b)］。该方法最基本的条件是要能获得连续的有序排列的CNT片。这两种方法都是从固态的氧化石墨烯膜制备石墨烯纤维。

石墨烯纤维还可以由CVD生长出的石墨烯薄膜卷曲获得[50,51]。首先用CVD法在铜箔上生长出连续的石墨烯薄膜，将铜箔基底刻蚀之后，石墨烯薄膜转移至有机溶剂中，例如乙醇、丙酮以及乙酸乙酯。这类有机溶剂的表面张力很小（22～

25mN/m)，石墨烯薄膜在这类溶剂中会皱缩，当将石墨烯薄膜拉出时，由于三相界面张力（石墨烯、空气以及有机溶剂）的作用，会将卷曲的石墨烯薄膜挤成纤维，蒸发溶剂之后可以得到多孔石墨烯纤维［图7.11(c)］。这种方式得到的石墨烯纤维导电性较高，可以达到10～200S/cm，但在刻蚀过程中石墨烯薄膜易断裂，且该方法不易于大面积制备。必须指出的是，尽管已经有研究证明通过CVD法可以获得垂直排列的石墨烯阵列，但至今没有报道显示，石墨烯纤维可以由石墨烯阵列直接拉出加捻获得。这可能归因于石墨烯片之间的距离太大（几百纳米）、弱的范德华力和有限的物理缠结，这些都阻碍了连续石墨烯片的成纤。

7.4.2 石墨烯纤维的性能

本身是二维结构的石墨烯，通过纺丝或卷曲等方法构成了一维的石墨烯纤维材料，其性能有所延续，但也发生了一些显著变化。本章节将介绍作为柔性传感材料，石墨烯纤维的一些重要性能，包括力学性能、热性能、柔曲性以及驱动性能。

7.4.2.1 力学性能

石墨烯纤维力学性能主要依赖于以下的相互作用：①片层间的化学键；②氢键，GO中的含氧基团易形成氢键，即使GO被还原为rGO，这些含氧基团依然有部分存在；③范德华力，在大分子中，这种分子间作用力甚至比化学键还强；④物理缠结，起源于褶皱和折叠的石墨烯片。石墨烯纤维的拉伸破坏被认为是GO的拉出和断裂的共同结果，其中GO片层的褶皱和折叠对片层的拉出有很大的影响。

表7.1中列出了目前通过各种方法获得的石墨烯纤维的力学和电学性质对比。氧化石墨烯纤维的最大强度可达(442±18)MPa，还原石墨烯纤维强度最高可达501.5MPa，都是通过湿法纺丝获得的。还原处理可以将大部分的含氧官能团去除，从而降低了层间的距离、层间的范德华力增强，因此提高了纤维的强度。

表7.1 各种方法获得的石墨烯纤维的力学和电学性质对比[52]

纺丝技术	GO直径/μm	纤维成分	纤维直径/μm	拉伸强度/MPa	弹性模量/GPa	断裂伸长率/%	电导率/(S/cm)	参考文献
湿法纺丝								
5% NaOH/甲醇浴	0.91	GO	50～100	102	5.4	6.8～10.1	—	[53]
HI还原		rGO	—	104	7.7	5.8	250	
5% $CaCl_2$/水浴	18.5	GO	≥6	364.4	6.3	6.4	—	[42]
HI还原		rGO	—	501.5	11.2	6.7	410	
乙酸乙酯浴	22.6	rGO	—	360	—	10	280	[54]
HI还原		rGO/Ag	10	305	—	5.5	910～930	
0.05% CTAB/水浴	—	GO	53	145	4.2	—	—	[55]
HI还原		rGO	43	182	8.7	—	35	
乙酸乙酯浴	9	GO	—	214±38	47.0±8.1	0.61±0.10	—	[38]
1000℃退火		rGO	26	—	—	—	294	
1%壳聚糖浴	37	GO	—	442±18	22.6±1.9	3.6±0.7	—	[56]
1mol/L NaOH浴(220℃)		rGO	—	115±19	9.0±2.1	—	2.8	

续表

纺丝技术	GO直径/μm	纤维成分	纤维直径/μm	拉伸强度/MPa	弹性模量/GPa	断裂伸长率/%	电导率/(S/cm)	参考文献
乙醇浴，HI还原	—	rGO	—	238	—	2.2	308	[57]
0.4% CTAB/水浴	30	GO	—	267	14	—	—	[39]
HI还原		rGO	—	365	21	—	270	
液氮浴，HI还原	—	GO	—	6.9	0.27	4.6	—	[58]
		rGO	—	11.1	0.35	6.2	20	
甲醇浴	—	GO/PAN	25	452	8.31	5.44	—	[59]
5% $CaCl_2$/水浴		GO/HPG	—	555	15.9	5.6	—	[60]
HI还原		rGO/HPG	—	443	10.8	5.6	32.09	
5% $CaCl_2$/水浴	—	GO/GMA	15	500	18.8	—	—	[61]
HI还原		rGO/GMA					1.86	
干法纺丝								
玻璃管(230℃/2h)	—	rGO	33	180	—	4.2	10	[62]
玻璃管(230℃/2h)	—	rGO	>30	ca.156	—	2.1	10～20	[63]
玻璃管(230℃/2h)然后长碳纳米管	—	rGO/CNT	100	24.5	—	—	12	[64]
玻璃管路(230℃/2h)	—	rGO	30-35	—	—	—	ca.10	[65]
石英毛细管(220℃/6h)	—	rGO	40±2	197	—	4.2	12	[43]
		rGO/CNT	60±3	84	—	3.3	102	
PP管，VC退火(80℃/6h)	—	rGO	200	150	1.9	20	8	[44]
干喷湿纺								
干喷湿纺1050℃退火	0.71	GO	54	33.2	3.2	1.64	—	[45]
		rGO	29.5±0.6	383	39.9	0.97	285	
电泳沉积								
电泳沉积800℃退火	—	rGO	20～40	—	—	—	66	[62]
薄膜转换								
GO薄膜加捻2800℃退火	—	GO	340	31.1	0.255	78.6	—	[48]
		rGO	229	39.2	3.170	1.5	416	
石墨烯薄膜收缩	—	石墨烯	20～40	—	—	—	200	[51]

弹性模量是反映石墨烯片沿纤维纵向排列时它们的相互作用。弹性模量越高表明纤维抵抗弹性变形的能力越强。一般来说，片层尺寸越大，其纤维的模量就越大，因为大尺寸石墨烯其缺陷密度相对较小。片层的有序排列也对提高模量有利。可以对纤维进行一定的牵伸。同样，对氧化石墨烯进行还原处理也可以提高最终纤维的模量。

石墨烯纤维的断裂伸长率一般为10%，但也有报道可以获得断裂伸长率高达78.6%的氧化石墨烯纤维[48]。在轴向载荷作用下，裂纹从表面以螺旋状逐渐扩展到纤维芯部，断口呈锥形（图7.12），因此，相对于脆性断裂，其断裂应变很大。

还有报道称：先制备出GO水凝胶，然后纺丝获得GO纤维，还原后的石墨烯纤维显示出超弹性，断裂伸长率竟然达到90%，强度为100MPa。这类超高可拉伸性的石墨烯纤维，未来将在电子皮肤、可穿戴传感器和能源设备方面得到应用[57]。

从基本结构单元来看，石墨烯纤维和碳纤维都是由石墨片层组成的，但两者的

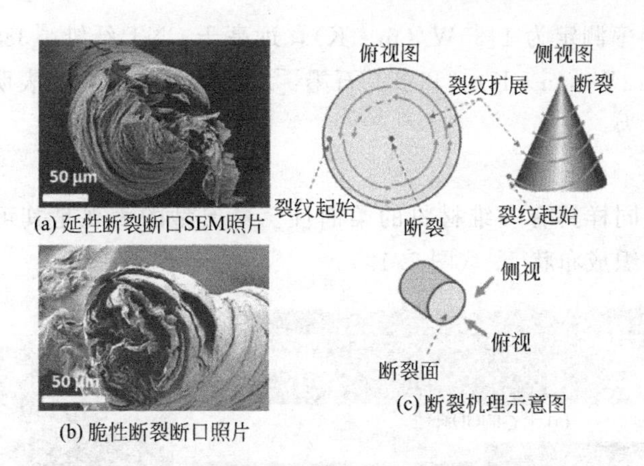

图 7.12 石墨烯纤维断口形貌及断裂机理[53]

力学性能差异较大，石墨烯纤维的力学性能远不及碳纤维（拉伸强度可达 7GPa，模量 900GPa）。但是对比其石墨片层的尺寸，石墨烯纤维的基本单元尺寸一般大于 1μm，明显大于 CF 的几个至几十个纳米的尺寸。

这样一来可以推测，二者之间的力学差异主要是由于基本单元组成了不同的结晶度、纤维取向和密度。因此，从这三方面减小差距将有利于进一步提升石墨烯纤维的性能。为了获得高性能的石墨烯纤维，以下几点是相对前沿的研究重点：①增大石墨烯的尺寸；②优化层片间取向，可进行适时的牵伸以获得层片的有序排列；③采用湿法纺丝时，寻找合适的凝固剂对最终的纤维性能影响很大。

7.4.2.2 电学性质

如表 7.1 所示，在没有外加成分的情况下，室温下石墨烯纤维的最高电导率可以达到 400S/cm。但大部分石墨烯纤维都是从氧化石墨烯制备得到的，而氧化石墨烯电阻率偏高。因此，还原处理对赋予石墨烯纤维的导电性起着至关重要的作用。有三种还原方法，包括化学法、热处理及激光法。其中，化学还原是最常用的，主要是由于其具有较高的还原效率和相对温和的还原条件。在还原过程中，大部分附着在 GO 上的含氧基团和残留的绝缘性凝固剂都被尽可能地除去，这样就降低了层间接触电阻，从而提高了导电性。目前有报道称石墨烯纤维的电导率可达 570S/cm。

除了还原处理，以下几个因素也是可以影响石墨烯纤维电导率的。

① 石墨烯尺寸越大，纤维电导率越大。譬如，对比尺寸分别由 30μm 和 5μm 的片层组成的纤维，发现大尺寸所得纤维比小尺寸所得纤维的电导率提高了 52%。

② 石墨片层的有序排列也将有利于纤维电导率的提高。有序性可以通过拉伸纤维获得，或者在纺丝时给予一个预张力或通过自身重力诱导拉伸纤维。

③ 引入导电介质，如 Ag 的加入，可使石墨烯纤维的电导率提高到 930S/cm。

7.4.2.3 热性质

单层石墨烯的热导率为 5000W/(m·K)。然而，石墨烯层数越多，每层的自由振动受限，声子输运电阻增大，因此多层石墨烯膜的热导率比单层石墨烯要差。

rGO纤维的热导率测定为1435W/(m·K)，远高于CNT纤维[380W/(m·K)]、石墨烯纸[约112W/(m·K)]和多晶石墨[200W/(m·K)]，表明石墨烯纤维在热领域将有所作为。

7.4.2.4 柔曲性

石墨烯纤维同样具有一维材料的柔曲性。最典型的表现是其可加捻、可打结性，甚至可以编织成布状[48]（图7.13）。

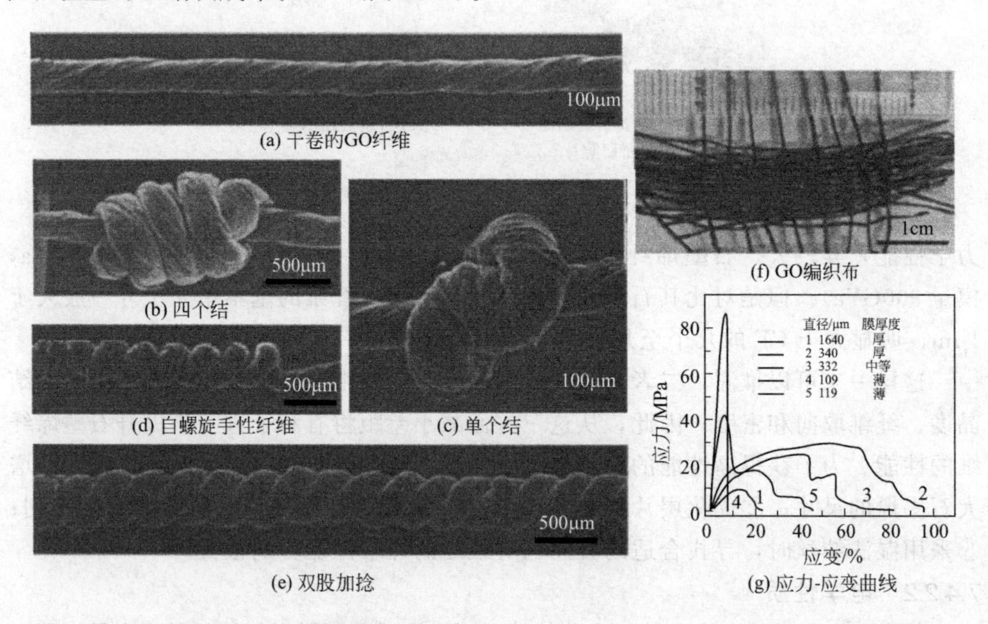

图7.13 石墨烯纤维是柔性的，可加捻、可打结、可编织[48]

石墨烯纤维的柔性和强度稳定性赋予该纤维可根据需要进行几何形状的设计。一般来说，在潮湿状态下更易组编成各种形状，而且一旦纤维干燥，这些形状能完好保留，如圆形，三角形和正方形[图7.14(a)]。也可形成三维结构如立体三角形和弹簧形。该石墨烯纤维弹簧可压可拉，具有形状记忆功能[图7.14(b)～图7.14(e)]。进行简单手工编织，再与PDMS复合，可以获得柔性可弯曲的复合材料[62][图7.14(f)～图7.14(h)]。

7.4.2.5 驱动性能

石墨烯纤维具有优异的驱动性能，对环境刺激具有快速的、甚至可逆的响应。如电压的变化、磁场的变化和湿度的变化等都会对石墨烯纤维产生驱动作用。这一性能提升了石墨烯纤维在可穿戴传感器中的应用价值。

例如[66]一种具有双层结构的石墨烯/聚吡咯（Ppy）电压响应纤维（图7.15），设计成镊子的形状，可以在外界电势的驱动下发生变形。当外加+0.8V电偏压，石墨烯镊子松开；而外加−0.8V电偏压，则镊子夹紧。此功能就是模仿简单的镊子，可以用来抓取小物体。例如在培养基中抓取出活细胞。尽管目前这方面还只在

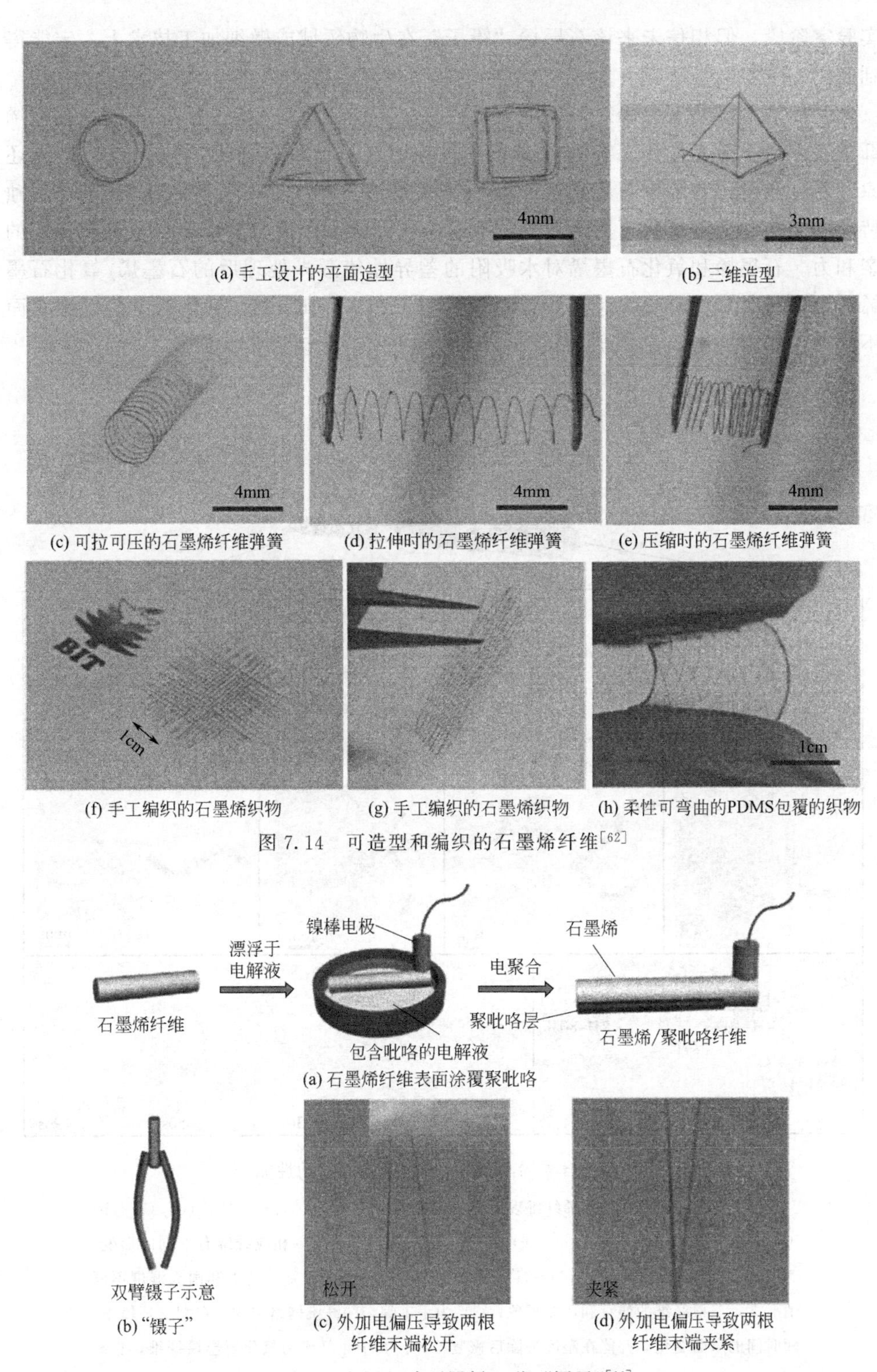

(a) 手工设计的平面造型 (b) 三维造型

(c) 可拉可压的石墨烯纤维弹簧 (d) 拉伸时的石墨烯纤维弹簧 (e) 压缩时的石墨烯纤维弹簧

(f) 手工编织的石墨烯织物 (g) 手工编织的石墨烯织物 (h) 柔性可弯曲的PDMS包覆的织物

图 7.14 可造型和编织的石墨烯纤维[62]

(a) 石墨烯纤维表面涂覆聚吡咯

(b)“镊子” (c) 外加电偏压导致两根纤维末端松开 (d) 外加电偏压导致两根纤维末端夹紧

图 7.15 电压驱动石墨烯双臂“镊子”[66]

实验室阶段，但相信未来该石墨烯“镊子”在生物领域或微细加工技术上一定能得到应用。

下面的例子是石墨烯对湿度的驱动传感，可应用于检测空气湿度。氧化石墨烯纤维表面由于激光作用，被还原为石墨烯，通过对纤维表面不同位置进行激光还原，可以获得具有部分石墨烯的氧化石墨烯纤维［图 7.16(a)］。由于石墨烯的独特片层结构和相对氧化石墨烯较少的氧含量，纤维表面的石墨烯就对水分有更好的亲和力。石墨烯和氧化石墨烯对水吸附的差异性使激光处理后的石墨烯/氧化石墨烯纤维形状对湿度具有响应。如［图 7.16(b)～图 7.16(i)］，氧化石墨烯纤维表面不同部位的石墨烯，在 80%湿度下，显示出不同的驱动形状。

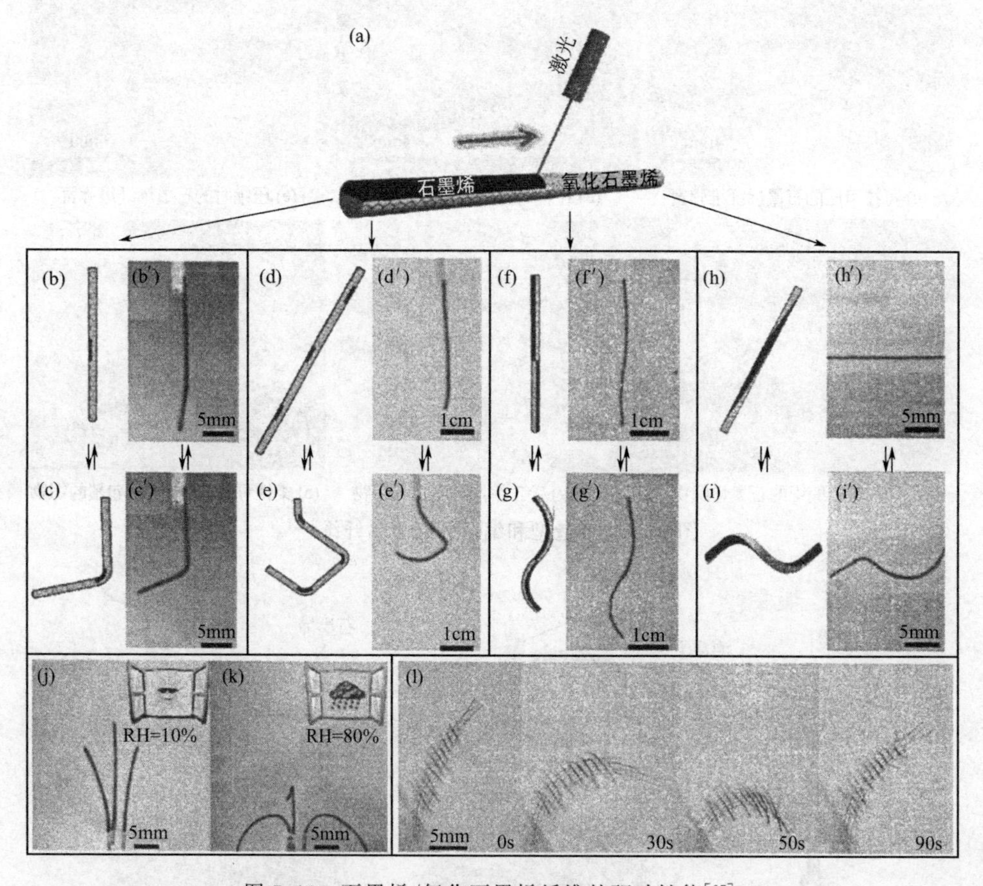

图 7.16　石墨烯/氧化石墨烯纤维的驱动性能[67]

(a) 激光还原氧化石墨烯纤维表面形成石墨烯区域（黑色部分）；(b)(d)(f)(h) 不同位置下激光还原；(c)(e)(g)(i) 湿度为 80%条件下，相应纤维有不同的形变，其中 (b)～(i) 为示意图，(b′)～(i′) 为实物图；(j)(k) 分别为晴天和雨天湿度不同情况下，三根纤维的伸直和弯曲现象；(l) 为手工编织的纤维网络结构，在潮湿环境中，随时间的弯曲变化，并能在湿度去除后恢复原样。其中短纤维为氧化石墨烯纤维，长纤维为激光处理后得到的石墨烯/氧化石墨烯纤维。

这类纤维可以进行天气湿度的探测，如图 7.16(j) 和图 7.16(k) 所示，三根纤维在晴天是直立的，而到了雨天，湿度增大，纤维就低垂弯曲下来，而且这种变化是可逆的。进一步研究发现，这种柔软的纤维可以编织成一种自支撑、稳定的纺织结构，当暴露在潮湿的环境中时，随着时间延续（0～50s），纤维逐渐弯曲，但仍能同时保持纤维网络结构；除去水分后（90s），纺织品几乎完全恢复了原来的形状［图 7.16(l)］。这种纤维在湿度驱动下，甚至可以在一个玻璃管道内行走。石墨烯的独特性能，为纺织设备和智能纺织品的发展提供了新的平台[67]。

7.5 应用

7.5.1 触觉传感

人体通过触觉传感获得外界的刺激感受[68]。事实上，人类每天都通过触觉器官与世界互动，其中最大的感觉器官就是皮肤。一般来说，人体皮肤能感受疼痛、冷、暖及机械刺激等[69]。触觉传感器就是要模拟人类皮肤对外界刺激有所感知的技术。

柔性电子技术和纳米技术的突破使得可伸缩的触觉传感器性能更优良，结构更简单，重量更轻，成本更低，并具有了一定的批量生产能力。特别是，越来越多的超薄柔性类似皮肤或纺织物一样的可穿戴式触觉传感器得到了新的应用，如电子皮肤（技术）、人形机器人、仿生假肢、移动医疗非侵入性诊断、个人健康护理和人机交互等。图 7.17 展示出了可穿戴式触觉传感的基本思想。

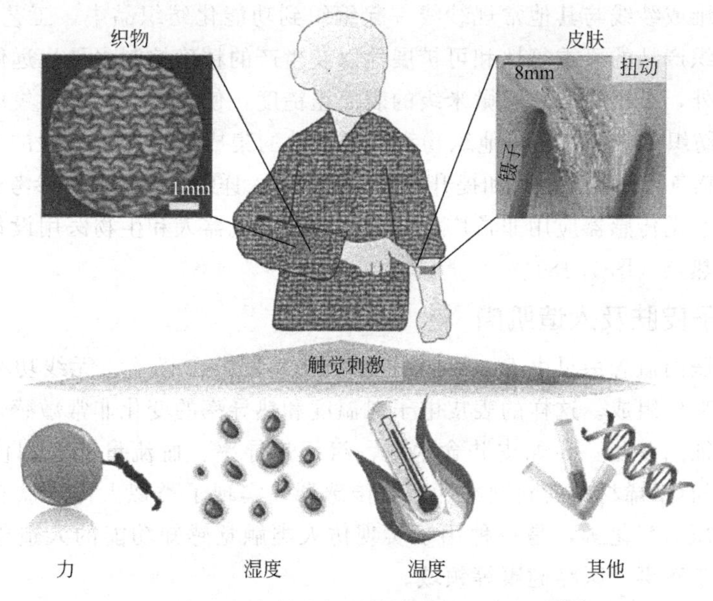

图 7.17　可穿戴式触觉传感器的基本思路[68]

可穿戴式触觉传感器可以分为两大类：皮肤基触觉传感器和纺织基触觉传

感器。

第一类皮肤基触觉传感器是指直接叠层在人体表皮或者机器人的表面的触觉监控设备，可以提供连续、准确的生理或环境测量。不同于传统的笨重和刚性技术，这类皮肤型层压设备与皮肤有共形接触。这是至关重要的，可以获得持久和稳定的测量。但是，任何从皮肤上滑动或剥离，都会增加噪声和反应的不准确。由于共形接触主要取决于器件的刚度和附着皮肤的能力，因此有必要对一些因素进行讨论，以期提高这类传感器件的性能。首先需要降低材料刚性，这是十分有益的。为了降低刚性，一般要降低有效弹性模量，如选择聚二甲基硅氧烷（PDMS）这类聚合物作为基底材料，因为它具有低的弹性模量、理化性能稳定，使传感器能迅速响应压力、拉伸和压缩应变等。材料的几何尺寸，包括厚度和宽度等，也是决定刚性的关键参数[69]。

第二类纺织基触觉传感器是指触觉监控设备直接放在人类穿戴衣物的纤维、纱、面料等的表面或内部。因为利用了织物的网络几何形状，这类传感器具有许多理想的特性，如可拉伸、有孔隙透气、可清洗。特别是纤维织物具有一个自我适应的网络结构，可以跟随人体或机器人的运动来调整纤维取向。此外，由于透气性对皮肤是至关重要的，纺织品中数以百万计的孔隙为空气和水蒸气提供了一个渠道，从而使佩戴者在长期使用时感到舒适。

从制备的角度看，一种是在面料或织物上涂层或复合功能性材料，如聚吡咯、碳纳米管、石墨烯和金属纳米线等。然而，这种方法可能会损害织物的柔韧性或舒适性，特别是当附加上的组件是刚性的。另一个有潜力的方法，是通过商业生产路线将功能纤维或纱线与其他常规纱线一起编织到功能化纺织品中，工艺相对简单。但目前，纺织产品的可重复性和可扩展性以及生产的精确控制水平远远低于实际应用要求。此外，纤维一般总有微米级的表面粗糙度，使它们与传统的集成电路不兼容。因此，纺织传感元件与其他织物和电子部件的集成是具有挑战性的。总之，纺织基触觉传感急需开发新材料和提升器件设计策略。详细的评述可以参考文献［70］。

可穿戴触觉传感器应用非常广泛，人机界面、机器人和生物医用设备等方面是目前的研究热点（图 7.18）。

7.5.2 电子皮肤及人造肌肉

电子皮肤的概念最早由 Rogers 等提出，由多功能二极管、无线功率线圈和射频发生器等部件组成。这样的表皮电子对温度和热导率的变化非常敏感，可以评价人体生理特征的变化，比如皮肤含水量、组织热导率、血流量状态和伤口修复过程[71]。基于石墨烯材料的新型柔性触觉传感器，实现了类似人体皮肤功能，可快速感知微小压力变化等，是一种用于实现仿人类触觉感知功能的人造柔性电子器件，可应用于军事、医疗健康等领域。

电子皮肤触觉传感器发展迅速，其性能在多方面已能模仿甚或超越人类皮肤，其研究成果已逐渐应用于生产生活和康复医疗等多领域（见表 7.2）。未来，电子

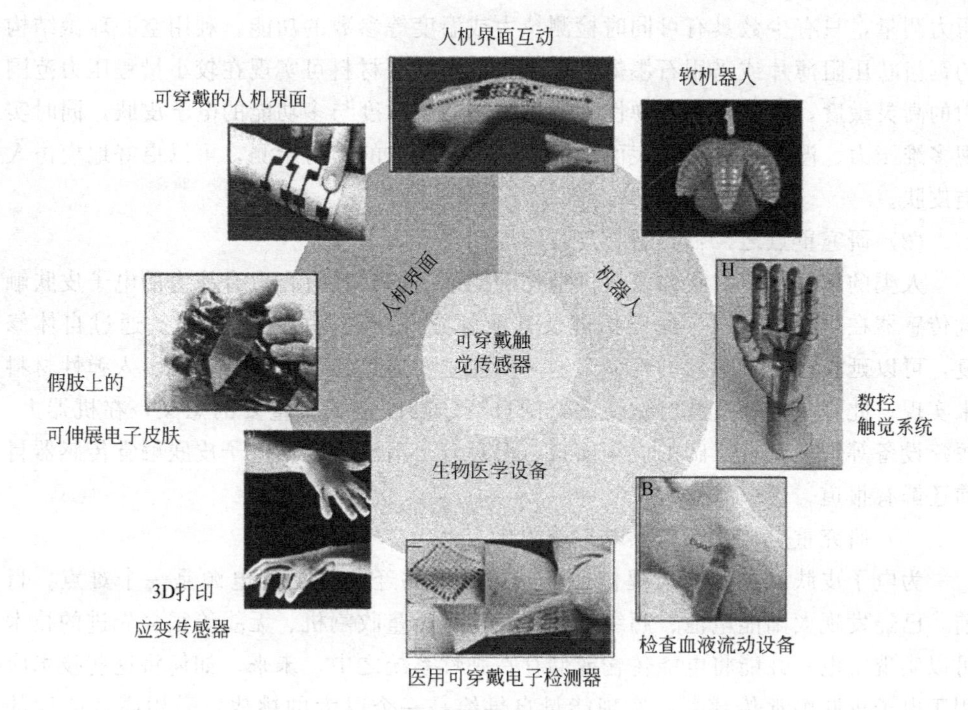

图 7.18 可穿戴触觉传感器应用领域[68]

皮肤触觉传感器应结合多学科知识向高柔弹性、高灵敏度、多功能、自愈合和自供电等方向发展，达到与人类皮肤更加近似的综合感知触觉性能，以适应复杂的外部环境。

表 7.2 目前主流电子皮肤与人类皮肤对比[72]

采用技术	传感密度/cm²					信号输出	复用	力学特性
	温度	压力	形变	动态力	湿度			
人类指尖[73]	4	70	48	163	—	数字	直接输出	可伸展，耐久，自愈合，可生物降解
人类手掌[73]	4	8	16	34	—	—	—	—
可伸展碳纳米管[74]	—	25	—	—	—	模拟	无源矩阵	可伸展
自愈合传感器[75]	—	1	—	—	—	模拟	—	自愈合
可生物降解聚合物[76]	—	13	—	—	—	模拟	无源矩阵	可生物降解
可伸展硅[77]	11	44	44	—	1	模拟	无源矩阵	可伸展
压电[78]	—	8464	—	—	—	模拟	无源矩阵	柔性
石墨烯[79]	25	25	—	—	25	模拟	无源矩阵	可伸展
碳纳米管有源矩阵[80]	—	8.9	—	—	—	模拟	有源矩阵	柔性

电子皮肤未来研究重点包括以下三方面。

（1）研究重点之一：高柔弹、宽量程、高灵敏度与多功能

目前，电子皮肤触觉传感器通过采用新型柔性材料、多种传感器阵列结构、新型制作工艺实现了柔性化，但现有的触觉传感器阵列大部分功能单一，主要集中在

压力测量，只有少数具有可同时检测拉力或温度等参数的功能。利用空心球微结构的锯齿状压阻薄片或采用石墨烯、单壁碳纳米管等材料可实现在较小量程压力范围内的高灵敏度，而兼具高柔弹性、宽量程的高灵敏度与多功能的电子皮肤，同时实现多维压力、温度、湿度、表面粗糙度等多种参数的实时检测，可以更好地模仿人类皮肤。

(2) 研究重点之二：自愈合与自清洁

人类的皮肤具有自我修复机械损伤的能力，同样具有自愈合能力的电子皮肤触觉传感器在仿生机器人、医疗保健及其他领域具有更高的实用价值。通过自体修复，可以延长触觉传感器的寿命。这一功能主要通过将自愈合的特性引入弹性材料来实现。此外，电子皮肤触觉传感器的自清洁功能也具有重要的意义，在机器人、医疗设备等领域具有广阔的应用前景，但具有自清洁功能的电子皮肤触觉传感器目前还鲜有报道。

(3) 研究重点之三：自供电与透明化

为电子皮肤触觉传感器提供便携、可移动并经久耐用的电源是一个难点。目前，已经发现太阳能电池、超级电容器、机械能量收割机、无线等很多先进的技术可以实现发电，并能将电能传输或储存在弹性系统之中。未来，如何将这些技术应用于电子皮肤触觉传感器，实现能量自供给是一个巨大的挑战。采用高透明度的PDMS等材料可实现电子皮肤触觉传感器的透明化，进而保证利用太阳能驱动的机械设备对光能的吸收。透明化设计也是电子皮肤触觉传感器今后发展的重要趋势。

2017年中科院利用简单高效的模块化微加工工艺，将一种PVDF（聚偏氟乙烯）复合石墨烯纤维分别制成四种平面模块单元，分别起到压力传感器、光电探测器、气体传感器以及微型超级电容器的作用。它们被集成到类皮肤的柔性材质上，形成自供电的多功能电子皮肤系统，可以检测人体生理体征和周围环境的变化[81]。该柔性超级电容器模块能量密度可达0.071mW·h/cm^3，可为系统提供较为稳定的电流输出；压力传感器可以感知外界触碰、手腕脉搏、喉咙发声和心跳(图7.19)；光电探测器可以感知环境的亮度变化；气体传感器可以探测到毒性有机气体的浓度。这项研究实现了多功能、可持续、无线、无需外部电池供能的自驱动系统，达到微型化与轻质化的需求，为业界提供了一种高效率的、可大规模集成化应用的工艺思路，可以应用于制造更紧凑、更高性能的电子皮肤以及其他可穿戴电子产品等领域。

最近几年，我国在新工艺和新材料方面的研究尤为关注，这对于电子皮肤传感器的研究有着极大的促进作用。在未来，其发展将向更高灵敏度、更加智能化、更综合全面化方向发展。高柔弹性且灵敏度更高的多功能电子皮肤有着更大的优势和诸多的良性特点，更加接近人类的皮肤特征，能够解决目前触觉传感器阵列功能单一的弊端，所以这是今后的一个重要研究方向。

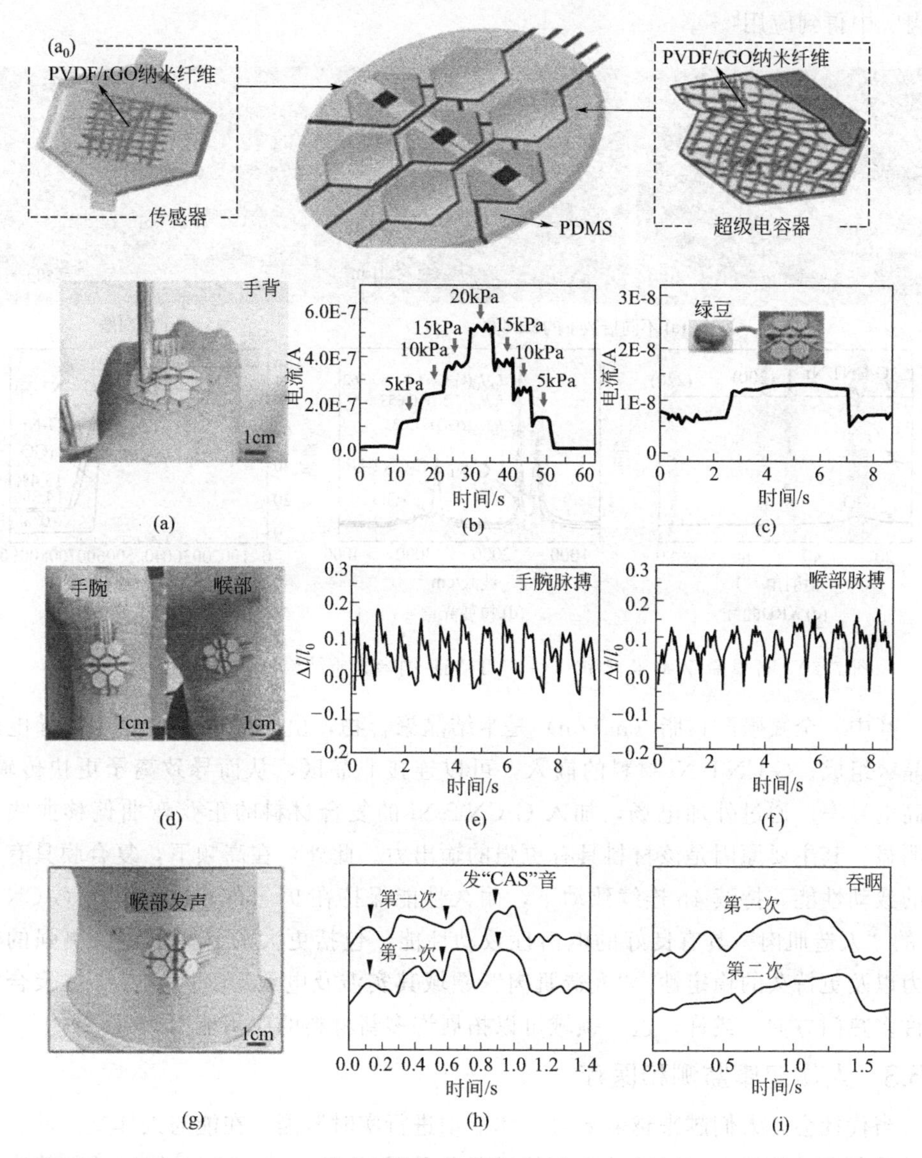

图7.19 (a_0) PVDF/rGO纳米纤维作为功能材料应用于多功能电子皮肤中的多级传感和微型超级电容器；(a) 手背受压；(b) 连续加压时输出电流信号变化；(c) 放置和移除一颗绿豆导致的电流变化；(d) ～ (f) 电子皮肤置于手腕和喉部测定脉搏跳动；(g) 喉部发声的测定；(h) 两次发"CAS"音时检测到的信号；(i) 吞咽动作导致的信号变化[90]

另一项新的研究是通过连续微波法制备了石墨烯-碳纳米管-镍（G-CNT-Ni）纳米异质结构（图7.20）。其中二茂镍可以作为催化剂，催化碳纳米管在石墨烯表面垂直生长。该材料在商用微波炉中即可完成制备。将G-CNT-Ni材料和离子聚合物混合，形成导电三维网状结构，以增强复合层的电导率和力学性能，在"人造肌肉”中得到应用[82]。

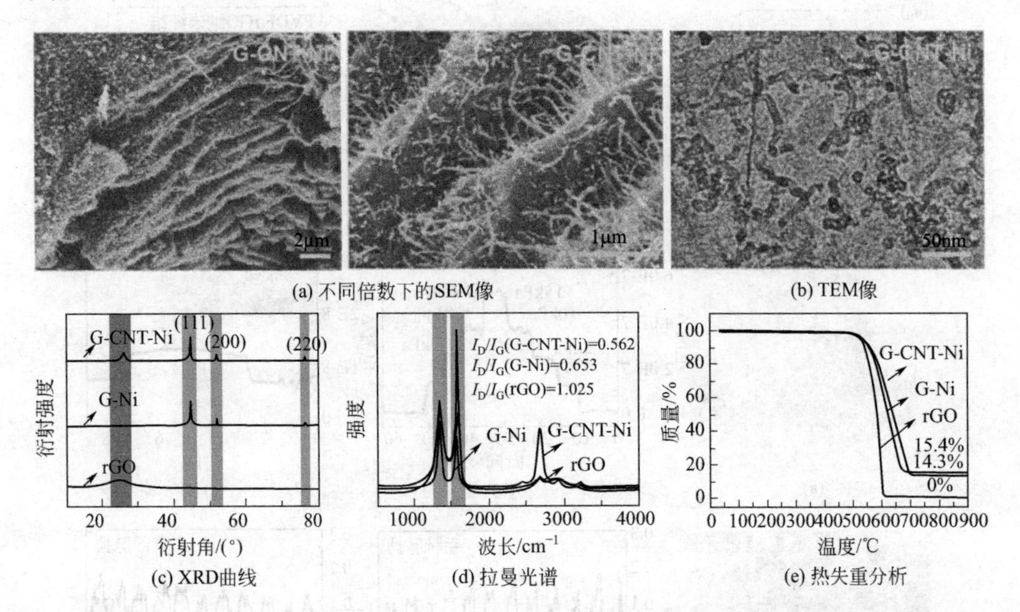

图 7.20 石墨烯-碳纳米管-镍（G-CNT-Ni）纳米异质结构的形貌和化学分析[82]

其中，全氟磺酸树脂（nafion）是半结晶聚合物，由不导电的结晶区和导电的非晶区组成。G-CNT-Ni 材料的嵌入，可以连接非晶区，从而导致离子更快传输，提高电导率。通过外加电场，加入 G-CNT-Ni 的复合材料的正弦弯曲偏移曲线更加明显。其主要原因是该材料具有更强的输出力。此外，在高频下，复合膜具有更好的致动性能。持续 4h 连续致动下，耐久性能保持在 93%的水平。基于 G-CNT-Ni 的“人造肌肉”具有良好的电活性致动性能，包括更大的弯曲形变、更强的输出力以及更持久的稳定性。“人造肌肉”领域其实涉及电致形变、离子导体聚合物等许多热门方向。或许，这一领域可以拓展许多新材料的应用范围。

7.5.3 人体健康监测和医疗

当代社会，人们越来越需要对人体活动进行实时监测。在能与人体交互的诊疗电学设备中，监控人体运动的应力传感器备受瞩目[83~85]。监测人体运动的策略可以分为两种：一种是监测大范围运动，例如手、胳膊和腿的弯曲运动；另一种是监测像呼吸、吞咽和说话过程中胸和颈的细微运动。适用于这两种策略的传感器必须具备好的拉伸性和高灵敏度。而传统的基于金属和半导体的应力传感器不能胜任。所以，具备好的拉伸性和高灵敏度的柔性可穿戴电子传感器在运动监测领域至关重要。

下面这个例子[85]是发展了一种基于石墨烯的应力传感器应用于运动检测。巧妙地运用可拉伸的纱线，层层组装石墨烯纳米粒子分散液和 PVA 溶液（图 7.21）。显然，这个过程是简便、廉价和规模化的溶液过程。通过不同的纱线结构组装了压

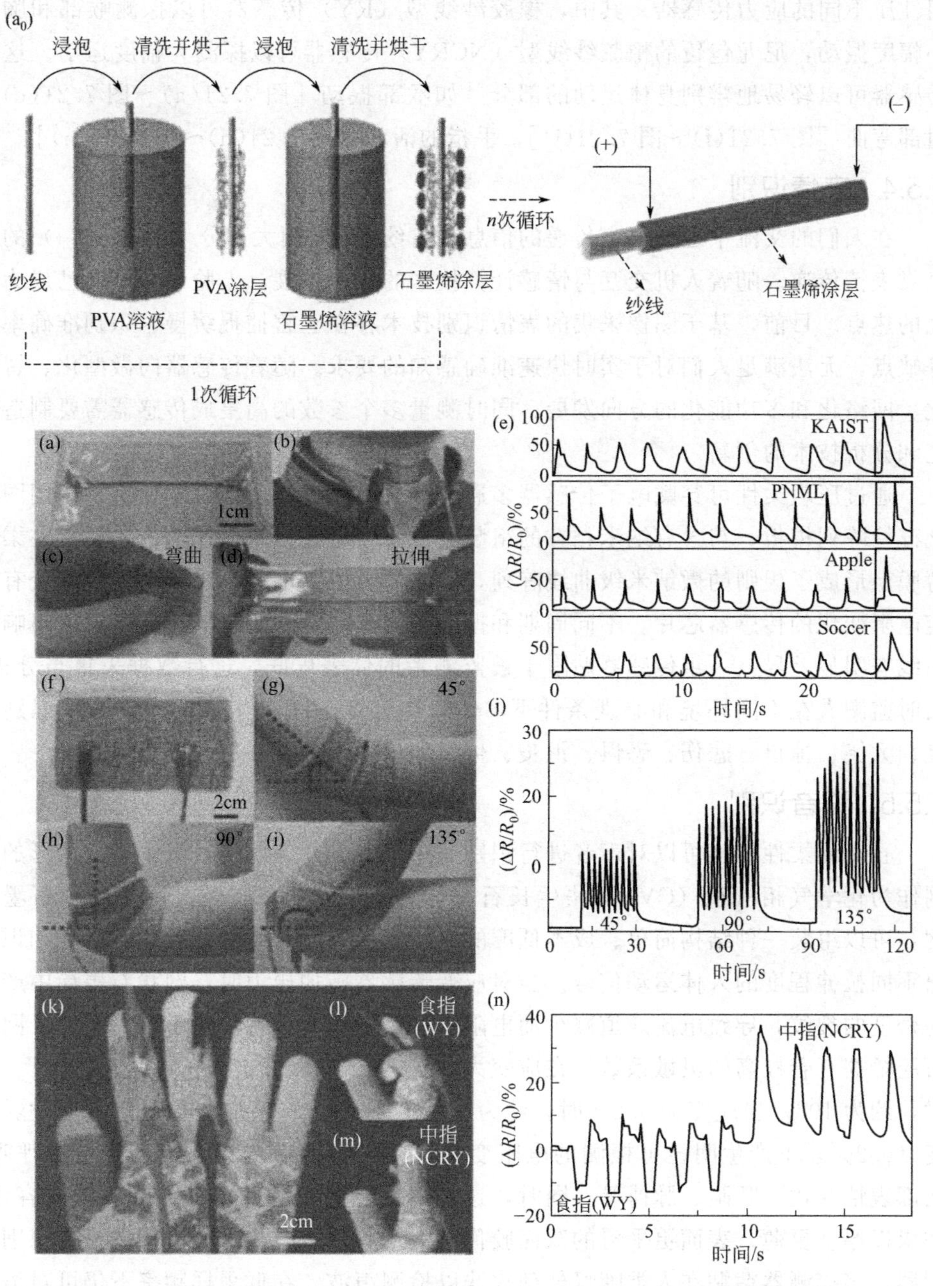

图 7.21 (a_0)纱线外重复涂层石墨烯的过程；(a)～(d)石墨烯涂层纱线包埋于弹性薄片中，用于检测喉部的发声振动；(e)发不同英文单词声音引起的相对电阻变化；(f)～(i)缝于肘套内的应变传感器监控手臂的弯曲运动(45°，90°，135°)；(j)检测到手臂不同角度运动的相对电阻变化；(k)～(m)手套内的传感器用于检测手指的运动；(n)相对电阻变化显示出不同手指运动对应不同的信号[85]

阻性质不同的应力传感器。其中，橡胶纱线型（RY）传感器可以探测喉部和胸部小幅度振动，尼龙包覆的橡胶纱线型（NCRY）传感器可以探测大幅度运动。这种传感器可以轻易地辨别身体运动的部分。如喉部振动［图 7.21(a)～图 7.21(e)］，肘部弯曲［图 7.21(f)～图 7.21(j)］，手指的活动［图 7.21(h)～图 7.21(n)］。

7.5.4 表情识别

在人们的交流中通过语言传递的信息只占约 7%，而大部分（约占 55%）的信息靠表情传递。随着人机交互与情感计算技术的快速发展，人脸表情识别已成为研究的热点。目前，基于图像采集的表情识别技术存在五官捕捉缓慢、识别准确率低等缺点，无法满足人们对于实时快速准确感知的要求。随着传感器向微型化、智能化、网络化和多功能化的方向发展，同时测量多个参数的高集成传感器需要制造工艺和分析技术的创新。

通过压阻柔性可穿戴电子传感器多通道分析可以进行表情识别。例如利用图案化硅柱阵列模板，与含有纳米颗粒的组装液及柔性薄膜构筑的三明治夹层。在柔性薄膜上形成了规则的微纳米级曲线阵列，真空蒸镀上金电极，得到对微小形变有稳定电阻变化的传感器芯片。不同周期和振幅比的曲线阵列传感器对应变的电阻响应曲线有明显差异。一组传感器贴附于被监测者的体表皮肤，进行数据采集与分析，实时监测人在不同环境和心理条件下，体表微形变的相关生理反应，可以识别微笑、大笑、惊讶、悲伤、恐惧、沮丧、生气和放松八种主要的面部表情[86]。

7.5.5 语音识别

石墨烯柔性传感可以对声音进行识别。一个实例如下所述，以十字交叉形的铜网作为化学气相沉积（CVD）法生长石墨烯的基底，制备得到高灵敏度的石墨烯网，可以组装一种结构简单、成本低廉的网状石墨烯应变传感器，能够采集和识别出不同拉伸程度的人体运动信号。当对应变传感器施加压力时，网状石墨烯中产生高密度的裂纹，导致电流通道减少而电阻增大。由于这种特殊的十字形结构，网状石墨烯拥有着极高的灵敏系数，在应变为 2%～6%时，可达 103；当应变大于 7%时，约为 106；当应变为 0.2%时，约为 35。这种网状石墨烯传感器件可在微弱形变（0.2%）下产生明显可检测的电阻变化，亦可监测微弱人体运动，包括呼吸、面部表情变化、眨眼、脉搏等。同时，这类器件具有良好的可穿戴和生物兼容性。如果以厚度更薄、表面更平滑的双面胶代替医用胶带组装的柔性可穿戴语音识别探测器，将探测器粘贴在人类咽喉外部皮肤以检测声波，在低采样频率下仍可对语音进行识别，是一种新型的电子皮肤。网状石墨烯语音传感器成功收集和识别了 26 个英文字母，某些典型的汉字、短语和句子。这种语音识别器可以在超低的采样频率下完全保留语音的所有特征峰，且与扬声器所发出的信号特性保持高度一致。另外，当测试者在发出声音与不发出声音的过程中做同样的动作，得到的波形信号几乎完全相同，这将有助于发音存在困难的患者进行交流。图 7.22 中的例子表明，石墨烯传感器可以识别“东、南、西、北”“前、后、左、右”；也可以分别识别拼音 a 和 o 的四个声调。可以看出，每一个汉字具有其自身的特征峰，且不同的声调具有不同的信号。通常，发出第三声调的信号波形往往存在起伏，而第四声调的信号振幅始终是最大值。对中文词组“石墨烯”和“石墨烯传感器”的识别测试中，其中“石墨烯”的波形信号特征非常显著，如图 7.22(e) 和图 7.22(f) 所示。

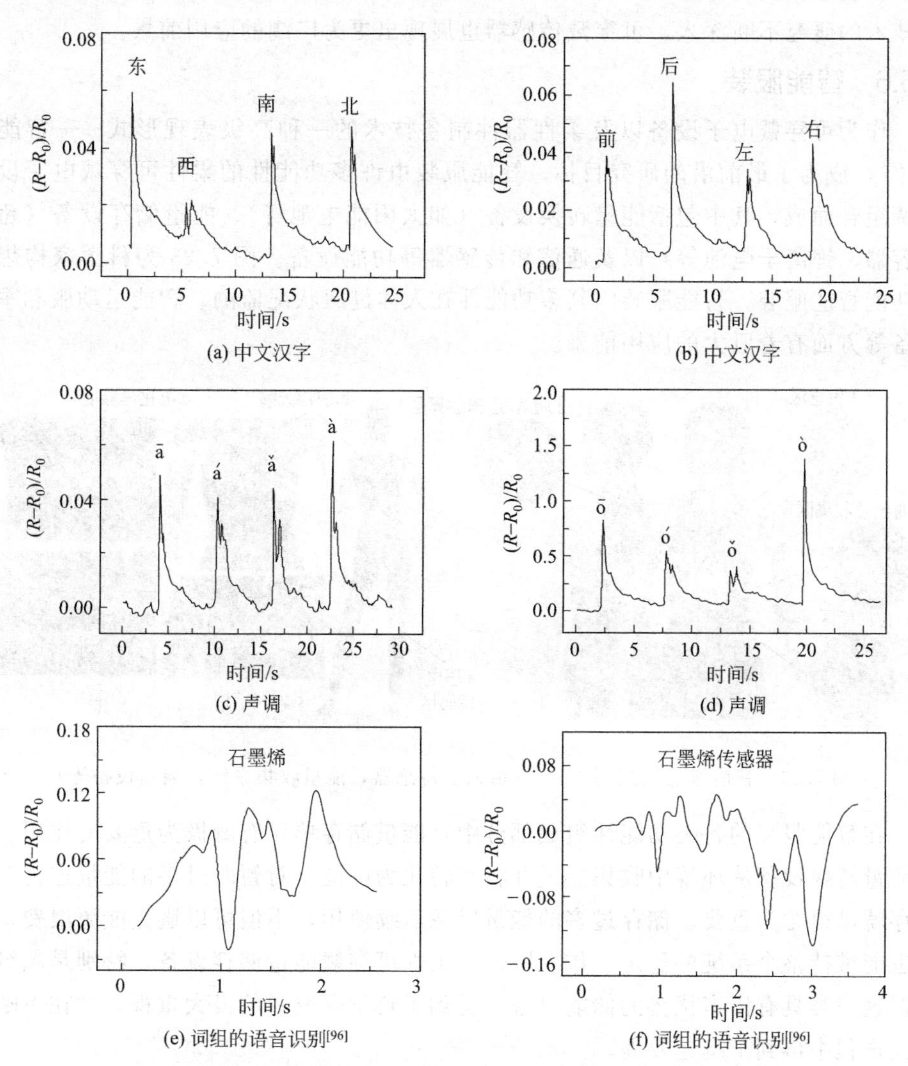

图 7.22 石墨烯应变传感器对中文汉字、声调和词组的语音识别[96]

由于具有优异的柔韧性、超高灵敏度和良好的生物相容性等特点，这种基于网状石墨烯的声音识别传感器可用于更为复杂的音频数据及声音系统的监测，如在地震监测、机器人语音等领域具有巨大的发展潜力[87]。

实际应用方面，柔性可穿戴电子传感器还需要实现新型传感原理、多功能集成和复杂环境分析等科学问题上的重大突破，在制备工艺、材料合成与器件整合等技术上也要有新的进展。亟需新材料和新信号转换机制来拓展压力扫描的范围，不断满足不同场合的需要；发展低能耗和自驱动的可穿戴传感器；提高可穿戴传感器的性能，包括灵敏度、响应时间、检测范围、集成度和多分析等；提高便携性，降低可穿戴传感器的制造成本；发展无线传输技术，与移动终端结合，建立统一的云服务，实现数据实时传输、分析与反馈。随着科学技术的发展，特别是纳米材料和纳米技术的研究不断深入，可穿戴传感器也展现出更为广阔的应用前景。

7.5.6 智能服装

作为可穿戴电子设备以及柔性器件制备技术的一种高级表现形式——智能服装[88]，成为了最前沿的研究目标。智能服装由许多功能性的柔性可穿戴电子设备协调组合而成，其中包括能量转换设备（如太阳能电池等）、能量储存设备（超级电容器、锂离子电池等）以及通信和传感器等功能设备。图 7.23 为科学家构想的多功能智能服装。智能服装因其多功能性在人体健康状况监测、智能运动服和军事装备等方面有着巨大的应用前景。

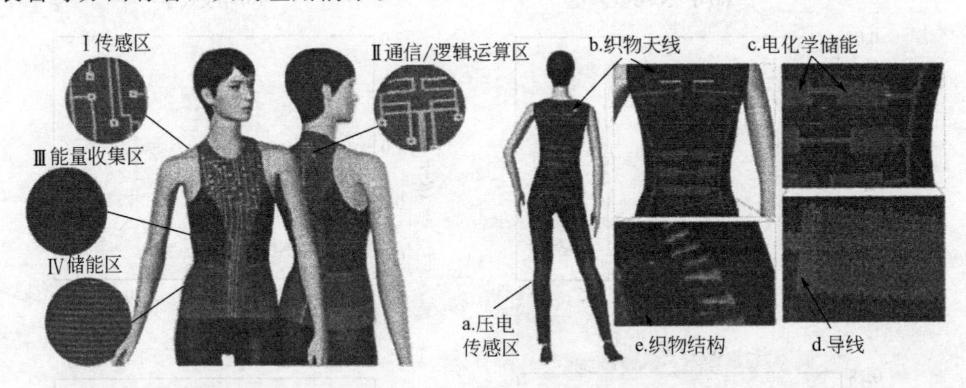

图 7.23 智能服装构想图[89,90]（植入了传感器，能量收集系统，通信设备等）

在智能服装的各类功能性组成部分中，能量储存单元有着极为重要的作用。一旦能量转换设备从环境中收集能量并将其转化为电能，对暂时过多的能量进行合理储存就显得尤为重要。储存过多的能量以备后续使用，不但可以避免能源浪费，同时也能维持整个系统的稳定工作。因此，柔性可穿戴能量储存设备，特别是超级电容器这一类具有诸多优势的储能设备，受到了科学研究者的极大重视，并在不断的研究进程中得到了迅速发展。

为了满足对微型和可穿戴电子设备的要求，一维纤维结构柔性超级电容器应运而生，并得到了迅速的发展。此类超级电容器以一维纤维作为电极，整个器件的结构为一维纤维状，纤维电极的直径通常在微米级到毫米级，因此，此类超级电容器不仅体积微小而且质量很轻；同时，由于其一维纤维状器件结构，此类超级电容器具有极好的柔性并能够编织到日常的服装中，与日常服装协调地融为一体。将不同功能的纤维状电子设备编织到日常服装中就可以得到多功能智能服装。针织样品照片见图 7.24。

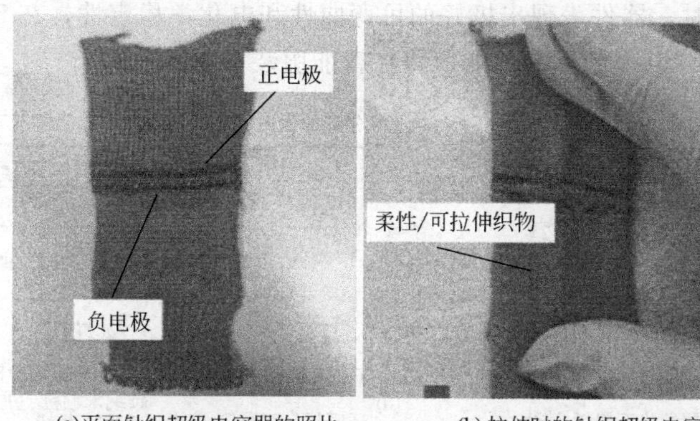

(a)平面针织超级电容器的照片 (b) 拉伸时的针织超级电容照片

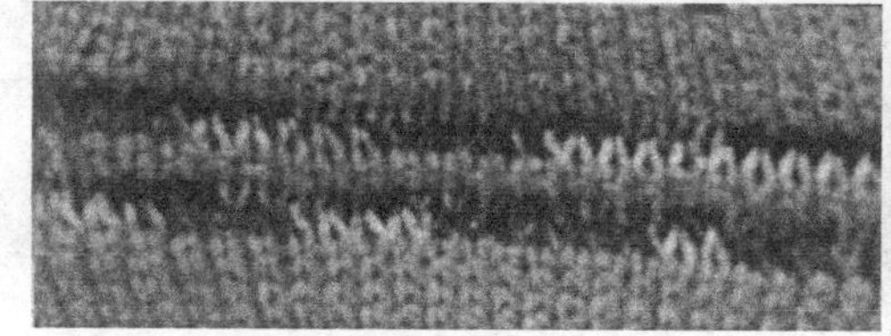

(c) 电极条纹针织的特写照片

(d) 丝线可缠绕在手指，展示出其柔曲性

图 7.24 针织样品照片[98]

可穿戴电子设备的舒适性越来越受到研究者的关注，然而无论是碳材料还是金属基底一维超级电容器，由于它们的电极基底材料与日常生活中的服饰纤维有着本质的不同，因此，在可穿戴舒适性上还较为欠缺。近期，以日常生活中的纤维作为电极基底的一维超级电容器的研究开始出现。例如，以棉纤维作为电极基底，避免了类似于碳材料纤维基底复杂的制备过程，同时也具有接近于日常服装的柔软性和舒适感，很大程度上弥补了金属基底柔性欠佳的缺点。与此同时，棉基纤维由许多微纤维相互缠绕连接形成，具有较好柔软性的同时也具有理想的力学性能。棉纤维还具有极好的吸水性，这有利于通过提拉法在棉纤维上附着足够量的活性材料以赋予其电化学性能[91]。

近期还有一些关于棉基纤维电极的研究，例如，将清洗过的棉线放入牛血清蛋白（bovine serum albumin，BSA）溶液中，使棉纤维上附着 BSA 分子，这一步骤是为了增强棉纤维在后续处理中对活性材料的吸附性，之后，对 BSA 分子附着的棉线进行化学处理使其附着上碳纳米颗粒/还原氧化石墨烯［图 7.25(a)～图 7.25(c)］[92]，以此作为一维纤维结构超级电容器的电极，组装得到超级电容器。由于棉线纤维的柔性，因而具有极好的机械性能和可编织性［图 7.25(d)］。将纤维结构超级电容器编织在棉布中，它们在不同弯曲状态下仍能保持正常的电容性能［图 7.25(e)，图 7.25(f)］。其稳定的电化学性能与棉线纤维密切相关，棉线纤维在为纤维结构的超级电容器提供优异柔性的同时，也赋予了器件极为牢固的内部结构，这为器件稳定的电化学性能提供了重要的保障。通过简单的方法赋予了棉线导电性和储能性质。同时，器件表现出极好的可弯曲性和电化学稳定性，在500次以上弯曲后仍能保持90%以上的电容性能，将在智能服装中有所应用。

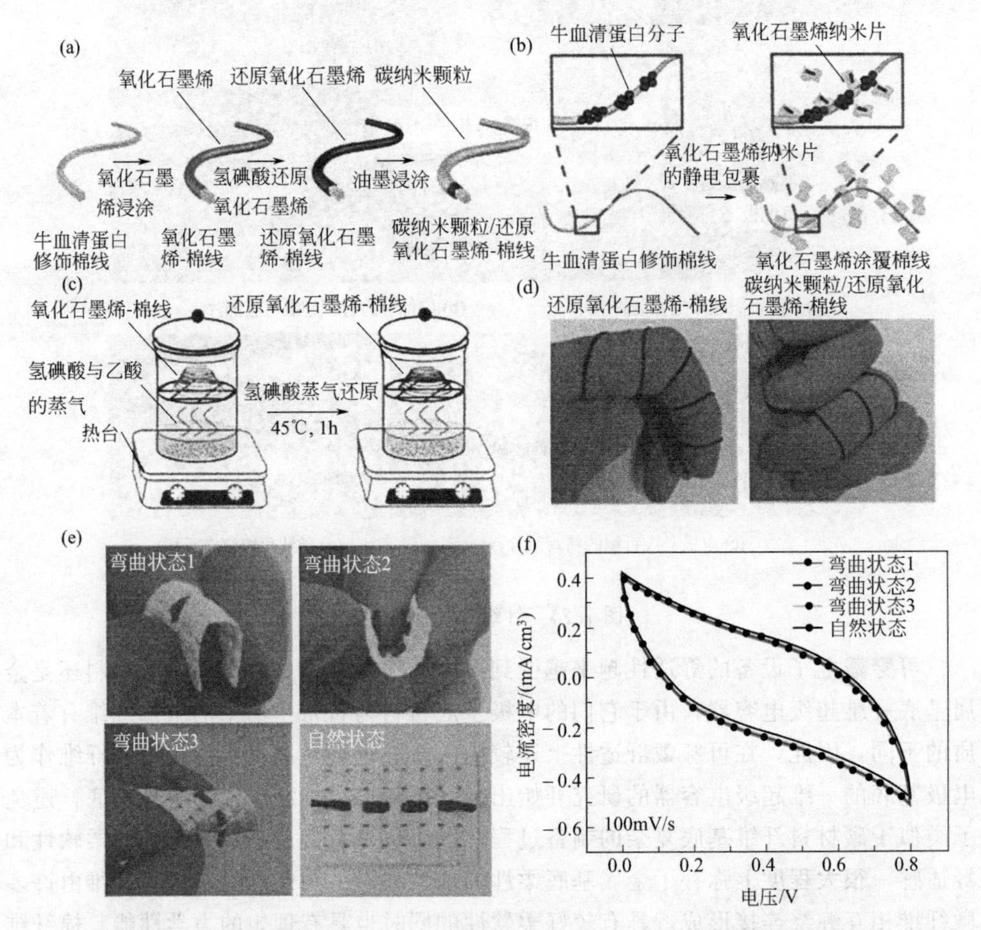

图 7.25 (a) 棉线表面涂覆石墨烯的过程示意图；(b) 表面涂覆结构示意图；(c) 棉线表面氧化石墨烯的还原（氢碘酸蒸气还原）；(d) 表面涂覆后的棉线依旧柔韧；(e) 石墨烯涂覆棉线编织于织物中，可弯曲；(f) 不同弯曲状态下的 *CV* 曲线变化不大[92]

还有工作者[93]通过化学沉积的方法在普通棉线上均匀生长了一层单质镍，赋予了棉线良好的导电性，再利用电化学沉积的方法在镍单质覆盖的棉线上沉积了还原氧化石墨烯［图 7.26(a)］，并以此为一维超级电容器的电极。组装得到的超级电容器展现了极好的电化学性能，其最大能量密度为 6.1mW·h/cm^3，最大功率密度可达 1400mW/cm^3，在循环充放电 10000 次后，其电容保留率仍高达 82%。随后，他们将该超级电容器纺织到织布中［图 7.26(b)］，该织布在不同弯曲程度和重复弯曲后纺织在其中的器件都能保持原有的电化学性能［图 7.26(c)，图 7.26(d)］，表现出了极好的电化学稳定性。

也有工作者[94]以棉质纤维作为电极基底，通过提拉法在其上均匀附着了单壁碳纳米管［图 7.26(e)，图 7.26(f)］，赋予了棉质纤维较好的导电性。在此基础上，通过两步电化学沉积，在单壁碳纳米管附着的棉质纤维上依次生长了 MnO_2［图 7.26(g)，图 7.26(h)］和聚吡咯［图 7.26(i)，图 7.26(j)］。将该复合材料电极组装形成一维超级电容器，其比电容高达 1.49F/cm^2，在相同扫描速度下，该值远高于单独的碳纳米管材料（0.1F/cm^2）以及碳纳米管和二氧化锰的二元复合材料（0.52F/cm^2）。在三种材料的协调作用下，使该超级电容器具有出色的储能容量，其最大的能量密度和功率密度分别可达 33μW·h/cm^2 和 13mW/cm^2。该器件也表现出了较好的循环稳定性，在 2000 次循环充放电后仍保留 87%储能容量［图 7.26(k)］。

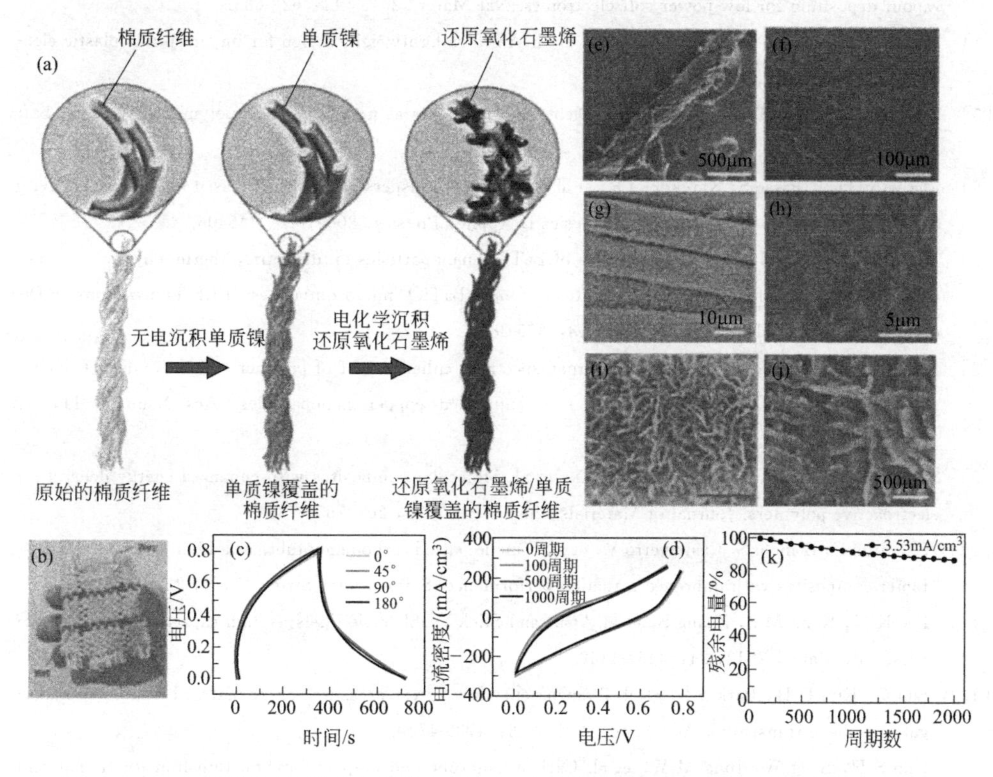

图 7.26 (a) 石墨烯/镍附着的棉线电极制备过程示意图；(b) 编织的器件展示；(c)、(d) 石墨烯/镍附着的棉线电极一维超级电容器电化学稳定性测试[102]及 (e)、(f) 附着在棉线上的单壁碳纳米管的 SEM 图像；(g)、(h) 电化学沉积的二氧化锰的 SEM 图像；(i)、(j) 电化学沉积的聚吡咯的 SEM 图像；(k) 附着聚吡咯/二氧化锰/单壁碳纳米管棉线电极一维超级电容器循环稳定性测试[103]

随着柔性可穿戴超级电容器的发展，追求其穿戴舒适性逐渐得到了研究者的重视，为提高器件穿戴舒适性，以日常生活中常用的棉质织物和纤维作为电极基底承载活性材料的研究迅速增加。通过简单快捷的预处理赋予纤维良好的导电性，成为研究过程中需要解决的关键问题。

随着柔性显示技术推进，石墨烯材料的研究与应用将进一步凸显其优质的特性，并使其在轻量级的电导体、织物超级电容器、智能生物传感器以及智能服装等领域有着巨大的应用前景。相信随着柔性材料性能的不断优化，智能可穿戴技术的日益成熟将极大提高人类生活的质量，促进社会的发展。

参 考 文 献

[1] 曾天禹，黄显. 可穿戴传感器进展、挑战和发展趋势. 科技导报，2017，35：19-32.

[2] 蔡依晨，黄维，董晓臣. 可穿戴式柔性电子应变传感器. 科学通报，2017，62：635-649.

[3] Moon H，Seong H，Shin W C，et al. Synthesis of ultrathin polymer insulating layers by initiated chemical vapour deposition for low-power soft electronics. Nat Mater，2015，14：628-635.

[4] Kaltenbrunner M，Sekitani T，Reeder J，et al. An ultra-lightweight design for imperceptible plastic electronics. Nature，2013，499：458-463.

[5] Shankar R，Ghosh T K，Spontak R J. Dielectric elastomers as next-generation polymeric actuators. Soft Matter，2007，3：1116-1129.

[6] Mccarthy D N，Risse S，Katekomol P，et al. The effect of dispersion on the increased relative permittivity of TiO_2/SEBS composites. Journal of Physics D Applied Physics，2009，42：145406.

[7] Huang X，Xie L，Hu Z，et al. Influence of $BaTiO_3$ nanoparticles on dielectric，thermophysical and mechanical properties of ethylene-vinyl acetate elastomer/$BaTiO_3$ microcomposites. IEEE Transactions on Dielectrics & Electrical Insulation，2011，18：375-383.

[8] Kofod G，Risse S，Stoyanov H，et al. Broad-spectrum enhancement of polymer composite dielectric constant at ultralow volume fractions of silica-supported copper nanoparticles. Acs Nano，2011，5：1623-1629.

[9] Stoyanov H，Kollosche M，Mccarthy D N，et al. Molecular composites with enhanced energy density for electroactive polymers. Journal of Materials Chemistry，2010，20：7558-7564.

[10] Galantini F，Bianchi S，Castelvetro V，et al. Functionalized carbon nanotubes as a filler for dielectric elastomer composites with improved actuation performance. Smart Mater Struct，2013，22：1307-1312.

[11] Lee K H，Kang M S，Zhang S，et al. "Cut and Stick" rubbery ion gels as high capacitance gate dielectrics. Adv Mater，2012，24：4457-4462.

[12] Sun Q，Kim D H，Park S S，et al. Transparent，low-power pressure sensor matrix based on coplanar-gate graphene transistors. Adv Mater，2014，26：4735-4740.

[13] Kim S H，Song W，Jung M W，et al. Carbon nanotube and graphene hybrid thin film for transparent electrodes and field effect transistors. Adv Mater，2014，26：4247-4252.

[14] Zang Y，Zhang F，Di C A，et al. Advances of flexible pressure sensors toward artificial intelligence and health care applications. Mater Horiz，2015，2：140-156.

[15] Zhao J，Wang G，Yang R，et al. Tunable Piezoresistivity of Nanographene Films for Strain Sensing. Science Foundation in China，2015，9：1622-1629.

[16] Yun S，Park S，Park B，et al. Polymer-Waveguide-Based flexible tactile sensor array for dynamic response. Adv Mater，2014，26：4474-4480.

[17] Hage-Ali S，Tiercelin N，Coquet P，et al. A Millimeter-Wave Inflatable Frequency-Agile Elastomeric Antenna. IEEE Antennas & Wireless Propagation Letters，2010，9：1131-1134.

[18] Zhu G，Yang W Q，Zhang T，et al. Self-powered，ultrasensitive，flexible tactile sensors based on contact electrification. Nano lett，2014，14：3208-3213.
[19] Rogala M，Wlasny I，Dabrowski P，et al. Graphene oxide overprints for flexible and transparent electronics. Applied Physics Letters，2015，106：041901.
[20] Jiang W S，Liu Z B，Xin W，et al. Reduced graphene oxide nanoshells for flexible and stretchable conductors. Nanotechnology，2016，27：095301.
[21] 夏凯伦，蹇木强，张莹莹. 纳米碳材料在可穿戴柔性导电材料中的应用研究进展. 物理化学学报，2016，32：2427-2446.
[22] Eda G，Fanchini G，Chhowalla M. Large-area ultrathin films of reduced graphene oxide as a transparent and flexible electronic material. Nature Nanotechnology，2008，3：270-274.
[23] Song H K，Yuan Y，Yu Z L，et al. A hybrid reduction procedure for preparing flexible transparent graphene films with improved electrical properties. Imaging Science & Photochemistry，2012，22：18306-18313.
[24] Becerril H A，Mao J，Liu Z，et al. Evaluation of solution-processed reduced graphene oxide films as transparent conductors. Acs Nano，2008，2：463-470.
[25] Robinson J T，Zalalutdinov M，Baldwin J W，et al. Wafer-scale reduced graphene oxide films for nanomechanical devices. Nano Letters，2008，8：3441-3445.
[26] Chang H，Wang G，Yang A，et al. A Transparent，Flexible，Low-Temperature，and Solution-Processible Graphene Composite Electrode. Advanced Functional Materials，2010，20：2893-2902.
[27] Pei S，Zhao J，Du J，et al. Direct reduction of graphene oxide films into highly conductive and flexible graphene films by hydrohalic acids. Carbon，2010，48：4466-4474.
[28] Chen，Chengmeng，Yang，Quan - Hong，Yang，Yonggang，et al. Self-Assembled Free-Standing Graphite Oxide Membrane. Advanced Materials，2009，21：3007-3011.
[29] Kim J，Cote L J，Kim F，et al. Visualizing graphene based sheets by fluorescence quenching microscopy. Journal of the American Chemical Society，2009，132：260-7.
[30] Li X，Zhang G，Bai X，et al. Highly conducting graphene sheets and Langmuir-Blodgett films. Nature Nanotechnology，2008，3：538-42.
[31] Wu Z，Pei S，Ren W，et al. Field Emission of Single-Layer Graphene Films Prepared by Electrophoretic Deposition. Advanced Materials，2010，21：1756-1760.
[32] Zheng Q，Ip W H，Lin X，et al. Transparent conductive films consisting of ultralarge graphene sheets produced by Langmuir-Blodgett assembly. Acs Nano，2011，5：6039-51.
[33] Kim KS，Zhao Y，Jang H，et al. Large-scale pattern growth of graphene films for stretchable transparent electrodes. Nature，2009，457：706.
[34] Bae S，Kim H，Lee Y，et al. Roll-to-roll production of 30-inch graphene films for transparent electrodes. Nature Nanotechnology，2010，5：574.
[35] Won S，Hwangbo Y，Lee S K，et al. Double-layer CVD graphene as stretchable transparent electrodes. Nanoscale，2014，6：6057-64.
[36] Chen T，Xue Y，Roy A K，et al. Transparent and stretchable high-performance supercapacitors based on wrinkled graphene electrodes. Acs Nano，2014，8：1039-1046.
[37] Meng F，Lu W，Li Q，et al. Graphene-Based Fibers：A Review. Adv Mater，2015，27：5113-5131.
[38] Xiang C，Young C C，Wang X，et al. Large flake graphene oxide fibers with unconventional 100% knot efficiency and highly aligned small flake graphene oxide fibers. Advanced Materials，2013，25：4592-4597.

[39] Cao J，Zhang Y，Men C，et al. Programmable writing of graphene oxide/reduced graphene oxide fibers for sensible networks with in situ welded junctions. Acs Nano，2014，8：33-4325.

[40] Meng F，Li R，Li Q，et al. Synthesis and failure behavior of super-aligned carbon nanotube film wrapped graphene fibers. Carbon，2014，72：250-256.

[41] Kim Y S，Kang J H，Kim T，et al. Easy Preparation of Readily Self-assembled High-Performance Graphene Oxide Fibers. Chemistry of Materials，2014，26：5549-5555.

[42] Xu Z，Sun H，Zhao X，et al. Graphene：Ultrastrong Fibers Assembled from Giant Graphene Oxide Sheets. Advanced Materials，2013，25：187-188.

[43] D Yu，K Goh，H Wang，et al. Scalable synthesis of hierarchically structured carbon nanotube-graphene fibres for capacitive energy storage. Nat. Nanotechnol，2014，9：555-562.

[44] Li J，Li L，et al. Flexible graphene fibers prepared by chemical reduction-induced self-assembly. Journal of Materials Chemistry A，2014，2：6359-6362.

[45] Xiang C，Behabtu N，Liu Y，et al. Graphene nanoribbons as an advanced precursor for making carbon fiber. ACS nano，2013，7：1628-1637.

[46] Bao Q，Zhang H，Yang J，et al. Ultrafast Photonics：Graphene-Polymer Nanofiber Membrane for Ultrafast Photonics. Advanced Functional Materials，2010，20：782-791.

[47] Huang Y L，Baji A，Tien H W，et al. Self-assembly of silver-graphene hybrid on electrospun polyurethane nanofibers as flexible transparent conductive thin films. Carbon，2012，50：3473-3481.

[48] Cruzsilva R，Morelosgomez A，Kim H，et al. Super-stretchable Graphene Oxide Macroscopic Fibers with Outstanding Knotability Fabricated by Dry Film Scrolling. Acs Nano，2014，8：5959-5967.

[49] Carreterogonzález J，Castillomartínez E，Diaslima M，et al. Oriented graphene nanoribbon yarn and sheet from aligned multi-walled carbon nanotube sheets. Advanced Materials，2012，24：5695-701.

[50] Li X，Zhao T，Wang K，et al. Directly Drawing Self-Assembled，Porous，and Monolithic Graphene Fiber from Chemical Vapor Deposition Grown Graphene Film and Its Electrochemical Properties. Langmuir the Acs Journal of Surfaces & Colloids，2011，27：12164.

[51] Li X，Zhao T，Chen Q，et al. Flexible all solid-state supercapacitors based on chemical vapor deposition derived graphene fibers. Physical Chemistry Chemical Physics Pccp，2013，15：7-17752.

[52] Meng F，Lu W，Li Q，et al. Graphene-Based Fibers：A Review. Advanced Materials，2015，27：5113.

[53] Zhen X，Chao G. Graphene chiral liquid crystals and macroscopic assembled fibres. Nature Communications，2011，2：571.

[54] Xu Z，Liu Z，Sun H，et al. Highly electrically conductive Ag-doped graphene fibers as stretchable conductors. Advanced Materials，2013，25：3249.

[55] Cong H P，Ren X C，Ping W，et al. Wet-spinning assembly of continuous，neat，and macroscopic graphene fibers. Scientific Reports，2012，2：613.

[56] Jalili R，Aboutalebi S H，Esrafilzadeh D，et al. Scalable One-Step Wet-Spinning of Graphene Fibers and Yarns from Liquid Crystalline Dispersions of Graphene Oxide：Towards Multifunctional Textiles. Advanced Functional Materials，2013，23：5345-5354.

[57] G Huang，C Hou，Y Shao，et al. Highly Strong and Elastic Graphene Fibres Prepared from Universal Graphene Oxide Precursors. Scientific Rep，2014，4：4248.

[58] Xu Z，Zhang Y，Li P，et al. Strong，Conductive，Lightweight，Neat Graphene Aerogel Fibers with Aligned Pores. Acs Nano，2012，6：7103.

[59] Liu Z，Xu Z，Hu X，et al. Lyotropic Liquid Crystal of Polyacrylonitrile-Grafted Graphene Oxide and Its Assembled Continuous Strong Nacre-Mimetic Fibers. Macromolecules，2013，46：6931-6941.

[60] Hu X，Xu Z，Liu Z，et al. Liquid crystal self-templating approach to ultrastrong and tough biomimic composites. Scientific Reports，2013，3：2374.

[61] Zhao X，Zhen X，Zheng B，et al. Macroscopic assembled，ultrastrong and H_2SO_4-resistant fibres of polymer-grafted graphene oxide. Scientific Reports，2013，3：3164.

[62] Zelin Dong，Changcheng Jiang，Huhu Cheng. Facile Fabrication of Light，Flexible and Multifunctional Graphene Fibers. Adv Mater，2012.

[63] Meng Y，Zhao Y，Hu C，et al. All-graphene core-sheath microfibers for all-solid-state，stretchable fibriform supercapacitors and wearable electronic textiles. Advanced Materials，2013，25：31-2326.

[64] Cheng H，Dong Z，Hu C，et al. Textile electrodes woven by carbon nanotube-graphene hybrid fibers for flexible electrochemical capacitors. Nanoscale，2013，5：3428-34.

[65] Chen Q，Meng Y，Hu C，et al. MnO_2-modified hierarchical graphene fiber electrochemical supercapacitor. Journal of Power Sources，2014，247：32-39.

[66] Yanhong Wang，Ke Biana，Chuangang Hu，et al，Flexible and wearable graphene/polypyrrole fibers towards multifunctional actuator applications. Electrochemistry Communications，2013，35：49-52.

[67] Huhu Cheng，Jia Liu，Yang Zhao，et al. Graphene Fibers with Predetermined Deformation as Moisture-Triggered Actuators and Robots. Angew. Chem，2013，125：10676-10680.

[68] Tingting Yang，Dan Xie，Zhihong Li. Recent advances in wearable tactile sensors：Materials，sensing mechanisms，and device performance. Materials Science and Engineering R，2017，115：1-37.

[69] You S R，Bae S H，Chen H，et al. Recent progress in materials and devices toward printable and flexible sensors. Advanced Materials，2016，28：4415.

[70] Zeng W，Shu L，Li Q，et al. Fiber-based wearable electronics：a review of materials，fabrication，devices，and applications. Advanced Materials，2014，26：5310-5336.

[71] Hattori Y，Falgout L，Lee W，et al. Multifunctional Skin-like electronics for quantitative，clinical monitoring of cutaneous wound healing. Advanced Healthcare Materials，2014，3：1597-1607.

[72] Chortos A，Liu J，Bao Z. Pursuing prosthetic electronic skin. Nature Materials，2016，15：937.

[73] Johansson R S，Vallbo A B. Tactile sensibility in the human hand：relative and absolute densities of four types of mechanoreceptive units in glabrous skin. Journal of Physiology，1979，286：283.

[74] Lipomi D J，Vosgueritchian M，Tee B C，et al. Skin-like pressure and strain sensors based on transparent elastic films of carbon nanotubes. Nature Nanotechnology，2011，6：788.

[75] Tee B C K，Wang C，Allen R，et al. An electrically and mechanically self-healing composite with pressure and flexion-sensitive properties for electronic skin applications. Nature Nanotechnology，2012，7：825-832.

[76] Boutry C M，Nguyen A，Lawal Q O，et al. A sensitive and biodegradable pressure sensor array for cardiovascular monitoring. Advanced Materials，2016，27：6953-6953.

[77] Kim J，Lee M，Shim H J，et al. Stretchable silicon nanoribbon electronics for skin prosthesis. Nature Communications，2014，5：5747.

[78] Wu W，Wen X，Wang Z L. Taxel-addressable matrix of vertical-nanowire piezotronic transistors for active and adaptive tactile imaging. Science，2013，340：7-952.

[79] Dong H H，Sun Q，Kim S Y，et al. Stretchable and multimodal all graphene electronic skin. Advanced Materials，2016，28：2601-2608.

[80] Yeom C，Chen K，Kiriya D，et al. Large-area compliant tactile sensors using printed carbon nanotube active-matrix backplanes. Advanced Materials，2015，27：1561-1566.

[81] Yuanfei Ai，Zheng Lou，Zhiming M. Wang，et al. All rGO-on-PVDF-nanofibers based self-powered elec-

tronic skins. Nano Energy，2017，35：121-127.

[82] Jaehwan Kim，Seok-Hu Bae，Moumita Kotal，et al. Soft but powerful artificial muscles based on 3D graphene-CNT-Ni heteronanostructures. Small，2017，13：1701314（1-9）.

[83] 钱鑫，苏萌，李风煜，等. 柔性可穿戴电子传感器研究进展，化学学报，2016，74：565-575.

[84] Yamada T，Hayamizu Y，Yamamoto，et al. A stretchable carbon nanotube strain sensor for human-motion detection. Nature Nanotechnol，2011，6：296-301.

[85] Jung Jin Park，Woo Jin Hyun，Sung Cik Mun，et al，Highly stretchable and wearable graphene strain sensors with controllable sensitivity for human motion monitoring，ACS Appl Mater Interfaces，2015，7：6317-6324.

[86] Su M，Li F，Chen S，et al. Nanoparticle based curve arrays for multirecognition flexible electronics. Advanced Materials，2016，28：1369-1374.

[87] 王燕. 石墨烯超灵敏应变型传感器的研究. 南昌大学硕士论文，2015.

[88] 叶星柯，周乾隆，万中全，等. 柔性超级电容器电极材料与器件研究进展. 化学通报，2017，80：10-33.

[89] Jost K，Durkin D P，Haverhals L M，et al. Flexible electronics natural fiber welded electrode yarns for knittable textile supercapacitors. Advanced Energy Materials，2014，5：1401286.

[90] Jost K，Dion G，Gogotsi Y. Textile energy storage in perspective. Journal of Materials Chemistry A，2014，2：10776-10787.

[91] Zhou Q，Jia C，Ye X，et al. A knittable fiber-shaped supercapacitor based on natural cotton thread for wearable electronics. Journal of Power Sources，2016，327：365-373.

[92] Ye X，Zhou Q，Jia C，et al. A knittable fibriform supercapacitor based on natural cotton thread coated with graphene and carbon nanoparticles. Electrochimica Acta，2016，206：155-164.

[93] Liu L，Yu Y，Yan C，et al. Wearable energy-dense and power-dense supercapacitor yarns enabled by scalable graphene-metallic textile composite electrodes. Nature Communications，2015，6：7260.

[94] Liu N，Ma W，Tao J，et al. Cable-type supercapacitors of three-dimensional cotton thread based multi-grade nanostructures for wearable energy storage. Advanced Materials，2013，25：4925-31.

第8章 陶瓷基和金属基纳米复合材料

8.1 概述

近年来陶瓷基石墨烯纳米复合材料受到材料领域工作者的关注[1,2]，这主要是因为少量石墨烯的添加能显著改善陶瓷材料的韧性和导电性能。

陶瓷材料由于具有的耐高温性能，高温下能保持其高刚性、高强度和稳定性，在许多领域成为不可缺少的材料，尤其是在宇航、航空和军事领域使用的结构陶瓷。例如，具有自增强微结构的氮化硅（Si_3N_4）具有高达1500℃的耐温性能[3]。然而陶瓷的脆性、力学不可靠性和低导电性等缺点限制了它的更广泛应用。实际上，上述 Si_3N_4 由于与金属相比它的很低的韧性，并不能应用于温度大于1000℃的许多场合。制备陶瓷基复合材料是解决陶瓷材料这些缺点的有效途径。

传统的陶瓷基复合材料使用一维的纤维体作为增强相，例如碳纤维[4]、碳纳米管[5,6]、陶瓷纤维[7,8]和陶瓷晶须[9,10]。最近十多年来成为材料领域研究热点之一的石墨烯，由于其杰出的力学和物理性能以及其特有的二维形态学结构，在陶瓷复合材料增强材料的选择中具有强大的竞争力。石墨烯具有与碳纳米管相近的力学、热学和电学性能，使用石墨烯比起碳纳米管的优越性主要在于它有较高的比表面积；不像碳纳米管那样易于相互缠绕；石墨烯易于制备，价格相对低廉；不存在潜在的有害健康风险等。然而，石墨烯作为陶瓷基复合材料增强材料的应用受到高温下石墨烯热稳定性差的限制。陶瓷在温度大于1000℃时开始致密化和烧结，通常在约1800℃下烧结，而石墨烯在温度超过600℃时就失去了热稳定性。目前，主要解决方法是使用放电等离子烧结方法（spark plasma sintering，SPS)，它能使陶瓷材料的加工过程从传统烧结方法的几小时缩短到几分钟，避免了高温下的长时间加工对石墨烯片造成的结构损伤。

尽管陶瓷基石墨烯纳米复合材料的发展还处于起始阶段，研究者们已经在展望由于石墨烯的添加使韧性和导电性获得显著改善后陶瓷复合材料的应用前景。例如，石墨烯/ZrB_2 陶瓷复合材料能用于航空航天工业中作为空间飞行器在返回过程中的高温屏蔽材料[11]。除了结构材料外，陶瓷基石墨烯复合材料在功能应用方面也有巨大的潜力，例如，表面可再生电极[12]、低温燃料电池[13]、储能材料[14]、电子装置[15]和渗透膜[16]等领域。如有研究认为，石墨烯/TiN 复合材料可用作对氢的选择性渗透膜[16]。使用这种材料是由于石墨烯的高抗氧化性能和杰出的力学性能。研究发现，石墨烯/TiN复合材料的高比表面积主要是因为石墨烯的纳米片形状，这增强了膜对氢的渗透能力。人们展望这类渗透膜未来会在高纯分离和过滤、石油工业和生物分子学等方面发挥作用。

由于纳米尺度颗粒的添加，陶瓷基石墨烯纳米复合材料的制备无疑有一个较为复杂的工艺。原来适用于陶瓷材料的加工工艺必定需要做适当的修正。需要考虑的关键问题可能是石墨烯在陶瓷基体中的均匀分散和石墨烯与陶瓷基体间的界面结合，因为它们直接影响纳米复合材料的性能。

石墨烯增强金属基纳米复合材料具有高强度/质量比、低热膨胀系数以及对热疲劳和蠕变的强阻抗等优良性能，在航空航天、微电子工业（如电子封装）和汽车工业等领域的应用具有很大的潜力。相对聚合物基和陶瓷基石墨烯复合材料，使用石墨烯增强金属的研究起步较晚，这与制备工艺遇到的困难有关。最近发展起来的分子层级混合方法和石墨烯在制备过程中原位生成的方法，是获得石墨烯良好分散和石墨烯与基体强界面结合复合材料制备技术的重要突破。

8.2 石墨烯在陶瓷基体中的分散

8.2.1 分散剂及其作用

石墨烯的分散质量对最终获得的复合材料产物的性质有着重大影响。为了获得具有杰出性能的石墨烯陶瓷基纳米复合材料，在理想情况下，在完全致密陶瓷复合材料中要求基体陶瓷中的石墨烯有完善的分散，同时又避免石墨烯的任何损伤和聚集。

石墨烯的大比表面积和大宽厚比有利于充分发挥填充物的增强效果，具有人们所强烈希望的填充物形态学特性。然而，由于范德华力的作用，石墨烯片有聚集在一起的倾向，给石墨烯的均匀分散造成困难。因而，需要发展各种技术改善石墨烯在陶瓷中的分散性能，以保证从陶瓷基体向纳米填充物的有效负荷传递。

分散剂（或润滑剂）的使用是其中一种有效的方法。用于石墨烯在陶瓷基体中的分散，已经报道的润滑剂主要有下列几种：溴化十六烷三甲基铵（CTAB）[17]、聚乙二醇（PEG）[18,19]，*N*-甲基吡咯烷酮（NMP）[20]、3-氨丙基三乙氧基硅烷[21]和十二烷基硫酸钠[22]。

润滑剂在碳纳米管分散中的应用研究已经做了大量的工作，成功地将碳纳米管分散在陶瓷复合材料中[23~27]。石墨烯具有与碳纳米管相似的原子结构，将类似的方法用于石墨烯的分散是合理的设想。例如，借助于阳离子润滑剂CTAB的作用，能使单壁碳纳米管获得良好的分散。这是因为疏水的单壁碳纳米管被吸附在润滑剂的疏水尾端，导致单壁碳纳米管被覆盖上带正电荷的润滑剂分子[28,29]。石墨烯有着与碳纳米管相似的碳表面化学，也可使用CTAB作为石墨烯在Si_3N_4陶瓷中的分散剂[17]。润滑剂的使用量需要考虑到它的干重，并使其浓度大于临界胶束浓度。

使用1.0%（质量分数）CTAB于石墨烯片，1.0%（质量分数）CTAB于Si_3N_4粉末，可在复合材料的两相和同相颗粒之间产生正电荷相斥力。这种相斥力来源于在石墨烯片和Si_3N_4颗粒上润滑剂分子端头的净电荷。作为一个实例[17]，以下列出石墨烯片分散在Si_3N_4粉末中的工艺过程和相关技术参数。Si_3N_4粉末颗粒平均直径约0.77μm，平均表面积约为7.7m^2/g；将适当数量的石墨烯和Si_3N_4粉末分别加入含有CTAB分散剂去离子水溶液的两个容器中做预溶解，溶液的pH值用硝酸调节到约为4；将石墨烯和Si_3N_4溶液分别做超声波处理，超声波发生器的功率约为22W；将两种分散液混合，在球磨（24h，氧化铝作媒介）之前再做10min的超声处理；随后，在约100℃下将水蒸发；干燥的纳米复合材料浆在氩气中将残余的润滑剂去除，使用的升温率约为5℃/min，达到约500℃后，保持1h。图8.1(c)和图8.1(d)显示石墨烯与Si_3N_4粉末混合物的SEM像。从图8.1(c)可见均匀分散的颗粒中包含的被剥离石墨烯片。图8.1(d)有较高放大倍数，可见良好分散的Si_3N_4颗粒分布于石墨烯表面上。作为比较，图中也显示原料石墨烯的SEM像，可见紧密聚集在一起的石墨烯片［图8.1(a)］和石墨烯片的褶皱［图8.1(b)］。

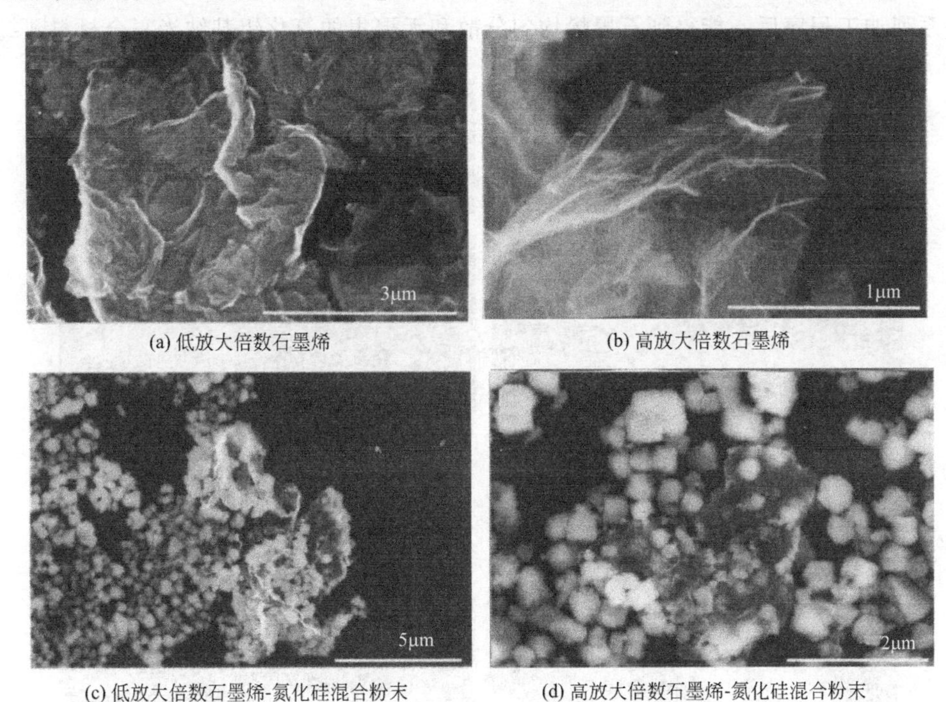

(a) 低放大倍数石墨烯
(b) 高放大倍数石墨烯
(c) 低放大倍数石墨烯-氮化硅混合粉末
(d) 高放大倍数石墨烯-氮化硅混合粉末

图8.1 石墨烯和石墨烯-氮化硅混合粉末的SEM像

8.2.2 超声波分散

超声波技术利用超声波能量搅拌溶液中的颗粒。超声波在溶媒（如水或其他溶剂）中传播引起的冲击波产生的剪切力会将聚集体外层的纳米颗粒剥离下来，达到纳米颗粒的分散。在溶媒中的超声波处理常常是获得石墨烯均匀分散无聚集产物的基本工艺过程。

这种分散方法已经成功应用于制备氧化石墨烯/氧化铝纳米复合材料[30]，制备过程大致如下所述。1000mL 浓度为 0.5mg/mL 的氧化石墨烯悬浮液使用超声波分散法制得，将其逐步加入氧化铝分散液中，并做机械搅拌。氧化铝分散液也用相同方法制备，将 20g 氧化铝（平均大小 70nm）粉末加入 100mL 水中，在超声波下处理 30min。获得的粉末经还原处理后用 SPS 法制得纳米复合材料。图 8.2 是最终产物断裂面的 SEM 像，作为比较也给出原材料氧化铝粉末的像[30]。图中显示石墨烯的加入使氧化铝颗粒发生细化，从约 1μm 大小细化为约 500nm [图 8.2(a) 和图 8.2(b)]。某些石墨烯片已经包埋在氧化铝颗粒内，有一些则分布在氧化铝颗粒的边界上。总之，石墨烯片已经良好地分散在陶瓷基体中。这种方法的缺点在于当氧化石墨烯分散液逐渐加入氧化铝溶液时会出现凝聚样沉淀。在通过超声波分散膨胀石墨时应用 N,N'-二甲基甲酰胺（DMA）作为溶剂，能解决这一问题[31]。有报道使用类似的超声波处理方法也可将石墨烯均匀分散。将 100mL 去离子水的石墨烯溶液使用冲击模式（3s 工作，1s 暂停）在 100W 超声波中处理 5min，经过一系列加工程序后，能得到石墨烯均匀分散和无聚集的氧化铝基纳米复合材料[32]。

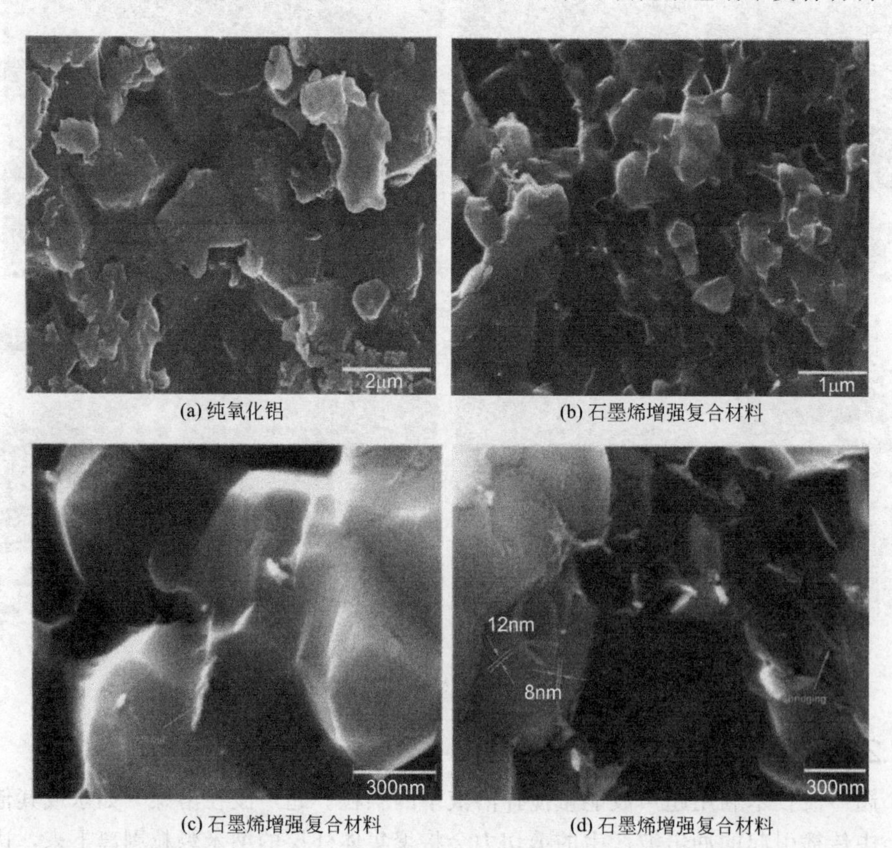

(a) 纯氧化铝　(b) 石墨烯增强复合材料　(c) 石墨烯增强复合材料　(d) 石墨烯增强复合材料

图 8.2　纯氧化铝和石墨烯/氧化铝复合材料（超声波分散制备）断裂面的 SEM 像

然而，应该注意到这种技术不适用于长时间的超声波处理，尤其是使用探针式超声波发生器时。例如，在极端情况下，碳纳米管的石墨烯层会被完全破坏，纳米管的结构发生重大变化[33]。显然，石墨烯的局部损伤将恶化复合材料的力学和电学性能。有人认为，在冰槽中做超声波处理能避免过热和纳米填充物表面缺陷的产生。

8.2.3 球磨分散

球磨是一种物理研磨方法，能够将物质粉碎成极细的粉末。许多研究者探索了球磨法在碳纳米管分散中的作用[34～36]，类似的处理也应用于石墨烯的分散中。

有研究人员使用行星式球磨将石墨烯片分散到氧化铝颗粒中，制备了石墨烯片均匀分散的氧化铝基纳米复合材料，石墨烯片的厚度在2.5～20nm范围内[37]。使用市场可购的可膨胀石墨，加热到1000℃，保持60s。这种急剧的加热使石墨沿它的平面方向膨胀，使得在行星式球磨时比较易于拆分。随后，将膨胀石墨与α-氧化铝（100nm）混合，用行星式球磨研磨30h，使用Si_3N_4小球和尼龙管，NMP用作分散介质。球磨后，复合材料粉末在旋转式干燥器中干燥。最后，残余溶剂在600℃下形成气体逸去。使用SPS法获得石墨烯/氧化铝纳米复合材料。图8.3显

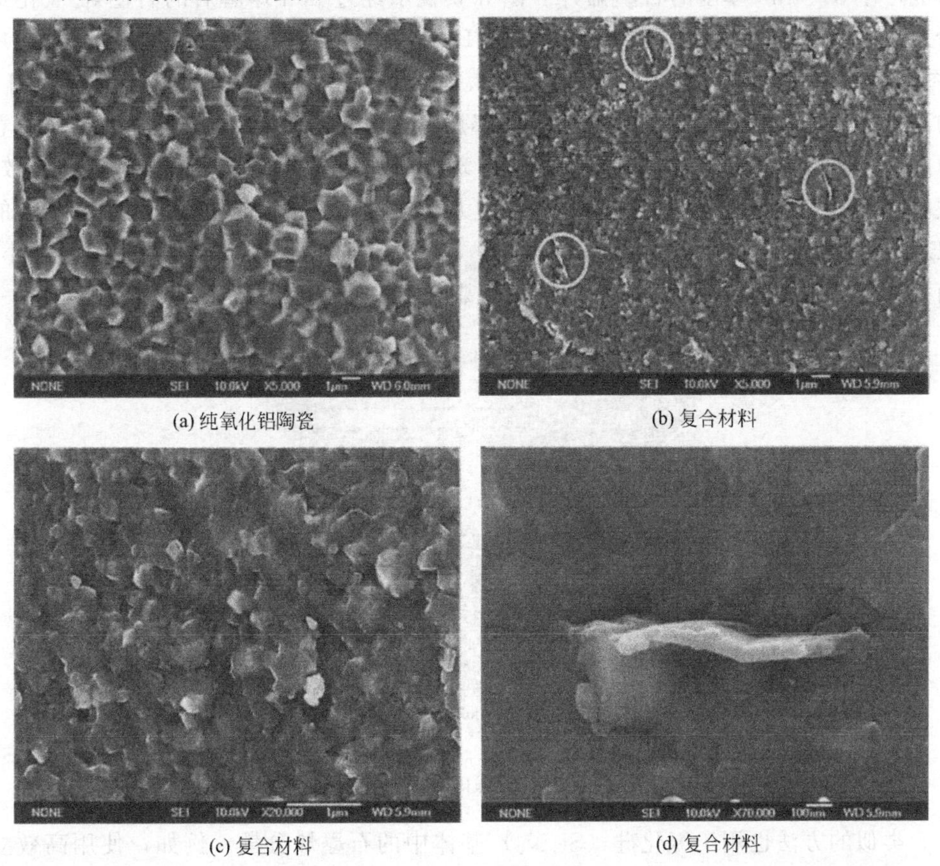

(a) 纯氧化铝陶瓷　　(b) 复合材料

(c) 复合材料　　(d) 复合材料

图8.3　纯氧化铝和石墨烯/氧化铝复合材料（球磨分散法制备）断裂面不同放大倍数的SEM像

示复合材料断裂面的 SEM 像。作为比较，图中也给出了纯氧化铝陶瓷的断裂面像[图 8.3(a)]。可以看到，石墨烯在陶瓷基体中有良好的均匀分布[图 8.3(b)、图 8.3(c)、图 8.3(d)]。注意到 SEM 像中观察到的石墨烯片，其厚度大都在 20nm 以上。这与 SEM 像的衬度机制有关，很薄的结构在断裂面中难以辨认。然而，复合材料的高分辨 TEM 像明确无误地显示了厚度仅为 10nm 的石墨烯片。研究者认为，使用这种方法在陶瓷材料中分散石墨烯的两个关键因素在于行星式球磨的使用和分散介质的选择。行星式球磨有利于颗粒的分裂，它是力学剥离的方法之一。行星式球磨工作时，外加应力的剪切成分起着主要作用，图 8.4 是其示意图，显示两个相互接触的球之间的石墨片在剪切应力作用下被分拆为石墨烯片。

有研究人员报道了使用行星式球磨将石墨烯分散在氧化铝粉末中时，球磨时间对石墨烯形成的影响[38]。球磨机转速为 250r/min，粉末与磨球的比例为 1∶30，时间为 10～30h。试验得出，10h 球磨后，大部分石墨片并没有被粉碎，仅剥离下少许石墨烯。进一步增加球磨时间，石墨片的大小减小，厚度减薄。然而，长时间的球磨将引起石墨烯片的起皱和卷曲，导致石墨烯片的损伤。报道指出，30h 的球磨能产生 3～4nm 厚度的石墨烯片。图 8.5 显示经过 30h 球磨后的石墨烯-氧化铝粉末混合物的 TEM 像[38]，可见包埋在氧化铝基体内的 3～4nm 厚度的石墨烯片[图 8.5(a) 中白色箭头 1 和 2 所示，图 8.5(b) 和图 8.5(c) 分别是石墨烯 1 和 2 的高倍数像]。图 8.5(c) 可见球磨使石墨烯片发生皱褶，而图 8.5(d) 可见发生卷曲的石墨烯片，形成像纳米管样的形态。球磨时间不仅影响石墨烯的剥离和分散，试验指出，它还影响最终产物陶瓷颗粒的大小。图 8.6 显示成品复合材料断裂面的 SEM 像。与纯氧化铝[图 8.6(a)]相比，石墨烯的添加使陶瓷颗粒的明显减小，而且随着球磨时间的延长，复合材料陶瓷颗粒进一步减小[38]。

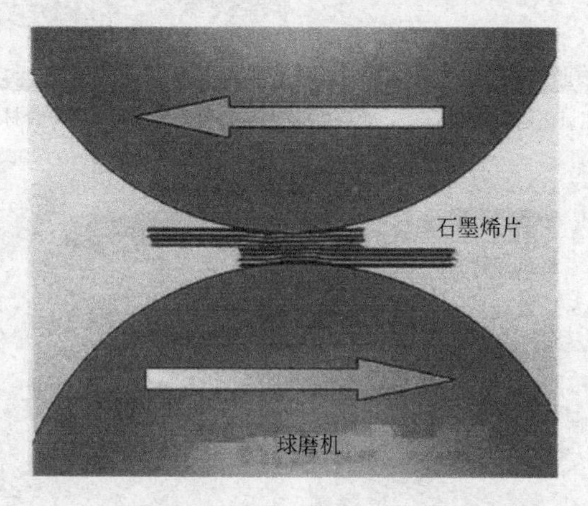

图 8.4　球磨中由石墨片产生石墨烯的示意图（箭头指示剪切力的方向）

类似的方法也用于氮化硅（Si_3N_4）基体中的石墨烯分散。例如，使用高效立式球磨机工作 3h 可在 Si_3N_4 基体中使膨胀石墨分拆为石墨烯[39]。石墨烯片的横向

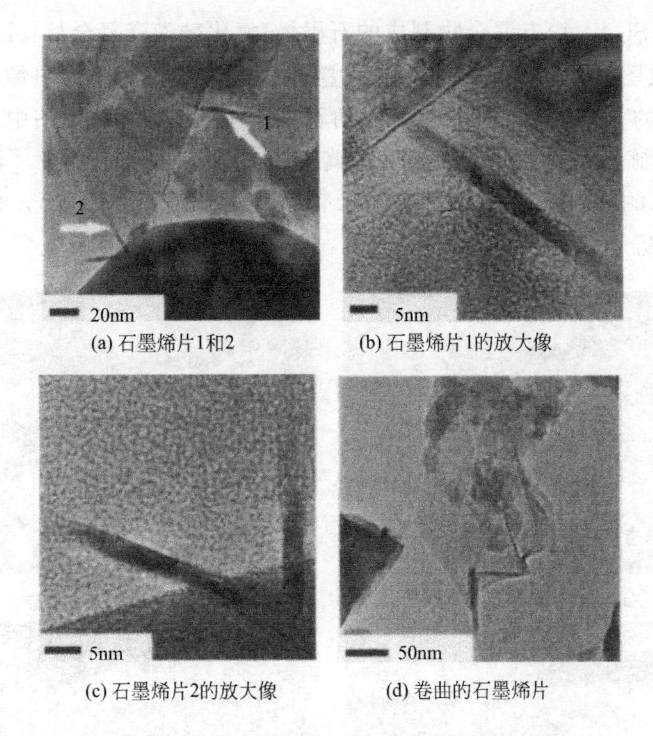

(a) 石墨烯片1和2 (b) 石墨烯片1的放大像

(c) 石墨烯片2的放大像 (d) 卷曲的石墨烯片

图 8.5 石墨烯片-氧化铝粉末混合物的高分辨 TEM 像

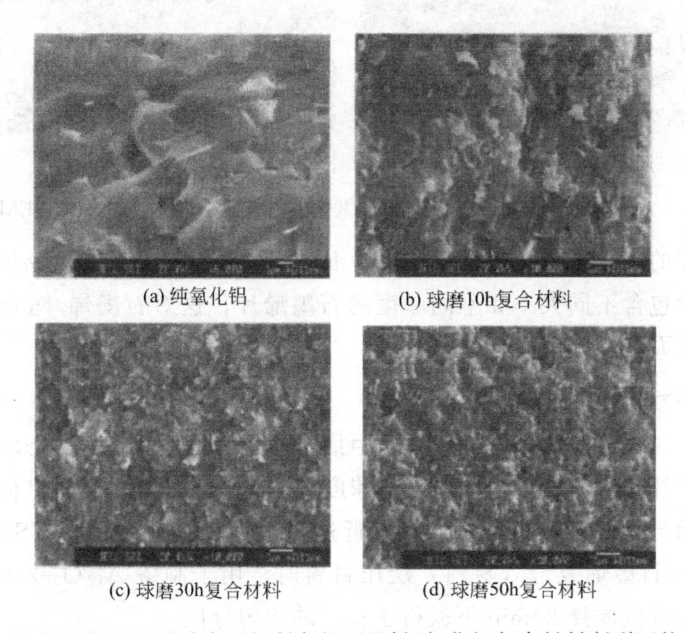

(a) 纯氧化铝 (b) 球磨10h复合材料

(c) 球磨30h复合材料 (d) 球磨50h复合材料

图 8.6 纯氧化铝和不同球磨时间制备的石墨烯/氧化铝复合材料断裂面的 SEM 像

尺寸约为几微米，厚度为几纳米（1～30 层）。小角中子散射术和电子显微术被用于表征石墨烯在基体中的分散情况，得出的结论相互一致。图 8.7 显示用上述工艺准备的石墨烯-Si_3N_4粉末混合物制成的石墨烯/氮化硅陶瓷复合材料断裂面的SEM像[39]。小倍数图像［图8.7(a)］未见石墨烯片的聚集，而高倍图像［图8.7(b)］中显示了个别的、分散在Si_3N_4陶瓷中的石墨烯片。作为比较，图中还显示了在相同工艺条件下制备的碳纳米管/氮化硅陶瓷复合材料的SEM像［图8.7(c)和图8.7(d)］。图中可见聚集成团的碳纳米管（图中白色圆圈所示），显然，碳纳米管的分散性能劣于石墨烯。

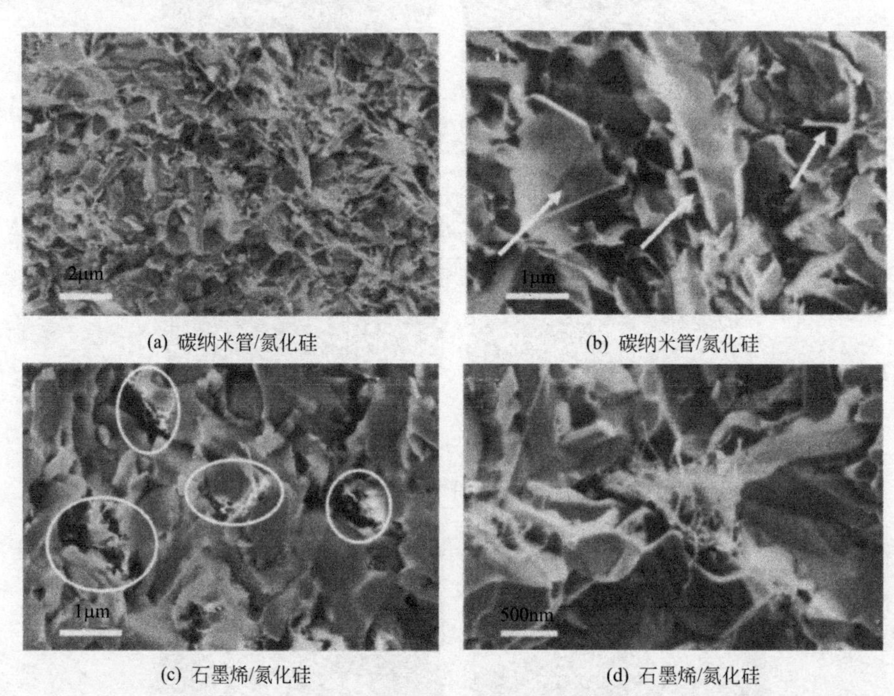

(a) 碳纳米管/氮化硅 (b) 碳纳米管/氮化硅
(c) 石墨烯/氮化硅 (d) 石墨烯/氮化硅

图8.7 石墨烯/氮化硅和碳纳米管/氮化硅陶瓷复合材料断裂面的SEM像

球磨方法的缺点在于在陶瓷基体中常混合有未被分拆开的石墨晶体；另外，剥离下的石墨烯包含不同大小和不同厚度的石墨烯片，这对石墨烯/陶瓷复合材料的性能将产生负面的影响[2]。

8.2.4 搅拌分散

搅拌是将颗粒在液体中分散的技术中最普通的一种。这种方法影响分散的主要因素包括搅拌杆的形状、混合（搅拌）速度和时间。石墨烯在陶瓷基体中的强烈搅拌可能产生相当良好的分散。例如，最近这种技术在制备Al_2O_3-YSZ（氧化钇稳定的氧化锆）-石墨烯复合（材料）层压材料时，用于制备Al_2O_3-ZrO_2氧化石墨烯混合物，在机械搅拌20min下获得了很好的均匀分散[40]。

搅拌分散的缺点在于石墨烯有重新聚集的倾向，这是由于在搅拌时下列因素的作用：摩擦接触、滑移力和弱引力等[41]。而且，这种聚集在静态下会自动发生。

表8.1列出三种常用分散方法特点的比较，作为制备石墨烯/陶瓷复合材料时

选用适当分散方法的参考[42~50]。需要指出，对不同的石墨烯来源和不同的陶瓷，并不存在一种万能的技术，能够获得石墨烯的完善分散。在选用最合适的分散技术时至少应考虑下述因素：陶瓷基体的状态和颗粒尺寸，石墨烯的来源和添加量以及分散技术所需的设备等。

表 8.1 三种分散技术特性的比较

分散技术	对石墨烯的损伤	适合的陶瓷基体	控制参数	优点	缺点	参考文献
超声波处理	有	低黏度基体	超声波模式，功率和时间	设备简单，易操作，用后易清洁	超声波振动会损伤纳米填充物	[33,42~44]
球磨	有	固体粉末基体	磨球的大小，时间，速度，磨球与石墨烯的比例	易操作、可处理多种材料、使用安全	用后需清洗，稳定球磨需迅速调整，冷却和通风困难	[38,45~48]
搅拌	无	低黏度基体	搅拌杆的大小和形状，时间和速度	实验室普遍使用、易操作、用后易清洁	不适合于高黏性液体	[49,50]

8.3 石墨烯/陶瓷复合材料粉体的制备方法

许多因素直接影响陶瓷基石墨烯复合材料的性质，例如，相均匀性、微粒的大小（有关于烧结）和形状以及石墨烯在陶瓷基体中的均匀分布等。显然，控制最终产物的微米级和纳米级结构是制备工艺的难题，适当的工艺流程是获得具有所希望性质复合材料的关键。人们了解到，粉体质量（石墨烯在陶瓷基体中的均匀分散）是最终产物具有合适微结构的基础。因而，研究人员正在努力建立有别于传统粉体制备方法的更复杂的工艺流程，包括胶体工艺、溶胶-凝胶工艺、聚合物衍生法和分子级混合等。

8.3.1 粉末工艺

粉末加工工艺在陶瓷系统中的应用已经十分普遍，它也是陶瓷基石墨烯复合材料制备早期阶段首先被考虑应用的工艺。许多不同的陶瓷基体已经使用这种工艺成功地制备了性能良好的石墨烯复合材料，例如氧化铝、氮化硅、碳化硅、二氧化硅和氧化锆等[22,37,51~60]。在这种技术中，首先使用各种方法，例如超声波处理，将填充材料解聚集，随后与溶剂中的陶瓷粉末相混合。使用传统球磨或高能球磨制备良好分散的陶瓷基复合材料浆。常用的球磨时间为3～30h。可使用NMP或乙醇作为石墨烯的分散液。比起碳纳米管，石墨烯较易处理，粉末加工工艺是制备陶瓷基石墨烯复合材料很有前途的方法。

图8.8显示使用上述方法制备的ZrO_2-Al_2O_3-石墨烯混合粉末的SEM像，可

以观察到分布在陶瓷粉末中大小不同的石墨烯片[51]。制备程序大致如下：使用行星式球磨（转速200r/min，运作6h，DMF作为媒介溶剂）生产ZrO_2和Al_2O_3的混合物。球磨在圆柱形氧化锆容器中实施，使用直径10mm、密度5.9g/cm^{3}的ZrO_2球，球粉之比为16。获得的陶瓷浆在90℃下干燥3h。DMF中的石墨烯片经超声波处理1h。加入Al_2O_3粉末进一步超声波处理1h。随后使用与制备纯ZrO_2-Al_2O_3粉末混合物相同的程序球磨并最后做干燥处理。所制得的石墨烯/ZrO_2-Al_2O_3复合材料断裂面SEM像见图8.9[51]。图像显示石墨烯片均匀地分散在陶瓷基体中。

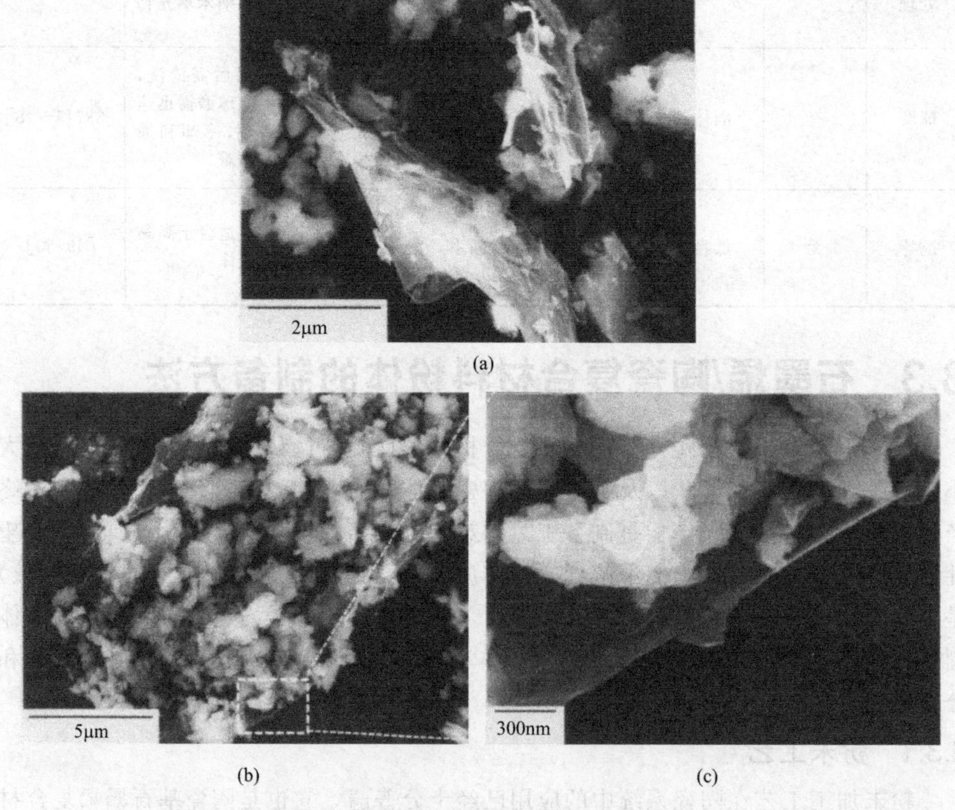

图8.8　石墨烯-氧化铝-氧化锆混合粉末的不同放大倍数SEM像

在粉末加工工艺中各种不同匀化处理技术和流程对最终产物的性质会发生怎样的影响？有研究者对Si_3N_4基石墨烯复合材料做了详尽的探索[55]。研究人员使用不同匀化流程，包括不同的球磨方式（通常的球磨、立式球磨和行星式球磨）和是否做超声波处理制备试样，分别为行星式球磨（PBM）、超声波-行星式球磨（U-PBM）、超声波-球磨（U-BM）、超声波-立式球磨（U-A）和石墨烯未经溶剂处理直接加入陶瓷粉末后球磨（D-BM），同时用未加入石墨烯的产物作为参考试样（Ref. A）。SEM观察表明，石墨烯片在各种不同工艺流程获得的复合材料中大都

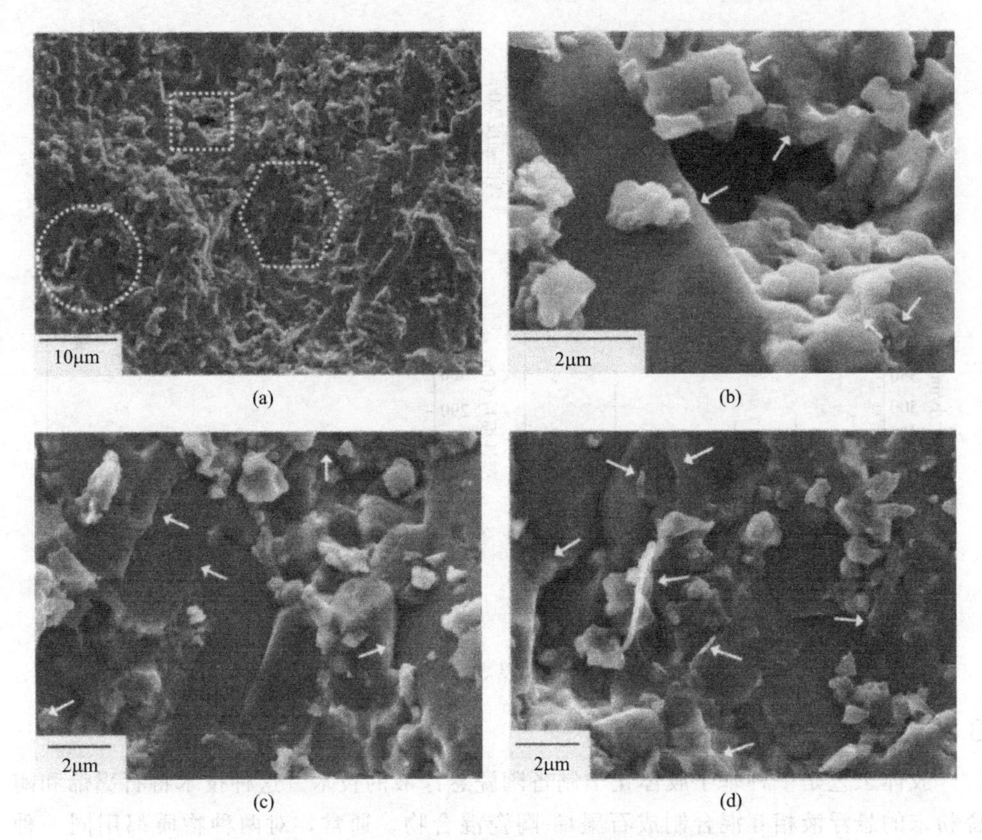

图 8.9 石墨烯/ZrO_2-Al_2O_3 复合材料断裂面 SEM 像

[图(b)、图(c)、图(d) 是图(a) 中相关区域的放大像]

有相近似的均匀分散。图 8.10 列出对复合材料相对密度、四支点弯曲强度、Si_3N_4 颗粒大小和复合材料弹性模量的测试结果[46]。除去 D-BM 外，不同流程对复合材料的相对密度几乎没有影响，都比参考试样要小，但都高于 97% [图 8.10(a)]。图 8.10(b) 显示，与参考试样相比石墨烯的添加使材料的弯曲强度都有所降低，但不同流程降低的程度不同，其中 U-PBM 流程降低得最少。Si_3N_4 颗粒的大小似乎与流程的不同关系不大，如图 8.10(c) 所示。复合材料的弹性模量与测试时的负荷方向有关，图 8.10(d) 中列出垂直于和平行于热压方向的两组数据，可见由 U-PBM 流程获得的复合材料有最高的模量。断裂面分析是为了获得高质量材料评估适用加工方法的重要工具。断裂面能显示材料内部存在的缺陷，判断加工流程是否合适，有助于选择最有前途的匀化技术，并作进一步的最佳化。该项研究也对不同球磨流程获得的复合材料缺陷作分析，得出使用 U-PBM 流程获得的产物有最小的加工缺陷。总之，对弯曲强度、弹性模量和断裂面形态的分析指出，对石墨烯/Si_3N_4 复合材料的制备，超声波—行星式球磨工艺是最佳匀化流程。

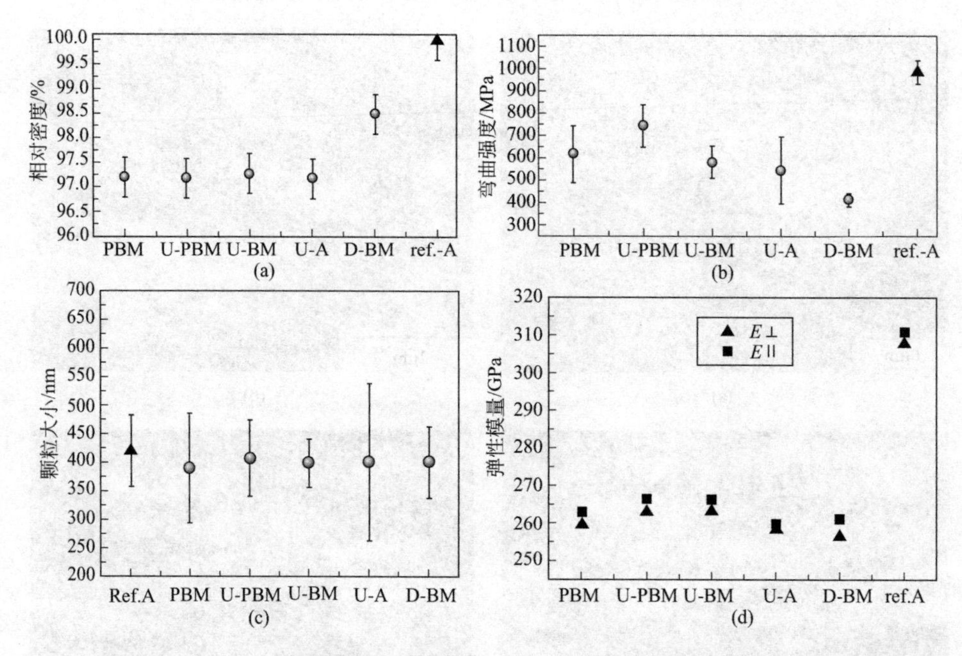

图 8.10 复合材料相对密度、弯曲强度、Si_3N_4 颗粒大小和弹性模量测试结果

8.3.2 胶体工艺

胶体工艺是一种基于胶体化学制备陶瓷悬浮液的技术。这种技术将石墨烯和陶瓷粉末的悬浮液相互混合制成石墨烯-陶瓷混合物。通常，对两种物质都用同一种溶剂，以便在混合时有一种均匀的分散媒介。缓慢地混合两种悬浮液十分重要（过程中可使用磁性搅拌或超声波处理），以使得石墨烯在基体内均匀地分布。

胶体成型工艺要求对石墨烯和基体两者都作表面改性。直接作功能化（例如氧化），或使用润滑剂都可达到功能化。改性一般包括在陶瓷颗粒和石墨烯之间产生电荷，这一过程通常称为异质凝聚（或杂凝聚）。研究已经证明，异质凝聚在制备良好分散的陶瓷基碳纳米管复合材料中是一种很有效的方法[23,61]。

本章 8.2.2 节所述将氧化石墨烯分散在氧化铝基体中的工艺正是使用胶体工艺方法。首先借助超声波处理分别准备两种物质的水悬浮液，随后在磁性搅拌下将氧化石墨烯悬浮液逐滴地加入氧化铝悬浮液中。

这种方法也已成功地应用于石墨烯/氮化硅复合材料粉体的制备中（参阅 8.2.1 节），石墨烯片成功地均匀分散于氮化硅基体中。图 8.1 清晰地显示了氮化硅颗粒很好地分布在石墨烯片表面上。

8.3.3 溶胶-凝胶工艺

溶胶-凝胶工艺是制备石墨烯/陶瓷复合材料的另一种可供选择的方法。首先准备石墨烯很好分散的稳定悬浮液，加入四甲氧基硅烷（TMOS）并做超声波处理制得均匀分散的溶胶。随后加入催化剂（例如酸性水）促进水解，室温下凝聚形成复合材料凝胶。这种技术目前主要用于制备二氧化硅纳米复合材料。

有研究人员使用这种技术制备了石墨烯/二氧化硅薄膜，可用作透明导体[62]。使用修正的 Hummers 法准备氧化石墨烯，将其在水-乙醇混合液中剥离制成稳定的氧化石墨烯片悬浮液，加入 TMOS 获得包含氧化石墨烯的溶胶，它可在室温下储存几天。使用旋涂法在亲水基片（例如硼硅酸盐玻璃或氧化硅/硅片）上将这种溶胶制成复合材料薄膜，溶剂蒸发，发生凝胶化。随后将薄膜暴露于饱和水合肼气氛环境中过夜，氧化石墨烯被化学还原为石墨烯片。后续处理后获得最终的固化二氧化硅复合材料薄膜。图 8.11 显示石墨烯/二氧化硅薄膜的 SEM 像。低倍数像［图 8.11(a)］可见试样有均匀的形态结构。高倍像［图 8.11(b)（热处理前）和图 8.11(c)（热处理后）］显示了包埋在基体中的石墨烯片，白色箭头指示石墨烯片的边缘。注意到石墨烯片基本上是平面取向的。这种平面取向分布在复合材料横切片的 TEM 像中能清晰地观察到，如图 8.12(b)（热处理前）和图 8.12(c)（热处理后）所示。图 8.12(a) 相应于不含石墨烯的试样，未见微结构的取向情景。图 8.12(b) 中从上到下各层分别为玻璃基片、复合材料薄膜、Pt 层和碳层。

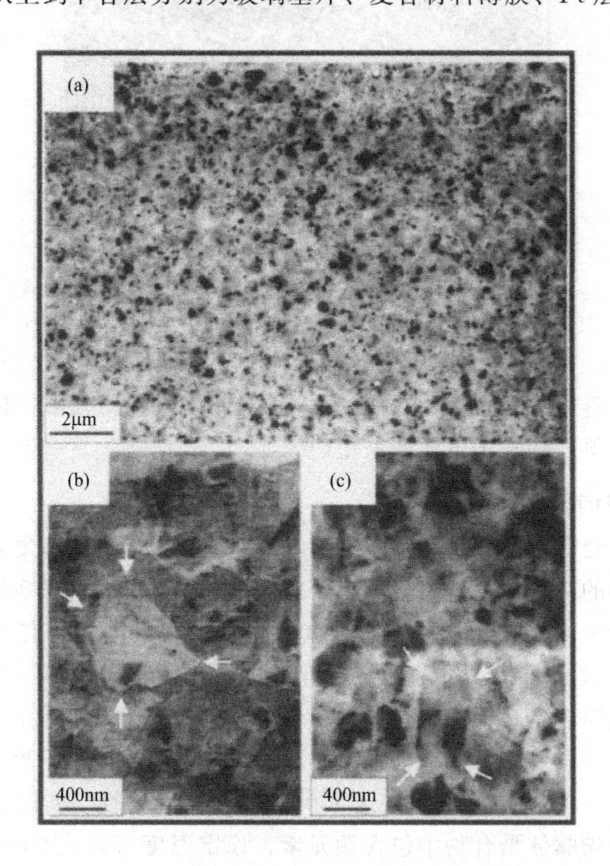

图 8.11 石墨烯/二氧化硅复合材料的 SEM 像

(a) 热处理后（低放大倍数）；(b) 热处理前（高放大倍数）；(c) 热处理后（高放大倍数）

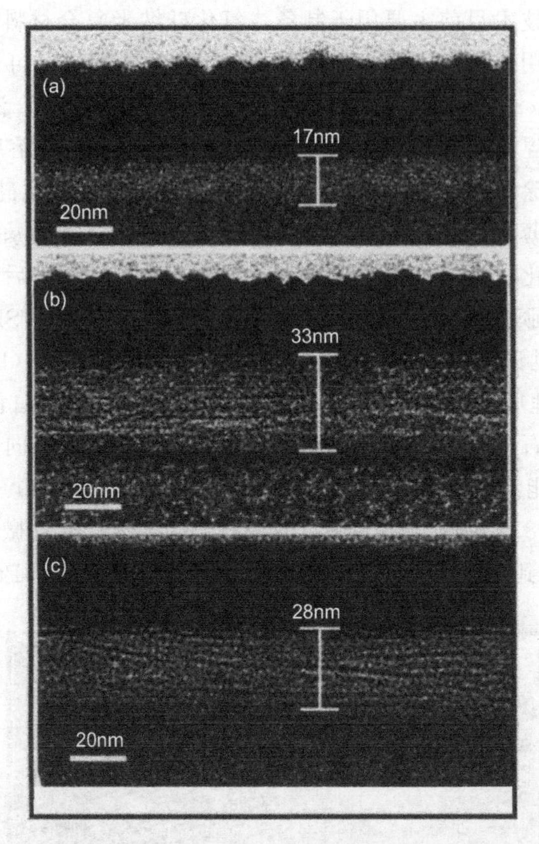

图 8.12 石墨烯/二氧化硅薄膜的 TEM 像

(a) 不含石墨烯；(b) 含 11%（质量分数）石墨烯，热处理前；

(c) 含 11%（质量分数）石墨烯，热处理后

除去复合材料薄膜外，溶胶-凝胶工艺也用于其他应用领域，例如传感器、太阳能电池电极材料、锂离子电池和催化剂等[63,64]。

8.3.4 聚合物衍生陶瓷

聚合物衍生陶瓷（PDC）工艺用于使用传统的粉末工艺制备复合材料时发生困难的场合。典型的陶瓷先驱体聚合物有聚硅氮烷、聚硅氧烷和聚碳硅烷等。聚合物经处理并使用传统的聚合物成型技术使其成型。这些成型技术有聚合物浸渍裂解（PIP）、注射成型法、涂层法、挤压成型和树脂传递模塑法等（RTM）。用直接加热法可使陶瓷先驱体聚合物发生热分解转变为陶瓷成分。聚合物衍生工艺的优点之一是材料形式的多样性，可成型为纤维或块状复合材料。此外，聚合物衍生陶瓷还显示出极佳的热-力学性能，例如高达 1500℃的温度稳定性。实际上，近来的研究指出，如果陶瓷先驱体聚合物中包含硼元素，稳定温度可高达 2000℃[65]。高化学稳定性、高抗蠕变性和低烧结温度也是聚合物衍生陶瓷的优点[66]。与诸如溶胶-凝胶法其他技术相比，这种技术还有如下优点：没有干燥问题；无需花费长时间用于

凝胶化和干燥；不要求使用阻燃溶剂；能在熔融状态下加工以及所用的溶液是随时间稳定的。

这种技术特别适用于石墨烯/陶瓷复合材料的制备，因为人们所希望的填充物（石墨烯或碳纳米管）的良好分散容易在裂解前的液相先驱体中实施[2,67]。而且，也可能通过填充纳米颗粒的表面功能化或适当修正的先驱体化学（或两者兼而有之）控制陶瓷与纳米填充颗粒间的界面。实际上，近十余年来聚合物衍生技术已经用于碳纳米管/陶瓷复合材料的制备，增强了材料的力学和功能性质[68~70]。

一个实例是关于应用聚合物衍生技术制备石墨烯片/碳氧化硅（SiOC）复合材料，这种材料可用于制作锂离子电池的阳极[71]。首先将氧化石墨烯粉末分散在碳氧化硅的先驱体（液体）聚硅氧烷（PSO）中，随后在氩气氛中1000℃下发生交联和裂解，还原氧化石墨烯为石墨烯，聚硅氧烷为碳氧化硅。图8.13是用上述方法制得的复合材料的电子显微图。断裂面的SEM像［图8.13(a)、图8.13(b)和图8.13(c)］显示复合材料中陶瓷颗粒的薄层样结构形态；高分辨TEM像［图8.13(d)、图8.13(e)和图8.13(f)］则显示了石墨烯片包埋在碳氧化硅基体中，而且石墨烯片与碳氧化硅之间有很好的结合，在界面上未见孔隙。获得的石墨烯片/碳氧化硅复合材料有比纯碳氧化硅更高的放电容量，而且，随着石墨烯在碳氧化

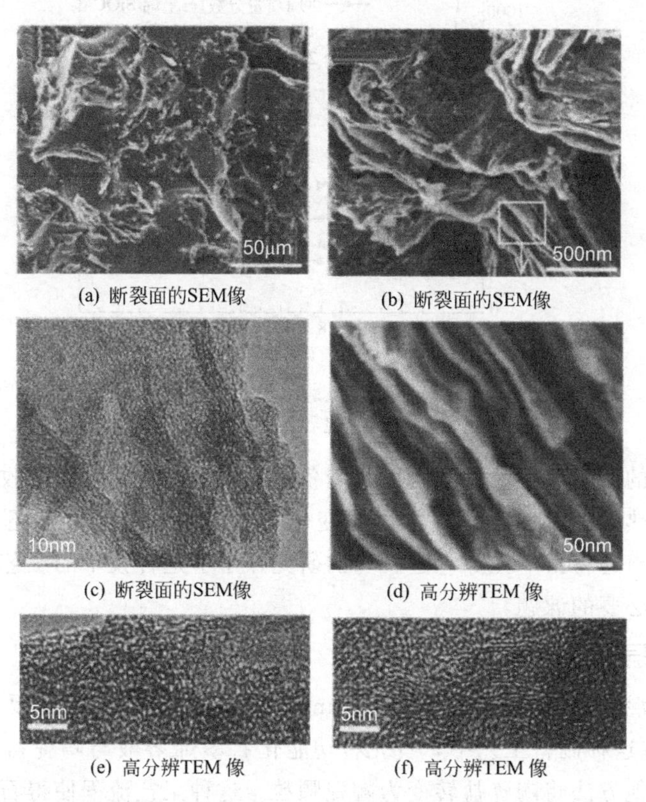

(a) 断裂面的SEM像　(b) 断裂面的SEM像
(c) 断裂面的SEM像　(d) 高分辨TEM像
(e) 高分辨TEM像　(f) 高分辨TEM像

图8.13　石墨烯/碳氧化硅（SiOC）复合材料不同放大倍数的电子显微图

硅基体中浓度的增大，放电容量线性增大。图 8.14 显示复合材料放电容量随循环次数的变化情况。与石墨和纯净碳氧化硅相比，复合材料有明显较高的放电容量，尤其是起始放电容量［图 8.14(a)］。图 8.14(b) 则显示放电容量随石墨烯含量的增大而增大。

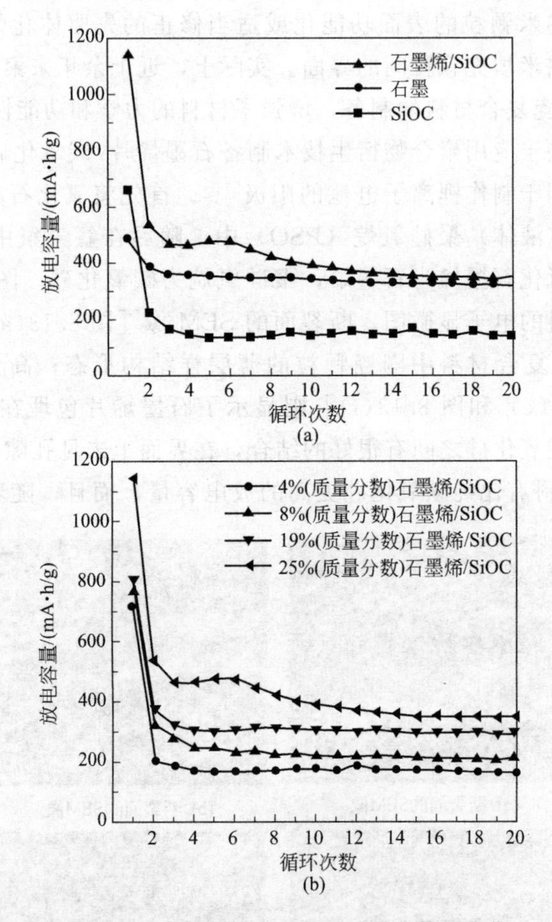

图 8.14 复合材料放电容量随循环次数的变化

这种技术的一个值得关注的问题是制备过程中产物有相当大的收缩率，体积缩小。这是由于热处理过程中发生物质的变化和气体的排除。收缩还导致裂纹的产生，气体的逸出还将留下孔隙。进一步的研究，了解这种技术的工艺过程对微结构的影响似乎是必要的课题。

8.3.5 分子层级混合

分子层级混合（molecular level mixing）是制备石墨烯/陶瓷复合材料的又一种方法[72]。在这种制备工艺中，首先将功能化石墨烯溶液与陶瓷盐相混合，随后以热处理或其他方法将陶瓷盐转变为陶瓷颗粒。这种工艺流程使得石墨烯与陶瓷有着分子级的相互作用。关键的优点是石墨烯在陶瓷基体中极好的分散和陶瓷与石墨烯间极佳的分子层级界面结合。因此，使用这种技术制备的复合材料比较容易获得所要求的增强性能。

最近报道了使用分子层级混合法制备氧化石墨烯/氧化铝[72]和石墨烯/金属基[73]复合材料的详情。氧化石墨烯/氧化铝的制备流程大致如下所述。首先将氧化石墨烯分散在蒸馏水中，借助于超声波的作用制成氧化石墨烯悬浮液；将硝酸铝先驱体盐［$Al(NO_3)_3 \cdot 9H_2O$］加入该悬浮液并磁场搅拌 12h；在 100℃下溶液蒸发，干燥的粉末在 350℃热空气下氧化产生氧化铝颗粒；将上述粉末进一步球磨 12h 获得良好分散的石墨烯-氧化铝粉末。在这一阶段，硝酸铝被热分解出铝离子，而存在于氧化石墨烯表面的羟基和羧基与铝离子在分子层级发生反应。这导致在氧化石墨烯表面的铝离子不均匀集结。氧化石墨烯表面的铝离子覆盖，减弱了氧化石墨烯片间的 π 电子堆垛，阻止了氧化石墨烯片的聚集。FT-IR 和 TEM 分析证实了 Al—O—C 键合的存在，这是发生分子层级反应过程的有力证据。由于这种特殊的微观结构，氧化石墨烯/氧化铝复合材料显示出比起纯氧化铝更高的强度、硬度和韧性。图 8.15 显示用这种流程制得的还原氧化石墨烯/氧化铝复合材料硬度、弯曲

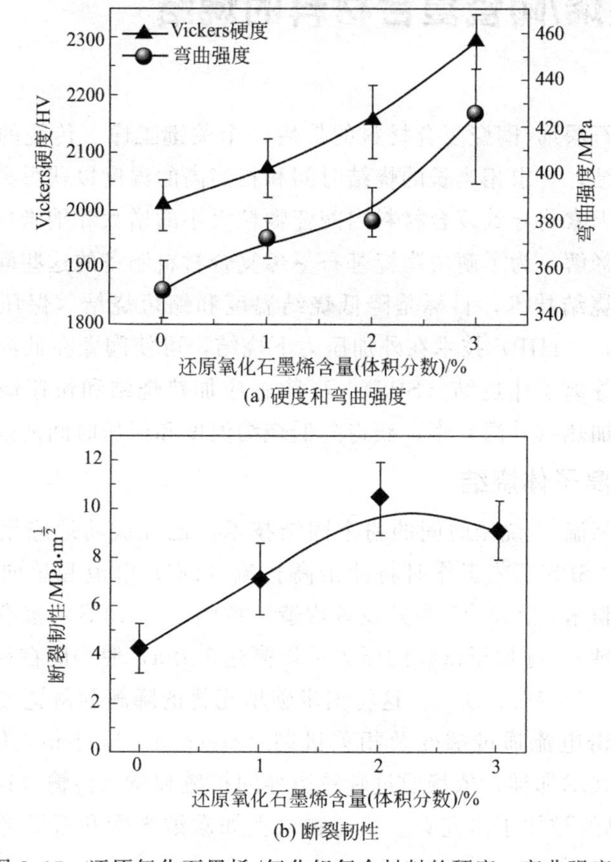

图 8.15 还原氧化石墨烯/氧化铝复合材料的硬度、弯曲强度和断裂韧性与石墨烯含量的关系

强度和断裂韧性与还原氧化石墨烯添加量的关系，图中填充物的添加量为零相当于纯净氧化铝。可以看到，石墨烯的添加使材料同时得到了增强和增韧。图 8.16 显示使用分子层级混合法制备还原氧化石墨烯/氧化铝复合材料粉料过程的示意图[72]。最后使用 SPS 烧结工艺获得复合材料的最终产物。

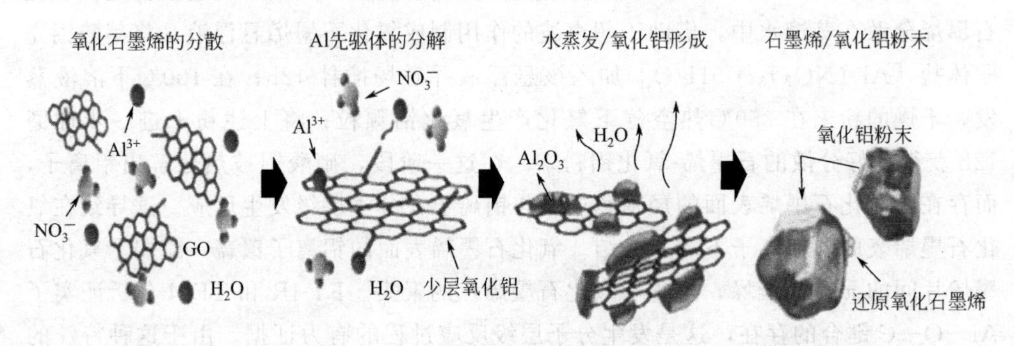

图 8.16　使用分子层级混合法制备还原氧化石墨烯/氧化铝复合材料流程示意图

8.4　石墨烯/陶瓷复合材料的烧结

8.4.1　概述

烧结是制备石墨烯/陶瓷复合材料的最后一个关键工序。传统的烧结技术，例如不加压力的烧结，要求相当长的烧结时间和相当高的温度以获得致密的材料。高温和长时间两个因素将导致复合材料内陶瓷颗粒大小的增大和纳米填充物（石墨烯和碳纳米管）的降解。为了解决陶瓷基石墨烯复合材料制备的这些问题，研究人员建立了一些新的烧结技术，目标是降低烧结温度和缩短烧结（保压）时间。热压（HP）和热等静压（HIP）技术在外加压力下烧结，可使陶瓷在低温下烧结。其他技术，例如放电等离子体烧结（SPS）、高频感应加热烧结和快速烧结等，利用电磁场的作用加速加热（升温）率，获得降低烧结温度和保压时间的效果。

8.4.2　放电等离子体烧结

SPS 是一种高温-短烧结时间的粉末固结技术，已经成功地应用于制备充分致密的陶瓷[74~76]。SPS 工艺工作时将冲击高直流（DC）电流和单向压力同时施加于待烧结的陶瓷粉末，图 8.17 为其设备构造示意图[74]。SPS 装置有很高的加热率（几百摄氏度/分钟），施加于试样的压力可以高达 1GPa，使得能在相对较低的温度下快速烧结试样（3～10min）[2]。这将纳米碳填充物的降解和陶瓷颗粒的增大减低到最低程度。冲击电流通过蠕变及相关机制（creep mechanism）使陶瓷致密化，而不像传统烧结技术那样，依赖通过颗粒边界的扩散和质量传输（这要求有长的烧结时间）。SPS 已经被用于研究碳基填充物（例如碳纳米管和石墨烯）增强陶瓷复合材料的烧结行为[77]。

SPS 的其他优点还在于：①原位一步完成氧化石墨烯还原为石墨烯，而不需要

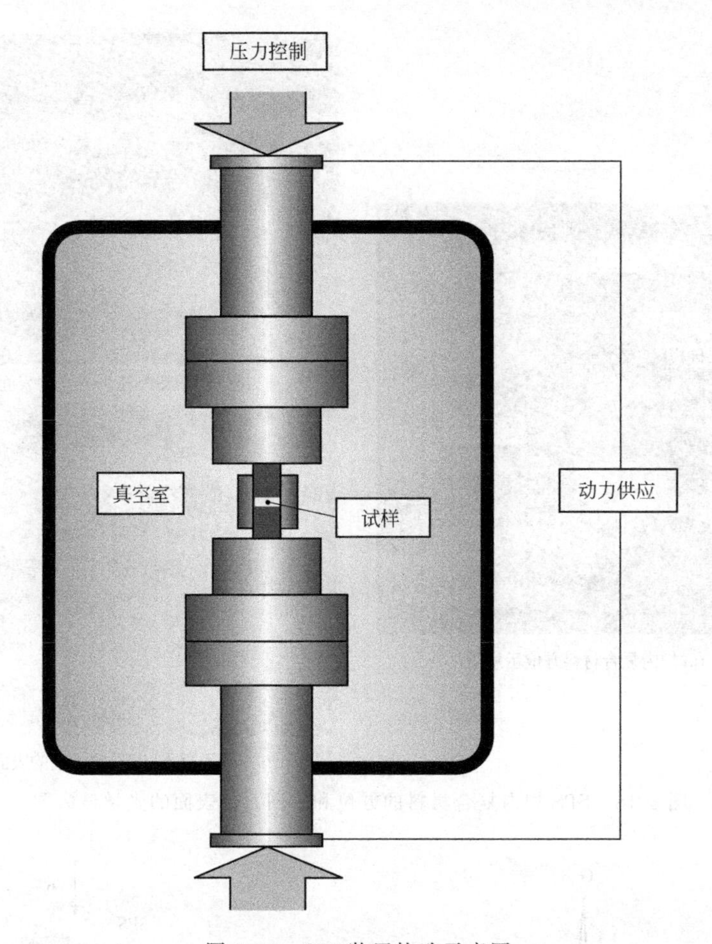

图 8.17　SPS 装置构造示意图

额外的处理；②石墨烯在基体中成取向排列分布。石墨烯的二维结构使其在垂直于外加应力的方向取向排列，亦即石墨烯的平面垂直于 SPS 烧结时的压力方向。拉曼光谱术能用于明确无误地证实石墨烯片在氧化铝基体中的取向排列[78]。例如，应用搅拌分散法制得石墨烯/氧化铝复合材料粉体，随后以 SPS 技术烧结成块体复合材料。图 8.18 显示待测试试样在 SPS 装置中的位置［图 8.18(a)］和试样表面的光学显微图[78]。图 8.18(b) 和图 8.18(c) 分别是垂直于和平行于压力方向抛光截面的光学显微图。拉曼光谱术证实，图中暗区与石墨烯片相对应，而明亮区则对应于基体氧化铝。显微图表明石墨烯在基体中有良好的分散；同时，不同方位截面图显示出明显不同的石墨烯区域分布情景，提示这种非三维对称的二维结构填充物有取向排列的倾向。拉曼光谱分析能给出这种取向排列的强有力证据。复合材料两种不同截面的拉曼光谱显示在图 8.19[78]。图中 a 光谱的强度坐标为观察方便已作放大，插入图箭头分别指出 a 和 b 光谱拉曼激发光的入射方向，前者垂直于压力方向，而后者则平行于压力方向。比较两条光谱的各个峰强度，可见 b 光谱明显大于

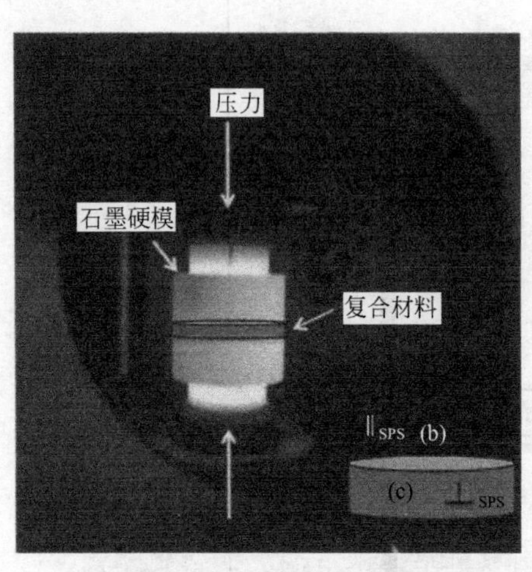

(a) 炉内复合材料方位示意图

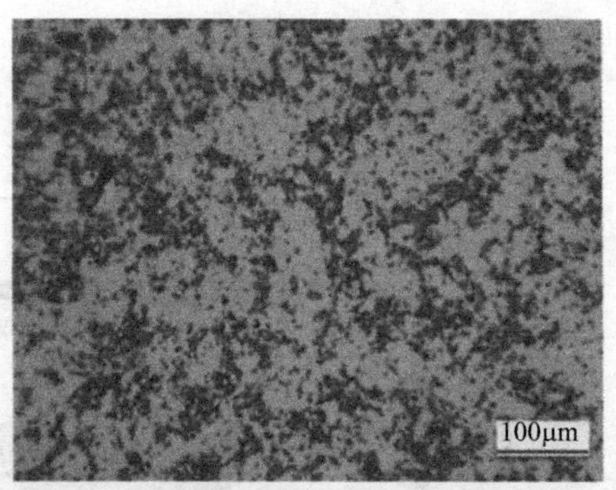

(b) 垂直于SPS压力方向的表面

(c) 平行于SPS压力方向的表面

图 8.18　SPS炉内复合材料的方位和不同方位表面的光学显微图

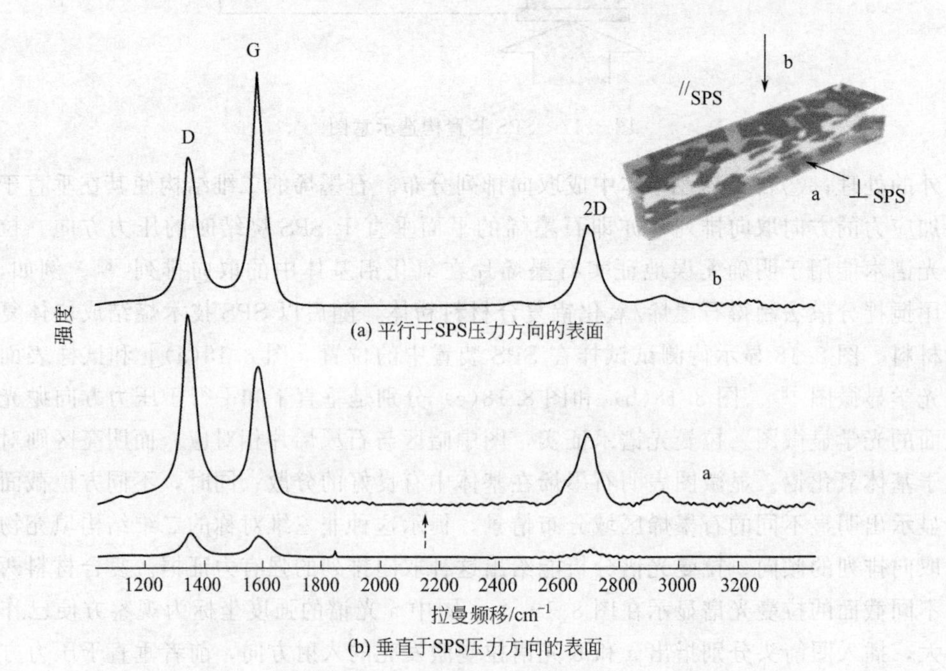

(b) 垂直于SPS压力方向的表面

图 8.19　石墨烯/氧化铝复合材料不同方位的拉曼光谱

a光谱。这是石墨烯在复合材料中择优取向的结果。此外，考察D峰与G峰强度之比I_D/I_G，它能用于定量描述石墨烯的结构缺陷。早先对石墨的拉曼光谱研究指出，石墨平面的拉曼光谱I_D/I_G值比起边缘面要小[79]。这是可以理解的，因为石墨烯的边缘常包含较多的结构缺陷，因而I_D/I_G值较大。现测得用SPS法烧结的复合材料垂直于压力方向平面的I_D/I_G值（0.83）比起平行于压力方向平面的值（1.13）明显较小。这是石墨烯片在氧化铝基体中，其基本平面在垂直于压力方向取向排列的有力证据。实际上，从两个平面拉曼D峰和G峰半高宽的数据比较也可以得出同样的结论[78]。

正确选择SPS工艺的技术参数，例如温度、压力和时间，能够在复合材料粉体致密化过程中精确控制基体的微结构，同时使得对石墨烯片的结构损伤降低到最低程度。对纯氮化硅基体材料SPS烧结参数的研究[17]指出，对5min的保压时间，致密随温度（从1500～1600℃）的升高而增大，升高到1700℃以后保持不变；对2min的保压时间，在1650℃时获得更佳的致密，达到100%的理论密度，如图8.20所示[17]。这是一个很有意义的结果，因为它给出了获得高密度条件下的最低可能温度和最短烧结时间。SPS加工过程中基体氮化硅内石墨烯结构发生的变化可使用拉曼光谱术分析。图8.21显示纯氮化硅、原料石墨烯和不同石墨烯含量复合材料（烧结后）的拉曼光谱[17]。氮化硅未显现拉曼活性。原料石墨烯清楚地显示出分别位于约1317cm^{-1}（D峰）和1582cm^{-1}（G峰）的两个峰，而未见G′峰。这是多层石墨烯或石墨烯薄片典型的拉曼光谱。添加0.02%（体积分数）石墨烯

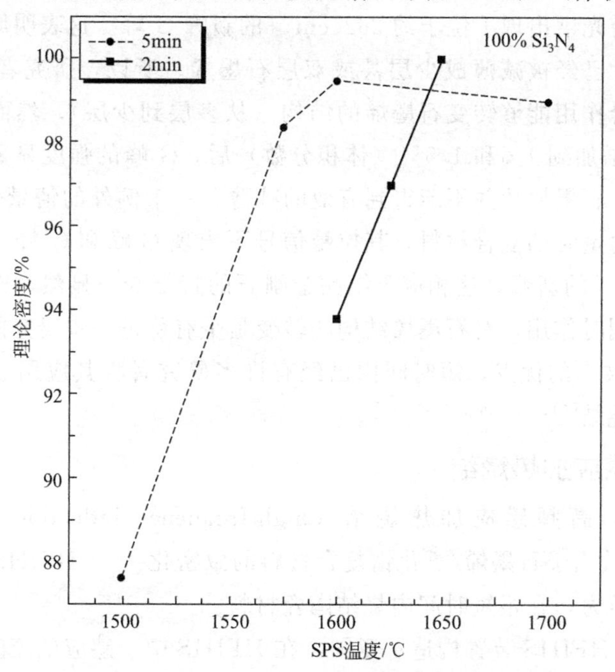

图8.20 不同保压时间氮化硅密度与SPS温度的关系

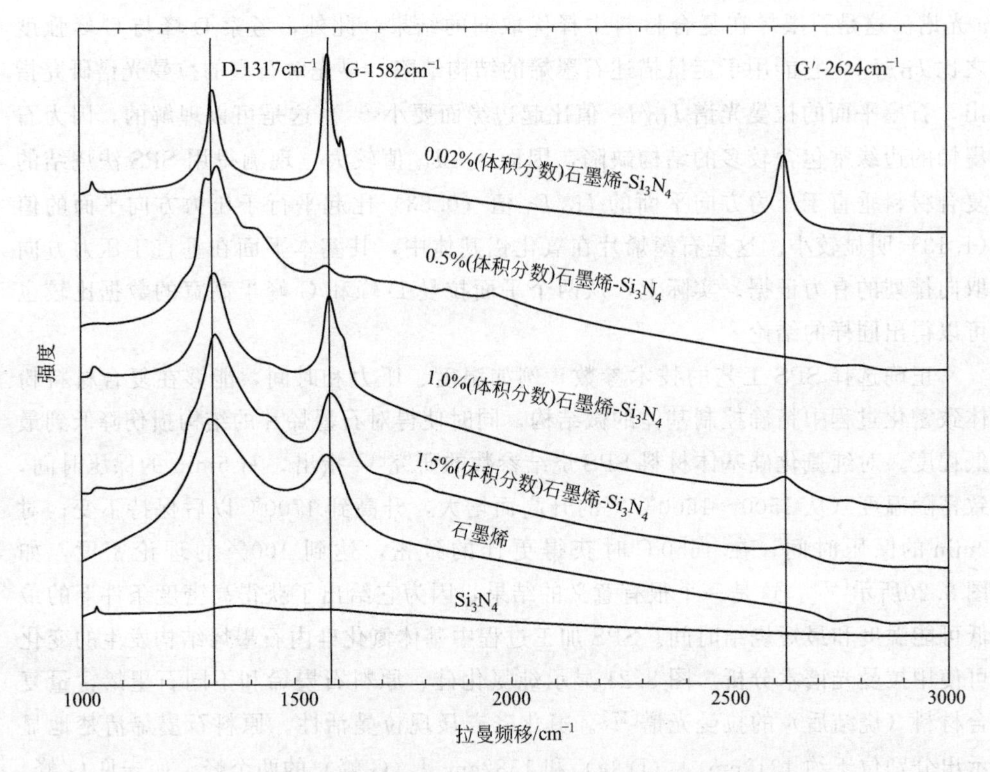

图 8.21　氮化硅、石墨烯和不同石墨烯含量复合材料的拉曼光谱

的复合材料拉曼光谱出现了位于约 $2624cm^{-1}$ 的新峰 G′峰。这表明原来的多层石墨烯或石墨烯薄片已经被减薄成少层甚或双层石墨烯。所以，研究者认为 SPS 的高温度和压力联合作用能够转变石墨烯的结构（从多层到少层）。然而，当石墨烯的含量从 0.02%增加到 1%和 1.5%（体积分数）后，G′峰的强度显著减弱，表明石墨烯高含量时，石墨烯片并不能得到有效的减薄。一个例外的情景是 0.5%（体积分数）石墨烯含量时的复合材料，其拉曼信号不出现 G 峰和 G′峰，而代之以一个位于约 $1332cm^{-1}$ 的新峰，这相应于结晶金刚石的特征峰。显然，SPS 技术的压力和冲击电流的同时作用，对石墨烯结构的转变是个有待进一步研究的课题。

基于 SPS 技术的优点，短时间内已经有许多研究者将其应用于石墨烯增强陶瓷复合材料的烧结[54,56,59,60,78,80～82]。

8.4.3　高频感应加热烧结

最近报道，高频感应加热烧结（high-frequency induction heat sintering，HFIHS）技术被用于石墨烯/氧化锆复合材料的致密化[83]。HFIHS 技术同时应用感应电流和高压力，在很短时间内烧结陶瓷材料。

图 8.22 为 HFIHS 装置构造示意图。在 HFIHS 中，感应电流的作用在于电流对质量传输的固有贡献和在接触点焦耳加热对快速加热的贡献。这种技术制备的陶

瓷复合材料密度高，相对密度可高达96%。有报道称，类似的烧结技术在1500℃烧结温度、60MPa压力和3min保持时间的工艺条件下，能获得近乎理论密度(99%)的石墨烯/氧化铝复合材料[84]。这是一个除了SPS、HP和HIP以外的新技术，工艺参数的最佳化或工艺流程的某些修正以增大加热率，或许有可能使相对密度达到或接近100%。挑战在于避免烧结过程中复合材料内石墨烯的降解或性质恶化。

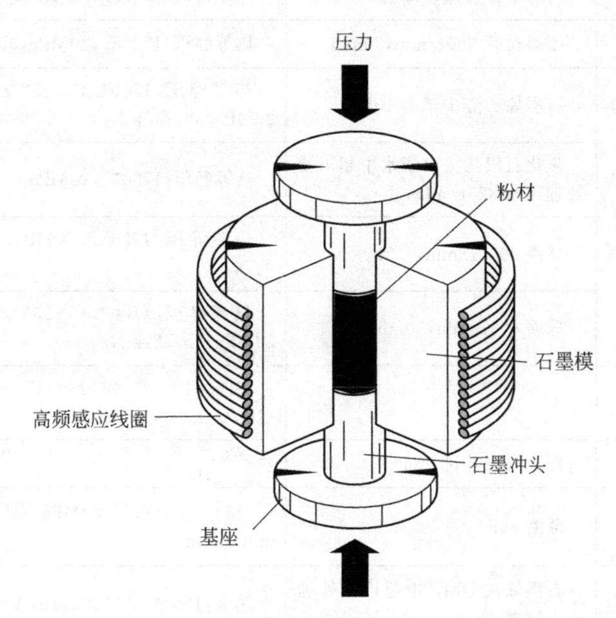

图8.22 HFIHS装置构造示意图

8.4.4 快速烧结

快速烧结是陶瓷烧结的最新技术之一。烧结发生在电场施加于加热的陶瓷体时。在温度和电场的联合作用下，烧结在几秒钟内完成，而且，材料达到几乎完全的致密[85~87]。这种烧结行为的发生被认为是由于颗粒边界的局部焦耳加热，它一方面促进了颗粒边界的扩散（动力学效应），另一方面同时限制了颗粒的生长（热力学效应）。较小的颗粒大小和颗粒边界较高的温度，两者的共同效应促使烧结效率的增强。然而，这种技术仅限于导电陶瓷材料的烧结。由于石墨烯的导电性质，石墨烯陶瓷基复合材料应该适合于应用这种技术[88~93]。

8.5 几种典型的制备方法

表8.2列出文献已经报道的几种主要石墨烯/陶瓷复合材料的制备方法。需要指出，由于这种复合材料是新兴材料，许多研究者都在探索新的制备工艺，以便能生产出具有特定结构的复合材料，适用于特定的应用领域。

表 8.2 石墨烯陶瓷基复合材料制备的工艺流程

材料	混合	烧结	文献
Si_3N_4	超声波处理和机械搅拌	热等静压:1700℃,20MPa,3h	[88]
Si_3N_4	异丙醇中分散石墨烯(超声波),球磨 250r/min,4h	热压:1600℃,30MPa,1h,N_2	[55]
Si_3N_4	丙醇中旋转振动球磨 6h	热压:1750℃,25MPa,1h,N_2	[58]
Si_3N_4	碾磨粉碎 600r/min,30min	热等静压;1700℃,20MPa,3h,N_2	[89]
$Si_3N_4+Al_2O_3+Y_2O_3$	石墨烯乙醇中球磨 10h	热等静压:1700℃(>25℃/min),20MPa,3h,高纯 N_2	[19]
$Si_3N_4+Al_2O_3+Y_2O_3$	氧化石墨烯去离子水中超声波处理球磨 325r/min,3h	热等静压:1700℃,20MPa	[39]
$Si_3N_4+Al_2O_3+Y_2O_3$	球磨 3000r/min,4.5h	热等静压:1700℃,20MPa,3h,高纯 N_2	[18]
$Si_3N_4+Y_2O_3$	球磨 600r/min,30min	热等静压:1700℃(>25℃/min),20MPa,3h,高纯 N_2	[90]
Al_2O_3	无	SPS:1300℃ 和 1500℃,80MPa(100℃/min),1min	[78]
Al_2O_3	超声波搅拌机 5min	热等静压:375℃,20min + 550℃,4h	[91]
Al_2O_3	球磨 30h	SPS:1300℃,60MPa(1400K/min),3min	[37]
Al_2O_3	石墨烯在 DMF 中超声波处理 2h+球磨 4h	热压:1500℃,25MPa,1h,Ar	[57]
Al_2O_3	石墨烯在 DMF 中超声波处理 1h+100r/min 球磨 4h	SPS:1500℃(100℃/min),3min	[59]
Al_2O_3	氧化石墨烯悬浮液逐渐滴入氧化铝悬浮液,搅拌	SPS:1300℃(100℃/min),50MPa,3min,Ar	[30]
Al_2O_3	石墨烯在 SDS 中超声波下分散 30min,搅拌粉末混合	热等静压:1650℃(10℃/min),40MPa,1h,Ar	[22]
Al_2O_3	石墨烯在 DMF 中超声波处理 2h,粉末混合物球磨 4h(350r/min)	SPS:1350℃(100℃/min),50MPa,5min	[82]
Al_2O_3	石墨烯 SDS 中分散(超声波处理)30min,氧化铝/石墨烯超声搅拌 60min	高频感应热烧结:1500℃,单向压力 60MPa,3min	[84]
Al_2O_3	石墨烯片和氧化铝在异丙醇中分散,在机械搅拌下超声波处理	SPS:1625℃,50MPa 单向压力,5min	[92]
Bi_2Te_3	石墨烯在乙醇中超声波处理 0.5h	SPS:350℃,80MPa(70℃/min),6min	[93]

8.6 石墨烯/陶瓷复合材料的力学性能

8.6.1 概述

有研究得出，石墨烯对陶瓷（氮化硅）基复合材料力学性能的增强效果显著高于碳纳米管，如图 8.23 所示[39]，石墨烯/碳化硅复合材料的各项力学性能比起碳纳米管/碳化硅复合材料要高 10%～50%，尽管两种复合材料总的力学性能都比纯碳化硅要低。两种复合材料使用相同的制备工艺，立式球磨混合分散和 HIP 技术烧结，添加量也相同。考虑到石墨烯和碳纳米管有相近的力学性能，这种结果是因为石墨烯比起碳纳米管更易分散。

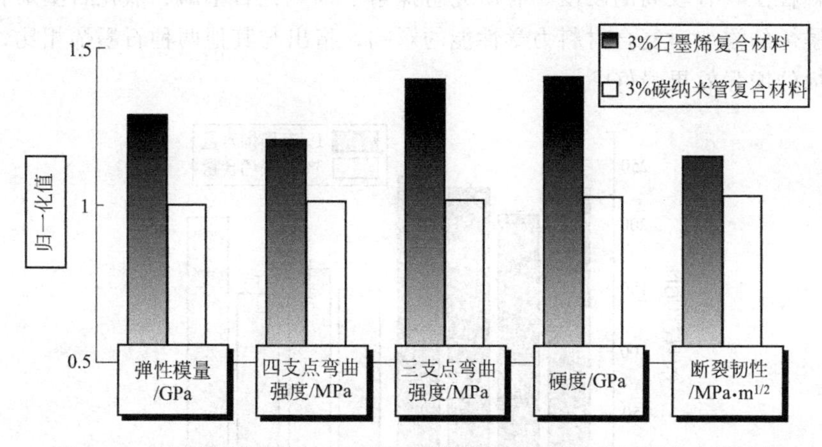

图 8.23 石墨烯增强氮化硅和碳纳米管增强氮化硅复合材料的力学性能

烧结工艺的不同也影响石墨烯对陶瓷材料的增强效果。例如分别使用 HIP 工艺（参数：1700℃，20MPa，3h）和 SPS 工艺（参数：1650℃，50～100MPa，3～5min）制备的石墨烯/氮化硅复合材料有着不同的微结构和力学性能[94]。使用 SPS 工艺制备的复合材料由 α-氮化硅组成，因而有较高的刚性和硬度，而使用 HIP 工艺制备的复合材料则包含伸长的 β-氮化硅颗粒，因而有较高的韧性。

粉体制备技术也对石墨烯的增强效果有直接影响。最近报道，使用分子层级混合的粉体制备技术[72]能使增强剂（还原氧化石墨烯）与陶瓷基体（氧化铝）发生强烈的结合。这不仅有利于石墨烯的良好分散，还形成了特有的微观结构，制成的还原氧化石墨烯/氧化铝复合材料（使用 SPS 技术烧结）有比起纯氧化铝强得多的力学性能（参阅图 8.15）。这一研究成果强烈地表明，石墨烯与陶瓷基体间的界面结合力在增强效果上起着十分重要的作用。

不同类型和质量的石墨烯以及石墨烯的添加量都可能对陶瓷基复合材料的力学性能产生影响。有研究者[19]使用高效立式球磨和 HIP 工艺制备了 1%（质量分数）和 3%（质量分数）石墨烯/氮化硅［基体含 90%（质量分数）Si_3O_4、4%（质量分数）A_2O_3 和 6%（质量分数）Y_2O_3］复合材料。使用三种不同来源的石墨烯，多层石墨烯（HIP4，HIP8）、市场可得的纳米石墨片（HIP1，HIP2，HIP5，HIP6）和纳米石墨烯片（HIP3，HIP7），测定了复合材料的弯曲强度和弹性模量。测定结果见图 8.24，可见石墨烯添加量的增加将使弹性模量和弯曲强度降低；比起其他两种石墨烯，多层石墨烯给出较好的结果。另一组研究人员实现了相类似的研究[88]，石墨烯的添加都增强了碳化硅的韧性，而以多层石墨烯的效果最好（9.92MPa）；除了多层石墨烯增强复合材料，所有其他复合材料的硬度都比纯碳化硅为低。硬度降低是由于石墨烯的添加引起复合材料的多孔化（SEM 观察发现，石墨烯的添加引起基体的多孔化），而对多层石墨烯复合材料，较少的孔和较小的碳化硅颗粒使其有较高的硬度。有研究组探索了未氧化石墨烯、氧化石墨烯和还原氧化石墨烯的添加对复合材料力学性能的影响，指出与其他两种石墨烯相比，未氧化石墨烯的增强效果最好[31]。

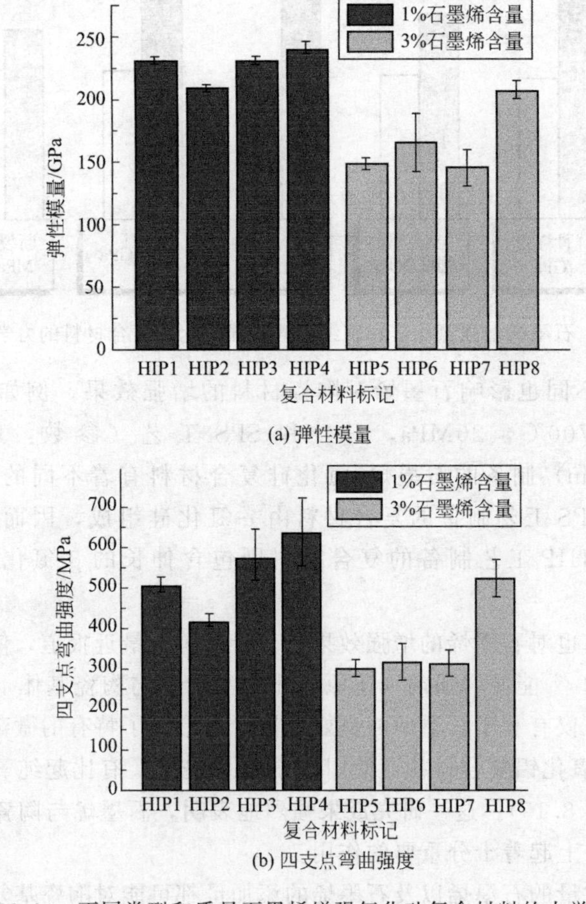

图 8.24 不同类型和质量石墨烯增强氮化硅复合材料的力学性能

需要指出，几乎所有的研究都表明，石墨烯增强复合材料的力学性能并不随石墨烯含量的增加成正比地得到改善。这是因为随着石墨烯含量的增加，复合材料的多孔性得到增强；另外，石墨烯的聚集或堆叠的概率增大。孔隙起着材料破坏（裂纹）起始点的作用。由于石墨烯的聚集，在石墨烯片与陶瓷基体间的界面将会形成更多的孔隙。这些孔隙的存在，不可避免地减小了石墨烯片与陶瓷基体间的接触面积，并且引发裂纹。此外，孔隙在石墨烯从基体拉出时减弱了界面摩擦，不利于增韧。总之，石墨烯的聚焦减弱了石墨烯对陶瓷材料的增强和增韧作用。

使用纳米碳（石墨烯或碳纳米管）增强陶瓷材料的主要作用在于增强材料的韧性。以下将阐述与陶瓷基复合材料韧性的表征和增韧机制相关的问题。

8.6.2 断裂韧性的表征方法

常用的断裂韧性测量和研究陶瓷材料增韧机制的方法有如下几种：Vickers 压痕（VI）法、单边开口（single edge notched beam，SENB）法和 Chevron 缺口(Chevron notch）法。其中 VI 法是石墨烯/陶瓷复合材料研究中目前普遍使用的方法。这种方法的优点在于使用方便，免去预先制备裂纹或缺口的麻烦；适用于小尺寸试样。

VI 法使用 Vickers 微硬度压痕测定脆性材料的断裂韧性，大致程序如下所述[95]。首先准备一高质量平坦抛光的试样表面。试样不必预先制备裂纹或缺口。随后使用 Vickers 锥形微硬度压头在表面上压痕。通常使用硬度试验仪逐渐地施加负荷于压头，直到达到峰值，保持该负荷一段时间，然后对压头卸载。在高试验负荷下试样出现压痕，产生了在压痕附近和下方的应变区域，在四方形压痕的四个角出现裂纹。图 8.25 显示从压痕的角辐射出四条裂纹的 Vickers 压痕[95]。并不是所有的压痕都有如图 8.25 那样理想的压痕形状和裂纹。如图 8.26 所示，在碳化硼表面的 Vickers 压痕出现了层裂，表明附近有很复杂的应力场[95]。裂纹长度、压痕负荷、印痕大小、硬度和材料的弹性模量以及一个经验修正参数可用于计算材料的断裂韧性。裂纹长度的测量必须十分小心。显微镜技术和设备的多样性以及

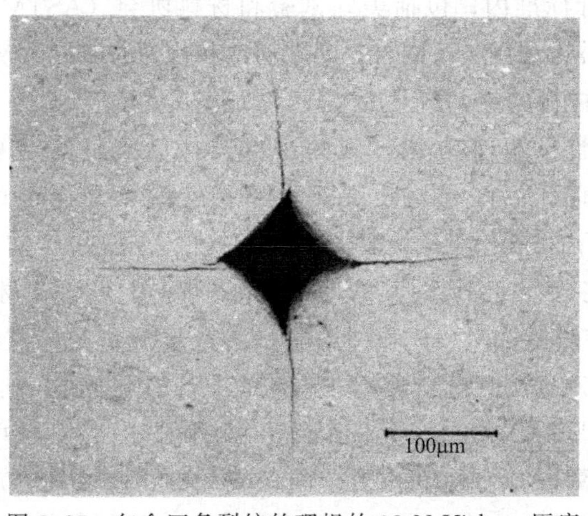

图 8.25 包含四条裂纹的理想的 98 N Vickers 压痕

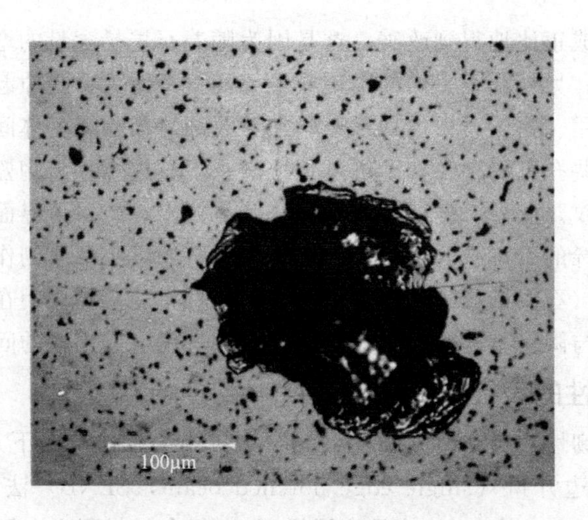

图 8.26 碳化硼表面的 98N Vickers 压痕

测试人员的技巧和主观性都可能引起相当大的误差。目前，许多石墨烯/陶瓷复合材料研究人员都使用 VI 表征方法，并应用 Anstis 方程[96]计算复合材料的断裂韧性 K_{IC}：

$$K_{IC}=0.16\left(\frac{E}{H}\right)^{1/2}(P/C_o{}^{3/2}) \tag{8-1}$$

式中，E 为复合材料的弹性模量；H 为硬度；P 为施加的负荷；C_o 为裂纹长度。也可应用 shetty 方程[18,88,97]：

$$K_{ICInd}=0.089(HP/4l)^{0.5} \tag{8-2}$$

式中，P 为压痕负荷；H 为硬度；l 为压痕裂纹长度。

需要指出，VI 法并没有给出断裂韧性的绝对值，因为它测量的只是复杂应力场局部的材料韧性。一些评论认为这种方法不可靠、不准确和不严密[95,98]。VI 法也没有被包含在任何国际标准内，包括美国试验和材料协会（ASTM）和欧洲标准协会(CEN)。然而，这种方法用于不同材料断裂韧性和行为的简单比较还是可行的[2]。

如果要求测定材料的绝对断裂韧性值，可使用 SENB 方法。这是一种测量先进陶瓷材料断裂韧性的标准方法，其测量值被认为是最为可靠的。这种方法在 ASTM 1421-99 中有详细描述。断裂韧性 K_{IC} 的计算方程也可参阅文献［99］。SENB 法已经被国际标准化组织（ISO）所接受[100,101]。由于它的准确性和便于交流讨论，一些研究人员已经将其应用于石墨烯/陶瓷复合材料断裂韧性的测量[22,57,59,60]。在待测试样上预先设置合适的裂纹样开口是测试的关键程序。作为一个实例，用于 SENB 法测量断裂韧性试样的准备如下所述[59]：试样尺寸为 3mm（宽度）×4mm（厚度）×36mm（长度）；用金刚石轮在试样中央锯出一缺口，并使用刀片和金刚石膏进一步使其扩展，缺口尖端的半径小于 10μm，如图 8.27 所示[59]，缺口的最终深度在 1～1.2mm 范围；韧性测量时选用的跨距为 30mm，十字头速度为 0.05mm/min。

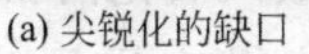

(a) 尖锐化的缺口

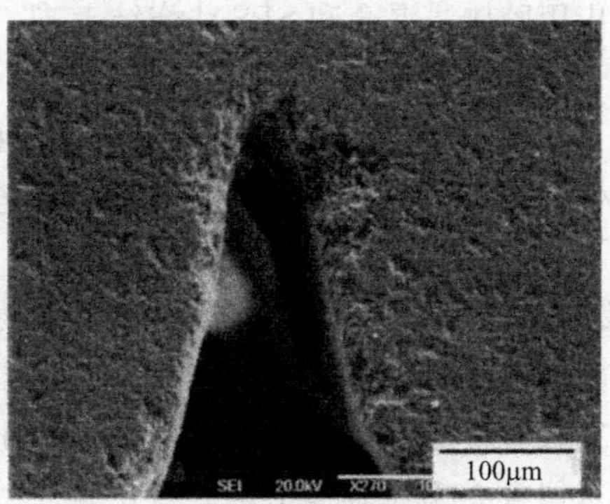

(b) 缺口尖端的高倍数像

图 8.27 石墨烯/氧化铝陶瓷复合材料用于断裂韧性测量的试样 SEM 像

Chevron 缺口法是另一种测量断裂韧性的标准方法。这种方法用于表征石墨烯陶瓷基复合材料断裂韧性的详细情况，包括试样几何、试样开口的程序、施加负荷的技术参数和用于计算断裂韧性的方程式等，可参阅文献［82］。研究者将该方法测得的数据与相同材料用 Vickers 压痕法测得的数据相比较，如图 8.28 所示[82]，可以看到，这种标准方法测得的数据与 Vickers 压痕这种普通方法测得的值大体相近，都在误差范围之内。但对 5%（体积分数）石墨烯含量的复合材料，相差较大，似乎表明对大含量石墨烯的复合材料，Vickers 压痕法是不可靠的。与之不同，对碳纳米管复合材料，两种方法之间有较大的偏差[102]。

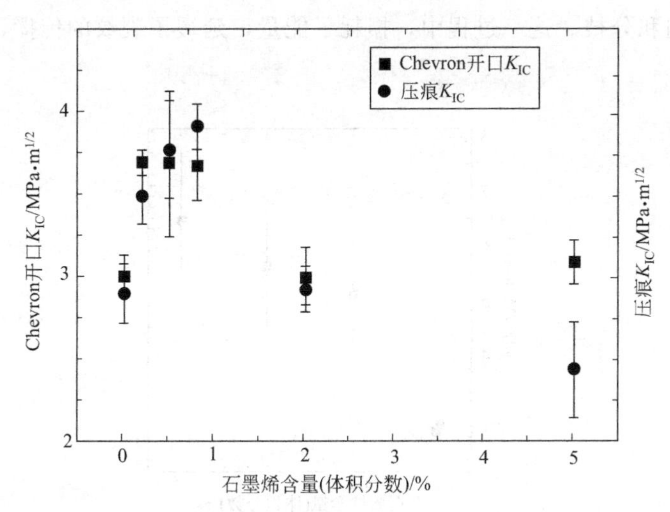

图 8.28 不同方法测定的石墨烯/氧化铝纳米复合材料的断裂韧性

8.6.3 断裂韧性和增韧机制

石墨烯作为增强填充物而使陶瓷材料的韧性获得显著改善，目前已经得到材料学界的一致认可。几个典型的实例如下所述。

应用胶体法混合和SPS法烧结工艺，仅仅1.5%（体积分数）石墨烯均匀混合于氮化硅基体中，可使材料的断裂韧性（使用Vickers压痕法测定，Anstis方程计算K_{IC}值）得到135%的改善（从纯氮化硅的约2.8 MPa增大到复合材料的约6.6MPa）[17]。图8.29显示石墨烯/氮化硅复合材料断裂韧性与石墨烯添加量的关系[17]。研究者在断裂面的观察中发现了新的增韧机制，石墨烯似乎“锚接”和“包裹”在碳化硅颗粒上，并沿着陶瓷颗粒边界形成连续的“壁”，它阻止并迫使裂纹在材料中传播时不只在二维而且在三维通过试样，也阻碍石墨烯的拉出。稍后，有研究人员报道了不同石墨烯类型对氮化硅陶瓷微观结构和增强效果的影响[18]。所用基体含90%（质量分数）氮化硅、4%（质量分数）氧化铝和6%（质量分数）Y_2O_3。使用高效立式球磨混合和HIP法烧结，获得应用压痕法测定的高达9.9MPa·$m^{1/2}$断裂韧性的复合材料（因为试样太小，难以使用标准方法测定断裂韧性，而使用了Vickers压痕法）。SEM观察发现了多种石墨烯增韧机制，其中断裂面的石墨烯拉出现象显示了不同大小的石墨烯片、相对断裂面平面不同取向的石墨烯片和不同拉出长度的石墨烯片，如图8.30所示[18]。同组研究人员对增韧机制的详细研究指出，主要断裂机制包括了裂纹转向、石墨烯拉出、裂纹搭桥和裂纹分枝等[88]。其中，在所有复合材料中常常观察到的增韧机制是裂纹分枝，如图8.31所示（图中箭头指示裂纹分枝）。他们提出的石墨烯片增韧机制见图8.32。裂纹首先沿氮化硅晶粒边界传播，遭遇石墨烯片后发生分枝和转向，裂纹破坏陶瓷晶粒与石墨烯片之间的局部界面并沿界面传播，随后穿越石墨烯片，石墨烯片搭桥，裂纹再次发生转向和分枝。这一过程中，损耗了能量，延缓了裂纹的传播，亦即起了增韧作用。

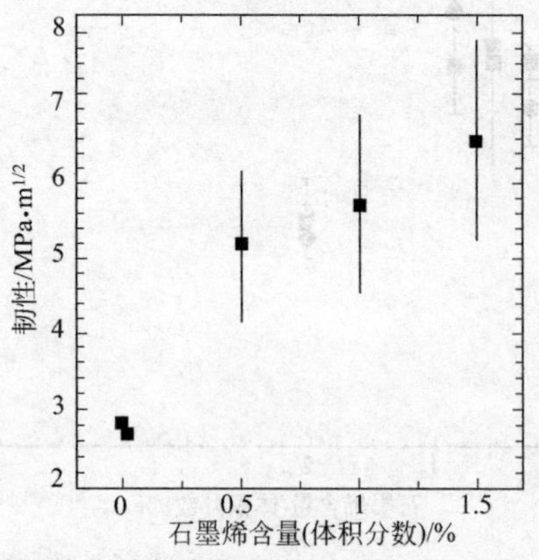

图8.29 石墨烯/碳化硅复合材料断裂韧性随石墨烯添加量的变化

陶瓷氧化铝也能通过添加石墨烯获得增韧。在一个典型的实例中[82]，用超声波处理和球磨分散混合石墨烯与氧化铝颗粒，SPS法用于烧结。应用Vickers压痕法和Chevron缺口法测定断裂韧性得出，添加0.8%（体积分数）石墨烯，材料获

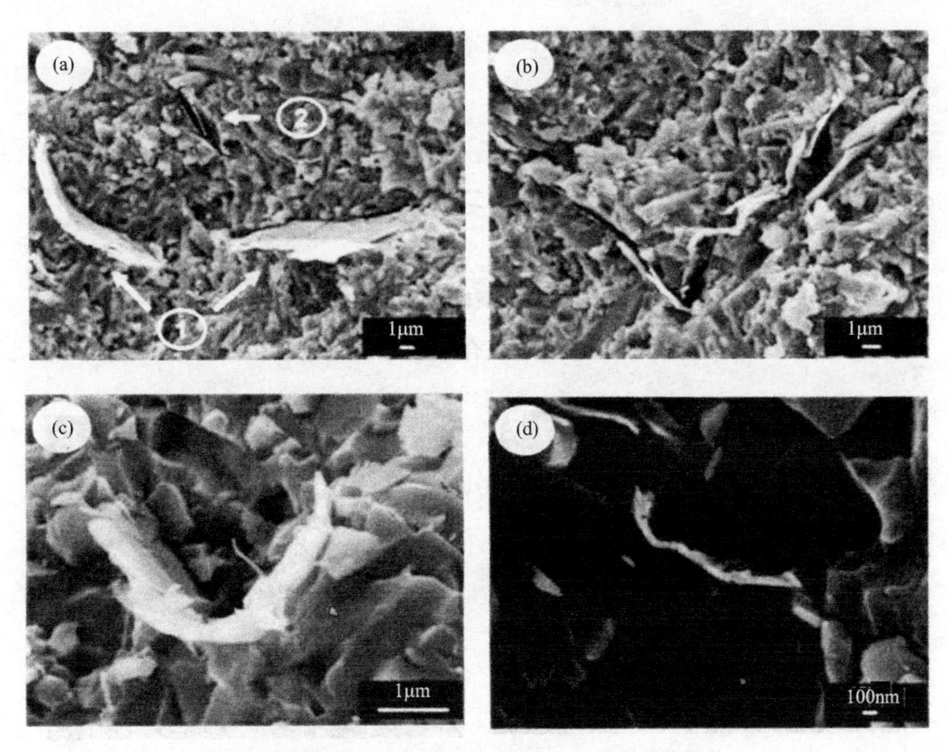

图 8.30 石墨烯/氧化硅复合材料断裂面的 SEM 像，显示不同形态的拉出石墨烯片

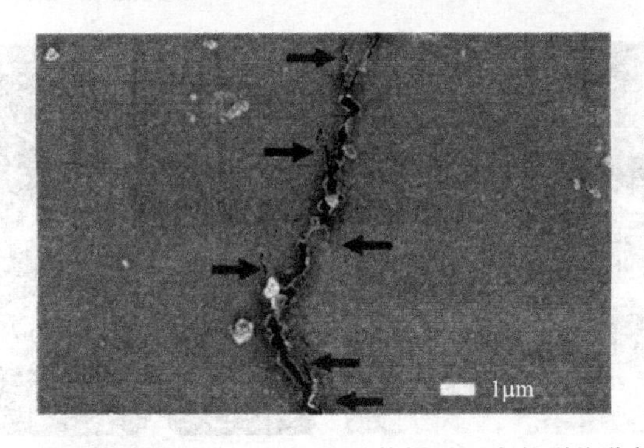

图 8.31 在石墨烯片增强复合材料中裂纹传播过程中的裂纹分枝（SEM 像）

得约 40%（用 Vickers 压痕法测得）或 25%（用 Chevron 缺口法测得）的韧性增强。但更高的石墨烯含量，韧性的改善受到限制。Chevron 缺口法产生的断裂面和 Vickers 压痕法产生的裂纹的 SEM 观察表明，多种增韧机制的作用使所制备复合材料的韧性得到改善。图 8.33 显示 Chevron 缺口法产生的断裂面的 SEM 像[82]。从图 8.33(a) 可见高度稠密的纯 α-氧化铝的颗粒结构。图 8.33(b) 显示石墨烯片的拉出现象。较高石墨烯含量的复合材料表现出裂纹传播方式从晶间向穿晶的转变，如图 8.33(c) 所示。高石墨烯含量复合材料的石墨烯从氧化铝基体的拉出现象则显示在图 8.33(d)。图 8.34 是 Vickers 压痕裂纹的 SEM 像[82]。纯氧化铝显示

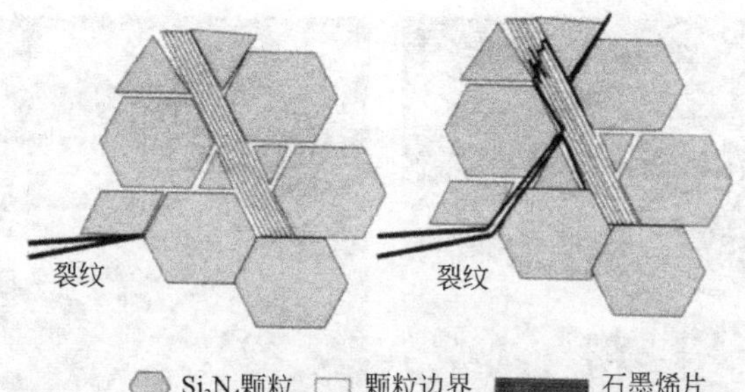

图 8.32 石墨烯/陶瓷复合材料中增韧机制示意图

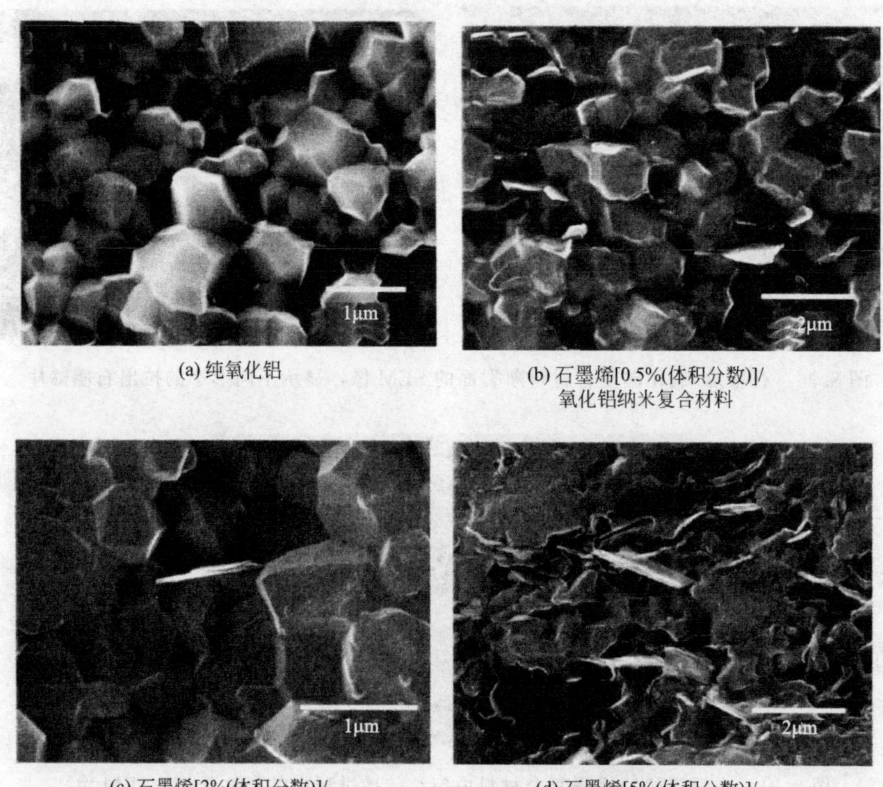

图 8.33 Chevron 缺口断裂面的 SEM 像

直线形状的裂纹轨迹，如图 8.34(a) 所示。图 8.34(b) 可见裂纹偏转和裂纹搭桥增韧机制。图 8.34(c) 显示裂纹搭桥和石墨烯拉出现象。裂纹分枝增韧机制则显示在图 8.34(d) 中。有报道称，石墨烯的添加将导致氧化铝颗粒显著细化(图 8.2)[30]。纯氧化铝的颗粒尺寸为 1000nm，而复合材料的颗粒尺寸为 500nm，颗粒的细化改善了材料的力学性能。使用超声波处理加搅拌的分散混合方法准备粉料，SPS 法烧结，制得的复合材料韧性提高 53%[30]。

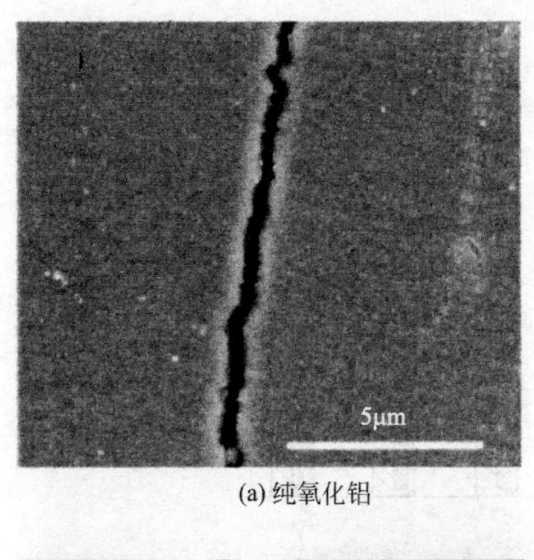

(a) 纯氧化铝

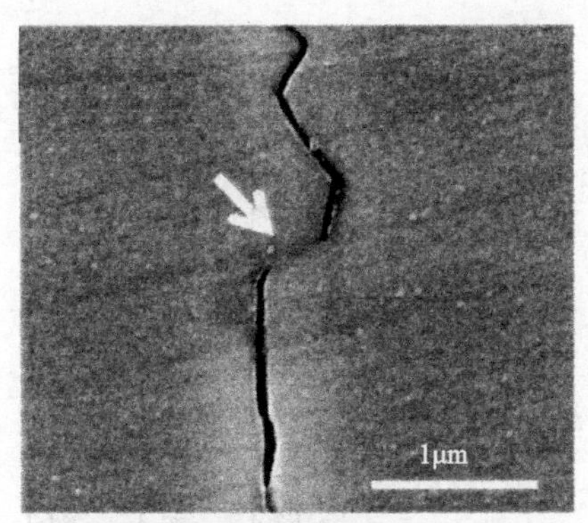

(b) 石墨烯[0.5%(体积分数)]/氧化铝纳米复合材料

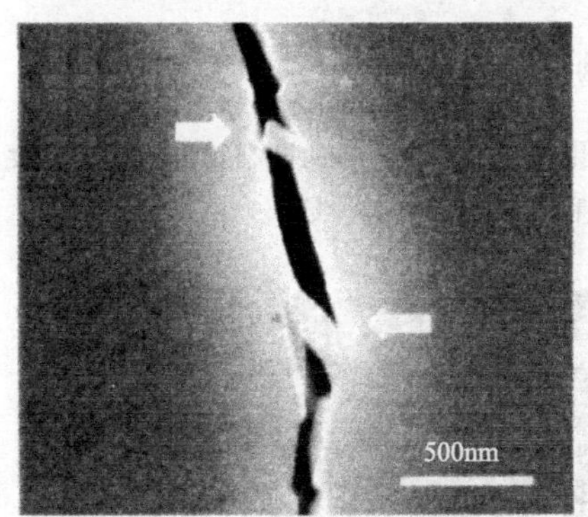

(c) 石墨烯[2%(体积分数)]/氧化铝纳米复合材料

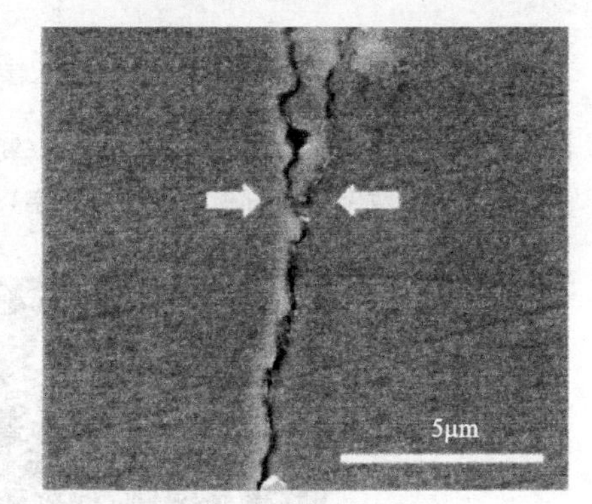

(d) 石墨烯[5%(体积分数)]/氧化铝纳米复合材料

图 8.34 Vickers 压痕裂纹的 SEM 像

最近报道了一个突破性的研究成果，用杂化纳米碳（石墨烯加上碳纳米管）增强陶瓷材料[22]。研究者应用超声波探针处理法将给定量的石墨烯和碳纳米管均匀分散于氧化铝粉末中，得到复合材料粉料，随后使用热压烧结成块体复合材料。在杂化填充物含量为 0.5%（体积分数）石墨烯和 1%（体积分数）碳纳米管时，纳米复合材料的断裂韧性（使用 SENB 法测量）高达 5.7MPa · $m^{1/2}$（原材料氧化铝为 3.5MPa · $m^{1/2}$），更为值得注意的是，与之同时，其他力学性能也得到显著改善，弯曲强度从 360MPa 提高到 424MPa。图 8.35 显示断裂韧性和弯曲强度与增强填充物含量之间的关系[22]。图中填充物含量标志 S 的下标表示两种纳米碳的含量，例如 $S_{0.5\sim1}$ 表示复合材料含有 0.5%（质量分数）的石墨烯和 1%（质量分数）的碳纳米管。纳米碳和氧化铝混合后的复合材料粉体的 SEM 观察表明，所用的混合分散方法使纳米碳得到良好的分散，如图 8.36 所示[22]。图中白色箭头指示分散的碳纳米管，白色圆圈内显示石墨烯层上的氧化铝颗粒。复合材料断裂面的 SEM 像显示了拉出的石墨烯片和碳纳米管、包埋在石墨烯片或氧化铝中的碳纳米管、结合于石墨烯边缘的碳纳米管、“插入”氧化铝颗粒的碳纳米管和石墨烯搭桥等增强

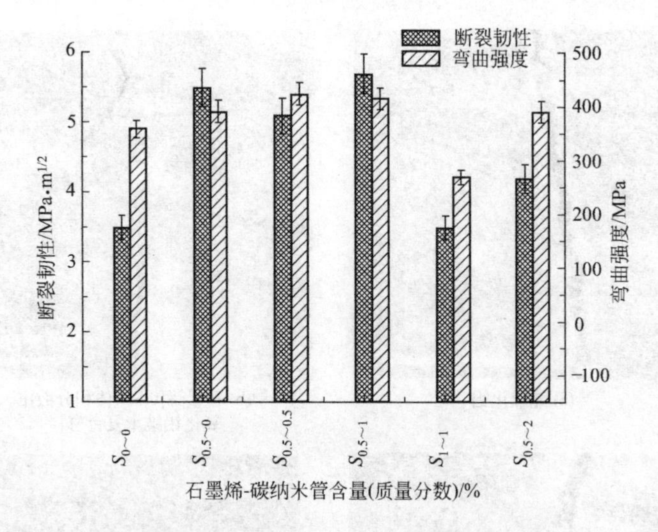

图 8.35　纳米碳（石墨烯和碳纳米管）/氧化铝纳米复合材料的断裂韧性和弯曲强度（S 的下标数字表示石墨烯（前一数字）和碳纳米管（后一数字）的质量分数）

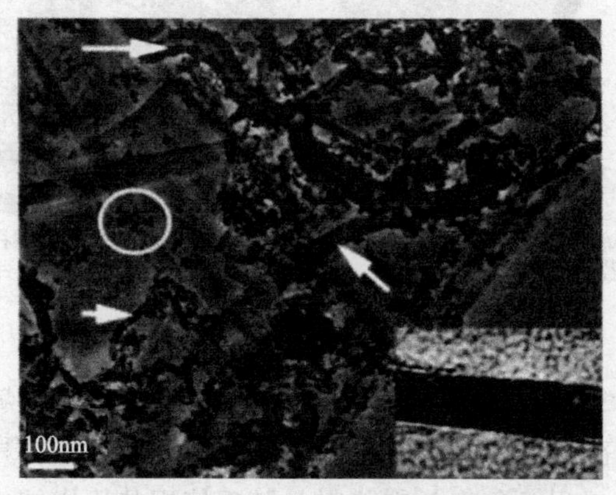

图 8.36　纳米碳/氧化铝复合材料粉体的 SEM 像

（插入图为石墨烯片的高分辨像，显示出石墨烯片为 12 层石墨烯的堆叠）

和增韧现象（图 8.37[22]）。研究者认为，在混合过程中碳纳米管附着在石墨烯的表面和边缘有助于防止石墨烯的聚集，有利于在基体内部的分散。较高的石墨烯含量将导致分散发生问题，对力学性能的改善产生负面效果。石墨烯对颗粒的细化有较大贡献，而碳纳米管的贡献则着重于界面强度。同时，石墨烯给予拉出能量的消耗，而碳纳米管则在颗粒间搭桥并阻止颗粒边界运动。可见这两种纳米碳对断裂韧性和断裂强度改善的贡献相互补充。增韧机制被归结为断裂模式的变化，从纯氧化铝的晶粒间模式改变为复合材料的有些模糊的穿晶模式，如图 8.38 所示。

有研究者比较了未氧化石墨烯、氧化石墨烯和还原氧化石墨烯增强氧化铝复合材料的力学性能[31]。使用球磨法分散混合制得复合材料粉体，随后在流动的氩气下烧结。结果表明，未氧化石墨烯/氧化铝复合材料具有最佳的力学性能增强，断

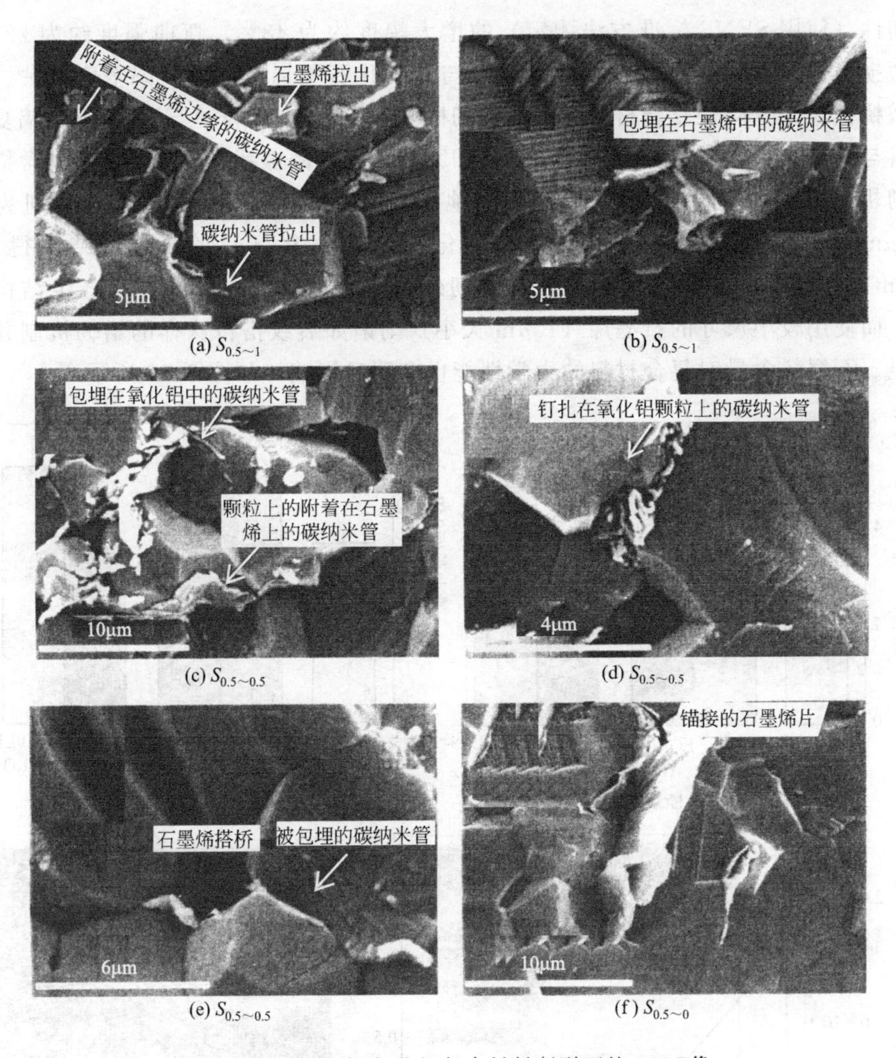

(a) $S_{0.5\sim1}$ (b) $S_{0.5\sim1}$

(c) $S_{0.5\sim0.5}$ (d) $S_{0.5\sim0.5}$

(e) $S_{0.5\sim0.5}$ (f) $S_{0.5\sim0}$

图 8.37 纳米碳/氧化铝复合材料断裂面的 SEM 像

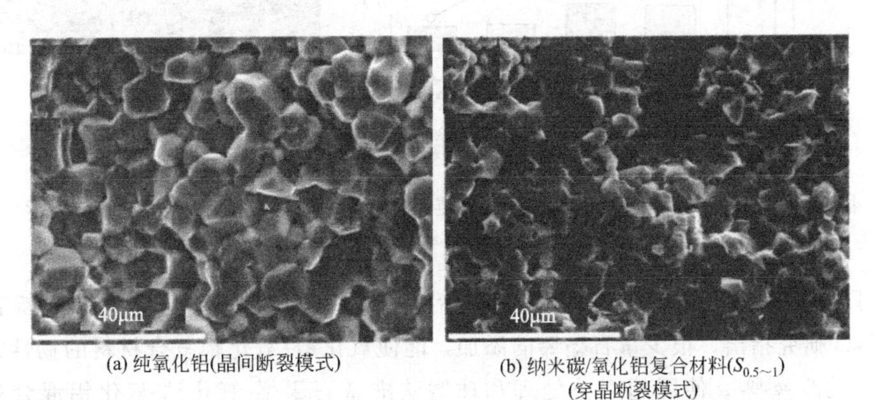

(a) 纯氧化铝(晶间断裂模式) (b) 纳米碳/氧化铝复合材料($S_{0.5\sim1}$)(穿晶断裂模式)

图 8.38 纯氧化铝及其复合材料断裂面的 SEM 图

裂韧性（使用SENB标准方法测定）的增大幅度约为48%，弯曲强度约为28%，而磨损阻抗则达到95%。他们认为，这与未氧化石墨烯较小的缺陷浓度有关。裂纹搭桥被认为是陶瓷复合材料关键的增韧机制。图8.39比较了石墨烯/氧化铝复合材料与纯氧化铝的断裂韧性、弯曲强度和磨损率以及摩擦系数，也显示了包含搭桥增韧机制的压痕裂纹的SEM像[31]。他们还研究了石墨烯的大小（分别为约100μm、20μm和10μm）对石墨烯/氧化铝复合材料韧性的影响，结果得出，20μm横向尺寸的石墨烯具有最好的增韧效果。100μm大小的石墨烯产生结构缺陷，而使用较小尺寸的石墨烯（10μm大小）则诸如裂纹搭桥这样的增韧机制并不明显。石墨烯含量对复合材料的力学性能也有明显影响，如图8.40所示[31]。

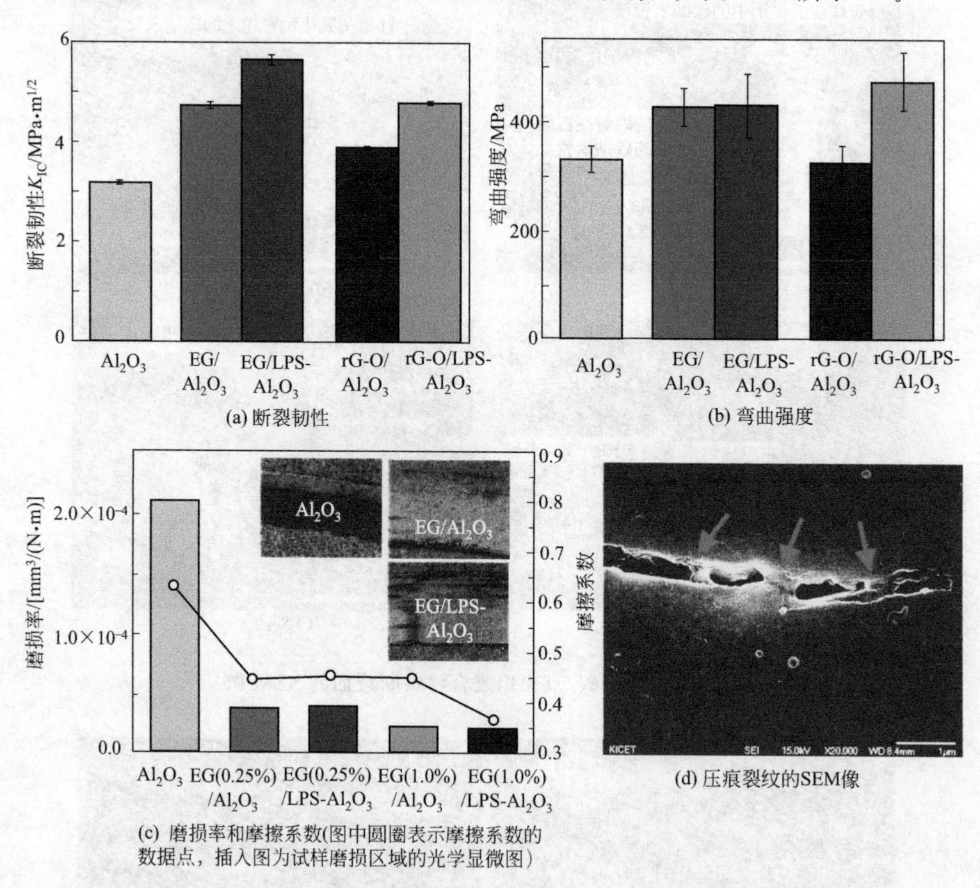

图8.39 石墨烯增强氧化铝复合材料与纯氧化铝力学性能的比较（图中，EG表示未氧化石墨烯，LPS-Al_2O_3表示液相烧结氧化铝，rG-O表示还原氧化石墨烯）

添加氧化锆，则制成氧化锆/氧化铝复合材料，能显著提高材料的断裂韧性[103]。研究指出，很少量石墨烯的添加，能使氧化锆/氧化铝复合材料的韧性得到进一步的改善[60]。使用超声波处理和球磨法准备石墨烯-氧化锆-氧化铝混合粉体（图8.8），随后用SPS法烧结成块体复合材料。用SENB法测定复合材料的断裂韧性，

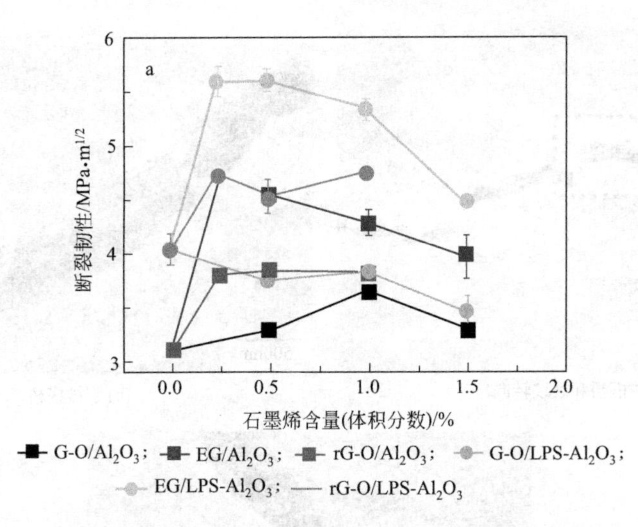

图 8.40 几种复合材料石墨烯含量与断裂韧性的关系（图中，EG 表示未氧化石墨烯，LPS-Al_2O_3 表示液相烧结氧化铝，rG-O 表示还原氧化石墨烯）

发现仅仅 0.8%（体积分数）石墨烯的添加，使材料获得约 40%的韧性增强。类似于其他石墨烯陶瓷复合材料，对复合材料裂纹和断裂面的 SEM 观察，也发现了诸如拉出、搭桥和裂纹转向等增韧机制。图 8.41 是微压痕裂纹的 SEM 像[60]，显示了裂纹搭桥［图 8.41(a) 和图 8.41(b)］、裂纹转向［图 8.41(a)］和石墨烯拉出［图 8.41(c)］等增韧机制。与纤维增强陶瓷复合材料比较，两种填充物引起的增韧现象是相似的，但所起的作用却有所差异。例如拉出现象，石墨烯拉出所需能量要比纳米纤维的拉出大得多。这是由于石墨烯有着大得多的表面积和韧性。在烧结过程中，石墨烯片遭受相邻陶瓷晶粒的挤压作用发生弯曲并被包埋于晶粒之间。基体晶粒与石墨烯片的这种紧密接触使得石墨烯片能够被锚接在晶粒上，如同被“包扎”在基体上，这导致大的接触面积。

在纤维增强陶瓷复合材料中，材料的强度取决于陶瓷与纤维材料间的界面。一旦裂纹发生和传播，负荷以裂纹扩展的方式从陶瓷基体传递给纤维。如果纤维与陶瓷间有弱界面，纤维将保持原状，而裂纹转向；若界面太强不发生破坏，裂纹将穿过纤维（纤维破坏），复合材料表现为脆性。相似于纤维增强陶瓷复合材料，在石墨烯增强陶瓷基复合材料中，裂纹也可能有三种方式传播：单转向裂纹［图 8.42(b)］[60]、双转向裂纹［图 8.42(c)］[60]和穿过增强剂石墨烯的穿透裂纹［图 8.42(d)］[60]。然而，与纤维增强陶瓷复合材料相比，在石墨烯增强陶瓷复合材料中的裂纹传播行为有所不同。在石墨烯与陶瓷基体强结合的情况下，由于石墨烯的高强度和大接触面积，裂纹不可能穿过石墨烯继续原方向的传播，它不得不沿着较曲折的三维形式的路径传播，如图 8.42(f)[60]所示。而且，将石墨烯拉出所需要的力必定大于拉出纳米纤维的力，这是因为石墨烯大的比表面积和与周围陶瓷颗粒间“锚接”和“包裹”的牢固结

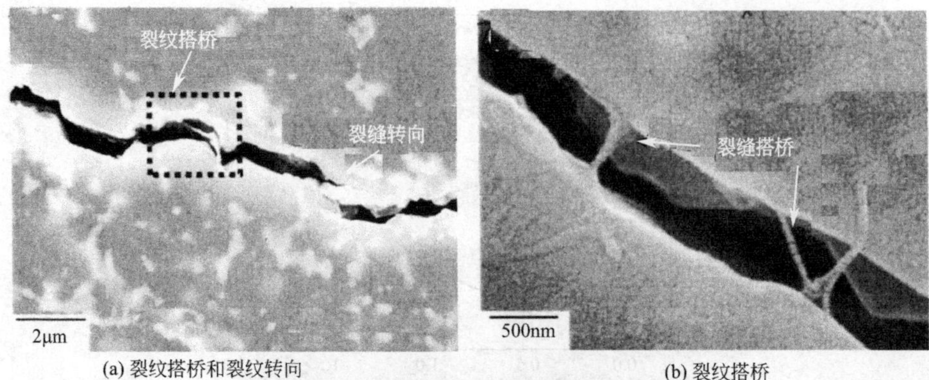

(a) 裂纹搭桥和裂纹转向 (b) 裂纹搭桥

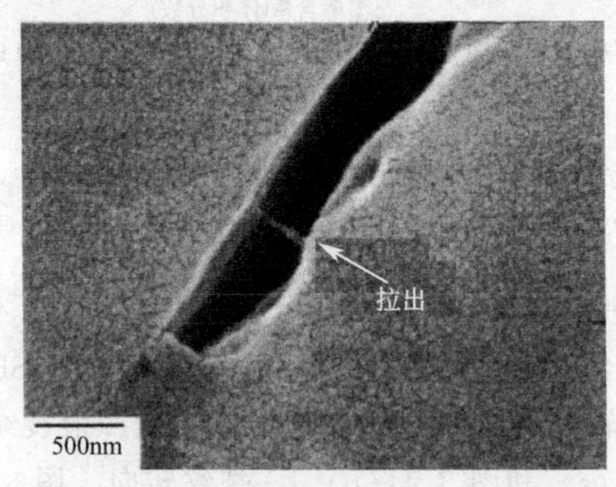

(c) 石墨烯拉出

图 8.41 石墨烯/氧化铝-氧化锆复合材料微压痕裂纹的 SEM 像

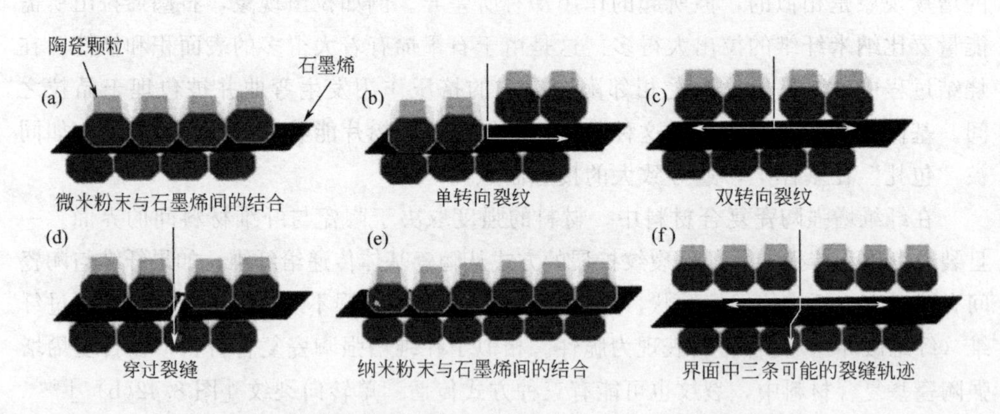

图 8.42 微米级和纳米级陶瓷基体复合材料增韧机制示意图

合。此外，石墨烯片相对大的尺寸还提供了裂纹较长的转向路径。这些性质都有利于石墨烯复合材料的韧性增强，使得石墨烯成为更合适的增韧剂。

在相同密度下，纳米颗粒的陶瓷基复合材料应该比微米颗粒基体复合材料更强，因为它们与石墨烯有更大的接触面积。所以，三维裂纹较易在纳米颗粒陶瓷复合材料中观察到，而平面转向裂纹则较常在微米颗粒陶瓷中产生。

表 8.3 石墨烯对复合材料力学性能的影响

基体	填充物类型	制备技术	最佳填充量(质量分数)/%	弯曲强度/MPa	弹性模量/GPa	硬度/GPa	断裂韧性/MPa·$m^{1/2}$	文献
Si_3N_4	石墨烯片	HPS	7	740	—	—	—	[55]
Si_3N_4	剥离石墨	粉末/HIP	1	—	—	16.38±0.48	9.92±0.38	[88]
Si_3N_4	石墨烯片	粉末/SPS	3	—	—	15.6±0.2	4.2±0.1	[92]
Si_3N_4	石墨烯片 氧化石墨烯	粉末/SPS	0.03	—	290±4	—	6.6±0.1	[54]
Si_3N_4-ZrO_2	剥离石墨	粉末/HIP	1	—	—	16.4±0.4	9.9±0.4	[90]
Al_2O_3	石墨烯+碳纳米管	HPS	1	440	—	17	5.7	[22]
Al_2O_3	石墨烯	粉末/HIP	0.2	542	—	—	6.6	[57]
Al_2O_3	石墨烯	胶体/HFIHS	0.5	—	—	18.5	5.7	[84]
Al_2O_3	液相剥离石墨烯	粉末/SPS	0.45	—	373	21.60±0.55	3.90±0.13	[82]
Al_2O_3	未氧化石墨烯 氧化石墨烯 还原氧化石墨烯	胶体/几乎无压烧结	0.14	424	—	—	4.72	[31]
Al_2O_3	还原氧化石墨烯	分子级混合/SPS	1.69	424	—	22.5	10.5	[72]
Al_2O_3-3YTZP	氧化石墨烯	胶体/SPS	1.1	—	373.9±3.1	23.5±0.3	—	[40]
ZTA	石墨烯片	粉末/SPS	0.43	—	—	16.13±0.53	9.45±0.55	[60]
ZrB_2	石墨烯片	胶体/SPS	4	219±23	—	15.90±0.84	2.15±0.24	[11]
YSZ	还原氧化石墨烯	胶体/SPS	1.63	—	—	10.8	5.9	[81]

如前所述，石墨烯与陶瓷基体之间的界面在决定复合材料力学性能时有着重要作用。为了获得强界面结合并因此获得较好的力学性能，使用附有碳化物（例如 B_4C 和 SiC）的石墨烯和附有氧化物（例如 Al_2O_3 和 ZrO_2）的氧化石墨烯可能效果更佳[2]。

表 8.3 列出几种石墨烯增强陶瓷基复合材料的力学性能。

8.6.4 摩擦行为

石墨烯/陶瓷复合材料的摩擦行为，例如磨损性质和摩擦性质，近来受到重视[31,58,84,89,90,92,104]。由于石墨烯这种六角形原子结构的碳材料有很好的润滑性，可以预期，比起纯陶瓷材料，石墨烯/陶瓷复合材料会有更佳的摩擦学性质。大多数研究人员都使用球盆式仪器研究这种性质。磨损率 W ［单位为 $mm^3/(m \cdot N)$］使用下式计算：

$$W=\frac{V}{LF} \tag{8-3}$$

式中，V 为磨损体积；L 为滑移距离；F 为测试过程中施加的负荷。摩擦力由测试过程中测得的正切力计算。

对石墨烯/氮化硅复合材料摩擦性质的研究得出[89,90]：摩擦系数与所添加的石墨烯类型（例如剥离石墨烯片、纳米石墨烯片和多层石墨烯）无关；石墨烯被包埋在氮化硅基体内部，并不参与润滑过程；添加 3%（质量分数）石墨烯后，材料的磨损阻抗改善了 60%；在相同填充物添加量下，石墨烯增强复合材料比起碳纳米管增强复合材料有更佳的磨损阻抗；在中等温度（300℃、500℃和 700℃）时，石墨烯/氮化硅复合材料的摩擦系数和磨损率随温度增高而增大。

另一项研究使用往复式球盘仪测量石墨烯/氮化硅复合材料的磨损和摩擦性质，并应用显微拉曼光谱术分析磨损碎片和磨损轨迹的微观结构[92]。结果认为，石墨烯是改善陶瓷材料摩擦性能的极佳纳米填充物。在高接触压力下，石墨烯能减弱摩擦，尤其是磨损阻抗（与纯氮化硅相比）能增大 56%。这是由于纳米片的剥离形成了一层保护摩擦膜。图 8.43 和图 8.44 分别显示这种石墨烯/氮化硅复合材料的摩擦和磨损性质。图 8.45 显示复合材料磨损表面上含有石墨烯片的碎片。

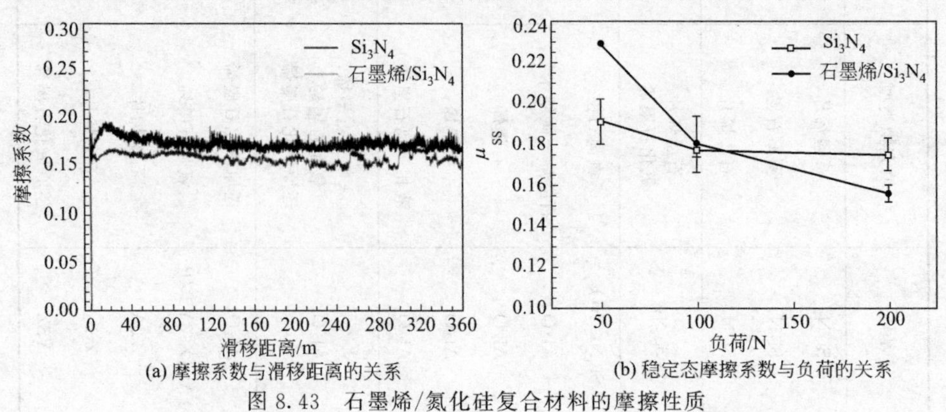

(a) 摩擦系数与滑移距离的关系　(b) 稳定态摩擦系数与负荷的关系

图 8.43　石墨烯/氮化硅复合材料的摩擦性质

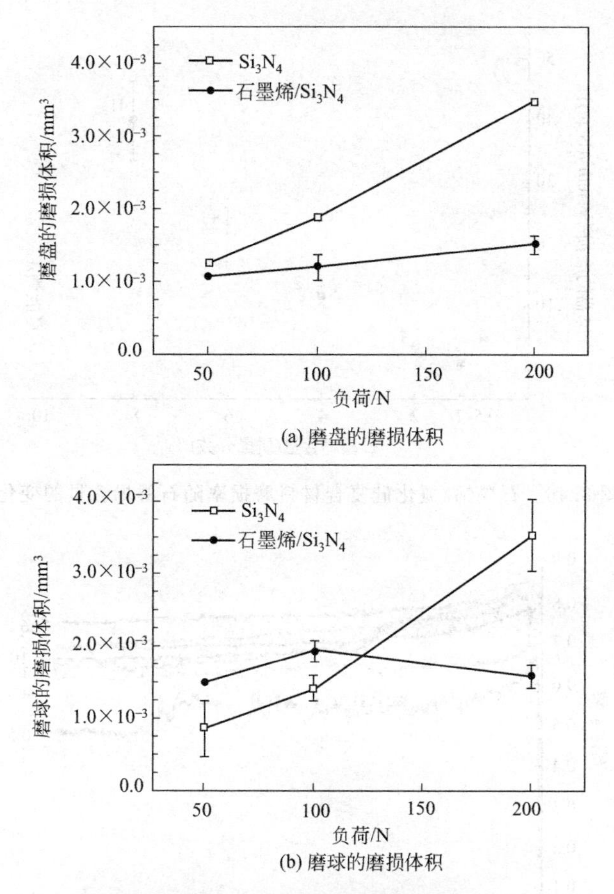

(a) 磨盘的磨损体积

(b) 磨球的磨损体积

图 8.44 石墨烯/氮化硅复合材料的磨损性质

图 8.45 石墨烯/氮化硅复合材料磨损表面的 SEM 像，箭头指示磨损碎片

有研究人员就石墨烯添加量对石墨烯/氮化硅复合材料摩擦性质的影响做了探索。结果表明，0.5%石墨烯的添加量可使材料获得最低摩擦系数，而添加量在 4%（质量分数）以下时，复合材料表现出稳定的磨损阻抗，随后，随着石墨烯含量的增大将导致磨损率线性增大，在含量为 10%（质量分数）时，磨损率几乎增大 4 倍（图 8.46 和图 8.47）。

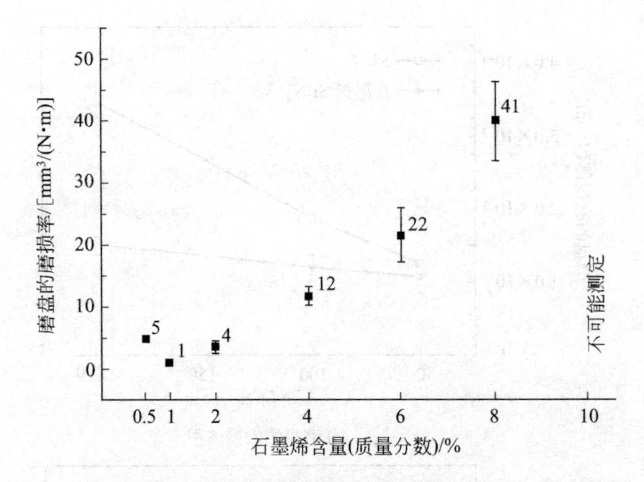

图 8.46　石墨烯/氮化硅复合材料磨损率随石墨烯含量的变化

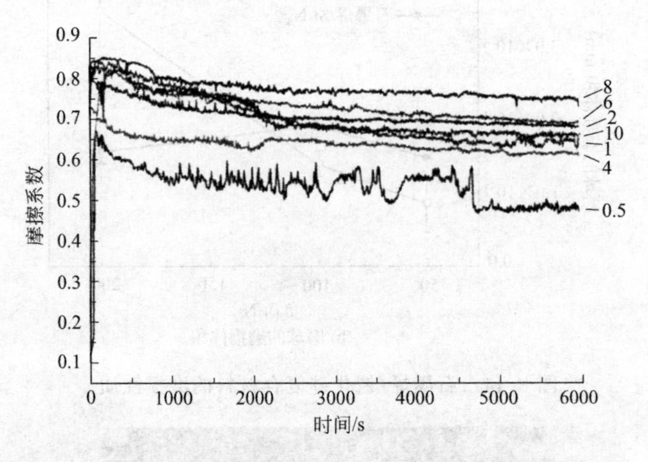

图 8.47　不同石墨烯含量石墨烯/氮化硅复合材料的摩擦系数

（图中数字表示石墨烯的质量分数）

有研究者对氧化锆基石墨烯增强复合材料的摩擦性质做了类似研究[104]。结果得出，陶瓷复合材料的摩擦系数和磨损率随负荷的增大而减小，与纯氧化锆相比，摩擦系数和磨损率分别减小 29％和 50％。

石墨烯的添加同样对氧化铝陶瓷的摩擦行为有重大影响。研究[31]指出，很少量石墨烯的添加就可使材料磨损率显著降低，如图 8.39(c) 所示；与原陶瓷氧化铝相比，摩擦系数也显著降低（图 8.48)，而且，随着石墨烯含量的增加，进一步降低。实验使用多用途摩擦（球-盘）仪研究材料的摩擦行为，球的材料为碳化钨。图 8.49 是摩擦性质获得改善的示意图。分散和包埋于氧化铝晶粒边界的石墨烯片在球与盘之间的滑移起着润滑作用，加上由于石墨烯的添加而使材料力学性能增强，有效地降低了复合材料的摩擦系数和磨损率。磨损球表面的拉曼光谱明确地显示了石墨烯的特征峰（图 8.50)，表明复合材料中的石墨烯已转移到磨球表面上。

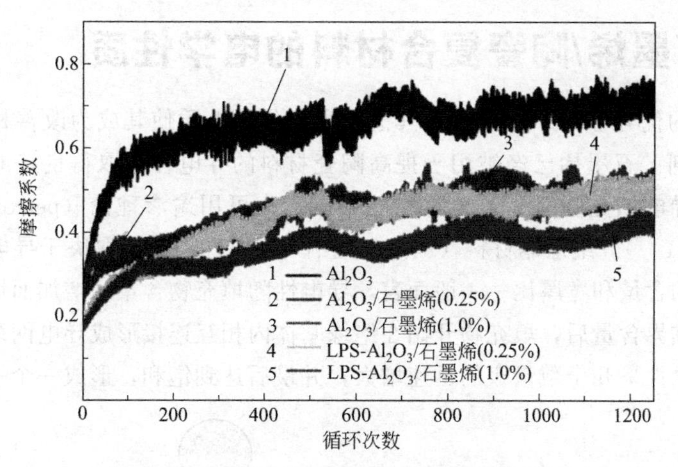

图 8.48 石墨烯/氧化铝复合材料的摩擦系数

(图中 LPS 表示液相烧结，括号内百分数为体积分数)

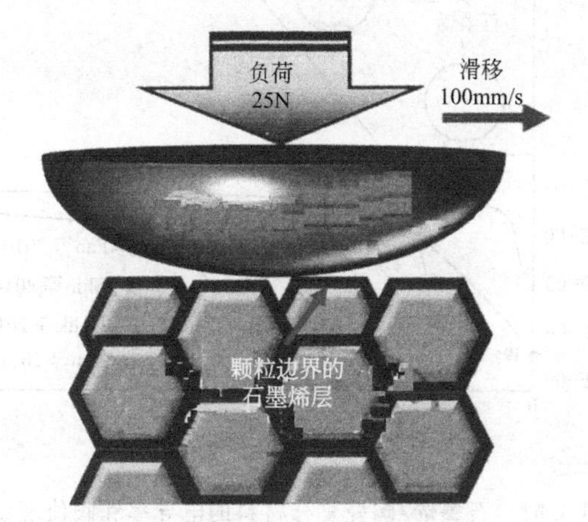

图 8.49 石墨烯有助于润滑的示意图

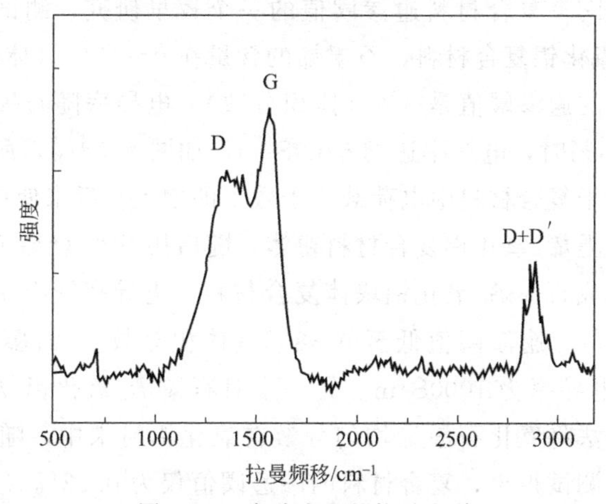

图 8.50 磨球表面的拉曼光谱

8.7 石墨烯/陶瓷复合材料的电学性质

石墨烯的优异导电、导热以及其他物理和化学性质使其成为改善材料导电性质的理想添加剂。石墨烯已经被用于提高陶瓷材料的导电性，取得良好的效果。

对含有导电填充物陶瓷复合材料的导电行为可用逾渗理论（percolation theory）解析（图 8.51[1]）。绝缘体材料（例如氧化铝）导电性的改善取决于导电填充物（例如石墨烯）的含量和宽厚比。一般而言，导电性随填充物含量的增加而增大，在达到逾渗阈值的临界含量后，填充物开始在绝缘基体内相互连接形成导电网络，从而使复合材料的导电性呈几个数量级的迅速增大，并最后达到饱和，形成一个平台。

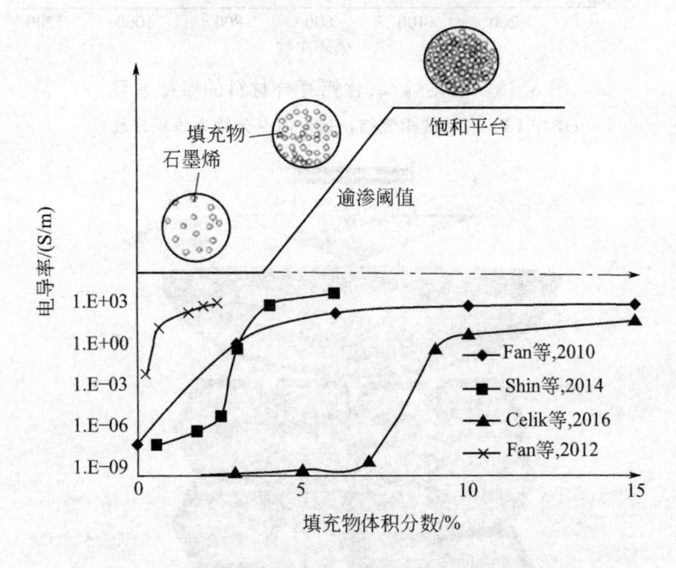

图 8.51　石墨烯/陶瓷复合材料的电导率和阈值现象

对石墨烯增强陶瓷复合材料逾渗阈值的一个较早研究，测试对象是使用 SPS 法烧结的石墨烯/氧化铝复合材料，石墨烯的含量在 0～15%（体积分数）。结果表明，这种复合材料的逾渗阈值是 3%（体积分数）。电导率随石墨烯含量的增加而增大，在含量为 15%时，电导率达到 5709S/m，如图 8.52(a) 所示。研究者认为电导率的增大是由于复合材料中电荷载流子数量的增大。后来使用胶体混合法准备分散良好的氧化石墨烯/氧化铝复合材料粉体，随后用 SPS 烧结工艺使氧化石墨烯还原为石墨烯，制成石墨烯/氧化铝块体复合材料。电导率随石墨烯含量的变化如图 8.52(b) 所示[52]。逾渗阈值低至 0.38%（体积分数），石墨烯含量为 2.35%（体积分数）时的电导率为 1000S/m。另一个对石墨烯/氧化铝复合材料导电性质的研究，使用搅拌法将氧化石墨烯均匀分散在氧化铝粉末中，随后用 SPS 法烧结成块体复合材料。测试得出，复合材料的渗透阈值仅为 0.22%（质量分数），与纯氧化铝的电阻率（109Ω·cm）相比，复合材料要低 8 个数量级（SPS 法烧结的石墨烯复合材料显示各向异性的力学和电学性能，垂直于SPS压力方向的电阻率为15.0±0.5Ω·cm，而平行方向为75.0Ω·cm±1.0Ω·cm)[78]。

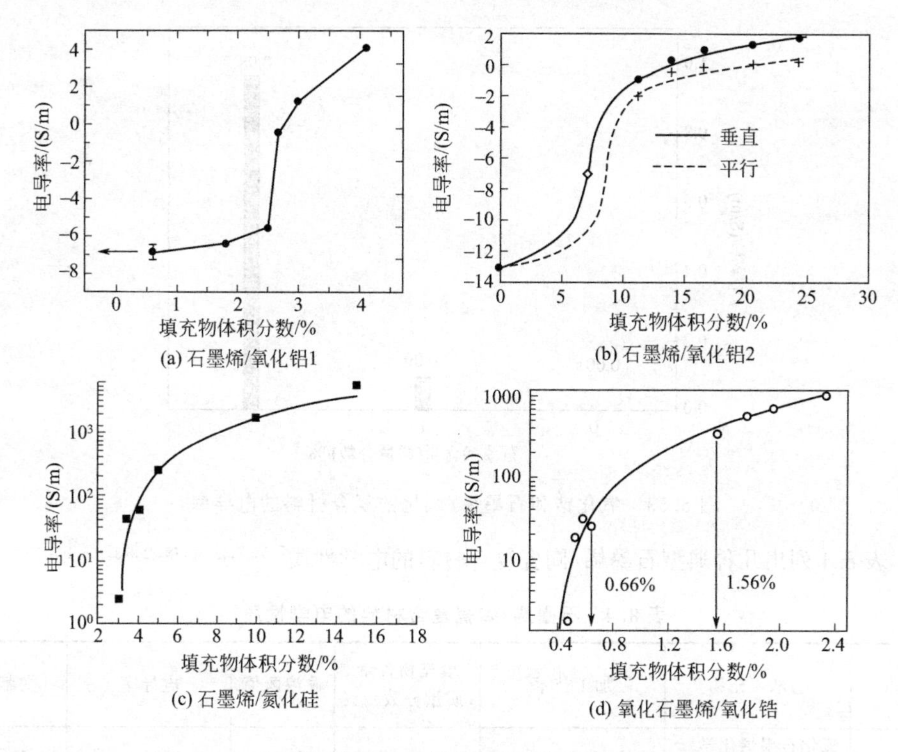

图 8.52　石墨烯/陶瓷复合材料电导率与石墨烯含量的关系

对氮化硅基石墨烯复合材料的电学性质研究得出[105]，在复合材料基体内石墨烯择优取向方向的电导率达到40S/m。由于SPS工艺引起复合材料结构和性质的各向异性，垂直于烧结压力方向的电导率比平行方向要高一个数量级。复合材料的渗透阈值在7%～9%范围内，与电导率的测量方向有关。图8.52(c) 显示电导率与石墨烯含量的关系。研究者认为在不同方向有着不相同的电荷输运机理。例如，在垂直方向的电荷输运以可变程跳跃机理（variable range hopping mechanism）为主，而在平行方向则是一种包含金属型过渡（metallic type transition）的复杂行为。

有人使用SPS法制备了还原氧化石墨烯增强铱稳定氧化锆陶瓷复合材料[81]。氧化石墨烯在SPS烧结过程中得到还原。测得的渗透阈值约为2.5%（体积分数），与氧化铝复合材料的值相当。此后，复合材料的电导率随石墨烯含量的增大急剧升高，在氧化石墨烯含量为4.1%（体积分数）时，达到最大值12000S/m［图8.52(d)］。这个值比石墨烯/氧化铝复合材料［石墨烯含量为15%（体积分数）时］和单壁碳纳米管/氧化锆复合材料［1%（质量分数）含量］[106,107]要高一个数量级。电导率的改善被认为是由于氧化石墨烯的有效分布并形成相互连接的电子通道。

据报道，使用高频感应加热烧结法（HFIHS）制备的石墨烯增强氧化锆陶瓷复合材料[83]，其电导率随石墨烯含量的增加而增大，在石墨烯含量为3%（质量分数）时，电导率要比纯氧化锆高1000倍（图8.53）。

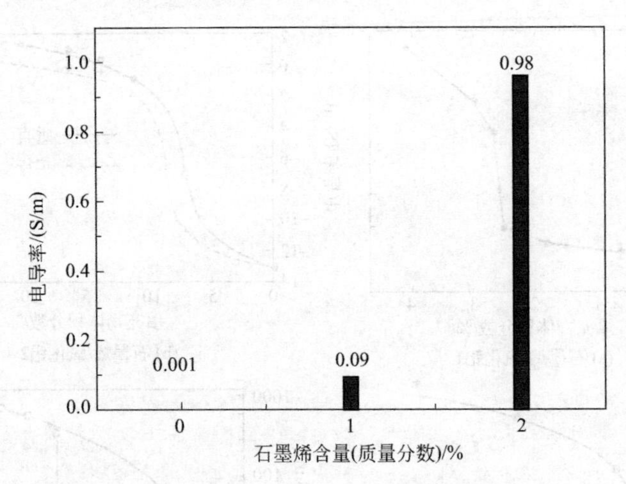

图8.53　氧化锆和石墨烯/氧化锆复合材料的电导率

表8.4列出几种典型石墨烯/陶瓷复合材料的电学性质[30,37,42,52,78,81,83,105,108,109]。

表8.4　石墨烯/陶瓷复合材料的电学性质

基体	纳米填充物	加工技术	填充物含量（质量分数）/%	逾渗阈值	电导率	文献
Al_2O_3	氧化石墨烯化学还原为石墨烯	胶体/SPS	2	N/A	172S/m	[30]
Al_2O_3	氧化石墨烯化学还原为石墨烯	胶体/SPS	0.16,0.22和0.45	0.22	比纯Al_2O_3高8个数量级	[78]
Al_2O_3	氧化石墨烯热还原为石墨烯	胶体/SPS	1.32	0.38	1000S/m	[37]
Al_2O_3	石墨烯片	粉末/SPS	8.95	3	5709S/m	[52]
Al_2SiO_5	N掺杂石墨烯片	粉末/HPS	N/A	—	693.41S/m	[109]
Si_3N_4	石墨烯片	粉末/胶体/HPS	12和15	>4.4	N/A	[108]
Si_3N_4	石墨烯片	粉末/胶体/HPS	2.6～17.6	7～9	40S/m	[105]
SiC	少层石墨烯	粉末/SPS	2.8	N/A	102S/m	[42]
YSZ	氧化石墨烯化学还原为石墨烯	胶体/SPS	1.53	2.5	12000S/m	[81]
ZrO_2	石墨烯片	粉末/HFIHS	3	N/A	0.98S/m	[83]

8.8 金属基复合材料

8.8.1 概述

金属基复合材料比起未增强的金属有明显的性能优势，主要表现在较高的强度-重量比、较低的热膨胀系数以及对热疲劳和蠕变的较强阻抗，在航空航天、电子封装和汽车工业等领域具有应用价值。最近，使用纳米材料增强金属材料受到关注，对碳纳米管增强金属基复合材料的研究已经获得许多成果，石墨烯则是近年来受到重视的金属基复合材料纳米增强剂。

相对聚合物基和陶瓷基石墨烯复合材料，使用石墨烯增强金属的研究起步较晚。较早的工作显示石墨烯的增强效果有限，有的甚至产生负的效果，力学性能反而降低。石墨烯用于金属增强剂主要遇到两个挑战：①石墨烯片与金属间很弱的结合；②金属相对较高的加工温度（例如对于铜，高于1000℃）使石墨烯易于分解或遭受损伤。较早期的研究者制备石墨烯/金属复合材料大都使用传统的粉末冶金工艺。应用这种工艺的主要缺点在于：①不能有效地防止石墨烯在金属基体内的聚集，因为缺少金属与石墨烯的结合位点，金属对石墨烯的吸附很差，石墨烯易于与金属颗粒分离，从而在范德华力的作用下发生聚集；②一般的烧结和熔融工艺并不适合于石墨烯/金属复合材料的制备，因为大部分金属的加工温度都超出了石墨烯所能承受的最高温度；③金属与石墨烯间有着大的密度差，这导致石墨烯漂浮在金属的顶部，不利于均匀分散。为了获得好的力学性能，石墨烯片必须均匀地分散在金属基体中，并且在复合材料固化和烧结过程中不受损伤或转变为金属碳化物。最近几年来，研究人员探索了多种能获得良好分散、与金属颗粒有较强结合的混合方法和适合于石墨烯的烧结工艺，制备了具有高强度、高韧性和轻重量的石墨烯/金属复合材料。被增强的金属主要有铜及其合金[73,110～114]和铝及其合金[45,115～122]。

8.8.2 石墨烯/铜复合材料

铜基复合材料在许多领域被广泛应用，例如汽车和微电子工业。传统的铜基复合材料使用氧化物和碳化物作为增强材料，显著地改善了材料的力学性能。然而，这类增强材料很低的导电和导热性能使得它们不适合于电子领域的应用。作为优良的电和热导体，石墨烯应该是一种理想的替代增强材料。

据报道，有研究组应用分子层级混合方法（参阅本章8.3.5节）和SPS烧结工艺（参阅本章8.4.2节）制备的铜基石墨烯纳米复合材料具有明显增强的力学性能，与纯铜相比较，含有2.5%（体积分数）还原氧化石墨烯的复合材料，其弹性模量和屈服强度分别达到131GPa和284MPa，分别是纯铜的1.3倍和1.8倍[73]。这种方法解决了石墨烯在金属基体中的分散问题，也避免了烧结过程中石墨烯遭受损伤。制备流程有两个关键工序：①分子层级的混合，将功能基团连接在石墨烯片上，以便使得石墨烯与基体金属发生化学结合；②SPS烧结，通过各个粉末颗粒之间的放电等离子体和局部焦耳加热固结金属粉末。SPS工艺的快速加热和冷却率不仅限制了晶粒的增大和扩散，而且降低了平均烧结温度（因为只在粉末接触点局部加热）。研究者测定了石墨烯与铜之间的吸附能，确认了石墨烯与铜基体之间有强结合，解析了石墨烯对铜基体的增强机理。

图8.54显示这种制备石墨烯/铜纳米复合材料的流程[73]。中间产物的SEM观察、拉曼光谱和FTIR分析证实在分子层级的混合过程中发生了还原氧化石墨烯与

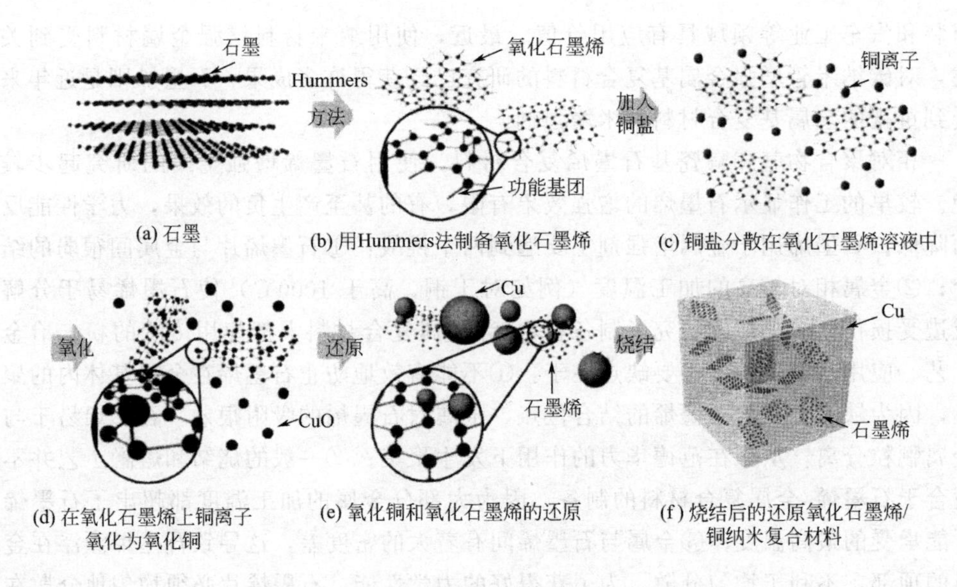

图 8.54 石墨烯/铜纳米复合材料的制备流程

铜之间的化学相互作用，而且，铜纳米颗粒成核在还原氧化石墨烯的基本平面和边缘上（由于基团一般都位在还原氧化石墨烯的这些位置上）。固结后复合材料的微结构和力学性能显示在图 8.55[73]。蚀刻表面的 SEM 像可观察到蚀刻形成的凸出在表面的石墨烯片，可见石墨烯在基体金属中的分布是均匀的［图 8.55(a)］；断裂面的 SEM 像中白色箭头指示分布在基体内的石墨烯片［图 8.55(b)］；铜和不同石墨烯含量复合材料的拉伸应力-应变曲线［图 8.55(c)］显示石墨烯含量 2.5%（体积分数）石墨烯/复合材料的拉伸强度比纯铜高约 30%。为了表征增强剂的增强效果，可计算复合材料的增强效率 R[73]：

$$R=\frac{\sigma_c-\sigma_m}{V_r\sigma_m} \tag{8-4}$$

式中，σ_c 为复合材料的屈服强度；σ_m 为基体的屈服强度；V_r 为增强材料所占的体积分数。计算得出这种复合材料的石墨烯增强效率为 45%，比 TiB_2 高 4 倍。这是因为还原氧化石墨烯有杰出的力学性能、大的比表面积和与铜之间的强界面强度。

虽然上述使用氧化石墨烯的制备流程能获得增强材料与金属基体的强界面结合和增强材料在基体中的均匀分散，它仍然有着不完善的地方，例如，氧化石墨烯可能不完全被还原，同时，在还原过程中还原氧化石墨烯可能发生重聚。这影响了石墨烯的增强效果。球磨混合分散法，将石墨烯与金属粉末直接相混合，由于其易于实施，也常用于石墨烯增强金属复合材料的制备。然而这种工艺不可避免地引入许多缺陷于石墨烯中，影响了增强效率，也不是理想的工艺。所以，尽管许多研究都证明石墨烯对增强金属有效，但直接使用石墨烯或氧化石墨烯作增强剂似乎限制了

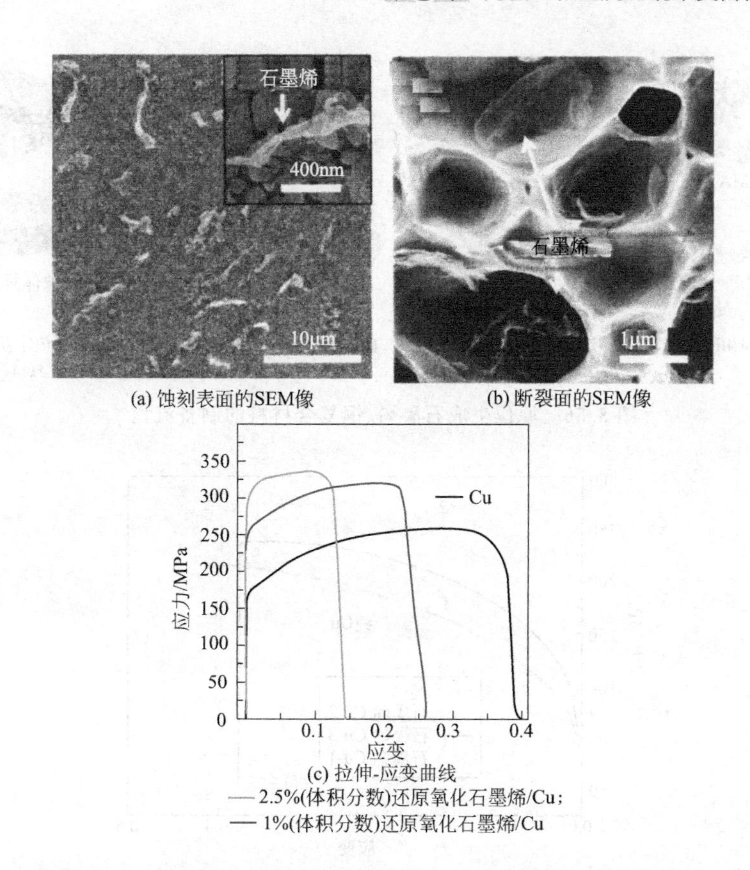

图 8.55 还原氧化石墨烯/铜纳米复合材料的微结构和力学性能

石墨烯增强效率的进一步提高。

最近有研究者报道了一种原位生成石墨烯增强铜基复合材料的制备流程[110]。石墨烯在铜基体内原位生成，避免了化学混合和机械混合的缺点，获得石墨烯在铜基体内的良好分散和界面强结合，同时保证石墨烯保持原有原子结构，未受任何损伤。

图 8.56 为原位生成石墨烯/铜复合材料的制备过程示意图[110]。原材料为粉末铜和粉末 PMMA（生成石墨烯的碳源）[图 8.56(a)]；球磨混合得到扁平的铜粉，PMMA 附着在薄片铜表面上，获得 PMMA/铜粉体 [图 8.56(b)]；煅烧后得到石墨烯/铜粉体 [图 8.56(c)]；热压得到复合材料块体 [图 8.56(d)]。各种表征方法，包括 SEM、TEM、高分辨 TEM、X 射线衍射术、拉曼光谱术和 AFM 等，用于探索中间产物和最终产物的微结构，结果表明石墨烯均匀地分散在基体铜中，石墨烯与基体铜间有强结合，石墨烯微结构完善无损伤。表 8.5 列出纯铜和复合材料的主要力学性能[110]。应力-应变曲线如图 8.57 所示[110]。表中可见力学性能得到大幅提高。在石墨烯含量为 0.95%（质量分数）时，屈服强度和拉伸强度分别达到 144MPa 和 274MPa，与纯铜相比，分别增强了 177%和 27.4%。在基体中原位生成石墨烯的增强效果被归结为负荷转移和位错增强。

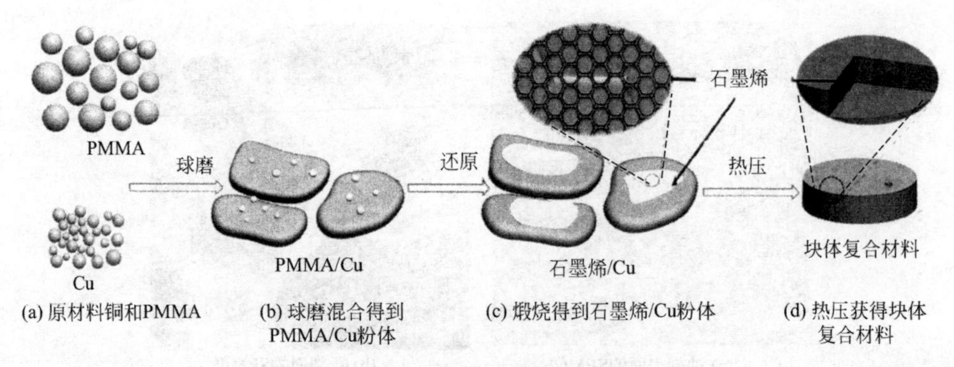

图 8.56 原位生成石墨烯/铜复合材料的制备流程

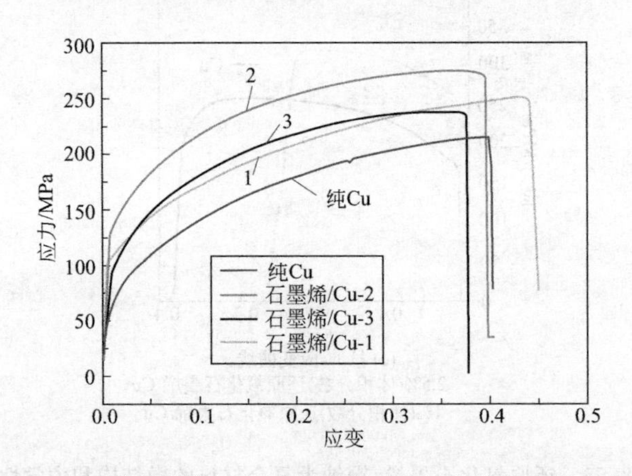

图 8.57 纯铜和原位生成石墨烯/铜复合材料的应力-应变曲线

（复合材料标志 1、2 和 3 表示铜与 PMMA 的不同配比）

表 8.5 纯铜和原位生成石墨烯/复合材料的力学性能

材料	石墨烯含量（质量分数）/%	维氏硬度	屈服强度/MPa	拉伸强度/MPa	断裂应变/%
纯 Cu	0	123	52	215	0.40
石墨烯/Cu-1	0.4	131	103	251	0.44
石墨烯/Cu-2	0.95	143	144	274	0.39
石墨烯/Cu-3	—	135	98	238	0.37

8.8.3 石墨烯/铝复合材料

石墨烯增强铝（或其合金）基复合材料的研究最近陆续有所报道。表 8.6 列出几种少层石墨烯增强铝复合材料的力学性能[118,121,123~125]。大多数研究都使用球磨混合分散和热压烧结（或加上热轧或热挤压）成块体复合材料。与聚合物基和陶瓷基复合材料相似，在石墨烯/铝复合材料中纳米增强剂的分散是有关增强效果的一个关键问题。固结工艺对石墨烯/铝复合材料性能的改善具有同样的重要性。为了避免不充分的粉末固结，高温工艺是不得不作的选择。这可能发生不希望出现的反应，石墨烯转变为碳化物。

表 8.6 少层石墨烯增强铝复合材料的拉伸力学性能和硬度

石墨烯含量	制备技术	力学性质	文献
0.1%(质量分数)	球磨;烧结 550℃,4h; 热挤出 550℃,4∶1	拉伸强度:262MPa	[123]
0.3%(质量分数)	球磨;烧结 580℃,2h; 热挤出 440℃,20∶1	拉伸强度:250MPa	[121]
0.3%(质量分数)	球磨;烧结 600℃,6h; 热挤出 470℃,2∶1	Vickers 硬度:85HV	[124]
0.3%(质量分数)	球磨;烧结 500℃,5h;	Vickers 硬度:90μHV	[115]
0.5%(质量分数)	球磨;烧结 600℃,5h;	压缩强度:180MPa	[125]
0.7%(体积分数)	球磨;热压 500℃	拉伸强度:440MPa	[118]

最近有研究者应用行星式球磨混合分散少层石墨烯和铝粉末，随后应用热压工艺将获得的粉体复合材料制成石墨烯/铝复合材料[118]。最终产物有高达 440MPa 的拉伸强度［少层石墨烯含量为 0.7%（体积分数）］，如图 8.58 所示。TEM 观察表明了基体内的石墨烯取向排列。图 8.59(a) 和图 8.59(b) 是不同方位切片（相互垂直）的 TEM 像，显示了石墨烯片相对热压方向的择优取向。图 8.59(c) 和图 8.59(d) 显示了基体内石墨烯片的层数。试样 6%形变后石墨烯片之间的高度形变区在图 8.59(e) 清晰可见（图中箭头指示石墨烯片，椭圆内为基体发生高度形变的区域）。

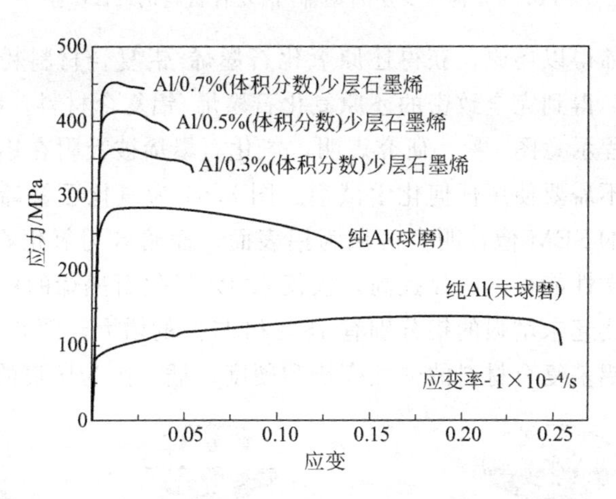

图 8.58 辊压少层石墨烯/铝复合材料的应力-应变曲线

利用氧化石墨烯与铝粉末（薄片）简单的静电相互作用能制备石墨烯与铝基体均匀混合的复合材料粉体[119]。首先用超声波处理法准备氧化石墨烯水溶液；同时，为了增大铝颗粒的表面积，用球磨工序使其成为扁平形状；随后使用搅拌法将氧化石墨烯与铝悬浮液均匀混合，干燥后得到氧化石墨烯/铝粉体；将上述产物热

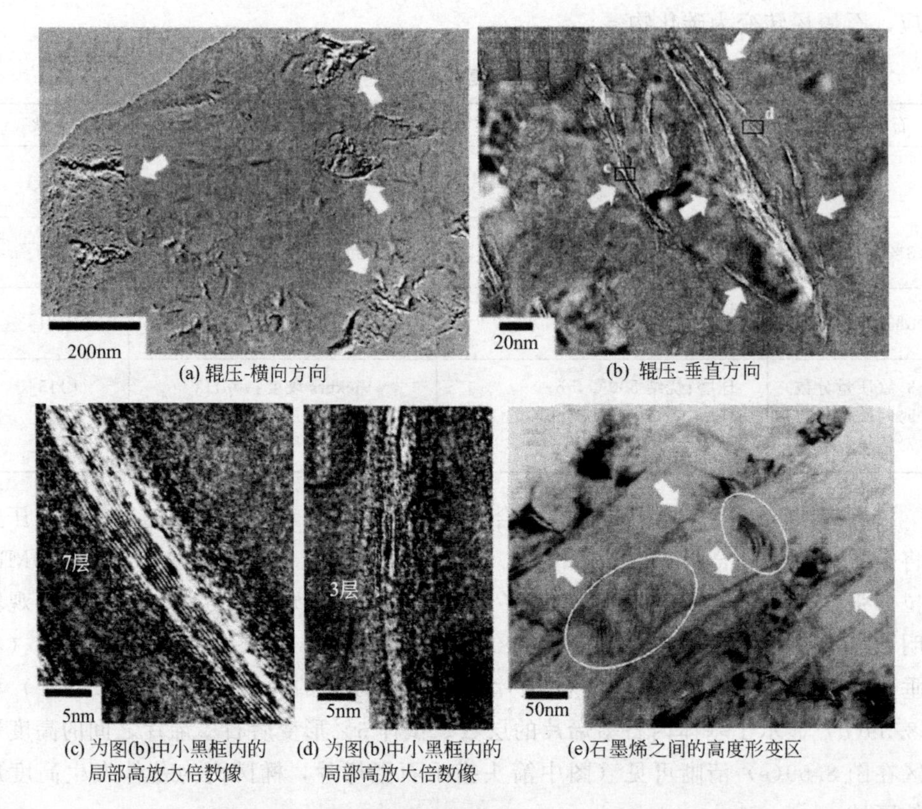

(a) 辊压-横向方向　(b) 辊压-垂直方向

(c) 为图(b)中小黑框内的局部高放大倍数像　(d) 为图(b)中小黑框内的局部高放大倍数像　(e)石墨烯之间的高度形变区

图 8.59　辊压少层石墨烯/铝复合材料的 TEM 像

处理使氧化石墨烯得以还原，获得还原氧化石墨烯/铝复合材料粉体。最后经过真空下的热压烧结，得到完全致密的还原氧化石墨烯/铝复合材料。图 8.60 是这种制备方法的工艺流程示意图[119]。研究表明，氧化石墨烯被吸附在铝表面的过程能在数分钟内完成而不需要使用任何化学试剂。图 8.61 为氧化石墨烯与铝不同混合时间所得产物表面的 SEM 像，明亮区域为铝表面，而暗区为氧化石墨烯[119]。测试得出，材料的力学性能得到明显提高，仅仅 0.3%氧化石墨烯的添加，复合材料的弹性模量和硬度比起未增强的铝分别有 18%和 17%的增大。图 8.62 显示使用微压痕法测定的铝和铝基复合材料的弹性模量和硬度，插入图为压痕的 SEM 像[119]。

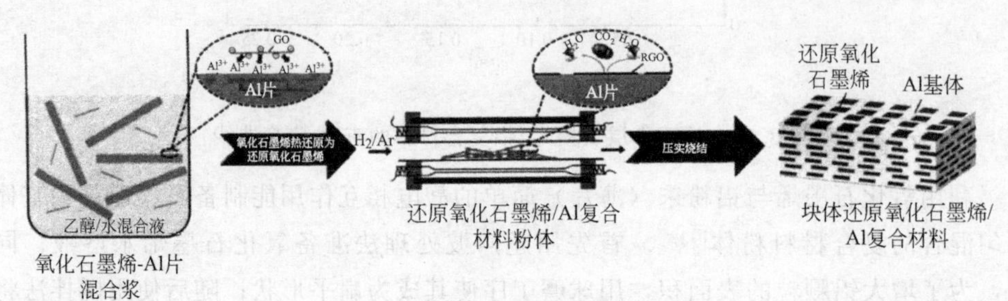

图 8.60　通过静电相互作用机理制备还原氧化石墨烯/铝复合材料的流程

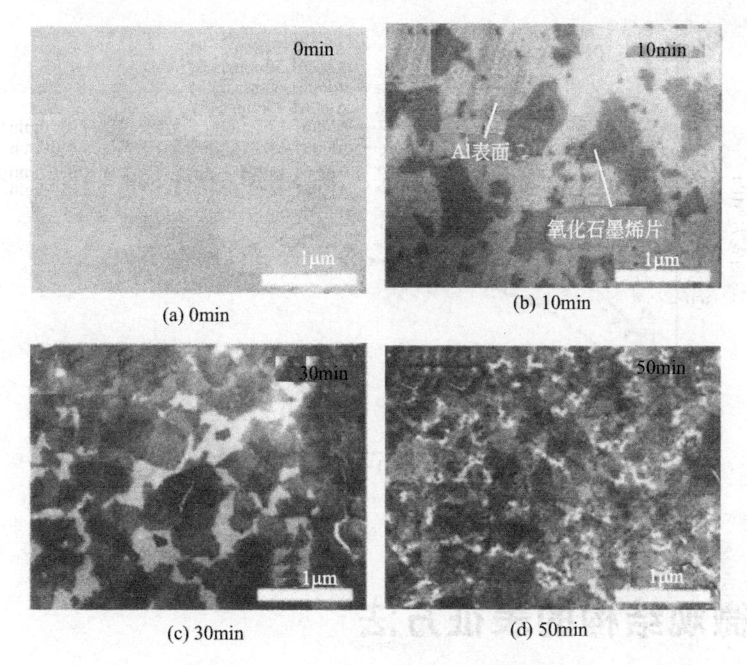

(a) 0min (b) 10min

(c) 30min (d) 50min

图 8.61 不同混合时间氧化石墨烯-铝混合物表面的 SEM 像

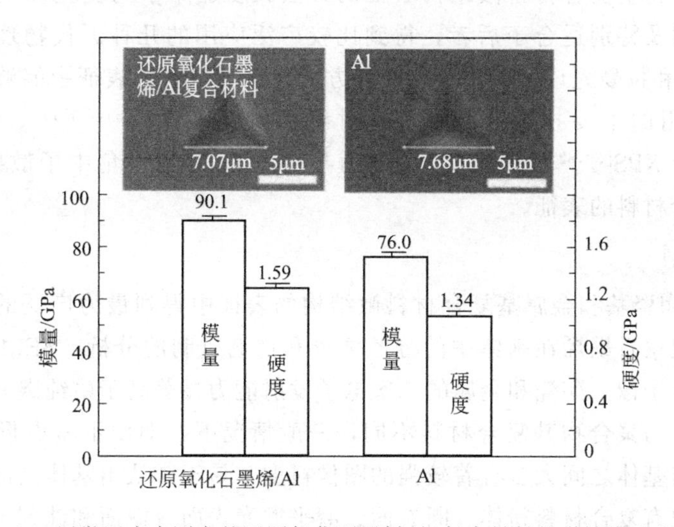

图 8.62 用微压痕术测定的还原氧化石墨烯/铝复合材料的弹性模量和硬度

有研究人员使用半固态工艺技术制备了石墨烯增强铝合金（Al6061）复合材料，材料的弯曲强度得到大幅提高[45]。球磨工艺被用于石墨烯与铝合金的混合和石墨烯在铝合金中的分散，随后使用半固态加工工艺将粉体复合材料烧结为最终复合材料。三点弯曲试验测定了复合材料的弯曲强度。图 8.63 显示 1%（质量分数）石墨烯/铝合金复合材料的弯曲应力-应变曲线[45]。与相同工艺制备的 Al6061 合金相比较，弯曲强度最大增大了 47%。

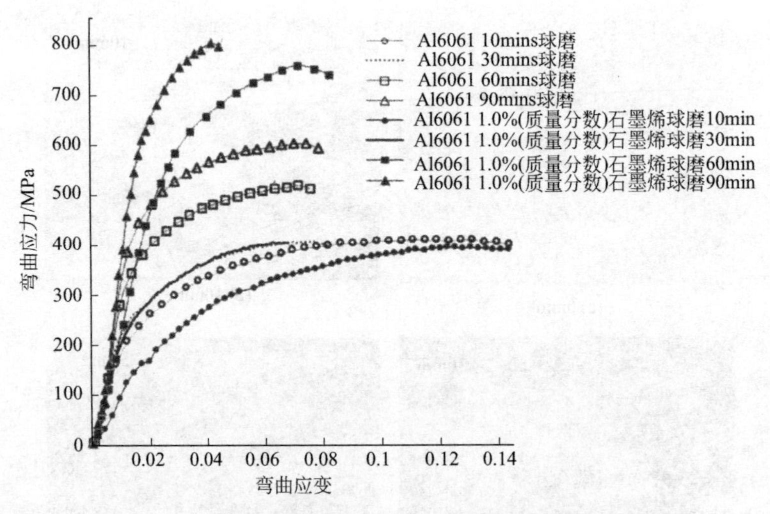

图 8.63 铝合金和石墨烯/铝合金复合材料的弯曲应力-应变曲线

8.9 微观结构的表征方法

用于聚合物基复合材料微结构表征的方法大多适用于陶瓷基和金属基复合材料。本节将述及特别适合于后者，得到比较广泛应用的几种近代物理方法，包括SEM、TEM和拉曼光谱术。简述这几种方法在这类材料的表征中能够给出的主要信息和所使用的主要技术。此外，X射线衍射术[30,45,55,56,71,110]、红外光谱术(FT-IR)[72]、XPS[30,62,71,110,119]、原子力显微术[51,54]和小角中子散射术[39]等也用于这类复合材料的表征。

8.9.1 SEM

SEM在陶瓷基和金属基复合材料微结构的表征中得到最为广泛的应用。最普遍的应用是观察石墨烯在基体中的分散情景和增韧机制的分析。SEM应用的主要模式是二次电子像。陶瓷和金属的二次电子发射能力显著高于由纯碳元素组成的石墨烯，因而，与聚合物基复合材料不同，一般情况下，即使不考虑形态学衬度机制，石墨烯与基体之间大多有着较强的图像衬度，易于辨认出基体内的石墨烯。常用的观察对象有复合材料粉体、断裂面、磨平抛光表面或截面和蚀刻平面（一般都先行磨平抛光后做蚀刻处理）。

对复合材料粉体的观察能获得石墨烯与基体粉末相互混合分散是否均匀的信息，也用于估计石墨烯和基体颗粒大小和形状的分析，如图8.1和图8.8所示。

大多数研究者都使用断裂面的SEM像显示石墨烯片在复合材料基体中的分散情况，也获得基体晶粒的形态学结构信息（图8.2、图8.3、图8.6和图8.7)。这种直观的信息令人印象深刻。其次，对断裂面，包括裂纹的SEM观察给增韧机制的分析提供了直观而强有力的证据，如图8.30（石墨烯拉出)、图8.31（裂纹分枝)、图 8.34（裂纹搭桥、转向和分枝）和图 8.41（裂纹搭桥、转向和石墨烯拉出）所示，给出了这类复合材料几乎所有增韧机制的直接证据。

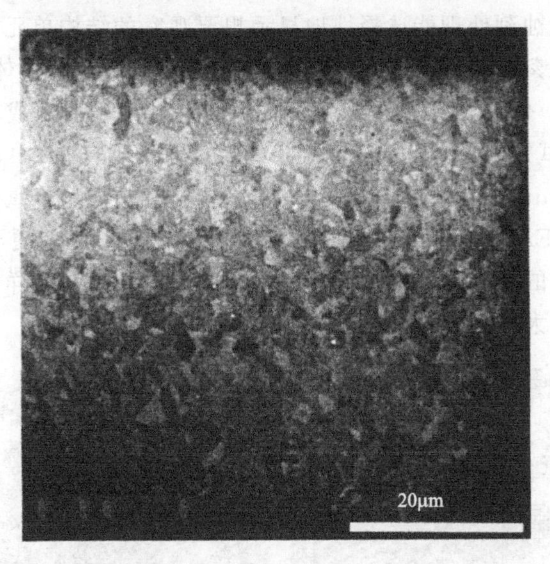

图 8.64　石墨烯/氧化铝复合材料抛光表面的 SEM 像

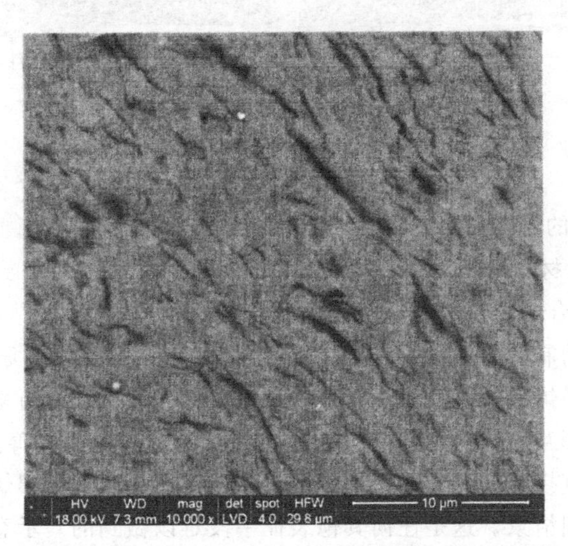

图 8.65　石墨烯/碳化硅复合材料抛光截面的 SEM 像

磨平抛光面（包括块体复合材料的表面和截面）的 SEM 观察也能给出石墨烯分散和基体颗粒形态学的信息。图 8.64 是一种石墨烯/氧化铝复合材料抛光表面的 SEM 像[78]，显示了石墨烯在基体中的分布和氧化铝晶粒的大小和形状。测试表明，与纯氧化铝相比，石墨烯的添加明显限制了由于 SPS 烧结工艺引起的氧化铝晶粒的增大[78]。石墨烯片在基体中的取向排列也能在给定方位抛光平面的 SEM 像中观察到。图 8.65 为一种使用热压烧结的石墨烯/碳化硅复合材料某截面抛光表面的 SEM 像[58]。所取试样截面的方位使得图像显示了石墨烯片的侧面，图中可见，石墨烯片的排列有明显的择优取向。

对抛光表面作蚀刻处理能选择性地显示想要观察的结构单元。蚀刻可以使用化学方法（化学蚀刻[18]），也可使用物理方法（如等离子体蚀刻[18]和热蚀刻[22,57,82]）实现。作为实例，可用于石墨烯/氧化铝复合材料成功热蚀刻的技术参数如下所述[22]：试样表面预先磨平抛光；将试样置于管式炉中，氩气保护下，温度 1400℃保持 15min。图 8.66 为使用上述程序获得的石墨烯/氧化铝复合材料断裂面热蚀刻表面的 SEM 像，各个氧化铝颗粒的边界清晰可见，便于分析颗粒的形状和大小（颗粒表面的小球物为热蚀刻过程中炉内残留杂质与试样表面发生反应后的物质，不影响颗粒大小的分析）。

(a) 氧化铝

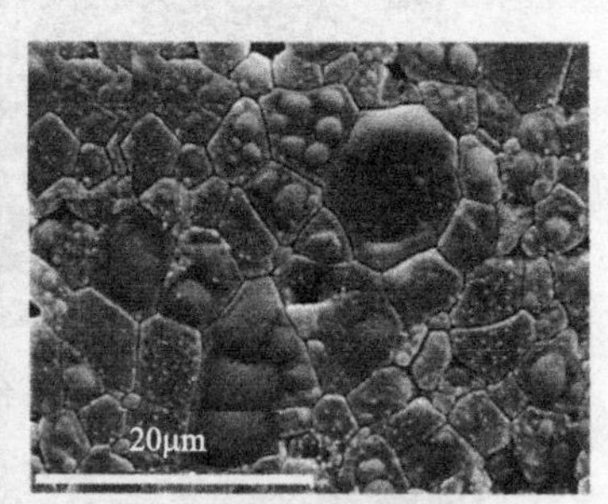

(b) 石墨烯/氧化铝复合材料

图 8.66　热蚀刻断裂面的 SEM 像

8.9.2 TEM

TEM 有很高的分辨率，是研究物质微观结构的强有力工具。图 8.67 显示对石墨烯/碳化硅复合材料作 TEM 分析的一些结果[51]，可以了解到 TEM 在陶瓷基（包括金属基）复合材料微观结构研究中主要能给出那些信息。

该复合材料的制备以碳化硅为原材料，氧化铱和氧化铝为添加剂，使用 SPS 法烧结而成。石墨烯在烧结过程中原位外延生成。如此生成的石墨烯与基体碳化硅晶粒间有很强的相互结合，有利于很强的增韧和导电性能的改善。TEM 分析给出了石墨烯生成的直接证据，并给出了石墨烯结构（层数）和石墨烯片与碳化硅晶粒间界面结合的详细情景。这是任何其他表征手段难以做到的。示意图分别来自试样 4 个不同的区域。图 8.67(b) 显示了基体内部 [图 8.67(a) 中的 P1 区] 生成的 2 层、3 层和 5 层石墨烯；晶粒间边界中生成的石墨和几十纳米大的石墨分别显示在图 8.67(c)～图 8.67(f) [图 (d) 中插入图是右边碳化硅晶粒的傅里叶变换]。图 8.67(h) 和图 8.67(i) 则显示了两晶粒之间生成的双层石墨烯。图 8.67(a) 中 P1 区和 P2 区的能量损失谱显示在图 8.67(e)。P1 区的 EELS 谱清楚地显示了 σ^* 和 π^* 两个峰，这是 sp^2 杂化碳原子的特征峰，与该区域包含丰富的石墨烯片相一致 [图 8.67(b)]。P2 区是碳化硅晶粒区，该区域包含丰富的 sp^3 碳原子，因而有完全不相同的 EELS 谱峰特征，但峰形中出现的两个肩胛与 σ^* 和 π^* 两个峰相一致，表明包含少量的 sp^2 杂化碳原子。

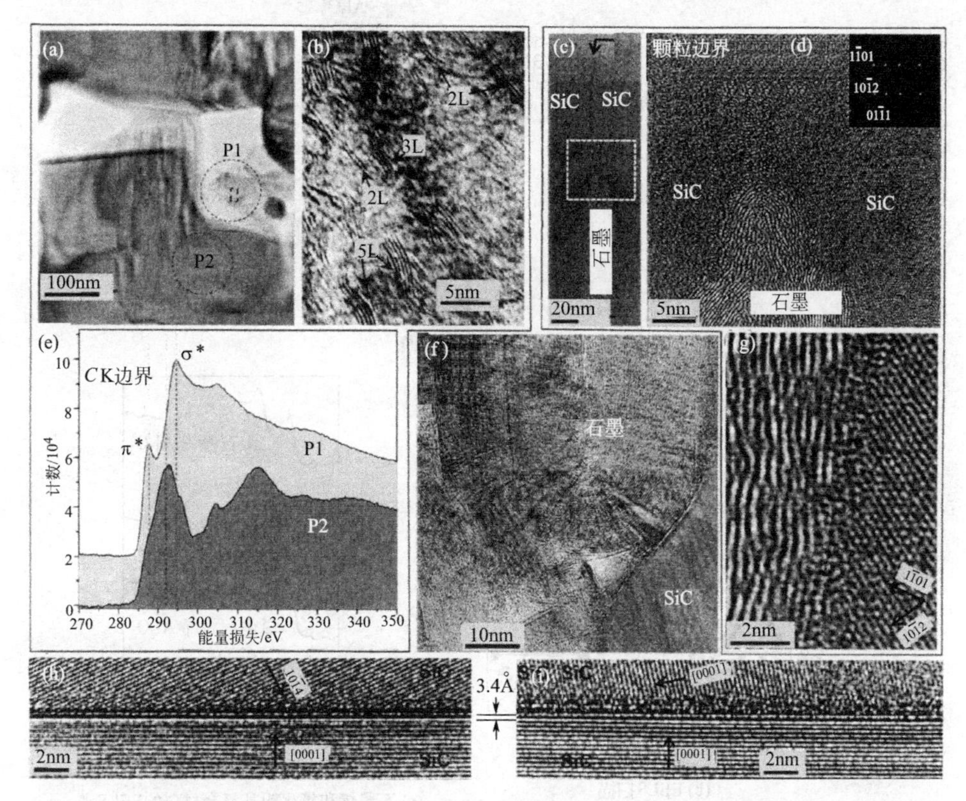

图 8.67 石墨烯/碳化硅复合材料的 TEM 分析［区域 1：(a) 低倍数 TEM 像；(b) 图 (a) 中 P1 区内局部区域的较高放大倍数像；(e) P1 和 P2 区碳 K-边界的 EELS 谱。区域 2：(c) 晶粒边界的低倍数 TEM 像；(d) 和 (g) 图 (c) 中白色方格内的高分辨 TEM 像。区域 3：(f) 几十纳米大小石墨的生成。区域 4：(h) 和 (i) 生成双层石墨烯的晶粒边界］

对氧化铝基陶瓷复合材料的微观结构也可作类似的 TEM 表征[31,37,57]，能观察到晶粒边界上的石墨烯片，显示其层结构。

EELS 分析能给出元素分布的信息。图 8.68 显示对石墨烯/氧化铝复合材料中氧化铝晶粒边界包含物的 EELS 扫描[31]。图 8.68(a) 是复合材料的 TEM 像，可见三个相邻的氧化铝晶粒。沿图中虚直线作 EELS 扫描，得到如图 8.68(b) 所示的 EELS 谱。据此可判定在氧化铝晶粒 1 和晶粒 2 之间的边界上是一碳层。测得碳层的厚度约为 5nm。这层碳物质应该是一薄层石墨烯。对几种氧化铝基复合材料的 EELS 谱测定结果显示在图 8.68(c)。石墨烯/氧化铝复合材料与石墨烯有几乎相似的 EELS 谱（显示尖锐的 σ^* 和 π^* 两个峰)，表明所用制备工艺对石墨烯未造成多大的损伤。与前两条谱不同，氧化石墨烯和还原氧化石墨烯增强复合材料则出现很宽的 σ^* 峰。

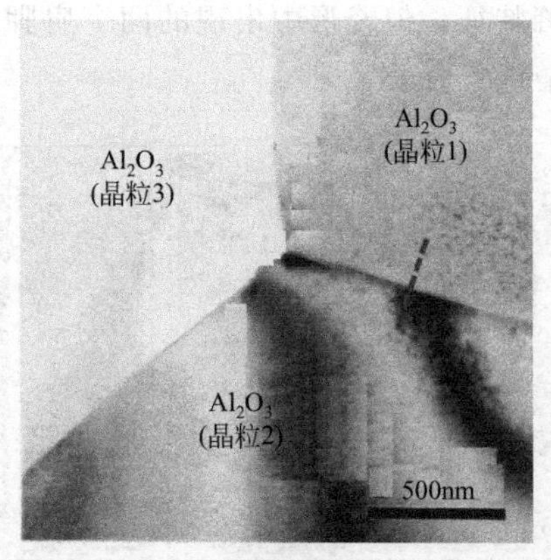

(a) TEM像

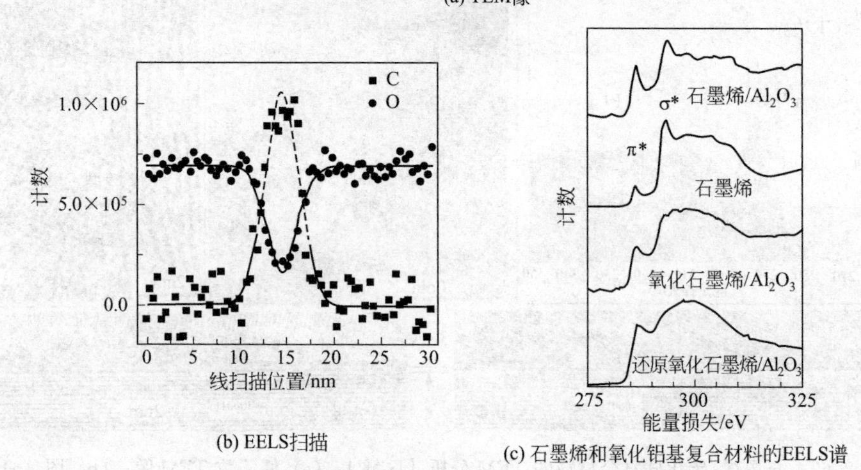

(b) EELS扫描

(c) 石墨烯和氧化铝基复合材料的EELS谱

图 8.68　石墨烯/氧化铝复合材料的 TEM 分析

用于陶瓷基和金属基块体复合材料 TEM 观察的试样常用离子减薄法制备[126]。

TEM 也用于石墨烯与陶瓷材料混合后的粉末复合材料微结构分析，能观察到粉末复合材料两相物质的混合状态和混合处理后石墨烯的形态[38]（参阅图 8.5）。

TEM 的超高分辨本领和包括 EELS 在内的多功能性能，在陶瓷基和金属基石墨烯复合材料微观结构的研究中有着任何其他表征方法不可替代的重要作用。然而，试样制备的麻烦和需要花费的时间（离子减薄有时需要几十个小时）以及对操作者的技术要求是其被更广泛应用的制约。

8.9.3　拉曼光谱术

拉曼光谱术是石墨烯研究最重要的表征手段之一。在石墨烯增强陶瓷基和金属基复合材料微观结构的表征中同样能发挥重要作用。主要作用在于可确定石墨烯在基体（混合粉体或烧结后的块体）中的分布和取向；石墨烯片的质量（缺陷和堆叠的无序程度）；石墨烯片的层数和遭受的内应力等。如若基体材料是拉曼活性的，也可用于基体材料微结构的表征。

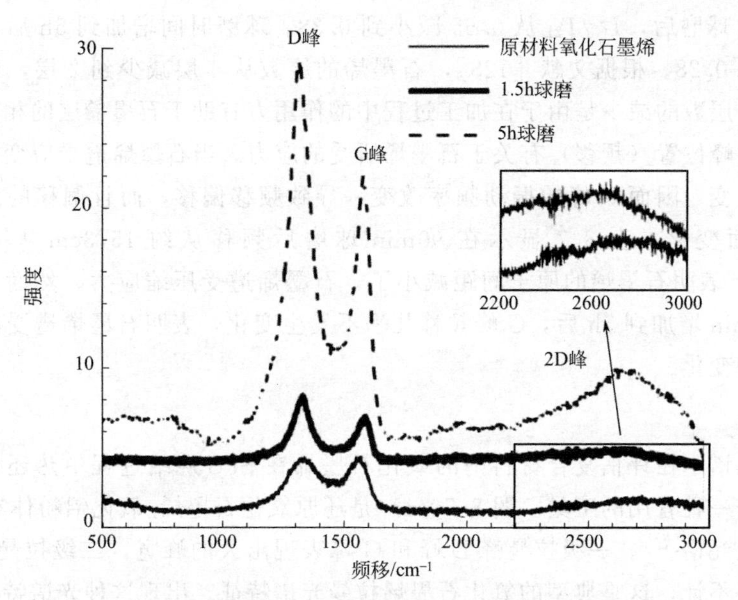

图 8.69 不同球磨时间氧化石墨烯/铝合金粉料和氧化石墨烯原材料的拉曼光谱

下面一个实例是关于球磨对氧化石墨烯结构影响的拉曼光谱研究。图 8.69 显示氧化石墨烯和氧化石墨烯/铝合金 Al6061 混合粉料的拉曼光谱[45]，从光谱测得的相关峰强度和频移等参数列于表 8.7。粉料复合材料使用球磨法制备。图中的原材料氧化石墨烯拉曼光谱，显示出 D 峰、G 峰和 2D（G′）峰。G 峰是石墨单晶的本征振动模，D 峰有关于氧化石墨烯的无序和 sp^3 缺陷的存在，而 2D 峰是 D 峰的谐波。其中 2D 峰有很宽的峰宽和很弱的强度，是典型的氧化石墨烯拉曼光谱的特征。

表 8.7 从氧化石墨烯/铝合金粉料和氧化石墨烯原材料的拉曼光谱测得的相关数据

试样	I_D/I_G	I_G/I_{2D}	G 峰频移/cm^{-1}
原材料	1.08	0.65	1572.7
90min 球磨	1.46	0.38	1593.3
5h 球磨	1.42	0.28	1594.0

石墨烯拉曼光谱的各个特征峰参数与试样的质量直接相关。D 峰与 G 峰的强度比（I_D/I_G）是石墨结构无序和缺陷密度的标志[127]。球磨 90min 后，I_D/I_G 由 1.08 增大到 1.46（表 8.7），这表明石墨烯的无序和缺陷增加了（缺陷的增加来源于球磨过程中对石墨烯的力学作用）。可见球磨引起石墨烯更多的缺陷和石墨烯堆垛的更大无序。更长时间（5h）的球磨，I_D/I_G 并没有继续增大，表明缺陷没有进一步增加。这可能是由于石墨烯片已被包埋于铝合金颗粒中，有助于免受进一步的损伤。

强度比 I_G/I_{2D} 随石墨烯片层数的减少而减小[128]。由表 8.7 可见，复合材料经过 90min 球磨后，I_G/I_{2D}从 0.65 减小到 0.38。球磨时间增加到 5h 后，比值进一步减小到 0.28。根据文献［128］，石墨烯的层数从 4 层减少到 2 层，最后达到单层构型。层数的减少是由于在加工过程中的作用力有助于石墨烯层的相互分离。

G 峰的峰位置（频移）有关于石墨烯所受的应力。当石墨烯遭受应变时，原子间距发生改变，因而 G 峰的振动频率改变，导致频移偏移，而且偏移的多少随应变的大小而变化。表 8.7 显示在 90min 球磨后频移从约 $1573cm^{-1}$ 增大到约 $1594cm^{-1}$，表明石墨烯的原子间距减小了，石墨烯遭受压缩应力。然而，当球磨时间从 90min 增加到 5h 后，G 峰频移几乎不发生变化，表明石墨烯遭受的应变没有发生大的变化。

拉曼光谱术在评估复合材料中的氧化石墨烯在 SPS 烧结过程中热还原为石墨烯时，也是一种有用的工具。图 8.70(a) 是还原氧化石墨烯/氧化铝粉体在 SPS 烧结前的拉曼光谱[78]。一级拉曼峰 D 峰和 G 峰表现出大的峰宽，二级拉曼峰 2D 峰几乎可忽略不计，这是典型的氧化石墨烯拉曼光谱特征。出现这种光谱特征是由于试样的低有序程度和 sp^1、sp^2 与 sp^3 的混杂原子结构。高温环境下的 SPS 烧结使氧化石墨烯发生还原反应。这种热还原是一个复杂的过程，其中包括了含氧基团和分子的去除、缺陷的形成、晶格收缩和层构型的变化等。而且，重要的是蜂巢样六角形晶格得到某种程度的恢复，使得有序程度得以提高。这些结构上的变化应该在拉曼光谱中得到反映。在 1300℃下 SPS 烧结后的拉曼光谱如图 8.70(b) 所示。与原材料相比，D 峰和 G 峰变得尖锐一些，而且出现了位于 $2700cm^{-1}$ 的 2D 峰。在 1500℃SPS 烧结后的拉曼光谱［图 8.70(c)］显示，表征无序的 D 峰强度降低了，而归属于石墨结构的 G 峰强度则相对增强。此外，2D 峰峰形变得对称又更尖锐。

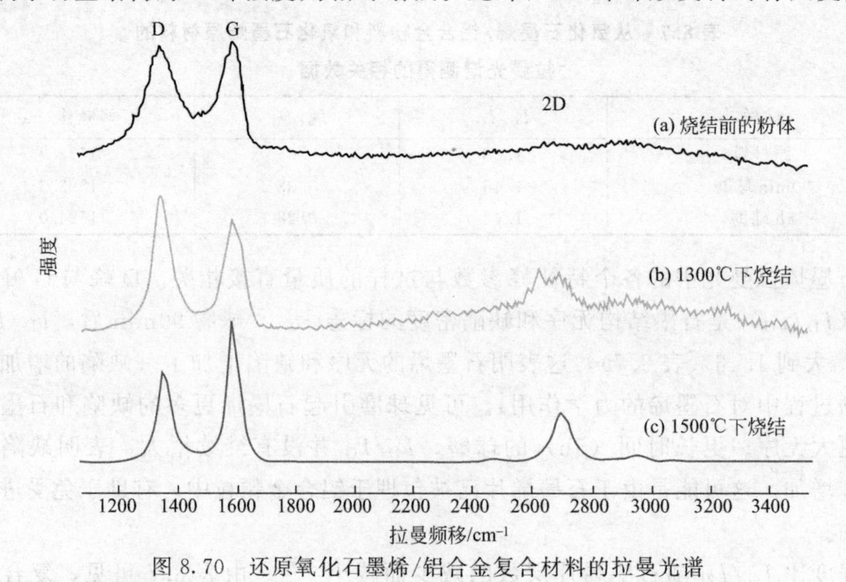

图 8.70　还原氧化石墨烯/铝合金复合材料的拉曼光谱

这些结果表明，SPS烧结时的氧化石墨烯热还原（包括大的 sp^2 区域的恢复）在1500℃下实施更合适。

拉曼光谱术用于研究石墨烯在复合材料中的取向前文已经述及，可参阅本章8.4.2节和图8.19。

以石墨烯拉曼特征峰的强度扫描试样表面获得的拉曼图像，能显示石墨烯在复合材料中的分布[51,92]。一般的显微拉曼光谱术的空间分辨率为微米级。近来，近场光学被应用于拉曼光谱术，突破了传统光学的分辨率衍射极限，可达到纳米级的高分辨率[126]。

参 考 文 献

[1] Marcandan K，Chin J K. Recent progress in graphene based ceramic composites：a review. J Mater Res，2017，32：84.

[2] Porwal H，Grasso S，Reece M J. Review of graphene-ceramic matrix composites. Adv Appl Ceram，2013，112：443.

[3] Riley F L. Silicon nitride and related materials. J Am Ceram Soc，2000，83：245.

[4] Hyuga H，Jones M I，Hirao K，Yamauchi Y. Fabrication and mechanical properties of Si_3N_4/carbon fiber composites with aligned microstructure produced by a seeding and extrusion method. J Am Ceram Soc，2004，87：894.

[5] Zhan G D，Kuntz J D，Wan J，Mukherjee A K. Single-wall carbon nanotubes as attractive toughening agents in alumina-based nanocomposites. Nat Mater，2002，2：38.

[6] Zhang T，Kumari L，Du G H，Li W Z，et al. Mechanical properties of carbon nanotube-alumina nanocomposites synthesized by chemical vapor deposition and spark plasma sintering. Compos Part A，2009，40：86.

[7] 杨序纲. 复合材料界面（第8章）. 北京：化学工业出版社，2010.

[8] Young R J，Yang X. Interfacial failure in ceramic fibre/glass composites. Comps Part A，1996，27：737.

[9] Zhang P，Hu P，Zhang X，Han J，et al. Processing and characterization of ZrB_2-SiCW ultra-high temperature ceramics. J Alloys Compd，2009，472：358.

[10] Zhang X，Xu L，Du S，Han W，et al. Crack-healing behavior of zirconium diboride composite reinforced with silicon carbide whiskers. Scripta Mater，2008，59：1222.

[11] Yadhukulakrishnan G B，Karumuri S，Rahman A，Singh R P，et al. Spark plasma sintering of graphene reinforced zirconium diboride ultra-high temperature ceramic composites. Ceram Int，2013，39：6637.

[12] Mohammad-Rezaei R，Razmi H，Jabbari M. Graphene ceramic composite as a new kind of surface-renewable electrode：application to the electroanalysis of ascorbic acid. Microchim Acta，2014，181：1879.

[13] Wu P，Lv H，Peng T，He D，et al. Nano conductive ceramic wedged graphene composites as highly efficient metal supports for oxygen reduction. Sci Rep，2014，4：3968.

[14] Zhou M，Lin T，Huang F，Zhong Y，et al. Highly conductive porous graphene/ceramic composites for heat transfer and thermal energy storage. Adv Funct Mater，2013，23：2263 .

[15] Eda G，Chhowalla M. Graphene-based composite thin films for electronics. Nano Lett，2009，9：814 .

[16] Kim K I, Hong T W. Hydrogen permeation of TiN_2 graphene membrane by hot press sintering (HPS) process. Solid State Ionics, 2012, 225: 699.

[17] Walker L S, Marotto V R, Rafiee M A, Koratkar N, et al. Toughing in graphene ceramic composites. ACS Nano, 2011, 5: 3182.

[18] Dusza J, Morgiel J, Duszová A, kVetková L, et al. Microstructure and fracture toughness of Si_3N_4 + graphene platelet composites. J Eur Ceram Soc, 2012, 32: 3389.

[19] Kun P, Tapasztó O, Wéber F, Balázsi C. Determination of structural and mechanical properties of multilayer graphene added silicon nitride-based composites. Ceram Int, 2012, 38: 211.

[20] Liu X, Fan Y C, Li J L, Wang L J, et al. Preparation and mechanical properties of graphene nanosheet reinforced alumina composites. Adv Eng Mater, 2015, 17: 28.

[21] Chen B, Liu X, Zhao X, Wang Z, et al. Preparation and properties of reduced graphene oxide/fused silica composites. Carbon, 2014, 77: 66 .

[22] Yazdani B, Xia Y, Ahmad I, Zhu Y. Graphene and carbon nanotube (CNT)-reinforced alumina nanocomposites. J Eur Ceram Soc, 2015, 35: 179.

[23] Cho J, Inam F, Reece M J, Chlup Z, et al. Carbon nanotubes: do they toughen brittle materials . J Mater Sci, 2011, 46: 4770.

[24] Guo S Q, Sivakumar R, Kitazawa H, Kagawa Y. Electrical properties of silica-based nanocomposites with multiwall carbon nanotubes. J Am Ceram Soc, 2007, 90: 1667.

[25] Inam F, Yan H X, Jayascclan D D, Peijs T, et al. Electrically conductive alumina-carbon nanotube nanocomposites prepared by spark plasma sintering. J Eur Ceram Soc, 2010, 30: 153.

[26] Echeberria N, Rodriguez N, Vleugels J, Vanmeensel K, et al. Hard and tough carbon nanotubes-reinforced zirconia-toughened alumina composites prepared by spark plasma sintering. Carbon, 2012, 50: 706.

[27] Estili M, Kawasaki A. Engineering strong intergraphene shear resistance in multi-walled carbon nanotubes and dramatic tensile improvements. Adv Mater, 2010, 22: 607.

[28] Corral E L, Cesarano J, Shyam A, Lara-curzio E, et al. Engineered nanostructure for multifunctional single-walled carbon nanotube reinforced silicon nitride nanocomposites. J Am Ceram Soc, 2008, 91: 3129.

[29] Vadukumpully S, Paul J, Valiyaveettil S. Cationic surfactant mediated exfoliation of graphite into graphene flakes. Carbon, 2009, 47: 3288.

[30] Wang K, Wang Y, Fan Z, Yan J, et al. Preparation of graphene nanosheet/alumina composites by spark plasma sintering. Mater Res Bull, 2011, 46: 315.

[31] Kim H, Lee S, Oh Y, Yang Y, et al. Unoxidized graphene/alumina nanocomposite: fracture-and wear-resistance effects of graphene on alumina matrix. Sci Rep, 2014, 4: 5176.

[32] Ivanov R, Hussainova I, Aghayan, Petrov M. Graphene coated alumina nanofibers as zirconia reinforcement. Presented at the 9th Int DAAAM Balt. Conf, 2014, 348.

[33] Gkikas G, Barkoula N M, Paipetis A S. Effect of dispersion conditions on the thermo-mechanical and toughness properties of multi-walled carbon nanotubes-reinforced epoxy. Composites Part B, 2012, 43: 2697.

[34] Wu Y, Kim G Y. Carbon nanotube reinforced aluminum composite fabricated by semi-solid powder processing. J Mater Process Technol, 2011, 211: 1341.

[35] Esawi A, Morsi K. Dispersion of carbon nanotubes (CNTs) in aluminum powder. Composites Part A, 2007, 38: 646.

[36] Esawi A M K, Morsi K, Sayed A, Taher M, et al. The influence of carbon nanotube (CNT) morphology and diameter on the processing and properties of CNT-reinforced aluminium composites. Composites Part A, 2011, 42: 234.

[37] Fan Y, Wang L, Li J, Li J, et al. Preparation and electrical properties of graphene nanosheet/Al_2O_3 composites. Carbon, 2010, 48: 1743.

[38] He T, Li J L, Wang J, Zhu J J, et al. Preparation and consolidation of alumina/graphene composite powders. Mater Trans, 2009, 50: 749.

[39] Tapaszto O, Tapaszto L, Marko M, Kern F, et al. Dispersion patterns of graphene and carbon nanotubes in ceramic matrix composites. Chem Phys Lett, 2011, 511: 340.

[40] Rincon A, Moreno R, Chinelatto A S A, Gutierrez C F, et al. Al_2O_3-3YTZP-graphene multilayers produced by tape casting and spark plasma sintering. J Eur Ceram Soc, 2014, 34: 2427.

[41] Schmid C, Klingenberg D. Mechanical flocculation in flowing fiber suspensions. Phys Rev Lett, 2000, 84: 290.

[42] Li X, Wang X, Zhang L, Lee S, et al. Chemically derived, ultrasmooth graphene nanoribbon semiconductors. Science, 2008, 319: 1229.

[43] Hernandez Y, Nicolosi Y, Lotya M. High-yield production of graphene by liquid-phase exfoliation of graphite. Nat Nanotechnol, 2008, 3: 563.

[44] Skaltsas T, Ke X, Bittencourt C, Tagmatarchis N. Ultrasonication induces oxygenated species and defects onto exfoliated graphene. J Phys Chem C, 2013, 117: 23272.

[45] Bastwros M, Kim G Y, Zhu C, Zhang K, et al. Effect of ball milling on graphene reinforced Al6061 composite fabricated by semi-solid sintering. Composites Part B, 2014, 60: 111.

[46] Pierard N, Fonseca A, Colomer J F, Bossuot C, et al. Ball milling effect on the structure of single-wall carbon nanotubes. Carbon, 2004. 42: 1691.

[47] Zhao W, Wu F, Wu H, Chen G. Preparation of colloidal dispersions of graphene sheets in organic solvents by using ball milling. J Nanomater, 2010, 1.

[48] Kukovecz A, Kanyó T, Kónya Z, Kiricsi I. Long-time low-impact ball milling of multi-wall carbon nanotubes. Carbon, 2005, 43: 994.

[49] Ma P C, Siddiqui N A, Marom G, Kim J K. Dispersion and functionalization of carbon nanotubes for polymer-based nanocomposites: A review. Composites Part A, 2010, 41: 1345.

[50] Low F W, Lai C W, Abd Hamid S B. Easy preparation of ultrathin reduced graphene oxide sheets at a high stirring speed. Ceram Int, 2015, 41: 5798.

[51] Miranzo P, Ramírez C, Román-Manso B, Garzón L. In situ processing of electrically conducting graphene/SiC nanocomposites. J Eur Ceram Soc, 2013, 33: 1665.

[52] Fan Y, Jiang W, Kawasaki A. Highly conductive few-layer graphene/Al_2O_3 nanocomposites with tunable charge carrier type. Adv Funct Mater, 2012, 22: 3882.

[53] Hvizdoš P, Dusza J, Balázsi C. Tribological properties of Si_3N_4-graphene nanocomposites. J Eur Ceram Soc, 2013, 33: 2359.

[54] Ramirez C, Osendi M I. Toughening in ceramics containing graphene fillers. Ceram Int, 2014, 40: 11187.

[55] Michálková M, Kašiarová M, Tatarko P, Dusza J, et al. Effect of homogenization treatment on the fracture behaviour of silicon nitride/graphene nanoplatelets composites. J Eur Ceram Soc, 2014, 34: 3291.

[56] Román-Manso B, Sánchez-González E, Ortiz A L, Belmonte M, et al. Contact-mechanical properties

at pre-creep temperatures of fine-grained graphene/SiC composites prepared in situ by spark-plasma sintering. J Eur Ceram Soc，2014，34：1433.

[57] Chen Y F，Bi J Q，Yin C L，You G L. Microstructure and fracture toughness of graphene nanosheets/alumina composites. Ceram Int，2014，40：13883.

[58] Rutkowski P，Stobierski L，Zientara D，Jaworska L，et al. The influence of the graphene additive on mechanical properties and wear of hot-pressed Si_3N_4 matrix composites. J Eur Ceram Soc，2015，35：87.

[59] Liu J，Yan H，Jiang K. Mechanical properties of graphene platelet-reinforced alumina ceramic composites. Ceram Int，2013，39：6215.

[60] Liu J，Yan H，Reece M J，Jiang K. Toughening of zirconia/alumina composites by the addition of graphene platelets. J Eur Ceram Soc，2012，32：4185.

[61] Lewis J A. Colloid processing of ceramic. J Am Ceram Soc，2000，83：2341.

[62] Watcharotone S，Dikin D A，Stankovich S，Piner R，et al. Graphene-silica composite thin films as transparent conductors. Nano Lett，2007，7：1888.

[63] Cheng W Y，Wang C C，Lu S Y. Graphene aerogels as a highly efficient counter electrode material for dye-sensitized solar cells. Carbon，2013，54：291.

[64] Ghosh T，Lee J H，Meng Z D，Ullah K，et al. Graphene oxide based CdSe photocatalysts：Synthesis，characterization and comparative photocatalytic sufficiency of rhodamine B and industrial dye. Mater Res Bull，2013，48：1268.

[65] Riedel R，Mera G，Hauser R，Klonczynski A. Silicon-based polymer-derived ceramics：synthesis properties and applications—a review. J Ceram Soc Jpn，2006，114：425.

[66] Colombo P，Mera G，Riedel R，Sorarù G D. Polymerderived ceramics：40 years of research and innovation in advanced ceramics. J Am Ceram Soc，2010，93：1805.

[67] Ionescu E，Francis A，Riedel R. Dispersion assessment and studies on AC percolative conductivity in polymer-derived Si-C-N/CNT ceramic nanocomposites. J Mater Sci，2009，44：2055.

[68] Duan R G，Mukherjee A K. Synthesis of SiCNO nanowires through heat-treatment of polymer-functionalized single-walled carbon nanotubes. Adv Mater，2004，16：1106.

[69] An L，Xu W，Rajagopalan S，Wang C，et al. Carbon-nanotube-reinforced polymer derived ceramic composites. Adv Mater，2004，16：2036.

[70] Lehman J H，Hurst K E，Singh G，Mansfield E，et al. Core-shell composite of SiCN and multiwalled carbon nanotubes from toluene dispersion. J Mater Sci，2010，45：4251.

[71] Ji F，Li Y L，Feng J M，Su D，et al. Electrochemical performance of graphene nanosheets and ceramic composites as anodes for lithium batteries. J Mater Chem，2009，19：9063.

[72] Lee B，Koo M Y，Jin S H，Kim K T，et al. Simultaneous strengthening and toughening of reduced graphene oxide/alumina composites fabricated by molecular-level mixing process. Carbon，2014，78：212.

[73] Hwang J，Yoon T，Jin S H，Lee J，et al. Enhanced mechanical properties of graphene/copper nanocomposites using a molecular-level mixing process. Adv Mater，2013，25：6724.

[74] Munir Z A，Anselmi-Tamburini U，Ohyanagi M. The effect of electric field and pressure on the synthesis and consolidation of materials：a review of the spark plasma sintering method. J Mater Sci，2006，41：763.

[75] Garay J E. Current-activated，pressure-assisted densification of materials. Annu Rev Mater Res，2010，40：445.

[76] Hulbert D M，Jiang D，Dudina D V，Mukherjee A K. The synthesis and consolidation of hard materials by spark plasma sintering. Int J Refract Met Hard Mater，2009，27：367.

[77] Milsom B，Viola G，Cao Z，Inam F，et al. The effect of carbon nanotubes on the sintering behaviour of zirconia. J Eur Ceram Soc，2012，32：4149.

[78] Centeno A，Rocha V G，Alonso B，Fermandez A，et al. Graphene for tough and electroconductive alumina ceramics. J Eur Ceram soc，2013，33：3201.

[79] Katagiri G，Ishida H，Ishitani A. Raman spectra of graphite edge planes. Carbon，1988，26：565.

[80] Chintapalli R K，Marro F G，Milsom B，Reece M，et al. Processing and characterization of high-density zirconia-carbon nanotube composites. Mater Sci Eng A，2012，549：50.

[81] Shin J H，Hong S H. Fabrication and properties of reduced graphene oxide reinforced yttria-stabilized zirconia composite ceramics. J Eur Ceram Soc，2014，34：1297.

[82] Porwal H，Tatarko P，Grasso S，Khaliq J，et al. Graphene reinforced alumina nano-composites. Carbon，2013，64：359.

[83] Kwon S M，Lee S J，Shon I J. Enhanced properties of nanostructured ZrO_2-graphene composites rapidly sintered via high-frequency induction heating. Ceram Int，2015，41：835.

[84] Ahmad I，Islam M，Abdo H S，Subhani T，et al、Toughening mechanisms and mechanical properties of graphene nanosheet-reinforced alumina. Mater Des，2015，88：1234.

[85] Todd R I，Zapata-Solvas E，Bonilla R S，Sneddon T，et al. Electrical characteristics of flash sintering：thermal runaway of Joule heating. J Eur Ceram Soc，2015，35：1865.

[86] Cologna M，Rashkova B，Raj R. Flash sintering of nanograin zirconia in 5s at 850℃. J Am Ceram Soc，2010，93：3556.

[87] Grasso S，Yoshida H，Porwal H，Sakka Y，et al. Highly transparent α-alumina obtained by low cost high pressure SPS. Ceram Int，2013，39：3243.

[88] kVetková L，Duszová A，Hvizdoš P，Dusza J，et al. Fracture toughness and toughening mechanisms in graphene platelet reinforced Si_3N_4 composites. Scr Mater，2012，66：793.

[89] Balko J，Hvizdoš P，Dusza J，Balázsi C，et al. Wear damage of Si_3N_4-graphene nanocomposites at room and elevated temperatures. J Eur Ceram Soc，2014，34：3309.

[90] Hvizdoš P，Dusza J，Balázsi C. Tribological properties of Si_3N_4-graphene nanocomposites. J Eur Ceram Soc，2013，33：2359.

[91] Bartolucci S F，Paras J，Rafiee M A，Rafiee J，et al. Graphene-aluminum nanocomposites. Mater Sci Eng A，2011，528：7933.

[92] Belmonte M，Ramírez C，González-Julián J，Schneider J，et al. The beneficial effect of graphene nanofillers on the tribological performance of ceramics. Carbon，2013，61：431.

[93] Liang B，Song Z，Wang M，Wang L，et al. Fabrication and thermoelectric properties of graphene/Bi_2Te_3 composite materials. J Nanomater，2013，210767.

[94] Tapaszto O，Kun A，Weber F，Gergely G，et al. Silicon nitride based nanocomposites produced by two different sintering methods. Ceram Int，2011，37：3457.

[95] Quinn G D，Bradt R C. On the Vickers indentation fracture toughness test. J Am ceram Soc，2007，90：673.

[96] Anstis G R，Chantikul P，Lawn B R，Marshall D. A critical evaluation of indentation techniques for measuring fracture toughness：1，direct crack measurements. J Am Ceram Soc，1981，64：533.

[97] Shetty D K，Wright I G，Mincer P N，Clauser A H. Indentation fracture of WC-Co cermets. J Mater Sci，1985，20：1873.

[98] Ponton C, Rawlings R. Vickers indentation fracture toughness test Part 1 Review of literature and formulation of standardised indentation toughness equations. Mater Sci Technol, 1989, 5: 865.

[99] Quinn J B, Sundar V, Lloyd I K. Influence of microstructure and chemistry on the fracture toughness of dental ceramics. Dent Mater, 2003, 19: 603.

[100] ISO 15732: Fine Ceramics (Advanced Ceramics, Advanced Technical Ceramics) —Test Method for Fracture Toughness of Monolithic Ceramics at Room Temperature by Single Edge Precracked Beam (SEPB) Method. Geneva, 2003.

[101] ISO 18756: Fine Ceramics (Advanced Ceramics, Advanced Technical Ceramics) —Determination of Fracture Toughness of Monolithic Ceramics at Room Temperature by the Surface Crack in Flexure (SCF) Method. Geneva, 2003.

[102] Shelon B W, Curtin W A. Nanoceramic composites: tough to test. Nat Mater, 2004, 3: 505.

[103] Tang D X, Lim H B, Lee K J, Lee C H, et al. Evaluation of mechanical reliability of zirconia-toughened alumina composites for dental implants. Ceram Int, 2012, 38: 2429.

[104] Li H, Xie Y, Li K, Huang L, et al. Microstructure and wear behavior of graphene nanosheets reinforced zirconia coating. Ceramic Ins, 2014, 40: 12821.

[105] Ramirez C, Figueiredo F M, Miranzo P, Poza P, et al. Graphene nanoplatelete/silicon nitride composites with high electrical conductivity. Carbon, 2012, 50: 3607.

[106] Shin J H, Hong S H. Microstructure and mechanical properties of single wall carbon nanotube reinforced yttria stabilized zirconia ceramics. Mater Sci Eng A, 2012, 556: 382.

[107] Fan Z, Yan J, Zhi L, Zhang Q, et al. A three-dimensional carbon nanotube/graphene sandwich and its application as electrode in supercapacitors. Adv Mater, 2010, 22: 3723.

[108] Ramirez C, Garzon L, Miranzo P, Osendi M I, et al. Electrical conuctivity maps in graphene nanoplatelete/silicon nitride composites using conducting scanning force microscopy. Carbon, 2011, 49: 3873.

[109] Capková P, Matejka V, Tokarský J, Peikertová P, et al. Electrically conductive aluminosilicate/graphene nanocomposite. J Eur Ceram Soc, 2014, 34: 3111.

[110] Chen Y, Zhang X, Liu E, He C, et al. Fabrication of in-situ grown graphene reinforced Cu matrix composites. Sci Rep, Jan, 2016, DOI: 10. 1038/srep19363

[111] Tang Y X, Yang X M, Wang R R, Li M X. Enhancement of the mechanical properties of graphene-copper composites with graphene-nickel hybrids. Mater Sci Eng A, 2014, 599: 247.

[112] Chu K, Jia C C. Enhanced strength in bulk graphene-copper composites. Phys Status Solidi A, 2014, 211: 184.

[113] Kim W J, Lee T J, Han S H. Multi-layer graphene/copper composites: Preparation using high-ratio differential speed rolling, microstructure and mechanical properties. Carbon, 2014, 69: 55.

[114] Pavithra C L P, Sarada B V, Rajulapati K V, Bao T N, et al. A new electrochemical approach for the synthesis of copper-graphene nanocomposite foils with high hardness. Sci Rep, 2014, 4: doi: 10. 1038/srep04049.

[115] Pérez-Bustamante R, Bolanos-Morales D, Bonilla-Martínez J, Estrada-Guel I, et al. Microstructural and hardness behavior of graphene-nanoplatelets/aluminum composites synthesized by mechanical alloying. J Alloy Compd, 2014, 615: 578.

[116] Xu Z S, Shi X L, Zhai W Z, Yao J, et al. Preparation and tribological properties of TiAl matrix composites reinforced by multilayer graphene. Carbon, 2014, 67: 168.

[117] Li J L, et al. Microstructure and tensile properties of bulk nanostructured aluminum/graphene compos-

ites prepared via cryomilling. Mater Sci Eng A，2015，626：400.

[118] Shin S E，Choi H J，Shin J H，Bae D H. Strengthening behavior of few-layered graphene/aluminum composites. Carbon，2015，82：143.

[119] Li Z，Fan G，Tan Z，Guo Q，et al. Uniform dispersion of graphene oxide in aluminum powder by direct electrostatic adsorption for fabrication of graphene/aluminum composites. Nanotech，2014，25：325601.

[120] Yan S J，et al. Investigating aluminum alloy reinforced by graphene nanoflakes. Mater Sci Eng A，2014，612：440.

[121] Wang J Y，Li Z，Fan G，Pan H，et al. Reinforcement with graphene nanosheets in aluminum matrix composites. Scr Mater，2012，66：594.

[122] Feng S，Guo Q，Li Z，Fan G，et al. Strengthening and toughening mechanisms in graphene-Al nanolaminated composite micro-pillars. Acta Materialia，2017，125：98.

[123] Bartolucci S F，Paras J，Rafiee M A，Rafiee J，et al. Graphene-aluminum nanocomposites. Mater Sci Eng A，2011，528：7933.

[124] Rashad M，Pan F，Tang A，Asif M. Effect of graphene nanoplatelets addition on mechanical properties of pure aluminum using a semi-powder method. Prog Nat Sci Mat Int，2014，24：101.

[125] Latief F H，Sherifa E M，Almajid A A，Junaedi H. Fabrication of exfoliated graphite nanoplatelets-reinforced aluminum composites and evaluating their mechanical properties and corrosion behavior. J Anal Appl Pyrol，2011，92：485.

[126] 杨序纲，吴琪琳. 材料表征的近代物理方法. 北京：科学出版社，2013.

[127] Ferrari A C，Robertson J. Interpretation of Raman spectra of disordered and amorphous carbon. Phys Rev B，2000；61：14095.

[128] Graf D，Molitor F，Ensslin K，Stampfer C，et al. Spatially resolved Raman spectroscopy of single- and few-layer graphene. Nano Lett，2007，7：238.